"十二五"普通高等教育本科国家级规划教材
普通高等教育农业农村部"十三五"规划教材
全国高等农林院校教材经典系列
全国高等农林院校教材名家系列

家畜解剖学

第五版

董常生 主编

中国农业出版社

第五版编审人员

主　编　董常生（山西农业大学）

副主编　雷治海（南京农业大学）

　　　　　陈耀星（中国农业大学）

参　编（按姓名笔画为序）

　　　　　刘为民（佛山科技学院）

　　　　　李福宝（安徽农业大学）

　　　　　宋德光（吉林大学）

　　　　　范瑞文（山西农业大学）

　　　　　赵慧英（西北农林科技大学）

　　　　　梁梓森（华南农业大学）

　　　　　曹允考（东北农业大学）

　　　　　崔　燕（甘肃农业大学）

　　　　　彭克美（华中农业大学）

　　　　　熊喜龙（扬州大学）

审　稿　杨维泰（吉林大学）

　　　　　张玉龙（河南农业大学）

第五版编审人员

第一版编写人员

编写　郭和以　祝寿康　沈和湘　张立教
　　　林大诚　田九畴　谢铮铭　林进凯
绘图　马仲华　张志和　黄奕生　朱达美

第二版编审人员

主　编　　郭和以（内蒙古农牧学院）

副主编　　沈和湘（安徽农学院）

编写者　　郭和以（内蒙古农牧学院）

　　　　　　张绍雄（内蒙古农牧学院）

　　　　　　沈和湘（安徽农学院）

　　　　　　林大诚（北京农业大学）

　　　　　　谢铮铭（甘肃农业大学）

　　　　　　祝寿康（南京农业大学）

　　　　　　兰之中（南京农业大学）

　　　　　　庄玉尔（南京农业大学）

　　　　　　田九畴（西北农业大学）

　　　　　　林进凯（华中农业大学）

审稿者　　何明伍（解放军兽医大学）

　　　　　　史方苞（四川农业大学）

　　　　　　黄奕生（安徽农学院）

第三版编审人员

主　编　董常生（山西农业大学）
副主编　周浩良（南京农业大学）
编　者　董常生（山西农业大学）
　　　　周浩良（南京农业大学）
　　　　刘为民（内蒙古农业大学）
　　　　范光丽（西北农林科技大学）
　　　　雷治海（南京农业大学）
　　　　刘　波（中国人民解放军军需大学）
　　　　梁梓森（华南农业大学）
审　稿　杨维泰（中国人民解放军军需大学）
　　　　张玉龙（河南农业大学）

第四版编审人员

主　　编　董常生（山西农业大学）
副主编　　雷治海（南京农业大学）
　　　　　陈耀星（中国农业大学）
参　　编（按姓名笔画为序）
　　　　　刘为民（佛山科技学院）
　　　　　李福宝（安徽农业大学）
　　　　　宋德光（吉林大学）
　　　　　范光丽（西北农林科技大学）
　　　　　耿建军（山西农业大学）
　　　　　梁梓森（华南农业大学）
　　　　　曹允考（东北农业大学）
　　　　　崔　燕（甘肃农业大学）
　　　　　彭克美（华中农业大学）
　　　　　熊喜龙（扬州大学）
审　　稿　杨维泰（吉林大学）
　　　　　张玉龙（河南农业大学）

第五版前言

  家畜解剖学是对动物机体形态、结构和方位的具体描述。随着我国规模性饲养动物物种的增加，为了使本教材服务于更广泛的人群，在内容上从第三版开始增加了骆驼解剖学部分。在第四版的基础上，本次修订做了一些调整，在内容上进行了适当的精简和补充；在文字上进行了修改，使得形态结构的描述更加准确和形象；在插图上做了更换和增加，主要目的是使插图更加真实地反映器官的形态和结构，提升了准确性、真实性、易识性和美感度。部分插图是引用其他书籍的，在此对这些书籍的作者表示衷心的感谢！

  我们相信，这部图文并茂的教材能够使读者在进行专业知识传授和学习的同时，获得阅读的乐趣和愉悦。

  全书共设五篇十七章，前四篇共十一章为系统解剖学，重点介绍牛（羊）体形态结构特征；第五篇采用比较解剖学的方法分别阐述马、猪、犬、兔、骆驼和家禽的解剖学特征。具体编写分工如下：董常生编写第一章，熊喜龙编写第二章，梁梓森编写第三、四章，曹允考编写第五、六章，陈耀星编写第七、八章，崔燕编写第九、十章，雷治海编写第十一章，刘为民编写第十二章，李福宝编写第十三章，范瑞文编写第十四章，宋德光编写第十五章，彭克美编写第十六章，赵慧英编写第十七章。董常生和范瑞文对全书进行了编排和统稿。

  本书在编写过程中存在的不足在所难免，希望广大读者提出宝贵意见！

编 者
2015年2月

  注：本教材于2017年12月被列入普通高等教育农业部（现更名为农业农村部）"十三五"规划教材［农科（教育）函〔2017〕第379号］。

第一版前言

本书为农林部委托内蒙古农牧学院和安徽农学院主编的牧医类全国高等农业院校试用教材之一。编写前，由主编单位邀请了全国各大区22所高等农业院校担任家畜解剖学课程的教师，进行了研究讨论，制订了编写大纲。在这个基础上，由内蒙古农牧学院、安徽农学院、华北农业大学、甘肃农业大学、江苏农学院、东北农学院、西北农学院、华中农学院等8所院校委派有关教师执笔编写。

全书共分运动、被皮，内脏，心血管、淋巴、内分泌、神经、感官，家禽的解剖等5篇。根据全国兽医专业会议制订的兽医专业教学计划，本书篇幅基本上适合于120学时课程时数需要。但使用时，也可根据本地区特点适当增删。

本书主要适用于高等农业院校兽医专业、畜牧兽医专业作为教科书使用；也可供从事兽医和动物解剖工作的同志参考。

本书文字稿的编写单位分工是：

内蒙古农牧学院　心血管、被皮、内分泌
安徽农学院　绪言、消化、呼吸
华北农业大学　骨、关节
甘肃农业大学　神经
江苏农学院　家禽的解剖、感官
东北农学院　淋巴
西北农学院　肌肉
华中农学院　泌尿、生殖

参加图稿编绘的有内蒙古农牧学院、安徽农学院、西北农学院及华中农学院等单位。

由于我们水平有限，编写时间仓促，书中缺点和错误在所难免。我们诚恳地希望广大读者提出宝贵意见，以便今后修改提高。

《家畜解剖学》教材编写组
1978年2月

第二版前言

《家畜解剖学》第二版是根据全国高等农业院校1982年在内蒙古农牧学院制订的"家畜解剖学修订教学大纲"的基础上编写的。新中国成立以来农业部组织编写过3次教材，即1960年由北京农业大学主编的《家畜解剖学》和1978年由内蒙古农牧学院及安徽农学院主编的《家畜解剖学》。这本教材虽属第二版，而实际上是第三次编写。

我国地域辽阔，各地主要畜群有所不同，需要编写一本南北地区均能应用的家畜解剖学教材。我们在编写时对主要系统均分总论和各论两部分。总论叙述该系统各器官的一般形态结构。各论中牛、马的解剖并重，并分别系统叙述，比较猪、羊的特征。请南方同志编写牛的解剖，北方同志编写马、猪的解剖。为了适应养兔业和养禽业的发展，增加了家兔的解剖，并增加了家禽解剖的内容。为了协调同一系统的牛、马解剖由不同同志编写而引起的内容、风格差异，请林大诚同志审校神经系，谢铮铭同志审校心血管系，祝寿康同志审校内脏学，郭和以同志审校运动系。

根据农业部关于修订教材指示的精神，编写中贯彻了重点突出、少而精的原则，适当地联系了系统发生和胚胎发生及大体形态的组织学和生理学内容。为了便于同学进一步学习时的参考，有些部分增加以小字排版的参考内容。

本书使用的名词，主要根据1973年国际兽医解剖名词委员会出版的《兽医解剖学名词》。此书经南京、甘肃和北京农业大学等校翻译，于1986年由湖南科技出版社出版，其书名为《拉汉兽医解剖学名词》。由于这本书正式出版不久，其中的名词和以前常用的名词有差异，对一些改动较大的名词，将旧名词置于括号内，或注明系以前用过的名词，以便对照。

本书共有插图近500幅，其中200余幅系新绘或按1978年版的图稿改绘，其余采用1978年版的图稿。新绘或改绘之图，除大部由编者自绘或请人绘制外，其余分别由安徽农学院的黄奕生同志、西北农业大学张志和同志、内蒙古农牧学院的何飞鸿同志绘制。

在编写过程中，许多同志提出了宝贵的意见，长春兽医大学何明五同志、四川农业大学史方苞同志参加了校审会，提出很好的意见，特此致谢。

由于我们知识水平所限，书中欠妥和错误之处在所难免，我们诚恳希望广大读者批评指教，提出宝贵意见，以便改正。

编　者

1989年11月

第三版前言

受农业部委托,我们编写了全国高等农业院校动物医学本科专业教材《家畜解剖学》(第三版),该教材编写组根据《全国高等农业院校规划教材选题目录》和《高等农业院校规划教材编写申报办法》,向农业部科教司提出编写规划教材申请,经全国高等农业院校教学指导委员会按照公平、公正、择优的原则进行了审定,部分出版经费由中华农业科教基金(教材项目)资助。该教材是教育部"面向21世纪高等农林教育教学内容和课程体系改革计划"项目的成果。

新中国成立以来,全国农业高校兽医专业共出版过三部统编教材,第一部由北京农业大学张鹤宇教授主编,1960年出版;第二、三部由内蒙古农牧学院郭和以教授主编,分别于1978年和1989年出版。这三部教材对我国高等农业院校兽医专业的教学、科研起到了非常重要的作用。

面向21世纪教学内容和课程体系改革对动物医学专业的教材建设提出了新的要求,鉴于此,这部教材较前三部有较大的变化。该教材以牛(羊)为主进行系统解剖学叙述,将家畜解剖学总论内容与各系统融为一体,既有理论性又保持了系统性和科学性。将比较解剖的动物特征,以动物种类独立成章,改变了以往在每个章节内进行比较的写法。为适应社会经济的发展和人们生活情趣的变化,增加了犬的解剖内容。

全书的内容力求删繁就简,推陈出新,主线清晰,图文并茂,宗旨是为动物医学本科专业的学生学习后续课程奠定基础,为他们专业的继续拓展提供重要资料。文字排印采用大、小两种字体,任课教师可以根据专业教学计划提供的学时进行取舍,以获得培养目标所需的要求。全书共设五篇十六章,前四篇十一章以系统重点介绍牛(羊)体形态结构特征,第五篇五章采用比较的方法阐述猪、犬、兔、马和家禽的解剖学特征。

本教材由山西农业大学董常生教授(绪论、第一、二、十五章),南京农业大学周浩良教授(第七、八、十四章)、雷治海副教授(第十一、十三章),内蒙古农业大学刘为民副教授（第十二章），西北农林科技大学范光丽教授（第十六章），中国人民解放军军需大学刘波教授（第九、十章），华南农业大学梁梓森副教授（第三、四、五、六章）等分别编写。全书的部分插图由山西农业大学李晓明实验师绘制。全书由董常生、周浩良统稿、定稿。

我们特别聘请中国人民解放军军需大学的杨维泰教授和河南农业大学的张玉龙教授对全书进行了审定，并提出了许多宝贵意见，在此表示谢意。

在教材的整个编写过程中，山西农业大学动物科技学院和华南农业大学动物医学院的各级领导给予了很大的支持和帮助，我们表示由衷的感谢。

山西农业大学动物科技学院的赫晓燕、范瑞文、贺俊平、耿建军同志在本教材的图文校对，王俊丽同志在稿件的打印中做了大量的工作，深表感谢。

教材的编撰工作本身就是日臻完善的过程，不足之处请多加批评指正。

编　者

2001年3月

第四版前言

《家畜解剖学》（第四版）被教育部评选为普通高等教育"十一五"国家级规划教材。

本教材是《家畜解剖学》（第三版）的延续，内容上增加了骆驼解剖学部分。家畜解剖学学科是对动物有机体形态、结构和方位的具体描述，教材的文字服务于实物及实物的表现形式——插图。提升插图的准确率、真实感、易识性和美感度，是编写本教材所遵循的原则。因此，我们对全书的插图进行了全面更新。其中，一部分是自行对实物标本进行拍摄和绘制的，另一部分是引用其他书籍的，在此对这些书籍的作者表示衷心的感谢！我们相信，图文并茂的这部教材将为我国高等农业院校兽医专业的学生及相关科研工作者在进行专业知识传授的同时，也带来欣赏和阅读的乐趣。

本书的作者均是在本学科从事教学和科研工作多年，具有很深的学术造诣和实践经验。他们来自我国全国各地，在编写中把不同地域、不同养殖条件下形成的研究特色有机地融合到了一起。因此，本教材具有较强的广泛性和代表性。

本书有所取，有所舍；有所详，有所略，取舍、详略的不周全在所难免，希望广大读者提出宝贵意见，以便在再版时进行改进。

编 者
2009 年 6 月

第五版前言
第一版前言
第二版前言
第三版前言
第四版前言

绪论 ·· 1
    一、家畜解剖学的概念 ··· 1
    二、学习家畜解剖学应持的基本观点 ···························· 1
    三、动物体结构概述 ·· 2
    四、解剖学的发展简史 ··· 2
    五、畜体主要部位名称 ··· 3
    六、家畜解剖学的方位用语 ······································· 4

第一篇　运动系统

第一章　牛骨学和关节学 ·········· 9

第一节　概述 ····································· 9
  一、骨的形态和分类 ···················· 9
  二、骨的构造 ····························· 9
  三、骨的化学成分及物理特性 ······ 10
  四、骨的连接 ··························· 11
  五、畜体全身骨的划分 ··············· 13
第二节　躯干骨及其连接 ················· 13
  一、躯干骨 ······························ 13
  二、躯干骨的连接 ····················· 18
第三节　头骨及其连接 ···················· 20
  一、头骨的组成及构造特点 ········ 20
  二、头骨的外形及鼻旁窦 ··········· 24
  三、头骨的连接 ························ 26

第四节　前肢骨及其连接 ··············· 26
  一、前肢骨的组成 ··················· 26
  二、前肢各骨构造的特征 ········· 26
  三、前肢骨的连接 ··················· 30
第五节　后肢骨及其连接 ··············· 33
  一、后肢骨的组成 ··················· 33
  二、后肢各骨构造的特征 ········· 35
  三、后肢骨的连接 ··················· 37

第二章　牛肌学 ················· 41

第一节　概述 ······························ 41
第二节　皮肌 ······························ 44
第三节　前肢肌 ··························· 44
  一、肩带肌 ···························· 45
  二、肩部肌 ···························· 47

三、臀部肌 …………………………… 48
四、前臂及前脚部肌 ………………… 48
第四节　躯干肌 ………………………… 50
一、脊柱肌 …………………………… 50
二、颈腹侧肌 ………………………… 53
三、呼吸肌（胸壁肌）……………… 53
四、腹壁肌 …………………………… 54

第五节　后肢肌 ………………………… 55
一、臀股部肌 ………………………… 57
二、小腿及后脚部肌 ………………… 58
第六节　头部肌 ………………………… 59
一、咀嚼肌 …………………………… 60
二、面肌 ……………………………… 61
三、舌骨肌 …………………………… 62

第二篇　内　脏　学

概述 ……………………………………… 65

第三章　牛消化系统 ……………… 68

第一节　口腔和咽 ……………………… 68
一、口腔 ……………………………… 68
二、咽 ………………………………… 73
第二节　食管 …………………………… 74
第三节　胃 ……………………………… 74
一、瘤胃 ……………………………… 75
二、网胃 ……………………………… 76
三、瓣胃 ……………………………… 77
四、皱胃 ……………………………… 77
五、犊牛胃的特点 …………………… 78
六、网膜 ……………………………… 78
第四节　小肠、肝和胰 ………………… 79
一、小肠 ……………………………… 79
二、肝和胰 …………………………… 80
第五节　大肠与肛门 …………………… 82
一、大肠 ……………………………… 82
二、肛门 ……………………………… 84

第四章　牛呼吸系统 ……………… 86

第一节　呼吸道 ………………………… 86
一、鼻 ………………………………… 86
二、咽 ………………………………… 88
三、喉 ………………………………… 88

四、气管和支气管 …………………… 89
第二节　肺 ……………………………… 90
第三节　胸膜和纵隔 …………………… 93
一、胸膜 ……………………………… 93
二、纵隔 ……………………………… 93

第五章　牛泌尿系统 ……………… 94

第一节　肾 ……………………………… 94
第二节　输尿管 ………………………… 97
第三节　膀胱 …………………………… 97
第四节　尿道 …………………………… 98

第六章　牛生殖系统 ……………… 99

第一节　雄性生殖系统 ………………… 99
一、睾丸和附睾 ……………………… 99
二、输精管和精索 …………………… 100
三、雄性尿道和副性腺 ……………… 101
四、阴茎与包皮 ……………………… 102
五、阴囊 ……………………………… 103
第二节　雌性生殖系统 ………………… 104
一、卵巢 ……………………………… 104
二、输卵管 …………………………… 105
三、子宫 ……………………………… 106
四、阴道 ……………………………… 107
五、阴道前庭 ………………………… 107
六、外阴（阴门）…………………… 107

第三篇　脉管系统

第七章　牛心血管系统 …… 111

第一节　心脏 …… 112
第二节　肺循环 …… 117
　　一、肺循环的动脉 …… 117
　　二、肺循环的静脉 …… 117
第三节　体循环 …… 117
　　一、血管分布的一般规律 …… 117
　　二、体循环的动脉 …… 118
　　三、体循环的静脉 …… 131
第四节　胎儿血液循环 …… 134

第八章　牛淋巴系统 …… 136

第一节　淋巴与淋巴管 …… 136
　　一、淋巴 …… 136
　　二、淋巴管 …… 137
第二节　淋巴组织 …… 138
第三节　淋巴器官 …… 139
　　一、胸腺 …… 139
　　二、淋巴结和淋巴中心 …… 140
　　三、脾 …… 148
　　四、扁桃体 …… 149
　　五、血淋巴结 …… 149

第四篇　神经系统、内分泌系统和感觉器

第九章　牛神经系统 …… 153

第一节　概述 …… 153
第二节　脊髓 …… 155
第三节　脑 …… 157
　　一、脑的形态、位置和区分 …… 157
　　二、脑干 …… 160
　　三、小脑 …… 163
　　四、间脑 …… 164
　　五、大脑 …… 165
第四节　脑膜、脑血管和脑脊液 …… 167
第五节　脊神经 …… 168
第六节　脑神经 …… 173
第七节　植物性神经系统 …… 177
　　一、交感神经 …… 178
　　二、副交感神经 …… 181
　　三、交感神经与副交感神经的主要区别 …… 182
第八节　脑、脊髓传导路 …… 183

第十章　牛内分泌系统 …… 187

第一节　垂体 …… 187
第二节　甲状腺 …… 188
第三节　甲状旁腺 …… 188
第四节　肾上腺 …… 189
第五节　松果腺 …… 189
第六节　其他器官内的内分泌组织 …… 189
　　一、胰岛 …… 189
　　二、睾丸内的内分泌组织 …… 189
　　三、卵泡内的内分泌组织 …… 189

第十一章　牛感觉器 …… 191

第一节　视觉器官——眼 …… 191
　　一、眼球 …… 191
　　二、眼球的辅助装置 …… 193
第二节　前庭蜗器——耳 …… 194
　　一、外耳 …… 194
　　二、中耳 …… 195

三、内耳 …………………… 196
第三节　被皮 …………………… 198
　　一、皮肤 …………………… 198
　　二、毛 ……………………… 199
　　三、角 ……………………… 200
　　四、指（趾）枕和蹄 ……… 201
　　五、皮肤腺 ………………… 202

第五篇　畜禽比较解剖学

第十二章　马的解剖结构特征 …… 207

第一节　骨学和关节学 ………… 207
　　一、骨学 …………………… 207
　　二、关节学 ………………… 211
第二节　肌学 …………………… 213
　　一、皮肌 …………………… 213
　　二、躯干肌 ………………… 213
　　三、头部肌 ………………… 214
　　四、前肢肌 ………………… 215
　　五、后肢肌 ………………… 217
第三节　消化系统 ……………… 219
　　一、口腔和咽 ……………… 219
　　二、食管 …………………… 220
　　三、胃 ……………………… 221
　　四、肠 ……………………… 222
　　五、肝和胰 ………………… 225
第四节　呼吸系统 ……………… 226
　　一、鼻、咽、喉 …………… 226
　　二、气管和支气管 ………… 227
　　三、肺 ……………………… 227
第五节　泌尿系统 ……………… 227
　　一、肾 ……………………… 227
　　二、输尿管和膀胱 ………… 228
第六节　生殖系统 ……………… 228
　　一、公马生殖系统 ………… 228
　　二、母马生殖系统 ………… 231
第七节　心血管系统 …………… 232
　　一、心脏 …………………… 232
　　二、体循环动脉 …………… 232
　　三、体循环静脉 …………… 236
第八节　淋巴系统 ……………… 237
　　一、淋巴导管 ……………… 237
　　二、淋巴结 ………………… 238
　　三、脾 ……………………… 240
　　四、胸腺 …………………… 240
第九节　神经系统 ……………… 240
　　一、中枢神经系统 ………… 240
　　二、外周神经系统 ………… 241

第十三章　猪的解剖结构特征 …… 245

第一节　骨学和关节学 ………… 245
　　一、骨学 …………………… 245
　　二、关节学 ………………… 249
第二节　肌学 …………………… 250
　　一、皮肌 …………………… 250
　　二、头部肌 ………………… 250
　　三、躯干肌 ………………… 251
　　四、前肢肌 ………………… 252
　　五、后肢肌 ………………… 255
第三节　消化系统 ……………… 257
　　一、口腔和咽 ……………… 257
　　二、食管 …………………… 258
　　三、胃 ……………………… 259
　　四、肠 ……………………… 259
　　五、肝 ……………………… 260
　　六、胰 ……………………… 261
第四节　呼吸系统 ……………… 261
　　一、鼻 ……………………… 261
　　二、咽 ……………………… 262
　　三、喉 ……………………… 262
　　四、气管和支气管 ………… 262
　　五、肺 ……………………… 262
第五节　泌尿系统 ……………… 262
　　一、肾 ……………………… 262
　　二、输尿管 ………………… 263

三、膀胱 …………………………… 263
四、尿道 …………………………… 263
第六节 生殖系统 …………………… 263
一、公猪生殖系统 ………………… 263
二、母猪生殖系统 ………………… 265
第七节 心血管系统 ………………… 266
一、心脏 …………………………… 266
二、血管 …………………………… 266
第八节 淋巴系统 …………………… 269
一、淋巴管 ………………………… 269
二、淋巴结 ………………………… 270
三、胸腺 …………………………… 272
四、脾 ……………………………… 273
五、扁桃体 ………………………… 273
第九节 神经系统 …………………… 273
一、脊髓 …………………………… 273
二、脑 ……………………………… 273
三、脊神经 ………………………… 274
四、脑神经 ………………………… 275
五、植物性神经 …………………… 276

第十四章 骆驼的解剖结构特征 …… 277

第一节 骨学和关节学 ……………… 277
一、骨学 …………………………… 277
二、关节学 ………………………… 281
第二节 肌学 ………………………… 282
一、皮肌 …………………………… 284
二、躯干肌 ………………………… 284
三、头部肌 ………………………… 285
四、前肢肌 ………………………… 286
五、后肢肌 ………………………… 288
第三节 消化系统 …………………… 290
一、口腔和咽 ……………………… 290
二、食管 …………………………… 292
三、胃 ……………………………… 292
四、肠 ……………………………… 295
五、肝和胰 ………………………… 296
第四节 呼吸系统 …………………… 297
一、鼻、咽、喉 …………………… 297

二、气管和支气管 ………………… 297
三、肺 ……………………………… 297
第五节 泌尿系统 …………………… 297
一、肾 ……………………………… 297
二、输尿管、膀胱和尿道 ………… 297
第六节 生殖系统 …………………… 298
一、公驼生殖系统 ………………… 298
二、母驼生殖系统 ………………… 299
第七节 心血管系统 ………………… 300
一、心 ……………………………… 300
二、肺循环 ………………………… 301
三、体循环 ………………………… 301
第八节 淋巴系统 …………………… 303
一、淋巴导管 ……………………… 303
二、淋巴中心和淋巴结 …………… 304
三、脾 ……………………………… 305
第九节 神经系统 …………………… 306
一、中枢神经系统 ………………… 306
二、外周神经系统 ………………… 306
第十节 内分泌系统 ………………… 309
第十一节 感觉及被皮系统 ………… 309
一、视觉器官 ……………………… 309
二、位听器官 ……………………… 309
三、被皮 …………………………… 309

第十五章 家兔的解剖结构特征 …… 311

第一节 骨学 ………………………… 311
一、躯干骨 ………………………… 311
二、头骨 …………………………… 312
三、前肢骨 ………………………… 313
四、后肢骨 ………………………… 313
第二节 肌学 ………………………… 314
一、躯干肌 ………………………… 314
二、头部肌 ………………………… 316
三、前肢肌 ………………………… 316
四、后肢肌 ………………………… 318
第三节 消化系统 …………………… 320
一、口腔和咽 ……………………… 320
二、食管和胃 ……………………… 321

三、小肠、肝和胰 ………………… 321
四、大肠和肛门 …………………… 322
第四节 呼吸系统 ……………………… 323
一、鼻和咽 ………………………… 323
二、喉 ……………………………… 323
三、气管 …………………………… 323
四、肺 ……………………………… 323
第五节 泌尿系统 ……………………… 323
一、肾 ……………………………… 323
二、输尿管和膀胱 ………………… 324
第六节 生殖系统 ……………………… 324
一、公兔生殖系统 ………………… 324
二、母兔生殖系统 ………………… 325
第七节 心血管系统 …………………… 325
一、心脏 …………………………… 325
二、动脉 …………………………… 326
三、静脉 …………………………… 326
第八节 淋巴系统 ……………………… 327
一、淋巴结 ………………………… 327
二、淋巴管 ………………………… 328
三、脾 ……………………………… 328
四、胸腺 …………………………… 328
第九节 神经系统 ……………………… 329
一、中枢神经系统 ………………… 329
二、外周神经系统 ………………… 329

第十六章 犬的解剖结构特征 ……… 331

第一节 骨学 …………………………… 331
一、躯干骨 ………………………… 331
二、头骨 …………………………… 332
三、前肢骨 ………………………… 333
四、后肢骨 ………………………… 334
第二节 肌学 …………………………… 334
一、皮肌 …………………………… 335
二、前肢肌 ………………………… 335
三、躯干肌 ………………………… 336
四、后肢肌 ………………………… 337
五、头部肌 ………………………… 338
第三节 消化系统 ……………………… 338

一、口腔 …………………………… 339
二、咽和食管 ……………………… 339
三、胃 ……………………………… 339
四、肠 ……………………………… 339
五、肝 ……………………………… 340
六、胰 ……………………………… 340
第四节 呼吸系统 ……………………… 340
一、鼻 ……………………………… 340
二、咽 ……………………………… 340
三、喉 ……………………………… 340
四、气管与支气管 ………………… 341
五、肺 ……………………………… 341
第五节 泌尿系统 ……………………… 341
一、肾 ……………………………… 341
二、输尿管、膀胱和尿道 ………… 341
第六节 生殖系统 ……………………… 341
一、公犬生殖系统 ………………… 341
二、母犬生殖系统 ………………… 342
第七节 心血管系统 …………………… 343
一、心脏 …………………………… 343
二、血管 …………………………… 343
第八节 淋巴系统 ……………………… 344
一、淋巴管 ………………………… 344
二、淋巴中心和淋巴结 …………… 344
三、脾 ……………………………… 346
四、胸腺 …………………………… 346
第九节 神经系统 ……………………… 346
一、中枢神经系统 ………………… 346
二、外周神经系统 ………………… 348
第十节 内分泌系统 …………………… 350
一、甲状腺 ………………………… 350
二、甲状旁腺 ……………………… 350
三、肾上腺 ………………………… 351
四、垂体 …………………………… 351

第十七章 家禽的解剖结构特征 …… 352

第一节 运动系统 ……………………… 352
一、骨 ……………………………… 352
二、骨连接 ………………………… 356

三、肌肉 ……………………………… 357
第二节　内脏学 …………………………… 360
　　一、消化系统 …………………………… 360
　　二、呼吸系统 …………………………… 363
　　三、泌尿系统 …………………………… 366
　　四、生殖系统 …………………………… 367
第三节　脉管系统 ………………………… 369
　　一、心脏和血管 ………………………… 369
　　二、淋巴系统 …………………………… 373
第四节　神经系统 ………………………… 376
　　一、中枢神经系统 ……………………… 376
　　二、周围神经系统 ……………………… 378
第五节　内分泌系统 ……………………… 382
第六节　感觉器官 ………………………… 383
　　一、视觉器官 …………………………… 383
　　二、前庭蜗器 …………………………… 384
第七节　被皮 ……………………………… 384
　　一、皮肤 ………………………………… 384
　　二、羽毛 ………………………………… 385
　　三、皮肤的其他衍生物 ………………… 385

主要参考文献 ……………………………… 386

绪 论

一、家畜解剖学的概念

家畜解剖学（anatomy）是研究畜禽有机体形态结构的科学。广义的解剖学包括巨视解剖学和微视解剖学两部分。巨视解剖学又称大体解剖学，是借助于刀、剪、锯等解剖器械，采用切割的方法，通过肉眼（包括用扩大镜或解剖镜）观察，来研究畜禽有机体各器官的形态、构造、位置及相互关系的学科；微视解剖学又称显微解剖学或组织学，是采用组织学技术，借助于显微镜（光学显微镜或电子显微镜）研究畜禽有机体微细结构及其功能关系的学科。

本书所叙述的内容属大体解剖学的范畴。

依据研究目的和叙述方法不同，又分为系统解剖学、局部解剖学、比较解剖学和X线解剖学等。系统解剖学是按功能将动物体分成若干系统，如运动系统、消化系统、神经系统等，并按各系统进行叙述。局部解剖学是以动物体的某一部位，如头、颈、胸、腹、四肢等，或某一器官的形态结构、排列顺序和相互关系，由浅入深逐层进行观察研究，常涉及数个系统，对于临床有实际意义。用比较的方法研究各种动物体同类器官的形态结构变化，称为比较解剖学。用X射线观察机体器官的结构，称为X线解剖学。

本书以牛（羊）系统解剖学为主，用比较的方法叙述马（骡、驴）、猪、骆驼、犬、兔和家禽等解剖构造。

二、学习家畜解剖学应持的基本观点

家畜解剖学是兽医专业的专业基础课。学习家畜解剖学必须运用形态与功能统一的观点、局部与整体统一的观点、发生发展的观点和理论联系实际的观点来观察和研究动物体的形态结构，并且要运用科学的逻辑思维，在分析的基础上进行归纳综合，以期达到整体地、全面地掌握和认识动物体各部的形态结构特征的目的。

1. 形态与功能统一的观点 畜体的各个器官都有其固有的功能，如眼司视、耳司听等。形态结构是一个器官完成功能活动的物质基础，反之，功能的变化又能影响该器官形态结构的发展。因此，形态与功能是相互依存又相互影响的。一个器官的成型，除在胚胎发生过程中有其内在因素外，还受出生后周围环境和功能条件的影响。认识和理解形态与功能相互制约的规律，人们可以在生理限度范围内，有意识地改变生活条件和功能活动，促使形态结构向人类需要的方向发展。

2. 局部与整体统一的观点 畜体是一个完整的有机体，任何器官系统都是有机体不可分割的组成部分，局部可以影响整体，整体也可以影响局部。我们虽按个别系统学习家畜解剖学，但应该从整体的角度来理解局部，认识局部，以建立局部与整体统一的概念。

3. 发生发展的观点 学习家畜解剖学应该运用发生发展的观点，适当联系种系的发生和个体的发生，了解畜体由低级到高级，由简单到复杂的演化过程，从而进一步认识家畜的形态结构。这样既学习了家畜解剖学的具体知识，又增进了对畜体的由来、发展规律及器官变异的理解，从而使分散的、孤立的器官形态描述成为有规律性的、更加接近事物内在本质的科学知识。了解这些发展和变异就能更好地认识畜体。

4. 理论联系实际的观点 理论联系实际的原则，是进行科学实验的一项重要原则，学习家畜解剖学更应遵循这个原则。家畜解剖学是一门形态学学科，畜体结构复杂，名词繁多，需要记忆的内容也比较多。所以在学习过程中，要把理论和实际结合起来，把课堂讲授知识和书本知识与尸体标本模型和活体观察以及必要的生产应用联系起来；还要密切结合各种教具进行学习，以帮助记忆和加深立体印象。这样，在学习活动中既有理论知识指导实践，又能在实践中验证理论，才能准确地、全面地认识畜体的形态结构，学好家畜解剖学。

三、动物体结构概述

动物体是由无数微小的细胞有机组合构成的。因此，细胞是构成动物体形态结构和执行各种功能的基本单位，是一切生物进行新陈代谢、生长发育和繁殖分化的形态基础。起源相同、形态相似和功能相关的细胞借助于细胞间质结合起来构成的结构，称为组织。高等动物体的组织通常分为4种，即上皮组织、结缔组织、肌组织和神经组织。这4种组织又称为动物体的基本组织。几种组织结合起来，共同执行某一特定功能，并具有一定的形态特点，即构成器官，如心、肺、肝、肾等。若干个功能相关的器官联系起来，共同完成某一特定的连续性生理功能，即形成系统（简称系），如口腔、咽、食管、胃、小肠、大肠、肛门和消化腺等构成消化系统。饲料经口腔进入畜体，经过物理性和化学性的消化过程后，其营养物质被吸收，残渣由肛门排出，这就是消化系统所执行的功能。畜体由运动系统、消化系统、呼吸系统、泌尿系统、生殖系统、心血管系统、淋巴系统、神经内分泌系统、感觉器和被皮系统所组成。

动物体是由许多系统及器官构成的一个完整的统一体。各系统之间相互联系、相互影响、相互制约和相互依存，彼此协调。这些系统及器官在神经体液调节下共同完成统一的生命活动。

四、解剖学的发展简史

动物解剖学的发展先于人体解剖学。解剖学的创始人是古代名医希波克拉底（Hippocrates，公元前460—公元前377），他参照动物身体的结构描述人体，把神经同肌腱混淆起来，推想动脉中含有空气。古希腊哲学家亚里士多德（Aristoteles，公元前384—公元前322）提出了心脏是血液循环的中枢，血液自心脏流入血管。古罗马解剖学家加伦（Galen，公元131—200）认为神经是按区分布，脑神经为7对等。文艺复兴以后，解剖学得到了迅速发展。马尔丕基（M. Malpighi，1628—1694）在显微镜下发现了蛙的毛细血管血液循环，并研究了动物的微细构造，由此创立了组织学。

我国秦汉时期便有关于人体形态的记载，如《黄帝内经》中指出："若夫八尺之士，皮肉在此，外可度量切循而得之，其死可解剖而视之。"汉代名医华佗（约公元145—208）当时对人体结构有所了解。明朝元、亨兄弟二人，总结前人经验，编著了《元亨疗马集》，书中对动物的形态结构进行了介绍。清代的王清任（1768—1831）认为"灵机记性不在心而在于脑……所听之声归于脑"。

19世纪末，我国建立了现代家畜解剖学学科，但解剖学师资和专业工作者为数不多，家畜解剖学仍处于落后状态。从20世纪50年代开始，畜牧兽医事业蓬勃发展，解剖学科得到了发展，我国解剖学工作者先后编译了谢逊（S. Sisson）和克立莫夫（А. Ф. Климов）的家畜解剖学专著，并出版了多种家畜解剖学方面的著作，创立了教具模型厂。近几年，研究工作的内容从肉眼所见的器官、组织发展到微观的细胞学乃至分子学水平。由于透射电镜、扫描电镜、同位素、荧光和酶标记、免疫组化、CT和核磁共振等技术及先进手段的应用，动物解剖学研究领域取得了卓越的成就。

五、畜体主要部位名称

为了便于阐述，可将畜体划分为头部、躯干和四肢3部分。各部分的划分和命名主要以骨为基础（图0-1）。

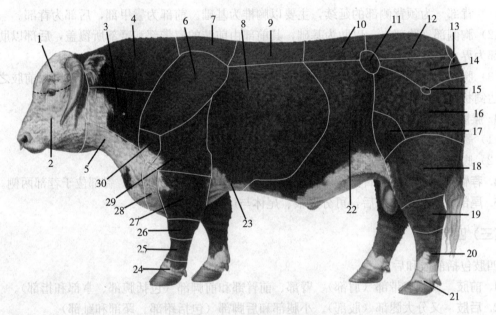

图 0-1 牛体各部位名称

1. 颅部 2. 面部 3. 颈侧部 4. 颈背侧部 5. 颈腹侧部 6. 肩带部 7. 鬐甲部
8. 胸侧部（肋部） 9. 背部 10. 腰部 11. 髋结节 12. 荐部 13. 坐骨结节 14. 臀部
15. 髋关节 16. 大腿部（股部） 17. 膝关节 18. 小腿部 19. 跗部 20. 跖部 21. 趾部 22. 腹部
23. 胸骨部 24. 指部 25. 掌部 26. 腕部 27. 前臂部 28. 胸前部 29. 臂部 30. 肩关节

(引自 McCracken 等，1999)

（一）头部

头部包括颅部和面部。

1. 颅部 位于颅腔周围。又可分枕部（在头颈交界处、两耳根之间）、顶部（牛在两角根之间，马在颅腔顶壁）、额部（在顶部之前，两眼眶之间）、颞部（在耳和眼之间）、耳部（包括耳及耳根）和腮腺部（在耳根腹侧，咬肌部后方）。

2. 面部 位于口腔和鼻腔周围。又可分眼部（包括眼和眼睑）、眶下部（在眼眶前下方，鼻后部的外侧）、鼻部（包括鼻孔、鼻背和鼻侧）、咬肌部（为咬肌所在部位）、颊部（为颊肌所在部位）、唇部（上唇和下唇）、颏部（在下唇腹侧）和下颌间隙部（在下颌支之间）。

（二）躯干

躯干包括颈部、背胸部、腰腹部、荐臀部和尾部。

1. 颈部 又分以下几部。

（1）颈背侧部 位于颈部背侧，前端接枕部，后端达鬐甲的前缘。

（2）颈侧部 位于颈部两侧。颈侧部有颈静脉沟，在臂头肌与胸头肌之间，沟内有颈静脉。

（3）颈腹侧部 位于颈部腹侧，前部为喉部，后部为气管部。

2. 背胸部 又分以下几部。

（1）背部 为颈背侧部的延续，主要以胸椎为基础。前部为鬐甲部，后部为背部。

（2）胸侧部（肋部） 以肋为基础，其前部由前肢的肩带部和臂部所覆盖，后部以肋弓与腹部为界。

（3）胸腹侧部 又分为前后两部，前部在胸骨柄附近，称为胸前部；后部自两前肢之间向后达剑状软骨，称为胸骨部。

3. 腰腹部 分腰部和腹部。

（1）腰部 以腰椎为基础，为背部的延续。

（2）腹部 为腰椎横突腹侧的软腹壁部分。

4. 荐臀部 分荐部和臀部。荐部以荐骨为基础，是腰部的延续；臀部位于荐部两侧。

5. 尾部 位于荐部之后，可分尾根、尾体与尾尖。

（三）四肢

四肢包括前肢和后肢。

1. 前肢 又分肩带部（肩部）、臂部、前臂部和前脚部（包括腕部、掌部和指部）。

2. 后肢 又分大腿部（股部）、小腿部和后脚部（包括跗部、跖部和趾部）。

六、家畜解剖学的方位用语

在叙述畜体器官方向位置时，以动物正常伫立姿势为标准，有左（sinistra）、右（dextra）、内侧（medialis）、外侧（lateralis）、上（superior）（亦称背侧，dorsalis）、下（inferior）（亦称腹侧，vetralis）、前（anterior）（亦称颅侧，cranislis）、后（posterior）（亦称尾侧，caudalis）等方位用语。这些方向位置，通常是以3种不同的互相垂直的假想平面，即矢面、额面和横切面来确定的（图0-2）。

1. 矢面 是与动物体纵轴平行，同时又与地面垂直的切面，矢面分为正中矢面和侧矢面。正中矢面只有一个，位于动物体纵轴的正中线上，将动物分为左、右对称的两部分。侧矢面是与正中矢面平行的切面，位于正中矢面侧方，可以做很多个侧矢面。靠近正中矢面的一侧为内侧，远离正中矢面的一侧为外侧。

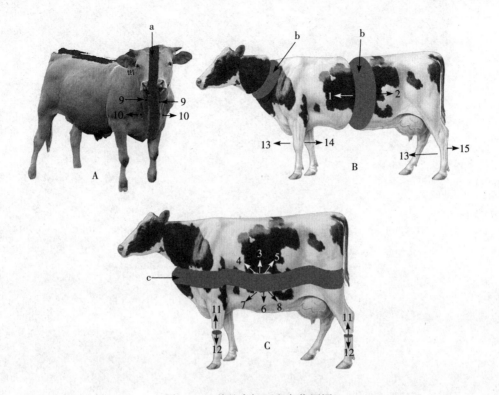

图 0-2　3 种基本切面和方位用语
A. 正中矢面　B. 横切面　C. 额面　a. 正中矢面　b. 横切面　c. 额面
1. 前　2. 后　3. 背侧　4. 前背侧　5. 后背侧　6. 腹侧　7. 前腹侧　8. 后腹侧　9. 内侧　10. 外侧
11. 近端　12. 远端　13. 背侧（四肢）　14. 掌侧　15. 跖侧

2. 额面　又称水平面，是与地面平行，并与矢面垂直的切面。额面可以将动物体分为上、下两部，上部称为背侧部，下部称为腹侧部。

3. 横切面　是横过动物体，并与矢面及额面垂直的切面。横切面可将畜体分为前、后两面，向前的一方称为前面或颅侧，向后的一方称为后面或尾侧。在头部常把靠近口的一方称为近口侧，远离口的一方称为远口侧。

前肢和后肢的前面称为背侧面。前肢的后面称为掌侧面，后肢的后面则称为跖侧面。四肢离躯干近的一端称为近端或上端，离躯干远的一端称为远端或下端。在四肢的内、外侧器官，离四肢中轴近的一侧称为近轴侧，离中轴远的一侧称为远轴侧。

其他方位用语还有内、外、深、浅等。内和外仅用于描述骨性腔和中空的器官，如胸腔、腹腔、颅腔的内和外，以及口腔、胃、肠、膀胱等器官的内和外。

深、浅二词，常用于描述器官离皮肤远近的方向和层次，如器官靠近皮肤表面近的一面称为浅面，远的一面称为深面。离皮肤表面近的一层称为浅层，远的一层称为深层。

第一篇 运动系统

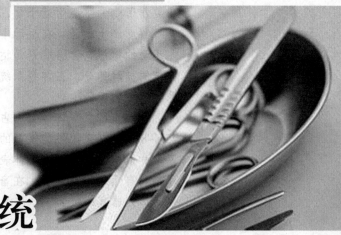

运动系统（systema locomotorium）由骨、骨连结和骨骼肌组成。全身骨借骨连结形成骨骼，构成畜体的坚固支架，在维持体型、保护脏器和支持体重等方面起着重要作用。骨骼肌附着于骨，收缩时以关节为支点，使骨位移而产生运动。在运动中，骨是运动的杠杆，关节是运动的枢纽，骨骼肌则是运动的动力，故骨骼是运动系统的被动部分，在神经系统支配下的骨骼肌则是运动系统的主动部分。

运动系统在畜体体重中占相当大的比例，为体重的75%~80%，它直接影响家畜的使役能力、肉用畜禽的屠宰率和肌肉的品质。同时体表的一些骨突起和肌肉形成了某种自然的外观标志，在畜牧兽医生产实践中可作为确定体内器官的位置、体尺测量和针灸穴位的依据。

第一章

牛骨学和关节学

第一节 概 述

骨（os）是一个器官，具有一定的形态和功能，主要由骨组织构成，坚硬而富有弹性，有丰富的血管和神经，能不断地进行新陈代谢和生长发育，并具有改建、修复和再生能力。骨基质内有大量钙盐和磷酸盐沉积，是畜体的钙、磷库，参与体内的钙、磷代谢与平衡。骨髓有造血和防卫功能。

一、骨的形态和分类

畜体各骨由于机能不同而有不同形态，可分为长骨、短骨、扁骨和不规则骨4种类型。

1. 长骨（os longum） 呈长管状，分为骨体和骨端。骨体（corpus）又名骨干，为长骨的中间较细部分，骨质致密，内有空腔，称为骨髓腔（cavum medullare），含有骨髓。骨干表面有滋养血管、神经出入骨而形成的滋养孔（foramen nutrticium）。骨的两端膨大，称为骨骺（epiphysis），其光滑面称为关节面，覆以关节软骨。骺与骨干连接的部分，称为干骺端（metaphysis），幼年时，两者之间以软骨相隔，称为骺软骨板（cartilago physialis），与骨的生长有关；成年后，骺软骨板骨化，骨干与骺融合成为一体。长骨多分布于四肢游离部，主要作用是支持体重和形成运动杠杆。

2. 短骨（os breve） 略呈立方形，大部分位于承受压力较大而运动又较复杂的部位，多成群分布于四肢的长骨之间，如腕骨和跗骨。有支持、分散压力和缓冲震动的作用。

3. 扁骨（os planum） 呈宽扁板状，分布于头、胸等处。常围成腔，支持和保护重要器官，如颅腔各骨保护脑，胸骨和肋参与构成胸廓保护心、肺、脾、肝等。扁骨亦为骨骼肌提供广阔的附着面，如肩胛骨等。

4. 不规则骨（os irregulare） 呈不规则状，功能多样，一般构成畜体中轴，如椎骨等。有些不规则骨内具有含气的腔，称为含气骨（os pneumaticum），如上颌骨等。

二、骨的构造

骨由骨膜、骨质和骨髓构成，此外尚含有血管和神经等（图1-1）。

1. 骨膜（periosteum） 是被覆于骨内、外面由致密结缔组织构成的膜。包裹于除关节面以外整个骨表面的称为骨外膜（periosteum）；衬在骨髓腔内面的称为骨内膜（endosteum）。骨外膜富有血管、淋巴管及神经，故呈粉红色，对骨的营养、再生和感觉有重要意义。在腱和韧带附着的地方，骨膜显著增厚，腱和韧带的纤维束穿入骨膜，有的深入骨质内。

骨膜分为两层，外层为纤维层，其粗大的胶原纤维束穿进骨质，对骨膜起固定、营养和保护作用；内层为成骨层，富有成骨细胞，在幼龄期非常活跃，直接参与骨的生长，到成年期则转为静止状态，但它终生保持分化能力，在骨受损伤时，能参与骨质的再生和修补。故在骨的手术中应尽量保留骨膜，以免发生骨的坏死和延迟骨的愈合。

2. 骨质　是骨的主要组成部分，可分骨密质和骨松质。骨密质（substantia compacta）位于骨的表面，构成长骨的骨干和骺以及其他类型骨的外层，质地致密，抗压、抗扭曲力强。在颅骨，骨密质构成内板和外板，两板间有骨松质，称为板障（diploe），有板障静脉通过，为颅内、外静脉通道之一。骨松质（substantia spongiosa）位于骨的内部，呈海绵状，由许多交织成网的骨小梁构成。骨松质小梁的排列方向与受力的作用方向一致。骨密质和骨松质的这种配合，使骨既坚固又轻便。

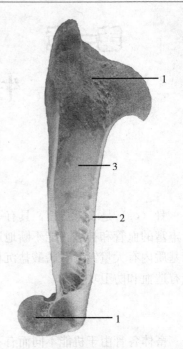

图1-1　骨的构造
1. 骨松质　2. 骨密质　3. 骨髓腔

3. 骨髓（medulla ossium）　填充于长骨的骨髓腔和骨松质的腔隙内，由多种类型的细胞和网状结缔组织构成，并有丰富的血管分布。胎儿及幼龄动物全是红骨髓，有造血功能，随动物年龄的增长，骨髓腔内的红骨髓逐渐被黄骨髓所代替。黄骨髓主要是脂肪组织，具有储存营养的作用。当机体大量失血或贫血时，黄骨髓又能转化为红骨髓而恢复造血机能。骨松质中的红骨髓终生存在，因此临床上常进行骨髓穿刺，检查骨髓象，以诊断疾病。

4. 血管与神经　骨有丰富的血管和神经分布。小的血管经骨面的小孔进入骨内分布于骨密质，较大的血管称为滋养动脉，穿过骨的滋养孔分布于骨髓，骨的神经随血管行走，分布于骨小梁间、关节软骨下面、骨内膜、骨髓和血管壁上。

三、骨的化学成分及物理特性

骨含有机质和无机质两种化学成分，有机质使骨具有弹性和韧性，无机质则使骨增加硬度。有机质主要包含骨胶原纤维和黏多糖蛋白，这些有机质约占骨重的1/3。骨重的另外2/3是以碱性磷酸钙为主的无机盐类。如用酸脱去无机盐类，骨虽仍具骨原有形态，但柔软而有弹性；将骨燃烧除去有机质，其形态不变，但骨脆而易碎。

有机质和无机质在骨中的比例，随年龄和营养健康状况不同而变化。幼畜的骨有机质相对多些，较柔韧，易变形；老龄畜的骨无机质相对较多，骨质硬而脆，易折碎。

新鲜骨的化学成分：见表1-1。

表1-1　新鲜骨的化学成分（平均值）

在整个骨内的含量	（%）	骨的无机物含量	（%）
水分	50.0	磷酸钙	85.0
有机质	28.15	碳酸钙	9.0

(续)

在整个骨内的含量	（%）	骨的无机物含量	（%）
无机质	21.85	氟化钙	3.0
		磷酸镁	1.5
		氯化钠和氯化钾	0.5
		其 他	1.0

新鲜骨呈乳白色或粉红色，干燥骨轻而色白。骨是体内坚硬的器官之一，能承受很大的压力和张力。骨的这种物理特性与骨的形状、内部结构及其化学成分有密切的关系。

四、骨的连接

骨与骨之间借纤维结缔组织、软骨或骨组织相连，形成骨连接。由于骨间连接及其运动情况不同，可分为两大类，即直接连接和间接连接。

（一）直接连接

两骨的相对面或相对缘借结缔组织直接相连，其间无腔隙，不活动或仅有小范围活动，以保护和支持功能为主。根据骨连接间组织的不同，分为纤维连接和软骨连接。

1. 纤维连接（articulationes fibrosae）　两骨之间以纤维结缔组织相连，连接牢固，一般无活动性，如头部诸骨之间的缝（sutura），桡骨和尺骨之间的韧带连接（syndesmosis）。这种连接大部分是暂时性的，随年龄的增长而骨化，转变为骨性结合。

2. 软骨连接（articulationes cartilagineae）　两骨间借软骨相连，基本不能活动。软骨连接有两种形式：透明软骨结合，如蝶骨和枕骨的结合，长骨的骨干与骺间的骺软骨板等，到老龄时，常骨化为骨性结合；纤维软骨结合，如椎体之间的椎间盘，这种连接，在正常情况下终生不骨化。

（二）间接连接

为骨连接中较普遍的一种形式。骨与骨不直接连接，其间有滑膜包围的腔隙，能进行灵活的运动，故又称为滑膜连接（articulationes synoviales），简称为关节（articulatio）。

1. 关节的基本结构　关节由关节面、关节软骨、关节囊、关节腔及血管、神经和淋巴管等构成（图1-2）。有的关节尚有韧带、关节盘等辅助结构。

（1）关节面（facies articularis）　是相关两骨的接触面，骨质致密，一般为一凹一凸，表面覆以软骨，称为关节软骨（cartilago articularis），为透明软骨，厚薄不一，且富有弹性，可减轻运动时的冲击和摩擦。关节软骨无血管、淋巴管和神经，其营养从滑液和关节囊滑膜层的血管渗透获得。家畜中常见的关节面有球形、窝形、髁状和滑车状，运动范围较大；

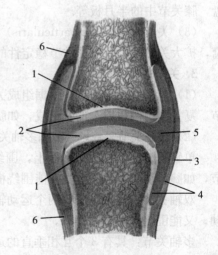

图1-2　关节构造模式图
1. 关节面　2. 关节软骨　3. 关节囊的纤维层
4. 关节囊的滑膜层　5. 关节腔　6. 骨膜

有些关节面呈平面,运动范围较小,主要起支持作用。

(2) 关节囊(capsula articularis) 为结缔组织膜,附着于关节面周缘及其附近的骨面上,形成囊状并封闭关节腔。囊壁分内、外两层。外层是纤维层(stratum fibrosum),由致密结缔组织构成,富有血管和神经。纤维层厚而坚韧,有保护作用,其厚度与关节的功能关系密切。负重大而活动性较小的关节,纤维层厚而紧张;运动范围大的关节,纤维层薄而松弛。内层是滑膜层(stratum synoviale),由疏松结缔组织构成,呈淡红色,薄而光滑,紧贴于纤维层的内面,附着于关节软骨的周缘,能分泌滑液,有营养软骨和润滑关节的作用。滑膜常形成绒毛和皱襞,突入关节腔内,以扩大分泌和吸收面积。在纤维层薄的部位或缺如处,滑膜层常向外呈囊状膨出,形成滑液囊(bursa synoviale)。

(3) 关节腔(cavum articulares) 为关节囊的滑膜层和关节软骨共同围成的密闭腔隙,腔内仅含有少量的滑液。关节腔内为负压,这不仅有利于关节的运动,而且可以维持关节的稳定性。

(4) 关节的血管、淋巴管及神经 关节的动脉主要来自附近动脉的分支,在关节周围形成动脉网,再分支到骨骺和关节囊。关节囊各层都有淋巴管网,关节软骨无淋巴管。神经亦来自附近神经的分支,在滑膜内及其周围有丰富的神经纤维分布,并有特殊感觉神经末梢,如环层小体和关节终球。

2. 关节的辅助结构 是适应关节的功能而形成的一些结构。

(1) 韧带(ligamenta) 见于多数关节,由致密结缔组织构成。位于关节囊外的韧带为囊外韧带(ligg. extracapularia);在关节两侧的,为内、外侧副韧带(ligamenta collateralia);位于关节囊内的为囊内韧带(ligg. intracapsularia),但它并不是位于关节腔内,而是夹于关节囊的纤维层和滑膜层之间,同时滑膜层折转将囊内韧带包裹,如髋关节的圆韧带等;位于骨间的为骨间韧带。韧带可增强关节的稳固性,并且对关节的运动有限定作用。

(2) 关节盘(discus articularis) 是位于两关节面之间的软骨板或致密结缔组织,其周缘附于关节囊内面,将关节腔完全或不完全地分成两部分。关节盘可使两关节面更为适合,减少冲击和震荡,有增加运动形式和扩大运动范围的作用,如椎体的椎间软骨和椎间盘、膝关节中的半月板等。

(3) 关节唇(labrum articularis) 是附着于关节窝周缘的纤维软骨环,可以加深关节窝,扩大关节面,有增强关节稳定性的作用,如髋臼周围的缘软骨。

3. 关节的类型

(1) 单关节和复关节 根据组成关节的骨数划分。单关节仅由两枚骨连接形成,如肩关节。复关节由两枚以上的骨组成,如腕关节;或由两枚骨间夹有关节盘构成,如股胫关节。

(2) 单轴关节、双轴关节和多轴关节 根据关节运动轴的数目,可将关节分为以下3种。

单轴关节:是在一个平面上,围绕一个轴运动的关节。家畜的四肢关节多数为单轴关节,如腕、肘、指等关节,只能围绕横轴作伸屈动作,其关节面适应于一个方向的运动。

双轴关节:是可以围绕两个运动轴进行活动的关节,如寰枕关节既能围绕横轴作屈伸运动,又能围绕纵轴左右摆动。

多轴关节:具有3个互相垂直的运动轴,可作多种方向的运动。关节面呈球、窝状,如髋关节,除能作伸、屈、内收和外展外,尚能进行旋转运动。

4. 关节的运动 与关节面的形状及其相关韧带的排列有密切的关系。家畜关节的运动一般可分为下列4种。

（1）滑动（gliding movement） 是最简单的一种运动，相对关节面的形态基本一致，一个关节面在另一个关节面上轻微滑动，如颈椎关节突之间的关节。

（2）屈、伸运动 是关节沿横轴进行的运动。运动时两骨的骨干相互接近，使关节角度缩小的为屈（flexio）；反之，使关节角度变大的为伸（extensio）。

（3）内收、外展运动 是关节沿纵轴进行的运动。运动时骨向正中矢面接近的为内收（adductio）；相反，使骨远离正中矢面的为外展（abductio）。

（4）旋转（rotatio） 骨环绕垂直轴运动时为旋转运动。向前向内侧旋转时称为旋内（pronatio）；相反，则称为旋外（supinatio）。

五、畜体全身骨的划分

家畜全身骨可分为中轴骨、四肢骨和内脏骨（图1-3）。中轴骨位于畜体正中线上，构成畜体的中轴，包括躯干骨和头骨。四肢骨包括前肢骨和后肢骨。内脏骨位于内脏器官或柔软器官内，如犬的阴茎骨、牛的心骨等。

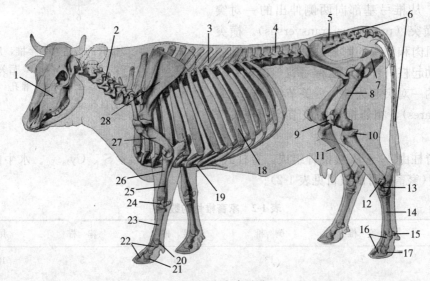

图1-3 牛全身骨骼

1. 头骨 2. 颈椎 3. 胸椎 4. 腰椎 5. 荐椎 6. 尾椎 7. 坐骨 8. 股骨 9. 髌骨 10. 腓骨头 11. 胫骨 12. 踝骨 13. 跗骨 14. 跖骨 15. 后肢近籽骨 16. 趾骨 17. 后肢远籽骨 18. 肋 19. 胸骨 20. 前肢近籽骨 21. 前肢远籽骨 22. 指骨 23. 掌骨 24. 腕骨 25. 尺骨 26. 桡骨 27. 肱骨 28. 肩胛骨

（引自 Sisson，1938）

第二节 躯干骨及其连接

一、躯 干 骨

躯干骨包括脊柱、肋和胸骨。脊柱（columua vertebralis）由一系列椎骨：颈椎（C）、胸椎（T）、腰椎（L）、荐椎（S）和尾椎（Cy），借软骨、关节和韧带连接而成，构成畜体的中轴，前端连接头骨，在头颈之间形成颈弯曲；颈胸之间形成颈背弯曲；胸腰之间形成背腰弯曲。在整个脊柱中，因胸椎有肋限制，荐椎有髋骨限制，故活动性较小，而颈椎、腰椎的活动性较大，尾椎活动范围最大。

脊柱有保护脊髓、支持头部、悬吊内脏、支持体重、传递冲力等作用，并作为胸腔、腹腔及盆腔的支架。

（一）椎骨

各段椎骨（vertebrae）的形态和构造虽有不同，但基本相似。每个椎骨均由椎体、椎弓和突起组成。椎体（corpus vertebrae）是椎骨的腹侧部分，呈短柱状，表面有一薄层的骨密质，内部为骨松质。前端突出为椎头（caput vertebrae），后端凹陷为椎窝（fossa vertebrae）。相邻椎骨的椎头和椎窝相连接。椎弓（arcus vertebrae）位于椎体的背侧，与椎体共同围成椎孔（foramen vertebrae）。全部椎骨的椎孔依次相连，形成椎管（canalis vertebralis），主要容纳脊髓。椎弓基部的前后缘各有一对切迹，相邻椎弓的切迹合成椎间孔（foramen intervertebralis），供血管和神经通过。突起有3种，从椎弓背侧向上方伸出的一个突起，称为棘突（processus spinosus）。从椎弓基部向两侧伸出的一对突起，称为横突（processus transversus）。横突和棘突是肌肉和韧带的附着处，对脊柱的伸屈或旋转运动起杠杆作用。从椎弓背侧的前、后缘各伸出的一对突起为前、后关节突（processus articulares），相邻椎骨的关节突构成关节（图1-4）。

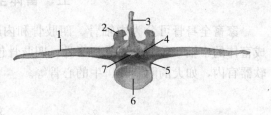

图1-4 典型椎骨的构造（牛腰椎，后面）
1. 横突 2. 前关节突 3. 棘突 4. 后关节突
5. 椎后切迹 6. 椎窝 7. 椎孔
（引自 Sisson，1938）

牛的脊柱由49～51枚椎骨组成。脊柱式为 C_7、T_{13}、L_6、S_5、$Cy_{18～20}$。水牛的尾椎为16～26枚（家畜椎骨的数目见表1-2）。

表1-2 家畜椎骨的数目

	颈椎	胸椎	腰椎	荐椎	尾椎
牛	7	13	6	5	18～20
羊	7	13	6～7	4	3～24
马	7	18	6	5	14～21
猪	7	14～16	6～7	4	20～23
犬	7	13	7	3	20～23
兔	7	12	7	4	10

1. 颈椎（vertebrae cervicales） 共有7枚。第3～5颈椎的形态基本相似，第1、第2和第6、7颈椎比较特殊。

第3～5颈椎有发达的椎体，腹侧嵴明显，椎头和椎窝很显著，关节突特别发达，呈板状。棘突小，横突分为背侧支和腹侧支。横突基部有横突孔（foramen transversarius）。

第1颈椎又称寰椎（atlas），呈环形，由背侧弓和腹侧弓及侧块构成，无椎体、棘突和关节突。前端有成对关节窝，与枕髁形成关节，后端有与第2颈椎成关节的鞍状关节面。背侧弓较长，有背侧结节；腹侧弓短，正中有一明显的腹侧结节。侧块介于两弓的侧方，左右各一。横突呈翼状，称为寰椎翼（ala atlantis），其外侧缘可以在体表摸到。寰椎翼的腹侧凹为寰椎窝（fossa atlantis）。翼前部的内侧有椎外侧孔（foramen vertebrale lateralis），通向椎管；外侧有翼孔（foramen alare），通寰椎窝。无横突孔（图1-5）。

第2颈椎又称为枢椎（axis），椎体最长，前端形成齿突（dens），与寰椎的鞍状关节面构成可转动的关节。棘突发达，呈板状，斜向后上方，无前关节突。后关节突位于棘突后缘。横突长而不分支，伸向后方，有横突孔形成管状，但较小。椎外侧孔大而圆（图1-6）。

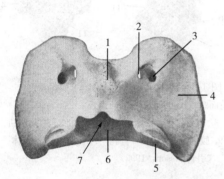

图1-5　牛寰椎

1. 背侧弓　2. 椎外侧孔　3. 翼孔　4. 寰椎翼
5. 鞍状关节面　6. 腹侧弓　7. 椎孔
（引自Sisson，1938）

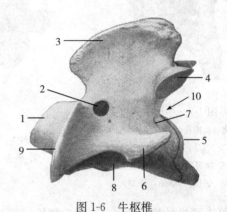

图1-6　牛枢椎

1. 齿突　2. 椎外侧孔　3. 棘突　4. 后关节突　5. 椎窝
6. 横突　7. 横突孔　8. 椎体　9. 鞍状关节面　10. 椎后切迹
（引自Sisson，1938）

第6颈椎的椎体略短，无腹侧嵴，腹侧面稍凹。水牛其背侧面中内部有隆起，两侧有明显的容纳椎内静脉丛的沟。棘突较发达。横突的背侧支窄而短，向外侧伸出；腹侧支宽而厚，呈四边形，向腹侧伸出（图1-7）。

第7颈椎的椎体最短，无腹侧嵴，腹侧面略呈弧形，椎窝的两侧各有一后肋凹，与第1肋的肋头成关节，棘突发达，接近垂直，在诸颈椎中最高。横突不分支，无横突孔。前关节突的关节面比后关节突的宽大。

2. 胸椎（vertebrae thoracicae）　共有13枚，位于背部。椎体近似三棱柱形，椎头和椎窝不明显，椎体前、后端的两侧有前、后肋凹（fovea costalis cranialis et caudalis），与肋头成关节，最后胸椎无后肋凹。相邻胸椎的椎体间除椎间孔外，还有一椎外侧孔，但第1～5胸椎的椎外侧孔有时不完整。横突较短，由前向后逐渐变小，其游离端腹侧面有关节小面，称为横突肋凹（fovea costalis processus），与相应的肋结节成关节，最后两枚胸椎的横突常不与肋骨成关节。在横突的前上方有结节状乳突（processus mamillaris）。前关节突位于椎弓背面两侧的前部，关节面朝向上方；后关节突的关节面位于棘突基部的后方，关节面朝向后下方。棘突特别发达，第2～6棘突最高，为鬐甲的骨质基础。从第1～12胸椎棘突向后逐渐倾斜，第13胸椎棘突则垂直（图1-8）。

3. 腰椎（vertebrae lumbales）　共有6枚，构成腹腔顶壁的骨质基础。椎体较发达，第4和第5腰椎的椎体最长。椎头和椎窝不明显。横突长，呈上下压扁的板状突，伸向外

第一篇 运动系统

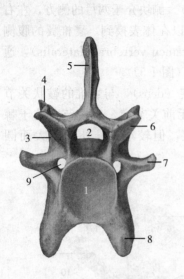
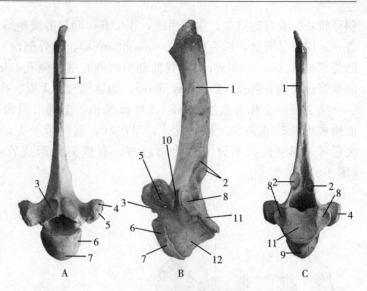

图1-7 牛第6颈椎
1. 椎窝 2. 椎孔 3. 椎弓 4. 前关节突
5. 棘突 6. 后关节突 7. 横突背侧支
8. 横突腹侧支 9. 横突孔
（引自Sisson，1938）

图1-8 黄牛第4胸椎
A. 前面观 B. 侧面观 C. 后面观
1. 棘突 2. 后关节突 3. 前关节突 4. 横突 5. 横突肋凹 6. 前肋凹
7. 椎头 8. 后肋凹 9. 腹侧嵴 10. 椎外侧孔 11. 椎窝 12. 椎体
（引自Sisson，1993）

侧。第1腰椎的横突短，第2~5腰椎逐渐增长，第6腰椎较短。棘突发达，其高度与后部胸椎的相等。相邻关节突连接坚固，以增加腰部的牢固性（图1-9）。

4. 荐椎（vertebrae sacrales） 共有5枚，位于荐部，构成骨盆腔顶壁的骨质基础。荐椎互相愈合在一起称为荐骨（os sacrum）。荐骨棘突互相融合形成荐正中嵴（crista sacrslis mediana），呈前后纵向隆起。第1荐椎的关节突较大，与其余关节突愈合为荐中间嵴（crista sacralis intermedia）。在荐中间嵴与正中嵴之间所形成的沟内有4对荐背侧孔（foramina sacralis dorsalis），在荐骨的盆面两侧有较大的4对荐盆侧孔（foramina sacralis pelvina），与荐背侧孔相通，是血管和神经的通路。荐骨横突相互愈合，前部宽阔为荐骨翼（ala sacrali），翼的后下方有三角形的耳状关节面（facies auricularis），与髂骨成关节；后部称为荐外侧嵴（crista sacralis lateralis），薄而尖锐。第1荐椎椎体的前端腹侧缘略凸，为荐骨岬（promontorium）。荐骨的盆面正中有一明显的脉管沟，内含荐中动脉（图1-10）。

5. 尾椎（vertebrae coccygeae） 共有18~20枚。仅前5（6）枚尾椎具有椎骨的一般结构。愈向后愈退化，最后尾椎逐渐变成圆柱状。

（二）肋

肋（costae）由肋骨（os costae）和肋软骨（cartilago costalis）组成（图1-11）。肋骨位于背侧，肋软骨位于腹侧。前8对肋骨以肋软骨与胸骨相接称为真肋（costae verae）或胸肋（costae sternales）；其余肋骨的肋软骨则由结缔组织连接于前一肋软骨上，称为假肋（costae spuriae）或弓肋。相邻两肋之间的间隙，称为肋间隙（spatia intercostalia）。最后肋骨与各弓肋的肋软骨顺次相接，形成肋弓（arcus costalis），作为胸廓的后界。

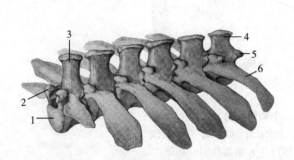
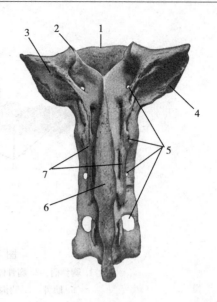

图 1-9 腰椎（前侧面观）
1. 第1腰椎椎头　2. 第1腰椎前关节突　3. 第1腰椎棘突
4. 第6腰椎棘突　5. 第6腰椎后关节突　6. 第6腰椎横突
（引自 Sisson，1938）

图 1-10 牛荐骨
1. 椎头　2. 前关节突　3. 荐骨翼　4. 耳状关节面
5. 荐背侧孔　6. 荐正中嵴　7. 荐中间嵴
（引自 Sisson，1938）

肋细长而呈弓形，无骨髓腔，属于扁骨，构成胸腔的侧壁，左右成对。其对数与胸椎数相同，有13对。肋骨宽、扁而略弯曲，椎骨端有肋头（caput costae），分为前、后肋头关节面，分别与两相邻椎体的前、后肋凹成关节；肋结节（tuberculum costae）位于肋头的后上方，与相应胸椎的横突肋凹成关节。肋结节与肋头间缩细的部分为肋颈（collum costae）。在肋骨后缘内侧有血管神经通过的肋沟。第1肋最短，第8~10肋最长和最宽。真肋的肋间隙宽，假肋的相应变窄，但最后肋间隙则又较宽。

肋软骨由透明软骨构成，呈棒状。真肋的肋软骨位于真肋肋骨的腹侧，其远端与胸骨成关节。假肋的肋软骨由前至后依次紧密相连。有的肋软骨末端游离，称为浮肋（fluctuantes costae）。

（三）胸骨和胸廓

1. 胸骨（sternum）　位于胸廓底壁的正中，由7枚骨质的胸骨片（sternebrae）借软骨连接而成，胸骨的前部为胸骨柄（manubrium sterni），几乎与地面垂直，缺柄软骨，两侧与第1肋的肋软骨成关节。中部为胸骨体（corpus sterni）上下压扁，在胸骨片间有肋窝与胸骨肋成关节。胸骨的后端为剑状突（processus xiphoideus），接圆盘状的剑状软骨（cartilago xiphoidea）（图 1-11）。

2. 胸廓（thorax）　是由胸椎、肋骨、肋软骨和胸骨组成的前小后大的截顶锥形的骨性支架。胸前口较高，由第1胸椎、第1对肋及胸骨柄构成。胸后口较宽大，向前下方倾斜，由最后胸椎、肋弓和剑状软骨构成。胸廓前部的肋较短，并与胸骨连接，坚固性强，但活动范围小，适应于保护胸腔器官。前部两侧压扁，有利于肩胛骨附着。胸廓后部的肋长且弯曲，活动范围大，形成呼吸运动的杠杆。

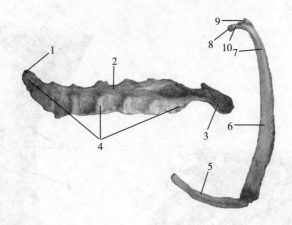

图 1-11 牛胸骨和肋
1. 胸骨柄 2. 胸骨体 3. 剑状软骨 4. 肋窝 5. 肋软骨
6. 肋骨 7. 肋沟 8. 肋头 9. 肋结节 10. 肋颈

二、躯干骨的连接

躯干骨连接分为脊柱连接和胸廓连接。

（一）脊柱连接

脊柱连接包括椎体间连接、椎弓间连接、脊柱总韧带和寰枕及寰枢关节。

1. 椎体间连接 是相邻椎骨的椎头和椎窝之间，借纤维软骨和韧带相连（图 1-12）。纤维软骨呈盘状，称为椎间盘（disci intervertebrales）。盘的外周是纤维环（anulus fibrosus），中央为柔软而富有弹性的髓核（nucleus pulposus），是胚胎时期脊索的遗迹。椎间盘具有弹性，有缓冲作用，椎间盘愈厚的部位，运动范围愈大。颈部和尾部的椎间盘厚，故活动范围较大。

2. 椎弓间连接 包括椎弓板之间连接和各突起之间的连接。除关节突间形成关节外，其余均由韧带连接。关节突间关节（articulationes pexessuum articularium），是相邻椎骨的关节突构成的关节，有关节囊，可进行滑动运动。颈部的关节囊强而宽大，胸腰部的小而紧。

3. 脊柱总韧带 是贯穿脊柱，连接大部分椎骨的韧带，包括棘上韧带、背侧纵韧带、腹侧纵韧带。此外尚有横突间韧带及棘间韧带（图 1-12）。

（1）棘上韧带（lig. supraspinale） 连于多数椎骨棘突的顶端，由枕骨向后伸延至荐骨。颈部的棘上韧带特别强大，称为项韧带（lig. nuchae）。项韧带由弹性组织构成，呈黄色，分为左右两半，每半又分为索状部和板状部（图 1-13）。索状部（funiculus nuchae）呈圆索状，起自枕外隆凸，自枢椎向后，左右并列，沿颈的背侧缘向后至胸椎棘突两侧，逐渐加宽变扁并被斜方肌和菱形肌覆盖，从第 3 胸椎棘突开始逐渐减小，到腰部消失。板状部（lamina nuchae）呈板状，位于索状部和颈椎棘突之间的三角形间隙内，分前、后两部分。前部亦分为两层，两层间以疏松结缔组织相连；后部为单层。起自第2~3 胸椎棘突及索状部，向前下方止于颈椎棘突。

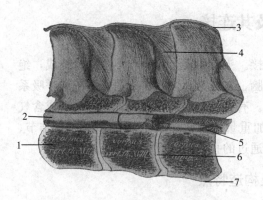

图1-12 胸腰椎间连接
1. 椎体 2. 脊髓 3. 棘上韧带 4. 棘间韧带
5. 背侧纵韧带 6. 椎间盘 7. 腹侧纵韧带
（引自 Sisson，1938）

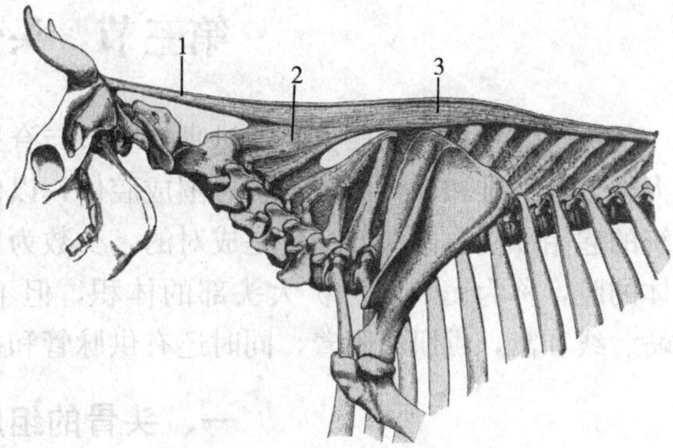

图1-13 牛项韧带
1. 项韧带索状部 2. 项韧带板状部 3. 棘上韧带
（引自 Sisson，1938）

棘上韧带和项韧带的主要作用是连接和固定椎骨，协助头颈部肌肉支持头颈。

（2）背侧纵韧带（lig. longitudinale dorsale） 位于椎管的底壁，起自枢椎，止于荐骨。在每个椎体的中央部较窄，椎间盘处变宽，并紧密附于椎间盘上。

（3）腹侧纵韧带（lig. longitudinale ventrale） 即附着于椎体和椎间盘腹侧面的长韧带，起于第7胸椎，止于荐骨的骨盆面。

（4）横突间韧带（lig. intertransversaria）及棘间韧带（lig. interspinalia） 是位于相邻椎骨横突、棘突之间的短韧带，均由弹性纤维构成。腰部无横突间韧带。

4. 寰枕关节和寰枢关节

（1）寰枕关节（art. atlantooccipitalis） 由寰椎的前关节窝和枕髁构成。关节囊宽大，左右两滑膜囊彼此不相通。为双轴关节，可作屈伸和小范围的左右转运动。

（2）寰枢关节（art. atlantoepistrophica） 由寰椎鞍状关节面与枢椎齿突构成，关节囊松大，运动范围较大。

（二）胸廓连接

胸廓连接包括肋椎关节和肋胸关节。

1. 肋椎关节（art. costovertebrefes） 包括肋头关节和肋横突关节。

（1）肋头关节（art. capitis costae） 由肋头上两个卵圆形小关节面分别与相邻两椎骨体的前肋凹和后肋凹构成。

（2）肋横突关节（art. costernocostales） 由肋结节关节面与胸椎的横突肋凹构成。

肋椎关节运动时，可使肋前后移动从而产生呼吸运动。前部的关节活动性小，后部的活动性大。

2. 肋胸关节（art. sternocostales） 由真肋的肋软骨与胸骨构成的关节，具有关节囊和韧带。第2～11肋骨远端和肋软骨的近端还构成肋软骨关节（art. costochondrales），有关节囊和肋间韧带（lig. intercostalia）。

第三节 头骨及其连接

头骨位于脊柱的前方，通过寰枕关节与脊柱连接。头骨主要由扁骨和不规则骨构成，绝大部分借纤维和软骨组织连接，围成腔体，以保护脑、眼球、耳，并构成消化系统和呼吸系统的起始部。头部大部分骨是成对的，少数为单骨。有些头骨的扁骨内、外板之间形成含气体的腔，称为窦。窦可扩大头部的体积，但不增加重量。有些头骨上有许多突起、结节、嵴、线和窝，供肌肉附着，同时还有供脉管和神经通过的孔、沟、管和裂等。

一、头骨的组成及构造特点

头骨分颅骨和面骨。颅骨位于头的后上方，构成颅腔和感觉器官——眼、耳和嗅觉器官的保护壁。面骨位于头的前下方，形成口腔、鼻腔、咽、喉和舌的支架（图1-14、图1-15、图1-16、图1-17）。

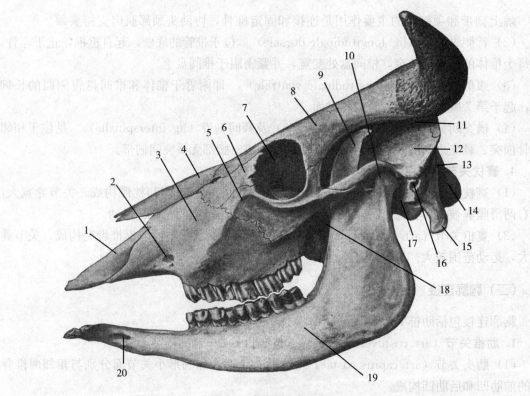

图1-14 牛头骨（侧面观）
1.切齿骨 2.眶下孔 3.上颌骨 4.鼻骨 5.颧骨 6.泪骨 7.眶窝 8.额骨
9.下颌骨冠状突 10.髁突 11.顶骨 12.颞骨 13.枕骨 14.枕髁
15.颈静脉突 16.外耳道 17.颞骨岩部 18.腭骨 19.下颌骨 20.颏孔
（引自Sisson，1938）

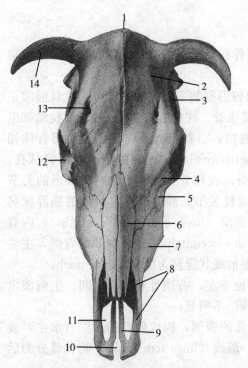

图 1-15 牛头骨（正面观）

1. 额隆起 2. 额骨 3. 颞骨 4. 泪骨
5. 颧骨 6. 鼻骨 7. 上颌骨 8. 切齿骨
9. 切齿骨腭突 10. 切齿裂 11. 腭裂
12. 眶窝 13. 眶上孔 14. 角突

（引自 Sisson，1938）

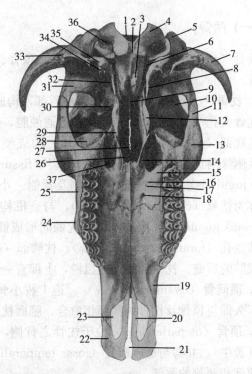

图 1-16 牛头骨（底面观）

1. 枕骨大孔 2. 枕骨 3. 肌结节 4. 枕髁 5. 颈静脉突 6. 岩枕裂
7. 角突 8. 肌突 9. 蝶骨 10. 眶窝 11. 颞突 12. 翼骨 13. 颧骨
14. 蝶腭孔 15. 腭骨 16. 腭后孔 17. 腭小孔 18. 腭大孔 19. 切齿间缘
20. 切齿骨腭突 21. 切齿裂 22. 切齿骨 23. 腭裂 24. 面结节
25. 上颌骨 26. 鼻后孔 27. 犁骨 28. 泪泡 29. 翼骨钩
30. 眶圆孔 31. 颞髁 32. 卵圆孔 33. 外耳道 34. 颞孔 35. 鼓泡
36. 舌下神经管 37. 上颌孔

（引自 Sisson，1938）

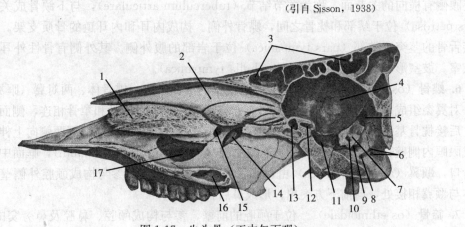

图 1-17 牛头骨（正中矢面观）

1. 上鼻甲骨 2. 筛鼻甲 3. 额窦 4. 颅腔 5. 颧孔 6. 枕骨 7. 颞骨
8. 舌下神经孔 9. 颈静脉孔 10. 内耳道 11. 卵圆孔 12. 视神经孔
13. 蝶窦 14. 蝶腭孔 15. 通上颌窦 16. 腭窦 17. 通腭窦

（引自 Sisson，1938）

（一）颅骨

颅骨（ossa cranii）包括成对的额骨、顶骨、颞骨和不成对的枕骨、顶间骨、蝶骨和筛骨等骨。

1. 枕骨（os cooipitale）　位于颅后部，构成颅腔后壁和下底壁的一部分。枕骨后端正中有枕骨大孔（foramen magnum），前通颅腔，后接椎管。枕骨由基底部、侧部及枕鳞部组成。基底部（pars basilaris）或枕骨体，构成颅腔底壁，自枕骨大孔向前延伸与蝶骨体相接。其侧缘与鼓泡间形成裂缝为岩枕裂（fissura petrooccipitalis），裂的后部有颈静脉孔。侧部（jugularis）位于枕骨大孔两侧及背侧一小部分。在枕骨大孔的两侧有卵圆形的关节面，称为枕髁（condylus occipitalis），与寰椎构成寰枕关节。髁的外侧有粗大的颈静脉突（processus jugularis）。突的基部与枕髁间形成髁腹侧窝（fossa condylaris ventralis），内有舌下神经孔（foramen n. hypoglossi）。枕鳞部（squame occipitalis）位于侧部的背侧，主要构成颅腔的后壁。枕鳞部的外表粗糙，上部有一明显的线状隆起为项线（linea nuchae）。

2. 顶间骨（os interparietale）　是1枚小骨，位于左、右顶骨和枕骨之间。生前或出生后不久即与顶骨及枕骨枕鳞部相愈合，脑面枕内隆凸不明显。

3. 顶骨（os parietale）　位于枕骨之背侧，额骨的腹侧，构成颅腔的顶壁（水牛）或后壁（黄牛），并参与形成颞窝（fossa temporalis）。颞线（linea temporalis）将顶骨分为后方的顶部和两侧的颞部。

4. 额骨（os frontale）　位于鼻骨和筛骨的后方，顶骨的前方，外侧接颞骨。黄牛的额骨特别发达宽广，水牛的次之。额骨的前部有向两侧伸出的眶上突（processus supraorbitale），构成眼眶的上界。在眼眶间，有眶上沟，沟内有眶上孔（foramen supraorbitale）。

5. 颞骨（os temporale）　位于枕骨的前方，顶骨的外下方，构成颅腔的侧壁。分为鳞部、岩部和鼓部。鳞部（pars squamosa）与额骨、顶骨和蝶骨相接，向外伸出颧突（processus zygomaticus）。颧突转向前方，与颧骨颞突相联合，形成颧弓（arcus zygomaticus）。颧突腹侧有横向的关节面，称为关节结节（tuberculum articulare），与下颌骨成关节。岩部（pars petrosa）位于鳞部和枕骨之间，蝶骨外侧。构成内耳和内耳道的骨质支架。其腹侧有连接舌骨的茎突。鼓部（pars tympanica）位于岩部的腹外侧。其外侧有骨性外耳道，向内通鼓室。鼓室形成突向腹外侧的鼓泡（bulla tympanica）。

6. 蝶骨（os sphenoidale）　构成颅腔底壁的前部，由一蝶骨体、两对翼（眶翼、颞翼）和一对翼突组成，形如展翅的蝴蝶形。前方与筛骨、腭骨、翼骨和犁骨相连，侧面与颞骨相接，后接枕骨基底部。蝶骨体位于正中，呈短棱柱状。眶翼由骨体前部两侧向上伸延，参与构成眼眶内侧壁。在眶翼基部的后方有眶圆孔（foramen orbitorotundum），眶面中央有视神经管口，颞翼（alae temporales）由骨体后部向背外侧伸出，参与构成颅腔外侧壁。翼突在骨体与颞翼相接处，向前下方突出，形成鼻后孔的侧壁。

7. 筛骨（os ethmoidale）　位于颅腔的前壁，参与构成颅腔、鼻腔及鼻旁窦的一部分。由筛板、垂直板和一对筛骨迷路组成。筛板（lamina cribrosa）是位于鼻腔与颅腔之间的筛状隔板，脑面被筛骨嵴分成左右两个椭圆形的筛骨窝，以容纳脑的嗅球。筛板上有许多小孔，为嗅神经纤维的通路。垂直板（lamina perpendicularis）位于正中，伸向鼻腔，构成鼻中隔后部。筛骨迷路（labyrinthus ethmoidalis）又称侧块，呈圆锥形，位于垂直板两侧，由许多卷曲的薄骨板构成，向前突向鼻腔，支持鼻黏膜。

（二）面骨

面骨（ossa faciei）由成对鼻骨、泪骨、颧骨、上颌骨、切齿骨、腭骨、翼骨、上鼻甲骨、下鼻甲骨及不成对的犁骨、下颌骨和舌骨等 12 种 21 枚骨组成。

1. 鼻骨（os nasale）　位于额骨前方，构成鼻腔顶壁的大部。后缘以锯齿状的鼻额缝与额骨相连。左、右侧鼻骨在正中线相连。鼻骨短而窄，前后几乎等宽，鼻腔面凹，供上鼻甲骨附着。

2. 泪骨（os lacrimale）　位于眼眶的前内侧，上颌骨的后上方，其大部以锯齿状缝与相邻骨相接。泪骨可分为眶面、鼻面和颜面。眼眶内有漏斗状的泪囊窝（fossa saccilacrimalis），窝内有通向鼻腔的鼻泪管开口。

3. 颧骨（os zygomaticum）　位于泪骨下方，构成眼眶的下界。颧骨有两个明显的突起：额突（processus frontalis）朝向背侧，与额骨的颧突相连；颞突（processus temporalis）向后方突出，与颞骨的颧突相连，构成颧弓。

4. 上颌骨（os maxillare）　位于面部的两侧，构成鼻腔的侧壁、底壁和口腔的上壁，几乎与所有面骨相接，分为骨体和腭突。骨体位于鼻骨的下方，在颧骨和泪骨的前方，构成鼻腔的侧壁；外侧面有不甚明显的面嵴（crista facialis），其前端有面结节（tuber faciale）。在面结节的前上方有眶下孔（foramen imfraorbitale），为眶下管的外口。上颌骨的下缘称为齿槽缘，有 6 个臼齿槽；后端圆而突出，称为上颌结节（tuber maxillare）。腭突（prosessus palatinus）由骨体内侧下部，向正中矢面伸出的水平骨板形成，构成硬腭的骨质基础，将口腔和鼻腔隔开。

5. 切齿骨（os incisivum）　位于上颌骨的前方，由骨体、腭突和鼻突组成。骨体位于前端，薄而扁平，无切齿槽，水牛的骨体较宽大。腭突由骨体呈水平方向向后突出，嵌入上颌骨左、右腭突前端之间的间隙内，并与犁骨柄相接，形成硬腭前部的骨质基础。腭突的外侧缘与上颌骨、切齿骨的鼻突之间，形成宽大的腭裂（fissura palatina）。鼻突构成鼻腔前部的骨质壁。鼻突与鼻骨前部的游离缘共同形成鼻切齿骨切迹（incisura nasoinsisiva）或鼻颌切迹。

6. 腭骨（os palatinum）　位于鼻后孔两侧，构成鼻后孔侧壁及硬腭后部的骨性支架，分为水平部和垂直部。水平部（pars horizontalis）在上颌骨腭突的后方，与上颌骨的水平部和切齿骨的腭突形成硬腭的骨质基础。垂直部（pars perpendicularis）形成鼻后孔侧壁的大部。

7. 翼骨（os pterygoideum）　是薄而窄并稍带弯曲的骨板，构成鼻后孔侧壁后部的支架。翼骨前下端游离而薄锐，形成翼骨钩（hamuius pterygoideus）。

8. 犁骨（vomer）　位于鼻腔底面的正中。前面形成宽阔的中隔沟（sulcus septalis），容纳筛骨垂直板及鼻中隔软骨。犁骨的后部不与鼻腔的底壁接触，故鼻后孔不分为两半。水牛犁骨发达，伸至鼻后孔正中，将其分为左右两半。

9. 鼻甲骨（ossa conchae nasalis）　是两对卷曲的薄骨片。附着于鼻腔侧壁上。上、下鼻甲骨将每侧鼻腔分为上、中、下 3 个鼻道。

10. 下颌骨（mandibula）　是头骨中最大的骨。分为前部的骨体和后部的下颌支。骨体略呈水平位，较厚，前部为切齿部，每侧有4个切齿槽；后部为臼齿部，每侧有6个臼齿槽。切齿槽与臼齿槽之间为齿槽间缘。在切齿部与臼齿部交界处附近的外侧有一颏孔（foramen mentale）。下颌支（ramus mandibulae）由骨体后部转向背侧的骨板，较宽阔。内、外侧面均凹，供咀嚼肌附着，内面有下颌孔（foramen mandibulae）。下颌支上端的后方有髁突（processus condylaris）与颞骨成关节；前方有左右压扁、顶端尖而弯曲的突起称为冠状突（processus coronoideus），供颞肌附着。髁突与冠状突之间的凹陷为下颌切迹（incisure mandibulae）。两侧下颌骨之间形成下颌间隙（图1-18）。

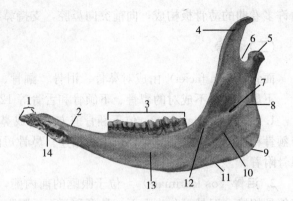

图1-18 公牛下颌骨（内侧观）
1. 切齿 2. 齿槽间缘 3. 臼齿 4. 冠状突 5. 髁突
6. 下颌切迹 7. 下颌孔 8. 下颌支 9. 下颌角 10. 翼肌凹
11. 面血管切迹 12. 下颌舌骨肌神经沟 13. 下颌体 14. 连接面
（引自Sisson，1938）

11. 舌骨（os hyoideum） 位于两下颌支之间，以短的软骨附着于颞骨岩部的茎突，支持舌根、咽及喉。包括底舌骨和舌骨支。底舌骨（basihyoideum）或舌骨体，横位于舌骨前下方，在其正中向前伸出舌突（processus lingualis）。舌骨支包括甲状舌骨、角舌骨、上舌骨和茎突舌骨。甲状舌骨（thyrohyideum）从底舌骨的两端向后伸出，与喉的甲状软骨相连

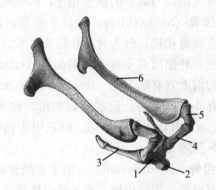

图1-19 牛舌骨
1. 底舌骨 2. 舌突 3. 甲状舌骨
4. 角舌骨 5. 上舌骨 6. 茎突舌骨
（引自Sisson，1938）

接。角舌骨（ceratohyoideum）从底舌骨两端突向前上方，呈扁杆状，与上舌骨成关节。上舌骨（epihyoideum）由角舌骨上端伸向茎突舌骨。茎突舌骨（stylohyoideum）呈长板状，前端较宽，与上舌骨成关节；后端薄而宽，呈三角形，其背侧支为鼓舌骨（tympanohyoideum）或关节角，与颞骨岩部的茎突成关节，腹侧支称为茎突舌骨角（angulus stylohyoideus）或肌角，供茎舌骨肌附着（图1-19）。

二、头骨的外形及鼻旁窦

（一）头骨的外形

头骨呈锥形，外表可分为背面、侧面、底面和项面。

1. 背面 由后向前分为颅顶部、额部、鼻部和切齿部。颅顶部和额部由额骨构成，约占背面的一半，呈四方形，宽而平坦，后缘与顶骨之间形成头骨的最高点，称为额隆起。颧弓由两眶窝向外侧伸出，为头骨背面的最宽处，其前部中央稍凹，在颧突基部有眶上沟及眶

上孔。有角的牛，额骨后方两侧有角突。鼻部由鼻骨构成，前后几乎等宽，前端有深的切迹，骨质鼻孔宽阔。切齿部由切齿骨构成，骨体薄而扁平，无齿槽，两侧的切齿骨相互分开，前部距离较宽。

2. 侧面 呈三角形，分为颅侧部、眶部、上颌部和下颌部。颅侧部由颞窝、颧弓、岩部和鼓部的外侧组成。颞窝全部位于侧面，较窄而深，由额骨、顶骨和颞骨构成，为颅腔的侧壁，其粗糙面为颞肌附着部，颞窝前方通眼眶。颞窝上界为颞线，下界为颧弓。岩部和鼓部位于颧弓后下方，有明显的外耳突和鼓泡。眶部由额骨、泪骨、颧骨和蝶骨构成眶窝。泪骨的眶面形成一薄壁的泪泡，向眶窝下部突出，其内腔是上颌窦的一部分。在眼眶底，翼嵴（crista pterygoidea）的前方，由上向下依次为筛孔（foramen ethmoidalia）、视神经孔（foramen opticum）和眶圆孔（foramen orbitorotundum）。在上颌结节后方的隐窝中有3个孔，由上而下依次为上颌孔（foramen maxillare）、蝶腭孔（foramen sphenopalatinum）和腭后孔（foramen palatinum posterius）。上颌部主要由上颌骨和切齿骨构成，较短而宽，面嵴下缘粗糙，是咬肌的附着部。下颌部由下颌骨构成。

3. 底面 除去下颌骨，可分为颅底部、鼻后孔部和腭部。颅底部宽，颈静脉突粗大，宽而扁，稍弯向内侧。枕骨基底部与蝶骨体位于颅底正中，两骨结合处的肌结节大。枕骨基底部侧缘与鼓泡之间的裂隙，称为岩枕裂，其后部为颈静脉孔。颞骨的岩部小，与鳞部愈合。鼓泡大，左右扁，向腹侧突出。鼻后孔部窄而深，由腭骨、蝶骨翼突和翼骨构成，侧壁高。犁骨的后2/3不与鼻腔底壁接触，故鼻后孔不分为两个。腭部宽广，约占头骨全长的3/5，由腭骨水平板、上颌骨腭突和切齿骨腭突构成。腭部向前至第1臼齿的前方变窄，并向背侧凹陷，前部宽而平坦。下颌间隙后宽前窄。

4. 项面 宽广，系颅腔的后壁，由顶骨、顶间骨和枕骨结合而成，3枚骨在出生前或出生后不久即愈合为一整体。枕外隆凸较粗大，项面粗糙，两枕髁相距较远。

（二）鼻旁窦

在一些头骨的内部，形成直接或间接与鼻腔相通的腔，称为鼻旁窦（sinus paranasales）或副鼻窦。鼻旁窦内的黏膜和鼻腔的黏膜相延续，当鼻黏膜发炎时，常蔓延到鼻旁窦，引起鼻旁窦炎。鼻旁窦在兽医临床上较重要的有额窦、上颌窦和腭窦（图1-20）。

1. 上颌窦（sinus maxillaris） 主要位于上颌骨、泪骨和颧骨内，前界至面结节，背侧界约在眶下孔与眼眶背侧缘的连线上；后方伸入泪泡，并伸达颧骨的额突与颞突的分叉处；窦底不规则，最后3~4枚臼齿的齿根突入其中；窦的内侧壁为上颌窦的眶下管板、下鼻甲和腭骨一部分构成。眶下管板上缘略凹陷，与上颌骨之间形成一狭长的卵圆口，称上颌腭口（apertura maxillopalatina），与腭窦相通；其上后方有鼻上颌

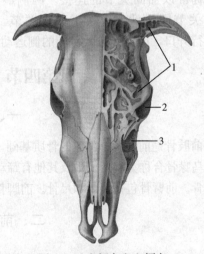

图1-20 牛额窦和上颌窦
1. 额窦 2. 眼眶 3. 上颌窦
（引自Budras等，2003）

口，与中鼻道相通。

2. 额窦（sinus frontalis） 很大，伸延于整个额骨、颅顶壁和部分后壁，并与角突的腔相连。正中有一中隔，将窦分为左、右两部分。窦的前界达两眶前缘的连线，两侧伸入颧突。每侧额窦又可分为大的额后窦和小的额前窦。额后窦位于眶后缘至角突后缘间，窦内有眶上管通过。额前窦主要位于两眶之间，并伸入上鼻甲后部。额前窦又被窦内骨小板分割为前内侧额前窦和前外侧额前窦。各窦有小孔通入筛道，间接与中鼻道相通。角突内的空腔称角窦，与额后窦相通。犊牛额窦小，随年龄增长而逐渐增大。

3. 腭窦（sinus palatinus） 发达，位于骨质硬腭内，由正中隔分为左、右互不相通的两部分。每侧腭窦可经眶下管上缘的颌腭口与上颌窦相通。

三、头骨的连接

各头骨之间大部分为不动连接，多借缝、软骨或骨直接相连，彼此之间结合较为牢固。只有下颌骨借颞下颌关节与颞骨相连，而舌骨则借韧带与颅底相连。

颞下颌关节（art. temporomandibularis）是由髁突与颞骨的关节结节构成的关节。关节囊强厚，紧包于关节周围。在关节面之间有纤维软骨构成的关节盘（discus articularis）。关节盘呈横椭圆形，中央薄，周缘厚并附着于关节囊，将关节分隔成上大下小互不相通的两个腔。关节囊外侧还有侧副韧带以加固关节的连接。两侧颞下颌关节同时活动，属于联合关节，可进行开口、闭口和较大范围的侧运动（图 1-21）。

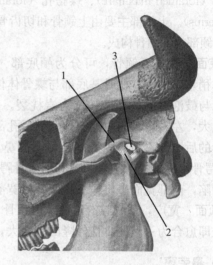

图 1-21 牛颞下颌关节
1. 颞骨颧突 2. 侧副韧带 3. 关节盘
（引自 Sisson，1938）

第四节 前肢骨及其连接

一、前肢骨的组成

前肢骨是前肢各个部位的骨质基础，由肩胛骨、肱骨、前臂骨和前脚骨组成。肩胛骨、锁骨和乌喙骨合称为肩带，牛及其他有蹄动物因四肢运动单纯化，锁骨和乌喙骨已退化，仅保留肩胛骨。前臂骨包括桡骨和尺骨。前脚骨包括腕骨、掌骨、指骨和籽骨（图 1-22、图 1-23）。

二、前肢各骨构造的特征

（一）肩胛骨

肩胛骨（scapula）是三角形扁骨，位于胸廓前部的两侧，其长轴由第 4 胸椎棘突斜向

第2肋的中部。肩胛骨分2个面、3个缘和3个角。

外侧面有一条纵行的隆起称为肩胛冈（spina scapulae）。冈的中部增厚，形成一长而厚的粗糙区，称为肩胛冈结节（tuber spinae scapulae）。肩胛冈向下延伸变薄，下端突出较高并形成尖的突起，称为肩峰（acromion）。肩胛冈将外侧面分为前上方较小的冈上窝（fossa supraspinata）和后下方较大的冈下窝（fossa infraspinats），分别供冈上肌和冈下肌附着。内侧面（肋面）的中部有大而浅的肩胛下窝（fossa subscapularis），

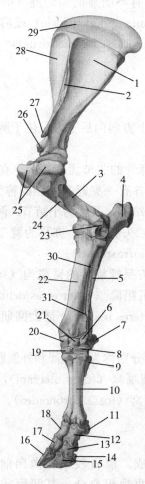 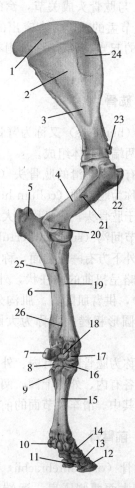

图1-22　牛前肢骨（外侧面）　　　　图1-23　牛前肢骨（内侧面）

1. 冈下窝　2. 肩胛冈　3. 肱骨　4. 鹰嘴　5. 尺骨　6. 尺腕骨　7. 副腕骨　8. 第4腕骨　9. 第5掌骨　10. 第3、4掌骨　11. 近籽骨　12. 第4指近指节骨　13. 第4指中指节骨　14. 远籽骨　15. 第4指远指节骨　16. 第3指远指节骨　17. 第3指中指节骨　18. 第3指近指节骨　19. 第2、3腕骨　20. 桡腕骨　21. 中间腕骨　22. 桡骨　23. 肱骨外侧上髁　24. 三角肌粗隆　25. 外侧结节　26. 盂上结节　27. 肩峰　28. 肩胛骨　29. 肩胛软骨　30. 前臂近骨间隙　31. 前臂远骨间隙

1. 肩胛软骨　2. 肩胛骨　3. 肩胛下窝　4. 肱骨　5. 鹰嘴　6. 尺骨　7. 副腕骨　8. 第4腕骨　9. 第5掌骨　10. 近籽骨　11. 远籽骨　12. 第3指远指节骨　13. 第3指中指节骨　14. 第3指近指节骨　15. 第3、4掌骨　16. 第2、3腕骨　17. 桡腕骨　18. 中间腕骨　19. 桡骨　20. 肱骨内侧上髁　21. 大圆肌结节　22. 内侧结节　23. 盂上结节　24. 锯肌面　25. 前臂近骨间隙　26. 前臂远骨间隙

（引自Budras等，2003）　　　　　　　　　（引自Budras等，2003）

供肩胛下肌附着。窝的背侧前、后各有一个不明显的粗糙面为锯肌面，供腹侧锯肌附着。

前缘薄，远侧凹入，边缘略厚而光滑；后缘厚而粗糙。滋养孔常位于后缘外侧下 1/3 处，背缘附着肩胛软骨（carilago scapula）。

前角约与第 1～2 胸椎棘突相对；后角粗而厚，对应第 6～7 肋骨椎骨端；腹侧角又称为关节角，与第 2 肋中部相对。关节角有圆形关节窝，称为关节盂（肩臼）（cavitas glenoidalis），与肱骨头成关节，窝的周缘隆起，前内缘具有不明显的盂切迹（incisura glenoidalis）。关节盂的前上方有突出的盂上结节（turberculum supraglenoidale）或肩胛结节，是臂二头肌的起点。结节的内侧有一突起称为喙突（processus coracoideus），是乌喙骨的遗迹。

（二）肱骨

肱骨（humerus）又称为臂骨，为管状长骨，由前上方斜向后下方，位于胸廓两侧的前下部，由两端和骨体组成。

近端有圆而光滑的肱骨头（caput humeri），与肩胛骨的关节盂成关节。在头的掌侧面缩细部，称为肱骨颈（collum humeri）。头的前部两侧各有一突起：外侧的称为外侧结节，因大且高于肱骨头，故又称为大结节；内侧的称为内侧结节，又称为小结节。两结节之间有深凹的结节间沟（sulcus intertubercularis），沟内有臂二头肌通过，亦称为臂二头肌沟。在外侧结节外下方有一粗糙面，称为冈下肌面（facies m. infraspinati）。

骨体略呈扭曲的圆柱状，外侧有由后上方向外下方呈螺旋状的臂肌沟（sulcus musculi brachialis），供臂肌附着。肌沟外上方有稍凸的三角肌粗隆（tuberositas deltoidea），内侧中部有卵圆形粗糙面，称为大圆肌粗隆（tuberositas teres major），是大圆肌和背阔肌的止点。

远端称为肱骨髁，有内、外侧两个滑车状关节面，分别称为内侧髁和外侧髁。内、外侧髁的上方各有内、外侧上髁。两髁的后面形成宽深的鹰嘴窝（fossa olecrani），尺骨鹰嘴的肘突伸入其中。滑车关节面的前上方有一浅窝称为冠状窝（fossa coronoidea）。

（三）前臂骨

前臂骨（ossa antebrachii）由桡骨和尺骨联合组成。前者较大，微向前凸；后者狭长，近端大而两侧压扁，远端缩细并略向后弯曲。两骨相愈合，其间形成前臂骨间隙（spatium interosseum antebrachii），位于上方的为前臂近骨间隙，下方的为前臂远骨间隙。

1. 桡骨（radius）　位于前臂骨的前内侧，大而短，分为骨体和两端。骨体前后扁，向前微弓，掌侧面粗糙，与尺骨愈合。近端有前后略扁的桡骨头凹，与肱骨内、外侧髁成关节，其背内侧有较大的突起称为桡骨粗隆（tuberositas radii），为臂二头肌腱止点。近端两侧均隆凸，分别为内侧粗隆和外侧粗隆，供关节侧副韧带附着。远端有滑车状关节面与腕骨构成关节，在其外侧有与尺骨连接的尺骨切迹。

2. 尺骨（ulna）　位于前臂骨的后外侧，较桡骨细而长。近端粗大而突出，高于桡骨的为鹰嘴（olecranon），其顶端粗糙为鹰嘴结节（tuber olecranii）。鹰嘴的前缘中下部有一呈钩状的肘突（processus anconeus），伸入肱骨的鹰嘴窝内。肘突下方有半月形的关节面，与肱骨远端成关节。骨体呈三棱形，前面与桡骨除形成前臂近、远骨间隙外，其余均愈合。在桡骨与尺骨接合处的外侧形成血管沟，为骨间背侧动脉所在处。远端与桡骨愈合，末端尖，突出于桡骨水平之下，形成茎突（processus styloideus），其表面有小的关节面，与腕骨成关节。

（四）腕骨

腕骨（ossa carpi）属于短骨，共6枚，排成两列。近列4枚，由内向外依次为桡腕骨（os carpi radiale）、中间腕骨（os carpi intermedium）、尺腕骨（os carpi ulnare）和副腕骨（os carpi accessorium）。桡腕骨最大，呈不正四边形；中间腕骨形状不规则，前后宽，中部窄；尺腕骨略小于中间腕骨，形状不规则，近似逗号；副腕骨位于尺腕骨的后外侧，短、厚而圆。远列2枚，由内向外依次为第2、3腕骨和第4腕骨。第2、3腕骨（os carpale Ⅱ et Ⅲ）愈合成1枚四边形骨；第4腕骨（os carpi Ⅳ）呈方形。整个腕骨的背侧面较隆凸，掌侧面凹凸不平，副腕骨向后方突出。近列腕骨的近侧关节面与桡骨成关节。近、远列腕骨与各腕骨之间均有关节面，彼此成关节。远列腕骨远侧关节面和掌骨成关节。

（五）掌骨

掌骨（ossa metacarpale）共有3枚，第3、4掌骨发达，愈合成大掌骨，第5掌骨又称为小掌骨。第1、2掌骨完全退化。

大掌骨为长骨。前后略扁，较短，垂直位于腕骨与第3、4指的近指节骨之间。近端称底，具有两个微凹的关节面与远列腕骨成关节，在其背内侧有掌骨粗隆（tuberositas ossis metacarpalis），为腕桡侧伸肌的止点，掌侧面的外侧角有与小掌骨成关节的小关节面。骨体呈半圆柱形，背侧面稍隆凸，正中有背侧纵沟，沟的两端各有一孔，通掌侧面；掌侧面平直，具有浅的掌侧纵沟。远端有轴状关节面，被滑车间切迹（incisura intertrochearis）分为两部分，分别与第3、4指的近指节骨和近籽骨成关节。每一轴状关节面中央均有较明显的矢状嵴。

第5掌骨（os metacarpale Ⅴ）已退化为很小的锥状短骨，位于大掌骨近端外侧。近端的关节面仅与大掌骨成关节。

（六）指骨

指骨（ossa digitorum manus）共有4个指。第3和第4指发育完全，称为主指，与地面接触。第2和第5指大部分退化，称为悬指，不与地面接触。

主指向前方倾斜，有3枚指节骨，即近指节骨（系骨）、中指节骨（冠骨）和远指节骨（蹄骨）。近指节骨（phalanx proximalis）呈圆柱状，背侧面圆隆，掌侧面粗糙，指间面较平坦。两端较粗，骨体较细。近端粗大，称为近指骨底，其关节凹被矢状沟分成内、外两部分，外侧部较大。近端关节面的掌侧有两个与近籽骨成关节的小关节面。远端称为近指骨头，其关节面较大，呈滑车状，由纵沟分为两个凸面，远轴侧的略大。中指节骨（phalanx media）为指骨中最短的一枚，呈不规则的棱柱状，两端粗大，中部略细。近端关节凹由矢状嵴分为两个关节窝。远端较小，同近指节骨的远端相似。远指节骨（phalanx distalis）位于蹄匣内，与蹄匣的形状相一致，尖端向前下方。每一蹄骨具有4个面，即壁面、轴侧面、底面和关节面。前3个面均有许多大小不等的血管孔。壁面（远轴侧面）呈三角形，略隆凸，近侧缘内侧有伸肌突，为指总伸肌的止点。指间面（轴侧面）呈狭三角形。关节面呈略凹的半圆形，由一低嵴分为两部，轴侧的较低，与中指节骨的远端关节面相适应，在掌侧有一小面与远籽骨成关节。底面略凹，其后缘粗糙，称为屈肌面，供屈肌腱附着。

第2、5指骨分别位于指关节掌面，每一指骨由近指节骨和远指节骨组成，不与掌骨成关节，仅以结缔组织连于掌指关节的掌侧。

（七）籽骨

籽骨（ossa sesamoidea）分为近籽骨和远籽骨。分别位于掌指关节和远指节间关节的掌侧面。

近籽骨（ossa sesamoidea proximalia）共4枚，每主指各2枚，呈三角锥状，背侧面有凹的关节面，被矢状嵴分为两部，与大掌骨远端轴状关节面的相应部位成关节，并以小面彼此互成关节，远端也有小面与系骨近端成关节。

远籽骨（ossa sesamoideum distale）共2枚，每主指各1枚，呈横向四边形，背侧面为关节面，掌侧面为略粗糙的屈肌面，它们分别位于中指节骨和远指节骨之间的掌侧面，并与其形成关节。

三、前肢骨的连接

前肢的肩带与躯干之间不形成关节，而是借肩带肌将肩胛骨与躯干连接。前肢各骨之间均形成关节，自上而下依次为肩关节、肘关节、腕关节和指关节。指关节又包括掌指关节、近指节间关节和远指节间关节。

（一）肩关节

肩关节（art. humeri）是由肩胛骨关节盂和肱骨头构成的单关节。关节角顶向前，关节囊松大，无侧副韧带，故肩关节的活动性大，为多轴关节。但由于受内、外侧肌肉的限制，主要进行屈伸运动，而内收和外展运动范围较小。关节囊内面的滑膜层具有长绒毛（图1-24）。

（二）肘关节

肘关节（art. cubiti）是由肱骨远端的肱骨滑车与桡骨头凹及尺骨近端滑车切迹构成的单轴关节。关节角顶向后，关节囊的掌侧呈袋状，较薄，伸入鹰嘴窝内；背侧面强厚。两侧与侧副韧带紧密结合。外侧副韧带（lig collaterale laterale）较短而厚；内侧副韧带（lig. collaterale mediale）薄而较长。由于侧副韧带将关节牢固连接与限制，故肘关节只能作屈、伸运动（图1-25）。

桡骨和尺骨借骨间韧带连接起来，成年家畜逐步骨化为骨性结合。但两骨间仍有两个间隙，即前臂近、远骨间隙。

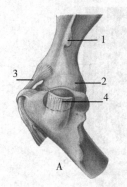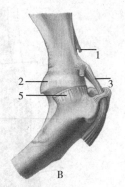

图1-24 牛肩关节
A. 外侧面 B. 内侧面
1. 肩峰 2. 关节囊 3. 臂二头肌腱 4. 冈下肌腱
5. 肩胛下肌腱
(引自 Budras 等，2003)

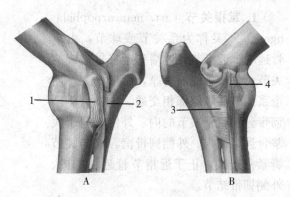

图1-25 牛肘关节
A. 外侧面 B. 内侧面
1. 外侧副韧带 2. 外侧骨间韧带
3. 内侧骨间韧带 4. 内侧副韧带
(引自 Budras 等，2003)

（三）腕关节

腕关节（art. carpi）是由桡骨远端关节面、两列腕骨和掌骨近端关节面构成的单轴复关节。关节角呈一平角，包括桡腕关节、腕间关节和腕掌关节。关节囊的纤维层为各关节所共有，背侧面较薄且宽松，掌侧面特别厚而紧。其滑膜层形成3个互不相通的囊。桡腕关节囊宽松，关节腔最大，活动性也大；腕间关节次之；腕掌关节的关节腔最小，活动性较差。内、外侧副韧带分别位于腕关节的内、外侧，起于前臂骨远端的内、外侧，下部均分浅、深两层，浅层长，深层短，止于掌骨近端的内、外侧。在腕关节的背侧面有两条斜向的背侧韧带。腕骨间有一些较小而短的骨间韧带。由于关节面的形状，骨间韧带和关节囊掌侧的结构及侧副韧带的限制，腕关节仅能向掌侧屈曲（图1-26）。

掌骨间连接：第3、4掌骨愈合成大掌骨。第5掌骨与大掌骨成关节，但不与腕骨成关节，其关节腔与腕掌关节腔相交通。小掌骨近端有韧带与第4腕骨相连。

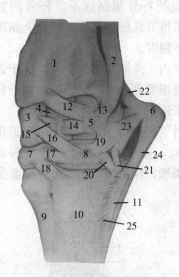

图1-26 牛腕关节（背外侧面）
（腕外侧副韧带已去除）
1. 桡骨 2. 尺骨 3. 桡腕骨 4. 中间腕骨
5. 尺腕骨 6. 副腕骨 7. 第2、3腕骨 8. 第4腕骨
9. 第3掌骨 10. 第4掌骨 11. 第5掌骨
12. 腕桡背侧韧带 13. 尺骨与尺腕骨间韧带
14~17. 腕骨背侧韧带 18. 腕掌背侧韧带
19. 腕骨间韧带 20、21. 腕掌外侧韧带
22. 副尺腕骨韧带 23. 副腕骨与尺腕骨间韧带
24. 副腕骨与第4掌骨间韧带 25. 第4、5掌骨间韧带
(引自 Budras，2003)

（四）指关节

指关节包括掌指关节、近指节间关节和远指节间关节。这3个关节均系单轴关节（图1-27、图1-28、图1-29）。

1. 掌指关节（art. metacarpophalangeae） 又称为系关节或球节，由掌骨远端、近指节骨近端和近籽骨构成的关节。关节囊的前壁厚，后壁松大，两个系关节囊掌侧部相交通。内、外侧副韧带分别位于关节的内、外侧，起于大掌骨远端的内、外侧韧带窝，均与关节囊紧密连接，止于近指节骨近端的内、外侧韧带结节。

掌指关节除侧副韧带外，还有较发达的籽骨韧带。籽骨韧带连接近籽骨和掌骨、近指节骨及中指节骨，有加固掌指关节，防止过度背侧屈曲的作用。籽骨韧带包括籽骨侧副韧带、籽骨间韧带、指间指节骨籽骨韧带、籽骨上韧带和籽骨下韧带。

籽骨内、外侧副韧带较短，位于近籽骨和近指节骨之间，起于远轴侧近籽骨，止于近指节骨的远轴侧。

籽骨下韧带位于近籽骨下缘和近指节骨之间，被屈肌腱盖住，分浅深两束。浅束细；深束粗，在浅束的深面交叉，故称为籽骨交叉韧带。

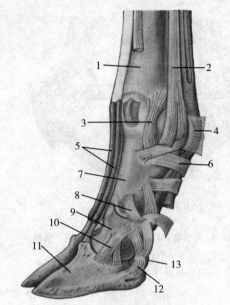

图1-27 牛指关节（侧面）
1. 掌骨 2. 悬韧带 3. 掌指关节侧副韧带 4. 籽骨环韧带
5. 指总伸肌腱鞘 6. 指屈肌腱近侧环韧带 7. 近指节骨
8. 近指节间关节侧副韧带 9. 中指节骨
10. 远指节间关节侧副韧带
11. 远指节骨 12. 远籽骨韧带 13. 远籽骨
（引自Budras等，2003）

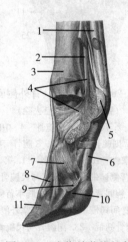

图1-28 牛指关节指间部
1. 指深屈肌腱 2. 悬韧带 3. 掌骨 4. 悬韧带的中间支
5. 籽骨间韧带 6. 指深屈肌腱 7. 近指节间关节侧副韧带
8. 远指节间关节侧副韧带 9. 指骨间轴侧韧带
10. 远籽骨韧带 11. 远指节骨
（引自Sisson，1938）

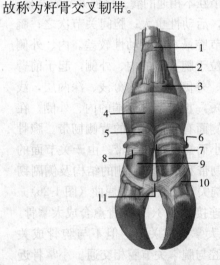

图1-29 牛指关节（掌侧面）
1. 指深屈肌腱鞘 2. 黏液囊 3. 指浅屈肌腱鞘 4. 籽骨环韧带
5. 指屈肌腱近侧环韧带 6、7. 滑液囊
8. 指屈肌腱远侧环韧带 9. 指浅屈肌腱鞘
10. 腱鞘末端 11. 指间远韧带
（引自Budras等，2003）

籽骨上韧带又称为悬韧带（lig. suspensorium）或骨间肌，位于掌骨的掌侧面，被指深屈肌腱覆盖。含有较多的肌组织，特别是犊牛，含肌质更多。起于大掌骨近端，约在其中部分出一腱板，向下行至掌骨远端与浅屈腱相连，共同形成腱环，供指深屈肌腱通过。悬韧带下行至大掌骨下 1/3 处分成 3 束：内侧束与外侧束的一部分止于相应近籽骨，其余斜向背侧，加入指伸肌腱；中间束较大，再分为 3 支，内侧支和外侧支分别止于相应指的轴侧近籽骨，中支细，在通过大掌骨远端分成两支也分别加入指伸肌腱。

籽骨间韧带（lig. intersesamoideum）又称为掌韧带，连接 4 枚近籽骨，表面光滑，供屈肌腱通过。指间指节骨籽骨韧带（lig. phalangosesamoidea interdigitalia）分别起于第 3、第 4 指轴侧籽骨间缘，止于近指节骨轴侧中部。指间近韧带（lig. interdigitale proximale）位于第 3 和第 4 指节骨之间，短而强。

2. 近指节间关节（art. interphalangeae proximale） 又称为冠关节，由近指节骨远端的关节面与中指节骨近端的关节面构成。有关节囊、侧副韧带和掌侧韧带。

3. 远指节间关节（art. interphalangeae distale） 又称为蹄关节，由中指节骨的远端、远指节骨近端关节面和远籽骨组成。关节囊附于关节周围，与伸肌腱及侧副韧带紧密结合，背侧及两侧强厚，掌侧较薄。蹄关节韧带较多，除侧副韧带外，有与籽骨相关的韧带，同时还有指节间轴侧韧带、背侧韧带和指间远韧带。

第五节　后肢骨及其连接

一、后肢骨的组成

后肢骨是由髋骨、股骨、髌骨、小腿骨和后脚骨组成。髋骨是髂骨、坐骨和耻骨 3 枚骨的合称，又称为盆带，以支持后肢。小腿骨有胫骨和腓骨。后脚骨包括跗骨、跖骨、趾骨和籽骨（图 1-30、图 1-31、图 1-32、图 1-33、图 1-34）。

前、后肢的骨及其连接在结构上有许多相似之处，故本节着重叙述后肢骨及连接的特征。

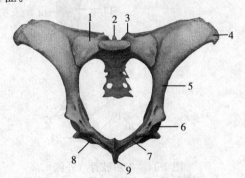

图 1-30　牛荐骨及髋骨（前面观）
1. 荐骨翼　2. 荐正中嵴　3. 荐结节　4. 髋结节
5. 髂骨体　6. 髋臼　7. 耻骨　8. 坐骨　9. 骨盆联合
（引自 Sisson，1938）

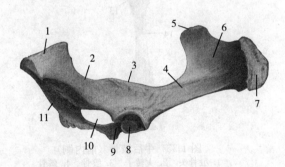

图 1-31　牛右侧髋骨（外侧面）
1. 坐骨结节　2. 坐骨小切迹　3. 坐骨棘　4. 髂骨体
5. 荐结节　6. 臀肌面　7. 髋结节　8. 髋臼　9. 耻骨
10. 闭孔　11. 坐骨
（引自 Sisson，1938）

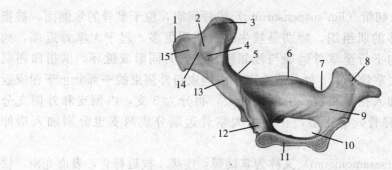

图 1-32　牛右侧髋骨（内侧面）
1. 髋结节　2. 髂骨荐盆面　3. 荐结节　4. 耳状关节面
5. 坐骨大切迹　6. 坐骨棘　7. 坐骨小切迹　8. 坐骨结节
9. 坐骨　10. 闭孔　11. 骨盆联合连接面　12. 耻骨
13. 髂骨体　14. 髂粗隆　15. 髂肌面
（引自 Budras 等，2003）

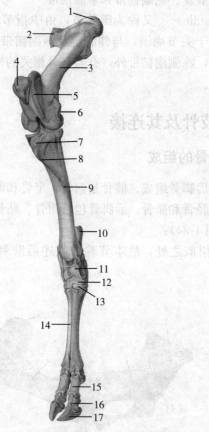

图 1-33　牛后肢骨（前内侧）
1. 股骨头　2. 大转子　3. 股骨　4. 髌骨
5. 股骨滑车　6. 股骨内侧上髁　7. 胫骨粗隆　8. 胫骨嵴
9. 胫骨　10. 跟骨　11. 距骨　12. 中央、第4跗骨
13. 第2、3跗骨　14. 第3、4跖骨　15. 近趾节骨
16. 中趾节骨　17. 远趾节骨
（引自 Budras 等，2003）

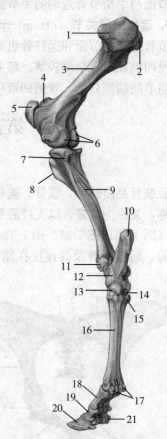

图 1-34　牛后肢骨（外侧）
1. 大转子　2. 股骨头　3. 股骨　4. 股骨滑车
5. 髌骨　6. 股骨髁　7. 腓骨头　8. 胫骨粗隆
9. 胫骨　10. 跟结节　11. 踝骨　12. 跟骨
13. 中央、第4跗骨　14. 第1跗骨　15. 第2跗骨
16. 第3、4跖骨　17. 近籽骨　18. 近趾节骨
19. 中趾节骨　20. 远趾节骨　21. 远籽骨
（引自 Budras 等，2003）

二、后肢各骨构造的特征

（一）髋骨

髋骨（os coxae）的特征是不规则，由髂骨、耻骨和坐骨结合而成。髂骨位于外上方，耻骨位于前下方，坐骨位于后下方。3枚骨结合处形成杯状的关节窝，称为髋臼（acetabulum），与股骨头成关节。髋臼内有半月形关节面和非关节性窝，后者供圆韧带附着。左、右侧髋骨在骨盆中线处以软骨连接形成骨盆联合（symphysis pelvis）（图1-30）。

骨盆（pelvis）是由背侧的荐骨和前3枚尾椎、腹侧的耻骨和坐骨及侧面的髂骨和荐结节阔韧带构成的前宽后窄的锥形腔。其入口（前口）呈椭圆形，斜向前下方，背侧为荐骨岬，两侧为髂骨体，腹侧为耻骨。出口（后口）较小，背侧为第3尾椎，腹侧为坐骨弓，两侧为荐结节阔韧带的后缘。母牛的骨盆比公牛的大而宽敞，荐骨与耻骨的距离（骨盆纵径）较公畜的大；髋骨两侧对应点的距离较公牛远（横径较大）；骨盆底的耻骨部较凹，坐骨部宽而平；骨盆后口较大。

1. 髂骨（os ilium） 为不规则骨，由髂骨体和髂骨翼构成。髂骨体（corpus ossis ilii）为三棱柱状，前后宽扁，中间细。其后下方与耻骨、坐骨共同构成髋臼。背侧缘为高而薄的坐骨棘（spina ischiadica）。在髂骨体下1/3腹侧面有腰小肌结节（tuberculum m. psoas minoris），为腰小肌的止点。髂骨前部称为髂骨翼（ala ossis ilii），宽而扁，呈三角形。翼的背外侧面称为臀肌面（facies glutaea），腹内侧面称为荐盆面（facies sacropelvina）。荐盆面由髂粗隆分成内、外两部分，外侧部凸而平滑，称为髂肌面（facies iliaca）；内侧部小而粗糙，称为耳状关节面（facies auriculris），与荐骨翼构成关节。髂骨翼的外侧角粗大，称为髋结节（tuber coxae）；内侧角称为荐结节（tuber sacrale），与第1、2荐椎棘突相对。翼的内侧缘凹，为坐骨大切迹（ischiadica major），向后延续参与形成坐骨棘。

2. 耻骨（os pubis） 构成骨盆底的前部，在3枚骨中最小，由耻骨体和两个耻骨支组成。耻骨体（corpus ossis pubis）为连接髂骨体和坐骨体的部分，并与二者构成髋臼。耻骨前支（ramus cranialis ossis pubis）较窄，自耻骨体伸向前内侧，其前缘在与髂骨交接处粗糙而隆凸，为髂耻隆起（eminentia iliopubica），后缘形成闭孔的前缘。耻骨后支（ramus caudalis ossis pubis）自耻骨前支的内侧向后延伸，与坐骨支相接，并与后者一起构成闭孔的内界。双侧耻骨后支在正中联合，构成骨盆联合的前部。在骨盆联合的前缘有棘状突称为耻骨腹侧结节（tuberculum pubicum ventrale）。

3. 坐骨（os ischii） 为四边形扁骨，构成骨盆底壁后部。盆面显著凹陷。其内侧缘与对侧的坐骨在正中相接，构成骨盆联合的后部。后外侧角粗大，称为坐骨结节（fuber ischiadicum），两侧坐骨的后缘相接呈弓状，称为坐骨弓（arcus ischiadicum）。前缘与耻骨围成闭孔。外侧部参与髋臼的形成，其背缘向内凹，形成坐骨小切迹（incisura ischiadica），参与构成坐骨棘的后部。

（二）股骨

股骨（os femoris）为畜体最大的管状长骨，由后上方斜向前下方，包括骨体和两端。骨体呈圆柱形，背侧面圆而平滑；跖侧面上部较窄而平，下部宽而粗糙；外侧缘有不明显的第 3 转子，在外侧缘下部有浅而略长的髁上窝；内侧缘上部有粗厚的小转子。近端可分为股骨头、颈和大转子。股骨头近似球形，向内稍向上方突出，关节面的一部分向外延伸，头上有头凹，供圆韧带附着。股骨头与骨体连接处缩细为股骨颈；股骨头外侧有粗大而高的突起为大转子（trochanter major）。大转子与股骨头间有深的凹陷，称为转子窝（fossa trochanterica），供肌肉附着。远端粗大，前方为股骨滑车，后方为内、外侧髁。滑车关节面与髌骨成关节，滑车关节面的内侧嵴较高大；内、外侧髁与胫骨成关节，外侧髁关节较隆凸。在两髁间有深的髁间窝，而髁内、外侧上方有供肌肉、韧带附着的内、外侧上髁。外侧髁与滑车外侧嵴之间有伸肌窝。在外侧髁的外侧有腘肌窝，为腘肌的起点。

（三）髌骨

髌骨（patella）又称为膝盖骨，是体内最大的一枚籽骨，位于股骨远端前方，并与其滑车关节面构成关节。呈楔状，前面隆凸、粗糙而不规则。关节面被圆嵴分为内、外侧两部分。内侧部的关节面较大，但不与股骨相应的滑车嵴相适应。

（四）小腿骨

小腿骨（ossa cruris）由前上方斜向后下方，包括胫骨和腓骨。

1. 胫骨（tibia） 粗大呈三棱形，由骨体和两端组成。骨体近端粗大，有 3 个面，内侧面近侧较宽略粗糙，供内侧副韧带及相应肌肉附着；外侧面光滑，稍呈螺旋状；后面扁平，有一粗的腘肌线（linea poplitea）。背侧缘上 1/3 处形成三角形隆起，称为胫骨粗隆（tuberositas tibiae）。胫骨粗隆向内下方延续为胫骨嵴。骨体远端较小，前后向压扁。胫骨近端强大，具有两个关节隆起，即内侧髁和外侧髁，每一髁有鞍状的关节面，与相应的股骨髁及半月板成关节。两髁间有髁间隆起（eminentia intercondylaris）。外侧髁的外侧缘有退化腓骨的短突，即腓骨头。远端较小，呈四边形，关节面与距骨的滑车相适应。关节面由两个深沟和沟中间低嵴构成，沟两侧以内、外侧踝为界。内侧踝的边缘上有一个向下垂的突；在胫骨远端的外侧缘上有与踝骨成关节的关节面。

2. 腓骨（fibula） 位于胫骨外侧。仅两端具有遗迹，骨体全部退化。近端为腓骨头（caput fibulae），与胫骨外侧髁愈合。远端单独形成四边形的踝骨（os malleolare），其近端与胫骨远端的外侧成关节，远端与跟骨成关节，内侧面与距骨滑车嵴成关节。

（五）跗骨

跗骨（ossa tarsi）共 5 枚，排成 3 列。近列 2 枚，内侧的称距骨，外侧的为跟骨。中间列 1 枚，即中央跗骨和第 4 跗骨的愈合体。远列 2 枚，由内向外排列为第 1 跗骨和愈合的第 2、3 跗骨。

1. 距骨（talus，胫跗骨） 近端和背侧以滑车关节面相延续，关节面与胫骨远端和踝骨成关节；远端形成距骨远滑车（trochlea tali distalis），由两个髁和沟组成的关节面与中央跗骨成关节；跖侧和外侧与跟骨成关节。

2. 跟骨（calcaneus，腓跗骨） 长而窄，近端有粗大突出的跟结节（tuber calcanei），为腓肠肌腱附着部，内侧有向内突出的粗大突起，称为载距突（sustentaculum tali），其前下方有关节面与距骨成关节。

中央跗骨与第4跗骨愈合成板状，呈四边形，上下压扁。
第1跗骨小，第2跗骨和第3跗骨愈合为一枚骨。

（六）跖骨

跖骨（ossa metatarsi）与前肢骨的掌骨相似，有3枚。第3和第4跖骨愈合成大跖骨，第2跖骨为小跖骨。大跖骨比大掌骨稍长，骨体两侧压扁，故呈明显的4个面。近端跖骨内侧有小关节面与小跖骨成关节。小跖骨呈盘状四边形。

（七）趾骨和籽骨

趾骨和籽骨同前肢的指骨与籽骨相似，但后肢的趾节骨比较细长。

三、后肢骨的连接

后肢骨的连接有荐髂关节、髋关节、膝关节、跗关节和趾关节。荐髂关节属盆带连接，骨盆联合也属盆带连接。膝关节包括股髌关节、股胫关节和胫腓关节。趾关节和前肢的指关节构造相似。后肢各关节与前肢各关节相对应，除趾（指）关节外，各关节角方向相反，这种结构特点有利于家畜站立时姿势保持稳定。除髋关节外，各关节均有侧副韧带，故为单轴关节，主要进行屈、伸运动。

（一）荐髂关节

荐髂关节（art. sacroiliaca）由荐骨翼与髂骨翼的耳状关节面构成。关节面不平整，周围有关节囊，并有短而强的荐髂腹侧韧带（lig. sacroiliaca ventralia）和荐髂骨间韧带（lig. sacroiliaca interossea）加固，因此关节几乎不动。

骨盆韧带为荐骨和髂骨之间的一些强大的韧带，包括荐髂背侧和荐结节阔韧带。荐髂背侧韧带（lig. sacroiliaca dorsalis）可分两条：一条呈索状，起自髂骨荐结节至荐骨棘顶端，另一条厚，呈三角形，起自髂骨荐结节及坐骨大切迹前部内侧缘，止于荐骨外侧缘并与荐结节阔韧带合并（图1-35）。

荐结节阔韧带（lig. sacrotuberale latum）或荐坐韧带，呈四边形宽板状，形成骨盆的侧壁。起自荐骨侧缘及第1～2尾椎横突，止于坐骨棘及坐骨结节。韧带腹缘与坐骨小切迹形成坐骨小孔（foramen ischiadicum minus）。前缘凹，与坐骨大切迹形成坐骨大孔（foramen ischiadicua majus），有血管和神经通过。

（二）髋关节

髋关节（art. coxae）是髋臼和股骨头构成的多轴单关节。髋臼的边缘以纤维软骨环形成关节盂缘（labrum glenoidale），在髋臼切迹处有髋臼横韧带（lig. transversum acetabuli）。关节囊松大，外侧厚，内侧薄。经髋臼切迹至股骨头凹间有短而粗大的股骨头韧带（lig. capitis ossis femoris），又称为圆韧带（lig. teres），可限制后肢外展。髋关节能进行多方面运动，但主要是屈伸运动，并可伴有轻微的内收、外展和旋内、旋外运动（图1-36）。

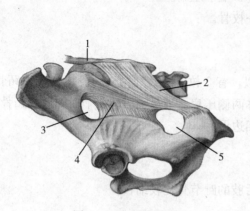

图 1-35　牛骨盆韧带
1. 棘上韧带　2. 荐坐韧带　3. 坐骨大孔
4. 荐结节阔韧带　5. 坐骨小孔
(引自 Budras 等，2003)

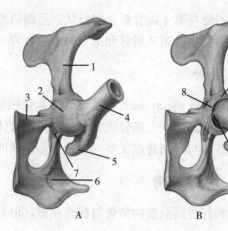

图 1-36　牛髋关节
A. 含关节囊　B. 去除关节囊
1. 髂骨　2. 关节囊　3. 耻骨　4. 股骨　5. 大转子
6. 坐骨　7. 股骨头韧带　8. 关节唇　9. 髋臼横韧带
(引自 Budras 等，2003)

(三) 膝关节

膝关节 (art. genus) 包括股胫关节和股髌关节，为单轴复关节 (图 1-37、图 1-38、图 1-39)。

1. 股胫关节 (art. femorotibialis)　由股骨远端的内、外侧髁和胫骨近端的内、外侧髁构成。在股骨与胫骨之间垫有两个半月板。

半月板 (meniscus) 可使不符合的关节面相吻合并减少震动。内侧半月板为 C 形，外侧半月板为不规则的卵圆形。每块半月板轴侧薄而凹，远轴侧周缘厚而凸，以短韧带附着于胫骨内、外侧髁之间的髁间隆起。外侧半月板还附着于股骨髁间窝的后部和胫骨的腘肌切迹。

关节囊附于股胫关节的周围及半月板厚的周缘。囊前壁薄，后壁厚。其滑膜层形成内侧和外侧两个相通的关节腔，内侧的股胫关节腔常与股髌关节腔交通。内、外侧关节腔又被内、外侧半月板分为上、下两部。

内、外侧副韧带位于关节的内、外侧。还有位于股骨髁间窝内的两条膝交叉韧带 (lig. cruciata)，分别称为前交叉韧带 (lig. cruciata craniale) 和后交叉韧带 (lig. cruciata caudale)。前者由胫骨的髁间隆起至股骨髁间窝外侧壁；后者强大，自胫骨腘肌切迹至股骨髁间窝的前部。

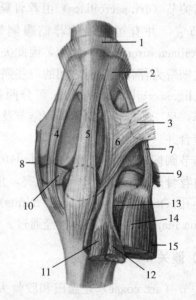

图 1-37　膝关节韧带 (背侧面)
1. 股四头肌断端　2. 髌骨　3. 臀股二头肌腱　4. 髌内侧韧带
5. 髌中间韧带　6. 髌外侧韧带　7. 股胫外侧副韧带
8. 股胫内侧副韧带　9. 腘肌腱　10. 半月板　11. 第 3 腓骨肌
12. 趾长伸肌　13. 胫骨前肌　14. 腓骨长肌　15. 趾外侧伸肌
(引自 Budras 等，2003)

第一章 牛骨学和关节学

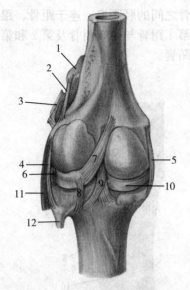
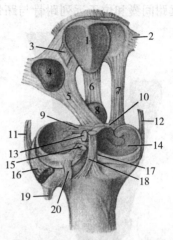

图 1-38 膝关节韧带（跖侧面）
1. 髌骨 2. 股髌外侧副韧带 3. 臀股二头肌腱
4. 股胫外侧副韧带 5. 股胫内侧副韧带 6. 腘肌腱断端
7. 外侧半月板后韧带（上支） 8. 外侧半月板后韧带（下支）
9. 后交叉韧带 10. 半月板 11. 第3腓骨肌 12. 腓骨头
（引自 Budras 等，2003）

图 1-39 膝关节韧带（去除股骨）
1. 髌骨 2. 股髌内侧副韧带 3. 股髌外侧副韧带
4. 臀股二头肌腱黏液囊 5. 髌外侧韧带 6. 髌中间韧带
7. 髌内侧韧带 8. 黏液囊 9. 外侧半月板胫骨韧带
10. 半月板胫骨中间韧带 11. 股胫外侧副韧带
12. 股胫内侧副韧带 13. 膝交叉韧带 14. 半月板
15. 半月板股骨韧带 16. 腘肌腱断端 17. 半月板胫骨中间韧带
18. 后交叉韧带 19. 腓骨头 20. 外侧半月板胫骨韧带（下支）
（引自 Budras 等，2003）

2. 股髌关节（art. femoropatellaris） 由股骨远端滑车状关节面与髌骨的关节面构成。髌骨的内侧缘有纤维软骨构成的软骨板，与滑车内侧嵴相适应。

关节囊薄而宽松。在关节囊的上部有伸入股四头肌下面的滑膜盲囊。其表面有厚的脂肪垫与韧带隔开。

股髌关节有内、外侧副韧带和髌直韧带。内、外侧副韧带分别位于股骨内、外侧上髁粗糙面至髌骨内侧缘软骨和外侧缘之间。髌直韧带有3条：髌外侧（直）韧带（lig. patellae latarale）起自髌骨前外侧的粗糙面，止于胫骨粗隆近侧端及外缘；髌中间（直）韧带（lig. patellae intermedium）紧靠髌外侧韧带，起自髌骨顶的前方，止于胫骨粗隆前端；髌内侧（直）韧带（lig. patellae mediale）距髌中间韧带较远，由髌骨内侧的纤维软骨至胫骨粗隆的内侧。

股胫关节主要是屈伸运动，同时可进行小范围的旋转运动；股髌关节的运动，主要是髌骨在股骨滑车上滑动，以改变股四头肌作用力的方向，而伸展膝关节。

（四）跗关节

跗关节（art. tarsi）又称为飞节，由小腿骨远端、跗骨和跖骨近端形成的单轴复关节，包括小腿跗关节，跗间近、远关节和跗跖关节。关节角顶向后。其中小腿跗关节活动范围大，其余关节均连接紧密，仅可微动以起缓冲作用（图1-40、图1-41）。

关节囊背侧较薄，两侧壁较厚，常以侧副韧带相结合，跖侧最厚，并形成趾深屈腱通过的腱沟。滑膜层形成 4 个滑膜囊：位于胫骨远端与距骨之间的胫距囊；连于距骨、跟骨与中央跗骨和第 4 跗骨之间的近跗间囊；位于中央跗骨和第 4 跗骨与第 1 跗骨及第 2 和第 3 跗骨之间的远跗间囊和位于远列跗骨与跖骨近端之间的跗跖囊。

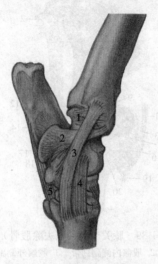

图 1-40　跗关节（内侧面）
1. 短内侧副韧带胫距部　2. 短内侧副韧带胫跟部
3. 长内侧副韧带　4. 跗骨背侧韧带　5. 跖侧长韧带
（引自 Budras 等，2003）

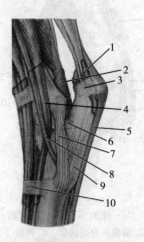

图 1-41　跗关节（外侧面）
1. 环韧带黏液囊　2. 趾深屈肌腱鞘
3. 环韧带　4. 趾外侧伸肌腱鞘　5. 趾浅屈肌腱
6. 短外侧副韧带胫跟部　7. 长外侧副韧带
8. 腓骨长肌腱鞘　9. 跖侧长韧带
10. 趾伸肌腱环韧带
（引自 Budras 等，2003）

跗关节内、外侧副韧带均分为浅层的长韧带和深层的短韧带，附着于小腿骨远端和跖骨近端的内、外侧，但在跗骨的近列与中间列之间无内侧副韧带。背侧韧带位于跗关节的背内侧，由距骨的远端内侧至跖骨近端背侧，在延伸途中还附着于跗骨，韧带不发达，有些个体缺如。跖侧韧带位于跗关节的跖侧，起于跟骨跟结节的跖侧面，止于跖骨的近端，不发达，但在跟骨与中央跗骨和第 4 跗骨之间有一条大的韧带束。在踝骨与距骨的跖侧面有强大的横韧带相连。

（五）趾关节

趾关节包括跖趾关节、近趾节间关节和远趾节间关节。其构造与前肢的指关节相似。

第二章 牛肌学

第一节 概述

肌肉（musculus）能接受刺激发生收缩，是机体活动的动力器官。根据其形态、机能和位置等不同特点，可分为3种类型，即平滑肌、心肌和骨骼肌。平滑肌主要分布于内脏和血管；心肌分布于心脏；骨骼肌主要附着在骨骼上，它的肌纤维在显微镜下呈明暗相间的横纹结构，故又称为横纹肌。骨骼肌收缩能力强，受意识支配，所以也称为随意肌。

本章仅介绍骨骼肌。

（一）肌肉的构造

组成运动器官的每一块肌肉，都是一个复杂的器官，由肌腹和肌腱两部分组成（图2-1）。

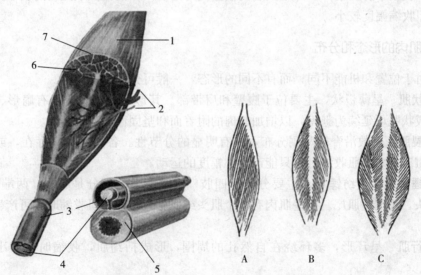

图2-1 肌器官构造以及腱鞘结构示意图
1. 肌腹 2. 动脉、静脉和神经 3. 腱鞘 4. 肌腱 5. 骨的断面 6. 肌束膜 7. 肌外膜
A. 半羽状肌 B. 羽状肌 C. 复羽状肌

1. 肌腹（vetermusculi） 是肌器官能够收缩的主要部分，位于肌器官的中间，由许多骨骼肌纤维借结缔组织结合而成，具有收缩能力。包在整块肌肉外表面的结缔组织称为肌外膜（epimysium）。肌外膜向内伸入，把肌纤维分成大小不同的肌束，称为肌束膜（perimysium）。肌束膜再向肌纤维之间伸入，包围着每一条肌纤维，称为肌内膜（endomysium）。肌膜是肌肉的支持组织，使肌肉具有一定的形状。血管、淋巴管和神经随着肌膜进入肌肉

内，对肌肉的代谢和机能调节有重要意义。当动物营养良好的时候，在肌膜内蓄积有脂肪组织，使肌肉横断面上呈大理石状花纹。

2. 肌腱（tendo musculi）　位于肌腹的两端，由致密结缔组织构成。在四肢多呈索状，在躯干多呈薄板状，又称为腱膜。腱纤维借肌内膜直接连接肌纤维的两端或贯穿于肌腹中。腱不能收缩，但有很强的韧性和张力，不易疲劳。其纤维伸入骨膜和骨质中，使肌肉牢固附着于骨上。

根据肌腹中腱纤维的含量和肌纤维的排列方向，可将肌肉分为动力肌、静力肌和动静力肌3种。

（1）动力肌　构造简单，肌腹只由肌纤维及结缔组织所组成，肌纤维的方向与肌腹的长轴平行。这种肌肉收缩迅速而有力，幅度较大，是推动身体前进的主要动力。但消耗能量多，易于疲劳。

（2）静力肌　肌腹中肌纤维很少，甚至消失，而由腱纤维所代替，失去了收缩能力，主要起机械作用。

（3）动静力肌　肌腹中含有或多或少的腱质，构造复杂。根据肌腹中腱的分布和肌纤维的排列方向又可分为：半羽状肌、羽状肌和复羽状肌。表面有一条腱索或腱膜，肌纤维斜向排列于腱的一侧为半羽状肌；腱索伸入肌腹中间，肌纤维以一定角度对称地排列于腱索两侧为羽状肌；肌腹中有数条腱索或腱层，肌纤维有规律地斜向排列于腱索两侧为复羽状肌。动静力肌由于肌腹中有腱索，肌纤维虽短而数量大为增多，从而增强了肌腹的收缩力，并且不易疲劳，但收缩幅度较小。

（二）肌肉的形态和分布

肌肉由于位置和机能不同，而有不同的形态，一般可分为4种类型。

1. 板状肌　呈薄板状，主要位于腹壁和肩带部。其形状大小不一，有扇形、锯齿形和带状等。板状肌可延续为腱膜，以增加肌肉的附着面和坚固性。

2. 多裂肌　多数沿脊柱两侧分布，具有明显的分节性。各肌束独立存在，或互相结合成一大块肌肉。多裂肌收缩时，只能产生小幅度的运动。

3. 纺锤形肌　呈纺锤形，主要分布于四肢。中间膨大的部分是肌腹，两端多为腱质。起端是肌头，止端是肌尾。有些肌肉有数个肌头或肌尾。纺锤形肌收缩时，可产生大幅度的运动。

4. 环行肌　呈环形，多环绕在自然孔的周围，形成括约肌，收缩时可缩小或关闭自然孔。

（三）肌肉的起止点和作用

肌肉一般都借助于腱附着在骨、筋膜、韧带和皮肤上，中间跨越一个或几个关节。肌肉收缩时，肌腹变短或变粗，使其两端的附着点互相靠近，牵引骨发生位移而产生运动。肌肉的不动附着点称为起点（origio），活动附着点称为止点（insertio）。四肢肌肉的起点一般都靠近躯干或四肢的近端，止点则远离躯干或四肢的远端。肌肉的起点和止点，随着运动条件改变可以互相转化，即原来的起点变为动点，而止点则变为不动点。在自然孔周围的环行肌起止点难以区分。

根据肌肉收缩时对关节的作用，可分为伸肌、屈肌、内收肌和外展肌等。肌肉对关节的作用与其位置有密切关系。伸肌分布在关节的伸面，通过关节角顶，当肌肉收缩时可使关节角变大。屈肌分布于关节的屈面，即关节角内，当肌肉收缩时使关节角变小。内收肌位于关节的内侧，外展肌则位于关节的外侧。运动时，一组肌肉收缩，作用相反的另一组肌肉就适当放松，并起一定的牵制作用，使运动平稳地进行。

家畜在运动时，每一个动作并不是单独一块肌肉起作用，而是许多肌肉互相配合的结果。在一个动作中起主要作用的肌肉称为主动肌，起协助作用的肌肉称为协同肌，而产生相反作用的肌肉则称为对抗肌。每一块肌肉的作用并不是固定不变的，而是在不同的条件下起着不同的作用。

(四) 肌肉的命名

肌肉一般是根据其作用、结构、形状、位置、肌纤维方向及起止点等命名的。如伸肌、屈肌、内收肌、外展肌、咬肌、提肌、降肌等的命名是根据其作用，二腹肌、三头肌等是根据其结构，三角肌、锯肌等是根据其形状，颞肌、胸肌等是根据其位置，直肌、斜肌等是根据肌纤维的方向，臂头肌、胸头肌等是根据其起止点。但多数肌肉是结合数个特征而命名的，如指外侧伸肌、腕桡侧屈肌、股四头肌、腹外斜肌等。

(五) 肌肉的辅助器官

肌肉的辅助器官包括筋膜、黏液囊、腱鞘、滑车和籽骨。

1. 筋膜（fascia） 为覆盖在肌肉表面的结缔组织膜，又分为浅筋膜和深筋膜。

(1) 浅筋膜（fascia superficialis） 位于皮下，又称为皮下筋膜，由疏松结缔组织构成，覆盖于整个肌系的表面，各部厚薄不一。头及躯干等处的浅筋膜中含有皮肌。营养好的家畜浅筋膜内蓄积大量脂肪，形成皮下脂肪层。浅筋膜有连接皮肤与深部组织，保护、储存脂肪及参与维持体温等作用。

(2) 深筋膜（fascia profunda） 在浅筋膜的深层，由致密结缔组织构成。直接贴附于浅层肌群表面，并伸入肌肉之间，附着于骨上，形成肌肉隔。深筋膜在某些部位（如前臂和小腿部等）形成包围肌或肌群的筋膜鞘，或者在关节附近形成环韧带以固定腱的位置，深筋膜还在多处与骨、腱或韧带相连，作为肌肉的起止点。总之，深筋膜成为整个肌系附着于骨骼上的支架，为肌肉的工作提供了有利条件。在病理情况下，深筋膜一方面能限制炎症的扩散，另一方面，有些部位各肌肉之间的深筋膜形成筋膜间隙，又成为病变蔓延的途径。

2. 黏液囊（bursa mucosae） 是密闭的结缔组织囊。囊壁薄，内面衬有滑膜。囊内含有少量黏液，主要起减少摩擦的作用。黏液囊多位于肌、腱、韧带及皮肤等结构与骨的突起部之间，分别称为肌下、腱下、韧带下及皮下黏液囊。关节附近的黏液囊，有的与关节腔相通，常称为滑膜囊（bursa synovialis）。多数黏液囊是恒定的，即出生时就存在，也有的黏液囊是生后由于摩擦而形成的。在病理情况下，黏液囊可因液体增多而肿胀。

3. 腱鞘（vagina synovialis tendinis） 呈管状，多位于腱通过活动范围较大的关节处，由黏液囊包裹于腱外而成。鞘壁的内（腱）层紧包于腱上，外（壁）层以其纤维膜附着于腱所通过的管壁上。内外两层通过腱鞘系膜（mesotendineum）相连续，两层之间有少量滑液，可减少腱活动的摩擦（图2-1）。腱鞘常因发炎而肿大，称为腱鞘炎。

4. 滑车和籽骨

（1）滑车（trochlea） 为骨的滑车状突起，上有供腱通过的沟，表面覆有软骨，与腱之间常垫有黏液囊，以减少腱与骨之间的摩擦。

（2）籽骨（os sesamoideum） 为位于关节角的小骨，有改变肌肉作用力的方向及减少摩擦的作用。

第二节 皮 肌

皮肌（m. cutaneus）为分布于浅筋膜中的薄层肌，大部分紧贴在皮肤的深面，仅极少部分附着于骨。皮肌并不覆盖全身。根据所在部位，将其分为头部皮肌、肩臂皮肌和躯干皮肌（图 2-2）。

（一）头部皮肌

头部皮肌较发达，但不完整，包括面皮肌和额皮肌。

1. 面皮肌（m. cutaneus faclei）稍厚，覆盖于腮腺、咬肌及下颌间隙。起于腮筋膜，肌纤维向前呈放射状分布，一部分纤维向前伸向颊部和口角，至口角的皮肌称为口角降肌（m. depressor angularis）；另一部分纤维向前上方伸延，止于面结节、眶前下缘和颧弓处的筋膜，并混入眼轮匝肌。

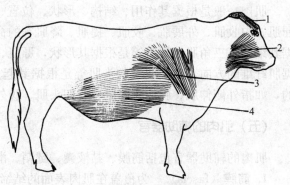

图 2-2 牛的皮肌
1. 额皮肌 2. 面皮肌 3. 肩臂皮肌
4. 躯干皮肌

2. 额皮肌（m. cutaneus frontalis） 薄而宽大，覆盖于额部。起于枕部筋膜和角基部，肌纤维斜向前外方，与眼轮匝肌相融合。有使额部皮肤起皱及提举上眼睑的作用。

（二）肩臂皮肌

肩臂皮肌（m. cutaneus omobrachialis）薄而较窄，覆盖于肩臂部。肌纤维垂直，上端附着于皮肤；下端连于前臂筋膜，后部则斜向后上方，与躯干皮肌连续。

（三）躯干皮肌

躯干皮肌（m. cutaneus trunci）又称为胸腹皮肌，厚而发达，覆盖于胸腹壁的大部分。肌纤维纵行，前部背侧连于肩臂皮肌，腹侧与胸升肌融合，并以薄腱附着于肱骨内侧结节。后部进入膝褶，连于臀股筋膜。上缘逐渐变薄，附着于皮肤。下缘伸展至脐部附近。

皮肌的作用是颤动皮肤，以驱逐蚊蝇及抖掉水滴和灰尘等。

第三节 前 肢 肌

前肢肌的表面包有筋膜，肩臂部的浅筋膜包有很薄的肩臂皮肌。浅筋膜内含有皮下血管、淋巴管和皮神经。前肢深筋膜按其部位分为肩胛下筋膜、肩臂筋膜、前臂筋膜、腕筋膜、掌筋膜和指筋膜。前臂、腕、掌、指筋膜形成许多特殊结构，以协助前肢肌的活动。

前臂筋膜厚而坚韧，呈腱性，紧裹整个前臂肌。自其深面分出 3 个肌间隔，附着于前臂骨，因而形成 4 个筋膜鞘：两个鞘位于前臂背外侧，分别包裹腕桡侧伸肌及指总伸肌；一个位于前臂内侧，包围腕桡侧屈肌；最大的一个筋膜鞘在前臂骨后方，包围其余诸肌。

腕筋膜在腕背侧形成腕背侧韧带（lig. carpi dorsale），将伸肌腱紧束于桡骨远端的沟中。在腕掌侧特别增厚，称为腕横韧带（transversum）。从副腕骨伸至腕内侧副韧带而形成腕管，供指屈肌腱及血管、神经通过。

掌筋膜在掌的背侧，很薄，与骨膜及指伸肌腱结合。在掌的后面上半部变厚，两端附着于掌骨的内、外侧缘，形成固定指屈肌腱的筋膜鞘。

指筋膜在每个指的掌侧形成 3 个环状韧带，固定屈肌腱。掌指关节掌环状韧带两端附着于籽骨，与籽骨沟形成一管，供指屈肌腱通过。指近侧环状韧带在近指节骨后面，紧贴于指浅屈肌腱上，两侧附着于近指节骨。指远侧环状韧带在中指节骨后面，覆盖在指深屈肌腱上，主要由指间交叉韧带形成。

前肢肌可分肩带肌、肩部肌、臂部肌和前臂及前脚部肌。

一、肩带肌

肩带肌分为背侧肌群和腹侧肌群（图 2-3、图 2-6、图 2-7）。

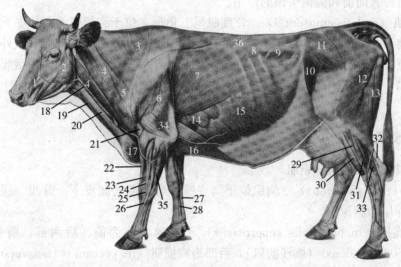

图 2-3 牛体浅层肌
1. 鼻唇提肌 2. 咬肌 3. 斜方肌 4. 臂头肌 5. 肩胛横突肌 6. 三角肌 7. 背阔肌
8. 后背侧锯肌 9. 腹内斜肌 10. 阔筋膜张肌 11. 臀中肌 12. 臀股二头肌 13. 半腱肌
14. 胸腹侧锯肌 15. 腹外斜肌 16. 胸升肌 17. 胸浅肌 18. 颈静脉 19. 胸骨甲状舌骨肌
20. 胸头肌 21. 臂肌 22. 腕桡侧伸肌 23. 拇长外展肌 24. 指内侧伸肌 25. 指总伸肌
26. 指外侧伸肌 27. 指浅屈肌 28. 骨间中肌 29. 腓骨长肌 30. 第 3 腓骨肌 31. 趾外侧伸肌
32. 跟腱 33. 趾深屈肌 34. 臂三头肌 35. 腕尺侧屈肌 36. 背腰筋膜

(引自 Sisson，1938)

（一）背侧肌群

背侧肌群有斜方肌、菱形肌、臂头肌、肩胛横突肌、背阔肌。

1. 斜方肌（m. trapezius）　斜方肌呈三角形，位于第2颈椎至第12胸椎与肩胛冈之间，富于肌质。分为颈、胸两部，但界限并不明显。颈斜方肌起于第2颈椎至第1（2）胸椎处的项韧带索状部，肌纤维斜向后下方；胸斜方肌起于第2~12胸椎处的棘上韧带，肌纤维斜向前下方。两部均止于肩胛冈。其作用是提举、摆动和固定肩胛骨。

2. 菱形肌（m. rhomboideus）　菱形肌在斜方肌和肩胛软骨的深面，也分颈、胸两部。颈菱形肌厚而狭长，起于第2颈椎至第3胸椎处的项韧带索状部，肌纤维多纵行；胸菱形肌薄，略呈四边形，起于第1~5（6）胸椎处的棘上韧带，肌纤维接近垂直。两部均止于肩胛软骨的内侧面。其作用是向前上方提举肩胛骨；当前肢不动时，可伸头颈。

在斜方肌与菱形肌之间形成肩胛上间隙，当创伤感染波及此间隙时可成为蓄脓场所。

3. 臂头肌（m. brachlocephallcus）　臂头肌呈长带状，前部宽，后部变窄，位于颈侧部皮下，构成颈静脉沟的上界。可明显地分上、下两部：上部称为锁枕肌（m. cleidooccipitalis），起于枕骨和项韧带；下部称为锁乳突肌（m. cleidomastoideus），起于颞骨乳突和下颌骨。两部于颈中1/3处会合，止于肱骨嵴。主要作用是牵引肱骨向前，伸展肩关节；提举和侧偏头颈。

4. 肩胛横突肌（m. omotransversarius）　肩胛横突肌呈薄带状，前部位于臂头肌的深层，后部位于颈斜方肌和臂头肌之间。起于寰椎翼和枢椎横突，止于肩胛冈和肩峰部的筋膜。有牵引肩胛骨向前和侧偏头颈的作用。

5. 背阔肌（m. latissimusdorsi）　背阔肌呈三角形，位于胸侧壁的上部皮下，肌纤维由后上方斜向前下方。以宽的腱膜起于背腰筋膜及第9~12肋骨、肋间外肌和腹外斜肌表面的筋膜。其止点分3部分：前部止于大圆肌腱；中部止于臂三头肌长头内面的腱膜；后部止于肱骨内侧结节。主要作用是向后上方牵引肱骨，屈曲肩关节；当前肢踏地时，牵引躯干向前。

（二）腹侧肌群

腹侧肌群有胸肌和腹侧锯肌。

1. 胸肌（mm. pectoralis）　胸肌位于胸底壁与肩臂部之间皮下。分浅、深两层：浅层为胸浅肌，深层为胸深肌。

（1）胸浅肌（m. pectoralis superficialis）　较薄，分为前、后两部。前部为胸降肌（m. pectoralis descendens）（胸浅前肌），后部为胸横肌（m. pectoralis transversus）（胸浅后肌），但分界不明显。胸降肌扁而厚，起于胸骨柄，止于肱骨嵴。胸降肌与臂头肌之间形成胸外侧沟，沟内有头静脉通过。胸横肌薄而宽，色较淡，起于胸骨腹侧面，止于前臂内侧筋膜。胸浅肌的主要作用是内收前肢。

（2）胸深肌（m. pectoralis profundus）　较发达，位于胸浅肌的深层，大部分被胸浅肌覆盖。亦分为前、后两部，前部为锁骨下肌（m. subclavius）（胸深前肌），后部为胸升肌（m. pectoralis ascendens）（胸深后肌）。胸升肌发达，呈长三角形，前端窄而厚，后端宽而薄，肌纤维纵行，起于胸骨腹侧面及腹筋膜，止于肱骨内、外侧结节。锁骨下肌为一狭窄的小肌,起于第1肋的肋软骨,止于臂头肌的深面。胸深肌的作用是内收及后退前肢,当前肢前踏时,可牵引躯干向前。

2. 腹侧锯肌（m. serratur ventralis）腹侧锯肌呈大扇形,下缘为锯齿状,位于颈、胸部的外侧面。可分为颈、胸两部。颈腹侧锯肌厚,全为肌质,起于第2（3）~7颈椎横突和前3根肋骨;胸腹侧锯肌较薄,表面被有强韧的腱膜,起于第4~9肋骨的外面。两部分均止于肩胛骨的锯肌面和肩胛软骨内面。

主要作用为左、右腹侧锯肌形成一弹性吊带,将躯干悬吊在两前肢之间。前肢不动时,两侧腹侧锯肌同时收缩,可提举躯干;颈腹侧锯肌收缩可举头颈;胸腹侧锯肌收缩可以协助吸气;一侧收缩可将身体重心移向对侧前肢,便于提举同侧前肢。

二、肩部肌

肩部肌分为外侧肌群和内侧肌群（图2-4、图2-5、图2-7）。

（一）外侧肌群

外侧肌群包括冈上肌、冈下肌、三角肌和小圆肌。

1. 冈上肌（m. supraspinatus） 位于冈上窝内,起于冈上窝、肩胛冈和肩胛软骨的下部,在盂上结节处分两支,分别止于肱骨内、外侧结节。

2. 冈下肌（m. infraspinatus） 位于冈下窝内,表面被三角肌覆盖。起于冈下窝、肩胛冈和肩胛软骨,止于肱骨外侧结节及其前下方的粗糙面,腱下有黏液囊。此肌也含有大量腱质,可代替外侧副韧带起固定肩关节的作用。

3. 三角肌（m. deltoideus） 呈三角形,位于冈下肌的浅层,分为肩峰部和肩胛部。肩峰部以扁腱起于肩峰;肩胛部借冈下肌表面的腱膜起于肩胛冈和肩胛骨后角。两部会合后,止于肱骨三角肌粗隆。

4. 小圆肌（m. teres minor） 较小,呈短索状或楔状,位于三角肌肩胛部的深面。

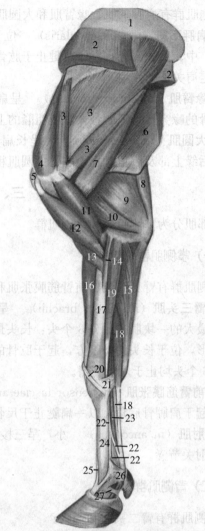

图2-4 牛前肢肌（内侧）
1. 肩胛软骨 2. 腹侧锯肌 3. 肩胛下肌 4. 冈上肌
5. 锁骨下肌 6. 背阔肌 7. 大圆肌 8. 前臂筋膜张肌
9. 臂三头肌长头 10. 臂三头肌内侧头 11. 喙臂肌
12. 臂二头肌 13. 臂肌 14. 旋前圆肌 15. 腕尺侧屈肌
16. 腕桡侧伸肌 17. 桡骨 18. 指浅屈肌及腱
19. 腕桡侧屈肌 20. 腕斜伸肌 21. 腕掌韧带
22. 骨间中肌 23. 指深屈肌腱 24. 掌骨
25. 指内侧伸肌腱 26. 球节环韧带
27. 指屈肌腱近侧环韧带
（引自Popesko,1979）

（二）内侧肌群

内侧肌群有肩胛下肌、喙臂肌和大圆肌。

1. 肩胛下肌（m. subscapularis）　位于肩胛下窝内，起于肩胛下窝和肩胛软骨下部，分为前、中、后 3 部分，以一总腱止于肱骨内侧结节。此肌含有大量腱质，可代替内侧副韧带起固定肩关节的作用。

2. 喙臂肌（m. coracobrchialis）　呈扁而小的梭形，位于肩关节和肱骨的内侧上部。起于肩胛骨的喙突，止于肱骨大圆肌粗隆的上、下部。具有内收和屈曲肩关节的作用。

3. 大圆肌（m. teres major）　呈长扁梭形，位于肩臂部内侧，肩胛下肌的后缘。起于肩胛骨后缘上部及后角，止于肱骨大圆肌粗隆。

三、臂 部 肌

臂部肌分为掌侧肌群和背侧肌群。

（一）掌侧肌群

掌侧肌群有臂三头肌、前臂筋膜张肌和肘肌。

1. 臂三头肌（m. triceps brachii）　呈三角形，位于肩胛骨后缘与肱骨形成的夹角内，是前肢最大的一块肌肉。分 3 个头：长头最大，似三角形，起于肩胛骨后缘；外侧头较厚，呈长方形，位于长头的外下方，起于肱骨的三角肌粗隆及其上部；内侧头最小，起于肱骨内侧面。3 个头均止于尺骨鹰嘴。

2. 前臂筋膜张肌（m. tensor fasciae antebrachii）　狭长而薄，位于臂三头肌的内侧和后缘。起于肩胛骨后角，以一扁腱止于尺骨鹰嘴内侧面。

3. 肘肌（m. anconeus）　小，呈三棱形，位于臂三头肌外侧头的深面，覆盖着鹰嘴窝，深面接肘关节囊。

（二）背侧肌群

背侧肌群有臂二头肌和臂肌。

1. 臂二头肌（m. biceps brachii）　呈纺锤形，位于肱骨的前面稍偏内侧，被臂头肌所覆盖。以强腱起于肩胛骨盂上结节，经结节间沟下行（在沟底有大的腱下黏液囊），大部分以短腱止于桡骨粗隆，还有一细腱加入腕桡侧伸肌，间接止于掌骨。

2. 臂肌（m. brachialis）　位于肱骨的臂肌沟内，起于肱骨后上部，向下经臂二头肌与腕桡侧伸肌之间，转到前臂骨近端内侧，止于桡骨内侧缘。

四、前臂及前脚部肌

前臂及前脚部肌分为背外侧肌群和掌内侧肌群（图 2-5）。

（一）背外侧肌群

背外侧肌群位于前臂骨的背外侧，由前向后依次为腕桡侧伸肌、指内侧伸肌、指总伸肌、指外侧伸肌和拇长外展肌。

1. 腕桡侧伸肌（m. extensor carpi radialis）（腕前伸肌） 位于前臂部背侧皮下，为前臂部最大的肌肉。起于肱骨外侧上髁，并接受臂二头肌的细腱沿桡骨下行，到桡骨下 1/3 处延续为扁腱，经过桡骨远端和腕关节背侧，止于掌骨粗隆。在通过腕部时有环韧带固定，并包有腱鞘。

2. 指内侧伸肌（m. extensor digitalis medialis）（第 3 指固有伸肌） 位于腕桡侧伸肌后方，肌腹和腱紧贴其后缘的指总伸肌及其腱，在腕部包在同一个腱鞘内，故可视为指总伸肌的内侧肌腹。起于肱骨外侧上髁，至桡骨远端变为细腱，止于第 3 指的中指节骨和远指节骨。该肌与腕桡侧伸肌之间形成桡沟，沟内有肘横动、静脉和神经通过。

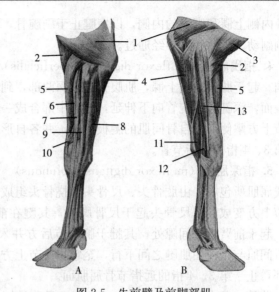

图 2-5 牛前臂及前脚部肌
A. 外侧面 B. 内侧面
1. 臂三头肌 2. 臂肌 3. 臂二头肌 4. 腕尺侧屈肌
5. 腕桡侧伸肌 6. 指内侧伸肌 7. 指总伸肌 8. 腕尺侧伸肌
9. 指外侧伸肌 10. 拇长外展肌 11. 指浅屈肌
12. 指深屈肌 13. 腕桡侧屈肌
（引自 Sisson，1938）

3. 指总伸肌（m. extensor digitalis communis） 位于指内、外侧伸肌之间，起点有两个头：肱骨头较大，起于肱骨外侧上髁；尺骨头较小，起于尺骨外侧。两头在前臂远端合成一总腱，与指内侧伸肌一起沿腕关节和掌骨的背侧面向下伸延，至掌指关节处分为两支，均包有腱鞘，分别止于第 3、4 指的远指节骨伸肌突。

4. 指外侧伸肌（m. extensor digitalis lateralis）（第 4 指固有伸肌） 位于指总伸肌后方，起于肘关节外侧副韧带、桡骨近端外侧韧带结节和尺骨外侧面，于前臂远端变成腱。其腱经过腕关节外侧时包有腱鞘，向下沿指总伸肌腱外缘下行，止于第 4 指的中指节骨和远指节骨。

5. 拇长外展肌（m. abductor pollicis longus）（腕斜伸肌） 呈薄而小的三角形，起于桡骨中部外侧，在指伸肌的覆盖下，越过腕桡侧伸肌腱表面斜向腕关节内侧，止于第 3 掌骨近端。在腕部包有腱鞘。

（二）掌内侧肌群

掌内侧肌群有腕尺侧伸肌、腕桡侧屈肌、腕尺侧屈肌、指浅屈肌和指深屈肌。

1. 腕尺侧伸肌（m. extensor carpi ulnaris）（腕外屈肌） 位于前臂部后外侧皮下，起于肱骨外侧上髁，沿指外侧伸肌后缘下行，大部分止于副腕骨，小部分变为细圆腱，并包有腱鞘，止于第 5 掌骨近端。

2. 腕桡侧屈肌（m. flexor carpi radialis）（腕内屈肌） 位于前臂部内侧皮下，紧靠桡骨。起于肱骨内侧上髁，下行到桡骨远端变为腱，并包有腱鞘，止于第 3 掌骨近端。腕桡侧屈肌与桡骨内侧面之间形成前臂正中沟，沟内有同名的血管和神经通过。

3. 腕尺侧屈肌（m. flexor carpi ulnaris）（腕后屈肌） 位于前臂部后内侧皮下，起于肱骨内侧上髁和鹰嘴的内侧，以短腱止于副腕骨。该肌与腕尺侧伸肌之间形成尺沟，沟内有尺侧副动、静脉和尺神经通过。

4. 指浅屈肌（m. flexor digitalis superficialis）　位于前臂的后面，被腕关节的屈肌所包围。起于肱骨内侧上髁，肌腹分浅、深两部，到前臂远端两部分别变成腱。浅腱经过腕管的表面，深腱通过腕管向下伸延，至掌中部合成一总腱，然后又立即分为两支，每支在掌指关节上方掌侧与来自骨间肌的腱板会合，并各自形成腱环，供指深屈肌腱通过，向下分别止于第3、4指的中指节骨。

5. 指深屈肌（m. flexor digitalis profundus）　位于前臂部的后面，被腕关节的屈肌和指浅屈肌所包围。由肱骨头、尺骨头和桡骨头组成。肱骨头最大，起自肱骨内侧上髁，在腕关节上方变成腱；尺骨头起于尺骨鹰嘴，其腱在前臂中部并入肱骨头；桡骨头细，紧贴桡骨，起于前臂近骨间隙处，其腱于腕关节后方并入肱骨头。3个头形成一总腱后通过腕管，在骨间肌与指浅屈肌腱之间下行，至掌指关节上方分为两支，分别穿过指浅屈肌腱所形成的腱环，止于第3、4指的远指节骨屈肌面。

此外，还有骨间肌（m. interossei），又称悬韧带或籽骨上韧带，位于掌骨后面。幼牛几乎全为肌质，成年牛腱质强厚，但仍有肌质。

第四节　躯　干　肌

躯干肌包括脊柱肌、颈腹侧肌、呼吸肌和腹壁肌。

躯干肌的表面包有浅筋膜和深筋膜。在躯干浅筋膜内，胸腹部的两侧有躯干皮肌；腹部浅筋膜走向髋骨，形成膝褶，内有脂肪组织和髂下淋巴结。深筋膜按其所在部位，分为背腰筋膜、胸腹深筋膜和颈深筋膜等。

背腰筋膜较发达，分深、浅两层，紧贴于背、腰部肌，深入各肌之间形成肌间隔，或成为一些肌肉的起点。背腰筋膜在鬐甲部胸椎棘突与横突之间，形成肩胛上韧带，或称为棘横筋膜。

胸腹深筋膜在腹部由于含有很多平行排列的弹性纤维，呈黄色，故又称腹黄筋膜。腹黄筋膜厚而强韧，富有弹性，在后下部与腹外斜肌的腱膜紧密结合，协助腹壁肌支持内脏；在腹股沟部形成阴茎或乳房的深筋膜。

颈深筋膜分浅、深两层。浅层在许多肌肉之间形成肌间隔，并成为一些肌肉的起点；深层包围气管、食管及喉返神经，并形成颈动脉鞘，包围颈总动脉和迷走交感神经干。

一、脊　柱　肌

脊柱肌是支配脊柱活动的肌肉，根据其部位可分为脊柱背侧肌群和脊柱腹侧肌群。

（一）脊柱背侧肌群

脊柱背侧肌群很发达，位于脊柱的背外侧。包括背腰最长肌、髂肋肌、夹肌、颈最长肌、头寰最长肌、头半棘肌、背颈棘肌、多裂肌、头背侧大直肌、头背侧小直肌、头前斜肌和头后斜肌等（图2-6、图2-7）。

1. 胸腰最长肌（m. longissimus thoracis et lumborum）　为全身最长的肌肉，呈三棱形，由许多肌束结合而成，表面覆盖一层强厚的腱膜。位于胸、腰椎棘突与横突和肋骨椎骨

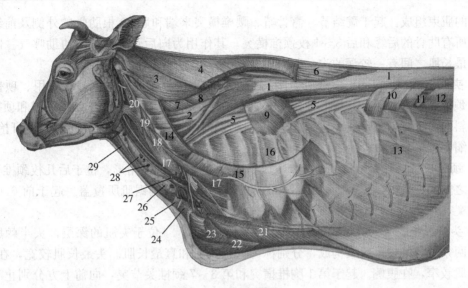

图 2-6 牛躯干深层肌
1. 胸腰最长肌 2. 颈最长肌 3. 夹肌 4. 菱形肌 5. 髂肋肌 6. 背颈棘肌
7、8. 头半棘肌 9. 前背侧锯肌 10. 后背侧锯肌 11. 肋缩部 12. 腹内斜肌 13. 腹外斜肌
14. 颈腹侧锯肌 15. 胸腹侧锯肌 16. 肋间外肌 17. 斜角肌 18、19、20. 颈横突间肌
21. 胸升肌 22. 胸横肌 23. 胸降肌 24. 胸头肌 25. 左侧胸骨甲状舌骨肌
26. 胸腺 27. 左颈总动脉 28. 颈深中淋巴结 29. 右侧胸骨甲状舌骨肌
(引自 Budras 等,2003)

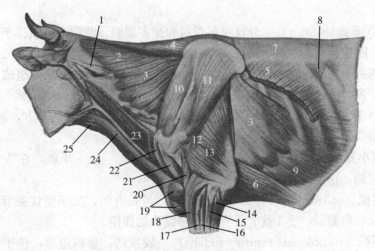

图 2-7 牛躯干深层肌
1. 头最长肌 2. 夹肌 3. 腹侧锯肌 4. 菱形肌 5. 背阔肌 6. 胸升肌 7. 背腰筋膜
8. 后背侧锯肌 9. 腹外斜肌 10. 冈上肌 11. 冈下肌 12. 小圆肌 13. 臂三头肌
14. 腕尺侧伸肌 15. 指外侧伸肌 16. 指总伸肌 17. 指内侧伸肌 18. 腕桡侧伸肌 19. 胸降肌
20. 臂肌 21. 臂二头肌 22. 锁骨下肌 23. 臂头肌 24. 胸头肌 25. 胸骨舌骨肌
(引自 Sisson,1938)

端所形成的夹角内。起于髂骨嵴、荐椎、腰椎和后位胸椎棘突,止于腰椎、胸椎和最后颈椎的横突及肋骨的外面。本肌的作用是伸展背腰,协助呼气,跳跃时提举躯干前部和后部。

2. 髂肋肌(m. iliocostalis) 位于背腰最长肌的腹外侧,狭长而分节,由一系列斜向前下方的肌束组成。起于髋结节、髂骨嵴、腰椎横突末端和后 10 根肋骨的外侧及前缘，向前止于所有肋骨的后缘和后 3～4 枚颈椎横突。其作用为向后牵引肋骨，协助呼气。髂肋肌与背腰最长肌之间有一较深的沟，称为髂肋肌沟，沟内有针灸穴位。

3. 夹肌（m. splenius） 为薄而阔的三角形肌，位于颈侧部皮下，在鬐甲、项韧带索状部与颈椎和头部之间，其后部被颈斜方肌和颈腹侧锯肌所覆盖。起于棘横筋膜和项韧带索状部，斜向前下方，止于前 4 枚颈椎横突、枕骨和颞骨。其作用是两侧同时收缩可抬头颈，一侧收缩则偏头颈。

4. 颈最长肌（m. longissimus cervicis） 呈尖端向后的三角形，位于后几枚颈椎与前几枚胸椎之间的夹角内，可视为背腰最长肌的延续，被颈腹侧锯肌所覆盖。起于前 6（7）枚胸椎横突，止于后 4 枚颈椎横突。作用为升颈。

5. 头寰最长肌（m. longissimus capitis et atlantis） 位于夹肌的深层，头半棘肌的下方。由两条平行的梭形肌束构成，分别称为头最长肌和寰最长肌。头最长肌较宽，在背侧；寰最长肌较窄，在腹侧。起于第 1 胸椎横突和第 3～7 颈椎关节突，向前上方分别止于颞骨和寰椎翼。

6. 头半棘肌（m. semispinalis capitis） 又称复肌，位于夹肌与项韧带板状部之间，呈三角形，表面有 2～3 条斜行的腱划。起于棘横筋膜、前 9 枚胸椎横突和第 3～7 颈椎关节突，以宽腱止于枕骨。

7. 背颈棘肌（m. spinalis dorsi et cervicis） 长而厚，位于胸椎棘突两侧，背腰最长肌的前内侧。以强腱起于荐椎、腰椎、后位胸椎棘突和棘上韧带，止于前 5 枚胸椎棘突和第 2～7 颈椎棘突。

8. 多裂肌（m. multifidus） 分背腰多裂肌和颈多裂肌。背腰多裂肌位于背腰最长肌的深层，紧靠胸、腰椎棘突的两侧，由许多小肌束组成。可协助伸背和侧偏背腰部脊柱。颈多裂肌位于头半棘肌的深层，在 3～7 颈椎椎弓的背侧，由一系列的短肌束组成。其作用是两侧同时收缩可伸颈，一侧收缩时可偏颈并有旋转作用。

9. 头背侧大直肌（m. rectus capitis major） 在项韧带索状部的下方，起于枢椎棘突，止于枕骨，有抬头作用。

10. 头背侧小直肌（m. rectus capitis dorsalis minor） 为一小肌，在头背侧大直肌之下，起于寰椎背侧，止于枕骨，有抬头作用。

11. 头前斜肌（m. obliquus capitis cranialis） 呈长方形，位于寰枕关节的背外侧，起于寰椎翼的前缘和腹侧面，止于枕骨，有伸头和偏头的作用。

12. 头后斜肌（m. obliquus capitis caudalis） 较发达，呈四边形，位于寰椎和枢椎的背侧。起于枢椎棘突和后关节突，止于寰椎翼的背侧面，有旋转头和寰椎的作用。

（二）脊柱腹侧肌群

该肌群不发达，仅位于颈部和腰部脊柱的腹侧。包括头长肌、颈长肌、腰小肌、腰大肌和腰方肌等。

1. 头长肌（m. longus capitis） 又称头腹侧大直肌，位于前部颈椎的腹外侧，向前一直伸至颅底部。由许多长肌束组成，起于第 3～6 颈椎横突，止于枕骨基底部。作用为屈头。

2. 颈长肌（m. longus colii） 位于颈椎椎体和前 6（7）枚胸椎椎体的腹侧，由许多分节性的短肌束组成，分为颈、胸两部分。胸部起于第6（7）胸椎椎体腹侧，向前外侧止于最后两枚颈椎的椎体和横突腹侧。颈部起于最后颈椎的椎体和横突腹侧，向前内侧止于寰椎的腹侧。作用为屈颈。

3. 腰小肌（m. psoas major） 狭而长，位于腰椎椎体腹侧面的两侧，起于最后胸椎和腰椎椎体腹侧，止于髂骨腰小肌结节。作用是屈腰和下降骨盆。

4. 腰大肌（m. psoas major） 是腰椎腹侧诸肌中最大的肌肉，宽扁而长，位于腰小肌的外侧，起于最后1～2肋骨椎骨端和腰椎椎体及横突的腹侧，与髂肌合成髂腰肌，止于股骨小转子。作用是屈曲髋关节。

5. 腰方肌（m. quadratus lumborum） 较薄，位于腰椎横突的腹侧，大部分在腰大肌的深面，起于第10～13胸椎椎体腹外侧及相应肋骨的椎骨端和腰椎横突腹侧，止于腰椎横突前缘和髂骨翼的腹侧面。作用是两侧同时收缩时可固定腰椎，一侧收缩时则屈腰。

二、颈腹侧肌

颈腹侧肌位于颈部腹侧皮下，包括胸头肌、胸骨甲状舌骨肌和肩胛舌骨肌。

1. 胸头肌（m. sternocephalicus） 位于颈部腹外侧皮下，臂头肌的下缘。起于胸骨柄，向前分浅、深两部：浅部为胸下颌肌（m. sternomandibularis），呈狭带状，止于下颌骨和咬肌前缘；深部为胸乳突肌（m. sternomastoideus），呈长带状，位于前者的深层，经过颈静脉的深面止于颞骨乳突。有屈或侧偏头颈的作用。胸头肌与臂头肌之间形成颈静脉沟。

2. 胸骨甲状舌骨肌（m. sternothyrohyoideus） 呈扁平窄带状，位于气管腹侧，在颈的前半部位于皮下，后半部被胸头肌覆盖。起于胸骨柄，沿气管的腹侧向头部伸延，至颈中部分为内、外侧两支；外侧支止于喉的甲状软骨，称为胸骨甲状肌（m. sternothyroideus）；内侧支止于舌骨体，称为胸骨舌骨肌（m. sternohyoideus）。作用为吞咽时向后牵引舌和喉，协助吞咽；吸吮时固定舌骨，利于舌的后缩。

3. 肩胛舌骨肌（m. omohyoideus） 呈薄带状，起于第3～5颈椎横突，斜向前下方，止于舌骨体。在颈后部位于臂头肌的深面，在颈前部形成颈静脉沟的沟底。

三、呼吸肌（胸壁肌）

呼吸肌位于胸腔的侧壁，并形成胸腔的后壁，故也称胸壁肌。根据其机能可分为吸气肌和呼气肌。

（一）吸气肌

吸气肌包括肋间外肌、膈、前背侧锯肌、斜角肌和胸直肌等。

1. 肋间外肌（mm. intercostales externi） 位于肋间隙的浅层。起于前一肋骨的后缘，肌纤维斜向后下方，止于后一肋骨的前缘。可向前外方牵引肋骨，使胸腔扩大，引起吸气。

2. 膈（diaphragma） 位于胸、腹腔之间，呈圆顶状，突向胸腔。由周围的肌质部和中央的腱质部组成。肌质部根据其附着部位，又分为腰部、肋部和胸骨部。腰部由长而粗的左、右膈脚构成。左膈脚较小，附着于第2～3腰椎腹侧；右膈脚较大，附着于前4枚腰椎腹侧。两脚均向中央腱质部延伸并扩散。肋部周缘呈锯齿状，附着于胸侧壁的内面，其附着线呈一倾斜直线。由剑状软骨沿第8肋骨和肋软骨的结合线向上，经过第9～13肋骨至腰部。胸骨部附着于剑状软骨的上面。腱质部由强韧而发亮的腱膜构成，突向胸腔（至第6肋骨胸骨端），称为中心腱。

膈上有3个孔，由上向下依次为：主动脉裂孔（hiatus aorticus），位于左、右膈脚之间，供主动脉、左奇静脉和胸导管通过；食管裂孔（hiatus esophageus），位于右膈脚中，接近中心腱，供食管和迷走神经通过；腔静脉孔（formen venae cavae），位于中心腱上，供后腔静脉通过。

膈是主要的吸气肌，收缩时使突向胸腔的部分变扁平，从而增大胸腔的纵径，致使胸腔扩大，引起吸气。

3. 前背侧锯肌（m. serratus dorsalis anterior） 薄而宽，呈四边形，下缘为锯齿状。位于胸壁的前上部，背腰最长肌和髂肋肌的表面，被背阔肌和胸腹侧锯肌所覆盖，以腱膜起于背腰筋膜，肌纤维斜向后下方，止于第6～8（9）肋骨近端外侧面，可向前牵引肋骨，使胸腔扩大，协助吸气。

4. 斜角肌（m. scalenus） 位于颈后部和胸侧壁前部的腹外侧面，分为背、腹侧两部，两部之间有臂神经丛通过。背侧斜角肌发育良好，起于第5～7颈椎横突，止于第3～4肋骨外面；腹侧斜角肌起于第3～7颈椎横突，止于第1肋骨外面。其作用是牵引前部肋骨向前，协助吸气，另外还可屈颈或侧偏颈。

5. 胸直肌（m. rectus thoracis） 较薄，呈四边形，位于胸侧壁的前下部，起于第1肋骨下端外面，肌纤维斜向后下方，止于第3～4肋软骨外面。可协助吸气。

（二）呼气肌

呼气肌包括后背侧锯肌和肋间内肌等。

1. 后背侧锯肌（m. serratus dorsalis posterior） 位于胸侧壁的后上部，以腱膜起于背腰筋膜，肌纤维斜向前下方，止于后3～4根肋骨近端外侧面。可向后牵引肋骨，使胸腔缩小，协助呼气。

2. 肋间内肌（mm. intercostales interni） 位于肋间外肌的深面，并向下伸延到肋软骨间隙内。起于后一肋的前缘，肌纤维斜向前下方，止于前一肋的后缘。可向后向内牵引肋，使胸腔缩小，引起呼气。

四、腹壁肌

腹壁肌都是板状肌，构成腹腔的侧壁和底壁。前连肋骨及肋软骨，后连髋骨，上面附着于腰椎，下面左、右两侧的腹壁肌在腹底正中线上，以腱质相连，形成一条腹白线。腹壁肌共有4层，由外向内依次为腹外斜肌、腹内斜肌、腹直肌和腹横肌。

1. 腹外斜肌（m. obliquus abdominis externus） 为腹壁肌的最外层，覆盖着腹壁的两侧和底部以及胸侧壁的一部分。以肌齿起于第5～13肋骨的中上部外面和肋间外肌表面的筋膜，肌纤维斜向后下方，在肋弓的后下方延续为宽大的腱膜，止于腹白线、耻前腱、髋结节、髂骨和股内侧筋膜。腱膜的外面与腹黄筋膜紧密接触，内面与腹内斜肌腱膜的外层结合。自髋结节至耻前腱，腱膜强厚，称为腹股沟韧带（lig. inguinale）（腹股沟弓），在其前方腱膜上有一长约10cm的裂孔，为腹股沟管皮下环。

2. 腹内斜肌（m. obliquus abdominis internus） 位于腹外斜肌的深层，肌纤维向前下

方。起于髋结节和第 3~5 腰椎横突，呈扇形向前下方扩展，于腹侧壁中部转为腱膜，止于最后肋骨后缘、腹白线和耻前腱。腹内斜肌的上缘肥厚，称为髂肋脚，是膁窝的下界。腱膜在前下部分为内、外两层：外层厚，与腹外斜肌的腱膜结合，形成腹直肌的外鞘；内层薄，与腹横肌的腱膜结合，形成腹直肌的内鞘。

3. 腹直肌（m. rectus abdominis） 呈宽而扁平的带状，位于腹底壁，在腹白线两侧，被腹外、内斜肌和腹横肌所形成的内、外鞘所包裹。起于胸骨和第 4~13 肋软骨的外侧面，肌纤维纵行，以强厚的耻前腱止于耻骨前缘。本肌前后部窄，中间宽，表面有 5~6 条横行的腱划。于第 2 或第 3 腱划处，在剑状软骨外侧，有供腹皮下静脉通过的孔，称为乳井。

4. 腹横肌（m. transversus abdominis） 为腹壁肌的最内层，较薄，起于肋弓内面和前 5 枚腰椎横突，肌纤维上下行，以腱膜止于腹白线。其腱膜与腹内斜肌腱膜的内层结合。

5. 腹股沟管（canalis inguinalis） 位于腹底壁后部，耻前腱的两侧，为腹外斜肌和腹内斜肌之间的一个斜行裂隙。该管有内、外两个口：内口通腹腔，称为腹股沟管腹环或深环，由腹内斜肌的后缘和腹股沟韧带围成；外口通皮下，称为腹股沟管皮下环或浅环，为腹外斜肌后部腱膜上的卵圆裂孔。公牛的腹股沟管明显，是胎儿时期睾丸从腹腔下降到阴囊的通道，长为 15~16cm，内有精索、总鞘膜、提睾肌和脉管、神经通过。母牛的腹股沟管仅供脉管、神经通过。

腹壁肌的作用是形成坚韧的腹壁，容纳、保护和支持腹腔脏器；当腹壁肌收缩时，可增大腹压，协助呼气、排粪、排尿和分娩等。

第五节 后 肢 肌

后肢肌表面也包有浅筋膜和深筋膜。浅筋膜常含有较多的脂肪。深筋膜依其所在部位分为髂腰筋膜、臀筋膜、阔筋膜、小腿筋膜、跗筋膜、跖筋膜和趾筋膜。

髂腰筋膜被覆于髂腰肌表面，是背腰深筋膜向深部的延续。

臀筋膜紧贴于臀肌上，不易剥离，深面供臀肌起始，并分出肌间隔伸入各肌之间。

阔筋膜位于股外侧面，强厚而呈腱性，供阔筋膜张肌终止，深面分出肌间隔，伸入股后诸肌之间。股内侧筋膜较薄，前部与阔筋膜相延续，在膝关节处与阔筋膜相延续，在膝关节处与缝匠肌及股薄肌的止点腱融合。

小腿筋膜有 3 层。浅层为阔筋膜与股内侧筋膜的延续。中层由股部浅层诸肌（臀股二头肌、半腱肌、阔筋膜张肌、缝匠肌、股薄肌）的腱膜相连而成。这两层结合成一总鞘，包围整个小腿肌。在小腿中部，跟腱前方，总鞘的内、外侧壁紧密结合成一强带，附着于跟结节，以加强跟腱。深层紧裹跟腱前方的小腿诸肌，形成 3 个筋膜鞘，分别包围小腿背侧、外侧及胫骨后面诸肌。

跗筋膜附着于跗部的骨突及韧带。在跗部背侧形成近侧和远侧两条环状韧带，以固定小腿背外侧诸肌腱的位置。在跗后形成跖侧横韧带，将跗沟转变为跗管，供趾深屈肌腱通过。跖筋膜和趾筋膜与前肢的掌筋膜和指筋膜相似。

后肢肌是作用于后肢各关节的肌肉。较前肢肌发达，是推动身体前进的主要动力。后肢肌大多数可区分为伸肌群和屈肌群两大部分，只有髋关节除有伸、屈肌群外，还有内收和旋转肌群（图 2-8、图 2-9、图 2-10、图 2-11）。

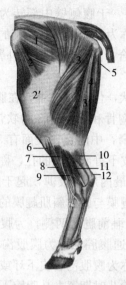

图 2-8 牛后肢肌（外侧）
1. 臀中肌 2、2′. 阔筋膜张肌及阔筋膜
3、3′. 臀股二头肌 4. 半腱肌 5. 半膜肌
6. 胫骨前肌 7. 腓骨长肌 8. 第 3 腓骨肌
9. 趾外侧伸肌 10. 腓肠肌 11. 趾深屈肌
12. 趾浅屈肌腱
（引自 Popesko，1979）

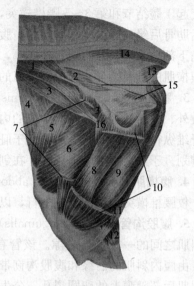

图 2-9 牛后肢肌（内侧）
1. 腰小肌 2. 腰大肌 3. 髂肌 4. 阔筋膜张肌
5. 股直肌 6. 股内侧肌 7. 缝匠肌 8. 内收肌
9. 半膜肌 10. 股薄肌 11. 半腱肌 12. 腓肠肌
13. 尾骨肌 14. 荐尾腹外侧肌 15. 闭孔内肌
16. 耻骨肌
（引自 Popesko，1979）

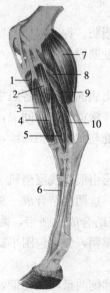

图 2-10 牛小腿和后脚部肌（外侧面）
1. 胫骨前肌 2. 腓骨长肌 3. 第 3 腓骨肌
4. 趾长伸肌 5. 趾外侧伸肌 6. 趾短伸肌
7. 腓肠肌外侧头 8. 比目鱼肌 9. 胫骨后肌
10. 拇长屈肌
（引自 Sisson，1938）

图 2-11 牛小腿和后脚部肌（背侧面）
1. 胫骨前肌 2. 第 3 腓骨肌 3. 腓肠肌外侧头
4. 比目鱼肌 5. 腓骨长肌 6. 趾外侧伸肌
7. 趾长伸肌 8. 趾短伸肌
（引自 Sisson，1938）

一、臀股部肌

(一) 臀肌群

臀肌群有臀中肌和臀深肌。

1. 臀中肌（m. gluteus medius） 大而厚，位于骨盆的背外侧，构成臀部的基础，向前与背腰最长肌相接。本肌的深层为臀副肌（m. gluteus accessorius），较小，易于分离。起于背腰最长肌后部腱膜、髂骨臀肌面、荐骨及荐结节阔韧带，止于股骨大转子，在大转子前部有肌下黏液囊。有伸髋关节、外展及旋外后肢的作用，由于同背腰最长肌相结合，还参与竖立、踢踢及推进躯干等动作。

2. 臀深肌（m. gluteus profundus） 薄而宽，被臀中肌覆盖。起于髂骨翼外侧、坐骨棘和荐结节阔韧带，止于大转子前外下方，腱终止部的下面有腱下黏液囊。有伸髋关节、外展及旋外后肢的作用。

(二) 股后肌群

股后肌群包括臀股二头肌、半腱肌和半膜肌。

1. 臀股二头肌（m. gluteobiceps） 长而宽大，位于臀中肌后方，臀股部的外侧。起点分两头：椎骨头起于荐骨和荐结节阔韧带，坐骨头起于坐骨结节。两头于坐骨结节下方合并后下行，逐渐变宽，于股后部分为前、后两部。前部大，后部小，以腱膜止于髌骨、髌外侧韧带、胫骨嵴、小腿筋膜和跟结节。臀股二头肌与大转子间有肌下黏液囊。其作用是伸髋关节，亦可伸膝、跗关节；在推进躯干、踢踢和竖立等动作中起伸展后肢作用；在提举后肢时可屈曲膝关节。

2. 半腱肌（m. semitendinosus） 长而大，位于臀股二头肌的后方，构成股部的后缘。起于坐骨结节，向下逐渐转到大腿内侧，以腱膜止于胫骨嵴、小腿筋膜和跟结节。腱膜与胫骨嵴之间有腱下黏液囊。该肌与臀股二头肌之间形成臀股二头肌沟，沟内有针灸穴位。

3. 半膜肌（m. semimembranosus） 长而宽，呈三棱形，位于半腱肌的内侧。起于坐骨结节，止于股骨内侧上髁和胫骨近端内侧。可伸髋关节和内收后肢。

(三) 髂腰肌

髂腰肌（m. iliopsoas）位于腰椎和髂骨的腹侧面，由腰大肌和髂肌所组成。髂肌有内、外两头。外头较大，起于髂骨翼内面；内头较小，起于髂骨体。两头之间夹有腰大肌，以同一腱止于股骨小转子。

(四) 股前肌群

股前肌群有阔筋膜张肌和股四头肌。

1. 阔筋膜张肌（m. tensor fascia latae） 呈三角形，位于股部的前外侧皮下。起于髋结节，向下呈扇形展开，借阔筋膜止于髌骨和胫骨近端。

2. 股四头肌（m. quadriceps famoris） 大而厚，位于股骨的前面和两侧，被阔筋膜张肌所覆盖。有4个头，分别为股直肌、股内侧肌、股外侧肌和股中间肌。除股直肌两个短腱起于髂骨体的两侧外，其他三肌分别起于股骨的内侧、外侧和前面，共同止于髌骨。

（五）股内侧肌群

股内侧肌群有缝匠肌、股薄肌、耻骨肌和内收肌以及股方肌。

1. 缝匠肌（m. sartorius） 呈窄而薄的带状，位于股部内侧，在股薄肌的前缘。起于髂腰筋膜和腰小肌腱，止于髌内侧韧带和胫骨嵴。

2. 股薄肌（m. gracilis） 呈薄而宽的四边形，位于股内侧皮下。起于骨盆联合和耻前腱，以腱膜止于髌内侧韧带、胫骨嵴和小腿筋膜。

3. 耻骨肌（m. pectineus） 呈锥形，位于股薄肌与缝匠肌之间。起于耻骨前缘和耻前腱，止于股骨体内侧。

4. 内收肌（m. adductor） 呈三棱形，位于股薄肌的深层，在耻骨肌与半膜肌之间，起于耻骨和坐骨的腹侧，止于股骨的后内侧。

5. 股方肌（m. quadratus femoris） 小，呈长方形，位于内收肌外侧的前上方。起于坐骨腹侧面，止于股骨的小转子附近。

股管（canalis femoris）又称股三角，为股内侧上部肌肉之间的一个三角形空隙，上口大，下口小。此管前壁为缝匠肌，后壁为耻骨肌，外侧壁为髂腰肌和股内侧肌，内侧壁为股薄肌和股内筋膜。管内有股动脉、股静脉和隐神经通过。

二、小腿及后脚部肌

（一）背外侧肌群

背外侧肌群有第3腓骨肌、趾长伸肌、趾内侧伸肌、腓骨长肌、趾外侧伸肌和胫骨前肌。

1. 第3腓骨肌（m. peroneus terius） 发达，呈纺锤形，位于小腿背侧皮下，与趾长伸肌和趾内侧伸肌以同一短腱起于股骨伸肌窝，至小腿远端延续为一扁腱，经跗关节背侧，并包有腱鞘，止于第2～3跗骨和大跖骨近端内侧。止腱形成腱管，供胫骨前肌腱通过。

2. 趾长伸肌（m. extensor digitalis lonus） 呈长梭形，肌腹的上半部位于第3腓骨肌的深层，下半部位于其后方。趾长伸肌与第3腓骨肌共同起于股骨伸肌窝，下行到小腿远端变为细长腱，与趾内侧伸肌腱一起沿跗关节和跖骨的背侧面向下伸延，至跖趾关节处分为两支，均包有腱鞘，分别止于第3、4趾的远趾节骨伸肌突。腱在经过跗关节背侧时也被近侧和远侧环状韧带所固定。

3. 趾内侧伸肌（m. extensor digitalis medialis）（第3趾固有伸肌） 位于第3腓骨肌的深层，趾长伸肌的前内侧，肌腹和腱紧贴其后外侧的趾长伸肌，在跗部包在同一个腱鞘内，故可视为趾长伸肌的内侧肌腹。起点同第3腓骨肌，于小腿远端变为腱，经过跗关节背侧时被近侧和远侧环状韧带所固定，止于第3趾的中趾节骨。

4. 腓骨长肌（m. peroneus longus） 呈狭长三角形，位于趾长伸肌后方。起于胫骨外侧髁和股胫关节外侧副韧带，肌腹于小腿中部延续为细长腱，向后下方伸延，经跗关节外侧，越过趾外侧伸肌腱，并包有腱鞘，止于第1跗骨和大跖骨近端。

5. 趾外侧伸肌（m. extensor digitalis lateralis）（第4趾固有伸肌） 位于腓骨长肌后方，起于胫骨外侧髁，于小腿远端延续为长腱，经跗关节外侧时包有腱鞘，向下沿趾长伸肌腱外侧缘下行，止于第4趾的中趾节骨。该肌与第3腓骨肌之间形成腓沟，沟内有血管和神经通过。

6. 胫骨前肌（m. tibialis cranialis） 位于第3腓骨肌的深面，紧贴胫骨。起于胫骨粗隆和胫骨嵴的外侧，止腱穿过第3腓骨肌的腱管，止于第2～3跗骨和大跖骨近端内侧。在跗部包有腱鞘。

（二）跖侧肌群

跖侧肌群包括腓肠肌、比目鱼肌、趾浅屈肌和趾深屈肌等。

1. 腓肠肌（m. gastrocnemius） 发达，位于小腿后部，肌腹呈纺锤形，在臀股二头肌与半腱肌和半膜肌之间。有内、外侧两个头，分别起于股骨髁上窝的两侧，下行到小腿中部变为一强腱，与趾浅屈肌腱及臀股二头肌和半腱肌腱膜的一部分共同合成跟腱，止于跟结节。跟腱前方内、外侧的沟，分别为小腿内侧沟和小腿外侧沟，小腿内侧沟内有胫神经通过。

2. 比目鱼肌（m. soleus） 呈薄而窄的带状，斜位于小腿外侧上部。起于胫骨外侧髁，止于腓肠肌的外侧头。

3. 趾浅屈肌（m. flexor digitalis superficialis） 呈纺锤形，大部分位于腓肠肌两头之间。起于股骨髁上窝，于小腿下1/3处转为强腱，由腓肠肌腱的前面经内侧转到后面，至跟结节处变宽变扁，似帽状固着于跟结节近端两侧，此处有腱下黏液囊（跟腱囊）。强腱越过跟结节后变窄，并继续向下伸延至趾部，其行程、结构和止点与前肢的指浅屈肌腱相似。

4. 趾深屈肌（m. flexor digitalis profundus） 发达，位于跟腱前方，紧贴于胫骨后面。有外侧深头、外侧浅头和内侧头3个头，均起于胫骨近端后外侧缘和后面。外侧深头最大，称为拇长屈肌（m. flexor hallucis longus），位于胫骨后面，在趾外侧伸肌的后方，于小腿远端变为粗的圆腱，经跟结节内侧，向下伸延至跖骨后面。外侧浅头，称为胫骨后肌（m. tibialis posterior），位于拇长屈肌的后外侧，其腱在跗部并入拇长屈肌腱。内侧头最小，称为趾长屈肌（m. flexor digitalis longus），位于拇长屈肌的内侧，其腱经跗关节内侧时包有腱鞘，约在跖骨后面上1/4处并入拇长屈肌腱。3个头于跖骨近端后面形成一总腱后，再向下伸延至趾部，其行程、结构和止点，与前肢的指深屈肌腱相似。

5. 腘肌（m. popliteus） 呈三角形，位于膝关节后方，胫骨后面的上部。以圆腱起于股骨的腘肌窝，斜向后内侧，止于胫骨内侧缘的上部。

6. 骨间肌 位于跖骨后面，其结构与前肢的同名肌相似。

第六节 头 部 肌

头部肌包括咀嚼肌和面肌，表面均覆盖有浅筋膜和深筋膜。在浅筋膜内有面皮肌和额皮肌。深筋膜按其部位分为颞筋膜、腮腺咬肌筋膜和颊咽筋膜等。另外，舌骨肌也附在本节后面一起叙述（图2-12）。

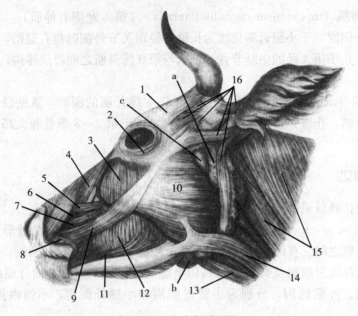

图 2-12 牛头部浅层肌
1. 额皮肌 2. 眼轮匝肌 3. 颊提肌 4. 鼻唇提肌 5. 上唇固有提肌
6. 犬齿肌 7. 上唇降肌 8. 口轮匝肌 9. 颧肌 10. 咬肌 11. 下唇降肌
12. 颊肌 13. 胸骨舌骨肌 14. 胸头肌 15. 臂头肌 16. 耳肌
a. 腮腺 b. 下颌腺 c. 腮腺淋巴结
(引自 Popesko, 1979)

一、咀 嚼 肌

咀嚼肌是使下颌运动的强大肌肉,均起于颅骨,而止于下颌骨,可分为闭口肌和开口肌。

(一) 闭口肌

闭口肌很发达,且富有腱质,位于颞下颌关节的前方,包括咬肌、翼肌和颞肌。

1. 咬肌(m. masseter) 强厚,位于下颌支的外侧面,表面被有厚而发亮的腱膜,内部贯穿很多腱质。根据肌纤维的方向,可分为浅、中、深3部分,分别起于上颌骨面结节、面嵴下缘和颧弓,止于下颌支的外侧面。

2. 翼肌(m. pterygoideus) 位于下颌支的内侧面,富有腱质。根据纤维方向和位置,可分为翼内侧肌和翼外侧肌。

(1) 翼内侧肌(m. pterygoideus medialis) 较大,位于下颌支内侧的翼肌面。起于翼骨、蝶骨翼突和腭骨水平部,肌纤维垂直,止于下颌支的内侧面。

(2) 翼外侧肌(m. pterygoideus lateralis) 较小,呈尖端向后的扁平三角形,位于翼内侧肌的背外侧。起点同翼内侧肌,肌纤维纵行,止于下颌髁的前内侧。

3. 颞肌(m. temporalis) 位于颞窝内,富有腱质。起于颞窝的粗糙面,止于下颌骨的冠状突。

闭口肌可提举下颌,并使下颌向前后及左右移动,具有闭口和咀嚼的作用。

(二) 开口肌

开口肌不发达，位于颞下颌关节的后方，在枕骨和下颌骨之间，只有二腹肌。

二腹肌（m. digastricus）位于翼肌的内侧，有前、后两个肌腹，中间是腱。起于枕骨颈静脉突，斜向前下方，止于下颌骨体臼齿部的外侧下缘。可下降下颌，具有开口的作用。

二、面 肌

面肌是位于口腔、鼻孔和眼裂周围的肌肉，可分为开张自然孔的张肌和关闭自然孔的环形肌。

(一) 张肌

张肌一般呈薄板状或条带状，由面部的后上方向口鼻部集中，可开张口裂和鼻孔。另外，在眼裂附近，还有些肌肉具有开张眼裂的作用。包括鼻唇提肌、上唇固有提肌、犬齿肌、上唇降肌、下唇降肌、颧肌、颧骨肌和上眼睑提肌等。

1. 鼻唇提肌（m. levator nasolabialis） 呈薄而宽的三角形，位于鼻侧部皮下，后上方与额皮肌相接。起于鼻骨和额骨前部，肌膜伸向前下方，分深、浅两层，分别止于侧鼻翼和上唇。可开张鼻孔，提举上唇。

2. 上唇固有提肌（m. levator labii superioris proprius）、**犬齿肌**（m. caninus）（鼻孔外侧开肌）**和上唇降肌**（m. depressor labii superioris） 三肌间分界不明显，均起于上颌骨的面结节，经鼻唇提肌深、浅两层之间前行，以细的腱支走向鼻端和上唇，止于鼻唇镜间的背侧肌束为上唇固有提肌；止于外侧鼻翼的中间肌束为犬齿肌；止于上唇的腹侧肌束为上唇降肌。分别有提举上唇、开张鼻孔和下降上唇的作用。

3. 下唇降肌（m. depressor labii inferioris） 细而长，位于下颌的外侧，颊肌下缘。起于下颌骨体臼齿槽缘，肌纤维纵行，止于下唇。可降下唇。

4. 颧肌（m. zygomaticus） 呈扁平带状，位于颊部皮下。起于颧弓，肌纤维斜向前下方，止于口角后上方，与口轮匝肌相混。可牵引口角向后。

5. 颧骨肌（m. malaris） 薄而宽，位于眼的前下方，向下呈扇形扩展于颊筋膜和咬肌筋膜的表面。可分为前、后两部：前部为颊提肌，后部为下眼睑降肌。

颊提肌（m. malaris）：位于内眼角的前方和下方，以短腱起于泪骨，肌纤维向前下方扩展，经过颧肌的深面，止于颊肌背缘，并与之相混。有提举颊部的作用。

下眼睑降肌（m. depressor palpebrae inferioris）：位于眼睑下方，起于咬肌筋膜，肌纤维略向后上方，止于下眼睑，与眼轮匝肌相融合。有降下眼睑，开张眼裂的作用。

6. 上眼睑提肌（m. levator palpebrae superioris） 位于眼眶内，有提举上眼睑，开张眼裂的作用。

(二) 环行肌

环行肌亦称为括约肌，位于自然孔周围，可关闭或缩小自然孔。包括口轮匝肌、颊肌和眼轮匝肌。

1. 口轮匝肌（m. orbicularis oris） 不发达、围绕于上、下唇内，在皮肤与黏膜之间，上唇正中缺如，呈不完整的环行。可关闭口裂。

2. 颊肌（m. buccinator） 发达，位于口腔两侧，构成口腔侧壁的基础。起于上颌骨和下颌骨的齿槽缘，肌纤维分深、浅两层，浅层纤维大部分接近垂直，深层纤维大部分纵行（后部被咬肌所覆盖），止于口角，与口轮匝肌相融合。可使口腔侧壁紧贴臼齿，推挤食物进入上、下臼齿间，以利咀嚼。

3. 眼轮匝肌（m. orbicularis oculi） 呈薄的环状，环绕于上、下眼睑内，在皮肤与睑结膜之间。可关闭眼裂。

三、舌骨肌

舌骨肌是附着于舌骨的肌肉，参与舌的运动及吞咽动作，除前述的肩胛舌骨肌和胸骨甲状舌骨肌以外，都是小肌。这里仅叙述其中较大和比较重要的下颌舌骨肌和茎舌骨肌。

1. 下颌舌骨肌（m. mylohyoideus） 较厚，位于下颌间隙皮下，左右两肌在下颌间隙正中纤维缝处相结合，形成一个悬吊器官以托舌，并构成口腔底的肌层。起于下颌骨臼齿槽缘的内侧面，止于舌骨和正中纤维缝。其作用是吞咽时提举口腔底、舌和舌骨。

2. 茎舌骨肌（m. stylohyoideus） 呈细长的扁梭形，位于茎突舌骨后方，二腹肌的后内侧。起于茎突舌骨的肌角，向前下方伸延，止于基舌骨的外侧端。可向后上方牵引舌根和喉。

第二篇

内脏学

第二篇

内胎学

概 述

(一) 内脏的概念

大部分位于体腔内直接参与动物体新陈代谢、维持生命正常活动和繁殖后代、延续种族的各器官称为内脏（viscera），包括消化、呼吸、泌尿和生殖器官。广义的内脏还包括体腔内的其他一些器官，如心脏、脾和内分泌腺等。研究内脏各器官的位置、形态、结构和功能的科学称为内脏学（splanchnologia）。

(二) 内脏的一般构造

内脏按形态结构，可分为管状器官和实质性器官两类。

1. 管状器官 为一端或两端与外界相通的管道，其管壁一般由4层构成，从内至外为黏膜、黏膜下层、肌层和外膜（或浆膜）（图1）。

（1）黏膜（tunica mucosa） 构成管壁的内层，正常呈淡红色，柔软而湿润，富有伸展性，空虚时常形成皱褶。黏膜又可分为3层：

黏膜上皮（epithelium）：为管状器官进行机能活动的主要部分，由不同上皮组织构成，完成各部位的不同功能，如保护、消化、吸收或分泌等。

黏膜固有层（lamina propria mucosae）：由结缔组织构成，含有血管、淋巴管和神经，有些部位还有淋巴组织和腺体等。固有层具有支持和营养黏膜上皮的作用。

黏膜肌层（lamina muscularis mucosae）：为位于固有层与黏膜下组织之间较薄的平滑肌，有些部位可分为内环肌和外纵肌两层，收缩时可促进黏膜的血液循环、上皮的吸收和腺体的分泌。

（2）黏膜下层（tela submucosa） 由疏松结缔组织构成，含有较大的血管、淋巴管和神经丛，有些部位还有淋巴组织和腺体。黏膜下层具有连接黏膜和肌层的作用，并使黏膜有一定的活动性。

（3）肌层（tunica muscularis） 主要由平滑肌构成，一般可分为内环肌和外纵肌两层，两层之间有少量的结缔组织和神经丛。有些管状器官的肌层不完整，如气管；有些较发达，如胃；有些则由横纹肌构成，如口腔、食管、咽、喉、肛门等。内环肌收缩时，可使管腔缩小；外纵肌收缩时，可使管道缩短而管腔变大；两层肌肉交替收缩，可使内容物按一定方向

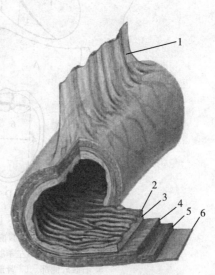

图1 管状器官结构模式图
1.肠系膜 2.黏膜 3.黏膜下层
4.内环肌层 5.外纵肌层 6.浆膜

移动。

（4）外膜（tunica adventitia）或浆膜（tunica serosa） 由富含弹性纤维的疏松结缔组织构成，称为外膜，有连接周围器官的作用；在外膜表面再覆盖一层间皮，则合称为浆膜。浆膜表面光滑并能分泌浆液，有润滑作用，可减少器官间运动时的摩擦。

2. 实质性器官 由实质（parenchyma）和间质（stroma）两部分组成。实质的主要成分为上皮组织，是实现器官功能的主要部分。间质由结缔组织构成，其中覆盖于器官表面的结缔组织称为被膜，内含有血管、淋巴管和神经，被膜的结缔组织常伸入实质形成支架，并将实质分成若干小叶，每个实质小叶为器官的功能单位。实质性器官都有血管、淋巴管、导管、神经等出入的凹陷地方，称为门，如肝门、肺门、肾门等。

（三）体腔和浆膜腔

1. 体腔 为体内容纳大部分内脏器官的腔隙，可分为胸腔、腹腔和骨盆腔3部分（图2）。

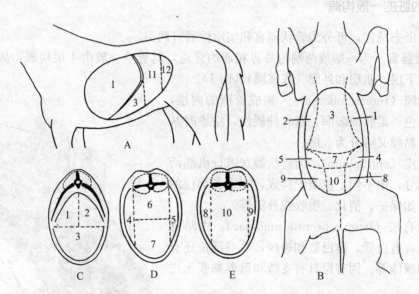

图2 腹腔各部划分

A. 侧面 B. 腹面 C. 腹前部横断面 D. 腹中部横断面 E. 腹后部横断面
1、2、3. 腹前部（1. 左季肋部 2. 右季肋部 3. 剑突部） 4. 左腹外侧部
5. 右腹外侧部 6. 肾部 7. 脐部 8. 左腹股沟部 9. 右腹股沟部
10. 耻骨部 11. 腹中部 12. 腹后部

（1）胸腔（cavum thoracis） 以胸廓的骨骼、肌肉、皮肤和膈为周壁，呈截顶圆锥形的空腔。其锥顶向前，为胸腔前口，由第一胸椎、第一对肋和胸骨柄围成；锥底向后，为胸腔后口，呈倾斜的卵圆形，由最后胸椎、肋弓和胸骨剑状突围成，以膈与腹腔分隔开。胸腔内有心脏、肺、气管、食管和大血管等。

（2）腹腔（cavum abdominis） 为体内最大的体腔，以膈为前壁，腰椎、腰肌和膈脚为背侧壁，腹肌为侧壁和底壁；后端与骨盆腔相通，内有大部分消化器官以及脾、肾、输尿管、卵巢、输卵管、部分子宫和大血管等。可通过两侧最后肋骨后缘最突出点和髋结节前端作两个横断面，将腹腔分为腹前部（regio abdominis cranialis）、腹中部（regio abdominis media）和腹后部（regio abdominis caudalis）3部分。腹前部又可分为3部分：肋弓以下为剑突部（regio xiphoidea）；肋弓以上为季肋部（regio hypochondriaca），后者以正中矢面再分为左、右季肋部。通过两侧腰椎横突顶端的两个矢状面可将腹中部分为左、右腹外侧部（也称为髂部）（regio abdominis lateralis）和中间部，后者的上半部为肾部或腰部（lumber regio），下半部为脐部（regio umbilicalis）；将腹后部分为左、右腹股沟部（regio inguinalis sinisrtadextra）和中间的耻骨部（regio pubica）。

（3）骨盆腔（cavum pelvis）　为位于骨盆内的空腔，可视作腹腔向后的延伸，其背侧壁为荐骨和前3~4枚尾椎，侧壁为髂骨和荐结节阔韧带，底壁为耻骨和坐骨。骨盆前口由荐骨岬、髂骨体和耻骨前缘围成；后口由尾椎、荐结节阔韧带后缘和坐骨弓围成。骨盆腔内有直肠、输尿管、膀胱及母畜的子宫后部和阴道或公畜的输精管、尿生殖道和副性腺等。

2. 浆膜腔　衬在体腔壁和折转包于内脏器官表面的一层薄膜称为浆膜，贴于体腔壁内表面的部分为浆膜壁层；壁层从腔壁折转而覆盖于内脏器官外表的部分为浆膜脏层。浆膜壁层和脏层之间的间隙为浆膜腔，内有少量的浆液，起润滑作用。衬在胸腔和腹腔、骨盆腔内的浆膜分别称为胸膜（pleura）和腹膜（peritoneum），其壁层和脏层之间形成的腔隙则分别称为胸膜腔和腹膜腔（图3）。

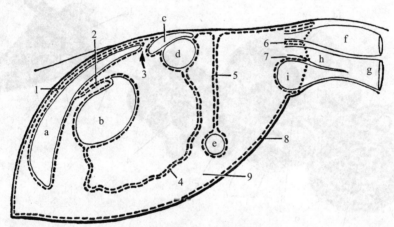

图3　腹膜与腹膜腔
1. 冠状韧带　2. 小网膜　3. 网膜孔　4. 大网膜　5. 肠系膜　6. 直肠生殖陷凹
7. 膀胱生殖陷凹　8. 腹膜壁层　9. 腹膜腔　a. 肝　b. 胃　c. 胰　d. 结肠
e. 小肠　f. 直肠　g. 阴门　h. 阴道　i. 膀胱

第三章 牛消化系统

消化系统（digestive system）的功能是摄食、消化、吸收和排粪，以保证机体新陈代谢的正常进行。首先从外界环境摄取食物，这些分子大、结构复杂的物质经过物理、化学和微生物的作用，分解成可吸收的分子小、结构简单的物质（即消化）；再使消化管内结构简单的营养物质通过管壁进入血液和淋巴（即吸收），变成机体的养分；最后把残渣（粪便）排出体外。

消化系统由消化管和消化腺两部分组成。消化管是食物通过的管道，包括口腔、咽、食管、胃、小肠、大肠和肛门。消化腺为分泌消化液的腺体，包括壁内腺和壁外腺。前者分布于消化管壁内，如小唾液腺、胃腺、肠腺；后者位于消化管外，如大唾液腺、肝和胰，其分泌物通过腺管输入消化管（图3-1）。消化液中有多种消化酶，在消化过程中起催化作用。

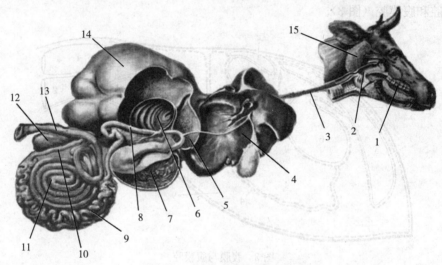

图 3-1 牛消化器官模式图
1. 口腔 2. 咽 3. 食管 4. 肝 5. 网胃 6. 瓣胃 7. 皱胃 8. 十二指肠
9. 空肠 10. 回肠 11. 结肠 12. 盲肠 13. 直肠 14. 瘤胃 15. 腮腺

第一节 口腔和咽

一、口　腔

口腔（cavum oris）（图3-2）为消化管的起始部，有采食、吸吮、咀嚼、尝味、吞咽和泌涎等功能。口腔的前壁为唇，侧壁为颊，顶壁为硬腭，底为下颌骨和舌；前端经口裂（rima oris）与外界相通，后端与咽相接。口腔可分为口腔前庭和固有口腔两部分。口腔前庭（vestibulum oris）为唇、颊和齿弓之间的空隙；固有口腔（cavum oris proprium）是齿弓以内的部分，舌位于其内。口腔内面衬有黏膜，常呈粉红色，在唇缘处与皮肤相连。

1. 唇（labia）　分为上唇和下唇，其游离缘共同围成口裂，是口腔的入口；在两侧汇合成口角（angulus oris）。唇以口轮匝肌为基础，外覆皮肤，内衬黏膜。黏膜深层有唇腺（glandulae labiales），腺管直接开口于黏膜表面。牛唇较短厚，坚实而不灵活，在上唇中部与两鼻孔之间平滑而湿润的无毛区称为鼻唇镜（planum nasolabiale）。在鼻唇镜的皮肤内有鼻唇腺，腺管开口于鼻唇镜的表面。鼻唇腺的分泌物使鼻唇镜保持湿润。唇黏膜上有角质乳头，口角处较长，尖端向后。

2. 颊（bucca） 构成口腔的两侧壁，主要由颊肌构成，外覆皮肤，内衬黏膜。黏膜上形成许多尖端向后的圆锥状颊乳头（papillae buccales）。在颊黏膜下和颊肌内有颊腺（buccal glands）分布，腺管直接开口于颊黏膜表面。

3. 硬腭（palatum durum） 形成固有口腔的顶壁，向后延续为软腭。切齿骨腭突、上颌骨腭突和腭骨水平部构成硬腭的骨质基础。牛的硬腭前、后较宽，中间稍窄。硬腭的黏膜厚而坚实，上皮为高度角质化的复层扁平上皮，黏膜中无腺体，黏膜下层有丰富的静脉丛。牛硬腭前端无切齿，形成厚而致密的角质垫称为齿垫（horny pad），又称齿枕。齿垫正中稍后有一菱形小隆起，称为切齿乳头（papilla incisiva）。乳头两侧深沟有切齿管（ductus incisivus）开口，管的另一端通鼻腔。硬腭正中有1条纵行的腭缝（raphe palatinae），腭缝两侧有15～20条横行的腭褶（rugae palatinae）。前部的腭褶高而明显，向后逐渐变低而消失。腭褶上有角质化的锯齿状乳头且尖端向后，这些结构有利于食物的磨碎（图3-3）。

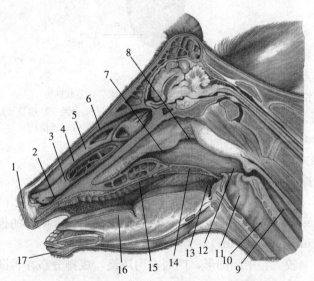

图3-2 牛头纵剖面
1. 上唇 2. 下鼻道 3. 下鼻甲 4. 中鼻道 5. 上鼻甲 6. 上鼻道
7. 鼻咽部 8. 咽鼓管咽口 9. 食管 10. 气管 11. 喉 12. 喉咽部
13. 口咽部 14. 软腭 15. 硬腭 16. 舌 17. 下唇
（引自 Budras 等，2003）

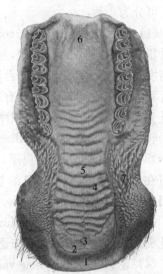

图3-3 牛硬腭
1. 上唇 2. 齿垫 3. 切齿乳头
4. 腭褶 5. 腭缝 6. 软腭 7. 圆锥状颊乳头
（引自 Sisson，1938）

4. 口腔底和舌 口腔底大部分被舌占据，前部以下颌骨切齿部为基础，表面被覆黏膜。此部有1对乳头，称为舌下肉阜（caruncula sublingualis），为下颌腺管和长管舌下腺管的开口处。

舌（lingua）主要由舌肌构成，表面被覆黏膜，可分为舌尖、舌体和舌根3部分（图3-4）。

舌尖（apex linguae）：为舌前端游离的部分，向后延续为舌体。在舌尖和舌体交界处的腹侧，有两条连于口腔底的黏膜褶，称为舌系带（frenulum linguae）。舌体（corpus linguae）位于两侧臼齿之间，为舌系带至腭舌弓（arcus palatoglossus）附着于口腔底的部分，其背侧面和侧面游离。舌体的背后部有一椭圆形的隆起称为舌圆枕（torus linguae）。舌根（radix linguae）为腭舌弓之后附着于舌骨的部分，仅背侧游离。舌根背侧正中有一纵行的黏膜褶，向后伸至会厌软骨的基部，称为舌会厌（plica glossoepiglottica）。

舌黏膜的上皮为高度角质化复层扁平上皮，黏膜表面具有形态不同的舌乳头，可分为4种：

（1）锥状乳头（papillae conicae）数量很多，呈较小的圆锥状，尖端向后且高度角质化，主要分布在舌圆枕前方的舌背上，在舌圆枕上分布有较大的锥状乳头。锥状乳头主要起机械摩擦作用。

（2）豆状乳头（papillae lenticulares）数量较少，圆而扁平，角质化，分布在舌圆枕上，起一定的机械摩擦作用。

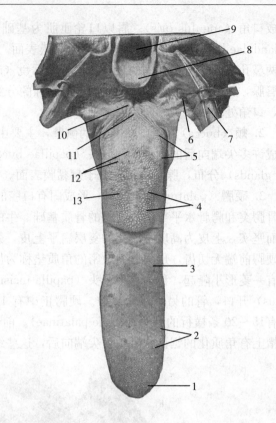

图 3-4　牛　舌
1. 舌尖　2. 菌状乳头　3. 舌体　4. 豆状乳头
5. 轮廓乳头　6. 腭扁桃体窦　7. 软腭　8. 会厌　9. 喉口
10. 舌扁桃体　11. 舌根　12. 锥状乳头　13. 舌圆枕
（引自 Sisson，1938）

（3）菌状乳头（papillae fungifoimes）　数量较多，圆点状，散布在舌尖、舌侧缘的锥状乳头之间，其上皮中含有味蕾（caliculus gustatorius），为味觉感受器。

（4）轮廓乳头（papillae vallatae）　较大，中间圆形，四周有沟环绕，成排分布在舌圆枕后部的两侧，每侧8~17个，其上皮也含有味蕾。

在舌根背侧和舌会厌褶两侧的黏膜内含有大量淋巴组织，称为舌扁桃体（tonsilla lingualis）。此外，在舌黏膜内还有舌腺（glandulae linguales），分泌黏液性唾液，以许多小管开口于舌黏膜表面。

舌肌（mucsuli linguae）为骨骼肌，由固有肌和外来肌组成。固有肌由3种走向不同的横肌、纵肌和垂直肌互相交错而成，起止点均在舌内，收缩时可改变舌的形态。外来肌起于舌骨和下颌骨，止于舌内，有茎突舌肌、舌骨舌肌和颏舌肌等，收缩时可改变舌的位置。

舌的运动十分灵活，参与采食、吸吮、咀嚼、舌咽等活动，并有触觉和味觉等功能。

5. 齿（dentes）　是体内最坚硬的器官，嵌于颌前骨和上、下颌骨的齿槽内，呈弓形排列，称为齿弓（arcus dentalis）。齿有摄取和咀嚼食物的功能（图3-5）。

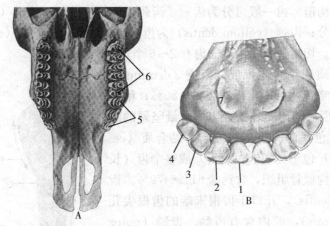

图 3-5 牛 齿
A. 上颌 B. 下颌
1. 门齿 2. 内中间齿 3. 外中间齿 4. 隅齿 5. 前白齿 6. 后白齿 7. 舌下肉阜
(引自 Sisson, 1938)

（1）齿式 齿按形态、位置和机能可分为切齿、犬齿和白齿 3 种。切齿（dentes incisivi）位于齿弓前部，与唇相对。牛无上切齿和犬齿，下切齿每侧 4 个，由内向外分别为门齿、内中间齿、外中间齿和隅齿。白齿（dentes molares）位于齿弓后部，与颊相对，又分为前白齿和后白齿，上、下颌各有前白齿 3 对和后白齿 3 对。根据上齿弓和下齿弓每半侧各种齿的数目，可写出如下齿式：

$$2\left(\frac{\text{切齿（I）犬齿（C）前白齿（P）后白齿（M）}}{\text{切齿（I）犬齿（C）前白齿（P）后白齿（M）}}\right)$$

牛的恒齿式：$2\left(\frac{0\ 0\ 3\ 3}{4\ 0\ 3\ 3}\right)=32$

齿在出生前和出生后逐个长出，除后白齿外，其余齿到一定年龄时按一定顺序更换一次。更换前的齿为乳齿（dentes deciduii），更换后的齿为永久齿或恒齿（dentes permanentes）（表 3-1）。乳齿一般较小，颜色较白，磨损较快。

牛的乳齿式：$2\left(\frac{0\ 0\ 3\ 0}{4\ 0\ 3\ 0}\right)=20$

在实践中，常根据齿出生和更换的时间次序来估测牛的年龄。

表 3-1 牛乳齿和恒齿的出齿时间

名 称	乳 齿	恒 齿
门 齿	生 前	1.5～2 岁
内中间齿	生 前	2～2.5 岁
外中间齿	生前至生后 1 周	3 岁左右
隅 齿	生前至生后 1 周	3.5～4 岁
第一前白齿	生后数日	2～2.5 岁
第二前白齿	生后数日	2～2.5 岁
第三前白齿	生后数日	2.5～3 岁
第一后白齿		5～6 个月
第二后白齿		1～1.5 岁
第三后白齿		2～2.5 岁

(2) 齿的形态构造　齿一般可分为齿冠、齿颈、齿根 3 部分。齿冠（corona dentis）为露在齿龈以外的部分；齿颈（collum dentis）为齿龈包盖的部分；齿根（radix dentis）为镶嵌在齿槽内的部分，切齿只有 1 个，臼齿有 2~6 个。

齿由齿质、釉质和黏合质构成。齿质（dentinum）为齿的主体成分，略带黄色，含钙盐70%~80%；釉质（enamelum）包于齿冠的齿质外面，为体内最坚硬的组织，光滑而呈乳白色，含钙盐 97% 左右；黏合质（cementum）（齿骨质）包于齿根（短冠齿）或整个齿（长冠齿）的外面，结构似骨组织，含钙盐 61%~70%。齿内有齿腔（cavumdentis），开口于齿根末端的齿根尖孔（foramen apicis dentis），腔内含有齿髓。齿髓（pulpa dentis）为富含血管、神经的结缔组织，有营养齿组织的作用，发炎时会引起剧烈的疼痛。在齿髓与齿质交接处含有成齿质细胞（odontoblastus），有生长齿质的作用。

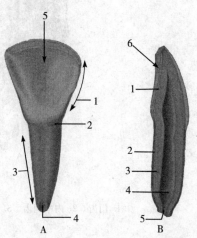

图 3-6　牛切齿（短冠齿）的构造
A. 形态构造　1. 齿冠　2. 齿颈　3. 齿根　4. 齿根尖孔　5. 咀嚼面（磨面）
B. 内部构成　1. 釉质　2. 黏合质　3. 齿质　4. 齿腔　5. 齿根尖孔　6. 咀嚼面（磨面）
（引自 Budras 等，2003）

齿可分为长冠齿和短冠齿。牛切齿属短冠齿（图3-6），其齿冠呈铲形；齿颈明显，呈圆柱状；齿根圆细，嵌入齿槽内不甚牢固，老龄常松动。切齿齿冠磨损后的磨面（咀嚼面）外周一圈为釉质，中央为齿质，当磨损到齿腔时齿质内出现黄褐色的齿星。齿星是齿腔周围的新生齿质，初为圆形，逐渐变为方形。臼齿属于长冠齿，齿颈不明显；齿冠较长，部分埋于齿槽中，随着磨面的磨损而不断生长推出；齿根较短，形成较晚。长冠齿（图 3-7）在磨面上有 1~5 个被覆釉质的齿漏斗（infundibulum dentis），又称齿坎或齿窝，因此磨面在磨损后出现外、内两圈釉质褶。长冠齿的齿骨质包被整个齿的外面，并深入齿坎内。长冠齿不断磨损时，磨面上也出现齿星。

(3) 齿龈（gingivae）　为包被齿槽缘和齿颈的黏膜，与口腔黏膜相延续，无黏膜下层，与齿根的齿周膜紧密相连，并随齿深入齿槽内，移行为齿槽骨膜。齿龈神经分布少而血管多，呈淡红色。

6. 口腔腺（glandulae oris）　也称为唾液腺（salivary glands），是分泌唾液的腺体，除一些小的壁内腺（如唇腺、颊腺、腭腺和舌腺等）外，还有腮腺、下颌腺和舌下腺 3 对大的壁外腺。唾液具有浸润饲料、利于咀嚼、便于吞咽、清洁口腔和参与消化等作用（图3-8）。

(1) 腮腺（glandula parotis）　位于下颌支后方，淡红褐色，略呈狭长的倒三角形，上部较宽厚，大部分覆盖在咬肌后部的表面；下部窄小，弯向前下方，夹于颌外静脉（舌面静脉）汇入颈外静脉的夹角内。腮腺管起自腺体下部的深面，伴随颌外静脉沿咬肌的腹侧缘及前缘伸延，开口于与第 5 上臼齿相对的颊黏膜上。

(2) 下颌腺（glandula mandibularis）　比腮腺大，淡黄色，长而弯曲，一部分被腮腺所覆盖，自寰椎翼的腹侧向前下方伸达下颌间隙，在此几乎与对侧的下颌腺相接。下颌腺管起于腺体前缘的中部，向前伸延横过二腹肌前肌腹的表面，开口于舌下肉阜。

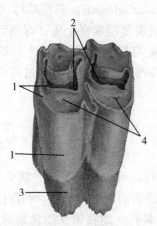

图 3-7 牛臼齿（长冠齿）的构造
1. 釉质 2. 齿坎 3. 黏合质 4. 齿星
（引自 Budras 等，2003）

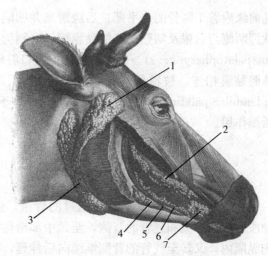

图 3-8 牛唾液腺
1. 腮腺 2. 多口舌下腺 3. 下颌腺
4. 单口舌下腺 5. 颊肌神经 6. 颊肌静脉 7. 颊腺
（引自 Sisson，1938）

（3）舌下腺（glandula sublingualis） 较小，位于舌体和下颌舌骨肌之间的黏膜下，淡黄色，可分为上、下两部分。上部为多口舌下腺（glandula sublingualis polystomatica），又称短管舌下腺，长而薄，自软腭向前伸至颏角，有许多小管开口于口腔底。下部为单口舌下腺（glandula sublingualis monostomatica），又称长管舌下腺，短而厚，位于短管舌下腺前端的腹侧，有一条总导管与下颌腺管伴行或合并，开口于舌下肉阜。

二、咽

1. 咽（pharynx） 位于口腔和鼻腔的后方、喉和气管的前上方，可分为鼻咽部、口咽部和喉咽部 3 部分。鼻咽部（pars nasalis pharyngis）为鼻腔向后的延续，位于软腭的背侧，前方有两个鼻后孔通鼻腔，后方通喉咽部；两侧壁上各有 1 个咽鼓管咽口（ostium pharyngeum tubae auditivae），经咽鼓管与中耳相通。口咽部（pars oralis pharyngis）又称咽峡，为口腔向后的延续，位于软腭与舌根之间，前方经腭舌弓（由软腭到舌根两侧的黏膜褶）围成的咽口与口腔相通，后方通喉咽部；侧壁黏膜上有扁桃体窦（sinus tonsillaris），内有腭扁桃体（tonsilla palatina），为淋巴器官。喉咽部（pars laryngea pharyngis）为咽的后部，位于喉口的背侧，较狭窄，后上有食管口通食管，下有喉口通喉腔。

咽是消化道和呼吸道的共同通道。呼吸时，软腭下垂，空气经咽到喉或鼻腔；吞咽时，软腭提起，关闭鼻咽部，同时会厌翻转盖封喉口，食物由口腔经咽入食管。

咽壁由黏膜、肌层和外膜 3 层构成。黏膜衬于咽腔内面，分呼吸部和消化部。在腭咽弓以上为呼吸部，与鼻腔黏膜延续，被覆假复层柱状纤毛上皮；在腭咽弓以下为消化部，与口腔黏膜延续，被覆复层扁平上皮。咽黏膜内含咽腺（glandulae pharyngeae）和淋巴组织。咽的肌肉为横纹肌，有缩小和开张咽腔的作用，参与吞咽、反刍、逆呕和嗳气等活动。外膜为颊咽筋膜的延续，是包围在咽肌外的一层纤维膜。

2. 软腭（palatum molle） 为位于鼻咽部和口咽部之间的黏膜褶，内含肌肉和腺体。

其前缘附着于腭骨的水平部；后缘游离并凹陷，称为腭弓（palate arch），包围在会厌之前。软腭两侧与舌根及咽壁相连的黏膜褶，分别为腭舌弓（arcus palatoglossus）和腭咽弓（arcus palatopharyngeus）。软腭的腹侧面与口腔硬腭黏膜相连，被覆复层扁平上皮；背侧面与鼻腔黏膜相连，被覆假复层柱状纤毛上皮。两层黏膜之间夹有肌肉和一层发达的腭腺（glandulae palatinae），腺体以许多小孔开口于软腭腹侧黏膜的表面。软腭在吞咽过程中起活瓣作用。

第二节 食 管

食管（esophagus）是食物通过的管道，连接于咽和胃之间，可分为颈、胸、腹3段。颈段开始位于喉和气管的背侧，至颈中部渐移至气管的左侧，经胸前口进入胸腔。胸段位于胸纵隔内，又转至气管的背侧继续向后伸延，再通过膈的食管裂孔（约在第9肋骨相对处）进入腹腔。腹段很短，开口于瘤胃的贲门。

食管由黏膜、黏膜下层、肌层和外膜4层构成。黏膜平时收缩拢成纵褶，当食物通过时，管腔扩大，纵褶展平。黏膜上皮为复层扁平上皮。黏膜下组织很发达，含有丰富的食管腺（glandulae esophageae），能分泌黏液，润滑食管，有利于食团通过。肌层由横纹肌构成，较薄，呈螺旋形互相交错，移行至胃时逐渐变成内环肌、外纵肌两层。外膜在颈部为疏松结缔组织，在胸、腹部为浆膜。

第三节 胃

胃（ventriculus）位于腹腔内，在膈和肝的后方，是消化管的膨大部，具有暂时储存食物、进行初步消化和推送食物进入十二指肠的作用。家畜的胃可分为单室胃和多室胃两大类（图3-9）。

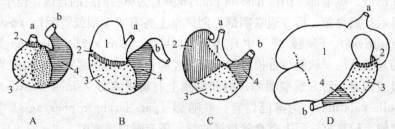

图3-9 家畜胃的类型及其黏膜分区
A. 犬 B. 马 C. 猪 D. 反刍兽
a. 食管 b. 十二指肠 1. 无腺部（或前胃部） 2. 贲门腺区
3. 胃底腺区 4. 幽门腺区

单室胃一般呈弯曲的U形囊状，凸缘称为胃大弯（curvatura ventriculi major），朝向左下方；凹缘称为胃小弯（curvatura ventriculi minor），转向右上方。前端以贲门（ostium ca-rdiacum）与食管相接，后端以幽门（pylorus）与十二指肠相连。前面为壁面（facies parietalis）与肝和膈相贴，后面为脏面（facies visceralis）与胰腺和肠相邻。胃壁由黏膜、黏膜下层、肌层和浆膜构成。黏膜可分为无腺部和有腺部。无腺部位于贲门周围，与食管黏膜相连，衬以复层扁平上皮，无胃腺分布，食肉兽没有无腺部；有腺部衬以单层柱状上皮，根据含不同腺体又可分为贲门腺区、胃底腺区和幽门腺区。黏膜下组织为较厚的疏松结缔组织。肌织膜发达，为内斜行、中环行、外纵行3层平滑肌。浆膜在胃大、小弯处分别与大、小网膜相连。

多室胃又称为复胃或反刍胃（venter ruminantia），牛和羊的胃属于此类型（图3-10），又可分为瘤胃（rumen）、网胃（reticulum）、瓣胃（omasum）和皱胃（abomasum）4个胃室。前3个胃室合称为前胃（proventriculus），黏膜内无腺体。皱胃又称为真胃，黏膜内有腺体。

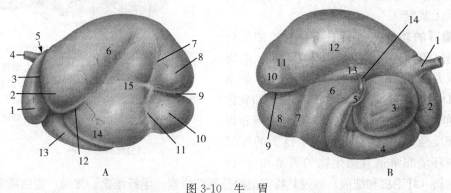

图3-10 牛 胃
A. 左侧面：1. 网胃 2. 瘤胃房 3. 瘤网胃沟 4. 食管 5. 贲门 6. 瘤胃背囊 7. 背侧冠状沟 8. 后背盲囊 9. 后沟 10. 后腹盲囊 11. 腹侧冠状沟 12. 前沟 13. 皱胃 14. 瘤胃隐窝 15. 左纵沟
B. 右侧面：1. 食管 2. 网胃 3. 瓣胃 4. 皱胃 5. 幽门 6. 瘤胃腹囊 7. 腹侧冠状沟 8. 后腹盲囊 9. 后沟 10. 后背盲囊 11. 背侧冠状沟 12. 瘤胃背囊 13. 右纵沟 14. 十二指肠
（引自 Budras 等，2003）

一、瘤 胃

1. 瘤胃的形态和位置 瘤胃是成年牛最大的一个胃，约占4个胃总容积的80%，呈前后稍长、左右略扁的椭圆形，几乎占据整个腹腔的左侧，其下半部还伸到腹腔的右侧。瘤胃的前端接网胃，与第7~8肋间隙相对；后端达骨盆腔前口。左侧面（壁面）与脾、膈及左腹壁接触，右侧面（脏面）与瓣胃、皱胃、肠、肝、胰等接触。背侧缘借腹膜和结缔组织附着于膈脚和腰肌的腹侧，腹侧缘隔着大网膜与腹腔底壁接触。瘤胃的前端和后端有较深的前沟（sulcus cranialis）和后沟（sulcus caudalis），左侧面和右侧面有较浅的左纵沟（sulcus longitudinales sinister）和右纵沟（sulcus longitudinales dexter），两纵沟后端又向上、下分出背侧冠状沟（sulcus coronarius dorsalis）和腹侧冠状沟（sulcus coronarius ventralis）。在瘤胃壁的内面，有与上述各沟相对应的肉柱（pilae ruminis）。沟和肉柱共同围成环状，把瘤胃分成较大的背囊和腹囊（sacci dorsalis et ventralis），背囊和腹囊分别向后延续为后背盲囊（saccus cecus caudodorsalis）和后腹盲囊（saccus cecus caudoventralis），背囊和腹囊同时也分别向前延续为瘤胃房（前囊）[atrium ruminis（saccus caudodorsalis）]和瘤胃隐窝（recessus ruminis）。

瘤胃的前端以瘤网口（ostium ruminoreticulare）通网胃。瘤网口的腹侧和两侧有向内折叠的瘤网胃襞（plica ruminoreticularis）；背侧形成一个穹隆，称为瘤胃前庭（atrium ventriculi）。该处与食管相接的孔为贲门（图3-11）。

2. 瘤胃壁的构造 瘤胃壁由黏膜、黏膜下层、肌层和浆膜4层构成。黏膜呈棕黑色或棕黄色，表面有无数密集的圆锥状或叶状的瘤胃乳头，长的达1cm，肉柱和瘤胃前庭的黏膜无乳头。黏膜上皮为复层扁平上皮，黏膜内无腺体和黏膜肌层，固有膜与较致密的黏膜下层直接相连。肌层发达，为内环行、外纵行或斜行两层平滑肌。浆膜无特殊构造，背囊顶部和脾附着处无浆膜。

3. 瘤胃的功能 瘤胃具有储存、加工食物，参与反刍和进行微生物消化等功能。瘤胃的容积很大，可暂时储存大量的粗饲料（如草料）。在休息时，经瘤胃初步磨碎、浸泡和软化的饲料逆呕到口腔进行再咀嚼、再混唾液和再吞咽（即反刍）。瘤胃可看作一个巨大的发酵罐，其内环境非常适宜微生物的繁殖和生长，

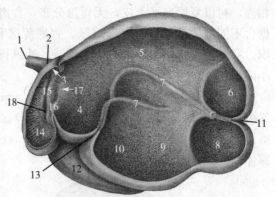

图3-11　牛瘤胃、网胃内部结构
1. 食道　2. 贲门　3. 瘤胃前庭　4. 瘤胃房
5. 瘤胃背囊　6. 后背盲囊　7. 肉柱　8. 后腹盲囊
9. 瘤胃腹囊　10. 瘤胃隐窝　11. 后沟　12. 皱胃
13. 前沟　14. 网胃　15. 食管沟　16. 瘤网胃襞
17. 瘤网口　18. 网瓣口
（引自Budras等，2003）

这些微生物（纤毛虫和细菌）通过其特定的酶分解纤维素、半纤维素、淀粉、蛋白质等营养物质，产生大量的单糖、双糖、低级脂肪酸，合成维生素B和维生素K等。这些营养物质有的被瘤胃壁吸收，有的随食团进入皱胃和肠道被消化吸收。同时微生物还可利用饲料中的蛋白质和非蛋白氮，构成自身的蛋白质，最后随食团进入小肠被消化利用，作为牛体蛋白质的来源。

二、网　　胃

1. 网胃的形态和位置 网胃最小，约占成年牛4个胃总容积的5%，略呈梨形，前后稍扁，位于季肋部正中矢面上、瘤胃房的前下方，与第6～8肋骨相对。网胃的壁面（前面）凸，与膈、肝接触；脏面（后面）平，与瘤胃房贴连。网胃的上端有瘤网口与瘤胃房相通，瘤网口的右下方有网瓣口（ostium reticulo-omasicum）与瓣胃相通。在胃壁的内面有一条网胃沟（sulcus reticuli），又称食管沟（sulcus oesophagus）。网胃沟起自贲门，沿瘤胃前庭和网胃右侧壁向下伸延到网瓣口。沟两侧隆起的黏膜褶称为网胃沟唇（或称食管沟唇）。网胃沟略呈螺旋状扭转。未断乳犊牛的网胃沟唇发达，机能完善，吮乳时可闭合成管，乳汁直接从贲门经网胃沟和瓣胃沟到达皱胃；成年牛的网胃沟则封闭不全（图3-11、图3-12）。

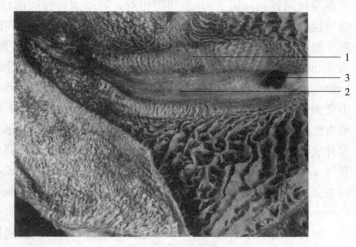

图3-12　牛网胃沟
1. 网胃沟唇　2. 网胃沟（低）　3. 网瓣口

由于网胃的位置较低,且前面紧贴膈,牛吞入尖锐金属异物后容易留在网胃,因胃壁肌肉收缩,常刺穿胃壁引起创伤性网胃炎,严重时还穿过膈入心包,继发创伤性心包炎。

2. 网胃壁的构造和功能　网胃壁的构造与瘤胃相似,不同的是其黏膜形成许多网格状的皱褶,似蜂房;房底还有许多较低的次级皱褶形成更小的网格;在皱褶和房底部密布细小的角质乳头。上述结构使网胃有较强的研磨功能。网胃沟的黏膜平滑,色淡,有纵行皱褶。

网胃对饲料有"二级磨碎"功能,并继续进行微生物消化,也参与反刍活动。

三、瓣　胃

1. 瓣胃的形态和位置　瓣胃在成年牛占4个胃总容积的7%～8%,呈两侧稍扁的球形,很坚实,位于右季肋部,在网胃和瘤胃交界处的右侧,与第7～11(12)肋骨下半部相对。瓣胃的壁面(右面)隔着小网膜与膈、肝等接触,脏面(左面)与瘤胃、网胃及皱胃等贴连;凸缘为瓣胃弯(curvatura omasi)朝向右后上方,凹缘为瓣胃底(basis omasi)朝向左前下方;上部以较细的瓣胃颈(collum omasi)和网瓣口与网胃相接;底壁有一瓣胃沟(sulcus omasi)与瓣胃叶的游离缘之间形成瓣胃管(canalis omasi)瓣胃管经网瓣口上接网胃沟、下经瓣皱口(ostium omasoabomasicum)通皱胃。瓣胃沟沟底无瓣叶。液体和细粒饲料可由网胃经瓣胃管进入皱胃。

2. 瓣胃壁的构造和功能　瓣胃壁的构造基本与瘤胃、网胃相似,但其黏膜形成许多大小不等的瓣叶,从横切面看,很像一叠"百叶",故常把瓣胃称为"百叶胃"。瓣胃的瓣叶呈新月形,称为瓣胃叶(leaf of omasum),其凸缘附着于胃壁;凹缘游离,向着瓣胃底。瓣胃叶按宽窄可分为大、中、小和最小4级,呈有规律地相间排列。瓣胃叶上有许多乳头(图3-13)。

瓣胃对饲料的研磨能力很强,有"三级加工"作用,使食糜变得更加细碎。食糜因含有大量的微生物,在瓣胃可继续进行微生物消化。同时,瓣胃可吸收水分、NaCl和低级脂肪酸等。

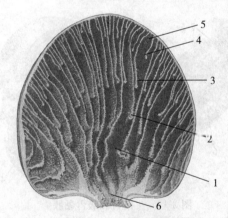

图 3-13　牛瓣胃横切面
1. 大瓣叶　2. 中瓣叶　3. 小瓣叶
4. 最小瓣叶　5. 乳头　6. 瓣胃沟
(引自 Sisson,1938)

四、皱　胃

1. 皱胃的形态和位置　皱胃占成年牛4个胃总容积的7%～8%,呈前端粗、后端细的弯曲长囊形,位于右季肋部和剑突部,在网胃和瘤胃腹囊的右侧、瓣胃的腹侧和后方,大部分与腹腔底壁紧贴,与第8～12肋骨相对。皱胃的前端粗大,称为皱胃底(fundus abomasi),与瓣胃相连;后端狭窄,为幽门部,以幽门(pylorus)与十二指肠相通。皱胃小弯凹向上，与瓣胃接触；大弯凸向下，与腹腔底壁贴连。

2. 皱胃壁的结构和功能 皱胃壁由黏膜、黏膜下层、肌层和浆膜构成。黏膜光滑、柔软，在底部形成12～14片螺旋形大皱褶（图3-14）。黏膜上皮为单层柱状上皮，固有层内含有腺体；黏膜可分为3个区：环绕瓣皱口的一小区色淡，为贲门腺区，内有贲门腺（glandulae cardiacae）；近十二指肠的一小区色黄，为幽门腺区，内有幽门腺（glandulae pyloricae）；在前两区之间有大皱褶的部分色灰红，为胃底腺区，内有胃底腺，即固有胃腺（glandulae guastricae proprica）。其余各层结构似单室胃。

皱胃的功能与单室胃相似，主要通过胃腺分泌大量的胃液对食糜进行化学消化。胃液中主要成分有盐酸、胃蛋白酶和凝乳酶及少量胃脂肪酶。盐酸可不断地破坏来自瘤胃的微生物，并把胃的酶激活；胃蛋白酶分解微生物蛋白质产生氨基酸；凝乳酶能使乳汁凝固，犊牛此酶含量较多；胃脂肪酶具有分解脂类物质的作用。

五、犊牛胃的特点

初生犊牛因吃奶故各胃的大小与成年牛不同。皱胃特别发达，相当于瘤胃和网胃容积总和的2倍（图3-15）。10～12周后，瘤胃逐渐发育增大，相当于皱胃容积的2倍，但此时瓣胃仍很小。4个月后，随着消化植物饲料的能力不断增强，前胃迅速增大，瘤胃和网胃的总容积约达皱胃的4倍。到1.5岁，瓣胃与皱胃的容积几乎相等，4个胃容积比例与成年牛接近。

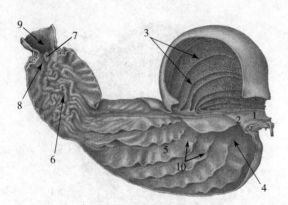

图3-14 牛瓣胃和皱胃黏膜
1.瓣胃沟 2.瓣皱口 3.瓣叶 4.贲门腺区 5.胃底腺区
6.幽门腺区 7.幽门圆枕 8.幽门 9.十二指肠 10.皱胃皱褶
（引自Budras等，2003）

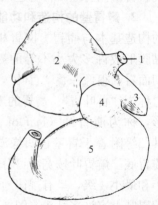

图3-15 犊牛胃（右侧）
1.食管 2.瘤胃 3.网胃
4.瓣胃 5.皱胃

六、网　　膜

网膜（omentum）是以胃为中心，联系肝、脾和肠等器官的腹膜褶，可分为大、小网膜（图3-16）。

1. 大网膜（omentum majus） 很发达，覆盖在肠管右侧面的大部分和瘤胃腹囊的表面，又分为浅深两层。浅层起自瘤胃左纵沟，向下绕过瘤胃腹囊到腹腔右侧，继续沿右腹壁向上伸延，止于十二指肠和皱胃大弯。浅层从瘤胃后沟折转至右纵沟移行为深层。深层沿瘤胃腹囊的脏面向下伸达腹底壁，绕过肠管到肠管右侧，沿浅层深面向上伸延至十二指肠，与浅层相汇合。深层向前连接于胰、肝背缘和十二指肠乙状弯曲；向后在骨盆腔前口附近与浅层相转折。大网膜浅、深两层之间形成的空隙称为网膜囊后隐窝（recessus caudalis omentalis），瘤胃腹囊包在其中。大网膜的深层与瘤胃背囊的脏面围成一个兜袋，称为网膜上隐窝（recessus supraomentalis），容纳除十二指肠第2段以外的大部分肠管及总肠系膜。

大网膜常沉积有大量的脂肪，尤其是营养良好的个体。由于大网膜内含有大量巨噬细胞，因此大网膜又是腹腔重要的防御器官。

2. 小网膜（omentum minus）较小，起自肝的脏面，由肝门至食管切迹处，然后越过瓣胃止于皱胃小弯和十二指肠前部，将瓣胃包罩在其内。在成年时，小网膜可与瓣胃的壁面发生次生性愈合。

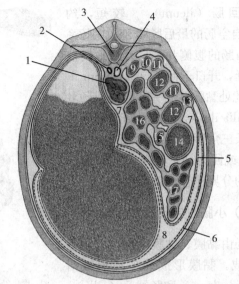

图3-16　牛腹腔横切面模式图
1. 左肾　2. 主动脉　3. 第4腰椎　4. 后腔静脉　5. 大网膜深层
6. 大网膜浅层　7. 网膜囊隐窝　8. 腹膜腔　9. 升结肠
10. 十二指肠升部　11. 结肠远袢　12. 结肠近袢
13. 十二指肠降部　14. 升结肠近袢　15. 回肠
16. 结肠旋袢　17. 空肠
（引自Budras等，2003）

第四节　小肠、肝和胰
一、小　肠

（一）小肠的形态和位置

小肠为细长的管道，前端起于皱胃幽门，后端止于盲肠，可分为十二指肠、空肠和回肠3部分。牛小肠约40m，直径5~6cm，均位于腹腔的右侧，通过总肠系膜附着于腹腔背侧壁（图3-17）。

1. 十二指肠（duodenum）　长约1m，位于右季肋部和肾部，以短的十二指肠系膜附着于结肠终端的外侧，位置较固定。牛十二指肠分为3部3曲，顺次为前部、十二指肠前曲（乙状弯曲）、降部、十二指肠后曲、升部、十二指肠空肠曲。十二指肠末段以十二指肠结肠襞（褶）（plica duodenocolica）或称十二指肠结肠韧带与降结肠相连，常以此褶的游离缘作为十二指肠与空肠的分界。

2. 空肠（jejunum）　很长，大部分位于右季肋部、右腹外侧部和右腹股沟部，形成许多肠圈，由短的空肠系膜悬挂于结肠盘上，形似花环，位置较为固定。空肠的外侧和腹侧隔着大网膜与腹壁相邻，内侧也隔着大网膜与瘤胃腹囊相贴，背侧为大肠，前方为瓣胃和皱胃，后部的肠圈因系膜较长而游离性较大，常绕过瘤胃后至左侧。

3. 回肠（ileum） 较短，约 0.5m，自空肠的最后肠圈起，在肠系膜中、盲肠的腹侧几乎呈直线地向前上方伸延，开口于回肠口（ostium ileale），此处黏膜形成一隆起的回肠乳头（papilla ilealis）。在回肠与盲肠之间有一长三角形的回盲褶（plica ileocecalis）或回盲韧带连接，常作回肠与空肠的分界标志。

（二）小肠的结构和功能

小肠由黏膜、黏膜下层、肌层和浆膜构成。黏膜形成许多环形皱褶（plicae circulares）和肠绒毛（villi intestinalis），以增大与食物接触的面积。黏膜上皮为单层柱状上皮，其游离面尚有无数的微绒毛，进一步增大内表面积；固有膜含有丰富的肠腺（glandulae intestinales）、血管、神经和淋巴小结（在回肠发达，集合成群，称为淋巴集结）；黏膜肌层为内

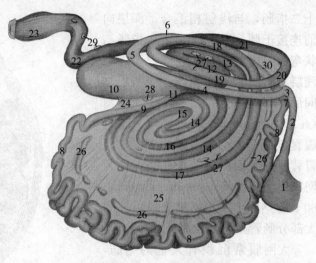

图 3-17 牛肠以及淋巴结
1. 胃 2. 十二指肠前部 3. 十二指肠前曲 4. 十二指肠降部
5. 十二指肠后曲 6. 十二指肠升部 7. 十二指肠空肠曲
8. 空肠 9. 回肠 10. 盲肠 11. 回盲结口 12. 升结肠近祥
13. 结肠旋祥起始部 14. 结肠旋祥向心回 15. 中心曲
16、17. 结肠旋祥离心回 18、19. 结肠远祥 20. 横结肠
21. 降结肠 22. 乙状结肠 23. 直肠 24. 回盲韧带 25. 空肠系膜
26. 空肠系膜淋巴结 27. 结肠系膜淋巴结 28. 盲肠淋巴结
29. 降结肠淋巴结 30. 十二指肠结膜系膜
(引自 Popesko, 1979)

环、外纵两层薄的平滑肌，并伸进绒毛的固有膜，有促进吸收和肠腺分泌的作用。黏膜下层含有较大的血管、淋巴管、神经和淋巴小结，在十二指肠尚有十二指肠腺（glandulae duodenales）。肌层为较厚的内环和较薄的外纵两层平滑肌。浆膜被覆于肠管表面，并延伸形成肠系膜。

小肠是消化吸收的主要部位。由于小肠长而接触食糜的内表面积大，消化腺丰富，可分泌多种消化液（如肠液、胆汁、胰液），含有多种消化酶，加上随食糜带进的许多消化酶，因此较容易把食糜中大分子的营养物质（包括微生物本身的营养物质）分解成可吸收的小分子物质（如葡萄糖、半乳糖、氨基酸、脂肪酸、甘油一酯、无机盐、维生素、水等）；这些营养物质可通过滤过、扩散、渗透和主动运转等不同形式被小肠吸收，进入血液或淋巴。然后，小肠通过运动把食糜中未被吸收的部分输送到大肠。

二、肝 和 胰

1. 肝

(1) 肝的形态和位置 肝（hepar）是牛体内最大的腺体，扁而厚，略呈长方形，淡褐色或深红褐色。大部分位于右季肋部，从第 6、7 肋骨下端伸至第 2、3 腰椎腹侧，长轴斜向前下方。肝的壁面（膈面）凸，与膈的右侧部相贴；脏面凹，与网胃、瓣胃、皱胃、十二指肠和胰等接触，并形成相应器官的压迹；背缘短而厚；腹缘短而薄；左缘长而钝圆，后腔静脉由此通过并部分埋于肝内，肝静脉在此直接注入后腔静脉，在后腔静脉下方有食管压迹

(impressio esophagea);右缘（外侧缘）有肝圆韧带切迹（incisura ligamentum teretis）和圆韧带（ligamentum teres hepatis），后者为脐静脉的遗迹，成年牛常退化。肝有左三角韧带（ligamentum triangular sinistrum）将食管压迹附近的肝左缘连于膈的食管裂孔处；右三角韧带（ligamentum triangular dextrum）将肝右叶背缘连于右腹壁的背外侧，此韧带延伸为肝肾韧带（ligamentum hepatorenale）将尾状突与右肾相连；肝镰状韧带（ligamentum falciformehepatis）将肝中叶连于膈的中心腱，左、右肝冠状韧带（ligamentum coronarium hepatis）将肝的壁面左侧紧密连于膈的腹腔面。

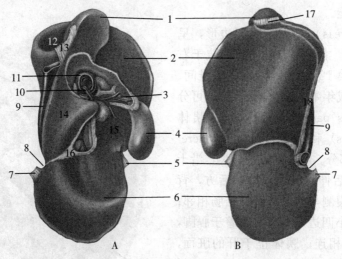

图 3-18　牛　肝
A. 脏面　B. 壁面
1. 尾状突　2. 肝右叶　3. 胆囊管　4. 胆囊　5. 镰状韧带和肝圆韧带
6. 肝左叶　7. 左三角韧带　8. 食管压迹　9. 后腔静脉　10. 肝动脉
11. 门静脉　12. 右肾压迹　13. 肝肾韧带　14. 尾状叶　15. 方叶
16. 小网膜　17. 右三角韧带　18. 冠状韧带
（引自 Budras 等，2003）

牛肝无叶间切迹（incisurae interlobares），故分叶不明显，但可通过圆韧带切迹和胆囊将肝分为左、中、右3叶。从脏面看，圆韧带切迹至食管压迹连线左侧的部分为左叶（lobus hepatis sinister）；胆囊右侧的部分为右叶（lobus hepatis dexter）；圆韧带与胆囊之间的部分为中叶（middle lobe）。中叶又被肝门分为背侧的尾状叶（lobus caudatus）和腹侧的方叶（lobus quadratus），尾状叶有突向肝门的乳头突（processus papillaris）和盖于右叶脏面的尾状突（proessus caudatus）。肝门（porta hepatis）为肝管、淋巴管、门静脉、肝动脉、神经出入肝的地方。胆囊（vesica fellea）位于肝脏面方叶上，呈梨形，以胆囊管（ductus cysticus）与肝管（ductus hepaticus）汇合形成胆总管（ductus choledochus）开口于十二指肠乙状袢的第二曲（距幽门50～70cm）（图3-18）。

（2）肝的结构和功能　肝由被膜和实质构成。被膜表层为浆膜，深层为结缔组织，伸入实质形成支架，把实质分成许多小叶。肝实质由许多肝小叶组成。肝小叶（lobuli hepatis）中央为中央静脉，肝细胞索（肝板）围绕中央静脉呈放射状排列。肝细胞索之间的腔隙为窦状隙（肝窦），是毛细血管的膨大部，内有枯否细胞。

肝的主要功能是分泌胆汁，同时具有解毒、防御、物质代谢、造血、储血等作用。胆汁由肝细胞分泌，通过肝管输出，再经胆囊管储存于胆囊，经胆总管排至十二指肠。胆汁具有促进脂肪的消化、脂肪酸和脂溶性维生素的吸收等作用。胃肠道吸收的物质经门静脉进入肝内，其中的营养物质被肝细胞分解或合成为机体所需的多种重要物质，有的储存于肝细胞内，有的释放入血液，供机体利用；有毒物质被肝细胞分解或结合转化为毒性较小或无毒物质，与代谢产物一起经血液转运至排泄器官排出体外；微生物和异物被肝的枯否细胞吞噬消化清除。另外，肝细胞能够产生血浆蛋白、凝血酶等；肝窦能储存一定量的血液，因此肝也有造血、储血功能。

2. 胰（pancreas） 为不正四边形，呈淡至深的黄褐色，柔软而分叶明显，位于右季肋区和肾部，第12肋骨至第2~4腰椎间、肝门的正后方。成年牛的胰重约550g，可分为胰右叶（lobus pancreatis dexter）、胰体（corpus pancreatis）和胰左叶（lobus pancreatis sinister）3部分。胰右叶发达较长，沿十二指肠第2段向后伸达肝尾状叶的后方，背侧与右肾相接，腹侧与十二指肠和结肠相邻；左叶较短宽，呈小四边形，背侧附着于膈脚，腹侧与瘤胃背囊相连；胰体位于肝的脏面，其背侧面形成胰环（anulus pancreatis），门静脉由此通过。

胰管（ductus pancreaticus）有一条，自右叶末端通出，单独开口于距幽门80~110cm的十二指肠内（在胆总管开口后方20~40cm）（图3-19）。

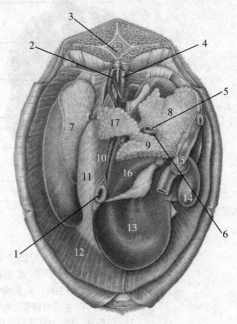

图 3-19 牛 胰
1. 食道 2. 主动脉 3. 第3腰椎 4. 后腔静脉
5. 门静脉 6. 门静脉环 7. 脾 8. 胰右叶 9. 胰体
10. 左膈脚 11. 膈中心腱 12. 膈肌腹 13. 肝左叶
14. 胆囊 15. 十二指肠 16. 肝尾状叶 17. 胰左叶
（引自 Budras 等，2003）

胰有外分泌部和内分泌部两部分。外分泌部占大部分，属消化腺，主要分泌胰液，含多种消化酶，由胰管输入十二指肠，对淀粉、脂肪和蛋白质有较强的消化作用。内分泌部称为胰岛（pancreas islet），分泌胰岛素，对糖代谢起主要作用。

第五节 大肠与肛门

一、大 肠

（一）大肠的形态和位置

大肠（intestinum crassum）长为6.4~10m，位于腹腔右侧和骨盆腔，管径比小肠略粗，肠壁不形成纵肌带和肠袋。大肠可分为盲肠、结肠和直肠（图3-20、图3-21）。

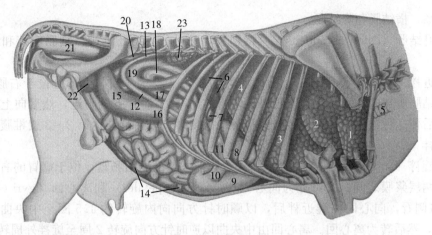

图 3-20 牛内脏（右侧）
1. 右肺前叶前部 2. 右肺前叶后部 3. 右肺中叶 4. 右肺后叶 5. 气管
6. 肝 7. 胆囊 8. 瓣胃 9. 皱胃 10. 幽门 11. 十二指肠前部 12. 十二指肠降部
13. 十二指肠升部 14. 空肠 15. 盲肠 16. 盲结肠延续处 17. 升结肠近袢
18. 升结肠近袢 19. 升结肠远袢 20. 降结肠 21. 直肠 22. 膀胱 23. 右肾
（引自 Popesko，1979）

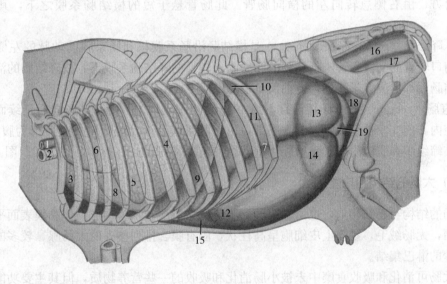

图 3-21 牛内脏（左侧）
1. 食道 2. 气管 3. 右肺前叶前部 4. 左肺后叶 5. 左肺前叶后部 6. 左肺前叶前部
7. 瘤胃左纵沟 8. 心脏 9. 膈 10. 肝 11. 瘤胃背囊 12. 瘤胃隐窝
13. 后背盲囊 14. 后腹盲囊 15. 皱胃 16. 直肠 17. 阴道 18. 膀胱 19. 空肠
（引自 Popesko，1979）

1. 盲肠（cecum） 盲肠为 50~70cm，呈圆筒状，位于右腹外侧部（右髂部）。前端起自回肠口，后端（盲端）沿右腹壁向后伸至骨盆前口的右侧；背侧以短的盲结褶与结肠近袢相连，腹侧以回盲褶与回肠相连。盲肠在回肠口直接转为结肠。

2. 结肠（colon） 结肠长 6~9m，起始部的口径与盲肠相似，向后逐渐变细。结肠可分为升结肠、横结肠和降结肠。

（1）升结肠（colon ascendens） 特别长，又可分为结肠近袢、结肠旋袢和结肠远袢3段。

结肠近袢（ansa proximalis）：为结肠的前段，呈乙状弯曲。大部分位于右腹外侧部，在小肠和结肠旋袢的背侧。起自回肠口，向前伸达第12肋骨下端附近，然后向上折转沿盲肠背侧向后伸达骨盆前口，又折转向前与十二指肠第2段平行伸达第2~3腰椎腹侧，并在此转为旋袢。

结肠旋袢（ansa spiralis）：为结肠中段，盘曲成圆形的结肠盘，位于瘤胃的右侧，夹于总肠系膜两层浆膜之间。又可分为向心回（gyri centripetales）和离心回（gyri centrifugalis）。从右侧看，向心回在继近袢后，以顺时针方向向内旋转约1.5圈至中央曲（flexura centralis），然后转为离心回。离心回由中央曲以逆时针方向旋转2周至旋袢外周转为远袢。

结肠远袢（ansa distalis）：为结肠后段，也呈乙状弯曲。离开旋袢后，沿十二指肠第2段向后伸达骨盆前口附近，然后折转向前伸延，至最后胸椎的腹侧，从右侧绕过肠系膜前动脉向左急转，延为横结肠。

（2）横结肠（colon transversum） 很短，为结肠远袢末端在最后胸椎的腹侧经肠系膜前动脉前方、由右侧急转向左的横向肠管。此肠管悬于短的横结肠系膜之下，其背侧为胰腺。

（3）降结肠（colon descendens） 是横结肠沿肠系膜根和肠系膜前动脉的左侧向后行至盆腔前口较直的一段肠管。降结肠的肠管附于较长的降结肠系膜下，故降结肠的活动性较大。降结肠后部形成S形弯曲，此曲又称乙状结肠（colon sigmoideum）。

3. 直肠（rectum） 直肠短而直，约40cm，粗细较均匀，由降结肠向后延续而成，位于骨盆腔内。前3/5被覆腹膜，为腹膜部，由直肠系膜系于盆腔顶壁。其后部为腹膜外部，借疏松结缔组织和肌肉附着于骨盆腔周壁，常含有较多的脂肪（图3-17、图3-20、图3-21）。

（二）大肠的结构和功能

大肠的结构与小肠相似，也由黏膜、黏膜下层、肌层和浆膜构成。但黏膜表面平滑，不形成皱褶，无肠绒毛，黏膜上皮细胞呈高柱状，固有膜含排列整齐的大肠腺、较多的淋巴孤结和较少的淋巴集结。

牛大肠可消化和吸收食糜中未被小肠消化和吸收的一些营养物质，但其主要功能是吸收盐类和水分，形成粪便。

二、肛　门

肛门（anus）是肛管的后口。肛管（canalis analis）为直肠壶腹后端变细所形成的管。牛的肛管短而平滑，以肛直肠线（linea anorectalis）为界与直肠黏膜分开，按顺序分成3区：前面为肛柱区，黏膜形成一圈长约10cm的纵褶，称为直肠柱（columnae rectales）或肛柱（columnae anales），各柱后端之间借半月形皱褶相连，称为肛瓣（valvulae anales），它与相邻直肠柱后端之间围成的小隐窝，称为直肠窦（sinus rectales）或肛窦（anal sinus），此区反刍动物不明显；中间区很狭窄；最后为皮区，围绕肛门内面，上皮角化，黏膜与皮肤相互移行的界线称为齿状线，线的前端为黏膜覆盖，后端为皮肤。齿状线附近的黏膜有毛和色素沉着。

肛门为消化管末端，开口于尾根下方。肛门由3层组成：外层为皮肤，薄而富含皮脂腺和汗腺；内层为黏膜，形成许多纵褶，填塞于肛管（canalis analis）中，黏膜上皮为复层扁平上皮；中层为肌层，主要由肛门内括约肌（musculu sphincter anis internus）和肛门外括约肌（musculu sphincter anis externus）组成。前者属平滑肌，为直肠内环行肌延续至肛门特别发达部分；后者属横纹肌，环绕前肌的外周。它们的主要作用是关闭肛门。在肛门两侧还有肛提肌（musculus levator ani）和肛悬韧带（ligamentum suspensorium ani）。

第四章 牛呼吸系统

动物机体在新陈代谢过程中，要不断地从外界环境中吸进氧气，以氧化体内的营养物质而产生能量，满足机体各种活动的需要；同时，又要不断地将体内氧化过程所产生的二氧化碳等代谢产物排出体外，以维持正常的生命活动。动物机体与外界环境之间进行气体交换的过程，称为呼吸。呼吸包括 3 个环节：①外呼吸：为肺泡与血液间进行气体交换的过程，又称肺呼吸。②气体运输：指氧气和二氧化碳进入血液后，与红细胞中的血红蛋白结合并运至组织、细胞或肺的过程。③内呼吸：为血液与组织、细胞间进行气体交换的过程，又称组织呼吸。

牛呼吸系统（respiratory system）由鼻、咽、喉、气管、支气管和肺等器官及胸膜和胸膜腔等辅助装置组成。鼻、咽、喉、气管和支气管是气体出入肺的通道，称为呼吸道（respiratory canel）。其特征是由骨或软骨作为支架，围成不塌陷的管腔，以保证气体出入畅通。肺是气体交换的器官，其特征是由许多肺泡构成，总面积很大，有利于气体交换（图 4-1）。

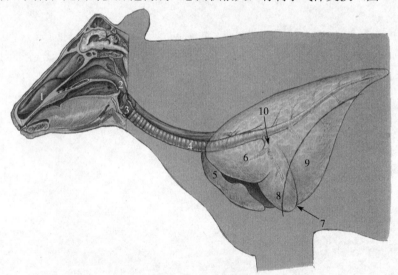

图 4-1　牛呼吸系统模式图

1. 鼻腔　2. 咽　3. 喉　4. 气管　5. 右肺前叶前部　6. 左肺前叶前部
7. 心切迹　8. 左肺前叶后部　9. 左肺后叶　10. 左主支气管

（引自 McCracken 等，1999）

第一节　呼吸道

一、鼻

鼻（nasus）位于面部的中央，既是气体出入的通道，又是嗅觉器官，对发声也有辅助作用。鼻包括外鼻、鼻腔和副鼻窦。

（一）外鼻

外鼻（nasus externus）较平坦，与周围器官分界不明显。其后部称为鼻根，前端为鼻尖，二者之间的部分为鼻背和鼻侧部。

（二）鼻腔

鼻腔（cavum nasi）是呼吸道的起始部，呈圆筒状，由鼻骨、额骨、切齿骨、上颌骨、腭骨、犁骨、鼻甲骨和鼻软骨构成支架，内衬黏膜。鼻腔前端经鼻孔（nares）与外界相通，后端经鼻后孔（choana）与鼻咽相通，腹侧由硬腭与口腔隔开，正中有鼻中隔（septum nasi，以筛骨垂直板、鼻中隔软骨和犁骨作支架，两侧衬有鼻黏膜）将其分为互不相通的两侧鼻腔（唯有黄牛的两侧鼻腔后1/3是相通的）。鼻腔包括鼻孔、鼻前庭和固有鼻腔3部分（图4-2）。

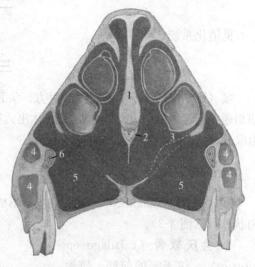

图4-2 牛鼻腔横断面
1. 鼻中隔软骨　2. 犁骨　3. 中鼻道
4. 上颌窦　5. 下鼻道　6. 腭窦
（引自Sisson, 1938）

1. 鼻孔（nares）　为鼻腔的入口，由内侧鼻翼和外侧鼻翼围成。鼻翼（alae nasi）为内含鼻翼软骨和肌肉的皮肤褶。牛的鼻孔小，呈不规则的椭圆形，鼻翼厚而不灵活。两鼻孔间与上唇中部及周围的皮肤形成鼻唇镜。

2. 鼻前庭（vestibulum nasi）　为鼻腔前部衬有皮肤的部分，相当于鼻翼所围成的空间，表面有色素沉着，并长有短毛。其内侧壁距鼻孔约3cm处有鼻泪管的开口，但常被下鼻甲的延长部所覆盖。

3. 固有鼻腔（cavum nasi proprium）　位于鼻前庭之后，由骨性鼻腔覆以黏膜构成。在每侧鼻腔的外侧壁上有一上鼻甲和一下鼻甲，将鼻腔分为若干鼻道：①上鼻道（meatus nasi dorsalis）：较窄，为鼻腔顶壁与上鼻甲之间的裂隙，后通鼻黏膜嗅区。②中鼻道（meatus nasi medius）：指上、下鼻甲之间的裂隙，与副鼻窦相通。③下鼻道（meatus nasi ventralis）：最宽，为下鼻甲与鼻腔底壁之间裂隙，以鼻后孔直接连通鼻咽部。④总鼻道（meatus nasi communis）：指上、下鼻甲与鼻中隔之间的裂隙，与上、中、下鼻道相通。

鼻黏膜（tunica mucosa nasi）被覆于固有鼻腔内表面及鼻甲表面，因结构和功能不同，可分为呼吸区和嗅区两部分：① 呼吸区（regio respiratoria）：为位于鼻前庭和嗅区之间、上下鼻甲所在的部分，占鼻黏膜的大部分，呈粉红色，由黏膜上皮和固有膜组成。黏膜上皮为假复层柱状纤毛上皮，夹有大量的杯状细胞；固有膜为结缔组织，含有丰富的血管和腺体。呼吸区具有温暖、湿润和净化吸入的空气的功能。② 嗅区（regio olfactoria）：为位于呼吸区与鼻咽之间、中鼻甲（最大的筛鼻甲）所在的部分，呈黄褐色，也由黏膜上皮和固有膜组成。黏膜上皮为假复层柱状上皮，含有嗅细胞；固有膜也由结缔组织构成，内含嗅腺。嗅区具有嗅觉功能。

（三）副鼻窦

副鼻窦（sinus paranasales）又称鼻旁窦，为鼻腔周围头骨内的含气空腔，共4对：上颌窦、额窦、蝶腭窦和筛窦。它们均直接或间接与鼻腔相通，内面衬有黏膜。黏膜较薄，血管少，与鼻腔黏膜相连续。因此，鼻黏膜发炎时可波及副鼻窦，引起副鼻窦炎。副鼻窦有减轻头骨重量，温暖和湿润吸入的空气以及对发声起共鸣等作用。

二、咽

见消化系统。

三、喉

喉（larynx）位于下颌间隙的后方、头颈交界的腹侧，悬于舌骨两大角之间，前端与喉咽相通，后端与气管相接。喉既是气体出入肺的通道，又是调节空气流量和发声的器官。喉由喉软骨、喉黏膜和喉肌等组成。

（一）喉软骨

喉软骨（cartilagines laryngis）包括不成对的会厌软骨、甲状软骨、环状软骨和成对的勺状软骨（图4-3）。

1. 会厌软骨（cartilago epiglottica） 位于喉的前部，较短，呈卵圆形，基部较厚，借弹性纤维附于甲状软骨上；尖端钝圆，弯向舌根。会厌软骨表面覆盖有黏膜，合称会厌（epiglottis）。会厌在吞咽时可关闭喉口，防止食物误入气管。

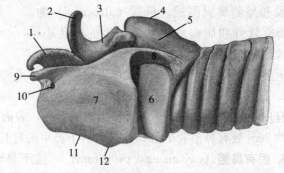

图4-3 牛喉软骨
1. 会厌软骨 2. 勺状软骨尖 3. 勺状软骨底 4. 环状软骨正中嵴
5. 环状软骨板 6. 环状软骨弓 7. 甲状软骨板 8. 甲状软骨后角
9. 甲状软骨前角 10. 甲状软骨孔 11. 甲状软骨体 12. 喉结
（引自 Sisson，1938）

2. 甲状软骨（cartilago thyroidea） 最大，位于会厌软骨和环状软骨之间，呈弯曲的板状，可分为一甲状软骨体和左、右两侧甲状软骨板。体（corpus）连于两侧板之间，构成喉腔的底壁，其腹侧面的后部有一隆凸，称为喉结（prominentia laryngea）。左右板（lamina sinislraet dextra）呈横置梯形，从前向后逐渐增大，自体的两侧伸出，构成喉腔两侧壁的大部分。

3. 环状软骨（cartilago cricoidea） 位于甲状软骨之后，呈环状，由环状软骨板和环状软骨弓组成。板位于背侧，较宽，呈四边形，构成喉腔背侧壁，外面隆凸，正中线有一条前高后低的正中嵴，是食管纵行肌的附着处。弓位于腹侧，较窄，呈弓形，构成喉腔腹侧壁和外侧壁的后部。环状软骨前缘和后缘以弹性纤维分别与甲状软骨和气管软骨相连。

4. 勺状软骨（cartilago arytaenoidea） 一对，位于环状软骨的前缘两侧、甲状软骨板的内侧，构成喉腔背侧壁的前部。勺状软骨呈角锥形，可分为底和尖两部分。底向后，呈三角形，上部有关节面，与环状软骨形成关节；底的下端有窄而长的声带突，是声韧带和声带肌附着处；底的外角有发达的肌突，供肌肉附着；底的内角较小，以勺横韧带与对侧内角相连。尖又称角小突，弯向背内侧，表面包有黏膜。

（二）喉腔和喉黏膜

喉软骨彼此借关节和韧带等连成支架、内衬黏膜（即喉黏膜）所围成的腔隙，称为喉腔（cavum laryngis）（图 4-4），前方以喉口与喉咽相通，后方以喉后腔与气管相通。喉口（aditus laryngis）由会厌软骨、勺状软骨以及勺状会厌褶共同围成。在喉腔中部的侧壁上，有一对黏膜褶，称为声带（plica vocalis），内含声韧带和声带肌，连于勺状软骨声带突与甲状软骨体之间，是发声器官。两声带之间的裂隙，称为声门裂（rima glottidis）。喉腔在声门裂之前的部分称为喉前庭（vestibulum laryngis），其两侧凹陷称为喉室（ventriculs laryngis）；之后的部分称为声门下腔（cavum infraglotticum），又称为喉后腔，与气管相连通。

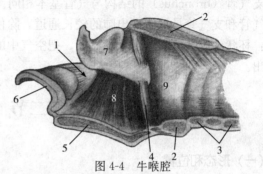

图 4-4 牛喉腔
1. 喉口 2. 环状软骨 3. 气管软骨 4. 声襞及声门裂 5. 甲状软骨 6. 会厌软骨 7. 勺状软骨 8. 喉前庭 9. 声门下腔
（引自 Budras 等，2003）

喉黏膜由黏膜上皮和固有膜组成。黏膜上皮有两种：被覆于喉前庭和声带的黏膜上皮为复层扁平上皮；喉后腔的黏膜上皮为假复层柱状纤毛上皮。固有膜由结缔组织构成，含有喉腺，可分泌黏液和浆液，有润滑声带的作用。

（三）喉肌

喉肌均属骨骼肌，可分为固有肌和外来肌两种。固有肌包括环勺背侧肌、环甲肌、环勺侧肌、甲勺肌和勺横肌等，均起止于喉软骨，可使喉腔扩大或缩小；外来肌有甲状舌骨肌、舌骨会厌肌和胸骨甲状肌等，可牵引喉前后移动。喉肌的共同作用与吞咽、呼吸和发声等有关。

四、气管和支气管

（一）形态和位置

气管（trachea）为一条以气管软骨环（约 50 个）作支架的圆筒状长管，长约 65cm，可分为颈段和胸段。颈段前端与喉相接，向后沿颈部腹侧正中线而进入胸腔，转为胸段，然后经心前纵隔达心底的背侧，约在第 3 肋骨相对处，分出气管支气管（bronchus trachealis）（又称为尖叶支气管）进入右肺前叶；在第 5 肋骨相对处分出左、右主支气管（principal bronchus）分别进入左肺和右肺。

（二）结构和功能

气管由黏膜、黏膜下层和外膜组成。黏膜上皮为假复层柱状纤毛上皮，夹有大量的杯状细胞。黏膜下层含气管腺，可分泌黏液和浆液。外膜为气管的支架，由气管软骨（属透明软骨）和结缔组织组成，软骨在气管的颈前段，呈缺口朝向背侧的 C 形，有弹性纤维膜连接，膜内有平滑肌纤维束，可使气管适度舒缩；在颈中段以后，软骨两端相互重叠，形成气管隆嵴（carina tracheae），相邻软骨环借环韧带相连，可使气管适当延长。在气管软骨外面包有疏松结缔组织，内有血管、神经和脂肪组织。

支气管（bronchus）的结构与气管基本相同。

气管和支气管是气体进出肺的较长通道，除使气体的流通顺畅外，还有净化吸入空气的作用：杯状细胞和气管腺可分泌黏液，把空气中的灰尘和异物粘住，然后通过纤毛的摆动往外排出。

第二节 肺

（一）形态和位置

肺（pulmo）位于胸腔纵隔两侧，左、右各一，右肺通常比左肺大。健康家畜的肺粉红色，呈海绵状，质轻柔软，富有弹性。

左、右肺略似锥体形，均具有 3 个面和 3 条缘。肋面（facies costalis）凸，与胸腔侧壁接触，有肋骨压迹。膈面（facies diaphragmatica）凹，与膈接触，也称底面。纵隔面（mediastinum surface）又称为内侧面（eacies medialis），该面较平，与纵隔接触，有心压迹及食管和大血管的压迹。在心压迹的后上方有肺门（hilus pulmonis），为主支气管、肺动脉、肺静脉和神经等出入肺的地方；这些结构被结缔组织包裹在一起，称为肺根（radix pulmonis）。背侧缘（margo dorsalis）钝而圆，位于肋椎沟中。腹侧缘（margo ventralis）和底缘（margo basalis）薄而锐。腹侧缘位于胸外侧壁和胸纵隔

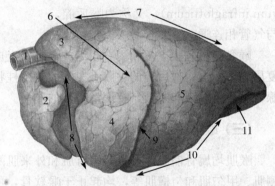

图 4-5 牛 肺（左侧观）
1. 气管 2. 右肺前叶前部 3. 左肺前叶前部
4. 左肺前叶后部 5. 左肺后叶 6. 肋面 7. 背侧缘
8. 腹侧缘 9. 心切迹 10. 底缘 11. 膈面（底面）
（引自 Budras 等，2003）

间的沟中，有心切迹（incisura cardiaca）。左肺的心切迹大，体表投影位于第 4～6 肋骨；右肺的心切迹小，体表投影位于第 3～4 肋骨间隙。底缘位于胸外侧壁与膈之间的沟中，其体表投影为一条从第 12 肋骨的上端至第 4 肋骨间隙下端凸向后下方的弧线（图 4-5、图 4-6、图 4-7）。

牛肺分叶很明显。左肺可分为前叶（尖叶）、中叶（心叶）和后叶（膈叶）3 个叶。右肺分为前叶、中叶、后叶和副叶，前叶又分为前、后两部（图 4-8）。

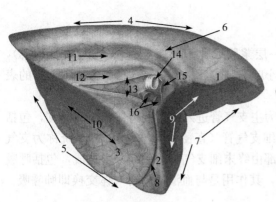
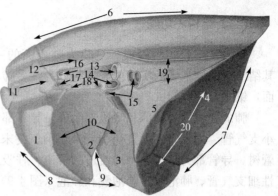

图4-6 牛左肺（内侧面）
1. 前叶前部 2. 前叶后部 3. 后叶 4. 背侧缘
5. 底缘 6. 内侧面 7. 腹侧缘 8. 心切迹
9. 心压迹 10. 膈面 11. 主动脉压迹
12. 食道压迹 13. 肺胸膜裂 14. 左主支气管
15. 左肺动脉 16. 左肺静脉
（引自Popesko，1979）

图4-7 牛右肺（内侧面）
1. 前叶前部 2. 前叶后部 3. 中叶 4. 后叶
5. 副叶 6. 背侧缘 7. 底缘 8. 腹侧缘
9. 心切迹 10. 心压迹 11. 食道压迹
12. 主动脉压迹 13. 右主支气管 14. 右肺动脉
15. 右肺静脉 16. 右肺前叶气管支气管 17. 右肺前叶静脉
18. 右肺前叶动脉 19. 肺胸膜裂 20. 膈面（底面）
（引自Popesko，1979）

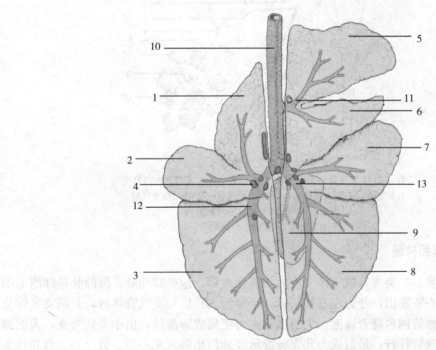

图4-8 牛肺分叶和支气管树
1. 左前叶（尖叶） 2. 左中叶（心叶） 3. 左后叶（膈叶）
4. 支气管淋巴结 5. 右前叶（尖叶）前部 6. 右前叶（尖叶）后部
7. 右中叶（心叶） 8. 右后叶（膈叶） 9. 副叶 10. 气管
11. 尖叶支气管 12. 左主支气管 13. 右主支气管

（二）结构和功能

肺由被膜和实质构成。被膜为肺表面的一层浆膜，称为肺胸膜（pleura pulmonalis），其结缔组织伸入肺的实质内，将肺分为许多肺小叶。肺小叶呈多边锥体形，锥底朝向肺的表面，锥顶对向肺门。

肺的实质由导管部和呼吸部组成。导管部为主支气管进入肺后的树枝状反复分支，包括小支气管、细支气管（直径1mm以下）、终末细支气管（直径0.35~0.5mm），统称为支气管树。导管部为气体在肺内流通的管道。呼吸部由终末细支气管的逐级分支组成，包括呼吸性细支气管、肺泡管、肺泡囊和肺泡（图4-9），其作用是与血液间进行气体交换即肺呼吸。

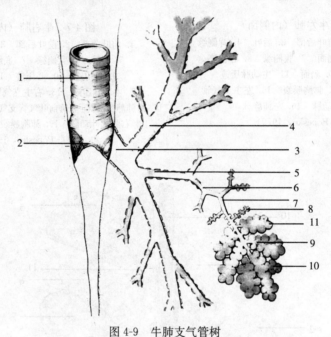

图4-9　牛肺支气管树
1. 气管　2. 主支气管分支处　3. 主支气管　4. 主支气管肺内分支
5. 小支气管　6. 细支气管　7. 终末细支气管　8. 呼吸性支气管
9. 肺泡管　10. 肺泡囊　11. 肺泡
（引自陈耀星、刘为民，2009）

（三）肺的血管和神经

肺的血管有两类：一类为完成气体交换的功能性血管，包括肺动脉、肺静脉和肺泡毛细血管。肺动脉于右心室发出，分为左右肺动脉，经肺门入肺后与支气管伴行，并随支气管分支，最后形成毛细血管网包绕着肺泡。毛细血管网再汇集成肺静脉，由小支到大支，大的肺静脉与肺动脉、支气管伴行，最后成为几支肺静脉经肺门出肺入左心房。另一类为营养性血管，包括支气管动脉、毛细血管和支气管静脉。支气管动脉直接由主动脉分出，入肺后沿支气管树伸延，沿途分支形成毛细血管网，营养各级支气管、肺动脉、肺静脉、小叶间结缔组织和肺胸膜等。其血液最后通过肺泡和毛细血管网注入肺静脉。此外支气管动脉与肺动脉间具有前毛细血管吻合支。

肺的神经支配来自迷走神经（副交感神经）和交感神经。副交感神经兴奋时，使支气管的平滑肌收缩、腺体分泌，血管的平滑肌松弛；交感神经兴奋时，作用相反。

第三节 胸膜和纵隔

一、胸　膜

胸膜（pleura）为覆盖在肺表面和衬贴于胸腔壁内面的一层浆膜。前者称为胸膜脏层或肺胸膜（pleura pulmonalis），后者称为胸膜壁层或壁胸膜（pleura parietalis）。壁层按部位又分为衬贴于胸腔侧壁内面的肋胸膜（pleura costalis）、膈胸腔面的膈胸膜（pleura diaphragmatica）和参与构成纵隔的纵隔胸膜（pleura mediastinalis）。胸膜壁层和脏层在肺根处互相折转移行，共同围成胸膜腔。左、右胸膜腔被纵隔分开，腔内负压，使两层胸膜紧贴，并对肺有牵张作用，确保肺处于扩张状态，有利于进行呼吸运动。胸膜腔内有胸膜分泌的少量浆液，称为胸膜液，有减少呼吸时两层胸膜摩擦的作用（图4-10）。

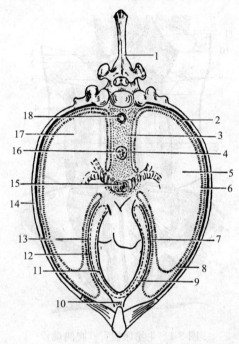

图4-10　胸腔横切面（示胸膜、胸膜腔和纵隔）
1. 胸椎　2. 肋胸膜　3. 纵隔　4. 纵隔胸膜　5. 左肺　6. 肺胸膜　7. 心包胸膜　8. 胸膜腔
9. 心包腔　10. 胸骨心包韧带　11. 心包浆膜脏层　12. 心包浆膜壁层　13. 心包纤维膜
14. 肋骨　15. 气管　16. 食管　17. 右肺　18. 主动脉

二、纵　隔

纵隔（mediastinum）位于左、右胸膜腔之间，由两侧的纵隔胸膜及夹于其中的心脏、心包、食管、气管、出入心脏的大血管（除后腔静脉外）、神经（不含右膈神经）、胸导管、淋巴结和结缔组织等构成。包在心包外面的纵隔胸膜，称为心包胸膜（pleura pericardiaca）。纵隔在心脏所在的部位，称为心纵隔，心脏之前和之后的部分，分别称为心前纵隔和心后纵隔。

纵隔以肺根分为背侧纵隔和腹侧纵隔，腹侧纵隔以心包为界，分为前、中、后3部分，分别称为前纵隔、中纵隔和后纵隔。

第五章 牛泌尿系统

动物机体在新陈代谢过程中产生的终产物和多余的水分，一小部分是通过肺（呼气）、皮肤（汗液）和肠道（粪便）排出体外，绝大部分（尿酸、尿素、无机盐和水等）则经血液循环到达泌尿系统（urinary system），形成尿液后排出体外。因此，泌尿系统是重要的排泄系统，同时还具有调节体液、维持电解质平衡等作用。

牛的泌尿系统包括肾、输尿管、膀胱和尿道。肾是生成尿液的器官。输尿管为输送尿液进入膀胱的管道。膀胱为暂时储存尿液的器官。尿道是尿液排出体外的通道（图 5-1）。

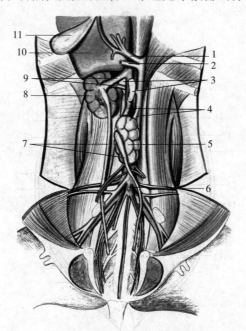

图 5-1　牛泌尿器官（腹侧观）
1. 腹腔动脉　2. 肠系膜前动脉　3. 左、右肾上腺　4. 左肾动、静脉　5. 左肾
6. 肠系膜后动脉　7. 左、右输尿管　8. 右肾　9. 右肾动、静脉　10. 肝脏　11. 胆囊
（引自 Sisson，1938）

第一节　肾

肾（ren）是成对的实质性器官，一般呈豆形，红褐色，左右各一。肾位于腹腔上部，腰椎下方、腹主动脉和后腔静脉两侧的腹膜外间隙内，属腹膜外器官，借腹膜外结缔组织与周围器官相连（图 5-1）。

肾的内侧缘有一凹陷，称为肾门（hilus renalis），是肾动脉、肾静脉、输尿管、神经及淋巴管出入肾的门户。由肾门向内深陷的腔隙，称为肾窦（sinus renalis），内有肾盂、肾盏以及血管、神经、淋巴管，其间还填充着大量的脂肪。

（一）肾的类型

肾由许多肾叶（lobi renalis）构成，根据哺乳动物肾叶愈合的情况，可分为4种类型（图5-2）。

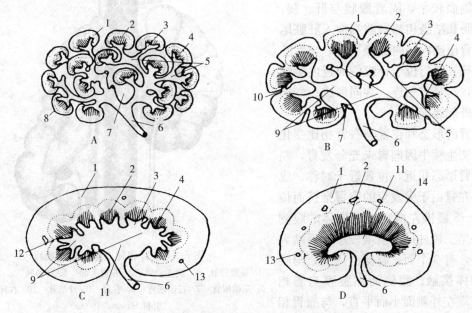

图 5-2　哺乳动物肾的类型
A. 复肾　B. 表面有沟多乳头肾　C. 表面光滑多乳头肾　D. 表面光滑单乳头肾
1. 泌尿部　2. 导管部　3. 肾小盏　4. 肾乳头　5. 肾盏管　6. 输尿管　7. 肾窦　8. 肾小叶
9. 肾大盏　10. 肾沟　11. 肾盂　12. 肾柱　13. 弓状血管　14. 肾总乳头

1. 复肾　由许多独立的肾叶构成。肾叶呈锥体形，外周为皮质，是泌尿部；中央为髓质，是排尿部，末端形成肾乳头，肾乳头被输尿管分支形成的肾小盏包住。例如鲸、熊和水獭等的肾均为复肾。

2. 表面有沟多乳头肾　各肾叶的中部融合，在肾的表面以沟分开，其内部也保留有若干肾乳头，被输尿管分支形成的肾小盏包裹，这些肾小盏的管汇合成两条集合管，最后再汇合成输尿管。牛肾属于这种类型。

3. 表面光滑多乳头肾　各肾叶的皮质部完全融合，肾表面光滑而无分界。但在切面上仍可见到显示肾叶髓质形成的肾锥体，肾锥体末端为肾乳头，肾乳头被肾小盏包裹，肾小盏开口于肾大盏和肾盂。猪和人的肾为此种类型。

4. 表面光滑单乳头肾　各肾叶的皮质和髓质完全融合，肾表面光滑而无分界，肾乳头也合并为一个总乳头，突入于输尿管在肾内扩大形成的肾盂中。但肾的切面上，仍可见到显示各肾叶髓质部的肾锥体，有的动物还比较明显。马、羊、犬、兔的肾为此种类型。

（二）肾的形态和位置

牛肾属于表面有沟多乳头肾，每个肾由16~22个大小不一的肾叶构成。左、右肾的形态、位置和大小因品种、年龄及体重而有差异。一般成年牛两肾总重量为12 000～14 000g，左肾略大于右肾。

右肾呈上下压扁的长椭圆形（图5-3），位于最后肋间隙至第2、3腰椎横突的腹侧。背侧面稍隆突，与腰肌接触；腹侧面较平，隔着腹膜与肝、胰、十二指肠和结肠相邻；前端伸入肝脏尾状叶的肾压迹内；内侧缘平直，与后腔静脉平行。肾门位于肾腹侧面近内侧缘的前部，与肾窦相连，共同形成一椭圆形腔，外侧缘隆突。

左肾的形态和位置与右肾相比变化很大。初生犊牛因瘤胃未充分发育，左肾与右肾形态相近，位置近于对称。成年牛的左肾由于受发育的瘤胃推挤而位于第2～5腰椎左横突接近椎体的腹侧面，略呈三棱柱形，前端较小，后端大而钝圆，有3个面：背侧面隆突，与腰肌及椎体接触；腹侧面隔腹膜与肠相邻；前端左外侧面小而平直，与瘤胃相接触。肾门位于背侧面的前外侧部。由

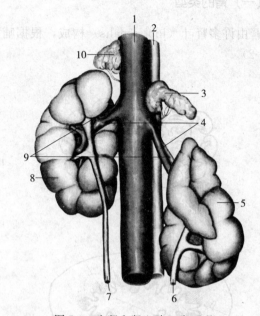

图5-3　牛肾和肾上腺（腹面观）
1. 后腔静脉　2. 腹主动脉　3. 左肾上腺　4. 肾静脉　5. 左肾
6. 左输尿管　7. 右输尿管　8. 右肾　9. 肾动脉　10. 右肾上腺
（引自Sisson，1938）

于左肾系膜较长，瘤胃的充盈程度对其位置变化影响较大，当瘤胃充盈时，后移到右肾的后下方，而瘤胃空虚时，又返回左侧。

（三）肾的结构和功能

肾由被膜和实质构成。

1. 被膜　肾的表面由内向外，有3层被膜包裹。内层是薄而坚韧的纤维囊（capsula fibrosa），在正常情况下容易从肾表面剥离，但当肾发生某些病变时，易于和肾实质粘连，不易剥；脂肪囊（capsula adiposa）是位于纤维囊外面包裹肾脏的脂肪层（板油）；肾筋膜（renal fascia）位于脂肪囊的外面，由腹膜外结缔组织发育而来，从肾筋膜深面发出小束，穿过脂肪囊与纤维囊相连，对肾起固定作用。

2. 实质　肾由若干肾叶组成，每个肾叶又分为分浅层的皮质和深层的髓质。肾皮质（cortex renis）由肾小体（renal corpuscle）和肾小管（renal tubules）组成，新鲜标本呈红褐色，并可见有许多暗红色点状细小颗粒，就是肾小体。肾髓质（renal medulla）位于皮质的内部，淡红色，由若干肾锥体（pyramides renis）构成。肾锥体呈圆锥形，锥底朝向皮质，与皮质相接处形成暗红色的中间带。锥尖钝圆，伸向肾窦，称为肾乳头（renal papilla），肾乳头上有许多乳头管开口于肾小盏内。肾锥体的纵切面上可见小管呈放射状伸入皮质，称为髓放线（pars radiata）。髓放线的条纹是由肾小管袢与集合管平行排列形成。髓放线之间的皮质部分即为皮质迷路。伸入相邻肾锥体之间的肾皮质称为肾柱（renal column）。

肾叶由肾锥体及其底部相连的皮质构成。输尿管的起始端在肾窦中分为两条集合管即为肾大盏，肾大盏分出若干短支，每一短支再分出几个肾小盏，每个肾小盏包住一个肾乳头（图5-4、图5-5）。

肾的基本单位叫肾单位（nephron），由肾小体和与其相连的肾小管构成，肾动脉来的血液通过肾小体的滤过作用形成原尿，原尿通过肾小管和集合管的重吸收与分泌，形成终尿，经输尿管排出肾。

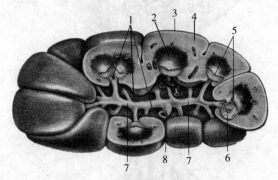

图5-4　牛肾的构造（部分剖开）
1. 肾窦　2. 髓质　3. 纤维囊　4. 皮质
5. 肾乳头　6. 肾小盏　7. 集合管　8. 输尿管
（引自 Budras 等，2003）

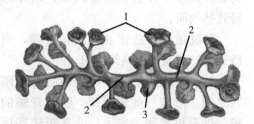

图5-5　牛肾输尿管和肾盏铸型
1. 肾小盏　2. 输尿管　3. 集合管
（引自 Budras 等，2003）

第二节　输　尿　管

输尿管（ureter）是将肾脏生成的尿液不断输送到膀胱的一对细长的管道。出肾门后，沿腹腔顶壁向后伸延，越过髂外动脉和髂内动脉腹侧进入骨盆腔，公畜输尿管进入尿生殖褶，母畜的则沿子宫阔韧带背侧缘继续伸延，最后斜穿膀胱颈背侧壁而开口于膀胱。输尿管在膀胱壁内向后斜走3~5cm，当膀胱内尿液充盈时可防止尿液沿输尿管逆流。

输尿管管壁从内向外由黏膜、肌层和外膜3层结构组成。黏膜形成许多纵行皱襞，因此使管腔呈现星形，黏膜上皮为变移上皮，黏膜固有层为结缔组织，有的动物分布有管泡状的黏膜腺（输尿管腺）。肌层由内纵、中环和外纵3层平滑肌构成，收缩时可产生蠕动，使尿液流向膀胱。外膜大部分为浆膜，靠近肾的一段由疏松结缔组织构成。

第三节　膀　　胱

膀胱（urinary bladder）是暂时储存尿液的肌膜性囊状器官，略呈梨形，形状、大小、位置和壁的厚薄都随其尿液的充盈程度而变化。空虚时位于骨盆腔前部；充满尿液时突入腹腔。公牛的膀胱位于直肠、尿生殖褶及精囊腺的腹侧，母牛的膀胱则位于子宫的后部和阴道的腹侧。

膀胱的前端钝圆为膀胱顶，朝向腹腔；后端逐渐缩细，称膀胱颈；膀胱顶和膀胱颈之间为膀胱体。膀胱颈向后则延续为尿道，二者的通路是尿道内口。

膀胱壁从内向外由黏膜、肌层和外膜3层结构组成。

黏膜上皮为变移上皮,当膀胱空虚时,黏膜形成许多皱褶。在近膀胱颈背侧壁,输尿管末端行于黏膜下组织内,使黏膜形成一对隆起的输尿管柱,延伸到输尿管口。分别从两输尿管口处向后延伸的一对低黏膜褶,称输尿管襞,向后相互接近并汇合形成尿道嵴。两输尿管襞所夹的区域称为膀胱三角,此处黏膜与肌层紧密连接,缺少黏膜下组织,无论膀胱扩张或收缩,始终保持平滑。

肌层由内纵、中环、外纵3层平滑肌构成。其中中环肌在尿道内口处增厚形成膀胱括约肌。

膀胱顶和膀胱体的外膜是浆膜,而膀胱颈的外膜是疏松结缔组织。

膀胱表面的浆膜移行于膀胱与周围器官之间,形成一些浆膜褶。膀胱背侧的浆膜,母畜折转到子宫上,公畜折转到尿生殖褶上。膀胱腹侧的浆膜褶沿正中矢面与盆腔底相连,形成膀胱正中韧带。膀胱两侧的浆膜褶形成膀胱侧韧带,与盆腔侧壁相连。在两侧膀胱侧韧带的游离缘各有一索状结构,称膀胱圆韧带,是胚胎时期脐动脉的遗迹(图5-6)。

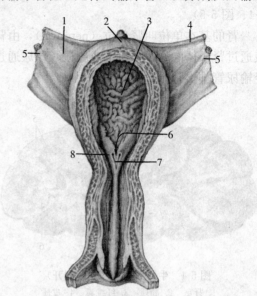

图5-6 牛膀胱
1.膀胱侧韧带 2.膀胱顶 3.膀胱体 4.膀胱圆韧带 5.输尿管 6.膀胱三角 7.输尿管口 8.输尿管襞
(引自Budras等,2003)

第四节 尿 道

尿道(urethra)是将尿液从膀胱排出体外的肌性管道。以尿道内口起始于膀胱颈,以尿道外口通体外。

公牛尿道很长,因兼有排精作用而称为尿生殖道(雄性尿道)。尿生殖道一部分位于骨盆腔内,称为尿生殖道骨盆部;另一部分经坐骨弓转到阴茎的腹侧,称为尿生殖道阴茎部。

母牛的尿道较短,起自膀胱颈的尿道内口,在阴道腹侧沿盆腔底壁向后延伸,以尿道外口开口于阴道前庭腹侧、阴瓣的后方。尿道外口呈横的缝状,其腹侧有一宽、深各1~2cm的盲囊,伸向前下方,称为尿道下憩室(suburethrale diverticulum)(图5-7)。在临床上给母牛导尿时,导尿管要直插,以免插入憩室内。

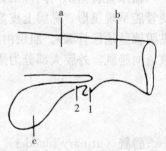

图5-7 母牛尿道下憩室模式图
a.阴道 b.阴道前庭 c.膀胱
1.尿道下憩室 2.尿道

第六章 牛生殖系统

生殖系统的主要功能是产生生殖细胞，繁殖新个体，使种族得以延续。此外，还可分泌性激素，影响生殖器官的生理活动，维持动物的第二性征。生殖系统包括雄性生殖系统和雌性生殖系统。

第一节 雄性生殖系统

雄性生殖系统由生殖腺（睾丸）、生殖管（附睾、输精管、雄性尿生殖道）、副性腺、交配器官（阴茎和包皮）和阴囊等组成（图6-1）。

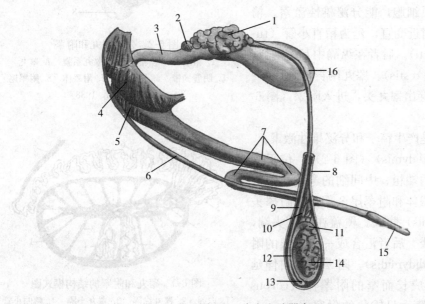

图6-1 公牛生殖器官
1. 精囊腺 2. 前列腺 3. 尿生殖道 4. 坐骨海绵体肌 5. 球海绵体肌 6. 阴茎退缩肌 7. 乙状弯曲 8. 鞘膜 9. 输精管 10. 精索 11. 附睾头 12. 附睾体 13. 附睾尾 14. 睾丸 15. 阴茎头 16. 膀胱
（引自 Sisson，1938）

一、睾丸和附睾

1. 睾丸（testis）（图6-2） 位于阴囊中，左、右各一。牛的睾丸呈长椭圆形，表面光滑，其长轴与身体长轴垂直，后缘有附睾附着，称为附睾缘；前缘为游离缘；上端有血管和神经出入为睾丸头，与附睾头相接；下端为睾丸尾，与附睾尾相连。

在胚胎时期，睾丸位于腹腔中肾的附近。出生前后，睾丸和附睾一起经腹股沟管下降到阴囊中，这一过程称为睾丸下降。如果有一侧或两侧睾丸在出生后仍留在腹腔中，称为单睾或隐睾，这种家畜生殖能力较弱或没有生殖能力，不宜作种畜用。

睾丸由间质和实质构成。睾丸的表层为固有鞘膜，属鞘膜的脏层；间质包括固有鞘膜下的白膜（tunica albuginea），由致密结缔组织构成。白膜结缔组织从睾丸头沿睾丸长轴伸入睾丸实质至睾丸尾，形成睾丸纵隔（mediastinum testis）。从睾丸纵隔再分出许多呈放射状排列的睾丸小隔（septula testis），将睾丸实质分成许多睾丸小叶（lobuli testis）。实质由精小管（包括精曲小管和精直小管）、睾丸网和间质组织构成。每个睾丸小叶内有2～3条长而蜷曲的精曲小管（tubuli seminiferi contorti），其功能是产生精子。精曲小管之间填充间质组织，内含间质细胞，能分泌雄性激素。精曲小管伸至纵隔附近变直，延为精直小管（tubuli seminiferi recti）。后者在纵隔中互相吻合，形成睾丸网（rete testis）。睾丸网再汇合成6～12条睾丸输出管穿出睾丸头，进入附睾（图6-3）。

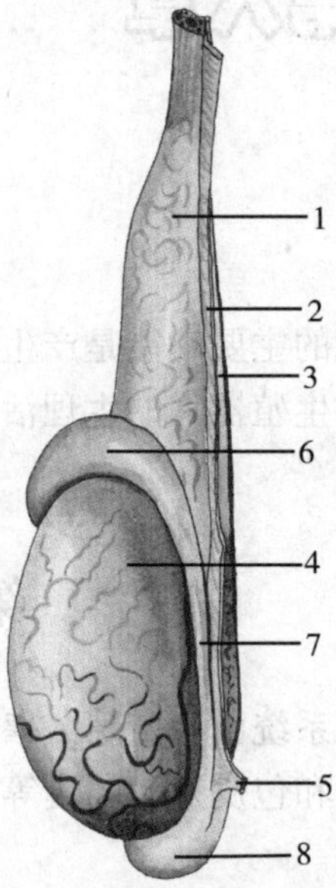

图 6-2 公牛睾丸和附睾
1. 精索 2. 输精管 3. 睾丸系膜 4. 睾丸
5. 阴囊韧带 6. 附睾头 7. 附睾体 8. 附睾尾
（引自 Sisson，1938）

睾丸的功能是产生精子和分泌雄性激素。

2. 附睾（epididymis）（图6-2） 位于睾丸的附睾缘，呈两端粗、中间细的弯钩状，可分为附睾头、附睾体和附睾尾3部分。附睾头（caput epididymidis）膨大，覆盖在睾丸头端，由睾丸输出管组成。后者汇合成一条很长的附睾管（ductus epididymidis）。附睾管盘曲伸延并逐渐变粗，形成长而窄的附睾体（corpus epididymidis）和膨大呈锥状的附睾尾（cauda epididymidis）。附睾管末端管径增大，并急转向上，移行为输精管。

图 6-3 睾丸和附睾的结构模式图
1. 白膜 2. 睾丸纵隔 3. 睾丸小隔 4. 精曲小管
5. 睾丸输出小管 6. 附睾管 7. 输精管
8. 睾丸小叶 9. 睾丸网

附睾具有储存、转运、浓缩和成熟精子等功能。

二、输精管和精索

1. 输精管（ductus deferens） 呈圆索状，起自附睾管末端，从附睾尾后内侧沿睾丸附睾缘和附睾体向上行走，进入精索，经腹股沟管入腹腔，随即向后上方进入骨盆腔并与输尿管一起在膀胱背侧的浆膜褶（称为尿生殖褶，plica urogenitalis）内继续向后伸延，与精囊腺管共同开口于尿道盆部起始部背侧壁的精阜。进入尿生殖褶后的输精管逐渐变粗形成输精管壶腹（ampulla ductus deferentis），其黏膜内分布有腺体。牛输精管末端变细，与同侧精囊腺导管汇合，形成射精管（ductus ejaculta-orius）。输精管具有输送精子的功能；此外，壶腹腺的分泌物尚有稀释、营养精子的作用。

2. 精索（funiculus spermaticus） 呈扁圆锥体形和索状，基部附着于睾丸和附睾，在腹股沟管内向腹腔行走，上端达腹股沟管内环（腹环），全长20～25cm，内含睾丸动脉、静脉、淋巴管、神经、睾内提肌和输精管，外包固有鞘膜，并借输精管系膜固定在总鞘膜的后壁。

三、雄性尿道和副性腺

1. 雄性尿道（canalis urogenitalis） 是起自膀胱颈、通至尿道外口的管道，具有排尿和输精的双重功能。雄性尿道以坐骨弓为界，可分为尿道盆部和尿道海绵体部（阴茎部）。盆部位于骨盆腔内，在直肠与骨盆底壁之间向后行，至骨盆后缘绕过坐骨弓移行为阴茎部。盆部长约12cm，管径小而均匀，管腔横断面呈星形，其前部背侧有精囊腺和前列腺，后部背侧有尿道球腺。在盆部与阴茎部交界处，尿生殖道管腔变窄，称为尿道峡（isthmus urethrae）。阴茎部为盆部的直接延续，起自坐骨弓，经左右阴茎脚之间进入阴茎腹侧的尿道沟，向前伸至阴茎头末端形成尿道突，以尿道外口通向体外。阴茎部较长，与阴茎相一致，管腔较圆。

雄性尿道盆部起始处背侧壁中央的黏膜上形成圆形隆起，称为精阜（colliculus ceminalis），输精管和精囊腺管共同开口于此。从精阜向前，黏膜形成一条尿道嵴；从精阜向后形成数条纵褶，褶间有许多前列腺管开口。盆部后端背侧的黏膜形成一小盲囊，尿道球腺管开口于此。囊深约1cm，囊口向后，此囊在给公牛导尿时造成困难。海绵体层位于黏膜外，主要是由静脉血管迷路形成的海绵腔。此层在骨盆部较薄；在尿道峡的背侧壁较厚，称为阴茎球（尿道球，bulbus penis）；在阴茎部较发达，称为尿道海绵体（corpus spongiosum penis）。肌织膜位于海绵体层之外，由内层的平滑肌和外层的横纹肌组成。横纹肌在骨盆部呈环形，称为尿道肌（musculus urethralis）；在尿道球和尿道球腺背侧呈横向，称为球海绵体肌（musculus bulbocavernosus）。肌织膜具有协助射精和排空余尿的作用。外膜为结缔组织，与周围器官相连。

2. 副性腺（glandulae genitales accessories） 包括精囊腺、前列腺和尿道球腺。此外，输精管壶腹壁内腺体亦属副性腺的一种（图6-4）。

（1）**精囊腺**（glandula vesicularis） 精囊腺有一对，位于膀胱颈背侧的尿生殖褶中，在输精管壶腹部的外侧、直肠的腹侧，呈粉红色，为不规则的长卵圆形，长12cm，宽5cm，厚3cm，表面凹凸不平，分叶清楚，左、右精囊腺的大小和形状常不对称。外覆结缔组织被膜，含丰富平滑肌；内由复管泡状腺构成，腺上皮为假复层柱状上皮。其腺管穿过前列腺，与输精管共同形成射精管，开口于精阜。

（2）**前列腺**（prostata） 前列腺由体和扩散部构成，呈淡黄色。前列腺体较小，长3.5～4cm，宽和厚1～1.5cm，横向位于膀胱颈和尿生殖道起始部的背侧；扩散部发达，环绕于尿生殖道骨盆部的海绵体层与肌织膜之间，其背侧部厚（1～1.2cm），腹侧部薄（约2mm）。前列腺表面覆以较厚的结缔组织被膜，且含丰富的平滑肌；实质内小叶明显，叶间结缔组织平滑肌也丰富；小叶由复管泡状腺构成，腺上皮为单层立方上皮、柱状上皮或假层复层柱状上皮。前列腺管多，分两排分别开口于精阜后方两条黏膜褶之间和外侧。

(3) 尿道球腺（glandula bulbourethralis）

尿道球腺有一对，小而结实，2.8cm×1.8cm，略呈球形，位于雄性尿道盆部后端的背外侧。外包较厚的结缔组织被膜，不含平滑肌。实质内也被分成若干小叶，由分枝复管泡状腺构成，腺上皮为单层柱状上皮。每个尿道球腺有一条腺管，开口于雄性尿道盆部后端背侧的小盲囊内。

副性腺具有分泌精清的功能。精清为附睾、副性腺和输精管壶腹腺的混合分泌物。具有稀释、营养精子、改善阴道环境等作用，有利于精子的生存和运动。精清与精子组成精液。其中，精囊腺的分泌物占总精液的25%～30%，为弱碱性的黄白色黏稠液体，并含有丰富的果糖，具有营养和稀释精子的作用，还可凝结成块状，形成栓塞，防止精液从阴道倒流；前列腺的分泌物为碱性稍黏稠的蛋白液体，有特殊臭味，能中和阴道的酸性分泌物，促进精子的活动；尿道球腺的分泌物为碱性的透明液体，具有冲洗、润滑尿道及母畜阴道的作用。另外，副性腺还有内分泌的功能，如精囊腺可分泌前列腺素。

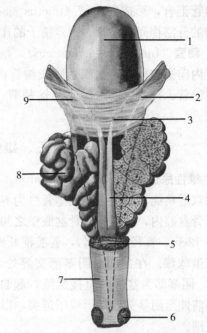

图6-4　公牛内生殖器官（背侧观）
1. 膀胱　2. 输尿管　3. 输精管　4. 输精管壶腹
5. 前列腺　6. 尿道球腺　7. 尿道肌
8. 精囊腺（右侧上方切去）　9. 尿生殖褶
（引自Sisson，1938）

四、阴茎与包皮

1. 阴茎（penis）　为交配器官，平时柔软，隐藏在包皮内；交配时勃起，伸长并变粗变硬。牛的阴茎呈圆柱状，较细较长，约90cm，位于腹壁之下，起自坐骨弓，经左、右股部之间向前延伸至脐部，可分为阴茎根、阴茎体和阴茎头3部分。

阴茎根（radix penis）以左、右两个阴茎脚附着于坐骨弓两侧的坐骨结节，外面覆盖着发达的坐骨海绵体肌。两阴茎脚向前合并，与尿道海绵体部一起构成阴茎体。阴茎体（corpus penis）呈圆柱状，位于阴茎脚与阴茎头之间，占阴茎的大部分，在起始部由两条扁平的阴茎悬韧带固着于坐骨联合的腹侧面。在阴囊的后方形成乙状弯曲，勃起时伸直。阴茎头（glans penis）为阴茎体向前延伸的游离部，位于包皮内，较尖，呈扭转状。前端略膨大形成阴茎头冠（galea glandis）。在阴茎头冠右侧的螺旋沟中有尿道突（processus urethrae），突末端有尿道外口。阴茎头冠后方略细部分为阴茎颈（collum glandis）（图6-5）。

阴茎由白膜、阴茎海绵体、尿生殖道阴茎部和肌肉等构成。白膜为厚的致密结缔组织，包围在阴茎海绵体和尿生殖道阴茎部的外面，伸进海绵体内形成小梁，并分支互相连接成网。小梁内含血管和神经。在小梁及其分支之间形成许多空隙，称为阴茎海绵体腔（cavernae corporis cavernosorun），衬以内皮，与血管相通，实为扩大的毛细血管。充血时，海绵体膨胀，阴茎变粗变硬而勃起，故又称海绵体勃起组织。牛阴茎海绵体的海绵腔（除阴茎根外)很不发达,而致密结缔组织丰富,所以阴茎较坚实,勃起时虽然变硬,但增粗不多。尿生殖道阴茎部位于阴茎海绵体腹侧的尿道沟内,其周围的尿道海绵体有较发达的海绵腔。阴茎的肌肉包括球海绵体肌、坐骨海绵体肌和阴茎缩肌。球海绵体肌起于坐骨弓,伸至阴茎根的背侧,覆盖尿道球腺,肌纤维呈横向。坐骨海绵体肌(musculus ischiocavernosus)较发达,呈纺锤形,包于阴茎脚外面,起于坐骨结节,止于阴茎根与阴茎体交界处。收缩时阴茎向上牵拉,压迫阴茎海绵体及阴茎背侧静脉,阻止血液回流,使海绵腔充血,阴茎勃起,故又称阴茎勃起肌。阴茎缩肌(musculus retractor penis)为两条长带状肌,起于前两枚尾椎的腹侧,经直肠后段两侧,在阴茎根的腹侧左、右两肌汇合,沿阴茎体的腹侧向前伸延,在乙状弯曲的下曲处附着于阴茎,止于阴茎头的后方。此肌收缩时,使阴茎退缩,将阴茎头隐藏于包皮腔内(图6-1、图6-6)。

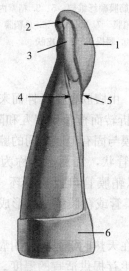

图 6-5 公牛阴茎前端(左侧观)
1. 阴茎头冠 2. 尿道外口 3. 尿道突
4. 龟头缝 5. 阴茎颈 6. 包皮
(引自 Sisson, 1938)

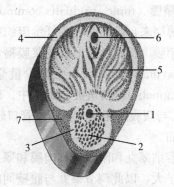

图 6-6 公牛阴茎横断面
1. 尿生殖道 2. 尿道海绵体 3. 尿道白膜 4. 阴茎白膜
5. 阴茎海绵体 6. 阴茎海绵体血管 7. 阴茎筋膜
(引自 Sisson, 1938)

2. 包皮(preputium) 为一长而窄、末端下垂于腹底壁的双层皮肤鞘,其腔为包皮腔,内藏阴茎头。包皮口位于脐部的稍后方,周围有长毛。包皮外层为腹壁皮肤,在包皮口向包皮腔折转,形成包皮内层。两层之间含有前、后两对发达的包皮肌,可将包皮向前和向后牵引。包皮具有容纳、保护阴茎头和配合交配等作用。

五、阴 囊

阴囊(scrotum)为位于两股之间、呈袋状的腹壁囊,内藏睾丸、附睾和部分精索。其上部狭窄称阴囊颈,下面游离称为阴囊底。

阴囊壁的结构与腹壁相似,由外至内依次为阴囊皮肤、肉膜、精索外筋膜、睾提肌、精索内筋膜和鞘膜(分壁层和脏层),精索内筋膜和鞘膜的壁层共同形成总鞘膜,鞘膜的脏层即为固有鞘膜(图6-7)。

1. 阴囊皮肤(cutis scroti) 薄而柔软,具有弹性,表面有短而稀的毛,内含丰富的皮脂腺和汗腺。阴囊表面正中有一条阴囊缝（raphe scroti），将阴囊从外表分为左、右两部分。

2. 肉膜（tunica dartos） 紧贴于皮肤的内面，相当于腹壁的皮下组织，由弹性纤维和平滑肌构成。肉膜在阴囊正中矢面形成阴囊中隔，将阴囊分为左、右互不相通的两个腔。中隔的背侧分为两层，包围阴茎两侧，固定在腹黄筋膜上。

3. 精索外筋膜（fascia spermatica externa）位于肉膜的内面，由腹壁深筋膜和腹外斜肌腱膜延伸而来，以疏松结缔组织将肉膜和总鞘膜连接起来。

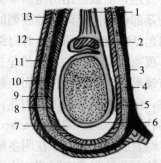

图 6-7 阴囊结构模式图
1. 精索 2. 附睾 3、12. 肉膜 阴囊中隔
4、11. 精索外筋膜鞘纤维层 5、9. 精索内筋膜
6. 固有鞘膜 7. 鞘膜腔 8. 总鞘膜
10. 睾提肌 13. 皮肤

4. 睾提肌（musculus cremaster） 由腹内斜肌延续而来，包在总鞘膜的外侧面和后缘。

5. 总鞘膜（tunica vaginalis communis） 为阴囊的最内层，由腹膜壁层延伸而来，其外表还有一薄层来自腹横筋膜的纤维组织的精索内筋膜。总鞘膜折转而覆盖于睾丸和附睾上，成为固有鞘膜。折转处所形成的浆膜褶，称为睾丸系膜。总鞘膜与固有鞘膜之间的腔隙称为鞘膜腔（cavum vaginalis），内有少量浆液。鞘膜腔上段形成管状，细而窄，称为鞘膜管（canalis vaginalis），精索被包于其中。鞘膜管通过腹股沟管以鞘膜管口或鞘膜环（anulus vaginalis）与腹膜腔相通。当鞘膜管口较大时，小肠可脱入鞘膜管或鞘膜腔内，形成腹股沟疝或阴囊疝。

阴囊容纳睾丸和附睾，其肉膜和睾外提肌在天冷时收缩，在天热时舒张，使阴囊的表面积缩小或扩大，以此调节睾丸与腹壁间的距离，为精子发育和生存提供适宜的温度。

第二节 雌性生殖系统

雌性生殖系统由生殖腺（卵巢）、生殖管（输卵管和子宫）、交配器官及产道（阴道、尿生殖前庭和阴门）等组成（图 6-8、图 6-9）。

一、卵　巢

1. 卵巢的位置和形态 卵巢（ovarium）有一对，以卵巢系膜（mesovarium）悬吊在腹腔的胁襞区，位于骨盆腔前口的两侧、子宫角起始部的上方。未产母牛的卵巢位置较后，常在骨盆腔内。经产多次的母牛，卵巢则位于耻骨前缘的前下方。

卵巢呈扁椭圆形，平均长 4cm、宽 2cm、厚 1cm，重 15～20g，通常右侧比左侧稍大。卵巢前端较窄较厚，为输卵管端；后端较宽较薄，为子宫端。背侧缘为卵巢系膜缘，有卵巢系膜附着。卵巢系膜中部有血管、淋巴管和神经出入卵巢，此处称为卵巢门（hilus ovarii）。腹侧缘为游离缘。卵巢子宫端借卵巢固有韧带（ligametum ovarii proprium）与子宫角相连，输卵管端通过输卵管系膜（mesosalpinx）将卵巢与输卵管包连在一起。卵巢固有韧带与输卵管系膜之间形成宽阔的卵巢囊（bursa ovarica），卵巢藏于其内，有利于排出的卵细胞顺利

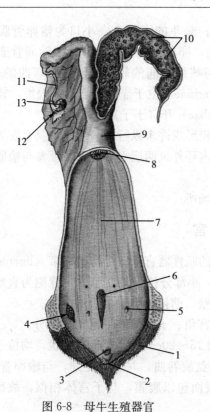
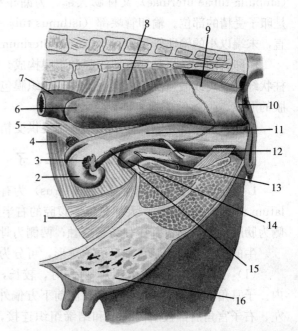

图 6-8 母牛生殖器官
（阴门和右侧的子宫角已切开）
1. 阴唇　2. 腹侧联合　3. 阴蒂头
4. 前庭大腺（切开黏膜后露出）　5. 前庭大腺开口
6. 尿道外口　7. 阴道　8. 子宫颈阴道部　9. 子宫体
10. 子宫肉阜　11. 输卵管　12. 输卵管腹腔口　13. 卵巢
（引自 Sisson，1938）

图 6-9 母牛生殖器官位置关系（左侧观）
1. 左侧腹直肌　2. 子宫角　3. 卵巢　4. 右侧腹内斜肌
5. 右侧子宫阔韧带　6. 乙状结肠　7. 降结肠
8. 直肠系膜　9. 直肠　10. 肛门外括约肌　11. 子宫体
12. 输尿管　13. 膀胱圆韧带　14. 膀胱
15. 左侧子宫阔韧带　16. 乳房
（引自 Sisson，1938）

进入输卵管。

2. 卵巢的结构和功能　卵巢由被膜和实质构成。被膜的外层为浅层上皮（epithelium superficiale），内层为白膜。浅层上皮在胚胎期和年幼期为单层立方上皮，随年龄的增长逐渐变为单层扁平上皮。白膜由致密结缔组织构成。实质分为主质区和血管区。主质区在外，由各级卵泡、黄体和结缔组织组成。成熟的卵泡突出卵巢表面，将卵细胞等排出卵巢。排卵后的成熟卵泡形成黄体。如果排卵后受精，黄体发育增大直到妊娠后期，称为妊娠黄体（真黄体）；如果没有受精，黄体则逐渐退化，称为假黄体。黄体退化后被结缔组织代替，称为白体。髓质在内，由含血管、淋巴管、神经和平滑肌的结缔组织组成。

卵巢的主要功能是产生卵细胞（卵子）和分泌雌性激素。其中，卵子在卵泡中发育成熟并排出，雌性激素由卵泡膜细胞分泌。在妊娠期，卵巢的黄体分泌孕酮。

二、输 卵 管

输卵管（tuba uterina）是一对位于卵巢与子宫之间细长而弯曲的管道。输卵管通过输卵管系膜与卵巢、子宫连接和固定，可分为漏斗部、壶腹部和峡部 3 段。

输卵管漏斗（infundibulum tubae uterinae）为输卵管起始膨大的漏斗。漏斗的边缘有许多不规则的皱褶，称输卵管伞（fimbriae tubae）；漏斗的深处有一小口为输卵管腹腔口（ostium abdominale tubae uterinae），与腹膜腔相通，卵子由此进入输卵管。输卵管壶腹部（ampulla tubae uterinae）又称膨大部，为漏斗部与峡部之间的较长、较粗且弯曲的一段，是卵子受精的部位。输卵管峡部（isthmus tubae uterinae）位于壶腹部之后，较短，较细而直，末端以小的输卵管子宫口（ostium uterinum tubae）开口于子宫。

输卵管的管壁由黏膜、肌织膜和浆膜构成。黏膜形成许多纵行的皱褶，黏膜上皮为单层柱状纤毛上皮或假复层柱状纤毛上皮。肌织膜包括内环外纵两层平滑肌。浆膜参与输卵管系膜的形成。

输卵管的功能是输送卵子和为卵子提供受精的场所。

三、子　宫

1. 子宫的位置和形态　子宫（uterus）为有腔的肌性器官，以子宫阔韧带（ligamentum latum uteri）悬于腰下，大部分位于腹腔的右半部，小部分位于骨盆腔内。背侧为直肠；腹侧为膀胱，并与瘤胃背囊和肠管接触；两侧为骨盆壁。前接输卵管，后通阴道。

牛的子宫属双角子宫，呈绵羊角形，可分为子宫角、子宫体和子宫颈3部分。

（1）子宫角（cornu uteri）　有一对，较长，为15～20cm，呈弯曲圆筒状，均位于腹腔内。子宫角前部分开，每侧子宫角向前下方偏外侧盘旋卷曲，并逐渐变细，与输卵管相接。左、右子宫角后部被肌肉组织和结缔组织连接，表面包以腹膜，与子宫体相似，故称为伪体。两子宫角后端汇合后延为子宫体。

（2）子宫体（corpus uteri）　很短，长仅3～4cm，呈背腹略压扁的圆筒状。小部分位于腹腔，大部分位于骨盆腔，向后延续为子宫颈。

（3）子宫颈（cervix uteri）　为子宫的后部，呈圆筒状，长6～10cm，位于骨盆腔内，前端接子宫体，后端通阴道。子宫颈管壁厚，中央有窄细的管道称为子宫颈管（canalis cervicis uteri）。子宫颈管前端开口于子宫体称为子宫颈内口；后端突入阴道，呈菊花状，称子宫颈阴道部（portio vaginalis uteri），其中央有一口通向阴道，称为子宫颈外口。

2. 子宫的结构和功能　子宫壁由黏膜、肌层和浆膜构成。子宫黏膜即子宫内膜，在子宫角和子宫体，形成纵褶和横褶，并有特殊的卵形隆起，称为子宫阜（carunculae）或子宫子叶，约有100个，为妊娠时胎膜与子宫壁相结合的部位；在子宫颈，黏膜形成纵褶，平时紧闭，不易开张。黏膜上皮为单层柱状上皮或假复层柱状上皮。固有层为胚性结缔组织，含有血管和子宫腺。肌层为平滑肌，由强厚的内环肌和较薄的外纵肌组成，两层肌之间为血管层，含丰富的血管和神经。肌层在怀孕时增生；在分娩时强烈收缩，对分娩有重要作用。子宫颈环肌特别发达，形成子宫颈括约肌，分娩时开张。浆膜即子宫外膜，被覆于子宫表面。在子宫角背侧和子宫体两侧形成浆膜褶，称为子宫阔韧带或子宫系膜，将子宫悬吊于腰下，支持子宫并使之在腹腔内能适当移动。怀孕时子宫阔韧带也随着子宫增大而加长和变厚。在子宫阔韧带的外侧面有一发达的浆膜褶，称为子宫圆韧带（ligamentum teres uteri）。子宫阔韧带内有到卵巢和子宫的血管通过，其中动脉有卵巢子宫动脉、子宫中动脉和子宫后动脉。这些动脉在怀孕时增粗，常通过直肠检查其粗细和脉搏性质的变化以作妊娠诊断。

子宫的主要功能是为胚胎生长发育提供适宜的场所和直接参与胎儿的分娩，这与子宫含有丰富的血管和子宫腺及发达的平滑肌有关。另外，在交配时子宫的收缩还有助于精子向输卵管的运送。

四、阴　道

阴道（vagina）为上下稍扁的肌性管道，长 20～30cm，位于骨盆腔内，背侧为直肠，腹侧为膀胱和尿道，前接子宫颈，后通尿生殖前庭。阴道壁由黏膜、肌织膜和外膜构成。黏膜呈粉红色，较厚，形成许多纵褶。在阴道前端，子宫颈阴道部的周围，形成一个环形隐窝，称为阴道穹隆（fornix vaginae）。由于子宫颈阴道部略斜向后下方，因而环形的阴道穹隆在背侧较深。黏膜上皮大部分为复层扁平上皮（仅前部为单层柱状上皮），适应于交配时的摩擦活动。固有膜为疏松结缔组织，没有腺体。肌织膜为平滑肌，包括内环肌和外纵肌。外膜在前面小部分为浆膜，后面大部分为发达的结缔组织。

阴道是交配器官，也是胎儿分娩的产道。

五、阴道前庭

阴道前庭（vestibulum vaginae）为左右压扁的短管，前接阴道，后连阴门。阴道前庭壁也由黏膜、肌织膜和外膜构成。黏膜呈粉红色，常形成纵褶，但在与阴道交界处的腹侧，则有一横行的小黏膜褶，称为阴瓣（hymen），也称处女膜。在前庭的腹侧壁上，阴瓣的紧后方有尿道外口。在尿道外口下方，尿道的腹侧面有一由黏膜凹陷而形成的盲囊，称为尿道下憩室（diverticulum suburethrale）。因此给母牛导尿时，应注意导尿管不要插入憩室内。黏膜上皮为复层扁平上皮。固有膜为结缔组织，含有前庭小腺和前庭大腺。前者不发达，分布于前庭底壁，腺管数量多，开口于前庭底壁的黏膜。后者发达，约长 3cm，宽 1.5cm，分布于前庭侧壁，2～3 条腺管开口于前庭底壁的小黏膜囊内。肌织膜由平滑肌和横纹肌组成，后者呈环形，称为前庭缩肌（musculus constrictor vestibuli）。外膜为结缔组织。

阴道前庭既是交配器官和产道，又是排尿的通道。前庭腺可分泌黏液，在交配和分娩时分泌增多，有润滑作用；黏液中尚含有特殊气味的物质，以吸引异性。

六、外阴（阴门）

外阴 [pudendum femininus（valvae）] 为泌尿与生殖器官与外界相通的天然孔，位于肛门下方，以短的会阴与肛门隔开。阴门由左、右两阴唇 [labium pudendi（valvae）] 构成。两唇间的裂隙称为阴门裂 [rima pudendi（valvae）]。阴唇厚而钝圆，略有皱纹。在背侧和腹侧互相联合，分别形成阴唇背侧联合和腹侧联合。腹侧联合较锐，其内有一小而略凸的阴蒂（clitoris），为公畜阴茎的同源器官，由海绵体组成。

阴门是交配器官和产道，也是尿液排向体外的出口。

第三篇

脉管系统

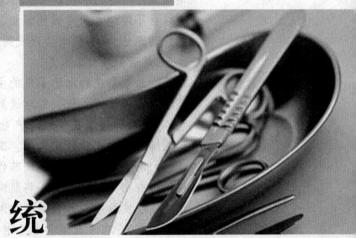

脉管系统是家畜体内运输体液的封闭管道系统，因管道内体液性质不同，可分为运输血液的心血管系统和运输淋巴的淋巴系统。心血管系统的血液在心脏的推动下终生不停地在周身循环流动。淋巴系统是心血管系统的辅助部分，是单程向心回流的管道系统，将体液生成的淋巴，最后汇入心血管系。

心血管系统和淋巴系统的主要功能是运输，通过血液和淋巴将营养物质、氧运送到全身各部组织细胞进行新陈代谢；同时又将其代谢产物，如二氧化碳、尿素等运送到肺、肾和皮肤排出体外。激素也通过血液运送到全身，对机体的生长、发育起调节作用。血液循环在调节体温上也有相当大的作用，将肌肉和内脏等所产生的热运送到皮肤发散。心血管系统和淋巴系统还是体内重要的防卫系统，存在于血液和淋巴组织内的一些细胞和抗体，能吞噬、杀伤、灭活侵入体内的细菌和病毒，并能中和其所产生的毒素。

第七章

牛心血管系统

心血管系统（cardiovascular system）由心脏、动脉、毛细血管和静脉构成，管腔内充满血液。心脏是血液循环的动力器官。动脉（arteria）是将血液由心运输到全身各部的血管。静脉（vena）是将血液由全身各部运输到心脏的血管。毛细血管（vas capillare）是介于小动脉与小静脉之间，与周围组织进行物质交换的微小血管。血液由左心室泵出，经主动脉及其各级动脉分支运输到全身各部，通过毛细血管、静脉回到右心房称体循环（systemic circulation）（亦称大循环）。血液由右心室泵出，经肺动脉、肺毛细血管、肺静脉回到左心房称为肺循环（pulmonary circulation）（亦称小循环）。心血管系统将胃、肠吸收的营养物质和肺吸收的氧气及内分泌细胞分泌的激素输送到全身各部，同时将全身各部的代谢产物输送到肺、肾、皮肤等排出体外，以维持机体新陈代谢的正常进行。心血管系统结构和功能的障碍，均可造成局部或全身机能紊乱，甚至危及生命。近年来研究表明，心脏、血管及血细胞还具有内分泌功能（图7-1）。

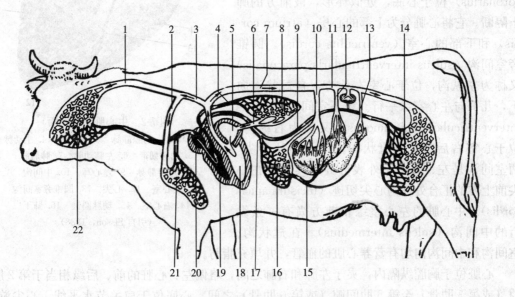

图7-1 成年家畜血液循环模式图
1. 颈总动脉 2. 腋动脉 3. 臂头干 4. 肺干 5. 左心房
6. 肺静脉 7. 胸主动脉 8. 肺毛细血管 9. 后腔静脉
10. 腹腔动脉 11. 腹主动脉 12. 肠系膜前动脉 13. 肠系膜后动脉
14. 骨盆部和后肢的毛细血管 15. 门静脉 16. 肝毛细血管 17. 肝静脉
18. 左心室 19. 右心室 20. 右心房 21. 前肢毛细血管 22. 头颈部毛细血管

第一节 心 脏

(一) 心脏的形态和位置

心脏 (cor) 是畜体内推动血液沿血管循环的中空肌质性器官，呈左、右稍扁的倒圆锥体，外有心包。

心脏的外形可分为心耳、心室、心尖和心底，表面有4条沟（冠状沟、圆锥旁室间沟、窦下室间沟和中间沟）（图7-2、图7-3）。

心底 (basis cordis) 为心脏宽大的上部，与出入心脏的大血管相连，位置较固定。心尖 (apex cordis) 为心的下端尖细部分，游离于心包腔中。心耳面 (facies auricularis) 为心脏朝向左侧胸壁的面，两心耳的尖均朝向该面。心房面 (facies atrialis) 为心脏朝向右侧胸壁的面。右心室缘 (margo ventricularis dexter) 为心脏的前缘，隆凸。左心室缘 (margo ventricularis sinister) 为心脏的后缘，平直。冠状沟 (sulcus coronarius) 位于心底，近似环形，被前方的肺干隔断。它将心脏分为上部的心房 (atrium cordis) 和下部的心室 (ventriculus cordis)。圆锥旁室间沟 (sulcus interventricularis paraconalis) 又称为左纵沟，位于心室左前方，自冠状沟向下，几乎与左心室缘平行。窦下室间沟 (sulcus interventricularis subsinuosus) 又称为右纵沟，位于心室右后方，自冠状沟向下，伸达心尖。两室间沟是左、右心室外表分界，其下端在心尖前上方的汇合处称为心尖切迹 (incisura apicis cordis)。牛心脏的左心室缘稍前方尚有一条纵行的中间沟 (sulcus intermedius)。在冠状沟、室间沟和中间沟内均有营养心脏的血管，并填充脂肪。

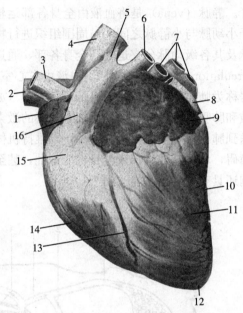

图 7-2 牛心脏（左侧面）
1. 右心耳 2. 前腔静脉 3. 臂头干 4. 主动脉弓
5. 动脉韧带 6. 左肺动脉 7. 肺静脉
8. 左奇静脉 9. 左心耳 10. 中间沟
11. 左心室 12. 心尖 13. 圆锥旁室间沟
14. 右心室 15. 动脉圆锥 16. 肺干
（引自 Sisson，1938）

心脏位于胸腔纵隔内，夹于左肺和右肺之间，略偏左。心脏的前、后缘相当于第2肋间隙（或第3肋骨）至第5肋间隙（或第6肋骨）之间。心底位于肩关节水平线。心尖游离，略偏左，约与第5肋软骨间隙（或第6肋软骨）相对，在最后胸骨节上方1～2cm、膈前2～5cm处。

(二) 心腔的构造

心脏被房间隔 (septum interatriale) 和室间隔 (septum interventriculare) 分为左、右两半，每半又分为上（心房）、下（心室）两部，因此，心腔分为左、右心房和左、右心室。同侧心房与心室经房室口 (ostia atrioventricularia) 相通。房间隔和室间隔均有双层心内膜夹以心肌及结缔组织构成。房间隔薄，近后腔静脉口处有稍凹陷的卵圆窝（fossa ovalis），是胚胎期卵圆孔（foramen ovale）闭合后的遗迹。牛出生后 3~4 周仅有 50% 个体卵圆窝闭合，即使到老龄，仍可能有 16% 闭锁不全，但口很小，仅容探针通过，一般不影响功能。牛的室间隔仅有厚的肌部（pars muscularis），羊、犊牛的室间隔上部有类似犬和兔的膜部（pars membranacea）（图 7-3、图 7-4）。

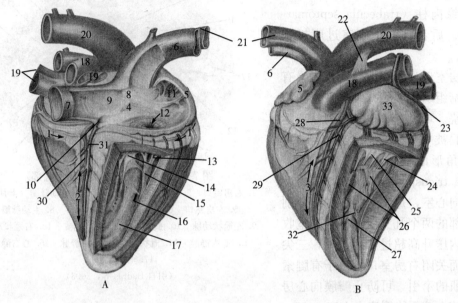

图 7-3　牛心脏及心腔的构造
A. 右侧面（示右心房和右心室内部）　B. 左侧面（示左心室内部）
1. 冠状沟　2. 窦下室间沟　3. 圆锥旁室间沟　4. 腔静脉窦　5. 右心耳　6. 前腔静脉　7. 后腔静脉
8. 静脉间结节　9. 卵圆窝　10. 冠状窦　11. 梳状肌　12. 右房室口　13. 腱索（右）　14. 三尖瓣
15. 乳头肌（右）　16. 隔缘肉柱（右）　17. 右心室　18. 肺干　19. 肺静脉　20. 主动脉
21. 臂头干　22. 动脉韧带　23. 左奇静脉　24. 腱索（左）　25. 二尖瓣　26. 乳头肌（左）
27. 左心室　28. 左冠状动脉　29. 心大静脉　30. 右冠状动脉　31. 心中静脉　32. 隔缘肉柱（左）　33. 左心耳
(引自 Budras 等，2003)

1. 右心房　右心房（atrium dextrum）位于心底右前部，壁薄腔大，由固有心房和腔静脉窦组成，二者之间以前腔静脉与右心房之间的浅沟即界沟为界，内腔面以与界沟相对应处的肌隆起即界嵴为界。

(1) 腔静脉窦（sinus venarum cavarum）　为前、后腔静脉口与右房室口间的空腔，是体循环静脉的入口部，由原始静脉窦发展而成。其背侧壁及后壁有前腔静脉和后腔静脉的开口，两口之间的背侧壁有呈半月形的静脉间结节（tuberculum intervenosum），具有分流前、后腔静脉血，将其导向右房室口，避免互相冲击的作用。在后腔静脉口的腹侧有冠状窦的开口，在后腔静脉口和冠状窦口均有瓣膜，有防止血液倒流的作用。

(2) 固有心房　由原始心房的右部发育而成，其前上部的圆锥形盲囊突出部称为右心耳（auricula dextra），向前绕过主动脉的右前方，其盲尖可达肺干的前方。内腔面有许多起于界嵴的梳状肌（musculi pectinati）。腹侧有右房室口，通心室。

2. 右心室　右心室（ventriculus dexter）位于右心房腹侧，构成心脏的右前部。室腔为略呈尖端向下的锥体形，室底有右房室口和肺干口，室尖不达心尖。右心室被室上嵴分为窦部和动脉圆锥。

(1) 窦部 右心室血液的流入道,从右房室口至右心室尖。室壁有突入室腔的3个锥体形肌束,称为乳头肌;有许多交错排列的肌隆起,称为肉柱;以及一条从心室侧壁横过室腔至室间隔的肌束,称为隔缘肉柱(trabecula septomarginalis)。后者有防止心室过度扩张的作用。

右房室口为卵圆形口,其周缘有致密结缔组织构成的纤维环(三尖瓣环)围绕。环缘有右房室瓣的基部附着,瓣膜被3个深陷的切迹分为3片近似三角形的瓣叶,故又称三尖瓣(valvula tricuspidalis)。三尖瓣的游离缘垂向心室,每片瓣膜以腱索分别连于相邻的两个乳头肌上。当心室收缩使室内压升高超过房内压时,三尖瓣合拢而关闭右房室口,由于有腱索和乳头肌的牵引,可防止瓣膜向心房翻转,使血液不能倒流入心房。

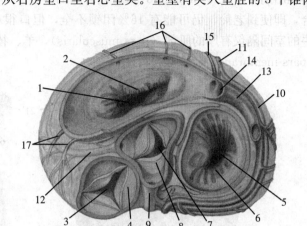

图 7-4 心脏瓣膜及血管(心室底部)
1. 右房室口 2. 三尖瓣 3. 肺干口 4. 肺动脉瓣(半月瓣) 5. 左房室口 6. 二尖瓣 7. 主动脉口 8. 主动脉瓣 9. 左冠状动脉 10. 旋支 11. 窦下室间支 12. 右冠状动脉 13. 心大静脉 14. 冠状窦 15. 心中静脉 16. 心右静脉 17. 心最小静脉
(引自 Budras 等,2003)

(2) 动脉圆锥(conus arteriosus) 为右心室血液的流出道,位于窦部左上方,有肺干口通肺干。肺干口的周缘有纤维环(肺干瓣环)围绕,其环缘有3个袋状的肺动脉瓣附着,又称半月瓣(valvula semilunaris),其袋口朝向肺干,有防止血液返流入心室的作用。

3. 左心房 左心房(atrium sinistrum)位于心底左后部,可分为前、后两部。前部为锥形盲囊,即左心耳(auricula sinistra),突向左前方,抵达肺干后方,其内腔面亦有梳状肌。后部较大,腔面光滑,后背侧壁有6个肺静脉口,腹侧有左房室口通左心室。

4. 左心室 左心室(ventriculus sinister)位于左心房的腹侧,形似细长圆锥体,室底朝上,有主动脉口和左房室口,室尖构成心尖。室腔以二尖瓣的隔(尖)瓣分为窦部和主动脉前庭。

(1) 窦部 左心室血液流入道。入口为左房室口,周缘有纤维环(二尖瓣环),环缘附有左房室瓣,又称为二尖瓣(valvula bicuspidalis)。瓣的游离缘亦有腱索与乳头肌相连,其功能同三尖瓣。窦部内腔面除有乳头肌外,亦有肉柱及较粗的左隔缘肉柱。

(2) 主动脉前庭 左心室血液的流出道。腔面光滑无肉柱,出口为主动脉口。口周缘有主动脉环围绕,环缘有3个袋状的主动脉瓣,其结构、功能与肺动脉瓣相似。主动脉瓣与膨大的动脉管壁间形成主动脉窦,其中主动脉左、右窦分别有左、右冠状动脉的开口。在主动脉环内有左、右两块心骨(ossa cordis)。右侧心骨较大,长为5~6cm;左侧心骨小,长约2cm。

(三) 心壁

心壁由心内膜、心肌和心外膜构成。

1. 心内膜（endocardium） 被覆于心腔内面的一层光滑薄膜，与血管的内膜相延续。其深面有血管、淋巴管、神经和心脏传导系的分支。在房室口和动脉口处，心内膜折叠成双层结构的瓣膜，两层间有结缔组织。瓣膜的结缔组织分别与纤维环及腱索相连。

2. 心肌（myocardium） 由心肌纤维构成，是心壁的最厚一层。它被房室口的纤维环分隔为心房肌和心室肌两个独立的肌系，因此心房和心室可在不同时期内收缩和舒张。

心房肌薄，可分浅、深两层。浅层为环绕左、右心房的横行肌束，有些纤维深入房间隔中，形成∞形的纤维袢。深层为各心房所固有，肌纤维呈袢状或环状。袢状纤维起于纤维环，纵绕心房止于纤维环；环状纤维包绕于心耳和静脉口周围。

心室肌厚，左心室壁最厚，约为右心室壁的3倍。心室肌大致可分为3层。浅层纤维分别起于左、右房室口的纤维环，斜向下至心尖，并呈8字形旋转形成心涡。深层为心涡处浅层向上的延续，经室间隔升达对侧的乳头肌。中层纤维亦起于房室口的纤维环，纤维呈旋转状分布于浅、深两层之间，终止于同侧的纤维环和室间隔，或对侧的纤维环。前者纤维为各心室所固有，后者纤维为两心室所共有。

3. 心外膜（epicardium） 即心包脏层，为覆盖心表面的浆膜，由间皮及薄层结缔组织构成。其深面分布有血管、神经、淋巴管等。

（四）心脏的传导系

心脏的传导系是维持心脏自动而有节律性搏动的结构。系特殊分化的心肌纤维，由结纤维和浦肯野纤维组成，包括窦房结、房室结、房室束和浦肯野纤维丛（图7-5）。

1. 窦房结（nodus sinuatrialis） 位于界沟处的心外膜下，由薄而分支的结纤维网织而成，与心房肌纤维相联系。

2. 房室结（nodus atrioventricularis） 位于房间隔右心房面的心内膜下，冠状窦口的前下方，由排列不规则的小分支状的结细胞构成，与心房肌纤维和房室束相联系。

3. 房室束（fasciculus atrioventricularis.） 由粗大的浦肯野纤维构成，是房室结向下的直接延续。房室束的起始部称为干（truncus），下为脚（crus），后者在室间隔上部分为较粗的左脚（crus sinistrum）和较细的右脚（crus dextrum），沿室间隔两侧的心内膜下向下伸延，并转折到心室侧壁，此外，尚有分支经隔缘肉柱到心室侧壁。以上分支在心内膜下分散为浦肯野纤维丛，与心肌纤维相延续。

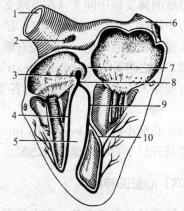

图7-5 心脏的传导系示意图
1. 前腔静脉 2. 窦房结 3. 房室结 4. 右脚
5. 室间隔 6. 后腔静脉 7. 房间隔
8. 房室束 9. 左脚 10. 隔缘肉柱

一般认为窦房结兴奋最高，能产生节律性兴奋，传至心房肌，引起心房收缩，并经心房肌传至房室结，再经干和左、右脚，以及浦肯野纤维丛传至心室肌，引起心室收缩。

(五) 心脏的血管

心脏的动脉为冠状动脉，静脉属心静脉系统（图7-4）。

1. 冠状动脉 分为左冠状动脉和右冠状动脉两支。

（1）左冠状动脉（a. coronaria sinistra） 粗大，起于主动脉根部的左后窦，从左心耳与动脉圆锥间穿出至冠状沟，分出圆锥旁室间支后延续为旋支。圆锥旁室间支循同名沟向下达心尖，沿途发出侧支分布心室、室间隔。旋支呈波状，沿冠状沟后伸，有的个体并绕至心右侧面转折向下，移行为窦下室间支，有的个体仅伸达冠状窦附近。旋支沿途发出侧支，其中位于中间沟内的中间支（左室缘支）较粗长。

（2）右冠状动脉（a. coronaria dextra） 较细，呈波状，起于主动脉根部的前窦，从肺干和右心耳间穿出入冠状沟，再循窦下室间沟向下延续为窦下室间支，但有的个体仅达冠状窦附近。

2. 心脏静脉（v. cordis） 心脏静脉血经3条途径回心，包括冠状窦（属支有心大静脉、心中静脉）、心右静脉和心最小静脉。

（1）冠状窦（sinus coronarius） 位于冠状沟内，右心房与右心室之间，近窦下室间沟处，开口于右心房，其主要属支为心大静脉和心中静脉。

心大静脉（v. cordis magna）：粗大，起于心尖的前部，在圆锥旁室间沟内与左冠状动脉的锥旁室间支伴行向上，在左心耳深面转折向后，于冠状沟内与旋支伴行，注入冠状窦。心大静脉的属支以中间支（左室缘支）为最粗大。

心中静脉（v. cordis media）：起于心尖的后部，在窦下室间沟内与窦下室间支伴行，向上注入冠状窦的腹外侧，入口处有瓣膜。有时，心中静脉可直接开口于右心房。

（2）心右静脉（vv. cordis dextrae） 常为数支短小的静脉，从右心室上升，越过冠状沟，直接注入右心房。有时以上各支汇合成一支心右静脉，注入冠状窦口稍前方处的右心房。

（3）心最小静脉（vv. cordis minimae） 行于心肌内的小静脉，直接开口于各心腔，或者主要是开口于右心房梳状肌之间。

（六）心脏的神经

心脏的神经起于心丛，它由迷走神经心支和交感神经的颈心神经和胸心神经组成。心支和心神经均含有传出纤维和传入纤维。

交感神经的传出纤维分布于窦房结、房室结、心房和心室肌、冠状动脉等。交感神经兴奋可加速窦房结兴奋性增强，可加快房室传导及增强心肌的收缩力等，从而使心搏加快，每搏输出量增加，血压上升和冠状动脉舒张，所以交感神经称为心兴奋神经。交感神经的传入纤维传导痛觉。

副交感神经的传出纤维来自迷走神经背核及疑核，在心丛或心壁内的神经节换元，节后纤维分布到窦房结、房室结、心房和心室肌、冠状动脉等。副交感神经的作用与交感神经相反，可使心搏变慢，冠状动脉收缩等，因此又称心抑制神经。副交感神经的传入纤维传导压力和牵张感觉，经迷走神经至延髓的弧束核。

(七)心包

心包(pericardium)是包绕心周围的锥体形纤维浆膜囊。分内、外两层,外层称为纤维心包,内层称为浆膜心包。

1. 纤维心包(pericardium fibrosum) 为坚韧的结缔组织囊,上与大血管的结缔组织相连,下以两条胸骨心包韧带与胸骨相连。纤维心包外覆盖有纵隔胸膜。

2. 浆膜心包(pericardium serosum) 分为壁层和脏层。壁层贴于纤维心包内面,在心底大血管根部移行为脏层;脏层为覆盖于心脏和大血管根部表面的浆膜,心脏表面的浆膜即心外膜。壁层与脏层的腔隙即心包腔,内有少量澄清微黄色的浆液。心包有维持心脏位置和减少与相邻器官间摩擦的功能,并可作为一个屏障使周围感染不致蔓延到心脏(图7-6)。

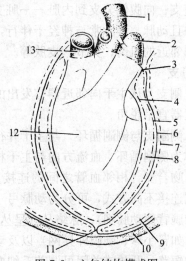

图7-6 心包结构模式图
1. 主动脉 2. 肺干 3. 心包壁层与脏层转折处
4. 心外膜 5. 心包浆膜壁层 6. 纤维膜
7. 心包胸膜 8. 心包腔 9. 肋胸膜
10. 胸壁 11. 胸骨心包韧带
12. 右心室 13. 前腔静脉

第二节 肺循环

一、肺循环的动脉

1. 肺干(truncus pulmonalis) 位于心包内的粗短动脉干。起于右心室的肺干口,在升主动脉左侧、左心耳和右心耳间向后上方延伸,于心底后上方分为左、右肺动脉。肺干起始处内腔稍膨大,称为肺干窦。肺干与主动脉间以一条短的动脉韧带相连,是胚胎期动脉导管的遗迹。

2. 右肺动脉(a. pulmonalis dextra) 从右肺门处入肺,分前叶支、中叶支和后叶支。前叶支又分为升支和降支,分布右肺前叶的前部和后部;中叶支分布到右肺中叶;后叶支除分布到右肺后叶外,又分出副叶支,分布到副叶。

3. 左肺动脉(a. pulmonalis sinistra) 从左肺门入肺,分为前叶支(又分为两独立的升支和降支)和后叶支,分布到左肺的前叶(前部和后部)和后叶。

二、肺循环的静脉

肺静脉(venae pulmonalis)起于肺毛细血管,汇集形成右肺前叶静脉、中叶静脉、后叶静脉、副叶支,左肺前叶静脉和后叶静脉等6支,均从肺门处出肺,注入左心房。

第三节 体循环

一、血管分布的一般规律

1. 主干 躯体血管主干位于脊柱腹侧且与之平行。并向左、右对称地发出分支到体壁——壁支；向腹侧分支到内脏——脏支。四肢主干位于内侧及关节的屈面，由近端向远端延伸，并且动脉、静脉常与神经干伴行，共同被结缔组织鞘包绕，形成血管神经束。主干发出侧支到邻近的肌肉、关节、皮肤等。

2. 分支

（1）侧支　从主干向邻近器官发出的分支。其角度因器官距离不同而异，附近器官呈直角，较远器官呈锐角。

（2）侧副支与侧副循环　与主干并行的侧支称为侧副支。侧副支常互相吻合，或与主干吻合，称为侧副循环。血流方向与主干相反的侧副支称为返支。

（3）吻合支　相邻血管之间的连接支称为吻合支。如主干阻塞时，吻合支可代偿性供血。根据连接不同方式，可分为动脉弓（交通支呈弓状，如空肠动脉弓）、动脉网（呈网状吻合，如腕背侧动脉网）、脉络丛（呈丛状吻合，如脑室的脉络丛）、异网（两端均为动脉的动脉网，如肾小球、硬膜外异网）以及动静脉吻合（小动脉与小静脉直接相连的支，为动、静脉间的短路，开放或关闭可调节毛细血管的血流量）等。

（4）终支　无交通支与邻近血管相连的血管称为终支，如肾的小叶间动脉。

（5）浅静脉与深静脉　浅静脉位于皮下，又称皮下静脉，体表可见，常用来采血、放血或静脉注射。深静脉与同名动脉伴行，但静脉管腔大、管壁薄，放血后常呈塌陷状态，有时一支中等动脉常有两支静脉伴行。

二、体循环的动脉

体循环的动脉主干为主动脉（aorta），由左心室的主动脉口发出，先向上，再向后弯曲，然后沿脊柱腹侧向后，至第5腰椎处分为左、右髂外动脉，左、右髂内动脉及荐中动脉。主动脉行程可分为升主动脉、主动脉弓和降主动脉。降主动脉以膈的主动脉裂孔为界，分为胸主动脉和腹主动脉（图7-7）。

（一）升主动脉及其分支

升主动脉（aorta ascendens）短，起始处稍膨大称为主动脉球（bulbus aortae），其内腔面与主动脉瓣间形成主动脉窦（sinus aortae），升主动脉在肺干和左、右心房间上升，出心包延伸为主动脉弓。升主动脉的分支左、右冠状动脉（参见心脏的血管）分别起始于左后窦和前窦。

（二）主动脉弓及其分支

主动脉弓（arcus aortae）为升主动脉的延续，出心包后向后上方弯曲，至第5胸椎腹侧，延续为胸主动脉。在壁内有压力感受器，近旁有主动脉旁体。

主动脉弓从凸面向前分出粗大的臂头干。臂头干（truncus brachiocephalicus）沿气管腹侧前行，于第1肋骨处分出左锁骨下动脉，于胸前口处分出双颈干后，延续为右锁骨下动脉。

1. 双颈干及其分支　双颈干（truncus bicaroticus）为头颈部的动脉总干，短而粗，于胸前口分为左、右颈总动脉（图7-7）。

颈总动脉（arteria carotis communis）（图7-8）位于颈静脉沟深部，与颈内静脉、迷走

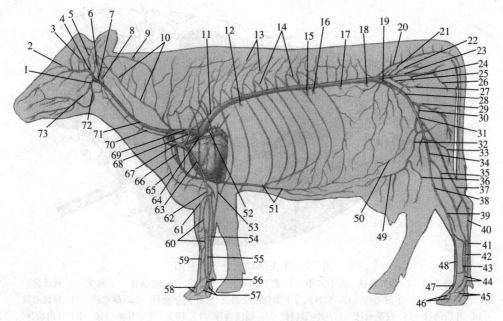

图 7-7 牛体循环主要动脉

1. 舌面干 2. 泪腺动脉 3. 视网膜动脉 4. 上颌动脉 5. 颞浅动脉 6. 耳后动脉 7. 颈内动脉 8. 枕动脉 9. 颈深动脉 10. 椎动脉 11. 主动脉 12. 支气管食管动脉 13. 肋间背侧动脉背侧支 14. 肋间背侧动脉腹侧支 15. 腹腔动脉 16. 肠系膜前动脉 17. 肾动脉 18. 肠系膜后动脉 19. 旋髂深动脉 20. 荐正中动脉 21. 髂腰动脉 22. 臀前动脉 23. 髂内动脉 24. 阴道动脉 25. 脐动脉 26. 阴蒂动脉 27. 子宫动脉 28. 髂外动脉 29. 股深动脉 30. 阴部腹壁干 31. 股动脉 32. 阴部外动脉 33. 股后动脉 34. 腘动脉 35. 胫后动脉 36. 乳房后动脉 37. 隐动脉 38. 胫前动脉 39. 足背侧动脉 40. 足底内侧动脉 41. 足底中动脉 42. 足底外侧动脉 43. 足底第 2、3、4 总动脉 44. 跖侧总动脉 45. 趾侧背侧固有动脉 46. 趾背侧固有动脉 47. 跖侧总动脉 48. 跖背侧第 3 动脉 49. 乳房前动脉 50. 腹壁后动脉 51. 腹壁前动脉 52. 肺干 53. 尺侧副动脉 54. 骨间后动脉 55. 正中动脉 56. 指掌侧第 2、3、4 总动脉 57. 指掌侧固有动脉 58. 指侧固有动脉 59. 指背侧第 3 总动脉 60. 桡动脉 61. 骨间前动脉 62. 正中动脉 63. 臂动脉 64. 胸背动脉 65. 胸廓外动脉 66. 胸廓内动脉 67. 腋动脉 68. 肩胛下动脉 69. 臂头干 70. 颈浅动脉 71. 颈总动脉 72. 面动脉 73. 舌动脉

(引自 McCracken 等，1999)

交感干共同形成神经血管束，沿食管的左侧和气管的右侧向前延伸，沿途发出侧支，分布到颈部肌肉、皮肤、食管、气管、喉、甲状腺及扁桃体等。颈总动脉在伸达寰枕关节腹侧，分出颈内动脉和枕动脉后，延续为颈外动脉。颈总动脉末端外有颈动脉窦和颈动脉球。颈动脉窦为颈总动脉末端分叉处的膨大部，窦壁外膜下有丰富的游离神经末梢，为血液的压力感受器；颈动脉球为颈总动脉末端分叉处或附近的不甚明显的小体，有结缔组织与颈总动脉相连，为血液的化学感受器。

(1) 枕动脉（a. occipitalis） 起于颈动脉窦背侧的细支。主干向上伸延，沿途发出侧支，分布到寰枕关节处的肌肉和皮肤、咽部和软腭、中耳、脑膜外，最后延续为髁动脉，经舌下神经孔入颅腔，参与构成硬膜外后异网。

(2) 颈内动脉（a. carotis interna） 仅犊牛存在，起于颈动脉窦背侧，枕动脉起始处的后方，由颈静脉孔入颅腔，分布于脑。成年牛退化为一小的索带，其功能由颈外动脉分

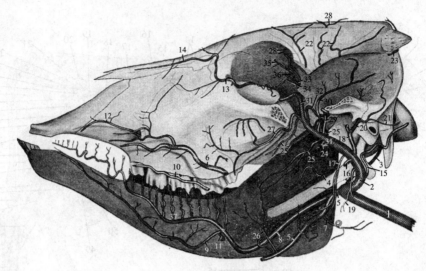

图 7-8　牛头部动脉分支示意图
1. 颈总动脉　2. 颈外动脉　3. 枕动脉　4. 腭升动脉　5. 舌面干　6. 面动脉　7. 腺支　8. 舌动脉
9. 舌下动脉　10. 下唇动脉　11. 至右侧舌下动脉的交通支　12. 眶下动脉　13. 颧动脉　14. 鼻背动脉
15. 耳后动脉　16. 咬肌动脉　17. 翼肌动脉　18. 颞浅动脉　19. 腭支　20. 耳前动脉　21. 耳内动脉
22. 颞浅动脉额支　23. 角动脉　24. 下颌齿槽动脉　25. 上颌动脉和颊动脉的翼肌支
26. 面动脉的翼肌支　27. 颊动脉　28. 眶上动脉　29. 颞深后动脉　30. 颞深前动脉的颞肌支
31. 上颌动脉　32. 上颌动脉至硬膜外前异网前支　33. 眼外动脉　34. 睫状后长动脉
35. 筛外动脉　36. 眼异网　37. 舌背支

(引自 Popesko, 1979)

支代替。

（3）颈外动脉（a. carotis externa）　粗大的头部动脉主干，是颈总动脉直接延续，向前上方伸延，在颞下颌关节处分出颞浅动脉后，移行为上颌动脉。颈外动脉的主要分支有：

1）舌面干（truncus linguofacialis）　由颈外动脉起始处腹侧分出，经二腹肌前缘向前下方，分为舌动脉和面动脉。羊无面动脉，因此无舌面干，舌动脉直接起于颈外动脉。

舌动脉（a. lingualis）：舌面干走向舌根的分支，分出舌下动脉后延续为舌深动脉。舌下动脉（a. sublingualis）沿舌下腺与下颌舌骨肌间向前，分布于舌腹侧肌和舌下腺；舌深动脉（a. profunda linguae）在舌骨舌肌与颏舌肌之间向前伸达舌尖，并向背侧分出许多舌背侧支。分布于舌肌。

面动脉（a. facialis）：在二腹肌与翼肌间向前下方延伸，绕过下颌骨的面血管切迹，沿咬肌前缘与面静脉伴行向上，除分出腺支到下颌腺外，在面部的主要分支有：①颏下动脉（a. submentalis），面动脉于面血管切迹处向前分出的小支，沿下颌骨体腹缘向前伸达颏部，与颏动脉吻合。②下唇动脉（a. labialis inferior），一般有两支。下支又称下唇浅动脉，较小，沿下唇降肌前伸，分布于该肌；上支又称下唇深动脉，在下唇浅动脉稍上方起于面动脉，沿颊肌深面前行，分布于颊肌、颊腺、下唇。③上唇动脉（a. labialis superior），在面结节处由面动脉分出，在颊肌背侧的深面向前，沿上唇提肌腹侧缘伸达上唇。④口角动脉（a. angularis oris），与上唇动脉以同一总干起于面动脉，伸向口角。⑤眼角支（ramus angularis oculi），面动脉伸向眼角的短小终末分支。⑥鼻外侧前支（ramus lateralis nasi rostralis），面动脉伸向鼻外侧前部的细小终末分支，与眶下动脉分支吻合。

2）耳后动脉（a. auricularis caudalis） 起于颈外动脉中部后缘，于腮腺深面伸向耳廓基部。分支到腮腺（腮腺支）、中耳鼓室（茎乳动脉）、耳廓内面（耳深动脉）、耳廓外侧面（耳外侧支、耳中间内侧支、耳中间外侧支）等，其中分布于耳廓外侧面前、中、后3支动脉于耳尖处互相吻合，与动脉伴行的耳静脉临床上常由此采血或输液，同时亦是针灸穴位之一。

3）咬肌支（ramus massetericus） 在耳后动脉起点相对处由颈外动脉分出，分布于咬肌。

4）颞浅动脉（a. temporalis superficialis） 在颞下颌关节腹侧面由颈外动脉分出，主干在腮腺深面向上延伸，其主要分支有4支：

面横动脉（a. transversa faciei）：在颞浅动脉起始处分出，伴随同名静脉和颞浅神经，经腮腺淋巴结深面伸达咬肌表面，位置较浅。分布于咬肌、腮腺和腮腺淋巴结。

耳前动脉（a. auricularis rostralis）：在颞下颌关节上方起于颞浅动脉，分支到耳前部肌肉和皮肤，并分出脑膜支到脑硬膜，其延续干称为耳内侧支。

角动脉（a. cornualis）：可视为颞浅动脉的延续支，向上沿额骨的颞线走向耳根，分支到角真皮和角突。

上睑外侧动脉（a. palpebralis superior lateralis）、下睑外侧动脉（a. palpebralis inferior lateralis）、泪腺支（ramus lacrimalis）：均为颞浅动脉向眼外角分支，分别分布于眼外角上、下眼睑和泪腺。

5）上颌动脉（a. maxillaris） 颈外动脉分出颞浅动脉后的直接延续，在下颌支和翼内侧肌间伸至翼腭窝处，分为眶下动脉和腭降动脉。其分支有11支：

翼肌支（ramus pterygoideus）：分支翼肌后部。

下齿槽动脉（a. alveolaris inferior）：与同名静脉及同名神经一起从下颌孔进入下颌管，出颏孔后延续为颏动脉（a. mentalis）。沿途发出下颌舌骨肌支、齿支。分布于翼肌（肌支）、下颌臼和前臼齿、下颌骨、切齿、犬齿、颏部及下唇部。

颞深后动脉（a. temporalis profunda caudalis）：在下齿槽动脉起点处的前方起于上颌动脉的背缘，走向背侧分支到颞肌。在下颌切迹处并分出咬肌动脉（a. masseterica）到咬肌。

颊动脉（a. buccalis）：分支到翼肌、咬肌、颊肌、颊腺外，还分出一支颞深前动脉（a. temporalis profunda rostralis）到颞肌。

（至）硬膜外前异网后支（ramus caudalis ad rete mirabile epidurale rostrale）、（至）硬膜外前异网前支（rami rostrales ad rete mirabile epidurale rostrale）：前者经卵圆孔入颅腔，后者常有5～12支，经眶圆孔入颅腔，吻合形成硬膜外前异网。硬膜外前、后异网有吻合支互相连续。

眼外动脉（a. ophthalmica externa）：于眶骨膜内，形成眼异网后，分出眶上动脉、泪腺动脉及睫状后动脉等。

眶上动脉（a. supraorbitalis）：主干经眶上管到额窦、额部皮肤、额肌等。并分出筛外动脉和结膜动脉（分布到眼结膜）。筛外动脉经筛孔入颅腔，再经筛板小孔入鼻腔，分布到筛鼻甲、鼻中隔后部和上鼻甲。

泪腺动脉（a. lacrimalis）：分布到泪腺。

睫状后长动脉（aa. ciliares posteriores longae）：又分为视网膜中央动脉、睫状后短动脉和巩膜外动脉。其中，视网膜中央动脉沿视神经至视神经乳头，分布于视网膜。

颧动脉（a. malaris）：常与眶下动脉合起于上颌动脉。由眼内角穿出，分为第3眼睑动脉、眼角动脉、鼻外侧动脉和鼻背动脉。分布到第3眼睑、眼内角、鼻外侧后部及鼻背。

眶下动脉（a. infraorbitalis）：上颌动脉的终末分支之一。经上颌孔入眶下管，在管内发出齿支到上颊齿。出眶下孔分布到鼻唇部。

6）腭降动脉（a. palatina descendens） 上颌动脉终末分支之一。粗大，在翼腭窝内与翼腭神经伴行，分出蝶腭动脉和腭小动脉后，移行为腭大动脉。

蝶腭动脉（a. sphenopalatina）：经蝶腭孔入鼻腔，分布到鼻腔黏膜。

腭小动脉（a. palatina minor）：小，分布到软腭。

腭大动脉（a. palatina major）：粗大，可视作腭降动脉的延续支。穿过腭大管出腭大孔，在硬腭黏膜深面、腭大沟内向前伸延，到腭裂附近，与对侧同名动脉吻合，分布于硬腭，并经腭裂入鼻腔，分布于鼻黏膜前部。

2. 锁骨下动脉及其延续干 锁骨下动脉（arteria subclavia）从第1肋骨前缘、斜角肌间穿出胸腔，延续为前肢动脉（图7-7、彩图1~6）的主干，按部位依次为腋动脉、臂动脉、正中动脉、指掌侧第3总动脉及第3、4掌轴侧固有动脉。

（1）锁骨下动脉在胸腔内的分支

1）肋颈干（truncus costocervicalis） 起于锁骨下动脉起始处背侧，在第1肋骨与颈长肌间向前上方伸延，相继分出肋间最上动脉、肩胛背侧动脉、颈深动脉后，延续为椎动脉。

肋间最上动脉（a. intercostalis suprema）：在胸椎与颈长肌间的沟中向后伸延，沿途分支形成1~3对肋间背侧动脉。分布于第1、2、3肋间的肌肉和皮肤。

肩胛背侧动脉（a. scapularis dorsalis）：从第2肋间穿出胸腔，分布于鬐甲部肌肉和皮肤。

颈深动脉（a. cervicalis profunda）：经第1肋前缘出胸腔，于头半棘肌与项韧带间前行。分布于颈背侧肌肉、皮肤。

椎动脉（a. vertebralis）：与同名静脉、神经伴行，从后向前穿过各颈椎横突孔，沿途分出肌支到颈部肌肉，分出脊髓支入椎管，前有与枕动脉吻合支，以及入颅腔，参与形成硬膜外后异网。

2）颈浅动脉（a. cerviclis superficialis） 锁骨下动脉于胸前口处向前的分支，分布于肩关节前方肌肉及颈浅淋巴结等。

3）胸廓内动脉（a. thoracica interna） 锁骨下动脉于第1肋内面向后的分支。沿胸骨背侧向后延伸，至第7肋软骨间隙处分为肌膈动脉和腹壁前动脉，沿途发出肋间腹侧支、心包膈动脉、胸腺支、纵隔支、穿支、胸骨支等侧支。分布到肋间隙、心包、胸腺、纵隔、胸骨等。

肌膈动脉（a. musculophrenica）：沿膈附着缘向后上方延伸，发出分支到膈和腹横肌，亦发出肋间腹侧支。

腹壁前动脉（a. epigastrica cranialis）：胸廓内动脉穿过膈的延续支，分出浅支——腹壁前浅动脉，分别沿腹直肌深面和浅面向后伸达脐部，与腹壁后动脉及腹壁后浅动脉吻合。

（2）腋动脉（a. axillaris） 锁骨下动脉出胸腔后的直接延续，位于肩内侧，分出旋肱前动脉后延续为臂动脉。主要分支有4支：

1）胸廓外动脉（a. thoracica externa） 在第 1 肋前缘由腋动脉分出，沿胸外侧沟分布，分支到胸肌、臂头肌、臂二头肌及三角肌。

2）肩胛上动脉（a. suprascapularis） 在肩关节上方起于腋动脉，与同名静脉、神经一起，从冈上肌和肩胛下肌间穿到肩胛骨外侧，分支到冈上肌、肩胛下肌等。

3）肩胛下动脉（a. subscapularis） 于肩关节后方起于腋动脉，分为 3 支：

胸背动脉（a. thoracodorsalis）：沿背阔肌深面向后上方延伸，分支到背阔肌、大圆肌、臂三头肌长头、胸深肌等。

旋肱后动脉（a. circumflexa humeri caudalis）：位于肩关节后方，伴随腋神经进入肩胛下肌和大圆肌之间，走向外侧达三角肌深面。在冈下肌、臂三头肌长头和外侧头之间，分为升支和降支。升支分布到肩关节、三角肌、臂三头肌、小圆肌、冈下肌，并有分支与旋肱前动脉吻合。降支又称桡侧副动脉（a. collateralis radialis），是旋肱后动脉的延续干。沿臂肌和臂三头肌长头之间，伴随桡神经向下至腕桡侧伸肌深面，发出侧支到臂三头肌、臂肌、肘肌、腕桡侧伸肌、肱骨和肘关节外，主干向下延续为前臂浅前动脉。前臂浅前动脉（a. antebrachialis superficialis cranialis）细长，伴随桡神经浅支沿腕桡侧伸肌表面向下，至掌背侧下 1/3 处分为指背侧第 2、3 总动脉（aa. digitales dorsales communes Ⅱ etⅢ），延伸为指背侧固有动脉（aa. digitales dorsales prepriae）。

旋肩胛动脉（a. circumflexa scapulae）：在肩关节上方由肩胛下动脉分出，分为内、外两支，分支到肩胛骨内侧与外侧肌肉。

4）旋肱前动脉（a. circumflexa humeri cranialis） 由腋动脉向前发出的分支，穿过喙臂肌和臂二头肌，在外侧与旋肱后动脉吻合。

（3）臂动脉（a. brachialis） 在喙臂肌、臂二头肌后缘、肱骨内侧下行，分出骨间总动脉后延续为正中动脉。主要分支有：

1）臂深动脉（a. profunda brachii） 在臂中部由臂动脉分出，分数支到臂三头肌、肘肌、臂肌和前臂筋膜张肌。

2）尺侧副动脉（a. collateralis ulnaris） 在臂部内侧下 1/3 处由臂动脉分出，向后下方，与同名静脉及尺神经伴行于尺沟内，发出分支到肘关节（肘关节网）、腕尺侧屈肌、指浅屈肌和指深屈肌等，主干在腕关节上方与骨间前动脉的骨间支相吻合，分出腕背侧支，参与形成腕背网外，并沿掌骨背外侧下行，称为指背侧第 4 总动脉（a. digitalis dorsalis communis Ⅳ），向下延续为第 4 指背远轴侧固有动脉。在腕关节掌侧分出腕掌侧支，参与构成掌深弓。

3）二头肌动脉（a. bicipitalis） 入臂二头肌的肌支，还分布到大圆肌、胸深肌、喙臂肌。

4）肘横动脉（a. transversa cubiti） 肘关节上方由臂动脉向前发出的分支。分布到臂肌、臂二头肌、腕桡侧伸肌和指总伸肌等。

5）骨间总动脉（a. interossea communis） 在前臂近端由臂动脉发出的侧支。分出骨间后动脉后，主干入前臂近骨间隙，延续为骨间前动脉。

骨间后动脉（a. interossea caudalis）：分支到指浅屈肌和指深屈肌。

骨间前动脉（a. interossea cranialis）：分出骨间返动脉（a. recurrens interossea）后，主干在前臂远端分为腕背侧支和骨间支。腕背侧支（ramus carpeus dorsalis）参与形成腕背网。骨间支（ramus interosseus）穿过前臂远骨间隙，分出腕掌侧支后延续为掌侧支。掌侧支又分为浅支和深支，浅支向下与正中动脉、桡动脉的掌浅支吻合形成掌浅弓；深支在腕后与桡动脉吻合形成掌深弓。

（4）正中动脉（a. mediana） 为臂动脉的直接延续，沿正中沟与同名静脉、神经伴行，到掌远端与骨间前动脉骨间支的浅支、桡动脉掌浅支共同形成掌浅弓。主要分支如下：

1）前臂深动脉（a. profunda antebrachii） 在前臂近端处由正中动脉发出，分支到腕桡侧屈肌、腕尺侧屈肌、指浅屈肌、指深屈肌。

2）桡动脉（a. radialis） 在前臂中部从正中动脉分出，沿桡骨与腕桡侧屈肌之间向下伸延，主要分支有：

腕背侧支（ramus carpeus dorsalis）：在腕关节上方向背侧的分支，参与构成腕背网。

腕掌侧支（ramus carpeus palmaris）：分支到腕关节掌侧，其掌深支并参与形成掌深弓。

掌浅支（ramus palmaris superficialis）：桡动脉分出腕掌侧支后向下的延续，参与构成掌浅弓。

3）腕背网（rete carpi dorsale） 由尺侧副动脉的腕背侧支、骨间前动脉的腕背侧支、桡动脉的腕背侧支吻合而成。并向下发出掌背侧第3动脉，沿掌骨的背侧纵沟延伸，至沟远端与指背侧第3总动脉吻合。

4）掌深弓（arcus palmaris profundus） 由骨间前动脉骨间支的掌侧深支、桡动脉掌深支以及尺侧副动脉的掌侧支吻合而成，位于悬韧带与掌骨之间。由掌深弓发出掌心第2、3、4动脉，于掌远侧互相吻合，并发出远穿支与掌浅弓相接。

5）掌浅弓（arcus palmaris superficialis） 由骨间前动脉骨间支的浅支，桡动脉的掌浅支及正中动脉延续干在系关节上方吻合而成，从掌浅弓发出指掌侧第2、3、4总动脉。向指部形成指固有动脉。

（5）指掌侧第3总动脉（a. digitalis palmaris communis Ⅲ） 粗大，可视为正中动脉的延续干，向指部延伸为第3、4指掌轴侧固有动脉（aa. digitales palmares propriae Ⅲ et Ⅳ axiales）。

（三）胸主动脉及其分支

胸主动脉（aorta thoracica）为胸部的粗大动脉主干，为主动脉弓的直接延续。沿胸椎椎体腹侧稍偏左向后延伸，穿经膈的主动脉裂孔后延续为腹主动脉。侧支分为壁支和脏支。壁支为成对的肋间背侧动脉、肋腹背侧动脉；脏支为支气管食管动脉（图7-7、彩图1）。

1. 肋间背侧动脉（aa. intercostales dorsales） 起于胸主动脉背侧的成对侧支，共12对，前3对由肋颈干的最上肋间动脉分出，其余均由胸主动脉分出。每对肋间背侧动脉在椎间孔处分出背侧支后，主干沿肋骨的血管沟向下延伸，与胸廓内动脉等的肋间腹侧支吻合。背侧支粗大，分支到脊柱背侧肌肉、皮肤外，并发出脊髓支，随脊神经根入蛛网膜下腔，分布于脊髓。主干向下，沿途发出数支外侧皮支，分布于胸壁肌和皮肤。

2. 肋腹背侧动脉（a. costoabdominalis dorsalis） 沿最后肋后方向下，其分支与肋间背侧动脉相似，主要分布于腹前部肌肉、皮肤。

3. 支气管食管动脉（a. broncho-esophagea） 在气管分叉相对处起于胸主动脉起始部，分为支气管支和食管支。支气管支又分为两支，从肺门入左、右肺，为肺的营养性血管。食管支沿食管背侧向后延伸,分布于食管外,尚有小支到心包、纵隔。有时两支常独立起于胸主动脉。

(四)腹主动脉及其分支

腹主动脉(aorta abdominalis)是胸主动脉的直接延续,沿腰椎椎体腹侧偏左后行,于第5(6)腰椎处分为左、右髂内动脉和左、右髂外动脉及荐中动脉。腹主动脉的侧支分为壁支和脏支。脏支有腹腔动脉、肠系膜前动脉、肾动脉、肠系膜后动脉、睾丸动脉或卵巢动脉。壁支有腰动脉和膈后动脉(图7-7、图7-9、图7-10)。

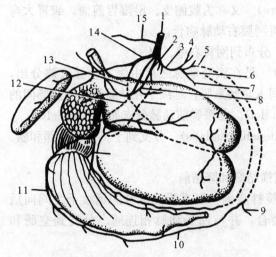

图7-9 牛腹腔动脉分支示意图
1.腹腔动脉 2.瘤胃左动脉 3.肝动脉 4.肝右支
5.胃十二指肠动脉 6.胃右动脉 7.肝左支
8.网胃动脉 9.胰十二指肠前动脉 10.胃网膜右动脉
11.胃网膜左动脉 12.胃左动脉 13.瘤胃右动脉
14.脾动脉 15.膈后动脉

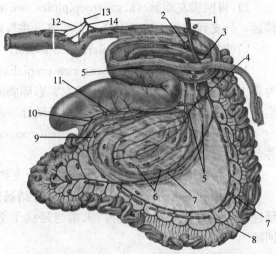

图7-10 牛肠系膜前、后动脉分支示意图
1.肠系膜前动脉 2.胰十二指肠后动脉 3.结肠中动脉
4.回结肠动脉 5.结肠右动脉 6.结肠支 7.侧副支
8.空肠动脉 9.回肠动脉 10.回肠系膜支 11.盲肠动脉
12.乙状结肠动脉 13.肠系膜后动脉 14.结肠左动脉
(引自Budras等,2003)

1. 腹腔动脉(a. celiaca) 肝、脾、胰和十二指肠前部、网膜等腹腔脏器的动脉主干,在膈后方起于腹主动脉。除分支到膈(膈后动脉)外,分为肝动脉、脾动脉和胃左动脉3支。

(1)肝动脉(a. hepatica) 经肝门入肝,分为左、右两支,分布于肝,还分支到胰(胰支)、胆囊(胆囊动脉)、皱胃、十二指肠与网膜。主要分支有:

1)胃右动脉(a. gastrica dextra) 经小网膜到十二指肠乙状袢,伸达皱胃小弯,与胃左动脉吻合。

2)胃十二指肠动脉(a. gastroduodenalis) 为肝动脉的终末分支,又分为以下两支:

胰十二指肠前动脉(a. pancreaticoduodenalis cranialis):于胰右叶与十二指肠降部之间后行,分布于十二指肠、胰等,并与十二指肠后动脉吻合。

胃网膜右动脉(a. gastroepiploica dextra):经十二指肠降部,伸达皱胃大弯,分布于皱胃、胰、十二指肠、大网膜等。并与胃网膜左动脉吻合。

(2)脾动脉(a. lienalis) 主干向前向左横过瘤胃背侧,经脾门入脾。主要分支有瘤胃左动脉和瘤胃右动脉。

1) 瘤胃左动脉（a. ruminalis sinistra） 有时起于胃左动脉。主干从瘤胃背囊右侧伸向前沟，然后沿左纵沟向后延伸。并有分支到网胃（网胃动脉）、膈、食管等。

2) 瘤胃右动脉（a. ruminalis dextra） 主干沿瘤胃右纵沟伸向后沟，绕向左纵沟向前，与瘤胃左动脉吻合。

(3) 胃左动脉（a. gastrica sinistra） 腹腔动脉的延续干，于瘤胃右侧向前下方，至瓣胃大弯，主干沿瓣胃后方、皱胃小弯向后延伸，分支到瓣胃、皱胃小弯、幽门，并与肝动脉的胃右动脉吻合。分支有胃网膜左动脉和网胃副动脉。

1) 胃网膜左动脉（a. gastroepiploica sinistra） 又称为腹侧支。沿瓣胃前面、皱胃大弯伸延，分支到瓣胃、皱胃大弯、大网膜，并与胃网膜右动脉吻合。

2) 网胃副动脉（a. reticularis accessoria） 分布到网胃右壁。

2. 肠系膜前动脉（a. mesenterica cranialis） 是在腹腔动脉之后由腹主动脉腹侧分出，为腹主动脉的最粗大脏支，主干经左、右膈脚间入总肠系膜，延续干在结肠旋襻与空肠间的空肠系膜内向后延伸，最后延续为回肠动脉（a. ilei）。肠系膜前动脉分支如下（图7-10）：

(1) 胰十二指肠后动脉（a. pancreaticoduodenalis caudalis） 分支到十二指肠升部和胰。并与胰十二指肠前动脉相吻合。

(2) 结肠中动脉（a. colica media） 分支到横结肠和降结肠。

(3) 侧副支（ramus collateralis） 在结肠旋襻腹侧与肠系膜前动脉的延续干之间向后延伸，两者间有分支相吻合，末端与延续干会合，并与回肠动脉相连通。分支到空肠和回肠。

(4) 回结肠动脉（a. ileocolica） 较粗，分为4支：

结肠右动脉（aa. colicae dextrae）：起于回结肠动脉的近部，分支到结肠离心回和远襻。

结肠支（rami colici）：起于回结肠动脉的远部，分支到结肠向心回和近襻。

回肠系膜侧支（ramus ilei mesenterialis）：分支到回肠，并与回肠动脉吻合。

盲肠动脉（a. cecalis）：分支到盲肠。并分出回肠系膜对侧支，沿回肠背侧分支于回肠，并与回肠系膜侧支吻合。

(5) 空肠动脉（aa. jejunalis） 由肠系膜前动脉凸面分出，数目多，分支间形成多级动脉弓，分布到空肠。

3. 肾动脉（a. renalis） 成对的粗短动脉。约在第2腰椎处由腹主动脉分出，主干从肾门入肾，分布到肾及脂肪囊。侧支有肾上腺后支（分布于肾上腺）和输尿管支（分布于输尿管、脂肪囊及肾淋巴结）。

4. 肠系膜后动脉（a. mesenterica caudalis） 在第4～5腰椎处自腹主动脉分出。行于结肠系膜内，一般分为前、后两支（图7-10）。

(1) 结肠左动脉（a. colica sinistra） 前支，分支到降结肠后部。与结肠中动脉吻合。

(2) 乙状结肠动脉（aa. singmoideae） 后支在乙状结肠处发出的侧支。

(3) 直肠前动脉（a. rectalis cranialis） 后支的延续支，分支到直肠前部及降结肠末端。

5. 睾丸动脉（a. testicularis） 成对。在肠系膜后动脉根部附近由腹主动脉发出，沿腹侧壁向下入鞘膜管，主干从睾丸头部入睾丸，参与构成精索。分布到睾丸、附睾、精索、鞘膜、输精管等。近睾丸处的睾丸动脉高度盘曲，围绕在睾丸静脉形成的蔓状丛周围。

5′. 卵巢动脉（a. ovarica） 成对。为睾丸动脉的同源动脉，入子宫阔韧带。主干盘曲，末端分为 2~3 支，从卵巢门处入卵巢。侧支有：

(1) 输卵管支（ramus tubarius） 分支到输卵管。

(2) 子宫支（ramus uterius） 分支到子宫角前部和输卵管后部。

6. 腰动脉（aa. lumbales） 6 对，除最后 1 对起于髂内动脉外，均为腹主动脉的侧支。腰动脉的分支有背侧支、脊髓支、外侧皮支和膈支，分布到腹壁肌肉和皮肤、脊髓及膈等处。

7. 膈后动脉（a. phrenica caudalis） 起于腹主动脉或腹腔动脉。分布到膈和肾上腺。

(五) 髂内动脉及其分支

髂内动脉（a. iliaca interna）为骨盆部动脉主干。沿荐骨翼盆面、荐结节阔韧带的内侧面向后延伸，至骨盆壁中部发出臀后动脉后，延续为阴部内动脉。髂内动脉除分出第 6 对腰动脉外，还有以下分支（图 7-11）：

1. 脐动脉（a. umbilicalis） 胎儿期很粗大，由髂内动脉于骨盆前口处分出，沿膀胱侧韧带伸向脐，出生后管壁增厚、管腔变小，末端（指膀胱顶至脐的一段）闭塞而形成膀胱圆韧带（ligamentum teres vesicae）。脐动脉分布到输尿管和膀胱外，尚形成以下分支：

(1) 输精管动脉（a. ductus deferentis） 分支到输精管（公牛）。

(2) 子宫动脉（a. uterina） 粗大，分支到子宫角和子宫体，并与卵巢动脉的子宫支、阴道动脉的子宫支吻合。妊娠后变粗大，直肠检查时能够触摸到搏动。

2. 髂腰动脉（a. iliolumbalis） 常在脐动脉分支处后方的髂内动脉分出，细小，主要分支到髂腰肌。

3. 臀前动脉 [a. glutea (gluteae) cranialis] 臀前动脉起于髂腰动脉分支处后方，常有 1~2 支，出坐骨大孔，分支到臀肌。牛常发出第 1、2 荐支到荐部。

4. 前列腺动脉（a. prostatica） 分支到输精管、前列腺、精囊腺、膀胱后部及输尿管等。

4′. 阴道动脉（a. vaginalis） 为前列腺动脉的同源动脉，在阴道腹侧面分为前、后两支。前支称为子宫支（ramus uterinus），分支到子宫颈、子宫体、阴道等。阴道动脉子宫支称为子宫后动脉。后支沿阴道背外侧向后延伸，延续为会阴背侧动脉（a. perinealis dorsalis），分布于阴道前庭、肛门以及阴唇。

5. 臀后动脉 [a. glutea (gluteae) caudalis] 臀后动脉出坐骨小孔，分支到臀股二头肌、腘肌等。

6. 阴部内动脉（a. pudenda interna） 髂内动脉的延续干。

(1) 公牛的阴部内动脉 分出尿道动脉和会阴腹侧动脉后，延续为阴茎动脉。

1) 尿道动脉（a. urethralis） 分支到尿道盆部和尿道球腺。

2) 会阴腹侧动脉（a. perinealis ventralis） 在坐骨弓背侧处起于阴部内动脉，经坐骨海绵体肌深部伸向会阴部，除分支到坐骨海绵体肌、会阴部皮肤外，还发出直肠后动脉，分布到直肠后段和肛门等处。

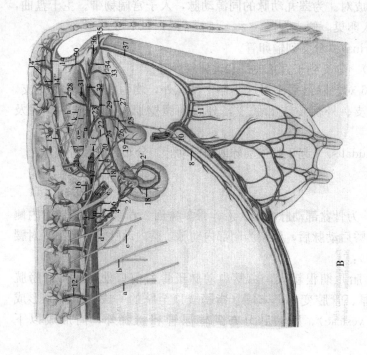
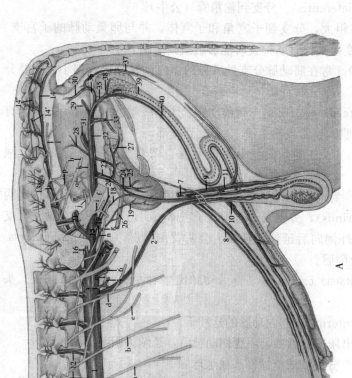

图 7-11 公牛和母牛骨盆血管和神经示意图
A. 公牛 B. 母牛

1. 腹主动脉和后腔静脉 2. 卵巢或睾丸动脉 2′. 子宫分支 3. 肠系膜后动静脉 4. 直肠后动静脉 5. 髂外动静脉 6. 旋髂深动静脉 7. 阴部腹壁干动静脉 8. 腹部后上动静脉 9. 阴部外动静脉 10. 腹上部后动静脉 11. 后乳房动静脉 12. 腰动静脉 13. 荐中动静脉 14, 14′, 14″. 荐中后干动静脉 15. 前列腺前动静脉 16. 臀后动静脉 17. 脐动静脉 18. 子宫动脉或输精管动脉 19. 膀胱前动脉 20. 膀胱前动脉 21. 臀前动静脉 22. 阴道静脉 23. 阴道或前庭动静脉 24. 子宫静脉或输精管静脉 25. 膀胱后动静脉 26. 输精管分支 27. 尿道分支 28. 直肠中动静脉 29. 会阴动静脉 30. 直肠后动静脉 31. 髂内腺后动静脉 32. 阴部内动静脉 33. 阴蒂或阴茎动静脉 34. 前庭或尿道球动静脉 35. 阴蒂或阴茎背动静脉 36. 会阴动静脉 37. 阴唇背侧和乳房支皮神经 38. 阴茎深动静脉 39. 闭孔动静脉 40. 阴部神经
f. 坐骨神经 g. 闭孔神经 h. 臀前侧皮神经 i. 臀前侧神经 j. 臀后神经 k. 股后皮神经 l. 直肠后神经支皮神经 e. 股神经
a. 髂腹股沟神经 b. 髂腹下神经 c. 生殖股神经 d. 股外侧皮神经 m. 后肠系膜神经丛 n. 腹下神经
o. 盆神经丛 p. 盆神经
(引自 Budras 等，2003)

3) 阴茎动脉（a. penis） 可分为阴茎球动脉、阴茎深动脉及阴茎背动脉 3 支，分支到尿道海绵体、阴茎海绵体、阴茎体和阴茎头。

（2）母牛的阴部内动脉 分出前庭动脉和会阴腹侧动脉后，延续为阴蒂动脉。

1) 前庭动脉（a. vestibularis） 分布于阴道前庭。

2) 会阴腹侧动脉（a. perinealis ventralis） 分为阴唇背侧支和乳房支，分布到会阴部和乳房。

（六）髂外动脉及其延续干

髂外动脉为后肢动脉主干。延续干按部位依次为股动脉、腘动脉、胫前动脉、足背侧动脉、跖背侧第 3 动脉、趾背侧固有动脉（图 7-7，彩图 7~11）。

1. 髂外动脉（a. iliaca externa） 髂外动脉约在第 5 腰椎腹侧处由腹主动脉分出，沿骨盆前口向后下方延伸，至耻骨前缘延续为股动脉。其主要分支如下：

（1）旋髂深动脉（a. cirumflexa ilium profunda） 在骨盆前口上 1/3 处，由髂外动脉前缘分出。主干沿腹壁内面向前延伸，约在髋结节相对处分为前、后两支。

前支：分支到腹横肌、腹内斜肌、腹外斜肌以及髂肌等肌肉和皮肤。

后支：主干在阔筋膜张肌深面下降，伸达膝褶和膝关节前外侧的皮肤、筋膜。分支到腹壁肌、髂下淋巴结、阔筋膜张肌、躯干皮肌、股直肌等。

（2）股深动脉（a. profunda femoris） 骨盆前口约中 1/3 处，由髂外动脉向后分出，主干向前分出阴部腹壁干后，延续为旋股内侧动脉。

1) 阴部腹壁干（truncus pudendoepigastricus） 有时在股深动脉起点稍下方直接从髂外动脉分出，向前下方延伸至腹股沟管内环处，分为腹壁后动脉和阴部外动脉。

腹壁后动脉（a. epigastrica caudalis）：沿腹直肌外缘向前伸达脐部，与腹壁前动脉相吻合。分支到腹横肌、腹直肌。

阴部外动脉（a. pudenda externa）：穿过腹股沟管到浅环处分为两支，即腹壁后浅动脉、阴囊腹侧支或阴唇腹侧支。腹壁后浅动脉（a. epigastrica caudalis superficialis）从腹直肌浅面向前延伸，在脐部与腹壁前浅动脉吻合。分支到腹底部肌肉、皮肤和腹股沟浅淋巴结。公牛沿阴茎背外侧向前，并分出包皮支到包皮；母牛分出乳房支到乳房前部，又称乳房前动脉（a. mammaria cranialis）。阴囊腹侧支分布到阴囊。

阴唇腹侧支：又称乳房后动脉（a. mammaria caudalis），分支到乳房后部和乳房淋巴结。乳牛的阴部外动脉发达，伸向乳房，延续为乳房动脉（a. mammaria medialis）。乳房动脉和乳房前、后动脉在乳房内均分出乳房支，分布到乳腺。

2) 旋股内侧动脉（a. circumflexa femoris medialis） 为股深动脉分出阴部腹壁干后的直接延续。分布到股内侧肌群和股后肌群。

2. 股动脉（a. femoralis） 髂外动脉的直接延续，位于缝匠肌深面的股管内，分出股后动脉后延续为腘动脉。股动脉的主要分支如下：

（1）旋股外侧动脉（a. circumflexa femoris lateralis） 股动脉在股管内向前发出的分支，主要分布到股四头肌。

（2）隐动脉（a. saphena） 股管中部向后发出的分支，与隐大静脉、隐神经伴行，出股管后在股部和小腿部的内侧皮下向下延伸，在跗部分出内侧踝支和跟支（分布跗内侧面）

后，主干于跟骨内侧分为足底内侧动脉和足底外侧动脉。

1) 足底内侧动脉（a. plantaris medialis） 在跖内侧近端分为深支和浅支。

深支：参与构成足底深弓。

浅支：沿跖内侧沟下行，跖远段分为趾跖侧第2、3总动脉（aa. digitalis plantaris communis Ⅱ et Ⅲ），并伸向趾部，形成趾跖侧固有动脉。

2) 足底外侧动脉（a. plantaris lateralis） 沿跖外侧下行，亦分为浅支和深支。

深支：参与构成足底深弓。

浅支：沿跖外侧沟下行，延续为趾跖侧第4总动脉（a. digitalis plantaris communis Ⅳ），并向趾部延伸形成趾跖侧固有动脉。

足底深弓（arcus plantaris profundus）由足底内、外侧动脉深支和足背动脉的跗穿动脉吻合而成，位于跖骨近端与悬韧带之间。该动脉弓向下发出跖底第2、3、4动脉，到跖部远端互相吻合，并与浅动脉及跖背侧第3动脉吻合。

3) 膝降动脉（a. genus descendens） 股管远端处由股动脉发出，向前下方分布到膝关节内侧。

4) 股后动脉（a. caudalis femoris） 由股动脉向后分出，主干短，入腓肠肌内、外侧头，而后分为上、下两支。上支除分布到臀股二头肌、半腱肌、半膜肌等，还分出膝近外侧动脉（a. genus proximalis lateralis）到膝关节外侧，常与旋股外侧动脉分支吻合。下支分布到腓肠肌、趾浅屈肌、臀股二头肌等。

3. 腘动脉（a. poplitea） 股动脉的延续，在腘肌深层向下，斜向胫骨近端外侧后，延续为胫前动脉。腘动脉分出胫后动脉，分布到腘肌、趾浅屈肌、趾深屈肌等。

4. 胫前动脉（a. tibialis cranialis） 胫前动脉粗大，为腘动脉的延续，沿胫骨前肌与胫骨背侧之间向下延伸，至跖背侧延伸为足背动脉。胫前动脉发出短小分支供给胫骨背外侧肌肉，此外还分出浅支。

浅支向下伸达跖背侧中部分为3支，即趾背侧第2、3、4总动脉（A. digitalis dorsalis communis Ⅱ~Ⅳ），其中趾背侧第3总动脉在系关节附近与跖背侧第3动脉吻合后，向趾部发出第3、4趾背侧固有动脉及趾间动脉。

5. 足背动脉（a. dorsalis pedis） 为胫前动脉的延续，位于跗关节背侧，分出跗外侧动脉和跗内侧动脉后，向跖背伸延为跖背侧第3动脉。

6. 跖背侧第3动脉（a. metatarsea dorsalis Ⅲ） 沿跖背侧纵沟向下伸延，在系关节附近与趾背侧第3总动脉吻合后，向下延伸为趾背侧固有动脉。趾固有动脉的分布情况与前肢指固有动脉的相同。

（七）荐中动脉及其分支

荐中动脉（a. sacralis mediana）：腹主动脉的延续干，沿荐骨腹侧正中向后，沿途分出荐支入荐腹侧孔，分支到脊髓（脊髓支）和肌肉（背侧支）。主干向后伸达尾椎腹侧正中，称为尾中动脉。中国水牛的荐中动脉多数缺乏，由髂内动脉分出的左、右荐外侧动脉，向后汇集成尾中动脉。

尾中动脉（a. caudalis mediana）：从尾椎腹侧血管沟内向后，至4、5尾椎处则位于皮下，用手指触摸能清晰感到搏动，是牛的脉诊动脉。尾中动脉在沿途发出尾支，并在尾椎横突背侧和腹侧吻合形成尾腹外侧动脉和尾背外侧动脉，分布到尾部肌肉、皮肤。

三、体循环的静脉

体循环的静脉可分为心静脉、前腔静脉、后腔静脉和左奇静脉4个静脉系统（图7-12、彩图1~12）。

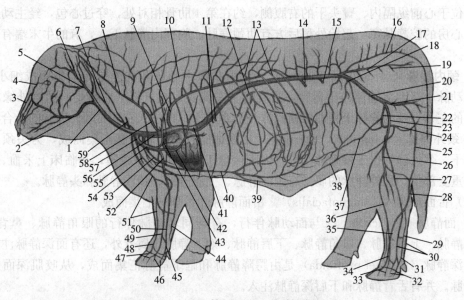

图7-12 公牛体循环主要静脉右侧观

1. 颈外静脉 2. 面静脉 3. 鼻背静脉 4. 鼻额静脉 5. 上颌静脉 6. 枕静脉 7. 颈深静脉
8. 椎静脉 9. 左奇静脉 10. 颈背静脉 11. 肝静脉 12. 门静脉 13. 肋间静脉
14. 肾静脉 15. 睾丸静脉 16. 荐中静脉 17. 髂内静脉 18. 旋髂深静脉 19. 前列腺静脉
20. 髂外静脉 21. 股深静脉 22. 阴部腹壁干静脉 23. 股静脉 24. 阴部外静脉
25. 股静脉旋支 26. 腘静脉 27. 隐内侧静脉 28. 隐外侧静脉 29. 隐外侧静脉后支
30. 足底内、外侧静脉 31. 足底趾总静脉 32. 足底趾固有静脉 33. 趾背侧固有静脉
34. 趾背侧总静脉 35. 隐外侧静脉前支 36. 胫前静脉 37. 腹壁后静脉 38. 腹壁后浅静脉
39. 腹壁前浅静脉 40. 腹壁前静脉 41. 后腔静脉 42. 胸背静脉 43. 肩胛下静脉
44. 尺侧副静脉 45. 掌指总静脉 46. 掌指固有静脉 47. 指背侧固有静脉
48. 指总静脉 49. 骨间静脉 50. 正中静脉 51. 头静脉 52. 臂静脉 53. 胸廓内静脉
54. 胸廓外静脉 55. 腋静脉 56. 前腔静脉 57. 锁骨下静脉 58. 肋颈干静脉 59. 颈浅静脉

（引自 McCracken 等，1999）

（一）心静脉

心静脉（v. cordis）为心的静脉总称。包括冠状窦（属支有心大静脉、心中静脉）、心右静脉及心最小静脉（参见心的血管）。

（二）左奇静脉

左奇静脉（v. azygos sinistra）为胸壁静脉主干。起于第1、2腰椎腹侧，沿胸主动脉左背侧缘向前伸延，至第3胸椎处向前下方，越过胸主动脉左侧转而向前向右伸延，最后注入冠状窦。属支有第1、2对腰静脉、肋腹背侧静脉、5~12对肋间背侧静脉，食管静脉、支气管静脉、心包静脉和纵隔静脉。以上静脉均与同名动脉伴行。

（三）前腔静脉

前腔静脉（v. cava cranialis）为收集头颈、前肢和部分胸壁、腹壁静脉血的短粗静脉干。由左、右颈内静脉和左、右颈外静脉，以及左、右锁骨下静脉于胸前口处汇合而成。前腔静脉位于心前纵隔内、臂头干的右腹侧，约在第4肋骨相对处，穿过心包，经主动脉右侧注入右心房的腔静脉窦。起始处稍后方有肋颈静脉、胸廓内静脉汇入，有的牛末端有右奇静脉汇入。

1. 颈内静脉（v. jugularis interna） 由甲状腺中静脉和枕静脉等汇集而成细小静脉，与颈总动脉、迷走交感神经干伴行，沿食管（左侧支）或气管（右侧支）的背外缘向后延伸，牛的左、右颈内静脉于胸前口稍前方先汇合成干，再注入左、右颈外静脉的会合处。

2. 颈外静脉（v. jugularis externa） 由舌面静脉和上颌静脉汇集而成，为头颈部粗大的静脉干。颈外静脉位于颈静脉沟内，因直接位于皮下而容易触摸，是临床上采血、放血、输液的重要部位。颈外静脉的属支有舌面静脉、上颌静脉、颈浅静脉和头静脉。

（1）舌面静脉（v. linguofacialis） 由面静脉和舌静脉汇集而成。

1）面静脉（v. facialis） 与面动脉伴行，有与同名动脉伴行的眼角静脉、鼻背静脉、鼻外侧静脉、上唇静脉、口角静脉、下唇静脉、颏下静脉等属支外，还有面深静脉注入。

面深静脉（v. faciei profunda）是由腭降静脉和眶下静脉汇集而成，从咬肌深面向下注入面静脉。并有舌背静脉和下唇深静脉注入。

2）舌静脉（v. lingualis） 与舌动脉伴行。

（2）上颌静脉（v. maxillaris） 在颞下颌关节腹侧处由翼丛与颞浅静脉汇集而成；上颌静脉向后下方穿过腮腺，至腮腺后下角处与舌面静脉汇合成颈外静脉。此外，尚有耳后静脉和咬肌腹侧静脉注入上颌静脉。

上颌静脉属支翼丛汇集翼肌静脉、下齿槽静脉、颞深静脉、咬肌静脉等的静脉血。另一属支颞浅静脉则汇集耳内侧静脉、耳前静脉、面横静脉、角静脉、眼背外侧静脉等的静脉血。以上各支静脉均与同名动脉伴行。

耳后静脉（v. auricularis caudalis）的属支有腺静脉、茎乳静脉、耳外侧静脉、耳中间静脉和耳深静脉。其中耳外侧静脉、耳中间静脉分布于耳廓，临床上常用此静脉采血、输液，亦是耳针穴位。

（3）颈浅静脉（v. cevicalis superficialis） 与颈浅动脉伴行，收集肩前部静脉血注入颈外静脉。

（4）头静脉（v. cephalica） 前肢浅静脉干，又称臂皮下静脉，无动脉伴行。起于蹄静脉丛，向上延续为第3指掌远轴侧静脉，伸达前臂部近侧有与深静脉的吻合支称为肘正中静脉，再延续为头静脉，由臂部背侧伸向胸外侧沟内，注入颈外静脉。在前臂部有副头静脉注入。

副头静脉（v. cephalica accessoria）位于前脚部背侧。亦起于蹄静脉丛，向上延续为指背侧固有静脉、指背侧总静脉，然后延续为副头静脉，注入头静脉。

3. 锁骨下静脉（v. subclavia） 前肢的深静脉干。起于蹄静脉丛，向上汇入第3、4指掌轴侧固有静脉，经指掌侧第3总静脉、正中静脉、臂静脉汇入腋静脉，以上静脉干及各自属支均与同名动脉伴行。腋静脉从肩胛内侧向前伸达胸前口的粗短主干称为锁骨下静脉，与颈外静脉汇合形成前腔静脉。

4. 肋颈静脉（v. costocervicalis） 与肋颈动脉干伴行，有肩胛背侧静脉、颈深静脉、椎静脉及肋间最上静脉等属支。均与同名动脉伴行。肋颈静脉注入前腔静脉。

5. 胸廓内静脉（v. thoracica interna） 与同名动脉伴行。起于脐前的腹壁前静脉，穿过膈入胸腔，在胸骨背侧前行，在胸骨前端背侧弯曲向上，注入前腔静脉。

腹壁前浅静脉（腹皮下静脉）〔v. epigastrica cranialis superficialis（v. subcutanea abdominis）〕，在脐前皮下、腹直肌表面向前，于乳井处穿过腹直肌，汇入腹壁前静脉。该静脉乳牛发达，常呈屈曲状，凸于乳房前皮下，是乳房血液回流的主要静脉之一。常又称为乳房静脉（图7-13、彩图12）。

6. 右奇静脉（v. azygos dextra） 由第6~12右肋间背侧静脉汇集而成，越过食管和气管的右侧注入前腔静脉。

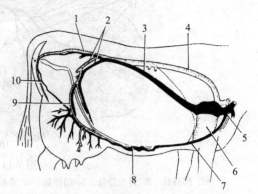

图7-13 母牛乳房血液循环模式图
1. 髂内动静脉 2. 髂外动静脉 3. 后腔静脉
4. 胸主动脉 5. 前腔静脉 6. 心脏 7. 胸廓内静脉
8. 腹皮下静脉 9. 阴部外动静脉 10. 会阴动静脉

（四）后腔静脉

后腔静脉（v. cava caudalis）汇集腹部和盆部、尾部及后肢静脉血的粗大静脉干。是由左、右髂总静脉于第5（6）腰椎腹侧汇合而成，沿腹主动脉右侧前行，到膈脚处与主动脉分离向下，入肝背侧的腔静脉沟（在此接受数支肝静脉血），穿过膈的腔静脉裂孔进入胸腔，注入右心房。后腔静脉的属支有肝静脉、肾静脉、睾丸静脉或卵巢静脉、髂总静脉。

1. 肝静脉（vv. hepaticae） 一般有3~4支。完全位于肝实质内，直接注入后腔静脉。肝静脉的血液来自小叶下静脉，后者经中央静脉与肝窦（肝的毛细血管）相接。入肝的血管除了肝动脉外，还有门静脉，从肝门处入肝，分支分别称为小叶间动脉、静脉，共同开口于肝窦。

门静脉（v. portae）引导胃、脾、胰、小肠、大肠（直肠后段除外）的静脉血入肝的粗短静脉干，位于后腔静脉腹侧。其属支有胃十二指肠静脉、脾静脉、肠系膜前静脉、肠系膜后静脉，均与同名动脉伴行。门静脉向前向下，并向右侧延伸，穿过胰切迹，经小网膜至肝门入肝（图7-14）。

2. 肾静脉（v. renalis） 肾与肾上腺的粗短静脉，与同名动脉伴行。

3. 睾丸静脉（v. testicularis）**或卵巢静脉**（v. ovarica） 收集睾丸、附睾或卵巢、子宫角等处血液的细长静脉，与同名动脉伴行。一般注入后腔静脉，但左侧的睾丸静脉和左侧的卵巢静脉常直接注入髂总静脉。

4. 髂总静脉（v. iliaca communis） 后肢、盆腔、尾部的静脉主干，由髂内静脉和髂外静脉在盆腔前口处汇集而成。此外，最后一对腰静脉、左睾丸静脉、左卵巢静脉、荐中静脉均直接注入髂总静脉。

（1）**髂内静脉**（v. iliaca interna） 盆腔静脉主干。与髂内动脉伴行，其属支有臀前静

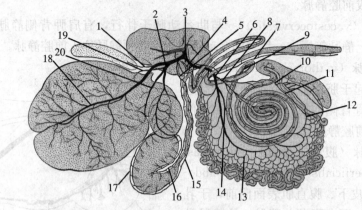

图 7-14 牛门静脉
1. 脾静脉 2. 胃左静脉 3. 门静脉 4. 肠系膜前静脉 5. 胃十二指肠静脉 6. 肠系膜后静脉
7. 结肠左静脉 8. 回盲结肠静脉 9. 结肠中静脉 10. 盲肠静脉 11. 回肠系膜支
12. 回肠静脉 13. 空肠静脉 14. 侧副支 15. 胃网膜右静脉 16. 胃右静脉 17. 胃网膜左静脉
18. 瘤胃右静脉 19. 瘤胃左静脉 20. 网胃静脉

脉、臀后静脉、输精管静脉、前列腺静脉、阴部内静脉等，均与同名动脉伴行。

（2）髂外静脉（v. iliaca externa） 后肢静脉主干。按部位依次是股静脉、腘静脉、胫前静脉和足背静脉，均与同名动脉伴行。

后肢的浅静脉干为隐内侧静脉与隐外侧静脉等，均注入深静脉干。

隐内侧静脉（隐大静脉）[v. saphena medialis（magna）] 又称小腿内侧皮下静脉，在跗关节内侧起于足底内侧静脉，与隐动脉和隐神经伴行，注入股静脉。

隐外侧静脉（隐小静脉）[v. saphena lateralis（parva）] 又称小腿外侧皮下静脉，无动脉伴行。起于蹄静脉丛，向上汇集成趾背侧固有静脉，进而形成趾背侧总静脉而汇集形成外侧隐静脉。汇入旋股内侧静脉。

第四节 胎儿血液循环

胎儿在母体子宫内发育，所需的氧气和营养物质由母体通过胎盘供给，所产生的代谢产物亦通过胎盘由母体排出。胎儿心血管系统的结构及血液循环的径路均与此相适应（图 7-15）。

（一）胎儿心血管构造特点

1. 卵圆孔（foramen ovale） 房间隔上的天然裂孔，孔的左侧有卵圆瓣，使血液只能从右心房流向左心房。

2. 动脉导管 肺干与主动脉之间的短管。由右心室入肺干的血液大部分经此导管流到主动脉。

3. 脐动脉和脐静脉 脐动脉为髂内动脉的分支，沿膀胱侧韧带到膀胱顶，再沿腹底壁前行到脐孔，入脐带到胎盘，形成毛细血管网。靠渗透和扩散作用与母体子宫的毛细血管网进行物质交换。脐静脉（牛两条）起于胎盘毛细血管网，经脐带由脐孔进入胎儿腹腔，沿肝

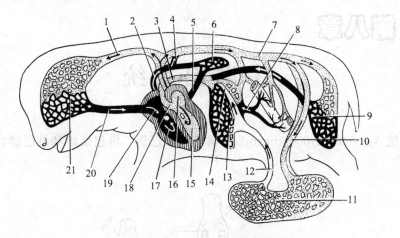

图 7-15　胎儿血液循环模式图
1. 臂头干　2. 肺干　3. 后腔静脉　4. 动脉导管　5. 肺静脉　6. 肺毛细血管
7. 腹主动脉　8. 门静脉　9. 骨盆部和后肢毛细血管　10. 脐动脉　11. 胎盘毛细血管
12. 脐静脉　13. 肝毛细血管　14. 静脉导管　15. 左心室　16. 左心房　17. 右心室
18. 卵圆孔　19. 右心房　20. 前腔静脉　21. 头、颈部毛细血管

的镰状韧带延伸，从肝左叶与方叶间的腹缘入肝。

4. 静脉导管　脐静脉在肝内的一个小分支，沟通脐静脉与后腔静脉。

（二）胎儿血液循环径路

胎盘毛细血管经脐静脉入肝、肝窦、肝静脉或静脉导管到后腔静脉，与身体后躯的静脉血相混合后入右心房，经卵圆孔入左心房、左心室，经主动脉的臂头干到头颈部及前肢。头颈部及前肢的静脉血由前腔静脉回流到右心房、右心室，经肺干、动脉导管、主动脉弓、胸主动脉、腹主动脉到身体后躯。由髂内动脉的分支脐动脉再到胎盘毛细血管。

由此可见，胎儿的动脉血液为混合血，但到肝、头颈部、前肢的血液主要是从胎盘毛细血管来的，其含氧和营养物质较丰富，以适应胎儿肝的功能活跃和头颈、前肢发育较快所需。到肺和后躯的血液，主要是胎儿头颈部和前肢静脉血，因此氧和营养物质均少，所以胎儿后躯发育较缓慢。

（三）出生后变化

（1）脐动脉与脐静脉退化　由于切断脐带，使胎盘循环终止。脐动脉（脐至膀胱顶一段）退化成膀胱圆韧带。脐静脉退化形成肝圆韧带。

（2）动脉导管与静脉导管退化　出生后逐渐退化，最后管腔收缩闭合形成动脉韧带和静脉导管索。

（3）卵圆孔封闭　由于肺静脉大量血液流入左心房，使左、右心房压力相等，卵圆瓣闭合、封闭而形成卵圆窝，使左、右心房的血分隔开，从而形成成体的血液循环（体循环和肺循环）径路。

第八章 牛淋巴系统

淋巴系统（systema lymphaticum）由淋巴、淋巴管、淋巴组织和淋巴器官组成（图8-1）。

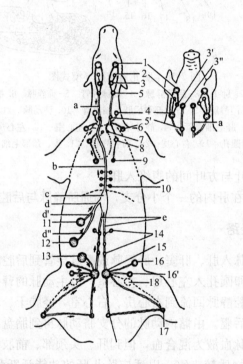

图 8-1 家畜全身淋巴中心、淋巴干和淋巴导管示意图
a. 气管干　b. 胸导管　c. 乳糜池　d. 内脏干　d′. 腹腔干　d″. 肠淋巴干　e. 腰干
1. 下颌淋巴中心　2. 腮腺淋巴中心　3. 咽后淋巴中心　3′. 咽后外侧淋巴结　3″. 咽后内侧淋巴结　4. 颈浅淋巴中心
5. 颈深淋巴中心的颈深前淋巴结　5′. 颈深后淋巴结　6. 腋淋巴中心　7. 胸腹侧淋巴中心　8. 纵隔淋巴中心
9. 支气管淋巴中心　10. 胸背侧淋巴中心　11. 腹腔淋巴中心　12. 肠系膜前淋巴中心　13. 肠系膜后淋巴中心
14. 腰淋巴中心　15. 髂荐淋巴中心的髂内侧淋巴结　16. 腹股沟股淋巴中心的髂下淋巴结　16′. 腹股沟浅淋巴结
17. 腘淋巴中心　18. 马的髂股淋巴中心的髂股淋巴结

第一节　淋巴与淋巴管

一、淋　巴

淋巴（lymph）为淋巴管内流动的液体。血液流经毛细血管动脉端时，其中部分液体物质透过毛细血管壁进入组织间隙，形成组织液。组织液与细胞之间进行物质交换后，大部分经毛细血管静脉端吸收入血液，小部分进入毛细淋巴管成为淋巴（图8-2）。

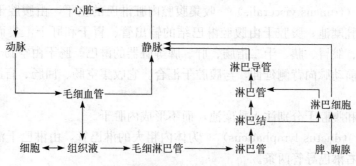

图 8-2 淋巴循环径路及其与心血管系统的关系

二、淋 巴 管

淋巴管（vas lymphaticum）是输送淋巴入静脉的管道。一般认为淋巴管在注入静脉前，至少要通过一个淋巴结。进出淋巴结的淋巴管称为输入和输出淋巴管，在淋巴结内则膨大形成淋巴窦。根据淋巴管的分布位置，可分为浅淋巴管和深淋巴管。浅淋巴管分布于皮下，一般呈辐射状汇集于浅淋巴结；深淋巴管常与深部静脉伴行。浅、深淋巴管间存在广泛的交通支。

淋巴管按汇集顺序、口径大小及管壁的厚薄，可分为毛细淋巴管、淋巴管、淋巴干和淋巴导管。

1. 毛细淋巴管（vas lymphocapillare） 为淋巴管的起始段，以盲端起于组织间隙，并彼此吻合成网。但小肠绒毛内的毛细淋巴管常为1~2条较直小管，因收集小肠吸收的脂肪微粒而使淋巴呈乳色，故称乳糜管。毛细淋巴管分布较广，除上皮、中枢神经、骨髓、软骨、齿、角膜、晶状体及脾髓等处外，几乎遍布全身。

2. 淋巴管（vas lymphaticum） 为由毛细淋巴管汇合而成，其结构与静脉相似。但管壁薄、瓣膜（淋巴瓣）多，管径粗细不一，常呈念珠状。

躯体的浅、深淋巴管以深筋膜为界，浅淋巴管收集皮肤和皮下组织的淋巴，深淋巴管收集肌肉、关节、骨膜等处的淋巴。两者间常有吻合支。

实质性器官的浅淋巴管位于浆膜或外膜下，而深淋巴管位于实质内，分别收集浅部和深部的淋巴。

管状器官的淋巴管按层分布，各层淋巴管在浆膜下汇合后出器官。

3. 淋巴干（truncus lymphaticus） 为身体某一区域较粗大的淋巴集合管。它由浅、深淋巴管在向心过程中经过一系列的淋巴结后汇集而成。畜体共有5条淋巴干：左、右气管干（颈干），左、右腰干，单一的内脏干。

（1）气管干（颈干）[truncus trachealis（truncus jugularis）] 为收集头、颈、前肢淋巴的主干。由咽后外侧淋巴结的输出管汇集而成。左、右各一条，位于气管腹侧，伴随左、右颈总动脉、颈内静脉后行。一般认为，左气管干注入胸导管，右气管干注入右淋巴导管或右颈静脉或前腔静脉。

（2）腰干（trunci lumbales） 收集后肢、盆腔、骨盆壁和部分腹壁淋巴的主干。由髂内侧淋巴结的输出管汇集而成。左腰干沿腹主动脉左侧前行，右腰淋巴干沿后腔静脉右侧前行，均注入乳糜池。

(3) 内脏干（truncus visceralis） 收集腹腔内脏淋巴的主干，由腹腔干和肠干汇集而成，很短，注入乳糜池。腹腔干由腹腔淋巴结的输出管、胃干和肝干汇集而成。它收集瘤胃、网胃、瓣胃、皱胃、胰、十二指肠、肝、脾等脏器的淋巴。肠干由空肠干和结肠干汇集而成，沿肠系膜前动脉向背侧延伸，与腹腔干汇合。它收集空肠、回肠、盲肠、大部分结肠的淋巴。

有时，肠干和腹腔干分别注入乳糜池，而不形成内脏干。

4. 淋巴导管（ductus lymphaticus） 为体内粗大的淋巴管，由淋巴干汇合而成。淋巴导管有胸导管和右淋巴导管两条。

（1）右淋巴导管（ductus lymphaticus dexter） 收集右侧头、颈、胸部和右前肢淋巴的粗短的淋巴导管，由右气管干、右侧的颈浅淋巴结、颈深后淋巴结、第1肋腋淋巴结、肋颈淋巴结、纵隔前淋巴结和胸骨前淋巴结等的输出管汇集而成。右淋巴导管将全身约1/4的淋巴注入前腔静脉或右颈外静脉。

（2）胸导管（ductus thoracicus） 收集后肢、盆部、腹部、左肺、左心、左胸壁、左前肢和左头颈部等约全身3/4淋巴的淋巴导管，是全身最粗大的淋巴管。哺乳动物在胚胎期胸导管有两条，成体时右胸导管退化。胸导管由左、右腰干和内脏干汇集而成，汇合处稍膨大称为乳糜池。

乳糜池（cisterna chyli）为胸导管起始处的膨大部，因接受来自肠淋巴管中的乳糜而得名。牛的乳糜池为长囊形，大小变异较大，长约几厘米至10cm（中国水牛达10~20cm），直径为1.5~2.0cm。位于最后胸椎和前3腰椎腹侧，腹主动脉与膈脚之间。乳糜池内腔有成对瓣膜。

胸导管为乳糜池向前的延续，在纵隔内沿胸主动脉右侧稍上方与胸椎椎体之间前行，约在胸主动脉与主动脉弓交界处转向食管左侧，形成乙状弯曲，在胸前口处注入前腔静脉或左颈静脉。胸导管前端常膨大形成壶腹。胸导管腔有瓣膜，可防止淋巴倒流。胸导管的变异较大，常在局部形成双干。

第二节 淋巴组织

淋巴组织（lymphatic tissue）是动物体内含有大量淋巴细胞的组织，由网状细胞的网眼中充满淋巴细胞，伴随少许的单核细胞、浆细胞所构成。淋巴组织可因淋巴细胞的聚集程度和方式的不同，分为弥散淋巴组织和密集淋巴组织。

1. 弥散淋巴组织 淋巴细胞排列疏松，无特定外形，与周围的结缔组织无明显的分界，主要分布于消化管、呼吸道和泌尿生殖道的黏膜内，常称为上皮下淋巴组织，形成有害因子入侵的屏障，以抵御外来细菌或异物的入侵。此外，亦分布于淋巴结的副皮质区、扁桃体的淋巴小结间的弥散淋巴细胞、脾白髓动脉周围淋巴鞘等处。

2. 密集淋巴组织 淋巴细胞排列紧密，与周围组织有结缔组织分界。如胸腺小叶皮质中密集的T淋巴细胞。有的脏器内，密集淋巴组织形成球形或长索状，前者称为淋巴小结，后者称为淋巴索。淋巴小结主要分布于淋巴结的皮质部、脾白髓、扁桃体及腔上囊等器官。此外还分布于消化管和呼吸道等处的黏膜中，如淋巴小结单独、分散存在，称为淋巴孤结；如淋巴小结多个聚集，形成长条形的淋巴集结。例如回肠的淋巴孤结和淋巴集结。索状主要分布淋巴结和脾内，形成淋巴索和脾索等。

弥散淋巴组织可随着生理或病理的变化而形成淋巴小结。淋巴小结内淋巴细胞亦可分散形成弥散淋巴组织。通常在淋巴小结的周围仍存在有弥散的淋巴组织，因此二者之间并无截然界限。

第三节　淋巴器官

淋巴器官（lymphoatic organs）是以淋巴组织为主形成的实质性器官，是体内主要的免疫器官。淋巴器官根据发生和机能特点，可分为初级淋巴器官和次级淋巴器官。

初级淋巴器官亦称中枢淋巴器官，包括胸腺和腔上囊（禽类）。胸腺是T淋巴细胞成熟的器官，而腔上囊是B淋巴细胞成熟的器官。哺乳动物没有腔上囊，B淋巴细胞在胚胎早期在肝，然后在骨髓内分化成熟，故胚肝及骨髓有类似禽类的腔上囊的功能，称为类囊器官。初级淋巴器官发育较早，退化亦快，一般认为动物性成熟后逐渐退化，其中的T淋巴细胞和B淋巴细胞逐渐转移到次级淋巴器官。

次级淋巴器官亦称周围淋巴器官，包括淋巴结、脾、扁桃体、血淋巴结等。次级淋巴器官发育较迟，其中的淋巴细胞是由初级淋巴器官迁移来的，它必须在抗原的刺激下分裂分化。其中T淋巴细胞形成具有相同特异性的免疫淋巴细胞，起细胞免疫作用；B淋巴细胞转化为能产生抗体的浆细胞，参与体液免疫反应。

一、胸　腺

牛的胸腺（thymus）为粉红色的分叶状器官，质地柔软。犊牛胸腺发达，分为颈叶、中间叶和胸叶。胸叶左、右合并，位于心前纵隔内；左、右颈叶沿气管两侧伸达咽部；中间叶较窄位于胸前口处，连接颈叶和胸叶（图8-3）。

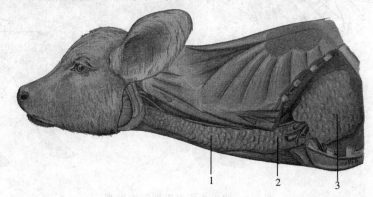

图8-3　犊牛胸腺
1. 颈叶　2. 中间叶　3. 胸叶
（引自Popesko，1979）

胸腺出生后继续发育，出生1周重100～200g，4～6周400～600g，7～8周1 050g，以后随年龄增长逐渐退化，由脂肪组织侵入。但即使到老龄，在胸腺的结缔组织中仍有活性的胸腺组织。中国水牛的胸腺退化较迟，曾见13岁公水牛的胸腺发育仍较好。

二、淋巴结和淋巴中心

淋巴结 [lymphonodi (nodi lymphatici)] 为动物体内淋巴回流通路中的次级淋巴器官。其大小不等、形态不一。一般呈豆形，表面被覆结缔组织被膜并伸入实质内形成小梁，数条输入淋巴管从四周穿过被膜，经实质的淋巴窦汇集成输出淋巴管，从淋巴结的凹陷部，即门区出淋巴结。此外，门区亦是血管、神经的通道。实质分为外周的皮质部和中央的髓质部。皮质部由淋巴小结、副皮质区和皮质淋巴窦构成；髓质部有髓索和髓质淋巴窦构成。淋巴结的主要功能为过滤淋巴，清除淋巴中的病原体和异物，并进行免疫应答反应，同时亦是造血器官。

淋巴结是一种动态结构，经常处于变化之中，在抗原的刺激下形成、增大和增多，当抗原被清除后，又萎缩甚至消失。

各种家畜同名淋巴结或淋巴结群常位于身体的同一部位，并汇集几乎相同区域的淋巴，这个淋巴结或淋巴结群就是这个区域的淋巴中心（lymphocentrum）。

牛全身有19个淋巴中心，每个淋巴中心有1个或几个淋巴结。全身淋巴中心分布于头部、颈部、前肢、胸部、腹腔、腹壁和骨盆壁以及后肢7个部位。牛浅层主要淋巴结见图8-4、图8-5。

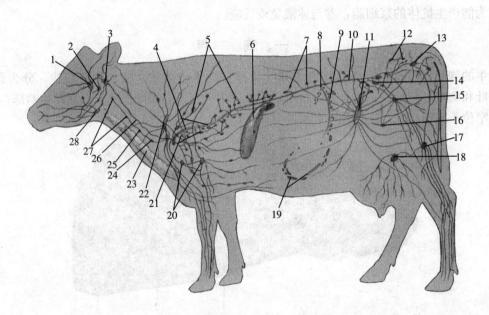

图 8-4 奶牛主要淋巴器官左侧观

1. 腮腺淋巴结 2. 咽后外侧淋巴结 3. 咽后内侧淋巴结 4. 胸导管 5. 肋间淋巴结 6. 脾 7. 腰动脉淋巴结 8. 乳糜池 9. 肠干 10. 腰干 11. 髂下淋巴结 12. 荐骨淋巴结 13. 臀淋巴结 14. 髂内淋巴结 15. 髂外侧淋巴结 16. 腹下淋巴结 17. 腘淋巴结 18. 腹股沟浅淋巴结 19. 肠系膜淋巴结 20. 腋淋巴结 21. 气管支气管淋巴结 22. 颈浅淋巴结 23. 胸腺 24. 颈后淋巴结 25. 颈深中淋巴结 26. 左侧气管干 27. 颈深前淋巴结 28. 下颌淋巴结

(引自 McCracken, 1999)

图 8-5　牛浅层主要淋巴结
1. 下颌淋巴结　2. 腮腺淋巴结　3. 寰椎淋巴结　4. 咽旁淋巴结　5. 颈前淋巴结
6. 颈中淋巴结　7. 颈浅淋巴结　8. 股前淋巴结

(引自 McCracken 等，1999)

(一) 头部淋巴中心及淋巴结

头部淋巴中心有3个，即腮腺淋巴中心、下颌淋巴中心和咽后淋巴中心。

1. 腮腺淋巴中心（lc. parotideum）　仅有腮腺淋巴结。

腮腺淋巴结（ln. parotidei）通常为1个或2～4个淋巴结。较大（长6～9cm），位于颞下颌关节的后下方，部分被腮腺覆盖。

输入管收集头部皮肤、肌肉、鼻腔下半部、唇、颊、外耳、眼部的淋巴，输出管注入咽后外侧淋巴结。

2. 下颌淋巴中心（lc. mandibulare）　有下颌淋巴结、翼肌淋巴结。

(1) 下颌淋巴结（ln. mandibulares）　1～3个，位于下颌间隙内，面血管切迹的后方，被胸下颌肌前部覆盖。该淋巴结是兽医卫生检验和兽医临床诊断的重要淋巴结。输入管收集面部、鼻前部、口腔、唾液腺的淋巴，输出管汇入咽后外侧淋巴结。

(2) 翼肌淋巴结（ln. pterygoideus）　一般1个（长0.75～1.0cm），位于翼肌的外侧、上颌结节后方。输入管收集硬腭、齿龈的淋巴，输出管汇入下颌淋巴结。

3. 咽后淋巴中心（lc. retropharyngeum）　有咽后内侧淋巴结、咽后外侧淋巴结、舌骨前淋巴结和舌骨后淋巴结。

(1) 咽后内侧淋巴结（lnn. retropharyngei mediales）　左右并列于咽背外侧，为3～6cm。输入管收集咽、喉、唾液腺、鼻后部、鼻旁窦等处的淋巴，输出管汇入咽后外侧淋巴结。

(2) 咽后外侧淋巴结（lnn. retropharyngei laterales）　大小为4～5cm，位于寰椎翼腹侧、腮腺和下颌腺的深层。输入管收集口腔、下颌、外耳、唾液腺及头部淋巴结（翼肌淋巴结外）的淋巴，输出管形成左、右气管干（颈干）。

(3) 舌骨前淋巴结（ln. hyoideus rostralis）　位于甲状舌骨的外侧。输入管收集舌的淋巴，输出管汇集于咽后外侧淋巴结。舌骨后淋巴结（ln. hyoideus caudalis）：位于茎舌骨肌的外侧。输入管收集下颌的淋巴，输出管汇集于咽后外侧淋巴结。

牛头部浅层及深层淋巴结见图8-4、图8-6、图8-7。

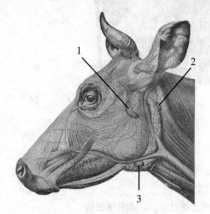

图8-6　牛头部浅层淋巴结
1. 腮腺淋巴结　2. 咽后外侧淋巴结
3. 下颌淋巴结
（引自 Sisson，1938）

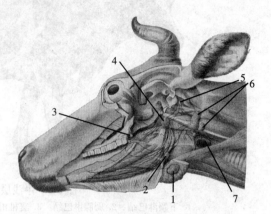

图8-7　牛头部深层淋巴结
1. 下颌淋巴结　2. 舌骨前淋巴结　3. 翼肌淋巴结
4. 咽后内侧淋巴结　5. 舌骨后淋巴结
6. 咽后外侧淋巴结　7. 甲状腺
（引自 Sisson，1938）

（二）颈部淋巴中心和淋巴结

颈部淋巴中心为2个，即颈浅淋巴中心和颈深淋巴中心。

1. 颈浅淋巴中心（lc. cervicale superficiale）　有颈浅淋巴结和颈浅副淋巴结两群。

（1）颈浅淋巴结（lnn. cervicales superficiales）　通常1个大淋巴结，长为7～9cm，位于肩关节前方、肩胛横突肌的深面。因此又称肩前淋巴结。输入管收集颈部、前肢、胸壁的淋巴，输出管注入右气管干和胸导管。

（2）颈浅副淋巴结（lnn. cervicales superficiales accessorii）　通常5～10个小淋巴结，位于斜方肌深面、冈上肌前方。这些淋巴结一部分或全部常为血淋巴结。输入管收集颈部肌肉、皮肤的淋巴，输出管汇入颈浅淋巴结。

2. 颈深淋巴中心（lc. cervicale profundum）　有颈深前、中、后淋巴结，肋颈淋巴结和菱形肌下淋巴结等5群淋巴结。

（1）颈深前淋巴结（lnn. cervicales profundi craniales）　有4～6个淋巴结，位于甲状腺附近的气管两侧。输入管收集颈部肌肉、甲状腺、气管、食管、胸腺等处的淋巴，输出管汇入颈深中淋巴结。

（2）颈深中淋巴结（lnn. cervicales profundi medii）　有1～7个淋巴结，位于颈中部的气管两侧。输入管收集范围与颈深前淋巴结相似，输出管汇入颈深后淋巴结。

（3）颈深后淋巴结（lnn. cervicales profundi caudales）　常有2～4个淋巴结，最后一组位于胸前口处的肋颈淋巴结附近。输入管收集颈部肌肉、气管、食管、胸腺以及肩臂部的淋巴，输出管注入气管干、胸导管或颈外静脉。

（4）肋颈淋巴结（lnn. costocervicalis）　一般1个，直径1.5～3.0cm，位于第1肋骨前内侧、气管和食管两侧，肋颈干起始处附近。输入管收集颈后部、肩带部、肋胸膜、气管和纵隔前淋巴结输出管的淋巴，输出管注入右气管干（右）或胸导管（左）。

（5）菱形肌下淋巴结（ln. subrhomboideus） 菱形肌深面近肩胛骨后角处的淋巴结。输入管收集肩胛部淋巴，输出管汇入纵隔前淋巴结。

（三）前肢淋巴中心及淋巴结

前肢淋巴中心仅有1个，即腋淋巴中心（lc. axillare）（图8-8）。有腋淋巴结和冈下肌淋巴结。

（1）腋淋巴结（lnn. axillares） 肩关节与胸壁间的一群淋巴结总称，根据其位置不同，又可分为以下3个淋巴结。

固有腋淋巴结（lnn. axillares proprii）：每侧1~2个，长2~3.5cm，位于肩关节后方，大圆肌远端内侧面。输入管收集前肢、胸肌等处的淋巴，输出管汇入第1肋腋淋巴结或颈深淋巴结或气管干。

第1肋腋淋巴结（lnn. axillares primae costae）：每侧1~2个，长1.5cm。位于肩关节的前内侧，第1肋或第1肋间的胸骨端，胸深肌深面。输入管收集胸肌、腹侧锯肌、斜角肌、肩臂部肌等处的淋巴，输出管左侧注入气管干或胸导管，右侧注入右淋巴导管。还可能汇入颈深淋巴结。

腋副淋巴结（ln. axillaris accessorius）：1个，位于胸升肌与背阔肌交叉处。输入管收集胸肌、背阔肌等处的淋巴，输出管汇入固有腋淋巴结。

（2）冈下肌淋巴结（ln. infraspinatus） 冈下肌后缘与臂三头肌长头间的小淋巴结。输入管收集冈下肌、臂三头肌等处的淋巴，输出管汇入固有腋淋巴结。

图8-8 牛前肢淋巴结
1. 固有腋淋巴结
2. 第1肋腋淋巴结
（引自 Sisson，1938）

（四）胸部淋巴中心及淋巴结

胸部淋巴中心有4个，即胸背侧淋巴中心、胸腹侧淋巴中心、纵隔淋巴中心和支气管淋巴中心（图8-4、图8-9）。

1. 胸背侧淋巴中心（lc. thoracicum dorsale） 有胸主动脉淋巴结和肋间淋巴结。

（1）胸主动脉淋巴结（lnn. thoracici aortici） 胸主动脉背侧与胸椎椎体之间脂肪内的一串淋巴结。输入管收集胸壁、胸膜、纵隔等处的淋巴，输出管或直接注入胸导管，或汇入纵隔淋巴结。

（2）肋间淋巴结（lnn. intercostales） 各肋间隙近端的胸膜下、交感干背侧的一系列淋巴结。

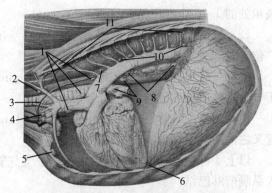

图8-9 牛胸腔淋巴结（左侧）
1. 纵隔前淋巴结 2. 肋颈淋巴结 3. 胸导管
4. 颈深后淋巴结 5. 胸骨前淋巴结 6. 胸骨后淋巴结
7. 纵隔中淋巴结 8. 纵隔后淋巴结 9. 支气管淋巴结
10. 纵隔背淋巴结 11. 肋间淋巴结
（引自 Sisson，1938）

输入管收集胸背部肌肉、胸椎、肋间肌及胸膜等处的淋巴，输出管汇入胸主动脉淋巴结或纵隔淋巴结。

2. 胸腹侧淋巴中心（lc. thoracicum ventrale） 有胸骨淋巴结和膈淋巴结。

（1）胸骨淋巴结（lnn. sternales） 于胸骨背侧、胸廓内动、静脉沿途的一些淋巴结，牛分为胸骨前淋巴结和胸骨后淋巴结。

胸骨前淋巴结（lnn. sternales craniales）：1个，直径1.5~2.5mm，位于胸骨柄背侧，左右胸廓内动、静脉之间。输入管收集胸底壁前部、纵隔、胸膜等处的淋巴，输出管注入右气管干和胸导管。

胸骨后淋巴结（lnn. sternales caudales）：胸骨中部背侧、胸横肌深面，沿胸廓内动、静脉分布的数个淋巴结。输入管收集胸底壁、腹底壁、胸骨、肋骨、胸膜、纵隔、心包等处的淋巴，输出管汇入胸骨前淋巴结。

（2）膈淋巴结（lnn. phrenici） 较小，位于膈的胸腔面、后腔静脉裂孔附近。

输入管收集膈和纵隔的淋巴，输出管汇入纵隔后淋巴结。

3. 纵隔淋巴中心（lc. mediastinale） 有3群淋巴结，即纵隔前、中、后淋巴结。

（1）纵隔前淋巴结（lnn. mediastinales craniales） 心前纵隔内，主动脉弓前方的数个淋巴结。输入管收集胸部食管、气管、胸腺、肺、心包、纵隔等处的淋巴，输出管注入胸导管、右气管干或右淋巴导管。

（2）纵隔中淋巴结（lnn. mediastinales medii） 主动脉弓的右侧，食管背侧的数个淋巴结。输入管收集食管、气管、肺、纵隔等处的淋巴，输出管一般注入胸导管。

（3）纵隔后淋巴结（lnn. mediastinales caudales） 主动脉弓后方的纵隔内的数个淋巴结，沿胸主动脉与食管间分布。其中1个很大，长达5~10cm以上。输入管收集膈、纵隔、食管、肺和心包等处的淋巴，输出管一般注入胸导管，亦可汇入胸主动脉淋巴结。

4. 支气管淋巴中心（lc. bronchale） 有5个淋巴结群，即气管支气管（气管叉）左、右、中淋巴结，气管支气管前淋巴结和肺淋巴结。

（1）气管支气管前淋巴结（lnn. tracheobronchales craniales） 气管支气管背侧与气管夹角处的1~2个淋巴结。

（2）气管支气管（气管叉）右淋巴结［lnn. tracheobronchales (brfurcationis) dextri］位于气管叉右侧的淋巴结。

（3）气管支气管（气管叉）左淋巴结［lnn. trachnchales (bifurcationis) sinistri］ 位于气管叉左侧的淋巴结。

（4）气管支气管（气管叉）中淋巴结［lnn. trachnchales (bifucationis) medii］ 位于气管叉之间的淋巴结。

以上4群淋巴结的输入管收集食管、支气管、心、肺的淋巴，输出管注入胸导管，或汇入纵隔前淋巴结。

肺淋巴结（lnn. pulmonales）：沿肺内支气管分布的数个淋巴结。输入管收集肺的淋巴，输出管汇入气管支气管淋巴结或纵隔后淋巴结。

（五）腹壁和骨盆壁的淋巴中心及淋巴结

腹壁及骨盆壁的淋巴中心有4个，即腰淋巴中心、髂荐淋巴中心、腹股沟股淋巴中心和坐骨淋巴中心。

1. 腰淋巴中心（lc. lumbale）　有主动脉腰淋巴结、固有腰淋巴结、肾淋巴结等3群淋巴结。

（1）主动脉腰淋巴结（lnn. lumbales aortici）　腹主动脉和后腔静脉沿途的数个淋巴结，从肾至旋髂深动脉分支处之间的腹膜下。输入管收集腰部肌肉等处的淋巴，输出管注入腰干或乳糜池。

（2）固有腰淋巴结（lnn. lumbales proprii）　腰椎横突之间、椎间孔附近的小淋巴结。输入管收集腰部肌肉等处的淋巴，输出管汇入主动脉腰淋巴结。

（3）肾淋巴结（lnn. renales）　肾门附近，肾动、静脉周围的1群淋巴结。输入管收集肾、肾上腺、输尿管等处的淋巴，输出管注入乳糜池。

2. 髂荐淋巴中心（lc. iliosacrale）　有髂内侧淋巴结、髂外侧淋巴结、腹下淋巴结和肛门直肠淋巴结等4群淋巴结。

（1）髂内侧淋巴结（lnn. iliaci mediales）　左右髂外动脉起始处附近的一大群淋巴结，其中在左、右髂内动脉夹角内的淋巴结又称为荐淋巴结（lnn. sacrales）。髂内侧淋巴结是兽医卫生检验的重要淋巴结。输入管收集腰荐部、尾部、腹壁后部、后肢等处的淋巴，输出管形成左、右腰干。

（2）髂外侧淋巴结（lnn. iliaci laterales）　旋髂深动脉的前、后支处的1群淋巴结，但牛常1个，水牛2~5个。输入管收集腰荐部、后腹部等处的淋巴，输出管汇入髂内侧淋巴结。

（3）腹下淋巴结（lnn. hypogastrici）　荐结节韧带内侧，髂内动、静脉各分支处的淋巴结。每侧有1~3个。输入管收集骨盆壁及盆腔内脏等处的淋巴，输出管汇入髂内侧淋巴结。

（4）肛门直肠淋巴结（lnn. anorectales）　直肠后部（腹膜外部）背侧的数个淋巴结。输入管收集肛门、会阴、尾肌、直肠等处的淋巴，输出管汇入髂内侧淋巴结。

3. 腹股沟股（腹股沟浅）**淋巴中心**　[lc. inguinofemorale (inguinale superficiale)]　有腹股沟浅淋巴结、髂下淋巴结、髋淋巴结、髋副淋巴结、腰旁窝淋巴结等5群淋巴结。

（1）腹股沟浅淋巴结（lnn. inguinales superficiales）　腹底壁后部，腹股沟管浅环附近的一群淋巴结。因性别差异而有不同名称。

阴囊淋巴结（lnn. scrotales）：公牛精索后上方、阴茎背侧。

乳房淋巴结（lnn. mammarii）：母牛乳房基底部后上方两侧。

输入管收集腹底壁的肌肉、皮肤、股内侧、阴囊、乳房、外生殖器等处的淋巴，输出管汇入髂内侧淋巴结。

（2）髂下淋巴结（lnn. subiliaci）　常为一大而长的淋巴结，位于膝关节的前上方、阔筋膜张肌前缘膝褶中，活体易触摸。

输入管收集腹侧壁、骨盆、股部、小腿部等处的淋巴，输出管汇入髂外侧淋巴结和髂内侧淋巴结。

（3）髋淋巴结（ln. coxalis）　长约2cm，位置不定，常位于髋结节的腹侧、股四头肌前方、阔筋膜张肌中部内侧，旋股外侧动、静脉沿途。

（4）髋副淋巴结（ln. coxalis accessorius）　位置不定，常位于阔筋膜张肌的外侧。以上两淋巴结的输入管收集股四头肌等处的淋巴，输出管汇入髂内、外侧淋巴结。

(5) 腰旁窝淋巴结（lnn. fossae paralumbalis） 腰旁窝皮下的 1~2 个淋巴结。输入管收集腹壁的淋巴，输出管汇入髂下淋巴结。

4. 坐骨淋巴中心（lc. ischiadicum） 有 3 群淋巴结，即坐骨淋巴结、臀淋巴结和结节淋巴结。

(1) 坐骨淋巴结（lnn. ischiadici） 常有 1~2 小淋巴结。位于荐结节阔韧带外侧，坐骨大孔附近，臀中肌深层。输入管收集臀部肌等处的淋巴，输出管汇入髂内侧淋巴结。

(2) 臀淋巴结 [ln. gluteus (glutaeus)] 位于荐结节阔韧带后缘外侧，坐骨小切迹背侧，臀股二头肌深面。输入管收集臀后、肛门部等处肌肉、皮肤的淋巴，输出管汇入髂内侧淋巴结或坐骨淋巴结。

(3) 结节淋巴结（ln. tuberalis） 位荐结节阔韧带后缘、坐骨结节内侧皮下。输入管收集骨盆、尾部、股部等处的淋巴，输出管汇入臀淋巴结、荐淋巴结。

（六）腹腔内脏的淋巴中心及淋巴结

腹腔内脏的淋巴中心有 3 个，即腹腔淋巴中心、肠系膜前淋巴中心和肠系膜后淋巴中心。各中心的淋巴结除分布在动脉起始处外，还分布在实质性器官门部，肠管沿途的肠系膜内，以及胃血管的沿途。淋巴结的命名一般按位置命名，许多与器官同名。

1. 腹腔淋巴中心 [lc. celiacum (coeliacum)] 该中心的输入管收集胃、肝、脾、胰、十二指肠、网膜、肠系膜等处的淋巴，输入管与肠干汇合成内脏干，注入乳糜池。所属淋巴结有腹腔淋巴结、胃淋巴结、肝淋巴结、肝副淋巴结和胰十二指肠淋巴结。

(1) 腹腔淋巴结 [lnn. celiaci (coeliaci)] 腹腔动脉起始处附近的 3~4 个淋巴结。输入管收集脾和肝的淋巴；输出管形成腹腔干，注入内脏干（图 8-10）。

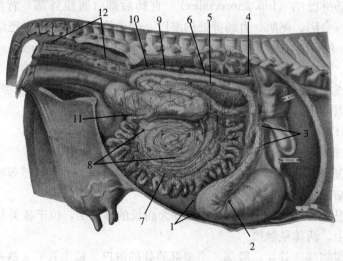

图 8-10 牛腹腔和骨盆腔淋巴结
1. 皱胃腹侧淋巴结 2. 皱胃背侧淋巴结 3. 肝淋巴结
4. 胸导管 5. 胰十二指肠淋巴结 6. 肠干
7. 空肠淋巴结 8. 结肠淋巴结 9. 腰干
10. 髂内淋巴结 11. 盲肠淋巴结 12. 肛门直肠淋巴结
（引自 Sisson, 1938）

(2) 肝（门）淋巴结 [lnn. hepatici (portales)]　一般有 1~3 个，有时多达 10 个，沿门静脉分布。输入管收集肝、胰、十二指肠、皱胃的淋巴；输出管汇合形成肝干，与胃干汇合形成内脏干。

(3) 肝副淋巴结 (lnn. hepatici accessorii)　肝的背侧缘、后腔静脉沿途的一些淋巴结。输入管收集肝等处的淋巴，输入管汇合肝干。

(4) 胃淋巴结 (lnn. gastrici)　直径为 0.5~4.0cm，数目多。分布胃的各室的血管沿途。牛有 4 个胃，淋巴结由于分布位置各异，所以名称不同。可分为以下 8 种：

瘤胃右淋巴结 (lnn. ruminales dextri)：常有 4~5 个，位于瘤胃右纵沟内，瘤胃右动脉沿途。

瘤胃左淋巴结 (lnn. ruminales sinistri)：4~5 个，位于瘤胃左纵沟内，瘤胃左动脉的沿途。

瘤胃前淋巴结 (lnn. ruminales craniales)：深陷瘤胃前沟内的 1~2 个淋巴结。

网胃淋巴结 (lnn. reticulares)：常有 5~7 个，位于网胃与瓣胃连接部附近，沿胃左动脉腹侧支分布。

瓣胃淋巴结 (lnn. omasiales)：瓣胃表面，胃左动脉背侧支沿途的数个淋巴结。

皱胃背、腹侧淋巴结 (lnn. abomasiales dorsales et ventrales)：皱胃小弯和大弯内，沿胃左动脉的背侧支和腹侧支（胃网膜左动脉）分布。

瘤皱胃淋巴结 (lnn. ruminoabomasiales)：瘤胃隐窝与皱胃之间的数个淋巴结。

网皱胃淋巴结 (lnn. reticuloabomasiales)：皱胃前部与网胃之间的数个淋巴结。

胃淋巴结的输入管收集相应部位的淋巴；输出管汇合形成胃干，汇入腹腔干。

(5) 胰十二指肠淋巴结 (lnn. pancreaticoduodenales)　十二指肠系膜内、胰右叶与十二指肠降部之间的数个淋巴结。输入管收集胰、十二指肠及附近的部分结肠等处的淋巴，输出管一般汇入肠干。

2. 肠系膜前淋巴中心 (lc. mesentericum craniale)　有 4 群淋巴结，即肠系膜前淋巴结、空肠淋巴结、盲肠淋巴结、结肠淋巴结。

(1) 肠系膜前淋巴结 (lnn. mesenterici craniales)　一般 2~3 个，位于肠系膜前动脉起始处附近。

(2) 空肠淋巴结 (lnn. jejunales)　数目很多，大小不一，牛有 30~50 个，最大达 10cm 以上。分布在空肠系膜内，沿结肠旋襻与空肠间呈长条形念珠状分布，总长达 0.5~1.2m。

(3) 盲肠淋巴结 (lnn. cecales)　有 1~3 个，分布于回盲襞内、回肠与盲肠之间。

(4) 结肠淋巴结 (lnn. colici)　数目多，一般有 5~16 个。因位置不同可分为浅层和深层。浅层的结肠淋巴结较大，位于结肠旋襻的右侧的总肠系膜上；深层分散在结肠旋襻的系膜内。

肠系膜前淋巴中心的淋巴结输入管收集胰、空肠、回肠、盲肠、大部分结肠等处的淋巴；输出管汇合成肠干，与胃干结合形成内脏干，注入乳糜池，或直接注入乳糜池。

3. 肠系膜后淋巴中心 (lc. mesentericum caudale)　仅有一群肠系膜后淋巴结。

肠系膜后淋巴结 (lnn. mesenterici caudales)　有 2~5 个。分布于肠系膜后动脉起始处至分出结肠左动脉和直肠前动脉之间的系膜内。

输入管收集降结肠、直肠前部等处的淋巴；输出管汇入髂内淋巴结，或直接注入腰干。

（七）后肢的淋巴中心及淋巴结

后肢的淋巴中心有两个，即腘淋巴中心和髂股（腹股沟深）淋巴中心（图8-11）。

1. 腘淋巴中心（lc. popliteum） 仅一群，腘深淋巴结。

腘深淋巴结（lnn. poplitei superficiales）通常为1个淋巴结，位于膝关节后方，臀股二头肌与半腱肌之间，腓肠肌外侧头近端的表面。

输入管收入膝以下的淋巴；输出管汇入髂内侧淋巴结，亦可能汇入坐骨淋巴结，甚至腰主动脉淋巴结等。

2. 髂股（腹股沟深）淋巴中心 [lc. iliofemorale (inguinale profumdum)] 有两群淋巴结，即髂股淋巴结和腹壁淋巴结。

（1）髂股（腹股沟深）淋巴结 [lnn. iliofemorales (inguinales profundi)] 常1~3个，位于髂骨体前方，分出旋髂深动脉处之后的髂外动脉沿途。输入管收集膀胱、子宫角、雄性尿道盆部、副性腺及后肢、腹壁等处的淋巴，输出管汇入髂内侧淋巴结。

（2）腹壁淋巴结（ln. epigastricus） 近耻骨处的腹直肌内面的淋巴结。输入管收集腹壁、乳房等处的淋巴，输出管汇入髂内侧淋巴结。

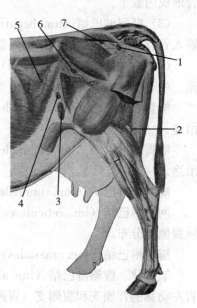

图 8-11 牛后肢淋巴结
1. 坐骨淋巴结 2. 腘淋巴结
3、4. 股前淋巴结
5. 腰旁淋巴结 6. 臀前淋巴结
7. 荐骨侧淋巴结
(引自 Sisson, 1938)

三、脾

脾（lien）是体内最大的淋巴器官。牛脾呈扁平的长椭圆形，大小个体差异较大，一般成体牛的脾长约50cm，宽约1.5cm，呈灰蓝色至红紫色，断面为赤紫色，质地较软（图8-12）。

脾斜位于左季肋区、瘤胃背囊的左前方，背侧端达最后肋的椎骨端及第1腰椎横突腹侧；腹侧端伸达第8~9肋的胸骨端稍上方（约一掌宽）。壁面略凸，与膈相对，脏面略凹，上部以腹膜和结缔组织与左膈脚及瘤胃背囊壁相连，下部游离。脏面的上1/3处有供脾动、静脉和神经、淋巴管进出的脾门。

羊脾呈扁平的钝三角形。紫红色，质软，位于瘤胃左侧。脾门位于脏面的前上角。

脾由间质和实质构成。间质包括表面的被膜和伸入实质的小梁，形成网状支架。实质由白髓和红髓组成。白髓

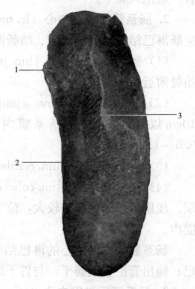

图 8-12 牛脾外形
1. 脾门 2. 前缘
3. 脾和瘤胃的粘连处

为淋巴小结，色淡。红髓由脾窦及散在淋巴组织（脾索）构成，因脾窦内充满血液，故呈红色。

脾可产生淋巴细胞、巨噬细胞，参与机体的免疫反应，同时脾还具有储血、滤血、破血等功能。

四、扁桃体

扁桃体（tonsilla）因位置不同，可分为舌扁桃体（舌根部黏膜内）、腭扁桃体（舌腭弓后方两侧的扁桃体窦内）和咽扁桃体（咽腔背侧壁）。扁桃体虽然是次级淋巴器官，但其中的网状组织来源上皮组织，与淋巴结的网状组织不同。扁桃体的功能与淋巴结相似。

五、血淋巴结

血淋巴结（lymphonodus hemalis）较小，卵圆形或圆形，呈暗红色。一般分布于主动脉径路上、瘤胃表面、皮下等处。

血淋巴结构造类似脾，含有血窦，充满血液，具有滤血等功能。

第四篇

神经系统、内分泌系统和感觉器

神经系统和内分泌系统是有机体的两大机能调节系统。尽管二者在形态、结构和功能等方面有很大的不同，但它们共同担负调节机体各组织、器官和系统生理活动的功能，使之相互协调、相互制约、相互联系，保证机体整体的统一和内外环境的相对平衡。

感觉器包括视觉、位听和触觉器官，它们所含的感受器和效应器与神经系统有着密切的联系。

第九章

牛神经系统

第一节 概 述

神经系统（systema nervosum）由脑、脊髓、神经节和分布于全身的神经组成。神经系统能接受来自体内器官和外界环境的各种刺激，并将刺激转变为神经冲动进行传导，一方面调节机体各器官的生理活动，保持器官之间的平衡和协调；另一方面保证畜体与外界环境之间的平衡和协调，以适应环境的变化。因此，神经系统在畜体调节系统中起主导作用。

（一）神经系统的区分

神经系统在形态和机能上是一个不可分割的整体，为了学习方便通常将神经系统分为中枢神经系统和周围神经系统两部分。中枢神经系统（systema nervorumcentrale）包括脑和脊髓，分别位于颅腔和椎管内；周围神经系统（systema nervorum periphericum）由脑和脊髓发出，根据分布的不同，可分为躯体神经和内脏神经。躯体神经又分为脑神经和脊神经。自脑部出入的神经称脑神经；从脊髓出入的神经称脊神经；控制心肌、平滑肌和腺体活动的神经称内脏神经，内脏神经的传出纤维又称植物性神经（systema nervorum vegetatium），植物性神经根据功能又分为交感神经和副交感神经（表9-1）。

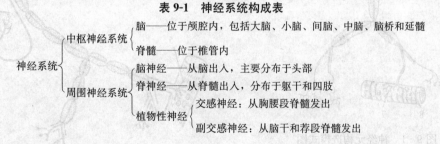

表9-1 神经系统构成表

```
            ┌ 中枢神经系统 ┬ 脑——位于颅腔内，包括大脑、小脑、间脑、中脑、脑桥和延髓
            │              └ 脊髓——位于椎管内
神经系统 ───┤              ┌ 脑神经——从脑出入，主要分布于头部
            │              │ 脊神经——从脊髓出入，分布于躯干和四肢
            └ 周围神经系统 ┤              ┌ 交感神经：从胸腰段脊髓发出
                           └ 植物性神经 ──┤
                                          └ 副交感神经：从脑干和荐段脊髓发出
```

（二）神经系统的基本结构

神经系统由神经组织构成。神经组织包括神经元（neuron）和神经胶质。神经元是一种高度分化的细胞，它是神经系统的结构和功能单位（图9-1）。神经元由胞体和突起组成。突起又分为树突和轴突。树突可以有一条或几条，一般较短，反复分支。轴突通常只有一条，长的轴突可达1m。从功能上看，树突和胞体是接受其他神经元传来的冲动，而轴突是将冲动传至远离胞体的部位。神经元之间借突触彼此相连。神经胶质是中枢神经系统内的间质或支持细胞，起着支持、营养、绝缘、保护和修复作用。有关神经元和神经胶质的详细结构详见家畜组织学中对神经组织的叙述。

(三) 神经系统的活动方式

神经系统的基本活动方式是反射——即有机体接受内外环境的刺激后,在神经系统的参与下,对刺激做出的应答性反应。完成一个反射活动时,要通过的神经通路称为反射弧。反射弧由感受器、传入神经、中枢、传出神经和效应器 5 部分组成(图 9-2)。其中任何一个部分遭受破坏时,反射活动就不能进行。因此,临床上常利用破坏反射弧的完整性对动物进行麻醉,以便实施外科手术。

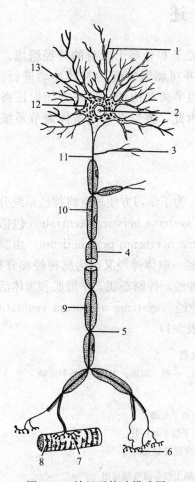

图 9-1 神经元构造模式图
1. 树突 2. 神经细胞核 3. 侧支 4. 雪旺鞘
5. 朗飞节 6. 神经末梢 7. 运动终板
8. 肌纤维 9. 雪旺细胞核 10. 髓鞘
11. 轴突 12. 神经细胞体 13. 尼氏体

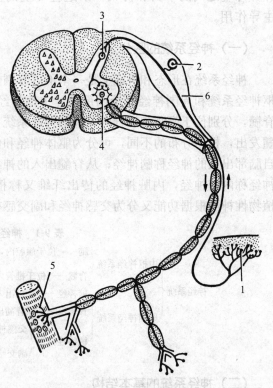

图 9-2 反射弧模式图
1. 感觉神经末梢 2. 传入神经元 3. 中间神经元
4. 传出神经元 5. 运动神经末梢 6. 脊神经节

(四) 神经系统的常用术语

神经系统中由于神经元的胞体与突起在不同的部位常有不同的聚集方式,因而具有不同的术语名称。

1. 灰质和皮质 在中枢部,神经元胞体及其树突集聚的地方,富有血管,在新鲜标本上呈粉灰色，称为灰质，如脊髓灰质。灰质若在脑表面分布，称为皮质，如大脑皮质、小脑皮质。

2. 白质和髓质 白质是泛指神经纤维集聚的地方，大部分神经纤维有髓鞘，呈白色，如脊髓白质。分布在小脑皮质深面的白质特称髓质。

3. 神经核和神经节 在中枢神经内，由功能和形态相似的神经元胞体和树突集聚而成的灰质团块称为神经核。在外周部，神经元的细胞体聚集形成神经节，神经节可分为感觉神经节和植物性神经节。

4. 神经和神经纤维束 起止行程和功能基本相同的神经纤维聚集成束，在中枢称神经纤维束。由脊髓向脑传导感觉冲动的神经束称上行束；由脑传导运动冲动至脊髓的称下行束。神经纤维在外周部聚集形成粗细不等的神经。神经根据冲动的性质可分为感觉神经、运动神经和混合神经。

第二节 脊 髓

脊髓（medulla spinalis）由胚胎时期的神经管后部发育而成，基本保持了原始神经管形状，具有节段性，是中枢神经系统的低级部分。

（一）脊髓的外形和位置

脊髓（medulla spinalis）位于椎管内，呈上下略扁的圆柱形。前端在枕骨大孔处与延髓相连；后端到达荐骨中部，逐渐变细呈圆锥形，称脊髓圆锥（conus medullaris）。脊髓末端有一根细长的终丝。脊髓各段粗细不一，有两个膨大，即颈膨大和腰膨大。在颈后部和胸前部由于发出至前肢的神经，神经细胞和纤维较多，因而形成颈膨大；在腰荐部发出至后肢的纤维，故也较粗，称腰膨大。由于脊柱比脊髓生长快，脊髓逐渐短于椎管，荐神经和尾神经自脊髓发出后要在椎管内向后伸延一段，才能到达相应的椎间孔，它们包围脊髓圆锥和终丝，共同构成马尾（cauda equina）（图9-3）。

剥除脊膜，在脊髓的表面有几条纵沟。脊髓背侧中线有一浅沟称止中沟，在此沟两侧各有一条背外侧沟，脊神经的背侧根丝由此沟进入脊髓。脊髓腹侧有较深的腹正中裂，裂中有脊软膜皱襞；在此裂两侧各有一条腹外侧沟，脊神经的腹侧根由此沟离开脊髓。上述6条沟纵贯脊髓全长。

（二）脊髓的内部结构

脊髓由灰质和白质构成，从脊髓的横切面观察，灰质位于中央，呈H形，颜色灰暗；白质位于灰质的外周，呈白色。灰质中央是中央管，纵贯脊髓全长，前面接第4脑室，后达终丝的起始部，并在脊髓圆锥内呈菱形扩张形成终室。

1. 灰质 主要由神经元的胞体和树突构成。横断面呈蝶形，有一对背侧角（柱）和一对腹侧角（柱）。背侧角和腹侧角之间为灰质联合。在脊髓的胸段和腰前段腹侧柱基部的外侧，还有稍隆起的外侧角（柱）。背侧柱的神经元属于中间神经元，并聚集形成固有核、背核及中间内侧核；腹侧柱内有运动神经元的胞体，支配骨骼肌纤维。外侧柱内有植物性神经节前神经元的胞体，背侧柱内含有各种类型的中间神经元的胞体，这些中间神经元接受脊神

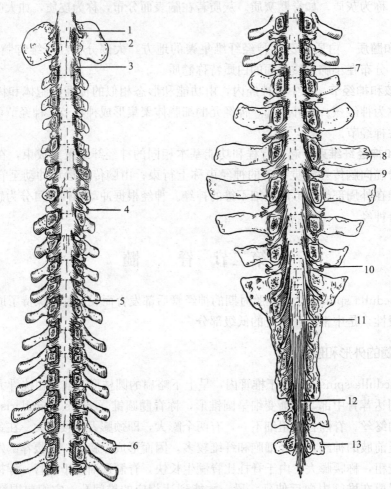

图 9-3 牛脊髓的外形
1. 第1颈神经 2. 寰椎翼 3. 第2颈神经 4. 第8颈神经 5. 第4胸神经 6. 第10肋骨
7. 第13胸神经 8. 腰椎横突 9. 第3腰神经 10. 第6腰神经 11. 脊髓圆锥 12. 马尾 13. 尾椎

经节内的感觉神经元的冲动，传导至运动神经元或下一个中间神经元。此外，灰质内还含有神经纤维和神经胶质细胞。

2. 白质 主要由有髓纤维组成，含有长短不等的纤维束，被灰质柱分为左、右对称的3对索。背侧索位于背正中沟与背侧柱之间，腹侧索位于腹侧柱与腹正中裂之间，外侧索位于背侧柱与腹侧柱之间。靠近灰质柱的白质都是一些短程的连接脊髓各段之间的纤维，称固有束。其他都是一些远程的连于脑和脊髓之间的纤维。这些远程纤维聚集成束，形成脑脊髓的传导径。背侧索内的纤维是由脊神经节内的感觉神经元的中枢突构成的，称为感觉传导束。外侧索和腹侧索均由来自背侧柱的中间神经元的轴突（上行纤维束）以及来自大脑和脑干的中间神经元的轴突（下行纤维束）所组成，主要是运动传导束。

3. 脊神经根 每一节段脊髓的背外侧沟和腹外侧沟，分别与脊神经的背侧根及腹侧根相连。背侧根（或称感觉根）较粗，上有脊神经节。脊神经节由感觉神经元的胞体所构成，其外周突随脊神经伸向外周；中枢突构成背侧根，进入脊髓背侧索或与背侧柱内的中间神经元发生突触。腹侧根（或称运动根）较细，由腹侧柱和外侧柱内的运动神经元的轴突构成。

背侧根和腹侧根在椎间孔附近合并为脊神经（图 9-4）。

（三）脊髓的被膜和血管

1. 脊膜（meninges spinalis） 脊髓外面被覆有 3 层结缔组织膜，总称为脊膜。由内向外依次为脊软膜、脊蛛网膜和脊硬膜。

2. 脊髓的血管 脊髓的主要动脉是脊髓腹侧动脉，它沿腹正中裂伸延，分布于脊髓，由枕动脉、椎动脉、肋间背侧动脉、腰动脉和荐外侧动脉的脊髓支形成。

（四）脊髓的功能

1. 传导功能 全身（除头部外）深、浅部的感觉以及大部分内脏器官的感觉，都要通过脊髓白质才能传导到脑，产生感觉。而脑对躯干、四肢横纹肌的运动以及部分内脏器官的支配管理，也要通过脊髓白质的传导，才能实现。若脊髓受损伤时，其上传下达的功能便发生阻滞，引起一定的感觉障碍和运动失调。

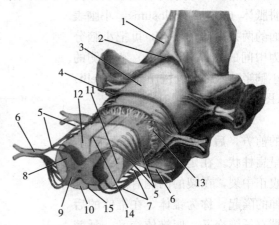

图 9-4 脊髓横断面模式图
1. 椎弓 2. 硬膜外腔 3. 脊硬膜 4. 硬膜下腔
5. 背侧根 6. 脊神经节 7. 腹侧根 8. 背侧柱
9. 腹侧柱 10. 腹侧索 11. 外侧索 12. 背侧索
13. 蛛网膜下腔 14. 背正中沟 15. 腹正中裂

2. 反射功能 脊髓除有传导功能外，还能完成许多反射活动。在正常情况下，脊髓反射活动都是在脑的控制下进行的。感觉（传入）纤维进入脊髓后，分为上行支和下行支，有的并沿途分出侧支进入背侧柱，与中间神经元相联系。中间神经元再与同侧或对侧腹侧柱的运动神经元相联系。因此，刺激一段脊髓的感觉纤维，能引起本段或邻近各段的反应。此外，在脊髓的灰质内还有许多低级反射中枢，如肌肉的牵张反射中枢，排尿、排粪以及性行为的低级反射中枢等。

第三节 脑

一、脑的形态、位置和区分

脑位于颅腔内，在枕骨大孔处与脊髓相连。脑的形态不规则，表面凸凹不平，根据外部形态和内部结构特征可分为大脑、小脑、间脑、中脑、脑桥和延髓 6 部分。通常将延髓、脑桥和中脑称为脑干，也有学者认为间脑也属于脑干。12 对脑神经自脑出入，按由前向后的顺序，分别用罗马字母表示。

1. 脑的背侧面 在脑的背侧后部，有一明显的大脑横裂将大脑和小脑分开，由一深的大脑纵裂将大脑分成左右两个大脑半球。每侧半球表面被覆着灰质，称为大脑皮质。灰质凹入形成脑沟（sulci），两沟之间为脑回。根据机能和位置的不同，可把每一大脑半球分为 5 叶：外侧部为颞叶，前背侧面为额叶，后背侧面为顶叶，后部为枕叶，在半球的内侧面，上半部属于额叶、顶叶和颞叶，下半部属于边缘叶。一般认为颞叶为听觉区，额叶为运动区，顶叶为一般感觉区，枕叶为位视觉区，边缘叶为调解内脏活动的高级中枢。在大脑纵裂的深部，有连接两半球的白质板，称为胼胝体（corpus callosum）。小脑表面的两条纵向的浅沟，可把小脑分为中间的蚓部（vermis）和两侧的小脑半球（hemispherium cerebelli）（图9-5）。

2. 脑的腹侧面 延髓位于脊髓的前方，后部较狭窄，前部稍宽，呈扁柱状。在延髓腹侧正中线上有腹正中裂，在裂的两侧有向前后延伸的隆起，称为锥体。在锥体的后端有纤维交叉，叫锥体交叉。延髓之前为横向的明显突起，称为脑桥。脑桥之前为纵行的左、右大脑脚。大脑脚之间的凹窝为脚间窝，以容纳下丘脑。下丘脑腹侧面的后部有小丘状的隆起，为乳头体，其前方为灰结节，灰结节之下为垂体。垂体为一球状结构，以垂体柄连于灰结节。在垂体前方有2对脑神经（视神经）汇合形成视交叉，由视交叉向后延续为视束。在大脑脚外侧有梨状隆起，称为梨状叶。在脑腹侧面的最前端，有一对椭圆形球状结构，称为嗅球。由嗅球向后连有内、外两个柱状隆起，称为内外侧嗅回。内外侧嗅回向后分开，在二者之间有三角形区域，称为嗅三角。外侧嗅回向后连于梨状叶；内侧嗅回伸入半球内侧，连于旁嗅区。外侧嗅回的外侧，以外侧沟与大脑皮质为界（图9-6）。

3. 脑神经根 脑神经共有12对。在嗅球的表面连有嗅丝，称嗅神经。视束向前交叉后延续为视神经。大脑脚腹侧有动眼神经根。大脑脚的后部背侧有滑车神经根。脑桥的左、右侧有较粗大的三叉神经根。在锥体前端的两侧有外展神经

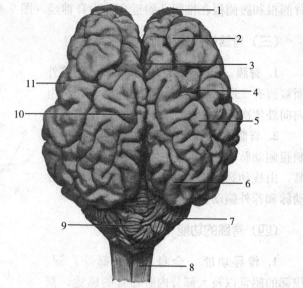

图9-5 牛脑（背侧面）
1. 嗅球 2. 额叶 3. 大脑纵裂 4. 脑沟 5. 脑回 6. 枕叶
7. 小脑半球 8. 延髓 9. 小脑蚓部 10. 顶叶 11. 颞叶
（引自Sisson，1938）

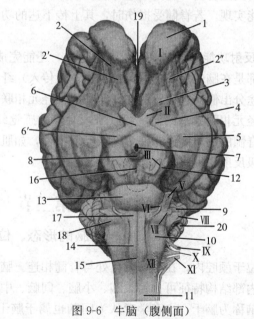

图9-6 牛脑（腹侧面）
1. 嗅球 2. 嗅总回 2′. 内侧嗅回 2″. 外侧嗅回 3. 嗅三角
4. 前穿质 5. 梨状叶 6. 视交叉 6′. 视束 7. 漏斗和灰结节
8. 乳头体 9. 小脑 10. 延髓 11. 脊髓 12. 大脑脚 13. 脑桥
14. 锥体 15. 锥体交叉 16. 脚间窝 17. 斜方体 18. 面神经丘
19. 大脑纵裂 20. 小脑半球
Ⅰ. 嗅神经 Ⅱ. 视神经根 Ⅲ. 动眼神经根 Ⅴ. 三叉神经根
Ⅵ. 外展神经根 Ⅶ. 面神经根 Ⅷ. 前庭耳蜗神经根 Ⅸ. 舌咽神经根
Ⅹ. 迷走神经根 Ⅺ. 副神经根 Ⅻ. 舌下神经根
（引自Sisson，1938）

根。于斜方体左右侧部由内向外有面神经根和前庭耳蜗神经根。在延髓外侧缘有3对神经根，由前向后为舌咽神经根、迷走神经根和副神经根。锥体后部外侧有舌下神经根（图9-6、图9-7）。

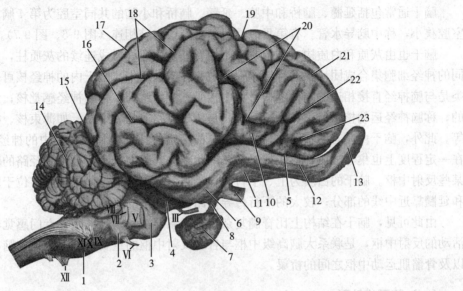

图9-7 牛脑（外侧面）
1.延髓 2.斜方体 3.脑桥 4.大脑脚 5.嗅沟 6.梨状叶 7.垂体 8.漏斗 9.视神经 10.脑岛
11.嗅三角 12.嗅回 13.嗅球 14.小脑 15.大脑横裂 16.外薛氏沟 17.外缘沟 18.上薛氏沟
19.横沟 20.大脑外侧沟 21.冠状沟 22.背角沟 23.前薛氏沟 Ⅲ.动眼神经根 Ⅴ.三叉神经根
Ⅵ.外展神经根 Ⅶ.面神经根 Ⅷ.前庭耳蜗神经根
Ⅸ.舌咽神经根 Ⅹ.迷走神经根 Ⅺ.副神经根 Ⅻ.舌下神经根
（引自Sisson，1938）

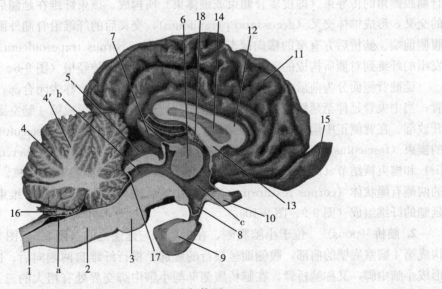

图9-8 牛脑矢状面
1.脊髓 2.延髓 3.脑桥 4.小脑 4′.小脑树 5.四叠体 6.丘脑间黏合 7.松果体 8.灰结节和漏斗
9.垂体 10.视神经 11.大脑半球 12.胼胝体 13.穹隆 14.透明中隔 15.嗅球
16.后髓帆和脉络丛 17.前髓帆 18.第3脑室脉络丛 a.第4脑室 b.中脑导水管 c.第3脑室
（引自Sisson，1938）

二、脑　干

脑干通常包括延髓、脑桥和中脑。延髓、脑桥和小脑的共同室腔为第4脑室。中脑内部室腔狭小，称中脑导水管。有第Ⅲ～Ⅻ对脑神经根与脑相连（图9-6、图9-7）。

脑干也由灰质和白质构成，但灰质不像脊髓灰质那样形成连续的灰质柱，而是由功能相同的神经细胞集合成团块状的神经核，分散存在于白质中。脑干内的神经核可分为两类：一类是与脑神经直接相连的脑神经核，其中接受感觉纤维的，称脑神经感觉核；发出运动纤维的，称脑神经运动核。另一类为中继核，是传导径路上的联络站，如薄束核、楔束核、红核等。此外，脑干内还有网状结构，它是由纵横交错的纤维网和散在其中的神经细胞所构成，在一定程度上也集合成团，形成神经核。网状结构既是上行和下行传导径路的联络站，又是某些反射中枢。脑干的白质为上、下行传导径路。较大的上行传导径路多位于脑干的外侧部和延髓靠近中线的部分；较大的下行传导径路位于脑干的腹侧部。

由此可见，脑干在结构上比脊髓复杂，它联系着视、听、平衡等专门感觉器官，是内脏活动的反射中枢，是联系大脑高级中枢与各级反射中枢的重要径路；也是大脑、小脑、脊髓以及骨骼肌运动中枢之间的桥梁。

（一）脑干的外形

1. 延髓（medulla oblongata）　为脑干的末段，位于枕骨基部的背侧，呈前宽后窄、上下略扁的锥形体，自脑桥向后伸至枕骨大孔与脊髓相连（图9-7、图9-8）。脊髓的沟裂都延伸至延髓的表面。在延髓腹侧沿正中线有腹侧正中裂，其外侧有不明显的腹外侧沟。在腹侧正中裂的两侧各有一条纵行隆起，称为锥体（pyramis）。锥体是由大脑皮质运动区发出到脊髓腹侧角的传导束（即皮质脊髓束或锥体束）所构成。该束纤维在延髓后端大部分与对侧的交叉，形成锥体交叉（decussatio pyramidum），交叉后的纤维沿脊髓外侧索下行。在延髓腹侧前端、脑桥后方有窄的横向隆起，称为斜方体（corpus trapezoideum），是耳蜗神经核发出的纤维到对侧所构成的。在延髓腹侧有第Ⅵ～Ⅻ对脑神经根（图9-6、图9-7）。

延髓背侧面分为前后两部，延髓后半部外形与脊髓相似，称为闭合部，其室腔仍为中央管；当中央管延伸至延髓中部时，逐渐偏向背侧最终敞开，形成第4脑室底壁的后部，称为开放部。在背侧正中沟两侧的纤维束被一浅沟分为内侧的薄束（fasciculusgracilis）和外侧的楔束（fasciculus cmeatus），两束向前分别膨大形成薄束核结节（tuberculum nuclei gracilis）和楔束核结节（tuberculum nuclei cuneati），分别含薄束核和楔束核。第4脑室后半部的两侧有绳状体（corpus restiforme），又称小脑后脚，它是一粗大的纤维束，由来自脊髓和延髓的纤维组成（图9-9、图9-10）。

2. 脑桥（pons）　位于小脑腹侧、在大脑脚与延髓之间（图9-6、图9-7）。背侧面凹，构成第4脑室底壁的前部，腹侧面呈横行的隆起。横行纤维自两侧向后、向背侧伸入小脑，形成小脑中脚，又称脑桥臂。在脑桥腹侧部与小脑中脚交界处有粗大的三叉神经（Ⅴ）根。在背侧部的前端两侧有联系小脑和中脑的小脑前脚，又称结合臂。

3. 第4脑室（ventriculus quartus）　位于延髓、脑桥与小脑之间，前端通中脑水管，后端通延髓中央管（图9-8）。第4脑室顶壁由前向后依次为前髓帆、小脑、后髓帆和第4脑室脉络组织。前、后髓帆系白质薄板，分别附着于小脑前脚和后脚。脉络组织位于后髓帆与

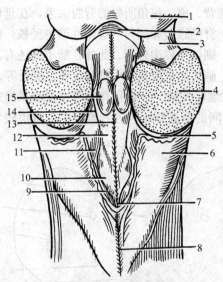

图9-9 菱形窝的模式图
1. 后丘 2. 前髓帆 3. 小脑前脚 4. 小脑中脚
5. 听结节 6. 小脑后脚 7. 鸟翮 8. 背侧正中沟
9. 灰翼 10. 舌下神经三角区 11. 前庭区
12. 内侧隆起 13. 正中沟 14. 界沟 15. 面神经丘

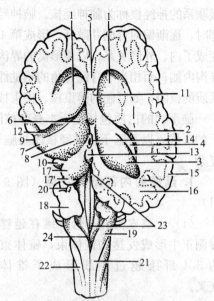

图9-10 脑干背侧（剥除部分）示海马、基底核和脑干的背侧面
1. 尾状核 2. 侧脑室脉络丛 3. 海马
4. 海马伞 5. 胼胝体 6. 丘脑前结节
7. 丘脑外侧结节 8. 丘脑枕 9. 外侧膝状体
10. 内侧膝状体 11. 穹隆 12. 终纹
13. 松果体 14. 第3脑室 15. 大脑皮质
16. 大脑白质 17. 前丘 17′. 后丘
18. 小脑中脚 19. 小脑后脚 20. 小脑前脚
21. 薄束核结节 22. 楔束核结节 23. 菱形窝
24. 灰翼

菱形窝后部之间，由富于血管丛的室管膜和脑软膜组成，能产生脑脊髓液。该丛有孔与蛛网膜下腔相通。第4脑室底呈菱形，又称菱形窝（图9-9），前部属脑桥，后部属延髓开放部。

菱形窝被正中沟分为左、右两半，在其两侧各有一条与之平行的界沟，把每半窝底又分为内、外侧两部。在脑桥的内侧部有隆起的面神经丘，由面神经纤维绕外展神经核所构成；在延髓的外侧部为前庭区，其深部含前庭神经核，此区的外侧角有小结节，称听结节，其内有蜗神经背侧核。

4. 中脑（mesencephalon） 位于脑桥前方，包括中脑顶盖、大脑脚及两者之间的中脑导水管（图9-6、图9-7）。中脑顶盖又称四叠体，为中脑的背侧部分，主要由前后两对圆丘构成。前丘较大，后丘较小。后丘的后方有滑车神经（Ⅳ）根，是唯一从脑干背侧面发出的脑神经。

大脑脚是中脑的腹侧部分，位于脑桥之前，为一对由纵行纤维束构成的隆起，左右两脚之间的凹窝称脚间窝，窝底有一些小血管的穿孔，称为后穿质。窝的外侧缘有第Ⅲ脑神经根。

（二）脑干的内部结构

脑干也有灰质和白质，灰质形成许多神经核团，位于白质中，其中与第Ⅲ～Ⅻ对脑神经直接联系的神经核称为脑神经核。脑神经核的配布方式与脊髓基本相似,由于中央管到达延髓中部时,逐渐偏向背侧并敞开,形成第4脑室,使脊髓背、侧、腹角所处的背腹关系,在延髓就变成了内、外侧关系。以菱形窝的界沟为界,相当于脊髓腹角和侧角的运动性脑神经核,位于界沟内侧;而相当于脊髓背角的感觉性脑神经核群,则位于界沟外侧。此外,脑干内还有其他性质的核团,如延髓的薄束核、楔束核、后橄榄核,脑桥的脑桥核,中脑的红核、黑质等。

脑干内的白质包括脑干本身各核团间的联系纤维,大脑、小脑和脊髓等相互联系经过脑干的纤维,以及脑干各神经核团与脑干以外各结构间的联系纤维。各纤维束的位置也较脊髓复杂。

1. 延髓的内部结构特点(图9-11)

(1)大脑皮质的下行纤维在延髓腹侧正中形成发达的锥体束,锥体束的3/4纤维越过中线形成了锥体交叉。

(2)在延髓闭合部背侧出现薄束核、楔束核,发出的二级感觉纤维交叉到对侧,称内侧丘系交叉。交叉后的纤维称内侧丘系,上行至丘脑。

(3)由于以上两系交叉纤维的冲击和中央管敞开为第4脑室,使相当脊髓的背、腹角关系变成延髓的内外

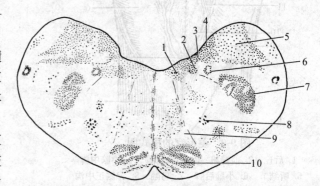

图9-11 延髓中部横断面模式图
1. 舌下神经核 2. 迷走神经背核 3. 迷走神经背感觉核
4. 前庭内侧核 5. 外楔核 6. 孤束核 7. 三叉神经脊束核
8. 疑核 9. 网状巨细胞核 10. 后橄榄核

关系,延髓的灰质组成第Ⅵ~Ⅻ对脑神经核,第Ⅴ对脑神经感觉核的一部分,它们与中脑和脑桥内的脑神经核在脑干被盖内排列成6对长短不一的细胞柱。相当于脊髓腹角的脑神经运动核团排列在内侧,靠近中线处;而相当于脊髓背角的脑神经感觉核团排列在外侧。

(4)在延髓开放部的腹外侧,出现巨大的囊袋状核团——下橄榄核,其传出纤维主要投射至小脑,称橄榄小脑束,是组成小脑下脚的主要纤维。

2. 脑桥的内部结构特点 在横切面上可分为背侧的被盖和腹侧的基底部。被盖部是延髓的延续,内有脑神经核(三叉神经核)、中继核(外侧丘系核)和网状结构。基底部由纵行纤维和横行纤维及脑桥核构成,其中横行纤维只存在于哺乳类。纵行纤维为大脑皮质至延髓和脊髓的锥体束(图9-12)。

3. 中脑的内部结构特点(图9-13)

(1)顶盖:前丘呈灰质和白质相

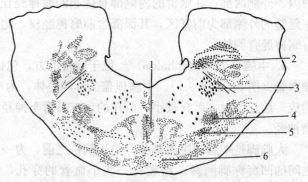

图9-12 脑桥后部横断面模式图
1. 中缝核 2. 三叉神经主核 3. 三叉神经运动核
4. 前橄榄核 5. 斜方体核 6. 脑桥核

间的分层结构,接受部分视束纤维和后丘的纤维,发出纤维到脊髓,完成视觉反射,是皮质

下视觉反射中枢。后丘表面覆盖一薄层白质，内有后丘核，接受来自耳蜗神经核的部分纤维，发出纤维到延髓和脊髓，完成听觉反射，是皮质下听觉反射中枢。

（2）大脑脚：主要由大脑皮质到脑桥、延髓和脊髓的运动纤维束组成。

（3）被盖：位于顶盖与大脑脚之间，是脑桥被盖的延续。

在顶盖与被盖之间的中央有中脑水管，向后通第4脑室。从切面上看，大脑脚包括除顶盖以外，中脑水管的腹侧部分。因此，大脑脚也可分为背侧的被盖和腹侧的脚底，两者之间有黑质，仅存于哺乳类，是锥体外

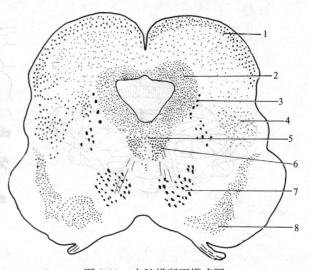

图 9-13　中脑横断面模式图
1. 前丘核　2. 中央灰质　3. 三叉神经中脑核　4. 后丘核
5. 动眼神经副核　6. 动眼神经核　7. 红核　8. 黑质

系的重要核团。被盖中央有巨大的红核，发出纤维到脊髓，红核也是锥体外系的重要核团。在前丘和后丘断面中线处分别有动眼神经核、滑车神经核。

三、小　脑

小脑（cerebellum）近似球形，位于大脑后方，在延髓和脑桥的背侧，其表面有许多沟和回（图9-5、图9-8）。小脑被两条纵沟分为中间的蚓部（venuis）和两侧的小脑半球（hemspkrillm cerebelli）。小脑表面有许多平行的浅沟，两沟间是一个叶片。小脑的表面为灰质，称小脑皮质；深部为白质，称小脑髓质。

1. 小脑的分叶　很复杂，根据小脑的发生和机能可分为3叶（图9-14）。

（1）绒球小结叶：蚓部最后有一小结，向两侧伸入小脑半球腹侧，与小脑半球的绒球合称绒球小结叶，是小脑最古老的部分。绒球小结叶与延髓的前庭核相联系，以调节平衡。

（2）前叶：是小脑首裂以前的部分，在种系发生上属于旧小脑，主要与脊髓相联系，以调节肌肉张力。

（3）后叶：是首裂以后的部分，比前叶大。后叶除蚓锥体、锥垂属于旧小脑外，其余各叶都属于新小脑，与大脑半球密切相联系，参与调节随意运动。

2. 小脑核　白质深部存在3对灰质核团：位于小脑半球内的核团为齿状核（小脑外侧核），中部的核团为顶核（内侧核），在中部外侧的核为栓状核（小脑中位外侧核）。

3. 小脑脚　小脑借3对小脑脚（小脑后脚、小脑中脚及小脑前脚）分别与延髓、脑桥和中脑相连。小脑后脚位于第4脑室后部两侧缘，为粗大的纤维束，主要由来自脊髓（脊髓小脑背侧束）和延髓橄榄核（橄榄小脑束）的纤维组成；小脑中脚由自脑桥核发出的脑桥小脑纤维组成；小脑前脚位于第4脑室前部两侧，由脊髓小脑腹侧束和齿状核至红核、大脑基底核以及丘脑的纤维组成。

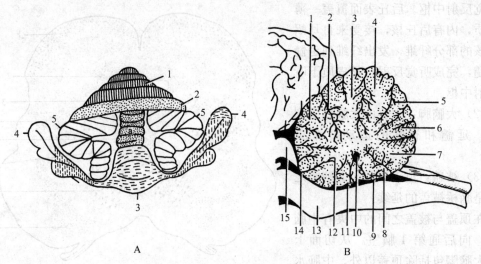

图 9-14 小脑分叶模式图
A. 模式图：1. 前叶 2、a. 后叶（2. 后叶 a. 蚓部） 3、4. 绒球小结叶（3. 小结 4. 小脑绒球） 5. 小脑半球
B. 小脑的正中矢面：1. 山顶 2. 原裂 3. 山坡 4. 蚓小叶 5. 蚓结节 6. 锥体 7. 蚓垂 8. 小结 9. 第4脑室脉络丛 10. 第4脑室顶隐窝 11. 小舌 12. 中央小叶 13. 脑桥 14. 前髓帆 15. 前丘

四、间 脑

间脑（diencephalon）位于中脑和大脑之间，被两侧大脑半球所遮盖，内有第3脑室。间脑主要可分为丘脑和丘脑下部（图9-8）。

1. 丘脑（thalami） 占间脑的最大部分，为一对卵圆形的灰质团块，由白质（内髓板等）分隔为许多不同机能的核群组成。左、右两丘脑的内侧部相连，断面呈圆形，称丘脑间黏合，其周围的环状裂隙为第3脑室。丘脑的一部分核是上行传导路径的总联络站，接受来自脊髓、脑干和小脑的纤维，由此发出纤维至大脑皮质。在丘脑后部的背外侧，有外侧膝状体和内侧膝状体。外侧膝状体（corpus geniculatumlaterale）较大，位于前方较外侧，呈幡状，接受视束来的纤维，发出纤维至大脑皮质，是视觉冲动传向大脑皮质的最后联络站；内侧膝状体（corpus geniculatum mediale）较小，呈卵圆形，在丘脑后外侧，位于外侧膝状体、大脑脚和四叠体之间，接受由耳蜗神经核来的纤维，发出纤维至大脑皮质，是听觉冲动传向大脑的最后联络站。丘脑还有一些与运动、记忆和其他功能有关的核群。在左、右丘脑的背侧、中脑四叠体的前方，有松果体，属内分泌腺。

2. 丘脑下部（hypothalamus） 位于丘脑腹侧，包括第3脑室侧壁内的一些结构，是植物性神经系统的皮质下中枢。从脑底面看，由前向后依次为视交叉、视束、灰结节、漏斗、脑垂体、乳头体等结构（图9-7）。

视交叉（chiasma opticum）由两侧视神经交叉而成。交叉后的视束向后向外向上呈弓状伸延，绕过大脑脚和丘脑腹外侧，进入大脑脚和梨状叶之间，大部分纤维终止于丘脑的外侧膝状体，小部分到四叠体前丘。灰结节（tubercinereum）为位于视交叉和乳头体之间的灰质隆起，它向下移行为漏斗（infundibulum），漏斗腹侧连接垂体。垂体（hypophysis）为体内重要的内分泌腺（详见内分泌系统），借漏斗附着于灰结节。乳头体（corpus mamillare）为位于灰结节后方一对紧靠在一起的白色圆形隆起，其内含有灰质核。

在丘脑下部的核团中，有一对位于视束的背侧，称视上核（nucleus supraopticus），一对位于第3脑室两侧，称室旁核（nucleus paraventricularis），它们都有纤维沿漏斗柄伸向垂体后叶，能进行神经分泌，视上核分泌抗利尿激素，室旁核分泌催产素。视束和乳头体之间称结节区，其中有漏斗核，纤维终止于垂体门脉系统的血窦，可分泌多种释放激素和抑制激素，以影响垂体前叶激素的合成与分泌（图9-15）。

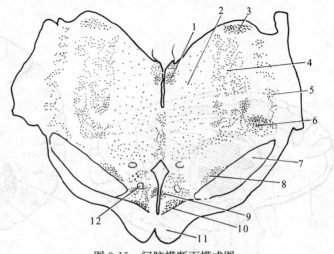

图9-15　间脑横断面模式图
1. 缰核　2. 丘脑内侧核　3. 丘脑前核　4、6. 丘脑外侧核　5. 网状核　7. 大脑脚　8. 丘脑底核　9. 室旁核　10. 视上核　11. 视束　12. 穹隆柱

丘脑下部形体虽小，但与其他各脑有广泛的纤维联系，接受来自嗅脑（通过海马及穹隆到乳头体）、大脑皮质额叶、丘脑和纹状体等的纤维；发出纤维至丘脑、垂体后叶、脑干网状结构、脑神经核和植物性神经核（脑干的植物性神经核和脊髓外侧柱），通过植物性神经主要调节心血管和内脏的活动。

3. 第3脑室　位于间脑内，呈环形围绕着丘脑间黏合，向后通中脑导水管，其背侧壁为第3脑室脉络丛。此脉络丛向前与侧脑室脉络丛相连接（图9-8）。

五、大　脑

大脑（cerebrum）或称端脑（telencephalon），位于脑干前方，被大脑纵裂分为左、右两大脑半球，纵裂的底是连接两半球的横行宽纤维板，即胼胝体（corpuscallosum）。大脑半球包括大脑皮质和白质、嗅脑、基底神经核和侧脑室等结构（图9-7、图9-8、图9-16、图9-17）。

1. 大脑皮质和白质　皮质（cortex cerebri）为覆盖于大脑半球表面的一层灰质，外侧面以前后向的外侧嗅沟与嗅脑为界。大脑皮质表面凹凸不平，皮质向表面凸出形成许多大脑回（gyri cerebri），大脑回之间凹陷为大脑沟（sulci cerebri）。大脑皮质背外侧面可分为4叶，前部为额叶，后部为枕叶，背侧部为顶叶，外侧部为颞叶。一般认为额叶是运动区，枕叶是视觉区，顶叶是一般感觉区，颞叶是听觉区，各区的面积和位置因动物种类不同而异。大脑皮质内侧面位于大脑纵裂内，与对侧半球的内侧面相对应。内侧面上有位于胼胝体背侧并环绕胼胝体的扣带回（gyrus cinguli）。

皮质深面为白质，由各种神经纤维构成。大脑半球内的白质由以下3种纤维构成：联合纤维是连接左、右大脑半球皮质的纤维，主要为胼胝体，其位于大脑纵裂底，构成侧脑室顶壁，将左、右大脑半球连接起来；联络纤维是连接同侧半球各脑回、各叶之间的纤维；投射纤维是连接大脑皮质与脑其他各部分及脊髓之间的上、下行纤维，内囊就是由投射纤维构成的。

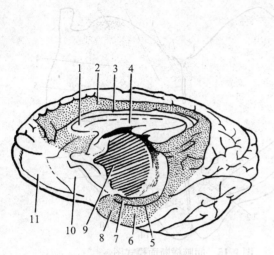
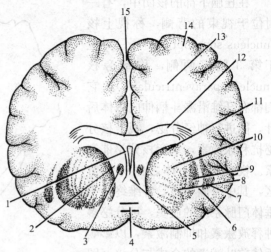

图 9-16 大脑半球内侧面边缘系统
1. 透明中隔 2. 扣带回 3. 胼胝体 4. 穹隆
5. 海马裂 6. 海马回 7. 齿状回 8. 梨状叶
9. 丘脑切面 10. 嗅三角 11. 嗅束

图 9-17 大脑横断面
1. 透明中隔 2. 侧脑室 3. 脉络丛 4. 大脑前联合
5. 穹隆 6. 外囊 7. 屏状核 8. 苍白球 9. 壳核
10. 内囊 11. 尾状核 12. 胼胝体 13. 白质
14. 皮质 15. 大脑纵裂

2. 嗅脑（rhincephalon） 位于大脑腹侧，包括嗅球、嗅回、梨状叶、海马、穹隆、前联合和透明隔等结构。

嗅球（buibus olfactorius）呈卵圆形，在左、右半球的前端，位于筛窝中。嗅球中空为嗅球室，与侧脑室相通。来自鼻黏膜嗅区的嗅神经纤维通过筛板而终止于嗅球。

嗅回短而粗，自嗅球向后伸延约 2cm，分为内侧嗅回和外侧嗅回。内、外侧嗅回之间的三角形灰质隆起为嗅三角（trigonum olfactoriumh）。内侧嗅回较短，转入半球内侧面与旁嗅区相连；外侧嗅回较长，向后连于梨状叶。

梨状叶（lobus piriformis）为位于大脑脚和视束外侧的梨状隆起，是海马回的前部，表面为灰质，前端深部有杏仁核，位于侧脑室底壁。梨状叶中空，为侧脑室后角。

海马（hippocampus）呈弓带状，位于侧脑室底的后内侧，由梨状叶的后部和内侧部转向半球的深部而成。左、右半球的海马前端于正中相连接，形成侧脑室后部的底壁。海马为古老的皮质，但表面包有一层白质，其纤维向前外腹侧集中形成海马伞。海马伞的纤维向前内侧伸延，与对侧的相连形成穹隆。

穹隆（fornix）由联系乳头体与海马之间的纤维所构成，在中线位于胼胝体和透明隔腹侧。

前联合（commissura rostralis）由左、右嗅脑间的联合纤维所构成。

透明隔（septum pellucidumh）又称端脑隔，是位于胼胝体和穹隆之间的两层神经组织膜，由神经纤维和少量的神经细胞体组成，构成左、右侧脑室之间的正中隔。透明隔背侧缘隆突，与胼胝体相连；腹侧缘稍凹。

嗅脑中有的部分与嗅觉无关而属于"边缘系统"。大脑半球内侧面的扣带回和海马旁回等，因其位置在大脑和间脑之间，所以称为边缘叶。边缘系统由边缘叶与附近的皮质（如海马和齿状回等）以及有关的皮质下结构，包括与扣带回前端相连的隔区（即胼胝体前部前方的皮质)、杏仁核、下丘脑、丘脑前核以及中脑被盖等组成的一个功能系统,与内脏活动、情绪变化及记忆有关。

3. 基底核(nucleus basalis) 为大脑半球内部的灰质核团,位于半球基底部,主要包括尾状核、豆状核等。尾状核较大,呈梨状弯曲,其背内侧面构成侧脑室底壁的前半部;腹外侧面与内囊相接。豆状核较小,呈扁卵圆形,位于尾状核的腹外侧,豆状核和尾状核之间为内囊。豆状核又可分为两部,外侧部较大为壳,内侧部较小,色较浅,称苍白球。尾状核、内囊和豆状核在横切面上呈灰白质交错花纹状,所以又称纹状体(corpus striatum)。纹状体接受丘脑和大脑皮质的纤维,发出纤维至红核和黑质,是锥体外系的主要联络站,有维持肌紧张和协调肌肉运动的作用。

4. 侧脑室 侧脑室有两个,分别位于左、右大脑半球内。穹隆柱与丘脑之间有室间孔,沟通侧脑室与第3脑室。侧脑室底壁的前部为尾状核,后部为海马,顶壁为胼胝体。在尾状核与海马之间有侧脑室脉络丛(图9-9)。

第四节 脑膜、脑血管和脑脊液

(一)脑膜

脑膜和脊膜一样,分为脑硬膜(dura mater encephali)、脑蛛网膜(arachoidea encephali)和脑软膜(piamater encephali)3层。脑硬膜与脑蛛网膜之间形成硬膜下腔,蛛网膜和脑软膜之间形成蛛网膜下腔。但脑硬膜与衬于颅腔内壁的骨膜紧密结合而无硬膜外腔。脑硬膜伸入大脑纵裂形成大脑镰(falx cerebri);伸入大脑横裂形成小脑幕(tentorium cerebelli);围于脑和垂体之间形成鞍隔(diaphragma sellae)。脑硬膜内含有若干静脉窦,接受来自脑的静脉血。

脑蛛网膜有绒毛状突起伸入硬脑膜的静脉窦中,称蛛网膜粒。在脑室壁的一些部位,脑软膜上的血管丛与脑室膜上皮共同折入脑室,形成脉络丛(plexuschorioideus),脉络丛是产生脑脊液的部位。

(二)脑血管

脑的血液来自颈内动脉和枕动脉、椎动脉,这些动脉和脊髓支,在脑底合成一动脉环,围绕脑垂体;脊髓的血液来自肋间背侧动脉及腰动脉等的脊髓支,在脊髓腹侧汇合成脊髓腹侧动脉,沿脊髓腹侧正中裂伸延。从动脉环和脊髓腹侧动脉分出侧支,分布于脑和脊髓。脑静脉汇入硬脑膜内的静脉窦;脊髓静脉汇注于椎管中的椎纵窦,这些静脉窦再注入颈静脉、椎静脉和肋间背侧静脉等。

(三)脑脊液

脑脊液(liquor cerebrospinalis)是由各脑室脉络丛产生的无色透明液体,充满于脑室、脊髓中央管和蛛网膜下腔。各脑室中的脑脊液均汇集到第4脑室,经第4脑室脉络丛上的孔流入蛛网膜下腔后,流向大脑背侧,再经脑蛛网膜粒透入硬脑膜中的静脉窦,最后回到血液循环中,这个过程称为脑脊液循环。脑脊液有营养脑、脊髓和运走代谢产物的作用,还起缓冲和维持恒定颅内压的作用。若脑脊液循环障碍,可导致脑积水或颅内压升高。

第五节 脊 神 经

脊髓的每个节段连有一对脊神经。脊神经按部位分为颈神经、胸神经、腰神经、荐神经和尾神经（图9-18）。表9-2列出了各种家畜脊神经的分类数目。每一脊神经以背根（感觉根）和腹根（运动根）与脊髓相连。背根和腹根在椎间孔附近汇合成脊神经。

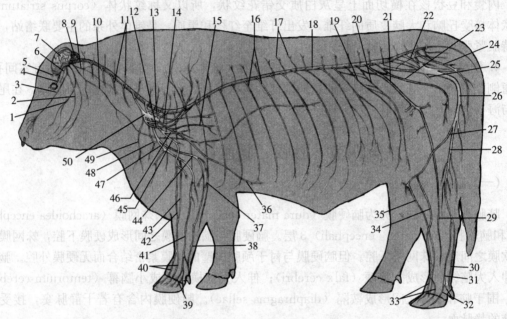

图 9-18 牛中枢和外周神经系统

1. 面神经 2. 下颌神经 3. 上颌神经 4. 视神经 5. 嗅神经 6. 眼神经 7. 大脑 8. 小脑 9. 副神经
10. 迷走神经 11. 颈神经 12. 肩胛上神经 13. 胸长神经 14. 肩胛下神经 15. 胸背神经 16. 肋间神经腹侧支
17. 肋间神经背侧支 18. 脊髓 19. 髂腹股沟神经 20. 生殖股神经 21. 股神经 22. 腰神经丛
23. 闭孔神经 24. 阴部神经 25. 臀前神经 26. 坐骨神经 27. 腓总神经 28. 胫神经 29. 隐神经
30. 足底外侧神经 31. 足底内侧神经 32. 趾跖侧固有神经 33. 趾背侧神经 34. 腓浅神经
35. 腓深神经 36. 胸外侧神经 37. 前臂正中后神经 38. 尺神经掌支 39. 掌指神经
40. 指背侧神经 41. 正中神经 42. 桡神经浅支 43. 前臂正中皮神经 44. 尺神经 45. 桡神经
46. 腋神经 47. 正中和肌皮神经 48. 肌皮神经 49. 胸肌前神经 50. 臂神经丛

（引自 McCracken 等，1999）

表 9-2 各种家畜脊神经的对数

名称	牛	马	猪	犬	兔
颈神经（对）	8	8	8	8	8
胸神经（对）	13	18	14~15	13	12
腰神经（对）	6	6	7	7	7~8
荐神经（对）	5	5	4	3	4
尾神经（对）	5~6	5~6	5	5~6	6
合计（对）	37~38	42~43	38~39	36~37	37~38

脊神经是混合神经，含有以下4种神经纤维成分：将神经冲动由中枢传向效应器而引起骨骼肌收缩的躯体运动（传出）纤维；将神经冲动由中枢传向效应器引起腺体分泌、内脏运

动及心血管舒缩的内脏运动（传出）纤维；将感觉冲动由躯体（体表、骨、关节、骨骼肌）感受器传向中枢的躯体感觉（传入）纤维；将感觉冲动由腺体、内脏器官及心血管传向中枢的内脏感觉（传入）纤维。

脊神经出椎间孔后，立即分出一极细的脊膜支（含交感纤维），返入椎管，分布于脊膜。然后分为小的背侧支和大的腹侧支。背侧支和腹侧支都有3种分支：肌支、关节支和皮支。

（一）脊神经的背侧支

每一颈神经、胸神经和腰神经的背侧支又分为内侧支和外侧支，分布于颈背侧、鬐甲、背部和腰部。荐神经和尾神经的背侧支分布于荐部和尾背侧。

颈神经的内侧支，位于头半棘肌内侧；外侧支在头半棘肌与夹肌之间，分布于颈背外侧的肌肉和皮肤。第2颈神经的背侧支称为枕下神经（n. suboccipitalis）。

胸神经的内侧支在背颈棘肌和背腰最长肌的内侧，而外侧支从髂肋肌沟出来，分布于脊柱背外侧的肌肉和皮肤。

腰神经的内侧支也在背腰最长肌的内侧，而外侧支在背腰最长肌的外侧缘，分布于脊柱背侧的肌肉和皮肤。后3对腰神经的背侧支形成臀前皮神经。

荐神经的背侧支经荐背孔穿出，分布于荐臀部肌肉和皮肤。前3对荐神经的背侧支称为臀中皮神经。

尾神经的背侧支合成尾背侧神经，分布于尾背侧肌肉和皮肤。

（二）脊神经的腹侧支

一般较粗，分布于脊柱腹侧、胸腹壁及四肢，现将其重要者分述如下。

1. 膈神经（n. phrenicus）　来自第5、6、7颈神经的腹侧支，经胸前口入胸腔，沿纵隔向后伸延，分布于膈。

2. 肋间神经（nn. intercostales）　为胸神经的腹侧支，沿肋骨后缘向下伸延，与同名血管并行分布于肋间肌、腹肌和皮肤。肋腹神经为最后胸神经的腹侧支，在最后肋骨的后缘经腰大肌的背侧向外侧伸延，至腹横肌表面分为外侧支（浅支）和内侧支（深支）。外侧支在分支到腹外斜肌后，穿过腹外斜肌成为外侧皮支，分布于胸腹皮肌和皮肤。内侧支在腹内斜肌和腹横肌之间继续沿最后肋骨后缘下行，途中分出分支到腹内斜肌和腹横肌后，进入腹直肌，并穿过腹斜肌腱膜成为腹侧皮支，分布于腹底壁的皮肤。

（三）臂神经丛

前肢神经来自臂神经丛（plexus brachialis）。臂神经丛位于腋窝内，在斜角肌背侧部和腹侧部之间穿出，丛根主要由第6、第7、第8颈神经和第1、第2胸神经的腹侧支所构成。由此丛发出的神经有：胸肌神经、肩胛上神经、肩胛下神经、腋神经、桡神经、尺神经、正中神经和肌皮神经（图9-18）。

1. 胸肌神经（nn. pectorales）　有数支，分布于胸肌、背阔肌、下锯肌、躯干皮肌和胸侧壁的皮肤。

2. 肩胛上神经（n. suprascapularis）　由臂神经丛的前端分出，短而粗，随同肩胛上动脉进入肩胛下肌与冈上肌之间，然后绕过肩胛骨前缘至冈上窝，分支分布于冈上肌、冈下肌、肩臂皮肌和皮肤。在临床上常可见到肩胛上神经麻痹。

3. 肩胛下神经（nn. subscapulares） 通常有 2~4 支，分布于肩胛下肌和肩关节囊。

4. 腋神经（n. axillaris） 自臂神经丛中部分出，较粗，向后、向下伸延，横过肩胛下肌远端内侧面，随同旋臂后动脉进入肩胛下肌、大圆肌、臂三头肌长头和臂肌所围成的四方（菱）形孔，向外绕过肩关节后方至三角肌深面。腋神经分布于肩关节屈肌（大圆肌、小圆肌和三角肌）以及臂头肌，并分出皮支分布于臂部和前臂部背外侧面的皮肤。

5. 桡神经（n. radialis） 粗，自臂神经丛后部分出，沿尺神经后缘下行，至臂中部分出一小支到前臂筋膜张肌之后，经臂三头肌长头和内侧头之间进入臂肌沟，沿臂肌后缘向下伸延，分出肌支分布于臂三头肌和肘肌，其主干在臂三头肌外侧头的深面分为深、浅两支。深支沿肘关节背侧面和腕桡侧伸肌的深面向下伸延，分支分布于腕关节和指关节的伸肌（即腕桡侧伸肌、指总伸肌、指外侧伸肌、指内侧伸肌、腕斜伸肌和腕尺侧伸肌）。桡神经浅支较粗，主干沿腕桡侧伸肌的前面在指伸肌腱内侧下行至掌部，分为内、外侧支。外侧支称为指背侧第 3 总神经，内侧支称为指背侧第 2 总神经，分布于第 3、第 4 指的背侧面。

6. 尺神经（n. ulnaris） 在臂内侧，沿臂动脉后缘下行，随同尺侧副动脉、静脉进入尺沟并向下伸延（图 9-18）。在臂部远端分出肌支，分布于腕关节和指关节的屈肌（腕尺侧屈肌、指浅屈肌、指深屈肌）。

尺神经在腕关节上方分为一背侧支和一掌侧支。背侧支在掌部的背外侧向第 4 指伸延成为指背侧第 4 总神经，分布于第 4 指背外侧；掌侧支沿指深屈肌腱的外侧缘向指端伸延，接受正中神经的交通支成为指掌侧第 4 总神经分布于第 4 指掌外侧面。

7. 正中神经（n. medianus） 为臂神经丛最长的分支，随同前肢动脉主干伸达指端。正中神经的起始部与肌皮神经合并，沿臂动脉前缘下行，至臂中部与肌皮神经分离后，沿肘关节内侧面进入前臂骨和腕桡侧屈肌之间的正中沟，与正中动脉、静脉伴行。正中神经在前臂近端分出肌支到腕桡侧屈肌和指浅、深屈肌，在正中沟内还分出前臂骨间神经（n. interosseus antebrachii）进入骨间隙，分布于前臂骨骨膜（图 9-18）。

正中神经在分出肌支到腕屈肌和指屈肌后，继续沿指浅屈肌腱内侧缘下行，通过腕管，在掌部下 1/3 处分为一内侧支和一外侧支。

内侧支又称为掌内侧神经，较粗，分为两支，一支为指掌侧第 2 总神经，于掌部远端分出较细的第 2 指掌轴侧固有神经，本干延续为第 3 指掌远轴侧固有神经，分布于蹄和枕；另一支为第 3 指掌轴侧固有神经，沿指间下降至蹄，并有交通支与第 3 指背轴侧固有神经相连。

外侧支又称为掌外侧神经，在掌远端分出一交通支，横过指浅屈肌腱与尺神经的掌侧支共同构成指掌侧第 4 总神经，主干延续为第 4 指掌轴侧固有神经，分布于第 4 指的掌侧，并分出交通支与第 4 指背轴侧固有神经相连（图 9-18）。

8. 肌皮神经（n. musedocmaneus） 由臂神经丛前部发出，在腋动脉下方与正中神经相连形成腋袢，然后分出肌支分布于喙臂肌和臂二头肌，其主干与正中神经一起沿臂动脉前缘下行，到臂中部与正中神经分开，分支分布于臂二头肌和臂肌后，在两肌之间走向前臂内侧面，分布于前臂、腕、掌内侧皮肤。

（四）腰神经丛

分布于后肢的神经，由腰荐神经丛发出。腰荐神经丛其由第 1~6 腰神经及第 1~5 荐神经的腹侧支所构成，可分为前、后两部：前部为腰神经丛（plexus lumbalis），在髂内动脉之前，位于腰椎横突和腰小肌之间；后部为荐神经丛，部分位于荐结节阔韧带外侧，部分位其内侧。由腰神经丛发出的主要神经有：髂腹下神经、髂腹股沟神经、生殖股神经、股外侧皮神经、股神经、闭孔神经。

1. 髂腹下神经（n. iliohy pogastricus） 来自第1腰神经的腹侧支，行经第2腰椎横突腹侧及末端的外侧缘，分为浅深两支：浅支穿过腹内斜肌、腹外斜肌和胸腹皮肌，分支分布于上述肌肉以及腹侧壁和膝关节外侧的皮肤；深支先后在腹膜与腹横肌之间以及腹横肌和腹内斜肌之间，向下伸延，进入腹直肌，且有分支分布于腹横肌、腹内斜肌、腹直肌和腹底壁皮肤（图9-19）。

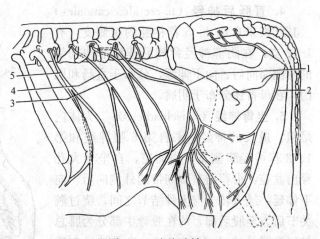

图9-19 牛腹壁神经
1. 生殖股神经 2. 会阴神经乳房支 3. 髂腹股沟神经
4. 髂腹下神经 5. 最后肋间神经

2. 髂腹股沟神经（n. ilioin guinalis） 来自第2腰神经的腹侧支，行经第4腰椎横突末端外侧缘，分为浅深两支：浅支分布到膝外侧及以下的皮肤；深支与髂腹下神经的深支平行，向后下方伸延，斜行越过旋髂深动脉，分布的情况与髂下腹神经的相似，分布区域略靠后方。

3. 生殖股神经（n. genitofemoralis） 又称精索外神经，来自第2、3、4腰神经的腹侧支，沿腰肌间下行，分为前、后两支，向下伸延穿过腹股沟管与阴部外动脉一起分布于睾外提肌、阴囊和包皮（公畜）或乳房（母畜）。

4. 股外侧皮神经（n. cutaneus femoris lateralis） 来自第3、4腰神经腹侧支，沿腹横筋膜下行，在髋关节下方通过腹肌，经阔筋膜张肌内侧与旋髂深动脉后支并行，直至膝褶处，分布于股部外侧和膝关节前面的皮肤。

5. 股神经（n. femoralis） 由来自第4、5腰神经腹侧支，腰前部发出，向下伸延进入股四头肌。股神经起始部分出肌支分布于髂腰肌，还分出一隐神经分布于膝关节、小腿和跖内侧面的皮肤。

6. 闭孔神经（n. obturatorius） 来自第4、5、6腰神经腹侧支，沿髂骨内侧面向后向下伸延，穿出闭孔，分支分布于闭孔外肌、耻骨肌、内收肌和股薄肌。

（五）荐神经丛

荐神经丛（plexus sacralis）位于荐骨腹侧，有5个分支：臀前神经、臀后神经阴部神经、直肠后神经和坐骨神经。

1. 臀前神经（n. glutaeus cranialis） 来自第6腰神经和第1荐神经腹侧支，出坐骨大孔，分数支分布于臀肌和股阔筋膜张肌。

2. 臀后神经（n. glutaeus cranialis） 来自第1、2荐神经腹侧支，沿荐坐韧带外侧面向后伸延，分支分布于股二头肌、臀浅肌、臀中肌和半腱肌。此外，还分出皮支，分布于股后部的皮肤。

3. 阴部神经（n. pudendus）来自第 2、3、4 荐神经的腹侧支，沿荐结节阔韧带向后、向下伸延，其终支绕过坐骨弓，在公畜至阴茎背侧，成为阴茎背神经，分支分布于阴茎；在母畜称为阴蒂背神经，分布于阴蒂、阴唇（图 9-20）。

4. 直肠后神经（n. rectales caudales）其纤维来自第 4、5 荐神经的腹侧支，有 1~2 支，在阴部神经背侧沿荐结节阔韧带的内侧面向后、向下伸延，分布于直肠和肛门，在母畜还分布于阴唇。

5. 坐骨神经（n. ischiadicus） 为体内最粗、最长的神经，来自第 6 腰神经和第 1、2 荐神经腹侧支，扁而宽，自坐骨大孔穿出盆腔，沿荐结节阔韧带的外侧向后、向下伸延，经大转子与坐骨结节之间，绕过髋关节后方至股后部，约在股骨中部分为腓总神经和胫总神经（图 9-18）。坐骨神经在臀部被臀中肌覆盖，分支分布于闭孔肌；在股部伸延于股二头肌、半膜肌和半腱肌之间，沿途分出大的肌支，分布于股二头肌、半膜肌和半腱肌，还分出股后皮神经穿出股二头肌，分布于股后部的皮肤。

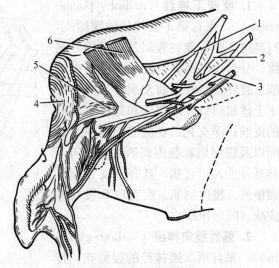

图 9-20 牛会阴部神经
1. 直肠后神经 2. 盆神经 3. 阴部神经
4. 肛门括约肌 5. 肛提肌 6. 尾骨肌

（1）**胫神经**（n. tibialis）：沿股二头肌深面进入腓肠肌内、外侧头之间，沿趾浅屈肌的内侧缘向下伸延至小腿远端，在跟腱背侧分为足底内侧神经和足底外侧神经，继续向下伸延。胫神经在小腿近端分出肌支分布于跗关节伸肌和趾关节屈肌，并在股远端分出皮支，分布于小腿后面和跗跖外侧面的皮肤。

足底内侧神经（n. plantaris medialis）：沿趾屈肌腱的内侧缘向下伸延，在跖趾关节上方分为趾跖侧第 2 总神经和趾跖侧第 3 总神经。前者在跖趾关节附近分为第 2 趾跖轴侧固有神经和第 3 趾跖远轴侧固有神经，分布于第 2、第 3 趾。后者在趾间隙处又分为第 3 和第 4 趾跖轴侧固有神经，分布于第 3、第 4 趾，并有交通支向前穿过趾间隙与相应的趾背轴侧固有神经相连。

足底外侧神经（n. plantaris lateralis）：沿趾屈肌腱的外侧缘向下伸延，称为趾跖侧第 4 总神经，在跖趾关节上方分出第 5 趾跖轴侧固有神经和第 4 趾跖远轴侧固有神经，分布于第 4、第 5 趾。

（2）**腓总神经**（n. peroneus communis）：在股二头肌的深面沿腓肠肌外侧面向前、向下伸延，到腓骨近端外侧分为腓浅神经和腓深神经。腓总神经在股二头肌覆盖下，分出一肌支到股二头肌。腓总神经在股部分出皮支，穿出股二头肌远端，分布于小腿外侧的皮肤。

腓浅神经（n. peroneus superficialis）：较粗，在跗、跖部的背侧沿趾长伸肌腱向下伸延，至跗关节下方分为外、中、内 3 支。外侧支延续为趾背侧第 4 总神经，跖趾关节附近分为第 5 趾背侧固有神经和第 4 趾背远轴侧固有神经，分布于第 4、第 5 趾；中间支为趾背侧第 3 总神经，向下伸延在趾间隙，分为第 3 趾背轴侧固有神经和第 4 趾背轴侧固有神经，分布于第3、第4趾背侧；内侧支为趾背侧第2总神经，下行至跖趾关节附近分为第3趾背远轴侧固有神经和第2趾背侧固有神经，分布于第2、第3趾背侧。

腓深神经（n. peroneus profundus）：沿跖骨的背侧，腓肠肌和趾外侧伸肌的沟中向下延伸，主干在趾长伸肌的深面下行，延续为第3趾背侧神经，至近趾关节上方与趾背侧第3总神经吻合，下行于两主趾间，分支分布于第3趾和第4趾轴侧面（图9-18）。

第六节 脑 神 经

脑神经（nn. craniales）共12对，多数从脑干发出，通过颅骨的一些孔出颅腔（图9-21、图9-22）。根据所含的纤维种类，即感觉纤维和运动纤维，将脑神经分为感觉神经、运动神经和混合神经。其发出的部位、纤维成分和分布部位见列表9-3。

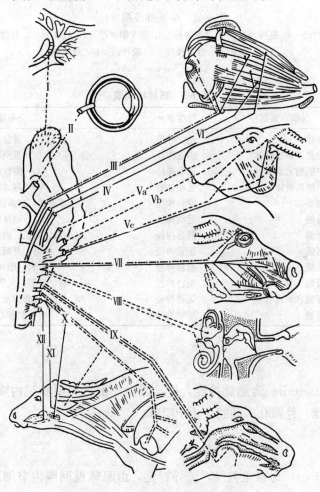

图9-21 脑神经分布模式图
------感觉纤维 ——运动纤维 —·—·—副交感神经纤维
Ⅰ.嗅神经 Ⅱ.视神经 Ⅲ.动眼神经 Ⅳ.滑车神经
Ⅴ.三叉神经（Ⅴa.眼神经 Ⅴb.上颌神经 Ⅴc.下颌神经）
Ⅵ.外展神经 Ⅶ.面神经 Ⅷ.前庭耳蜗神经 Ⅸ.舌咽神经
Ⅹ.迷走神经 Ⅺ.副神经 Ⅻ.舌下神经

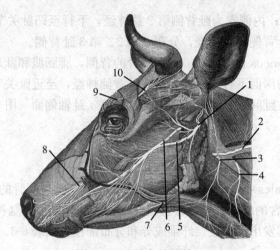

图 9-22 牛头部浅层神经
1. 面神经 2. 副神经 3. 第 2 颈神经 4. 第 3 颈神经 5. 上颌支 6. 耳颞神经
7. 下颊支 8. 眶下神经 9. 额神经 10. 角神经

(引自 Sisson, 1938)

表 9-3 脑神经简表

名　　称	与脑联系部位	纤维成分	分布部位
Ⅰ 嗅神经	嗅球	感觉神经	鼻黏膜
Ⅱ 视神经	间脑外侧膝状体	感觉神经	视网膜
Ⅲ 动眼神经	中脑的大脑脚	运动神经	眼球肌
Ⅳ 滑车神经	中脑四叠体的后丘	运动神经	眼球肌
Ⅴ 三叉神经	脑桥	混合神经	面部皮肤，口鼻腔黏膜、咀嚼肌
Ⅵ 外展神经	延髓	运动神经	眼球肌
Ⅶ 面神经	延髓	混合神经	面肌、耳肌、睑肌和部分味蕾
Ⅷ 前庭耳蜗神经	延髓	感觉神经	前庭、耳蜗和半规管
Ⅸ 舌咽神经	延髓	混合神经	舌、咽和味蕾
Ⅹ 迷走神经	延髓	混合神经	咽、喉、食管、气管和胸、腹腔内脏
Ⅺ 副神经	延髓和颈部脊髓	运动神经	咽、喉、食管以及胸头肌和斜方肌
Ⅻ 舌下神经	延髓	运动神经	舌肌和舌骨肌

（一）嗅神经

嗅神经（nn. olfactorii）为感觉神经，传导嗅觉，由鼻腔嗅黏膜内嗅细胞的轴突构成。轴突集合成许多嗅丝，经筛孔入颅腔，止于嗅球。

（二）视神经

视神经（n. opticus）为感觉神经，传导视觉，由眼球视网膜内节细胞的轴突穿过巩膜集合而成，经视神经管入颅腔，部分纤维与对侧的视神经纤维交叉，形成视交叉，以视束止于间脑的外侧膝状体。视神经在眶窝内被眼球退缩肌包围。

（三）动眼神经

动眼神经（n. oculomotorius）为运动神经，起于中脑的动眼神经核，由大脑脚脚间窝外侧缘中部出脑，经眶圆孔至眼眶，分支分布于眼球肌肉。有纤维至睫状神经节，该节为副交感神经节，发出纤维分布于瞳孔括约肌和睫状肌。

(四) 滑车神经

滑车神经 (n. trochlearis) 为运动神经，是脑神经中最细小的神经，起于中脑滑车神经核，在前髓帆前缘出脑，经滑车神经孔或眶圆孔出颅腔，分布于眼球上斜肌。

(五) 三叉神经

三叉神经 (n. trigeminus) 为混合神经，是脑神经中最大的神经，由大的感觉根和小的运动根与脑桥侧部相连。感觉根上有大的三叉神经节，分出眼神经、上颌神经和下颌神经。运动根加入下颌神经。

1. 眼神经 (n. ophthalmicus) 为三叉神经中最细的一支，属感觉神经，经眶圆孔出颅腔，分支分布于泪腺、上睑提肌、颞区皮肤。还分出角神经和额窦支，前者分布于角基部；后者细小，分布于额窦黏膜。

2. 上颌神经 (n. maxillaris) 为三叉神经最大的分支，经眶圆孔出颅腔，在翼腭窝中分为3支：颧神经、眶下神经和翼腭神经。颧神经较细，分支分布于下眼睑及其附近的皮肤，并有交通支与泪腺神经相连。翼腭神经分布于鼻腔黏膜、硬腭、软腭。眶下神经为上颌神经的主干，经眶下管出眶下孔。在眶下管内有分支分布于上齿、齿龈和上颌窦黏膜，出眶下孔后分布于鼻背侧的皮肤，上唇、颊前部的皮肤，鼻镜的皮肤和黏膜。

3. 下颌神经 (n. mandibularis) 为混合神经，经卵圆孔出颅腔，分为下列几支：咬肌神经、颞深神经、翼肌神经、颊神经、耳颞神经、舌神经、下齿槽神经。其中前3支为运动神经，分布于咬肌、颞肌、翼肌等咀嚼肌。颊神经分布于颊部和下唇黏膜。耳颞神经分布于下颌、面部、颞部、耳前部皮肤。舌神经分出分支分布于舌黏膜、口腔底的黏膜以及齿龈。下齿槽神经与同名血管进入下颌管，其末端自颏孔穿出，称为颏神经，分布于下唇及颏部的皮肤和黏膜。下齿槽神经在入下颌管前有分支到下颌舌骨肌和二腹肌前腹；在下颌管内分支分布于下颌齿和齿龈。

(六) 外展神经

外展神经 (n. abducens) 为运动神经，与动眼神经一起经眶圆孔穿出颅腔分布于眼肌。

(七) 面神经

面神经 (n. facialis) (图9-22) 为混合神经，与前庭耳蜗神经一起进入内耳道，在内耳道底两神经分离，面神经进入岩颞骨的面神经管中，最后经茎乳突孔穿出颅腔。面神经在面神经管中伸延时，依管的形状而形成一弯曲，称为面神经膝，此部有圆形的膝神经节 (ganglion geniculi)，为感觉神经节。面神经大部分由运动神经纤维构成，主要支配颜面肌肉的运动。面神经在面神经管内分出鼓索神经。鼓索神经含副交感节前纤维和味觉纤维，其中副交感节前纤维至下颌神经节内交换神经元，节后纤维分布于下颌腺和舌下腺；味觉纤维随舌神经分布于舌前部2/3的味蕾。

(八) 前庭耳蜗神经

前庭耳蜗神经（n. vestibulocochlearis）属感觉神经，由前庭神经根和耳蜗神经根共同组成。

1. 前庭神经（n. vestibularis）　为司平衡觉的感觉神经，其神经元的胞体位于内耳道底部的前庭神经节内，其周围突分布于内耳的球囊斑、椭圆囊斑和壶腹嵴的毛细胞；中枢突构成前庭神经，经内耳道入颅腔与延髓相连，止于延髓前庭神经核。

2. 耳蜗神经（n. cochlearis）　为司听觉的感觉神经，其神经元的胞体位于内耳的螺神经节内，其周围突随螺旋骨板分布于听觉感受器（螺旋器）；中枢突组成耳蜗神经，亦经内耳道入颅腔与延髓相连，止于延髓蜗神经核。

(九) 舌咽神经

舌咽神经（n. glossopharyngeus）为混合神经，分布于咽和舌，感觉纤维司咽部的感觉和舌后1/3的味觉，运动纤维支配咽肌。舌咽神经穿出颅腔后，在咽外侧沿舌骨大支延伸，分为一咽支和一舌支。咽支分布于咽肌和咽黏膜。舌支较咽支粗，分支分布于软腭、咽峡和舌根。

(十) 迷走神经

迷走神经（n. vagus）为混合神经，含4种神经纤维成分，其中内脏运动纤维是副交感纤维，是迷走神经的主要成分，主要分布于胸、腹腔内脏器官，支配心肌、平滑肌和腺体的活动；躯体运动纤维支配咽、喉部和食管骨骼肌；内脏感觉纤维来自咽、喉、气管、食管以及胸、腹腔内脏器官；躯体感觉纤维来自外耳皮肤。

迷走神经是脑神经中行程最长、分布区域最广的神经。迷走神经穿出颅腔后与副神经伴行，向下至颈总动脉分支处则与颈交感神经干并列，并有结缔组织包被形成迷走交感神经干，沿颈总动脉的背侧缘、气管的两侧面向后伸延，至胸廓前口处，迷走神经与交感神经干分离，经锁骨下动脉腹侧入胸腔，在纵隔中继续向后伸延，约于支气管背侧分为一背侧支和一腹侧支，左、右迷走神经的背侧支在食管背侧合成迷走神经背侧干，左、右迷走神经的腹侧支在食管的腹侧合成迷走神经腹侧干，分别沿食管的背侧和腹侧向后伸延，随食管经膈的食管裂孔进入腹腔。

迷走神经食管腹侧干入腹腔后分为两支：胃壁面支分布于瘤胃、网胃壁面和幽门。肝支除形成肝丛分布于肝和胆道外，还分布于十二指肠以及瓣胃和皱胃壁面。腹侧干有交通支与迷走神经背侧干相连。

迷走神经食管背侧干分为两支：胃脏面支分布于瘤胃；腹腔丛支与交感神经一起随腹腔动脉、肠系膜前动脉和肾动脉以及它们的分支分布于肝、胃、脾、胰、小肠、大肠和肾等器官。

迷走神经沿途分出的分支有咽支、喉前神经、喉返神经、心支和支气管支等。

咽支：分布于咽肌和食管的前段。

喉前神经：较咽支粗，在颈外动脉起始部由迷走神经分出，向前下方延伸至喉外侧，分为内、外两支：内支穿经甲状软骨裂分布于喉黏膜；外支分布于喉肌（环甲肌）。

喉返神经：右喉返神经约在第2肋骨处由右迷走神经分出，绕过右锁骨下动脉、肋颈动脉的后方至气管的右下缘，沿气管向前延伸至颈部。左喉返神经约在第4肋骨处由左迷走神经分出，绕过主动脉弓的后面沿气管的左下缘向前伸延，经心前纵隔至颈部，于是左、右喉返神经分别沿左、右颈总动脉的下缘向前延伸至颈前端时，即离开颈总动脉而位于食管与气管之间，分支分布于食管、气管、喉肌。在胸前口有分支与颈中神经节相连。

心支：在胸腔内由迷走神经分出，常与交感神经的心支和喉返神经的分支共同形成心神经丛，分支分布于心和大血管。

支气管支：在肺根部自迷走神经分出，沿支气管入肺。

（十一）副神经

副神经（n. accessorius）为运动神经，由两根组成。脑根纤维起自延髓疑核，脊髓根纤维起于颈前段脊髓灰质腹侧柱的运动神经元。副神经与舌咽神经和迷走神经一起自颈静脉孔穿出颅腔，但脑根纤维在穿出颅腔之前即加入迷走神经，分布于咽肌和喉肌。副神经穿出颅腔后在寰椎翼腹侧分为两支：背侧支分布于斜方肌，腹侧支分布于胸头肌。

（十二）舌下神经

舌下神经（n. hypoglossus）为运动神经，根丝在锥体后部外侧与延髓相连，经舌下神经孔穿出颅腔，在颅腔腹侧向下、向后延伸穿过迷走神经和副神经之间伸至颈外动脉的外侧面，并分布于舌肌和舌骨肌。

第七节　植物性神经系统

在神经系统中，分布于内脏器官、血管和皮肤等处平滑肌、心肌和腺体的神经，称为内脏神经。其与躯体神经一样，都含有传入（感觉）神经和传出（运动）神经。传入神经元的胞体位于脑和脊神经节，行程与躯体神经相同。传出神经称为植物性神经（systema nervosum vegetatiium），又称为自主神经（systema nervosum autonomicum）。植物性神经与躯体神经的运动神经相比较，具有下列一些结构和机能上的特点。

(1) 躯体运动神经支配骨骼肌，而植物性神经支配平滑肌、心肌和腺体。

(2) 躯体运动神经元的胞体存在于脑和脊髓，神经冲动由脑和脊髓传至效应器只需一个神经元；而植物性神经的神经冲动由中枢部传至效应器则需通过两个神经元，第一个神经元称为节前神经元，位于脑干和脊髓灰质外侧柱，由它发出的轴突称节前纤维；第二个神经元，称为节后神经元，位于外周神经系统植物性神经节内，由它发出的轴突称节后纤维。节前纤维离开中枢后，在植物性神经内与节后神经元形成突触；节后神经元发出的节后纤维将中枢发出的冲动传至效应器。节后神经元的数目较多，一个节前神经元可与多个节后神经元在植物性神经节内组成突触，这有利于许多效应器同时活动（图9-23）。

(3) 躯体运动神经纤维一般为粗的有髓纤维，且通常以神经干的形式分布；而植物性神经的节前纤维为细的有髓纤维，节后纤维为细的无髓纤维，延伸途中常攀附于脏器或血管表面，形成植物性神经丛，再由神经丛发出分支分布于效应器。

(4) 躯体运动神经一般都受意识支配；而植物性神经在一定程度上不受意识的直接控制，具有相对的自主性。

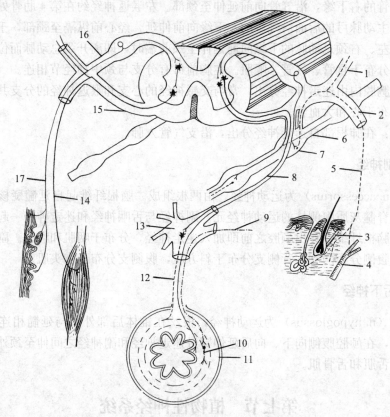

图 9-23 脊神经和植物性神经反射径路模式图
1. 脊神经背侧支 2. 脊神经腹侧支 3. 立毛肌 4. 血管 5. 交感神经节后纤维 6. 交感神经干
7. 椎旁神经节 8. 交感神经节前纤维 9. 副交感神经节前纤维 10. 副交感神经节后纤维 11. 消化管
12. 交感神经节后纤维 13. 椎下神经节 14. 运动神经纤维 15. 腹侧根 16. 背侧根 17. 感觉神经纤维

植物性神经节根据位置可分 3 类：位于脊柱椎体两侧的称椎旁神经节或椎旁节；位于脊柱下方的称椎下神经节或椎下节；位于所支配的器官旁或器官内的统称终末神经节或终末节。椎下节数目不多，较大的有腹腔神经节、肠系膜前神经节和肠系膜后神经节等，它们都在腹腔中，位于同名动脉起始部附近。椎旁节的数目较多，位于相应的椎间孔附近。

一、交感神经

交感神经（prars sympathia）的节前神经元位于脊髓胸 1 到腰 4 节段的灰质外侧柱，节后神经元主要位于椎旁节和椎下节，也有少数节前纤维直接伸到器官附近的终末神经节，与那里的节后神经元形成突触。节前纤维经腹侧根至脊神经，出椎间孔后离开脊神经，形成单独的神经支，即白交通支，进入相应节段的椎旁节。此时节前纤维通过 3 种途径与节后神经元形成突触：一些节前纤维终止于本节段的椎旁节；一些节前纤维向前或向后延伸，终止于前方或后方的椎旁节；另一些节前纤维穿过椎旁节后离开脊柱，向下延伸终止于椎下节。上述向前及向后走行的节前纤维互相连接，形成长的交感神经干（truncus sympathicus），也就是说交感神经干是由椎旁节和椎间支连接而成的，它位于脊柱的两侧，前达颅底，后至尾椎。

节后神经元发出的节后纤维也有 3 种去向：椎旁节发出的节后纤维组成灰交通支，返回

第九章 牛神经系统

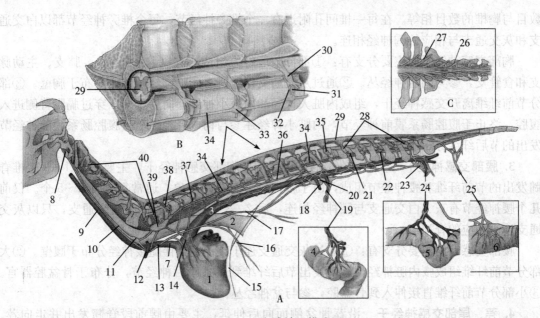

图9-24 牛交感神经模式图
A. 交感神经分布模式图　B. 局部放大　C. 腰荐神经放大
1. 心脏　2. 食道　3. 主动脉　4. 空肠　5. 降结肠　6. 直肠　7. 臂头干　8. 颈前神经节　9. 颈总动脉
10. 颈部交感神经干　11. 颈中神经节　12. 左锁骨下动脉　13. 迷走神经　14. 心支　15. 膈　16. 迷走神经腹侧干
17. 迷走神经背侧干　18. 腹腔动脉　19. 肠系膜前动脉　20. 腹腔肠系膜前神经节　21. 腰部交感神经干
22. 腰部椎旁节　23. 肠系膜后神经节　24. 肠系膜后动脉　25. 盆神经　26. 第3荐部脊神经节
27. 第5腰部脊神经节　28. 腰部脊神经节　29. 脊髓　30. 胸部脊神经节　31. 灰交通支　32. 白交通支
33. 胸部椎旁节　34. 胸部交感神经干　35. 第13胸部脊神经节　36. 内脏大神经　37. 第4胸部椎旁节
38. 第1胸部脊神经节　39. 脊胸神经节　40. 颈部脊神经节
(引自Budras等，2003)

脊神经，伴随脊神经分布于躯干和四肢的血管、皮肤腺和竖毛肌；或攀附在动脉周围形成神经丛，伴随动脉分支至内脏器官。节后纤维以细的内脏支形式直接到达内脏器官。

交感神经干可分为颈部、胸部、腰部和荐尾部（图9-24）。

1. 颈部交感神经干　由第1~6胸椎脊髓发出的节前纤维和颈前、颈中、颈后3个交感神经节组成。它沿气管的背外侧和颈总动脉的背侧缘向前延伸，常与迷走神经合并成迷走交感神经干。迷走交感神经干和颈总动脉一起包在同一个结缔组织鞘内。

（1）颈前神经节：最大，呈纺锤形，位于颅底腹侧。发出的节后纤维攀附于颈内动脉和颈外动脉表面，形成颈内动脉神经丛和颈外动脉神经丛，分布于头部的腺体（唾液腺、泪腺、汗腺）和平滑肌（瞳孔开大肌、睫状肌、立毛肌、血管）。

（2）颈中神经节：有时缺如或合并于颈后神经节，位于颈后部，发出的节后纤维组成心支（颈心神经）加入心丛，分布于心脏、主动脉、气管和食管。

（3）颈后神经节：位于第1肋骨椎骨端内侧，与第1、2胸椎交感神经节合并成颈胸神经节（或称星状神经节），向四周发出节后纤维，向前上方发出椎神经，伴随椎动脉向前穿行于各横突孔，沿途分支连于第2~7颈神经；向背侧发出灰交通支与第8颈神经及第1、2胸神经相连，伴随臂神经丛分布于前肢；向后下方发出心支加入心丛，分布于心和肺。

2. 胸部交感神经干　紧贴于胸椎的腹外侧面，由椎旁神经节和节间支组成，神经节的数目与胸椎的数目相等。在每一椎间孔附近有一个椎旁神经节，每个椎旁神经节都以白交通支和灰交通支与相应的胸神经相连。

胸部交感神经干的主要分支有：①部分节后纤维组成心支（胸心神经）、肺支、主动脉支和食管支，参与同名神经丛。②通过灰交通支伴随所有的胸神经延伸，分布于胸壁。③部分节前纤维离开交感神经干，组成内脏大神经和内脏小神经，向后延伸，穿过膈脚背侧进入腹腔，终止于腹腔肠系膜前神经节，内脏小神经还参与构成肾神经丛。腹腔肠系膜前神经节发出的节后纤维分布于腹腔脏器。

3. 腰部交感神经干 较细，在最后胸椎后端接胸部交感神经干，主要由第1~3腰椎脊髓发出的节前纤维和腰神经节组成，由于腰神经节有合并现象，通常每侧有2~5个。仅前几个腰神经节有灰、白交通支与腰神经相连，后2、3个腰神经节没有白交通支，只以灰交通支连于相应的脊神经。

腰部交感干的主要分支有：①通过灰交通支连于腰神经，伴随腰神经分布于腹壁。②大部分节前纤维组成腰内脏神经，后者发出节后纤维到肠系膜后神经节，分布于骨盆腔器官。③小部分节前纤维直接伸入到骨盆腔，参与盆神经丛。

4. 荐、尾部交感神经干 沿荐骨盆侧面向后伸延，主要由腰前段脊髓发出并走向荐、尾部的节前纤维和荐神经节、尾神经节组成。所有的荐神经节和尾神经节，没有白交通支，只以灰交通支连于相应的脊神经。

综上所述，可见由交感神经的椎旁节和椎下节发出的节后纤维分布如下：①通过灰交通支使交感神经纤维加入到每一对脊神经内，伴随脊神经分布于血管、皮肤的腺体和立毛肌。②颈前神经节的分支攀附于头部血管及连于脑神经（第1、8对除外），伴随血管和脑神经分布于头部的腺体和平滑肌。③颈中神经节和颈后神经节的分支，分布于心、气管、肺、食管以及前肢和颈部的血管和皮肤。④腹腔肠系膜前神经节的分支分布于胃、肠、肝、胰、肾和脾等。⑤肠系膜后神经节的分支分布于结肠、直肠、输尿管、膀胱，以及公畜的睾丸、附睾、输精管或母畜的卵巢、输卵管和子宫等。

交感神经的基本情况见表9-4。

表9-4 交感神经简表

节前神经元胞体位置	节前纤维	节后神经元胞体位置	节后纤维分布区域
胸部脊髓及腰部前段脊髓的灰质侧角	颈部交感神经干	颈前神经节	随颈内、外动脉分布
			随脑神经及第1~3颈神经分布
		颈胸神经节	随2~8颈神经和第1（2）胸神经分布，分支到心、肺、主动脉
	胸部交感神经干	胸神经节	随胸神经分布
	内脏大神经、内脏小神经	腹腔肠系膜前神经节	分布于胃、肝、脾、胰、肾、肾上腺皮质、小肠、盲肠和结肠前段
	腰部交感神经干	腰神经节	随腰神经分布
		肠系膜后神经节	分布于结肠后段及盆腔器官、阴茎
	荐部交感神经干	荐神经节	随荐神经节分布
	尾部交感神经干	尾神经节	随尾神经分布

二、副交感神经

副交感神经（n. parasympatheticus）节前神经元的胞体位于脑干和荐段脊髓，节后神经元的胞体位于所支配器官旁或器官内，统称终末神经节。用肉眼或用低倍解剖镜可见到的终末神经节主要有睫状神经节、翼腭神经节、下颌神经节和耳神经节等。这些神经节一般亦有交感神经纤维通过，但并不在该节内交换神经元。

1. 颅部副交感神经 其节前纤维走行于动眼神经、面神经、舌咽神经和迷走神经内，到相应的副交感终末神经节交换神经元，其发出的节后纤维到达所支配器官（图9-25）。

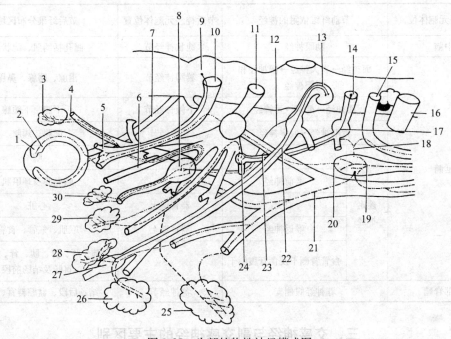

图 9-25 头部植物性神经模式图
—·—·— 交感神经节前纤维　—··— 交感神经节后纤维
------ 副交感神经节前纤维　······ 副交感神经节后纤维
1. 虹膜　2. 睫状体　3. 泪腺　4. 泪腺神经　5. 睫状神经节　6. 颧神经　7. 视神经　8. 翼腭神经节
9. 动眼神经副核　10. 动眼神经　11. 三叉神经　12. 岩大神经　13. 面神经　14. 舌咽神经
15. 迷走神经　16. 舌下神经　17. 鼓室神经　18. 颈静脉神经　19. 颈前神经节
20. 颈内动脉神经　21. 颈外动脉神经　22. 鼓索神经　23. 岩深神经　24. 耳神经节
25. 腮腺　26. 下颌腺　27. 下颌神经节　28. 舌下腺　29. 颊腺　30. 鼻腺

（1）动眼神经内的副交感神经节前纤维伴随动眼神经腹侧支进入眼球，终止于睫状神经节；换元后，节后纤维形成若干支小的睫状短神经，至眼球的瞳孔括约肌和睫状肌。

（2）面神经内的副交感神经节前纤维伴随面神经出延髓后分为两部分：一部分纤维通过翼腭神经节更换神经元后，节后纤维伴随上颌神经至泪腺、腭腺和鼻腺；另一部分纤维经鼓索加入舌神经，于下颌神经节更换神经元后，节后纤维至舌下腺和下颌腺。

（3）舌咽神经内的副交感神经节前纤维伴随舌咽神经出延髓后，顺次经鼓室神经、鼓室丛和岩小神经而终止于耳神经节；换元后，节后纤维经耳颞神经至腮腺，经颊神经至颊腺。

(4) 迷走神经内的副交感神经节前纤维起自延髓的迷走神经背核,伴随迷走神经分支延伸,在终末神经节换元,节后纤维至腹腔中大部分器官(详见迷走神经)。

2. 荐部副交感神经 荐部或盆部副交感神经的节前纤维由第2~4荐椎脊髓灰质外侧柱发出,伴随第3、4荐神经腹侧支出荐盆侧孔,形成1~2支盆神经,向腹侧伸延至直肠或阴道外侧,与腹下神经一起形成盆神经丛。丛内有许多盆神经节,盆神经的纤维部分在此终止并换元,部分在终末节换元。节后纤维分布于降结肠、直肠、膀胱、母畜的子宫和阴道以及公畜的阴茎等器官(表9-5)。

表9-5 副交感神经简表

节前神经元胞体位置	节前纤维依附的神经		节后神经元胞体位置	节后纤维分布区域
中脑	动眼神经		睫状神经节	瞳孔括约肌、睫状肌
延髓	面神经→岩大神经→颧神经和翼腭神经		翼腭神经节	泪腺、腭腺、鼻腺
	面神经→鼓索→舌神经		下颌神经节	舌下腺、下颌腺
	舌咽神经→鼓室神经		耳神经节	腮腺、颊腺
	迷走神经	咽支	器官壁上	咽
		喉前神经		喉黏膜及环甲肌
		心支	器官壁上	心脏
		喉返神经	器官壁上	喉肌、气管、食管
		食管背侧干及食管腹侧干		肺、肝、脾、胰、肾、小肠、盲肠及结肠前段
荐部脊髓	荐神经腹侧支		盆神经节	结肠后段、盆腔器官、阴茎

三、交感神经与副交感神经的主要区别

植物性神经根据形态和机能的不同,分交感神经和副交感神经两部分,都具有上述自主神经的共同特点,现仅就它们之间的主要不同点分述如下。

(1) 交感神经的节前神经元存在于胸腰段脊髓的灰质外侧柱,称胸腰部;而副交感神经的节前神经元主要存在于脑干(中脑、脑桥、延髓)和荐段脊髓的灰质外侧柱,故称颅荐部。

(2) 交感神经的节后神经元在椎旁节或椎下节,其发出的节后纤维要经过较长的路径才能到达效应器;副交感神经的节后神经元在终末节,其发出的节后纤维经过较短路径就能到达效应器。

(3) 一个交感节前神经元的轴突可与许多节后神经元形成突触;而一个副交感神经元的轴突则与较少的节后神经元形成突触。故交感神经的作用范围较广泛,而副交感神经则比较有局限性。

(4) 畜体的绝大部分器官或组织都接受交感神经和副交感神经的双重支配,但交感神经的支配更广。一般认为肾上腺髓质、四肢血管、头颈部的大部分血管以及皮肤的腺体和竖毛肌等,没有副交感神经支配。

(5) 交感神经和副交感神经对同一器官的作用也不相同，在中枢神经的调节下，既相互对抗，又相互统一。例如，当交感神经活动增强时，表现为心跳加快、血压升高、支气管舒张和消化活动减弱，以适应在机体运动加强时代谢旺盛的需要；而当副交感神经活动增强时，则表现心跳减慢、血压下降、支气管收缩和消化活动增强，以适应体力的恢复和能量储备的需要。

第八节　脑、脊髓传导路

脑、脊髓中的长距离投射纤维束分为传导各种感觉信息的上行传导路和传导运动冲动的下行传导路。主要传导路在脊髓白质和脑干中都有固定位置。

（一）感觉（上行）传导路

感觉传导路分浅感觉、深感觉和特殊感觉3种传导径。浅感觉指温度觉、痛觉、触觉及压觉；深感觉又称本体感觉，指肌肉、关节的位置觉和运动觉；特殊感觉指视觉、听觉、平衡觉、味觉和嗅觉。这里主要介绍浅感觉和深感觉传导径（图9-26）。

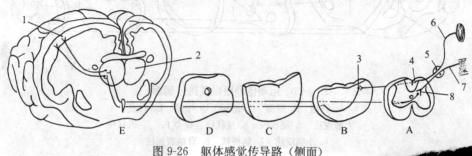

图9-26　躯体感觉传导路（侧面）
A. 脊髓　B. 延髓　C. 脑桥　D. 中脑　E. 间脑
1. 大脑皮质　2. 丘脑　3. 薄束核和楔束核　4. 薄束和楔束　5. 脊神经节
6. 深感觉神经　7. 浅感觉神经　8. 脊髓背侧柱

1. 浅感觉传导径——脊髓丘脑束　传导体表和内脏痛温觉及体表粗浅触压觉信息。一级传入神经元的胞体位于脊神经节，其外周突分布于体表和内脏，中枢突经背根进入脊髓，止于灰质背侧角及中间带，在此与二级神经元形成突触。二级神经元的轴突大多数交叉至对侧，少数在同侧，组成脊髓丘脑侧束和腹束，经脑干上行，终于丘脑。位于丘脑的第三级神经元发出纤维经内囊到大脑皮质感觉区。经典观念认为，脊髓丘脑外侧束和腹侧束分别传导痛温觉和触压觉信息，两束都止于丘脑腹后外侧核。近年已证明，此两束连成一片，传导两类信息的纤维互相混杂，而且在脊髓的起点和在丘脑的止点，至少在猫和猴存在明显的种间差异，在猴，主要止于丘脑腹后外侧核；在猫止于丘脑后核内侧部、中央外侧核及腹外侧核。

2. 传导精细触觉和本体感觉到大脑的传导径——薄束和楔束（背索纤维）及内侧丘系　一级传入神经元胞体位于脊神经节内，周围突分布于躯干和四肢的肌、腱、关节等深部，中枢突经背根进入脊髓，在背侧索中上行，组成薄束和楔束，与延髓的薄束核和楔束核的第二级神经元形成突触。第二级神经元的轴突交叉至对侧，形成内侧丘系，在脑干上行，止于丘脑腹后外侧核。第三级神经元发出纤维经内囊到大脑皮质感觉区。两束纤维按躯体定位排列，薄束传导前肢和躯体前半部的信息，楔束传导后肢和躯体后半部的信息。近30年的研究证明，薄束和楔束并不严格按上述躯体定位规律排列和传导冲动。

3. 传导本体感觉到小脑的传导径——脊髓小脑束 一级传入神经元胞体位于脊神经节内，周围突分布于躯干和四肢的肌、腱、关节等深部，中枢突经背根进入脊髓，止于脊髓背侧角，二级神经元的轴突组成脊髓小脑背束、楔小脑束和脊髓小脑腹束，分别经绳状体和结合臂止于小脑皮质。

(二) 运动（下行）传导路

调控躯体运动的下行通路分为锥体系和锥体外系（图9-27）。

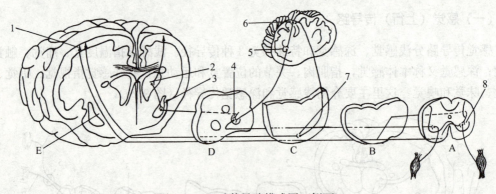

图9-27 运动传导路模式图（侧面）
A. 脊髓 B. 延髓 C. 脑桥 D. 中脑 E. 内囊
1. 大脑皮质 2. 尾状核 3. 豆状核 4. 红核 5. 齿状核
6. 小脑皮质 7. 脑桥核 8. 脊髓腹侧柱

突组成的纤维束，经内囊、大脑脚、脑桥和延髓下行至脊髓者称皮质脊髓束（图9-28），止于脑干者称皮质脑干束。皮质脊髓束约3/4的纤维经锥体交叉后到对侧脊髓外侧索下行，形成皮质脊髓外侧束；少数不交叉的纤维形成皮质脊髓腹侧束，在脊髓中陆续交叉。在脊髓内，两束纤维沿途大部分在脊髓各节中与同侧中间神经元发生突触后再到腹侧角的运动神经元。皮质脑干束终止于同侧或对侧网状结构或脑神经感觉核，而后中继至脑神经运动核。脊髓腹侧角和脑干运动神经核的运动神经元发出的纤维，组成脑神经和脊神经的运动神经，支配骨骼肌的运动。

2. 锥体外系 锥体外系自大脑皮质发出，在基底核、丘脑底部、红核、黑质、前庭核和网状结构等处交换神经元，再到脑干或脊髓的运动神经元，不经过延髓锥体（图9-29）。

锥体外系主要包括调节肌肉紧张的红核脊髓束（起于红核，交叉后行经脊髓外侧索，至腹侧柱的运动神经元）、与平衡有关的前庭脊髓束（由前庭核至脊髓腹侧柱的运动神经元）和与视听防御反射有关的顶盖脊髓束（由中脑顶盖发出，交叉至对侧，至脊髓腹侧的运动神经元）。

大脑皮质和小脑的联系也是锥体外系的一个组成部分，由大脑皮质发出的纤维经过内囊和大脑脚至脑桥的脑桥核，换神经元后，经小脑中脚至小脑皮质。小脑皮质发出的

第九章 牛神经系统

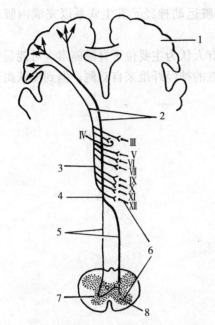
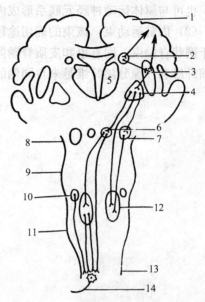

图 9-28 锥体系传导路模式图（背侧）
1. 大脑皮质 2. 上位运动神经元 3. 皮质脑干束
4. 延髓锥体 5. 皮质脊髓束 6. 下位运动神经元
7. 脊髓 8. 脊髓腹角 Ⅲ～Ⅻ. 脑神经

图 9-29 锥体外系传导路模式图
1. 大脑皮质 2. 尾状核 3. 壳核 4. 苍白球
5. 丘脑 6. 红核 7. 黑质 8. 中脑 9. 脑桥
10. 前庭核 11. 延髓 12. 网状结构
13. 脊髓 14. 脊髓运动神经元

纤维至齿状核，齿状核发出的纤维一部分至丘脑，换神经元后至大脑皮质；另一部分交叉到对侧的红核。大脑皮质通过这一环路控制小脑的活动，反之小脑皮质通过它亦影响大脑皮质的活动。

锥体外系的活动是在锥体系主导下进行的，但只有在锥体外系给予适宜的肌肉紧张和协调的情况下，锥体系才能执行随意的精细活动。有些活动（如走、跑步等）由锥体系发动，而锥体外系管理习惯性运动。故两者是互相协调、互相依赖，从而完成复杂的随意运动，但家畜的锥体系远没有锥体外系发达。

（三）内脏传导路

内脏神经的中枢是在大脑皮质的边缘叶、丘脑和小脑等处，但这些部位多数是通过下丘脑而实现其功能，故下丘脑常被认为是调节植物性神经活动的高级中枢。还证明下丘脑的前内侧部是副交感神经中枢，而后外侧部是交感神经中枢。内脏的低级中枢在脑干和脊髓，如吸气中枢在延髓后部腹侧网状结构内，呼气中枢在延髓后部背侧网状结构内，长吸中枢在脑桥后部背外侧网状结构内。这些中枢均受脑桥前部的呼吸调节的影响。心血管调节中枢在延髓前部外侧网状结构和延髓后部内侧网状结构。

另外，小脑也可影响植物性神经的活动。

（1）内脏感觉束：内脏的感觉冲动起自痛觉等感受器，经脊神经背侧根传入脊髓背侧柱换元后，经固有束向前行，沿途又可多次换元，部分纤维经灰质联合交叉到对侧再向前行，进入脑干网状结构，再由短轴突神经元中继而到丘脑。这条通路因突触传递层次多，故传递速度慢。进入脊髓的内脏感觉，可借中间神经元与内脏运动神经元发生联系以完成内脏反射，也可与躯体运动神经元联系形成内脏-躯体反射。

（2）内脏运动束：该束的确切途径还不太清楚。有人认为主要位于脊髓侧索，可能是分散于网状脊髓束、固有束和皮质脊髓侧束中。支配内脏的神经纤维来自双侧，但到皮肤血管收缩纤维和汗腺分泌纤维是来自同侧的。

第十章 牛内分泌系统

内分泌系统（system endocrinum）是机体内的一个重要的功能调节系统，以体液调节的形式，对畜体的新陈代谢、生长发育和繁殖等起着重要调节作用。各种内分泌腺的功能活动相互联系和相互制约，它们在中枢神经系统的控制下分泌各种激素，激素又反过来影响神经系统的功能，从而实现神经体液调节，维持机体的正常生理活动，保持内环境的动态平衡，以适应外界环境的变化。内分泌腺发生病变，常导致激素分泌过多或不足，造成内分泌功能亢进或低下，从而出现机体发育异常或行为障碍等症状。

畜体的腺体可分为两大类，即外分泌腺和内分泌腺。外分泌腺的分泌物一般由导管排出，故也称为有管腺，如在消化系统中叙述过的唾液腺、肝、胰和肠腺等。内分泌腺（glandulae endocrinae）的分泌物无导管排出，而直接进入血液或淋巴，故又称为无管腺。

内分泌系统包括内分泌腺和内分泌组织。内分泌腺指结构上独立存在，肉眼可见的内分泌器官，如垂体、松果体、肾上腺、甲状腺和甲状旁腺等。内分泌组织指散在于其他器官之内的内分泌细胞团块，如胰腺内的胰岛、睾丸内的间质细胞、卵巢内的卵泡细胞及黄体等。此外，体内许多器官兼有内分泌功能，包括神经内分泌、胃肠内分泌、肾内分泌、胎盘内分泌等。前列腺等许多器官还分泌前列腺素。

内分泌腺分泌的物质称激素（hormone），通过毛细血管和毛细淋巴管直接进入血液循环，然后被转运到全身各处，作用于靶器官或靶细胞。某种激素只对特异的器官或细胞起作用，这些器官或细胞称为靶器官或靶细胞。内分泌腺分泌的激素种类一般与该腺的内分泌细胞种类有关。有的内分泌腺只分泌一种激素，有的可分泌几种激素，内分泌腺在结构上的共同特点是：腺细胞排列呈索状、块状或泡状，血管丰富。

第一节 垂 体

垂体（hypophysis）又称脑垂体，为一扁圆形小体，位于脑的底部，蝶骨构成的垂体窝内，借漏斗连于下丘脑（图10-1）。

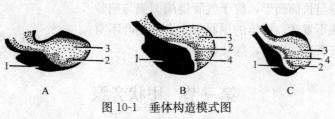

图10-1 垂体构造模式图
A. 马 B. 牛 C. 猪
1. 远侧部 2. 中间部 3. 神经部 4. 垂体腔

垂体的构造和功能都比较复杂，根据其发生和结构上的特点，可作如下划分：垂体的远侧部和结节部称为前叶，其中间部和神经部则称为后叶。前叶目前已确定能分泌生长激素、催乳激素、黑色细胞刺激素、促肾上腺皮质激素、促甲状腺激素、促卵泡激素、促黄体激素或促间质细胞激素 7 种激素。这些激素除与机体骨骼和软组织的生长发育有关外，还能影响其他内分泌腺的功能。

垂体神经部是一个储存激素的地方，接受由下丘脑视上核和室旁核所分泌的加压素（抗利尿激素）和催产素。

$$
\text{垂体}\begin{cases}\text{腺垂体}\begin{cases}\text{远侧部}\\\text{结节部}\\\text{中间部}\end{cases}\\\text{神经垂体}\begin{cases}\text{神经部}\\\text{漏斗}\end{cases}\end{cases}
$$

牛的垂体窄而厚，漏斗长而斜向后下方，后叶位于垂体的背侧，前叶位于腹侧。前叶与后叶之间为垂体腔。

第二节 甲状腺

甲状腺（glandula thyroidea）（图 10-2）位于喉的后方，前 3～4 个气管环的两侧和腹侧，可分为左、右两个侧叶（lobi dexter et sinister）和连接两个侧叶的腺峡（isthmus glandularis）。甲状腺是一个富含血管的实质器官，呈红褐色或红黄色，由结缔组织支架和实质构成。甲状腺表面被覆有结缔组织的被膜。被膜伸入实质内，将腺组织分隔成许多腺小叶。甲状腺能合成和释放甲状腺素，其主要作用是促进机体的新陈代谢，维持机体的正常生长发育，尤其是对骨骼和神经系统的发育影响更大。

牛的甲状腺较其他家畜的发育较好，颜色较浅，侧叶呈不规则的扁三角形，长 6～7cm，宽 5～6cm，厚 1.5cm，腺小叶明显，腺峡由腺组织构成，较发达，宽约 1.5cm。

绵羊的甲状腺呈长椭圆形，位于气管前端两侧与胸骨甲状肌之间，腺峡不发达。山羊的甲状腺左右两侧叶不对称，位于前几个气管环的两侧，腺峡较小。

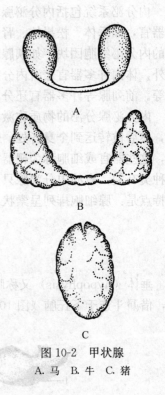

图 10-2 甲状腺
A. 马　B. 牛　C. 猪

第三节 甲状旁腺

甲状旁腺（glandulae parathyroideae）是圆形或椭圆形小腺体，位于甲状腺附近或埋于甲状腺组织中。一般家畜具有两对甲状旁腺。

牛有内、外两对甲状旁腺。外甲状旁腺位于甲状腺前方，靠近颈总动脉，大小为5～12mm；内甲状旁腺较小，常位于甲状腺的内侧，靠近甲状腺的背缘或后缘。

甲状旁腺主要分泌甲状旁腺素，调节钙、磷代谢，维持血钙平衡。

第四节 肾上腺

肾上腺（图10-3）（glandula suprarenalis）成对，位于肾的前内侧。肾上腺外包被膜，其实质可分为外层的皮质和内层的髓质。皮质呈黄色，分泌多种激素，参与调节机体的水盐代谢和糖代谢等；髓质呈灰色或肉色，分泌肾上腺素和去甲肾上腺素，其机能相当于交感神经的作用，能使心跳加快，心肌收缩力加强，血压升高。

牛的右肾上腺呈心形，位于右肾的前内侧；左肾上腺呈肾形，位于左肾前方。

羊的左、右肾上腺均为扁椭圆形。

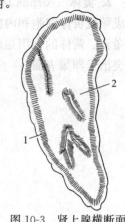

图10-3 肾上腺横断面
1. 皮质 2. 髓质

第五节 松果腺

松果腺（glandula pinealis）又称脑上腺（dpiphysis），是红褐色卵圆形小体，位于四叠体与丘脑之间，以柄连于丘脑上部。松果腺主要由松果腺细胞和神经胶质形成，外面包有脑软膜，随年龄的增长松果腺内的结缔组织增多，成年后不断有钙盐沉着，形成大小不等的颗粒，称为脑砂（acervuli）。

松果腺分泌褪黑激素，有抑制促性腺激素的释放，防止性早熟等作用。此外，松果腺内还含有大量的5-羟色胺和去甲肾上腺素等物质。光照能抑制松果腺合成褪黑激素，促进性腺活动。

第六节 其他器官内的内分泌组织

一、胰 岛

胰岛（insulae pamcreaticae）是胰腺的内分泌部，由几十万到上百万个细胞团块组成。主要分泌胰岛素和胰高血糖素。对调节糖、脂肪、蛋白质代谢，维持正常血糖水平起着十分重要的作用。

二、睾丸内的内分泌组织

睾丸具有生成精子和内分泌的双重作用，睾丸精曲小管之间的间质细胞是内分泌组织，分泌雄激素（主要是睾酮），其作用是促进雄性生殖器官的发育和机能活动，促进第二性征的出现并维持其正常状态。此外，睾丸内的支持细胞还可能分泌雌性激素和抑制素。

三、卵泡内的内分泌组织

1. 卵泡膜　当卵泡生长时，卵泡外的间质细胞围绕卵泡排列并逐渐增厚形成内、外两层卵泡膜。内膜细胞分泌雌激素，其作用是维持和促进雌性生殖器官和乳腺的发育及第二性征的出现。

2. 黄体（corpus lateum） 卵巢排卵后，残留在卵泡壁的卵泡细胞和内膜细胞分别演化成颗粒黄体细胞和内膜黄体细胞，形成黄体。颗粒黄体细胞分泌孕酮，内膜黄体细胞分泌雌激素。黄体的作用是刺激子宫腺分泌和乳腺发育，并保证胚胎附植和发育。牛黄体有一部分突出于卵巢表面。

第十一章

牛感觉器

感受器（receptor）是感觉神经终末止于其他组织器官形成的特殊结构，是反射弧的一个重要组成部分，能接受内、外环境的各种刺激，并通过感受器的换能作用，将刺激能量转换为神经冲动，经感觉神经传到中枢而产生各种感觉。感受器种类很多，有的结构简单，如游离神经末梢和环层小体等；有的结构复杂，具有各种辅助装置，如视觉器官和位听器官等。感觉器（sensory organs）就是感受器及其辅助装置的总称。

感受器的分类方法很多，广泛使用的分类方法是按感受器在体内的分布部位及其接受刺激的来源，分为外感受器、内感受器和本体感受器3大类。

1. 外感受器（exteroceptor） 分布于皮肤、嗅黏膜、味蕾、视觉器官、听觉器官等处，接受来自外界环境的刺激，如冷、热、痛、触觉、压觉、光、声、嗅觉和味觉等。

2. 内感受器（interoceptor） 分布于内脏、腺体和心血管等处，接受内环境的刺激，如内脏痛、膨胀、痉挛、饥、渴、压力、渗透压等。

3. 本体感受器（proprioceptor） 分布于肌腹、肌腱、关节和内耳等处，接受运动和位置的刺激。

第一节 视觉器官——眼

视觉器官（organum visus）能感受光波的刺激，经视神经传至视觉中枢而产生视觉。视觉器官由眼球和辅助装置组成。

一、眼球

眼球（bulbus oculi）是视觉器官的主要部分，位于眼眶内，呈前、后略扁的球形，后端借视神经与间脑相连。眼球由眼球壁和内容物组成（图11-1）。

（一）眼球壁

眼球壁由3层组成，从外向内依次为纤维膜、血管膜和视网膜。

1. 纤维膜（tunica fibrosa bulbi） 为眼球壁的外层，由致密结缔组织组成，厚而坚韧，有保护眼球内部结构和维持眼球形状的作用。分巩膜和角膜两部分。

（1）巩膜（sclera） 为纤维膜的后部，约占4/5，乳白色不透明，由大量的胶原纤维和少量的弹性纤维构成。巩膜前缘接角膜，两者交界处深面有巩膜静脉窦，是眼房水流出的通道。巩膜后部有视神经纤维穿过形成的巩膜筛区，该部较薄。

（2）角膜（cornea） 为纤维膜的前部，约占1/5，无色透明，有折光作用。角膜上皮的再生能力很强，损伤后能很快修复。角膜内无血管，但含丰富的神经末梢，所以感觉灵敏。

2. 血管膜（tunica vasculosa bulbi） 为眼球壁的中层，含有大量的血管和色素细胞，有营养眼内组织的作用，并形成暗的环境，有利于视网膜对光色的感应。血管膜由后向前分为脉络膜、睫状体和虹膜3部分。

（1）脉络膜（chorioidea） 衬于巩膜内面，薄而柔软，呈棕色。其外面与巩膜疏松相连，内面与视网膜色素上皮层紧贴，后部在视神经穿过的背侧，除猪外有呈青绿色带金属光泽的三角形区，称为照膜（tapetum lucidum），能将外来光线反射于视网膜以加强刺激作用，有助于动物在暗环境下对光的感应。

（2）睫状体（corpus ciliare）位于巩膜和角膜移行部的内面，是血管膜中部的环形增厚部分。其内面后部为睫状环，前部为睫状冠，表面有许多向内侧突出并呈放射状排列的皱褶，称为睫状突，借睫状小带（晶状体悬韧带）与晶状体相连。睫状体的外面为平滑肌构成的

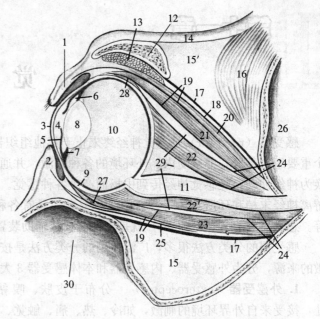

图 11-1 眼和眼眶解剖
1. 上眼睑 2. 下眼睑 3. 角膜 4. 眼前房 5. 虹膜 6. 眼后房
7. 睫状体和晶状体悬韧带 8. 晶状体 9. 眼球壁（外、中、内膜）
10. 玻璃体房和玻璃体 11. 视神经 12. 额骨颧突 13. 泪腺
14. 皮肤 15. 眶骨膜外脂体 15′. 颞窝脂体 16. 颞肌
17. 眶骨膜 18. 眶筋膜浅层 19. 眶筋膜深层 20. 上眼睑提肌
21. 眼球上直肌 22、22′. 眼球退缩肌 23. 眼球下直肌
24. 眼肌筋膜 25. 眶筋膜浅层 26. 颅腔 27. 眼球下斜肌
28. 眼球上斜肌 29. 眶骨膜内脂体 30. 上颌窦
（引自 Popesko，1979）

睫状肌（m. ciliaris），受副交感神经支配。睫状肌收缩或舒张时可使睫状小带松弛或拉紧，晶状体因其囊固有弹性而改变其凸度，使远近物聚焦视网膜上，具有调节视力的作用。睫状体还能产生眼房水。

（3）虹膜（iris） 位于晶状体前方，是血管膜前方的环形薄膜，呈圆盘状，从眼球前面透过角膜可以看到。虹膜中央有一孔，称为瞳孔（pupilla），虹膜富含血管、神经、平滑肌和色素细胞，其色彩因含色素细胞的多少和分布不同而有差异。牛的呈暗褐色，绵羊呈黄褐色，山羊呈蓝色。虹膜内有两种平滑肌，一种在瞳孔周围呈环形排列，称为瞳孔括约肌，受副交感神经支配，在强光下缩小瞳孔；一种向虹膜周边呈放射状排列，称为瞳孔开大肌，受交感神经支配，在弱光下开大瞳孔。

3. 视网膜（retina） 为眼球壁的内层，分视部和盲部，两部交界处称为锯齿缘（ora serrata）。

（1）视网膜视部（pars optica retinae） 衬于脉络膜内面，有感光作用，在活体略呈淡红色，死后呈灰白色。在视网膜后部有一圆形或卵圆形白斑，称为视神经盘（discus n. optici），表面略凹。视神经盘由视网膜节细胞的轴突聚集而成，无感光作用，故称为盲点。在其背外侧有一圆形小区，称为中央区，是感光最敏锐的地方，相当于人的黄斑

(macula)。

(2) 视网膜盲部 (pars ceca retinae)　分视网膜睫状体部和虹膜部，分别贴衬于睫状体和虹膜内面，较薄，无感光作用。睫状体部可产生眼房水。

(二) 内容物

内容物包括房水、晶状体和玻璃体，是眼球内的透明结构，无血管分布，与角膜一起共同组成眼球的折光系统，使物体能在视网膜上形成清晰的物像。

1. 眼房和房水　眼房位于角膜与晶状体之间，被虹膜分为眼球前房和后房，两房经瞳孔相通。眼房内充满房水。房水为无色透明的液体，由睫状体分泌产生，从眼球后房经瞳孔进入前房，然后渗入巩膜静脉窦而汇入眼静脉。房水除有折光作用外，还具有营养角膜和晶状体及维持眼内压的作用。如果房水排泄不畅，则导致眼内压升高，称为青光眼。

2. 晶状体 (lens)　位于虹膜与玻璃体之间，呈双凸透镜状，无血管和神经，透明而富有弹性。晶状体外面包有一层透明而有弹性的被膜，称为晶状体囊。晶状体借睫状小带连于睫状突上。睫状体、睫状小带和晶状体囊的活动可使晶状体的形状发生变化，从而改变焦距，使物体聚焦于视网膜上，形成清晰的物像。晶状体如果因疾病或代谢障碍发生混浊，称为白内障。

3. 玻璃体 (corpus vitreum)　位于晶状体与视网膜之间，为无色透明的胶状物质，外面包有一层透明的玻璃体膜。玻璃体前面凹，容纳晶状体，称为晶状体窝。玻璃体有折光和支持视网膜等作用。

二、眼球的辅助装置

眼球的辅助装置有眼睑、泪器、眼球肌和眶筋膜等，起保护、运动和支持眼球的作用 (图 11-1)。

1. 眼睑 (palpebrae)　俗称眼皮，是位于眼球前方的皮肤褶，有保护眼球免受伤害的作用。眼睑分为上眼睑和下眼睑。上、下眼睑之间的裂隙称为睑裂，其内、外侧端分别称为眼内侧角和外侧角。眼睑外面为皮肤，内面为结膜，两面移行处为睑缘，生有睫毛。眼睑中层为眼轮匝肌，近游离缘处有一排睑板腺，导管开口于睑缘，分泌脂性物质，有润泽睑缘的作用。结膜为连接眼球和眼睑的薄膜，湿润而富有血管，分睑结膜和球结膜。被覆于眼睑内面的部分为睑结膜，覆盖于眼球巩膜前部的部分为球结膜。睑结膜与球结膜折转移行处称为结膜穹隆，二者之间的裂隙称为结膜囊，牛的眼虫常寄生于此囊内。结膜正常呈淡红色，患某些疾病时 (如贫血、黄疸、发绀) 常发生变化，可作为诊断的依据。

结膜半月襞又称第3眼睑或瞬膜，是位于眼内侧角的半月状结膜褶，常见色素，内有一块T形软骨。结膜半月襞内有浅腺和深腺 (哈德腺)。

2. 泪器 (apparatus lacrimalis)　包括泪腺和泪道两部分。

(1) 泪腺 (glandula lacrimalis)　位于眼球背外侧、额骨颧突的腹侧，呈扁平的卵圆形，借十多条导管开口于上眼睑结膜囊内。泪腺分泌泪液，借眨眼运动分布于眼球和结膜表面，有湿润和清洁眼球表面的作用。

(2) 泪道　为泪液排出的通道，由泪点、泪小管、泪囊和鼻泪管组成。泪点是位于眼内侧角附近上、下睑缘的缝状小孔。泪小管是连接泪点与泪囊的小管,有两条,位于眼内侧角。泪囊是鼻泪管起始端的膨大部,为一膜性囊,呈漏斗状,位于泪骨的泪囊窝内。鼻泪管(ductus nasolacrimalis)是将泪液从眼运送至鼻腔的膜性管,近侧部包埋在骨性管腔中,远侧部包埋于软骨或黏膜内,沿鼻腔侧壁向前向下延伸,开口于鼻前庭或下鼻道后部(猪),泪液在此随呼吸的空气蒸发。泪点受阻时,泪液不能正常排出,就会从睑缘溢出,时间长久可刺激眼睛发生炎症。

3. 眼球肌(musculi bulbi) 为眼球的运动装置,有 7 块肌肉,包括 4 块直肌、2 块斜肌和 1 块眼球退缩肌,还有 1 块运动眼睑的上眼睑提肌。眼球肌属于横纹肌,运动灵活而不容易疲劳。

(1) 直肌 有 4 块,即上直肌、内直肌、下直肌和外直肌,均呈带状,分别位于眼球的背侧、内侧、腹侧和外侧,起始于视神经孔周围,止于巩膜。4 条直肌的作用是向上、向内侧、向下和向外侧运动眼球。

(2) 斜肌 有 2 块,即上斜肌和下斜肌。上斜肌细而长,起始于筛孔附近,在内直肌内侧前行,通过滑车而转向外侧,经上直肌腹侧而止于巩膜。其作用是向外上方转动眼球。下斜肌短而宽,起始于泪囊窝后方的眶内侧壁,经眼球腹侧向外侧延伸而止于巩膜。其作用是向外下方转动眼球。

(3) 眼球退缩肌 起始于视神经孔周围,由上、下、内侧和外侧 4 条肌束组成,呈锥形包于眼球的后部和视神经周围,止于巩膜。其作用是后退眼球。

(4) 上眼睑提肌 属于面肌,位于上直肌的背侧,起始于筛孔附近,止于上眼睑,其作用是提举上眼睑。

4. 眶筋膜(fasciae orbitales) 包括眶骨膜、眼肌筋膜和眼球鞘,对眼球起保护作用。

(1) 眶骨膜 位于骨质眼眶内,是包围眼球、眼球肌、泪腺、血管和神经等的纤维膜,致密而坚韧,呈锥形。锥尖附着于视神经孔周围,锥基附着于眶缘。

(2) 眼肌筋膜 是包围直肌和斜肌的筋膜,分浅、深两层,借肌间隔相连。其后方附着于视神经孔周围,前方附着于眼睑纤维层和角膜缘。

(3) 眼球鞘 又称为眼球筋膜,是包围眼球退缩肌和眼球的筋膜,向前伸至角膜缘,向后延续形成视神经外鞘。眼眶内存储的大量脂肪组织称为眶脂体。

第二节 前庭蜗器——耳

耳为听觉和平衡觉器官,分外耳、中耳和内耳 3 部分。外耳和中耳是收集和传导声波的装置,内耳是听觉感受器和平衡觉感受器所在之处(图 11-2)。

一、外 耳

外耳(auris externa)由耳廓、外耳道和鼓膜 3 部分组成。

1. 耳廓(auricula) 又称耳壳,牛的耳廓斜向外侧。耳廓具有两个面、两个缘、耳廓尖和耳廓基。凸面即背面,朝向内侧,中部最宽。凹面为凸面的相对面,即耳舟(scapha),有 4 条纵嵴。前缘即耳屏缘;后缘即对耳屏缘,薄而凸;前、后缘向上汇合于耳廓尖。下端即耳廓基,较小,连于外耳道。耳廓由耳廓软骨、皮肤和肌肉组成。耳廓软骨为弹性软骨,

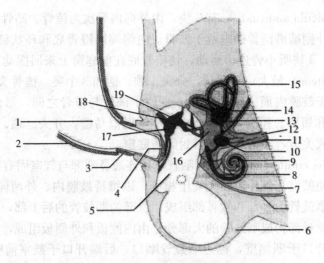

图 11-2 耳构造模式图
1. 外耳道 2. 耳廓 3. 软骨性外耳道 4. 鼓膜 5. 鼓室 6. 鼓泡 7. 颞骨 8. 耳蜗管
9. 耳蜗 10. 球囊 11. 耳蜗神经 12. 前庭神经 13. 椭圆囊 14. 半规管壶腹
15. 膜半规管 16. 前庭 17. 锤骨 18. 砧骨 19. 镫骨和前庭窗
(引自 König-Liebich，2007)

构成耳廓的支架，其内、外两面被覆皮肤，皮下组织很少。内面的皮肤薄，与软骨连接紧密，皮肤内含丰富的皮脂腺。耳廓基部周围具有脂肪垫，并附着有 10 多块耳廓外肌和内肌，能使耳廓灵活运动，便于收集声波。

2. 外耳道（meatus acusticus externus） 是从耳廓基部到鼓膜的管道，内面被覆皮肤，由两部分组成。外侧部是软骨性外耳道，由环状软骨作支架，外侧端与耳廓软骨相连，内侧端以致密结缔组织与骨性外耳道相连；其内面的皮肤具有短毛、皮脂腺和特殊的耵聍腺。耵聍腺为变态的汗腺，分泌耳蜡，又称耵聍。内侧部是骨性外耳道，即颞骨岩部的外耳道。骨性外耳道断面呈椭圆形，外口大，内口小，约为外口的一半，有鼓膜环沟，鼓膜嵌入此沟内。

3. 鼓膜（membrana tympani） 位于外耳道底部，介于外耳与中耳之间，是一片卵圆形的半透明膜，坚韧而有弹性，周围嵌入鼓膜环沟内。鼓膜分两部分，松弛部小，略呈长方形；紧张部大，略呈卵圆形，内面附着锤骨柄。

二、中 耳

中耳（auris media）由鼓室、听小骨和咽鼓管组成。

1. 鼓室（cavum tympani） 是颞骨岩部和鼓部内的腔体，内面被覆黏膜，位于鼓膜与内耳之间，分鼓室上隐窝、固有部和腹侧部。鼓室上隐窝位于鼓膜平面上方，锤骨上部及砧骨大部分位于此隐窝内。固有部或主部位于鼓膜内侧。腹侧部位于鼓泡内。鼓室外侧壁为膜壁，借鼓膜与外耳道为界；内侧壁为迷路壁，与内耳为界，近中央部有一隆起，称为岬；岬的前上方有前庭窗，由镫骨底和环韧带封闭，后下方有耳蜗窗，由第二鼓膜封闭，将鼓室与鼓阶隔开。第二鼓膜对声波起减震器（damper）的作用。前壁为颈动脉壁，有裂隙样的咽鼓管鼓口通咽鼓管。顶壁为盖壁，其内侧部有面神经通过。后壁为乳突壁，底壁为颈静脉壁。

2. 听小骨（ossicula auditus） 有 3 块，由外向内顺次为锤骨、砧骨和镫骨，彼此借关节相连成听骨链，外侧端借锤骨柄附着于鼓膜，内侧端以镫骨底和环状韧带附着于前庭窗。当声波振动鼓膜时，3 块听小骨连串运动，使镫骨底在前庭窗上来回摆动，将声波的振动传入内耳。锤骨（malleus）最大，呈锤状，分头、颈、柄和 3 个突，锤骨头与砧骨体成关节，锤骨柄细长，附着于鼓膜内面。砧骨（incus）位于锤骨与镫骨之间，形似人的双尖牙，可分为砧骨体、长脚和短脚。镫骨（stapes）最小，形似马镫，分头、颈、底、前脚和后脚。镫骨头与砧骨长脚成关节，底借环状韧带封闭前庭窗。

3. 咽鼓管（tuba auditiva） 又称耳咽管，是连通鼻咽部与鼓室固有部的短管道，空气经此管进入鼓室，使鼓室与外耳道的大气压相等，以维持鼓膜内、外两侧大气压力的平衡，防止鼓膜被冲破。咽鼓管由骨部和软骨部组成。骨部为咽鼓管的后上部，很短，位于颞骨岩部肌突根部内侧；软骨部构成咽鼓管的大部分，由内侧板和外侧板组成，呈凹槽状。咽鼓管有两个开口，前端开口于咽侧壁，称为咽鼓管咽口，后端开口于鼓室前壁，称为咽鼓管鼓口；管壁内面被覆黏膜，分别与咽和鼓室黏膜相延续。

三、内　耳

内耳（auris interna）位于颞骨岩部内，在鼓室与内耳道底之间，由构造复杂、形状不规则的管腔组成，故称为迷路（labyrinthus）。由骨管和膜管两部分组成，骨管称为骨迷路，膜管称为膜迷路。膜迷路套于骨迷路内，二者之间形成腔隙，腔内充满外淋巴；膜迷路内充满内淋巴。

1. 骨迷路（labyrinthus osseus） 由致密骨质构成，分为前庭、骨半规管和耳蜗 3 部分，三者通过前庭进行沟通。

（1）前庭（vestibulum） 为骨迷路中部小而不规则的卵圆形腔，位于骨半规管与耳蜗之间，前方以一个孔与耳蜗相通，后方借 4 个小孔与 3 个骨半规管相通。前庭的外侧壁即鼓室的内侧壁，壁上有前庭窗和蜗窗；内侧壁相当于内耳道底，壁上有一斜嵴，称为前庭嵴；嵴前方有较小的球囊隐窝，容纳膜迷路的球囊；嵴后方有较大的椭圆囊隐窝，容纳膜迷路的椭圆囊。前庭壁下部后方有一小的前庭水管内口。隐窝附近有供前庭和耳蜗神经通过的几群小孔，称为筛斑。

（2）骨半规管（canales semicirculares ossei） 为 3 个彼此互相垂直的半环形骨管，位于前庭的后背侧，根据其位置分别称为前半规管、后半规管和外侧半规管。每个半规管均呈弧形，约占圆周的 2/3，一端细，称为单骨脚；另一端粗，称为壶腹骨脚；壶腹骨脚膨大部称为骨壶腹（ampullae osseae）。前半规管的内端和后半规管的上端合并成总骨脚，前半规管和外侧半规管的壶腹端有一总口，因此，骨半规管仅以 4 个孔开口于前庭。

（3）耳蜗（cochlea） 为骨迷路的前部，形似蜗牛壳，位于前庭的前下方，蜗顶朝向前外下方，蜗底朝向内耳道。耳蜗由蜗轴和蜗螺旋管组成。蜗轴（modilus）由骨松质构成，内有血管神经走行，轴底相当于内耳道底的耳蜗区，有许多小孔供耳蜗神经通过。蜗螺旋管为环绕蜗轴三周半的螺旋形中空骨管，起始端与前庭相通，盲端位于蜗顶。骨螺旋板自蜗轴发出伸入蜗螺旋管内，但不达管的外侧壁，缺损处由膜迷路填补，将蜗螺旋管不完全地分为上、下两部分，上部称为前庭阶，下部称为鼓阶。前庭阶起始于前庭窗，鼓阶起始于蜗窗，两者均充满外淋巴，并在蜗顶经蜗孔相通。耳蜗水管是连接鼓阶与蛛网膜下腔的小管，其内口靠近鼓阶起始部，外口开口于内耳道后方（图11-3）。

2. 膜迷路（labyrinthus membranaceus） 是套在骨迷路内的膜性管，管壁上有位置觉和听觉感受器。膜迷路由椭圆囊、球囊、膜半规管和耳蜗管4部分组成（图11-4）。

（1）椭圆囊（utriculus） 在前庭后上方位于椭圆囊隐窝内，较球囊大，向后与3个膜半规管相通，向前借椭圆球囊管与球囊相通。椭圆囊外侧壁上有增厚的椭圆囊斑，为平衡觉感受器。椭圆囊斑对水平方向的位移和重力刺激起反应。

（2）球囊（sacculus） 位于球囊隐窝内，其下部有联合管与耳蜗管相通。后部借椭圆球囊管与椭圆囊相通。球囊内侧壁上有增厚的球囊斑，为平衡觉感受器，它对垂直方向加速和减速位移及重力刺激起反应。

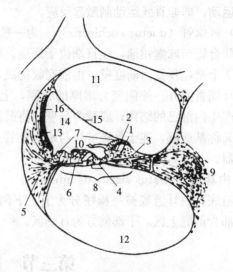

图11-3 耳蜗横断面模式图

1. 板缘鼓唇 2. 板缘前庭唇 3. 骨螺旋板缘 4. 神经孔 5. 蜗螺旋韧带 6. 基板 7. 螺旋器 8. 蜗管鼓壁（螺旋膜） 9. 蜗螺旋神经节 10. 盖膜 11. 前庭阶 12. 鼓阶 13. 血管纹 14. 蜗管 15. 蜗管前庭壁（前庭膜） 16. 蜗管外壁

（3）膜半规管（ductus semicirculares） 套于骨半规管内，形状类似骨半规管，膜壶腹几乎占据骨壶腹管腔，但膜半规管其余部分仅占据骨半规管管腔的1/4。膜半规管开口于椭圆囊，膜壶腹内侧壁上有乳白色的半月形隆起，称为壶腹嵴，为平衡觉感受器。它对头部

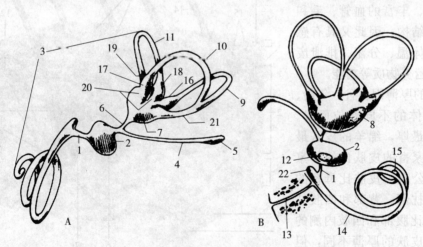

图11-4 左侧膜迷路
A. 内侧面 B. 外侧面

1. 联合管 2. 球囊 3. 膜迷路 4. 内淋巴管 5. 内淋巴囊 6. 椭圆球囊管 7. 椭圆囊 8. 椭圆囊斑 9. 前半规管 10. 后半规管 11. 外半规管 12. 球囊斑 13. 淋巴周管 14. 蜗管 15. 蜗管顶盲端 16. 前膜壶腹 17. 后膜壶腹 18. 外膜壶腹 19. 单膜脚 20. 壶腹膜脚 21. 总膜脚 22. 蜗管前庭盲端

的角度运动,即非直线运动刺激起反应。

(4) **耳蜗管**(ductus cochlearis) 为一螺旋形管,位于耳蜗内,两端均为盲端,前庭盲端借联合管与球囊相通,顶盲端位于蜗顶。耳蜗管横切面呈三角形,位于前庭阶与鼓阶之间,有 3 个壁,顶壁为前庭壁,由前庭膜构成,从骨螺旋板斜向伸至蜗螺旋管外侧壁,将前庭阶与耳蜗管隔开;外侧壁为增厚的骨膜,上皮下的结缔组织含有丰富的血管,称为血管纹,是产生内淋巴的结构;底壁为鼓壁,将鼓阶与耳蜗管隔开,由骨螺旋板和螺旋膜构成。螺旋膜又称基底膜,连于骨螺旋板与蜗螺旋管外侧壁之间,其上有螺旋器(柯蒂器),为听觉感受器。

3. 内耳道(meatus acusticus internus) 位于颞骨岩部内侧面下部,起自内耳门,终于内耳道底。内耳道底被一横嵴分为上、下两部。上部的前部为面神经区,有面神经管内口;后部为前庭上区,下部前方为耳蜗区。

第三节 被 皮

被皮(integumentum commune)包括皮肤和由皮肤衍生而成的特殊器官,如家畜的毛、汗腺、皮脂腺、乳腺、蹄、枕、角及家禽的羽毛、冠、喙和爪等结构,其中汗腺、皮脂腺和乳腺称为皮肤腺。

一、皮 肤

皮肤(cutis)覆盖于家畜体表,直接与外界接触,在自然孔处与黏膜相连,有保护体内组织、防止异物侵害和机械性损伤的作用。皮肤中含有多种感受器、丰富的血管、毛和皮肤腺等结构,因此又具有感觉、调节体温、分泌、排泄废物和储存营养物质等功能。

皮肤的厚薄因畜种、年龄、性别及身体的不同部位而异。牛的皮肤最厚,绵羊的皮肤最薄;老年家畜的皮肤比幼年家畜的厚;公畜的皮肤比母畜的厚;畜体枕部、背部和四肢外侧的皮肤比腹部和四肢内侧的厚。尽管皮肤的厚薄不同,但均由表皮、真皮和皮下组织 3 层构成(图 11-5)。

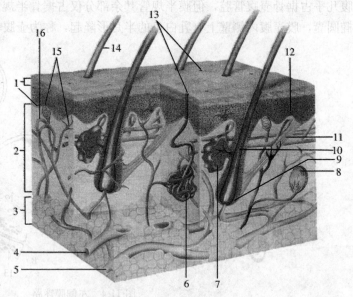

图 11-5 皮肤结构模式图
1. 表皮 2. 真皮 3. 皮下组织 4. 动脉 5. 静脉
6. 汗腺 7. 皮脂腺 8. 神经末梢 9. 毛囊 10. 毛根
11. 竖毛肌 12. 色素细胞 13. 汗腺开口 14. 毛干
15. 神经末梢 16. 毛细血管

1. 表皮(epidermis) 为皮肤的外层,由角化的复层扁平上皮构成。表皮内有丰富的神经末梢，但无血管和淋巴，表皮所需要的营养物质从真皮获取。表皮的厚薄也因部位而异，凡长期受摩擦和压力的部位，表皮较厚，角化程度也较显著。表皮由外向内分为角质层、颗粒层和生发层，在乳头、鼻唇镜等无毛的部位，角质层与颗粒层之间还有透明层。

（1）角质层（stratum corneum）　为表皮的浅层，由大量角化的扁平细胞组成，细胞内充满角蛋白。浅层细胞死亡后脱落形成皮屑，可清除皮肤上的污物和寄生虫。

（2）颗粒层（stratum granulosum）　为表皮的中层，由1~5层梭形细胞组成，胞质内含有许多透明胶质颗粒，颗粒的数量向表层逐渐增加。

（3）生发层（stratum germinativum）　为表皮的深层，由一层低柱状（基层）和数层多边形细胞（棘层）组成。该层细胞具有很强的增殖能力，能不断分裂产生新的细胞，以补充表层角化脱落的细胞。

2. 真皮（corium）　为皮肤的中层，是皮肤中最厚的一层，由致密结缔组织构成，含有大量的胶原纤维和弹性纤维，坚韧而富有弹性。日常生活中使用的皮革就是用真皮鞣制而成的。真皮内有毛、竖毛肌、皮肤腺、丰富的血管和神经等结构。真皮由乳头层和网状层组成，两层互相移行，无明显的分界。

（1）乳头层（stratum papillare）　为真皮的浅层，薄，由纤细的胶原纤维和弹性纤维交织而成，结缔组织向表皮伸入，形成很多乳头状突起，称为真皮乳头。乳头层富有血管、淋巴管和感觉神经末梢，起营养表皮和感受外界刺激的作用。

（2）网状层（stratum reticulare）　为真皮的深层，厚，由粗大的胶原纤维束和丰富的弹性纤维交织而成，坚韧而有弹性。该层含有较大的血管、淋巴管和神经，并有毛、竖毛肌、汗腺和皮脂腺等结构。临床上将药液注入真皮内称为皮内注射。

3. 皮下组织（tela subcutanea）　为皮肤的深层，由疏松结缔组织构成，又称浅筋膜，皮肤借皮下组织与深部的肌肉或骨膜相连。在骨突起部位的皮肤，皮下组织有时出现腔隙，形成黏液囊，内含少量黏液，可减少骨与该部皮肤的摩擦。由于皮下组织结构疏松，使皮肤具有一定的活动性，并能形成皱褶，如颈部的皮肤。皮下组织中常含有脂肪组织，具有保温、储存能量和缓冲机械压力的作用。猪的皮下脂肪组织特别发达，形成一层很厚的脂膜。

二、毛

毛（pili）由表皮衍生而成，坚韧而有弹性，覆盖于皮肤的表面，有保温作用。

1. 毛的形态结构　毛呈细丝状，分为毛干和毛根两部分。露在皮肤外面的部分，称为毛干；埋在皮肤内的部分，称为毛根；毛根末端膨大呈球形，称为毛球。毛球的细胞分裂能力很强，是毛的生长点。毛球底部凹陷，有真皮结缔组织伸入，称为毛乳头，富含血管和神经。毛通过毛乳头获得营养。毛根周围包有毛囊，由表皮和真皮组成，分别形成上皮鞘和结缔组织鞘。在毛囊的一侧有一条平滑肌束，称为竖毛肌，受交感神经支配，收缩时能使毛竖立。

2. 毛的类型和分布　畜体不同部位毛的类型、粗细和作用不尽相同。毛有被毛和特殊毛两类。着生在家畜体表的普通毛称为被毛，是温度的不良导体，有保温作用。被毛因粗细不同，分为粗毛和细毛。牛的被毛多为短而直的粗毛，绵羊的被毛多为细毛。牛的被毛是单根均匀分布的，绵羊的是成簇分布的，而且短而粗的被毛多分布在家畜的头部和四肢。特殊毛是指着生在畜体特定部位的一些长粗毛，如马颅顶的鬣、颈部的鬃、尾部的尾毛和系关节后部的距毛，公羊颏部的髯，猪颈背部的鬃，马和牛唇部的触毛等。触毛根部具有丰富的神经末梢，能感受触觉。

毛在畜体表面按一定的方向排列，称为毛流（flumina pilorum）。在畜体的不同部位，毛流排列的形式也不相同，毛流的形式主要有点状集合性毛流、点状分散性毛流、旋毛、线状集合性毛流和线状分散性毛流。毛流的方向一般与外界的气流和雨水在体表流动的方向相适应，但在特定的部位可形成特殊方向的毛流。

3. 换毛 毛有一定的寿命，如人的睫毛为 6 个月左右，当毛生长到一定的时期，就会衰老脱落，为新毛所代替，此过程称为换毛。换毛时，毛乳头的血管萎缩，血流停止，毛球的细胞停止增生，逐渐角化，最后与毛乳头分离，毛根脱离毛囊，向皮肤表面移动。同时毛乳头周围的细胞分裂增殖形成新毛，最后将旧毛推出而脱落。换毛的方式有季节性换毛和持续性换毛两种。大部分家畜属于混合性换毛，即季节性换毛和持续性换毛均有，但在春、秋两季换毛最明显。

三、角

角（cornu）是由皮肤衍生而成的鞘状结构，套在反刍动物额骨两侧的角突上，为动物的防卫武器。

1. 角的形态 角的形态一般与额骨角突的形态相一致，通常呈锥形，略带弯曲，且因畜种、品种、年龄和性别而异。此外，角的形态还与角的生长情况有关，如果角质生长不均衡，就会形成不同弯曲度乃至螺旋形角。角分为角基、角体和角尖。角基与额部皮肤相连续，角质薄而软。角体为角的中部，由角基生长延续而来，角质逐渐增厚。角尖由角体延续而来，角质最厚，甚至成为实体。在角的表面有环形隆起，称为角轮，牛的角轮仅见于角根部，羊的角轮较明显，几乎遍及全角。

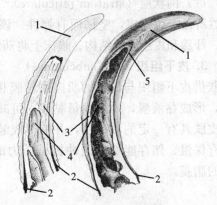

图 11-6 牛角纵切面
1. 角尖 2. 角根 3. 额骨的角突
4. 角腔 5. 角真皮

2. 角的结构 角由角表皮和角真皮构成。角表皮高度角质化，由角质小管和管间角质构成。牛的角质小管排列非常紧密，管间角质很少。羊角则相反。角真皮位于角表皮的深层，与额部皮肤真皮相延续，无皮下组织，直接与角突的骨膜紧密结合，表面有发达的乳头。真皮乳头伸入表皮的角质小管中（图 11-6）。

3. 角的神经和断角术 分布于角的神经为角神经，为眼神经颧颞支的分支。在现代集约化畜牧生产实践中，常用外科手术的方法除去反刍动物头部的角。采用的方法有两种：在成年动物，阻滞麻醉角神经后锯掉角及角突。角神经麻醉部位在颞线腹侧。在幼牛，通过外科手术除去角原基及其附近的皮肤，以阻止骨质角突和角的发育。

四、指（趾）枕和蹄

（一）指（趾）枕

指（趾）枕是家畜肢端由皮肤衍生而成的一种减震（shock absorbing）装置。其结构与皮肤相同，分为枕表皮、枕真皮和枕皮下组织。枕表皮角化，柔软而有弹性；枕真皮有发达的乳头和丰富的血管、神经；枕皮下组织发达，由胶原纤维、弹性纤维和脂肪组织构成。枕可分为腕（跗）枕、掌（跖）枕和指（趾）枕，分别位于腕（跗）部、掌（跖）部和指（趾）部的内侧面、后面和底面。掌行动物的腕（跗）枕、掌（跖）枕和指（趾）枕均很发达，蹄行动物仅指（趾）枕发达，其他枕退化或消失。牛、羊只有指（趾）枕，位于蹄底面的后部，又称为蹄枕，即蹄的蹄球。

（二）蹄

蹄是指（趾）端着地的部分，由皮肤衍生而成。牛、羊为偶蹄动物，每肢的指（趾）端有4个蹄，其中第3、第4指（趾）端的蹄发达，直接与地面接触，称为主蹄；第2、第5指（趾）端的蹄很小，不着地，附着于系关节掌（跖）侧面，称为悬蹄。

1. 主蹄 主蹄的形状与远指（趾）节骨相似，呈三面棱锥形，按部位分为蹄缘、蹄冠、蹄壁、蹄底和蹄枕5部分。蹄与皮肤相连的部分称为蹄缘，蹄缘与蹄壁之间为蹄冠，位于远指（趾）节骨轴面和远轴面的部分称为蹄壁，位于远指（趾）节骨底面前部的称为蹄底，位于蹄骨底面后部的称为蹄枕。蹄由蹄匣（表皮）、肉蹄（真皮）和皮下组织构成。

（1）蹄匣（capsula ungulae） 为蹄的表皮（角质层），质地坚硬，分为蹄缘表皮、蹄冠表皮、蹄壁表皮、蹄底表皮和蹄枕表皮5部分（图11-7）。

蹄缘表皮（epidermis limbi）：是蹄表皮近端与皮肤连接的部分，呈半环形窄带，柔软而有弹性，可减轻蹄匣对皮肤的压迫。

蹄冠表皮（epidermis coronae）：为蹄缘表皮下方颜色略淡的环状带，其内面凹陷成沟，称为蹄冠沟（sulcus coronalis），沟底有无数角质小管的开口，肉冠真皮乳头伸入其中。

蹄壁表皮（epidermis parietis）：为蹄匣的轴面和远轴面。轴面即指（趾）间面，凹，仅后部与对侧蹄接触。远轴面凸，与地面夹角为30°，呈弧形弯向轴面。远轴面可分为3部分，前方为蹄尖壁，后方为蹄踵壁，两者之间为蹄侧壁。蹄壁表皮下缘与地面接触的部分称为底缘（margo soleae）。

蹄壁表皮由外层、中层和内层3层组成。外层为釉层，由角化的扁平细胞组成，有保持角质壁内水分的作用。中层为冠状层，是最厚、最坚固的一层，富有弹性，有保护蹄内组织和负重的作用。冠状层由许多纵行排列的角质小管和管间角质组成，角质中常有色素，故蹄壁呈深暗色。内层为小叶层，由许多纵行排列的角质小叶组成。角质小叶较柔软，无色素，与肉小叶互相紧密嵌合，使蹄匣与肉蹄牢固结合在一起。

蹄底表皮（epidermis solaea）为蹄匣底面的前部，与地面接触，表面微凹，呈三角形，与蹄壁表皮底缘之间以浅色的白带为界。白带（zona alba）由角质小叶向蹄底延伸形成，是装蹄铁时下钉的标志。蹄底表皮的背面凸，有许多角质小管的开口，容纳肉底上的真皮乳头。

蹄枕表皮（epidermis tori）即枕表皮，为蹄匣底面的后部，呈球状隆起，由较柔软的角质构成，常成层裂开，其裂缝可成为蹄病感染的途径。

（2）肉蹄（corium ungulae）　为蹄的真皮层，富含血管和神经，颜色鲜红。肉蹄套于蹄匣内，形状与蹄匣相似，分为蹄缘真皮（肉缘）、蹄冠真皮（肉冠）、蹄壁真皮（肉壁）、蹄底真皮（肉底）和蹄枕真皮（肉球）5部分（图11-8）。

蹄缘真皮（corium limbi）：位于蹄缘表皮的深面，上方连接皮肤真皮，下方连接蹄冠真皮，表面有细而短的真皮乳头，伸入蹄缘表皮的小孔中，以滋养蹄缘表皮。

蹄冠真皮（corium coronae）：位于蹄冠沟中，是肉蹄较厚的部分，呈环状隆起，表面密生较长的乳头，伸入蹄冠沟内的角质小管中。

蹄壁真皮（corium parietis）：位于蹄壁表皮的深面，紧贴在蹄骨的轴面和远轴面上；表面有许多纵行的肉小叶，相当于真皮的乳头，嵌入蹄壁表皮的角质小叶中。

蹄底真皮（corium soleae）：位于蹄底表皮的深面，形状与蹄底表皮相似，表面有小而密的乳头，伸入蹄底表皮背面的小孔中。

蹄枕真皮（corium tori）：位于蹄枕表皮的深面，形状与蹄枕表皮相似，与蹄底真皮之间无明显的界限，表面有细而长的乳头。

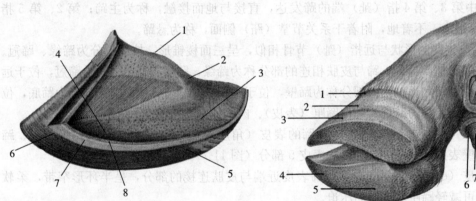

图 11-7　蹄　匣
1. 蹄缘表皮　2. 蹄冠表皮　3. 蹄枕表皮　4. 蹄底表皮
5. 蹄壁表皮　6. 釉层　7. 冠状层　8. 小叶层
（引自 Budras 等，2003）

图 11-8　肉　蹄
1. 蹄缘真皮　2. 蹄冠真皮　3. 蹄壁真皮　4. 蹄底真皮
5. 蹄枕真皮　6. 悬蹄蹄冠真皮　7. 悬蹄蹄壁真皮
8. 悬蹄蹄冠真皮　9. 悬蹄蹄冠真皮　10. 悬蹄蹄底真皮
（引自 Budras 等，2003）

（3）蹄的皮下组织　蹄缘和蹄冠部的皮下组织薄；蹄壁和蹄底无皮下组织，肉壁和肉底直接与远指（趾）节骨骨膜紧密结合；蹄球的皮下组织发达，弹性纤维丰富，构成指（趾）端的弹性结构。

2. 悬蹄　悬蹄呈短圆锥状，位于主蹄的后上方，附着于系关节掌（跖）侧面，不与地面接触。其结构与主蹄结构相似，也由蹄匣、肉蹄和皮下组织构成。蹄匣为锥状的角质小囊，蹄壁表皮也有角质轮，角质较软，内表面也有角小叶。蹄冠真皮明显。

五、皮　肤　腺

1. 汗腺　位于皮肤的真皮和皮下组织内，为盘曲的单管状腺，多数开口于毛囊，少数直接开口于皮肤表面的汗孔。汗腺分泌汗液，有排泄废物和调节体温的作用。牛的汗腺以面部和颈部最为显著，水牛的汗腺不如黄牛的发达。

2. 皮脂腺　位于真皮内，在毛囊与竖毛肌之间，为分支泡状腺，在有毛的皮肤，直接开口于毛囊，在无毛的皮肤，直接开口于皮肤表面（图11-5）。皮脂腺分泌皮脂，有滋润皮肤和被毛的作用，使皮肤和被毛保持柔韧。家畜的皮脂腺分布广泛，除角、蹄、爪、乳头及鼻唇镜等处皮肤无皮脂腺外，全身其他部位均有分布。皮脂腺的发达程度还因畜种和身体的不同部位而异，绵羊的皮脂腺发达。

3. 特殊的皮肤腺　汗腺和皮脂腺的变型腺体。由汗腺衍生的腺体，如外耳道皮肤的耵聍腺，分泌耵聍（耳蜡）；牛的鼻唇镜腺和羊的鼻镜腺分泌水状液体。由皮脂腺衍生的腺体，如肛门腺、包皮腺、阴唇腺和睑板腺等。

4. 乳腺　是哺乳动物特有的皮肤腺，为复管泡状腺，在功能和发生上属于汗腺的特殊变形，公母畜均有乳腺，但只有母畜的乳腺能充分发育，具有分泌乳汁的能力，并形成发达的乳房（uber）。

（1）乳房的位置和形态　牛的乳房位于耻骨区，并延伸至骨盆的腹侧、两股之间。牛的乳房通常呈半圆形，但也有其他形态的乳房，如扁平形乳房、山羊形乳房、发育不均衡形乳房等。乳房分为紧贴腹壁的基部、中间的体部和游离的乳头部。乳房被纵行的乳房间沟分为左右两半，每半又被浅的横沟分为前后两部，共分为4个乳丘。每个乳丘上有1个乳头，乳头呈圆柱形或圆锥形，前列乳头较长。有时在乳房的后部有一对小的副乳头。每个乳头上有1个乳头管的开口。

（2）乳房的结构　乳房由皮肤、筋膜和实质组成。乳房的皮肤薄而柔软，除乳头外，均生有一些稀疏的细毛。皮肤内有汗腺和皮脂腺。乳房后部与阴门之间有线状毛流的皮肤纵褶，称为乳镜，可作为评估奶牛产乳能力的一个指标。皮肤深层为筋膜，分为浅筋膜和深筋膜。浅筋膜为腹壁浅筋膜的延续，由疏松结缔组织构成，使乳房皮肤具有活动性。乳头皮下无浅筋膜。深筋膜富含弹性纤维，包在整个乳房的内外表面，形成乳房的悬吊装置，由内侧板和外侧板组成。两侧的内侧板形成乳房悬韧带，将乳房悬吊在腹底壁白线的两侧，并形成乳房的中隔，将乳房分为左、右两半。内、外侧板在乳头基部汇合，它们在向腹侧延伸的过程中，在乳房内、外侧面分出7~10个悬板进入乳房实质，将乳房分隔成许多腺小叶。每一腺小叶由分泌部和导管部组成。腺泡与小叶内导管相连，后者汇入小叶间导管，进而汇合成较大的输乳管，最后汇入输乳窦。输乳窦（又称为乳池）为乳房下部和乳头基部内的不规则腔体，分别称为腺部和乳头部；输乳窦经乳头管向外开口。乳头管内衬黏膜，黏膜上有许多纵嵴，黏膜下有平滑肌和弹性纤维，平滑肌在管口处形成括约肌。牛乳房4个乳丘的管道系统彼此互不相通（图11-9）。

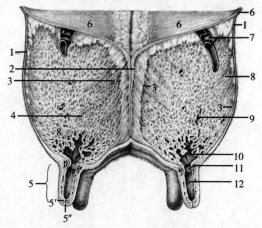

图11-9　牛乳房结构

1. 左、右外侧板　2. 左、右内侧板　3. 悬板
4. 悬板的前部　5. 乳头　5′. 乳头管
5″. 乳头孔　6. 腹黄膜　7. 乳房前动、静脉和生殖股神经的前分支　8. 乳腺小叶　9. 输乳管
10. 腺乳池　11. 乳头环形褶和静脉环　12. 乳头乳池

（引自Budras等，2003）

(3) 乳房的血管、神经和淋巴管　乳房的动脉有阴部外动脉和阴部内动脉的阴唇背侧支和乳房支。阴部外动脉进入乳房后分为乳房前动脉和乳房后动脉，分布于乳房。乳房的静脉在乳房基部形成静脉环，有腹壁前浅静脉（腹皮下静脉）、阴部外静脉及阴唇背侧和乳房静脉与之相连，乳房的血液主要经腹壁前浅静脉和阴部外静脉回流。乳房的感觉神经来自髂腹下神经、髂腹股沟神经、生殖股神经和阴部神经的乳房支。植物性神经来自肠系膜后神经节的交感纤维。这些神经纤维分布于肌上皮细胞、平滑肌纤维和血管，不分布于腺泡。乳房的淋巴管较稠密，主要输入乳房淋巴结。

第五篇

畜禽比较解剖学

第五篇

商务印书馆出版

第十二章

马的解剖结构特征

第一节 骨学和关节学

一、骨 学

（一）躯干骨

马的躯干骨见图 12-1。

1. 脊柱 马的脊柱由 51~57 枚椎骨组成。脊柱式为 $C_7T_{18}L_6S_5Cy_{15\sim21}$。

（1）颈椎 共有 7 枚。寰椎前部有一对椎外侧孔和一对翼孔，后部有一对横突孔。枢椎较长，齿突突出，棘突粗糙而长。第 3~6 颈椎椎体较长，前、后关节突特别发达，棘突不

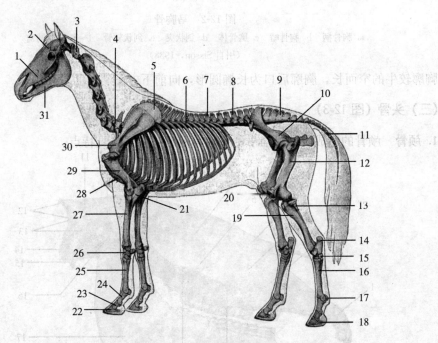

图 12-1 马全身骨骼

1. 上颌骨 2. 额骨 3. 寰椎 4. 第 7 颈椎 5. 肩胛软骨 6. 肋骨 7. 胸椎
8. 腰椎 9. 荐骨 10. 髋骨 11. 尾椎 12. 股骨 13. 腓骨 14. 跟结节
15. 跗骨 16. 跖骨 17. 近籽骨 18. 远籽骨 19. 胫骨 20. 髌骨 21. 尺骨
22. 远指节骨 23. 中指节骨 24. 近指节骨 25. 掌骨 26. 腕骨
27. 桡骨 28. 胸骨 29. 肱骨 30. 肩胛骨 31. 下颌骨

（引自 Sisson，1938）

发达，横突较窄，分为背、腹两支，分别伸向后外侧和前外侧。

（2）胸椎　共有18枚，偶见17或19枚者。椎体较牛的短，无椎外侧孔。3～5胸椎棘突最高。

（3）腰椎　有6枚。横突平直，较牛的略短。无椎外侧孔。第5～6腰椎横突之间及第6腰椎横突与荐骨之间具有卵圆形关节面，互成关节，以增加腰部连接的牢固性。

（4）荐骨　由5枚荐椎愈合而成，比牛的小而平直；棘突之间不愈合。

（5）尾椎　有15～21枚。

2. 肋　有18对，其中8对真肋，10对假肋。肋体较牛的窄，呈弯曲的柱状。

3. 胸骨及胸廓　马的胸骨呈舟状，前端称胸骨柄，为左、右压扁的片状。胸骨骨体前部左右压扁，后部上下压扁。腹侧具有胸骨嵴（图12-2）。

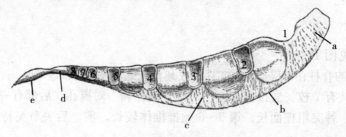

图12-2　马胸骨

a. 胸骨柄　b. 胸骨嵴　c. 胸骨体　d. 剑状突　e. 剑状软骨　1～8. 胸骨肋窝

（引自Sisson，1938）

胸廓较牛的窄而长，胸廓后口为长椭圆形，向前下方倾斜。肋弓较长。

（二）头骨（图12-3）

1. 颅骨　颅骨的组成及数目与牛的一致，但形态位置各具特点。

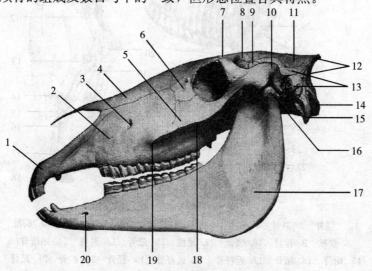

图12-3　马头骨侧面观

1. 切齿骨　2. 上颌骨　3. 眶下孔　4. 鼻骨　5. 颧骨　6. 泪骨　7. 眶上孔　8. 额骨　9. 下颌骨冠状突　10. 颧弓　11. 顶骨　12. 枕骨　13. 颞骨　14. 枕髁　15. 颈静脉突　16. 髁突　17. 下颌骨　18. 面嵴　19. 面结节　20. 颏孔

（引自Sisson，1938）

(1) 枕骨　成年马颅腔的后壁全由枕骨构成；枕骨的背缘横向且薄锐，构成头骨的最高点，称为项嵴（crista nachae）；项面前凹，其中央具有粗糙的项结节（枕外结节），为项韧带索状部的附着点。颈静脉突长而扁，在颈静脉突与枕髁之间仅有舌下神经孔。

(2) 顶骨　位于颅腔的顶面，为蚌壳状隆起的成对扁骨。

(3) 顶间骨　参与构成颅腔顶壁，幼驹的顶间骨与顶骨之间有可辨认的骨缝，成年此界线愈合而消失，但其颅腔侧的幕突十分突出且尖锐。

(4) 额骨　参与构成颅腔顶壁，在顶骨之前，平坦而宽阔，但不如牛的发达，无角突。其颧突抵达颧弓，围成完整的眼眶。

(5) 颞骨　构成颅腔侧壁，其鳞部为蚌壳状隆起的扁骨；岩部不规则，骨质外耳道较大，鼓泡比牛的小。岩部和鳞部不发生愈合。

2. 面骨　有如下一些明显区别。

(1) 鼻骨　较牛的长。为长三角形扁骨，后宽前尖，前端细而长称为鼻棘。

(2) 上颌骨　骨体颜面具有明显的面嵴，面嵴前端突出点为面结节，面结节前上方为眶下孔。骨体腹缘前端与切齿骨共同围成犬齿齿槽（公马）。

(3) 切齿骨　骨体粗厚，其上有3个切齿齿槽。两侧骨体完全愈合并围成骨质鼻颌管孔。

(4) 腭骨　其水平部不如牛的发达。

(5) 下颌骨　较牛的发达，下颌骨体厚而平直，臼齿齿槽和切齿齿槽之间具有犬齿齿槽。颏孔靠后。

(6) 舌骨　不如牛的发达，上舌骨、甲状舌骨皆较短，舌突较长。

3. 鼻旁窦　主要的鼻旁窦为额窦和上颌窦（图12-4）。额窦不如牛的发达，分布于两额骨颧突及两眼眶之间的区域内，向前可伸入到鼻骨与上鼻甲之间。上颌窦位于眼眶前方、面嵴上方、眶下孔后方的一个平行四边形范围内，由一斜行隔板将上颌窦分为前小后大两个窦，两窦皆以裂隙通中鼻道，后窦还以大的卵圆孔与额窦相通。上颌窦随年龄增加而逐渐扩大。

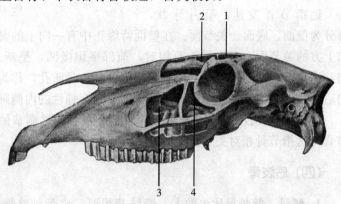

图12-4　马上颌窦和额窦（侧面观）
1. 额窦额部　2. 额窦鼻甲部　3. 上颌窦前窦　4. 上颌窦后窦
（引自 Sisson，1938）

（三）前肢骨

1. 肩胛骨　较牛的窄。肩胛冈粗而矮，中部隆起称为冈结节，无肩峰。喙突明显，盂上结节较牛明显。肩胛骨内侧面具有前、后两个明显的锯肌面。

2. 肱骨　近端的外侧结节（大结节）不如牛的发达，内、外侧结节均可分为前后两部。结节间沟宽而浅，具有沟间嵴。三角肌粗隆较牛的突出。

3. 前臂骨 桡骨发达，其近端前内侧的桡骨粗隆较突出，尺骨仅近端发达，骨体与桡骨愈合为一体，远端则完全退化（图12-5）。

4. 腕骨 包含7枚，分为两列，近列腕骨4枚，由内向外依次为桡腕骨、中间腕骨、尺腕骨及副腕骨。远列腕骨3枚，由内向外依次是第2、第3、第4腕骨。偶见第1腕骨。

5. 掌骨 共3枚，由内向外依次为第2、第3、第4掌骨。第3掌骨发达，称为大掌骨。第2、4掌骨小，称为小掌骨，退化为尖端向下的锥状，其长度仅达大掌骨的1/2～2/3（图12-5）。

6. 指骨和籽骨 马属动物仅第3指发达，其他各指退化。近指节骨、中指节骨比牛的发达。

远指节骨发达，呈月牙状，

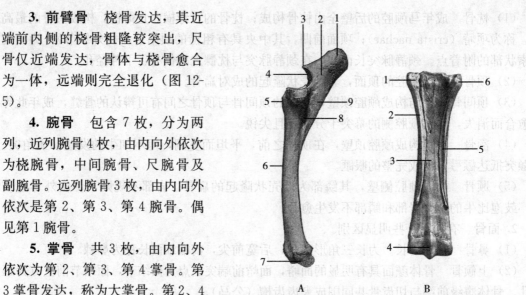

图12-5 马左侧前臂骨和右侧掌骨掌侧观
A. 左侧前臂骨外侧观：1. 鹰嘴结节 2. 鹰嘴 3. 肘突 4. 滑车切迹（半月状关节面） 5. 桡骨粗隆 6. 桡骨体 7. 桡骨远端 8. 前臂骨间隙 9. 尺骨体
B. 右侧掌骨掌侧观：1. 第2掌骨（小掌骨）近端 2. 第2掌骨体近端 3. 第3掌骨（大掌骨）体 4. 第3掌骨（大掌骨）远端 5. 第4掌骨（小掌骨）体 6. 第4掌骨（小掌骨）近端
（引自Sisson，1938）

可分为壁面、底面、关节面。在壁面背缘正中有一向上的突起，为伸肌突。伸肌突后方有朝向上方的关节面。底面与地面相对，前部平坦微凹，呈新月状，称为皮平面；后部粗糙凹陷，中央有粗糙的屈肌面，屈肌面两侧各有一骨质孔，称为底孔。远指节骨内、外两端为朝向后的掌内侧突和掌外侧突，活体情况下附有弹性的内侧蹄软骨和外侧蹄软骨（图12-6）。

每一指有3枚籽骨，2枚近籽骨位于近指节骨远端掌侧，1枚远籽骨呈舟状，位于中指节骨与远指节骨相对关节面的后方。

（四）后肢骨

1. 髋骨 髂骨翼比牛的大，髋结节粗厚；坐骨棘略矮。坐骨的骨盆面较牛的平直，坐骨结节较小，坐骨弓较浅。

骨盆由两侧的髋骨、荐骨和前2～3个尾椎及荐结节阔韧带围成。马骨盆前口近于圆形，母马的骨盆前口较向前下方倾斜，并且较宽。

2. 股骨 近端外侧有发达的大转子，由一切迹分为前、后两部，后部较高。骨体的外缘有发达的第3转子，与其相对的骨体内缘有粗糙的小转子。骨干远侧的髁上窝较深。

3. 髌骨 较牛的略小。

4. 小腿骨 胫骨与牛的相似。腓骨头扁圆，向下为细长而尖的骨体，远端逐渐变细消失（图12-7）。

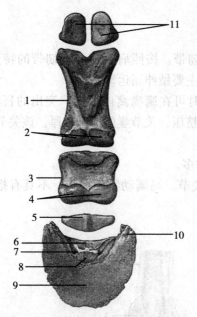
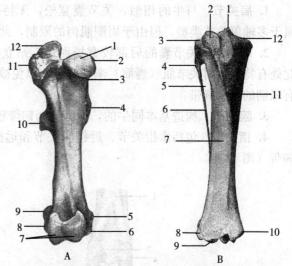

图 12-6 马指节骨及籽骨（掌侧观）
1. 近指节骨（系骨） 2. 近指节骨远端的髁
3. 中指节骨（冠骨） 4. 中近指节骨远端的髁
5. 远籽骨 6. 远指节骨（蹄骨）的关节面
7. 底孔 8. 屈肌面 9. 皮平面
10. 掌内侧突和掌外侧突 11. 近籽骨
（引自 Sisson，1938）

图 12-7 马右侧股骨和小腿骨
A. 右侧股骨背侧观：1. 股骨头 2. 肌骨头凹 3. 股骨颈
4. 小转子 5. 股骨内上髁 6. 股骨内髁 7. 股骨滑车
8. 股骨外髁 9. 股骨外上髁 10. 第 3 转子 11. 大转子前部
12. 大转子后部
B. 右侧小腿骨背侧观：1. 髁间隆起 2. 胫骨粗隆 3. 外侧髁
4. 腓骨头 5. 小腿骨间隙 6. 腓骨体 7. 胫骨体 8. 外踝
9. 胫骨蜗 10. 内踝 11. 胫骨嵴 12. 内侧髁
（引自 Sisson，1938）

5. 跗骨 有 6 枚，组成 3 列。近列 2 枚，为距骨和跟骨，跟骨粗大而略扁，跟结节发达。距骨的近侧面为滑车关节面，远侧面则为平坦的关节面。中列只有 1 枚扁形的中央跗骨。远列有 3 枚，分别为第 2、3、4 跗骨，其中第 3 跗骨较大，形状与中央跗骨相似，第 2、4 跗骨则较小。

6. 跖骨、趾骨和籽骨 与前肢的相似，但较长而细，远趾节骨较前肢的窄，与地面所成角度大。

二、关 节 学

（一）躯干骨的连接

躯干骨的关节与牛的基本相似，但项韧带不如牛的发达，其板状部不分支而呈较完整的板状，沿正中矢状面两侧分为左、右两叶，起自项韧带索状部及 2、3 胸椎棘突的顶端。第 5～6 腰椎横突及第 6 腰椎与荐骨翼前缘之间皆形成关节。

（二）头骨的连接

与牛相似，不同的是马的颞下颌关节除有外侧副韧带外，还具有后韧带。

（三）前肢骨的连接

1. 肩关节 与牛的相似，关节囊宽松，无特殊的韧带，按照肩关节面和韧带的特点，属于多轴单关节类型，但由于周围肌肉的限制，此关节主要做伸屈运动。

2. 肘关节 关节囊的后部较宽松而薄，站立状态时可在鹰嘴窝内形成一突出的盲囊，此处有特有的肩关节肌（囊肌）牵引此囊，以免被骨质挤压。关节囊的前部较厚。该关节具有强韧的侧副韧带。

3. 腕关节 构造基本同牛的，但腕骨间韧带较牛的多。

4. 指关节 包括掌指关节、近指间关节和远指间关节。马属动物属单指，不具有指间韧带（图12-8）。

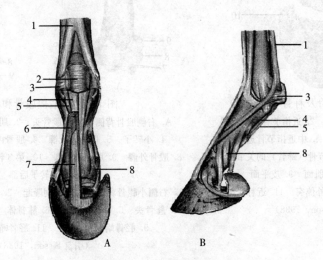

图 12-8 马指关节
A. 掌侧观　B. 侧面观
1. 籽骨上韧带（悬韧带）　2. 籽骨间韧带（掌侧韧带）　3. 籽骨侧韧带
4. 籽骨直韧带　5. 籽骨斜韧带　6. 指浅屈肌腱　7. 指深屈肌腱　8. 近指节间关节侧副韧带
（引自 Sisson，1938）

掌指关节发达，外观呈球状隆突，临床上常称为球节，该关节具有发达的籽骨韧带。籽骨上韧带即骨间中肌，在马已完全腱化为一条韧带，十分强大，称为悬韧带，起自掌骨近端掌侧，向下在掌骨的下 1/3 处分为内、外两支，每支又分两部，一部止于相应的近籽骨上面，一部分沿掌指关节的内侧或外侧斜向前下方至近指节骨的背侧面汇入指总伸肌腱；籽骨间韧带十分厚实并软骨化，又称掌侧韧带；在籽骨下方有发达的籽骨直韧带、籽骨斜韧带和籽骨交叉韧带。这些韧带对加强掌指关节，增强负重能力有重要作用。

（四）后肢骨的连接

1. 荐髂关节 与牛的相似。

2. 髋关节 与牛的比较，髋关节除具有股骨头韧带和髋臼横韧带外，还具有1条来自于腹直肌耻前腱的侧副韧带，此韧带与股骨头韧带共止于股骨头窝。

3. 膝关节 基本上与牛的相似，但内、外两股胫关节囊常互不相通，却与股膝关节囊相通。

跖趾关节及其以下的趾间关节与前肢相应的关节结构相同。

第二节 肌 学

一、皮 肌

头部皮肌不发达，仅在下颌间隙、下颌角处有较明显的皮肌，向前方、前上方变薄消失。无额皮肌和颈阔肌。颈皮肌位于颈腹侧浅筋膜内，颈后部较厚，肌纤维向前上方扩展变薄乃至消失。肩臂皮肌、躯干皮肌均较发达。

二、躯 干 肌

马的躯干浅层肌见图 12-9。

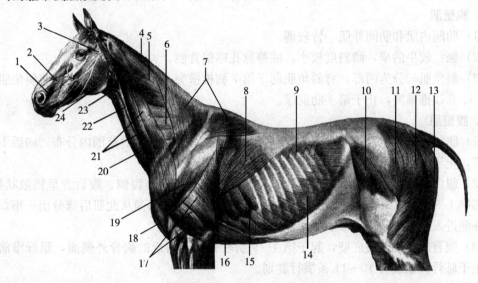

图 12-9 马躯干浅层肌

1. 犬齿肌 2. 鼻唇提肌 3. 腮腺 4. 颈菱形肌 5. 夹肌 6. 颈腹侧锯肌 7. 斜方肌 8. 背阔肌
9. 后背侧锯肌 10. 股阔筋膜张肌 11. 臀浅肌 12. 臀股二头肌 13. 半腱肌 14. 腹外斜肌
15. 胸腹侧锯肌 16. 胸升肌（胸深后肌） 17. 臂三头肌 18. 胸降肌 19. 三角肌
20. 胸头肌 21. 臂头肌 22. 颈静脉 23. 肩胛舌骨肌 24. 咬肌

(引自 Sisson，1938)

1. 脊柱背侧肌

（1）背腰最长肌 与牛的相似，所含腱质较牛的多。

（2）髂肋肌 位于背腰最长肌的腹外侧，起自腰椎横突和后 15 根肋骨的外侧和前缘，止于所有肋骨的后缘和第 7 颈椎的横突。

（3）夹肌 为三角形板状肌，较牛的发达，起于肩胛上韧带和项韧带索状部，止于前 5 枚颈椎横突、枕骨和颞骨。

（4）头寰最长肌 包含两个平行排列的梭形肌，基本与牛的相似。

（5）头半棘肌 呈三角形板状肌，比牛的宽阔但不如牛的厚实，被夹肌、头寰最长肌覆盖。

2. 脊柱腹侧肌

(1) 颈长肌　位于颈椎和前6枚胸椎腹侧，与牛的相似。

(2) 腰小肌　位于腰椎椎体两侧，向后止于髂骨的腰小肌结节。

(3) 腰大肌　与牛的基本相似。

3. 颈腹侧肌

(1) 胸头肌　只有一部，即胸下颌肌，起于胸骨柄，止于下颌骨后缘，肌腹亦不分层。

(2) 肩胛舌骨肌　比牛的发达，后部以筋膜起自肩胛骨，初在臂头肌深面前行，与臂头肌密着不易分离，至颈中部时开始分离向前方行走，穿过颈静脉与颈动脉之间，再越过胸头肌深面，止于舌骨体。

(3) 胸骨甲状舌骨肌　具二腹肌结构。起始部为肉质，至颈中部与对侧同肌融合而变为腱质，再向前变为4个肌束，外侧的一对为胸骨甲状肌，内侧的一对为胸骨舌骨肌。

4. 胸壁肌

(1) 肋间内肌和肋间外肌　皆较薄。

(2) 膈　较牛的窄，倾斜度较小，腔静脉孔略偏背侧。

(3) 斜角肌　分为两部，背斜角肌起于第7胸椎横突，止于第1肋前缘；腹斜角肌起自第4、5、6颈椎横突，止于第1肋前缘。

5. 腹壁肌

(1) 腹外斜肌　肌纤维向后下方倾斜，肌腹沿肋弓约一掌宽的范围内分布，向后下方转为腱膜，止于腹白线及耻骨、髂骨前缘。

(2) 腹内斜肌　起自髋结节，沿腹外斜肌深面向前腹侧、腹侧、腹后方呈辐散状扩展，至腹部中1/3与下1/3交界处转为腱膜，止于腹白线。在公马尚从此肌后缘分出一束，沿鞘膜管外侧进入阴囊壁，为提睾肌。

(3) 腹直肌　位于腹底壁，起于第4~9肋软骨及其附近的胸骨外侧面，肌纤维前后纵走，止于耻骨。肌腹有10~11条横行腱划。

(4) 腹横肌　分布于腹腔侧壁，起于腰椎横突及肋弓内面，其构造与牛的相似。

三、头 部 肌

马的头部肌见图12-10。

1. 咀嚼肌

(1) 咬肌　较发达，起于上颌骨的面结节、面嵴、颧弓，止于下颌支的外侧面和边缘。

(2) 翼肌　位于下颌骨内表面，与牛的相似，可分为翼内肌和翼外肌，翼内肌与咬肌相对称。

(3) 颞肌　分布于颞窝内，结构与牛的类似。

2. 面肌

(1) 鼻唇提肌　为一薄带状肌，以腱膜起自鼻骨与额骨交界处，肌纤维向前下方延伸，越过上唇固有提肌，分为内、外两支，两支间有犬齿肌穿过；外支止于口角处的口轮匝肌，内支则主要止于鼻外翼。

(2) 上唇提肌　起自泪骨和上颌骨交界处，向前上方延伸并转为一扁圆腱，与对侧的腱同止于上唇。

（3）犬齿肌　三角形扁肌，直接位于皮下，起自面结节附近，向前止于鼻外翼。

（4）颧肌　不如牛的发达，起自面嵴前端，止于口角。

（5）颊肌　发达，分为深、浅两层，浅层肌纤维呈羽状排列，深层纤维纵走。

（6）下唇降肌　比牛的发达，位于颊肌下缘，肌纤维纵走。

3. 舌骨肌

（1）下颌舌骨肌　为薄板状肌，分布于下颌间隙皮下。

（2）茎舌骨肌　沿茎舌骨分布，止于基舌骨的外侧端。

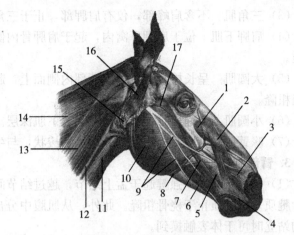

图 12-10　马头部浅层肌
1. 上唇提肌　2. 鼻唇提肌　3. 犬齿肌　4. 口轮匝肌　5. 颊肌浅层
6. 下唇降肌　7. 颧肌　8. 面静脉和腮腺管
9. 面神经的颊背侧支和颊腹侧支　10. 咬肌　11. 胸头肌　12. 颈静脉
13. 臂头肌　14. 夹肌　15. 腮腺　16. 腮耳肌　17. 面横静脉

（引自 Sisson, 1938）

四、前肢肌

1. 肩带肌

马的此部肌中缺肩胛横突肌，锁骨下肌发达。

（1）斜方肌　较牛的小，位于第 4 颈椎至第 5 胸椎之间的范围内，呈倒立的三角形，可分为颈、胸两部。

（2）菱形肌　与牛的相似。

（3）臂头肌　为宽大的带状肌，以腱膜起自项嵴、颞骨、寰椎翼和 2～4 颈椎横突，可分为两部，但界限不清，止于肱骨的三角肌粗隆和肱骨嵴。

（4）背阔肌　以腱膜起自背腰筋膜，肌纤维向前下集中，与大圆肌共同止于大圆肌粗隆。

（5）腹侧锯肌　也分为颈、胸两部。颈腹侧锯肌厚，全为肌质，起自后 4 枚颈椎横突；胸腹侧锯肌薄而富含腱质，起自前 9 根肋骨外侧面。两部分别止于肩胛骨内侧面的前后两个锯肌面。

（6）胸浅肌　分布于胸骨腹侧的皮下，区分为前后两部，前部称胸降肌，后部称胸横肌，构造与牛的相似，但两部分界清楚。

（7）胸深肌　在胸浅肌深层。也分为前后两部分，前部称锁骨下肌，较发达，起自胸骨前半部及前 4 根肋软骨，呈三棱柱形，越过肩关节前方而止于肩胛骨前缘。后部称胸升肌，与牛的相似。

2. 肩部肌

（1）冈上肌　位于冈上窝内，富含腱质。远端分为两支，分别止于肱骨内侧、外侧结节的前部。

（2）冈下肌　位于冈下窝，远端止于肱骨外侧结节前后两部。大部被三角肌腱膜被覆。

(3) 三角肌　不含肩峰部，仅有肩胛部，止于三角肌粗隆。

(4) 肩胛下肌　位于肩胛下窝内，起于肩胛骨内侧面，止于肱骨的内侧结节。此肌富含腱质。

(5) 大圆肌　呈长梭状，位于肩臂部内侧面上，起自肩胛骨后缘及后角，止于肱骨的大圆肌粗隆。

(6) 小圆肌　小而扁，位于三角肌和冈下肌深层。

(7) 喙臂肌　沿肱骨内表面延伸，呈扁梭状，与牛的相似。

3. 臂部肌

(1) 臂二头肌　以强腱起于盂上结节，越过结节间沟时变宽。肌腹位于肱骨前面，大而富含腱质。以腱质止于桡骨粗隆。此外，从肌腹中分出一强韧的腱支向下加入腕桡侧伸肌，动物站立时可于体表触摸到。

(2) 臂肌　与牛的相似。

(3) 臂三头肌　也由3部分构成，其中外侧头比牛的发达，内侧头较薄弱。

(4) 前臂筋膜张肌　与牛的相似。

4. 前臂及前脚部肌

马此部肌肉共有9块，其中4块位于前臂背侧及背外方，其余5块位于前臂掌侧，不含指内侧伸肌（图12-11）。

(1) 腕桡侧伸肌　形态与牛的相似。

(2) 指总伸肌　比牛的发达，位于腕桡侧伸肌后外侧。起自肱骨远端外侧上髁和前臂骨近端，下行至前臂远1/3处分为一主腱和一副腱：副腱细而短，下行至掌骨近端处并入指外侧伸肌腱；主腱越过腕背和掌背侧，至近指节骨背侧有悬韧带的侧支并入，最终止于远指节骨伸肌突。

(3) 指外侧伸肌　并行排列于指总伸肌后方，肌腹细窄，起于肘关节外侧副韧带及桡骨、尺骨近端外侧面，肌腹在前臂远侧部转为肌腱，沿指总伸肌腱下行止于近指节骨。

(4) 拇长外展肌　较小，与牛的相似，也称为腕斜伸肌。

(5) 腕桡侧屈肌　位于前臂内侧皮下，桡骨后方，起自肱骨内侧上髁，止于第2掌骨近端。

(6) 腕尺侧屈肌　大小与腕桡侧屈肌相似，也为扁梭形肌，肌腱越腕关节后止于副腕骨。

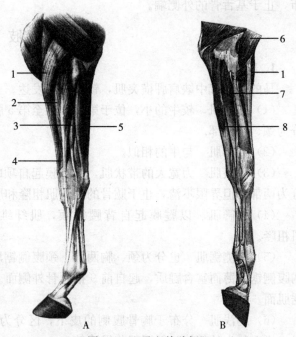

图12-11　马左前臂部肌
A. 外侧面观　B. 内侧面观
1. 腕桡侧伸肌　2. 指总伸肌　3. 指外侧伸肌　4. 腕斜伸肌
5. 腕尺侧伸肌　6. 臂二头肌　7. 腕桡侧屈肌　8. 腕尺侧屈肌
（引自Sisson，1938）

(7) 腕尺侧伸肌　位于前臂掌外侧皮下，起于肱骨外侧上髁，止于副腕骨，作用为屈腕关节。

(8) 指浅屈肌　位置上与腕尺侧屈肌重叠，位于该肌深层，大小亦相似。有两个起点，一个肱骨头起于肱骨内侧上髁，另一个为桡骨头，不含肌质，仅为一腱质起点，起自桡骨下半部分的掌侧面。在腕关节上方两头合并为一总腱，与指深屈肌腱一同穿过腕管，沿掌部掌侧皮下下行至系部，在此变宽而抵止于掌指关节和近指节骨掌侧，同时形成了供指深屈肌通过的腱环。

(9) 指深屈肌　被屈腕关节的肌肉和指浅屈肌所包围。有3个起点，即肱骨头、尺骨头和桡骨头，尺骨头和桡骨头先后加入到肱骨头的腱，穿越腕管之后，在悬韧带（在前）和指浅屈肌腱（在后）之间下行，于掌中部还接受一由腕掌侧韧带来的腕腱头而形成一总腱，在穿越掌指关节后方指浅屈肌腱形成的腱环之后抵止于远指节骨屈肌面。

五、后 肢 肌

1. 臀部肌

(1) 臀浅肌　呈三角形扁肌，起于臀深筋膜及髋结节、荐结节、肌纤维向下集中止于股骨第3转子。牛无此肌。

(2) 臀中肌　位于臀浅肌深面，肌腹大而厚，是构成臀部外形的主要肌肉。起自髂骨臀肌面及背腰最长肌的腱膜，止于大转子后部。

(3) 臀深肌　与牛的相似，较小而呈四边形，起于坐骨棘，止于大转子前部。

(4) 髂腰肌　位于髂骨骨盆面，由三角形的髂肌与前方来的腰大肌合并而成，止于股骨小转子。

2. 股部肌

(1) 股阔筋膜张肌　起自髋结节，向下呈扇形展开，在股中部转为股阔筋膜而止于髌骨和胫骨。

(2) 股四头肌　形态与牛的相同。

(3) 臀股二头肌　十分强大，其远端分为前、中、后3部分，前部长而大，以腱膜止于髌骨和膝外侧副韧带，中部止于胫骨嵴，后部止于小腿筋膜和跟结节。

(4) 半腱肌　构成股部的后缘。具有两个起点，即椎骨头和坐骨头，其走向及止点同牛。

(5) 半膜肌　具有椎骨头和坐骨头，椎骨头形成骨盆后部侧壁，在坐骨结节处转到股内侧，止于股骨远端内侧。

(6) 缝匠肌　与牛的相似。

(7) 股薄肌　与牛的相似。

(8) 耻骨肌　为一尖端向下的锥状肌，被缝匠肌覆盖，位于耻骨腹侧面。

(9) 内收肌　为大而厚的棱状肌，位于耻骨肌（在前）和半膜肌（在后）之间，被股薄肌覆盖。

3. 小腿及后脚部肌　此部肌肉与牛的差别较大（图12-12）。

(1) 趾长伸肌　比牛的大而发达，在相当于牛第3腓骨肌的位置上，在小腿背外侧皮下，起自股骨远端外髁上的伸肌窝，下行至小腿远侧转为肌腱，越过跗关节时被3条环状韧

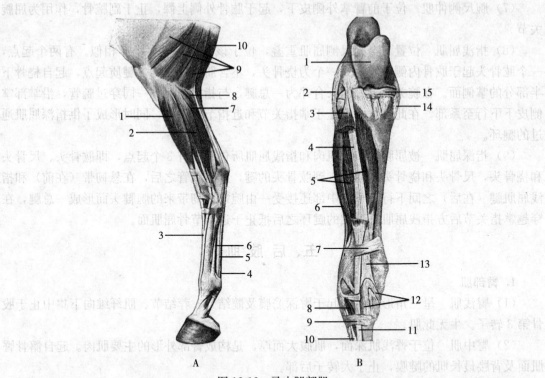

图 12-12 马小腿部肌
A. 左侧后肢外侧面观 1. 趾长伸肌 2. 趾外侧伸肌 3. 趾长伸肌和趾外侧伸肌共同腱
4. 趾浅屈肌腱 5. 趾深屈肌腱 6. 悬韧带 7. 比目鱼肌
8. 腓肠肌 9. 臀股二头肌 10. 半腱肌
B. 左侧小腿部前面观（趾长伸肌肌腹已切断）: 1. 股骨滑车
2. 股胫关节外侧副韧带 3. 趾长伸肌近端 4. 第 3 腓骨肌 5. 胫骨前肌 6. 趾外侧伸肌
7. 近环状韧带 8. 趾短伸肌 9. 远环状韧带 10. 趾外侧伸肌腱 11. 趾长伸肌腱
12. 胫骨前肌止腱 13. 第 3 腓骨肌止腱 14. 股胫关节内侧副韧带 15. 内侧半月板
(引自 Sisson, 1938)

带所固定，沿跖骨背侧下行，并在此处接受趾外侧伸肌腱，止于远趾节骨伸肌突。

（2）第 3 腓骨肌 也起于股骨伸肌窝，但肌腹完全腱化为静力肌。本肌呈索状，在趾长伸肌覆盖下下行止于跗骨和大跖骨。

（3）胫骨前肌 位于第 3 腓骨肌深层，止腱穿过第 3 腓骨肌的腱管之后，止于第 1～2 跗骨和大跖骨近端。

（4）趾外侧伸肌 位于趾长伸肌后方，较趾长伸肌细小，起于股胫关节的外侧副韧带和腓骨头，在小腿下部转为肌腱，经跗关节外侧行至跖部并入趾长伸肌腱。

（5）腓肠肌 与牛的相似。

（6）趾浅屈肌 起于股骨髁上窝，已完全腱化为一条静力肌，下行中夹于腓肠肌两肌腹中，在小腿下部，趾浅屈肌腱由内侧转到跟腱浅侧，似帽状固定于跟结节上，再向下的行程则与前肢的指浅屈肌相同。

（7）趾深屈肌 与牛的此肌结构、行程相似，仅肌腱的远端处不分支为二，止于远趾节骨的屈肌面。

第三节 消化系统

一、口腔和咽

（一）口腔

1. 唇和颊 马唇薄而灵活，是采食的主要器官，上唇正中的人中为一条浅缝，下颌圆隆而突出。唇表面密生被毛，并夹杂有长的触毛。唇和颊部黏膜薄而呈粉红色，常有色素斑。在唇黏膜和颊黏膜内分布有唇腺和颊腺。

颊腺分为颊背侧腺和颊腹侧腺，颊背侧腺呈长条形，分布于颊肌外面面嵴腹侧，大部被咬肌覆盖。颊腹侧腺位于颊肌腹缘内侧的颊黏膜下层。

在正对第3前臼齿的颊黏膜上，有圆形隆突的腮腺乳头，腮腺管开口其上。

2. 硬腭和软腭 硬腭厚而坚实，有16~18条横行的腭褶，腭缝前端有一扁平的切齿乳头，幼驹的切齿乳头两侧有鼻颌管。

硬腭后方为软腭，马软腭发达，平均长约15cm，向后下方延伸，其游离缘围绕于会厌基部，将口咽部与鼻咽部隔开，故马不能用口呼吸，病理情况下逆呕时逆呕物从鼻腔流出。软腭游离缘向后沿咽侧壁延伸到食管口的上方，并与对侧的相互汇合，为腭咽弓。软腭两侧以短而厚的黏膜褶连于舌根两侧，为腭舌弓。在腭舌弓之后，黏膜稍隆凸为腭扁桃体，表面有许多小孔。马腭扁桃体不如牛、猪等动物的发达。

3. 舌 窄而长，舌尖扁平，舌体稍大，柔软而灵活。马舌体无舌圆枕，舌表面有4种乳头：丝状乳头，呈丝状密布于舌背及舌尖两侧，浅层的扁平上皮细胞不断角化脱落，与食物、细菌混合而附着于舌表面，形成舌苔；菌状乳头，为小的圆形突起，散布于舌两侧和舌背；轮廓乳头，一般只有两个，位于舌后部背面中线两侧；叶状乳头也为两个，位于腭舌弓附着部前方，为一2~3cm的长形隆起，表面有数条横裂。4种乳头中丝状乳头无味觉作用，仅起机械性作用（图12-13）。

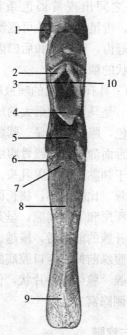

图12-13 马舌

1. 甲状腺 2. 勺状软骨 3. 声门裂 4. 会厌 5. 舌根
6. 叶状乳头 7. 轮廓乳头 8. 舌体 9. 舌尖 10. 声带

（引自Sisson，1938）

4. 齿 公马的恒齿式为 $2\left(\dfrac{3\ 1\ 3\ 3}{3\ 1\ 3\ 3}\right)=40$，母马的恒齿式为 $2\left(\dfrac{3\ 0\ 3\ 3}{3\ 0\ 3\ 3}\right)=36$。乳齿式为 $2\left(\dfrac{3\ 0\ 3\ 0}{3\ 0\ 3\ 0}\right)=24$。上、下切齿各有3对，分别称为门齿、中间齿和边齿（隅齿）。个别母马下

颌可具有犬齿，但很不发达。成年马有3枚前臼齿，由前向后依次是第2、3、4前臼齿。偶见不发达的第1前臼齿，称为狼齿（dens lupinus）。切齿属长冠齿，呈弯曲的楔形，长约7cm，齿冠部分嵌埋于齿龈和齿槽内，随着嚼面的磨损，齿冠不断长出，由于齿冠各部分断面的形状和构造不同，根据切齿出齿、换齿及嚼面磨损的形态可判断马的年龄。在未磨损的切齿咬合面上，具有椭圆形的齿漏斗，也称为齿坎、黑窝；初步磨损后在齿漏斗周缘和齿周缘各出现一圈齿釉质的磨面，称为内釉质环和外釉质环。随着磨损加深，在齿漏斗前方的内、外釉质环之间出现黄褐色条状

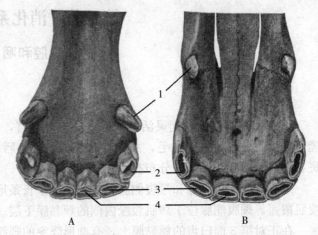

图12-14 马上、下切齿和犬齿
A.5岁马下切齿和犬齿 B.5岁马上切齿和犬齿
1.犬齿 2.隅齿 3.中间齿 4.门齿
（引自 Sisson，1938）

斑，称为齿星。齿星和齿漏斗可逐渐变短，齿漏斗最终可被磨掉（图12-14）。

犬齿属短冠齿，前臼齿和后臼齿属长冠齿。前臼齿和后臼齿的磨面上可见黑色月牙状的齿漏斗和波浪状的釉质嵴。

5. 唾液腺 具有3对大的唾液腺。

（1）腮腺 是马属动物最大的唾液腺，位于耳根下方，下颌骨支和寰椎翼之间，呈长四边形，为灰黄色，腺小叶明显。腮腺管在腺体的下部由3~4条小支合成，从腮腺前缘向前下方延伸，随舌面静脉沿下颌骨腹缘内侧前行，越过下颌骨血管切迹至面部皮下，沿咬肌前缘上行，开口于颊黏膜的腮腺乳头。

（2）下颌腺 比腮腺小，狭长而弯曲，后端位于寰椎窝，前端位于舌根的外侧，位置略深，在腮腺的深层和下颌间隙，呈茶褐色。上缘薄而凹，下缘厚而凸，下颌腺管沿腺的凹缘向前延伸，离开腺的前端后，横越二腹肌中间腱的外侧，行于下颌舌骨肌和舌骨舌肌之间，继而沿舌下腺腹缘前伸，至口腔底的黏膜下，开口于舌下阜。

（3）舌下腺 腺体呈一片状，仅含多口舌下腺而无单口舌下腺。腺管有30余条，直接开口于舌下外侧隐窝。

（二）咽与软腭

马的咽较牛的略长。在咽鼓管咽口后方的正中、黏膜向后上方形成一盲囊，深约2.5cm，称为咽隐窝。马属动物的咽鼓管在颅底和咽后壁之间形成一膨大的黏膜囊，称为咽鼓管囊。软腭发达，向后下方可延及会厌腹侧，故倘若有逆呕时，逆呕物常从鼻孔流出，因此马不能张口呼吸。

二、食 管

颈段较长，开始时位于喉与气管的背侧，至颈中部逐渐偏至气管的左侧。胸段位于纵隔

内，在第3胸椎处由气管的左侧移至背侧，经主动脉弓的右侧向后，约在第13肋骨处穿过食管裂孔。腹段很短。

食管肌层前部由横纹肌构成，在气管分叉之后转为平滑肌，且逐渐增厚。食管外膜在颈段为疏松结缔组织，在胸、腹段为浆膜。

三、胃

1. 胃的形态 马胃为单室混合型胃，容积为5~8L，大的可达12L（驴的为3~4L），呈横向朝下弯曲的囊状，后端有幽门，接十二指肠。位于腹腔最前部，膈的后方，大部分位于左季肋区。仅幽门部在右季肋区。其腹缘即使在饱食状态下也不达于腹腔底壁。胃的形状呈前后压扁状，具有两面两缘。壁面凸，朝向左前上方，与膈、肝接触；脏面朝向右后下方，与大结肠、小结肠、小肠、胰及大网膜相接触。胃的腹缘凸向下方，从贲门延伸至幽门，为胃大弯；左侧部有脾附着；背缘凹陷而短，为胃小弯。胃的左端向后背侧膨大，形成胃盲囊（saccus cecus ventriculi）。胃的右端较细，称为幽门窦。胃中间膨大的部分为胃体（图12-15）。

胃的位置较为固定，一方面有胃膈韧带及食管将其固定于膈上，另一方面受邻近器官的挤压，特别是背侧大结肠。胃的周围有许多浆膜结构附着其上：胃膈韧带，为联系胃大弯与膈之间的韧带；大网膜，不甚发达，折叠于胃和右上结肠之间，附着于胃大弯、十二指肠起始部，大结肠末端和小结肠起始部，形成不大的网膜囊；胃脾韧带，连于脾门与胃大弯之

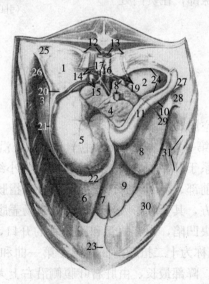

图12-15 马胃、胰及其附近器官（后面观，大部分肠已经摘除）
1. 左肾 2. 右肾 3. 脾 4. 胰 5. 胃 6. 肝左外叶 7. 肝左内叶
8. 肝右叶 9. 肝尾叶 10. 肝尾状突 11. 十二指肠 12. 主动脉、左输尿管
13. 后腔静脉、右输尿管 14. 左肾动脉和静脉 15. 脾动脉、左肾上腺
16. 肠系膜前动脉 17. 腹腔动脉 18. 门静脉、右肾上腺 19. 右肾动脉和静脉
20. 肾脾韧带 21. 胃脾韧带 22. 大网膜 23. 镰状韧带和圆韧带
24. 盲肠底黏合处 25. 左膈肾韧带 26. 膈脾韧带 27. 右膈肾韧带
28. 右三角韧带 29. 网膜孔 30. 膈 31. 肋弓

间；小网膜，连于胃小弯、十二指肠起始部和肝门之间；胃胰皱褶，连于胃盲囊与胰及十二指肠之间。

2. 胃壁的构造 胃的黏膜由一褶缘（margo plicatus）分为无腺部和有腺部。无腺部黏膜厚而苍白，无消化腺分布，类似食管的黏膜。褶缘以下和幽门部的黏膜柔软而光滑，表面覆有黏液，含有胃腺，为有腺部。此部又可分为3个界线不清的腺区：贲门腺区为沿褶缘分布的窄带状区域，呈灰黄色，黏膜内含贲门腺；在贲门腺区下方有大片棕红色区域，黏膜厚且表面有小凹，称为胃底腺区；胃底腺区的右侧及幽门窦部的黏膜薄而呈灰黄或灰红色，内含幽门腺，为幽门腺区（图12-16）。

胃的肌织膜可分3层：外层为纵走纤维层，很薄；中层为环形肌，仅存在于有腺部，在幽门处增厚形成发达的幽门括约肌；内层为斜行肌，仅分布于无腺部，在贲门处最厚。

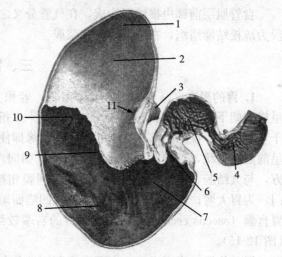

图12-16 马胃黏膜
1. 胃盲囊 2. 无腺部 3. 食管 4. 十二指肠憩室
5. 十二指肠壶腹 6. 幽门 7. 幽门腺区 8. 胃底腺区
9. 褶缘 10. 贲门腺区 11. 贲门
（引自Sisson，1938）

四、肠

（一）小肠

小肠可分为十二指肠、空肠和回肠。

1. 十二指肠 为小肠的第一段，长约1m，由幽门起始，沿右季肋区向后至腰部延接空肠，以短的十二指肠系膜联系于肝、右上大结肠、盲肠底、小结肠起始部、右肾和腰下肌，位置比较固定。全程可分为前部、降部和升部。前部为十二指肠的第一部分，向右侧弯曲成两个曲，第一曲小而凸向上方，其管腔膨大，称为十二指肠壶腹；第二曲凸向右下方，其黏膜面具有一纽扣状突起，中央凹陷，内有胰管和肝总管的开口，称为十二指肠憩室（diverticulum duodeni）。第二曲又称为十二指肠前曲。由于第一曲和第二曲排列成S状，因此前部也称乙状弯曲或S状弯曲。降部最长，由肝右叶腹侧沿右上大结肠的背侧向后延伸，至右肾和盲肠底。约在最后肋骨水平折转向左，转为升部，至空肠系膜根部后方，然后向前至左肾腹侧接空肠。

2. 空肠 最长，约20m左右，迂回盘曲，系于宽阔的空肠系膜上，位置变化大，常与降结肠（小结肠）混在一起，占据腹腔左半部的背侧，分布于腹腔的左季肋区、左腹外侧区、左腹股沟区、耻骨区、右腹股沟区，但由于其系膜很长，移动范围广，向前可抵达胃、肝，向后可入骨盆腔，向右可到右腹外侧区，向腹侧可经两腹侧结肠之间抵达腹腔底壁，在某些公马可经腹股沟管下降至阴囊（即腹股沟疝）。

3. 回肠 与空肠界线不甚明确，一般常将小肠最后一段，长约1m认为回肠。回肠与空肠比较，由于其壁内含大量淋巴组织，因而壁较厚，肠管较直。其走向为从左腹外侧区斜向右背侧走向盲肠底小弯，以回肠口突入盲肠，回肠口周围黏膜有环形隆起，为回肠乳头。在回肠与盲肠之间有三角形的回盲韧带相连。

（二）大肠

马的大肠见图12-17、图12-18。

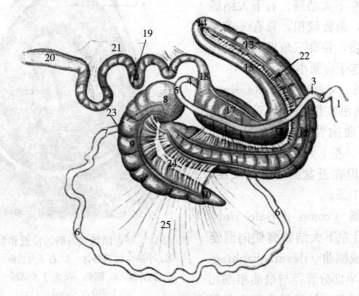

图12-17 马肠管模式图（右侧）

1. 胃 2. 十二指肠前部 3. 十二指肠前曲 4. 十二指肠空肠曲 5. 后曲 6. 空肠
7. 回肠 8. 盲肠底 9. 盲肠体 10. 盲肠尖 11. 右下大结肠 12. 胸骨曲
13. 左下大结肠 14. 盆曲 15. 左上大结肠 16. 膈曲 17. 右上大结肠
18. 横结肠 19. 降结肠（小结肠） 20. 直肠 21. 小结肠系膜和直肠系膜
22. 大结肠系膜 23. 回盲韧带 24. 盲结襞 25. 空肠系膜

（引自Sisson，1938）

1. 盲肠 十分发达，容积为25～30L，整个外形呈逗点状，可分为盲肠底（basis ceci）、盲肠体（corpus ceci）和盲肠尖（apex ceci），从右腹外侧区斜向前下方到脐区和剑突区。盲肠底为盲肠后上方的弯曲部分，由浆膜附着于胰和右肾腹侧，背缘凸出称为盲肠大弯，腹缘凹，称为盲肠小弯。盲肠小弯处有两口，回肠口偏内，接回肠；结肠口在回肠口右侧约5cm处，为一裂隙，接右下大结肠。盲肠体向后腹侧弯曲，再折转向前，占据右腹外侧区、右腹股沟区、耻骨区和脐区。盲肠尖是盲肠体前端渐缩细的部分，为一盲端，在剑状软骨的稍后方。

马盲肠表面有4条增厚的纵肌带，称为盲肠带（teniae ceci），分别位于盲肠的内、外、背、腹侧，盲肠带之间为盲肠袋（haustra ceci），也有4列，为囊袋状隆起。

2. 结肠 可分为升结肠、横结肠和降结肠。其中升结肠十分发达，体积庞大，又称为大结肠。降结肠体积较小，称为小结肠。

（1）大结肠 起始于盲结口，长3～3.7m（驴约2.5m），盘曲成双层马蹄铁形，可分为4部3曲，即右下大结肠→胸骨曲→左下大结肠→盆曲→左上大结肠→膈曲→右上大结肠。

右下大结肠（colon ventrale dextrum）：起自盲肠小弯的盲结口，约与最后肋骨或肋间隙的下端相对，起始端附近，管径仍较细，称为结肠颈（collum coli），由此沿右肋弓向前下方至剑状软骨上方并行向左侧，构成胸骨曲（flexura sternalis），延接左下大结肠。右下大结肠除起始部较细外，余皆较粗，具有4条结肠带和4列结肠袋，并有三角形的双层腹膜褶——盲结襞连于盲肠小弯。

左下大结肠（colon ventrale sinistrum）：由胸骨曲沿左侧肋弓向后上方行至骨盆腔口，再曲向背侧，此曲为盆曲（flexura pelvina）。左下大结肠粗细约与右下大结肠相似，但在近盆曲处管径变细，结肠带也减少为1条。

左上大结肠（colon dorsale sinistrum）：由盆曲沿左下大结肠背侧向前至胸骨曲背侧，形成膈曲（flexura diaphragmatica）。此部后半部分管径与盆曲粗细相似，前半部分渐增粗，结肠带也由1条逐渐增至3条。

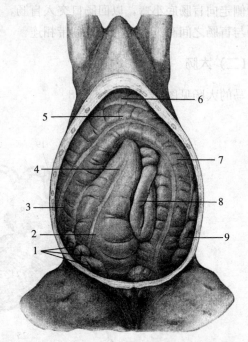

图12-18　马大结肠及盲肠的位置和形态（腹侧观）
1. 小肠　2. 盲肠体　3. 右下大结肠　4. 盲肠尖
5. 胸骨曲　6. 膈曲　7. 左下大结肠　8、9. 小肠
（引自 Sisson，1938）

右上大结肠（colon dorsale dextrum）：由膈曲在左下结肠背侧向后行，管径继续增大，至盲肠底内侧，体积增到最大，膨大如囊，称为结肠壶腹（ampulla coli），旧称胃状膨大部。结肠壶腹之后，管径急剧变细成漏斗状，延续为横结肠。右上大结肠有3条结肠带。

大结肠除起始部和终末部以无浆膜区与周围器官相附着外，其余部分仅上、下结肠之间以系膜相连，与其他器官无任何连系，呈游离状态。但由于大结肠体积巨大，受腹壁局限和周围器官挤压，位置比较恒定。右下大结肠起始部因与盲肠小弯相连系，而盲肠小弯因盲肠大弯附着于腹腔顶壁和肾下方而间接附着。大结肠近末端处背侧与胰、右侧与盲肠底以及肝分出的浆膜褶相连，位置比较固定。

（2）横结肠　为大结肠（升结肠）向小结肠（降结肠）之间的移行部，借腹膜和疏松结缔组织附着于胰的腹侧面及盲肠底，位置固定。横结肠承接大结肠末端漏斗状缩细部，由右至左在肠系膜前动脉前方越过，转而延续为小结肠。

（3）小结肠（colon tenue）　粗细及结构与横结肠相仿。长约3.5m（驴约2m），直径7.5~10cm（驴5~6cm）。小结肠由降结肠系膜联系于左肾腹侧至荐骨岬之间的腹腔顶壁，降结肠系膜起初很窄，以后变宽（80~90cm），因此小结肠的移动范围很大，常与空肠混在一起。小结肠具有两条结肠带和两列结肠袋，借此可与空肠相区别。

3. 直肠与肛管　直肠自骨盆口起至肛门止，长约30cm（驴约25cm），位于盆腔内。直肠的前部由直肠系膜悬吊于盆腔顶壁，后部膨大，称为直肠壶腹，表面无浆膜被覆，借疏松结缔组织和肌肉附着于盆腔壁。

肛门为消化管的末端，位于尾根下方，在第4尾椎正下方。肛门前方为长约5cm的肛管，除排粪期之外，肛管由于括约肌收缩，黏膜形成褶状紧闭锁。肛管黏膜呈灰白色，缺腺体，上皮为复层扁平上皮。肛管处有肛门内括约肌和肛门外括约肌，此外还有肛提肌，前者属平滑肌，后二者属横纹肌。

五、肝和胰

1. 肝 呈棕褐色厚板状，一般重约5kg，分叶较明显，但无胆囊。其壁面紧贴膈的后面，与膈相对应，呈凸面，脏面向后腹侧，与胃、十二指肠、膈曲、右上大结肠、盲肠相接触。在脏面中央的肝门有门静脉、肝动脉和肝总管进出肝脏。

肝脏大部分位于右季肋区，小部分位于左季肋区。肝的腹缘有两个大切迹，将肝分为右叶、左叶和中间叶，其中左叶由一深的叶间切迹再分为左外叶和左内叶，中间叶从脏面上又可分为肝门背侧的尾状叶和肝门腹侧的方叶。

肝脏的位置较为固定，左、右三角韧带将左、右叶背缘连于膈上；左、右冠状韧带沿腔静脉沟两侧连于膈上；镰状韧带由中间叶和左叶之间连于膈及腹腔底壁，其游离缘增厚呈索状，为胎儿期脐静脉的遗迹，称为肝圆韧带；肝肾韧带由尾状突至右肾腹侧；小网膜由肝的脏面连于胃小弯和十二指肠。

肝脏的输出管为肝总管，由肝左管和肝右管汇合而成，开口于十二指肠憩室（图12-19）。

2. 胰 重约350g（驴200～250g），大约在第16～18胸椎水平横位于腹腔顶壁下方，大部分在体中线右侧，柔软而成淡红色，外形呈三角形片状，具有背腹两面及左、右、后三缘。右缘较直，与十二指肠降部的左缘相邻，左缘前凹陷，与十二指肠起始部、胃盲囊相邻接，后缘有一深切迹，与空肠系膜根相邻，切迹内侧有门静脉通过，门静脉背侧的胰腺组织将切迹两侧的胰腺组织桥联起来，形成胰环，供门静脉通过。

胰可分3叶：胰体（也称中叶），位于胰的右前部，附着于十二指肠前部及肝的脏面；左叶伸入胃盲囊和左肾之间；右叶较钝，位于右肾和右肾上腺的腹侧（图12-15）。

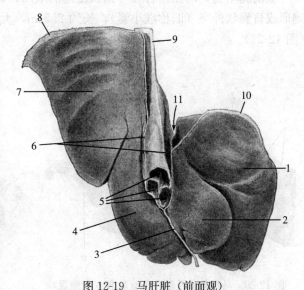

图12-19 马肝脏（前面观）
1. 左外叶 2. 左内叶 3. 镰状韧带和圆韧带 4. 中叶（方叶）
5. 肝静脉 6. 左、右冠状韧带 7. 右叶 8. 右三角韧带
9. 后腔静脉 10. 左三角韧带 11. 食管压迹
（引自 Sisson，1938）

胰管由左、右支会合而成，自胰体走出与肝总管一同开口于十二指肠憩室。副胰管小，自胰管或左支分出，开口于十二指肠憩室对侧的黏膜上。

第四节 呼吸系统

一、鼻、咽、喉

1. 鼻 鼻孔较大，呈逗点状，由内外侧鼻翼围成。鼻翼软骨主要位于内侧鼻翼，略呈勺状，附着于鼻中隔软骨前端，其上部为扁而宽的板，向下为窄而弯曲的角，后者向下外侧弯曲，构成鼻内翼和下联合的基础。鼻翼软骨板形成了内侧鼻翼上端的突出部。此部向后延为翼襞，翼襞将鼻孔分为两部分，下部称真鼻孔，向后通鼻腔，上部称伪鼻孔，向后通鼻憩室。鼻前庭长约 5cm，其皮肤着生稀疏的毛并含色素。鼻前庭背侧经伪鼻孔向后通皮肤内陷构成的盲管，称为鼻盲囊或鼻憩室（diverticulum nasi）。在鼻前庭底壁上皮肤与鼻腔黏膜交界处附近有椭圆形小孔，为鼻泪管口。

固有鼻腔与牛的相似，但鼻中隔对两侧鼻腔分隔完全，直抵鼻腔底壁，鼻后孔也分为左右两半，下鼻道较牛的狭窄。

2. 咽 见马消化器官。

3. 喉 马喉也由 4 种 5 枚软骨构成，喉口宽阔，各枚喉软骨与牛的略有差别。甲状软骨较狭长，侧面观甲状软骨板呈平行四边形，两板之间的体部很短而窄，具有很深的甲后切迹（incisura thyroideal caudalis）。会厌软骨大而呈叶片状，前端尖，向前伸出甲状软骨前上方。勺状软骨小角突向后背侧突出，与背侧面形成深的切迹（图 12-20）。

喉前庭略宽，两侧壁各有一指状压迹的陷凹，称为喉室，内有一孔，喉黏膜随此向后外侧形成盲囊状外突（旧称喉小囊），长约 2.5cm，大小可容纳一指，伸入到甲状软骨板内侧（图 12-21）。

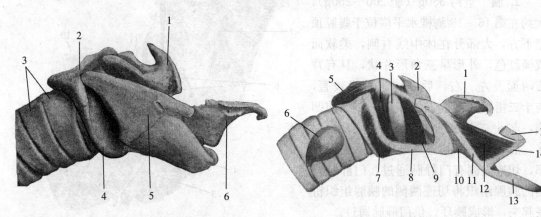

图 12-20 马喉软骨及部分气管软骨（右侧观）
1. 勺状软骨 2. 环状软骨板 3. 气管软骨环
4. 环状软骨弓 5. 甲状软骨 6. 会厌软骨
（引自 Sisson，1938）

图 12-21 马喉室（外侧观）
1. 会厌软骨 2 勺状软骨 3. 喉室（喉小囊）
4. 环勺外侧肌 5. 环勺背侧肌 6. 甲状腺侧叶
7. 环甲肌 8. 部分切除的甲状软骨 9. 室肌
10. 甲舌骨膜 11. 甲状舌骨 12. 角舌骨肌
13. 舌骨舌突 14. 角舌骨 15. 茎舌骨
（引自 Sisson，1938）

二、气管和支气管

马气管外形呈筒状，较牛的长且略粗，含50～60个气管软骨环，每一软骨环也为缺口向上的C形，软骨两端之间在颈部互相重叠，至胸部则不重叠。气管行至心底上方，大约在第5肋骨或第5肋间隙处分为左右主支气管。两主支气管的肺外部分很短，经肺门入肺。

三、肺

右肺大于左肺，但差别没有牛的显著。叶间切迹浅或无，分叶不明显。左肺分2叶，前叶小，又称为尖叶，位于心切迹之前；后叶大，又称为膈叶。右肺分3叶，除前叶和后叶外，在后叶内侧具有一副叶。肺小叶间结缔组织不明显，因而小叶界线不清。左肺心切迹深而大，体表投影与第3～6肋骨相对，在此心脏与胸侧壁直接相对，右肺心切迹较小，呈三角形，与第3～4肋间隙相对（图12-22）。

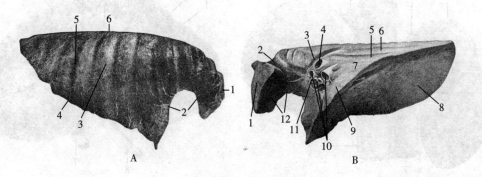

图12-22 马 肺
A. 右肺外侧面观：1. 前叶（尖叶） 2. 心切迹 3. 后叶（膈叶） 4. 底缘 5. 肋压迹 6. 背侧缘
B. 右肺内侧面观：1. 前叶 2. 前腔静脉压迹 3. 右奇静脉压迹 4. 支气管 5. 食管压迹
6. 主动脉压迹 7. 肺的纵隔面 8. 肺的膈面 9. 副叶 10. 肺静脉 11. 肺动脉
12. 心压迹（箭头示后腔静脉路径）
（引自 Sisson，1938）

肺的底缘呈弓状向腹后方凸出，其倾斜度较牛的小，活体时体表投影约在下列3点连成的曲线上：第10肋骨与肩关节水平线交叉点、第14肋骨与坐骨结节水平线的交叉点、第16肋骨与髋结节水平线的交叉点。与牛的比较，马肺底缘距肋弓更近。

肺的纵隔面呈三角形，中央有肺门，纵隔面上有胸膜折转线。在肺门后方的区域，左、右肺互相粘连。

第五节 泌尿系统

一、肾

1. 肾的位置及形态 马左、右肾分别位于体中线两侧，但位置并不对称，形态也不相同。右肾位置靠前，位于右侧第17、18肋骨椎骨端及第1腰椎横突腹侧，形态呈上、下压扁的圆角等边三角形，前缘与肝接触，并在肝右叶后缘形成肾压迹，背面主要与膈贴附，腹面稍凹,与胰、盲肠底、肝及右肾上腺接触。左肾位置靠后,呈扁的蚕豆形,位于最后肋骨椎骨端及第1、2腰椎横突腹侧,其腹面与十二指肠末端、小结肠起始部等相接触(图12-23)。

2. 肾的结构　马肾属于平滑单乳头肾,表面光滑无沟。断面观,肾皮质较厚,髓质有清晰的放射状条纹,皮、髓质交界处色泽较深,呈深红色,为中间带。中间带内出现有规则的血管断面,为弓状脉管。弓状脉管之间的皮髓质体现出原始肾叶的范围,其髓质构成界线不太明确的肾锥体,肾锥体之间的皮质为肾柱,较小而薄弱。各肾锥体的乳头完全融合为一肾总乳头,称为肾嵴(crista renalis),朝向肾门方向。

输尿管在肾窦内膨大成肾盂,正对着肾嵴。在肾盂前后端,肾盂与肾的前部和后部内的终隐窝(recessus terminalis)相通,肾两端的乳头管开口于此(图12-24)。

图 12-23　马肾(背侧面观)
1. 左肾　2. 左肾上腺　3. 后腔静脉　4. 右肾上腺　5. 右肾
6. 右输尿管　7. 腹主动脉　8. 左输尿管
(引自 Sisson,1938)

图 12-24　马肾纵剖面
1. 皮质　2. 中间带　3. 弓状脉管　4. 髓质　5. 肾嵴
6. 肾盂腔　7. 肾动脉　8. 输尿管
(引自 Sisson,1938)

二、输尿管和膀胱

输尿管长约70cm,直径6~8mm,除左输尿管起始段与牛的不同,其余走向、位置皆相同。马左输尿管走向与右输尿管相似。

膀胱呈梨状,空虚状态约一拳大小,膀胱顶位于耻骨前缘前上方,后端狭细,称为膀胱颈。马的膀胱与牛的相似,腹膜被覆区没有牛的大。

第六节　生殖系统

一、公马生殖系统

1. 睾丸　两睾丸总重550~650g,长10~12cm,较牛的小。其长轴呈前后向,睾丸头在前,睾丸尾端在后,腹侧缘为游离缘,背侧缘为附睾缘,有附睾、精索及睾丸系膜附着。

睾丸的内部结构与牛的相似,固有鞘膜下为强韧的白膜,由致密的胶原纤维和平滑肌纤维组成，马的睾丸纵隔不明显。

在睾丸头端背侧，附睾头外侧有时可在睾丸表面见有囊状小体，称为睾丸附件，是旁中肾管前端的遗迹。

2. 附睾 位于睾丸的背缘，前端为膨大的附睾头，与睾丸头端相对；后端膨大为附睾尾，借强韧的睾丸固有韧带与睾丸后端相连，借附睾尾韧带与阴囊壁相连；附睾体缩细，其外腹侧与睾丸之间形成一袋状结构，称为附睾窦。

3. 输精管和精索 输精管较粗，管壁较厚，借输精管系膜附着于睾丸系膜、精索系膜、腹壁。输精管壶腹较牛的长而粗，壁内分布有腺体。输精管末端与精囊腺管共同组成射精管，开口于精阜上。公驴的输精管壶腹较马的粗。

精索比牛的短，为三角形的扁索，下端附着于睾丸背缘，索内包含有精索动脉、精索静脉、淋巴管、交感神经、睾内提肌、输精管，表面被覆以固有鞘膜。

4. 阴囊 位于两股之间，略呈球形，左、右常不对称，一般左侧稍大，较靠下并稍偏后。阴囊颈不明显，阴囊皮肤薄而富有弹性，一般色深或呈黑色。表面散布有细短毛，有许多皮脂腺和汗腺分布，富有油质感。两侧阴囊间有纵走的阴囊缝，向前伸至包皮，向后延达会阴部。

马阴囊的睾外提肌、肉膜不及牛的发达。

5. 尿生殖道 也称为雄性尿道。马尿生殖道骨盆部长度与牛的相似，但比牛的粗而扁，起始部较狭窄，与膀胱颈之间无解剖学上的分界。在前列腺之后，管径变大，最宽处横径可达3.5～5cm，至坐骨弓处又变窄，而形成尿道峡。骨盆部管壁由3层构成，黏膜、海绵层和尿道肌。黏膜薄而柔软，背侧黏膜上有一丘状隆起，称为精阜，其上有一对射精孔。精阜两侧为前列腺窦，每侧黏膜上有15～20个小孔，为前列腺管口。尿生殖道骨盆部后端黏膜上，沿正中线两侧，各有6～8个小孔排成一行，为尿道球腺管口。其外侧又有10～15个小孔，排成一行，为尿道腺管口。

骨盆部海绵层较薄，但在尿道峡处其背侧部增厚而成尿道球或阴茎球。

马骨盆部尿道肌由深部平滑肌纤维和浅层的环形横纹肌构成，尿生殖道骨盆部不含前列腺扩散部，尿道肌围绕于尿生殖道骨盆部周围。

尿生殖道阴茎部自阴茎球走向阴茎头，也由黏膜、尿道海绵体层和肌织膜构成，参与构成阴茎。

6. 副性腺（图12-25） 马的精囊腺为一对梨形囊状器官，位置与牛的相似，位于膀胱后背侧的生殖褶中，长度为12～15cm，最大直径为5cm，盲端向前，后方缩细，导管深入前列腺腹侧，穿过尿道壁，与输精管共同开口或在其一旁开口。

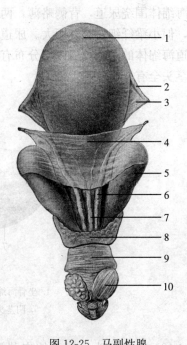

图12-25 马副性腺
1. 膀胱 2. 膀胱圆韧带
3. 膀胱侧韧带 4. 尿生殖褶
5. 精囊腺 6. 输精管壶腹
7. 雄性子宫 8. 前列腺
9. 雄性尿道骨盆部 10. 尿道球腺
（引自 Sisson, 1938）

前列腺较牛的发达，由左、右两叶和一个连于其间的腺峡组成，左、右两叶形状相似，呈菱形，背面凹而腹面凸，顶端伸向前外方，紧贴精囊腺外缘。腺峡为一薄带状，被盖于膀胱与尿道交接处以及精囊腺末端，输精管末端的背侧面，每侧前列腺以15～20条小管开口于精阜。

尿道球腺较牛的为大，呈卵圆形，背腹稍压扁，长轴斜向前外方。尿道肌被覆于其表面。每侧尿道球腺有6～8个腺管，开口于尿道背侧壁近中央的两排小乳头上。

7. 阴茎和包皮

（1）阴茎　较牛的粗大而发达，不形成乙状弯曲，呈左右略扁的圆柱形，在坐骨弓腹侧由两个阴茎脚合并尿生殖道而形成，沿腹底壁皮下向前越过阴囊基部抵达包皮囊内，藏纳于包皮囊内的阴茎头膨大，前面为凸面，中央偏下为一深的凹陷称阴茎头窝，窝内有筒状的尿道突。阴茎头窝的上部凹陷较深，称为尿道窦，导尿时可作为牵拉阴茎头的部位。

阴茎头周缘呈环状隆起，称为阴茎头冠，其后部稍细称为阴茎头颈，为头与体的移行部。

阴茎海绵体大而发达，外围为厚而发达的白膜，自白膜向纵深发出许多海绵体小梁，小梁间为柔软多孔的红灰色海绵体组织。马的海绵体组织量多且发达，含有大量平滑肌束。尿道海绵体围绕尿道，背侧略薄，两侧和腹侧较厚，其构造与阴茎海绵体相似，外周为尿道白膜，但小梁纤细，腔多而大。尿道海绵体在阴茎前端膨大形成阴茎头、阴茎头冠及尿道突。尿道海绵体的两侧及腹侧均分布有尿道肌，即球海绵体肌。马球海绵体肌发达，自坐骨弓至阴茎头全有分布（图12-26）。

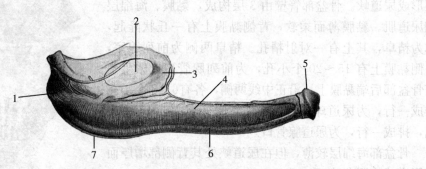

图 12-26　马阴茎
1. 坐骨海绵体肌　2. 闭孔　3. 耻骨　4. 阴茎海绵体
5. 阴茎头　6. 雄性尿道阴茎部　7. 阴茎退缩肌
（引自 Sisson，1938）

（2）包皮　为一双重的皮肤褶，在阴茎未勃起时，折叠于阴茎游离部周围，可分为包皮外层和包皮内层。外层自阴囊延伸至脐部后方5～7cm处，在此向后背侧反折形成包皮口（ostium preputiale），外层中线上有一包皮缝，为阴囊缝向前的延续。包皮口下方边缘常有两个乳头，为发育不全的乳房遗迹。包皮内层先由包皮口处向后反折15～20cm，衬于包皮外层的腔面，又向前反转，达包皮口稍后方，再向后反转，于是形成次级折叠，称为包皮褶（plica preputialis），筒状包皮褶的前口与包皮口相对应，为包皮环。包皮褶与阴茎头之间的空隙也为包皮腔。

包皮外层的皮肤与阴囊皮肤相似，分布有较多的毛，皮肤色素丰富，常呈黑色，而内层几近于无毛，常有大小不一的色素斑点。

二、母马生殖系统

母马生殖系统解剖见图12-27、图12-28。

1. 卵巢 呈豆状，平均长7.5cm，厚2.5cm，较牛的大，以卵巢系膜悬吊于腰下，左侧卵巢位于左侧第4~5腰椎横突下方，位置较低；右侧的位于右侧第3~4腰椎横突下方，位置较高。卵巢的背缘凸，朝向前上方，为卵巢系膜的附着缘，具有卵巢门。腹外侧的游离缘上有一凹陷，称为排卵窝，为马属动物所特有，此处的被覆上皮为浅层上皮，卵巢的其余部分被浆膜所被覆。成熟的卵泡由排卵窝排出。相应地，卵巢内皮质与髓质分布也与其他动物不同，皮质位于中央而髓质位于边缘。

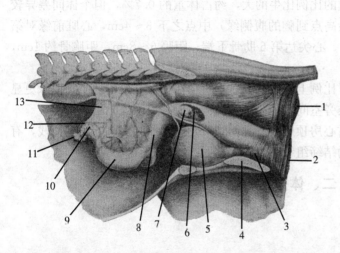
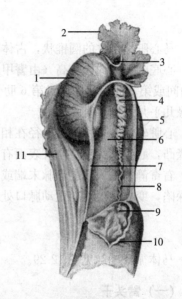

图12-27 母马生殖器官位置关系（左侧观）
1. 肛门 2. 阴门 3. 雌性尿道 4. 骨盆联合断面 5. 膀胱
6. 阴道（部分剖开） 7. 子宫颈阴道部 8. 子宫体 9. 子宫角
10. 输卵管 11. 输卵管伞 12. 卵巢 13. 子宫阔韧带
（引自Sisson，1938）

图12-28 马卵巢和输卵管（腹侧观）
1. 卵巢 2. 输卵管伞 3. 输卵管腹腔口
4. 输卵管壶腹 5. 输卵管系膜 6. 卵巢囊
7. 卵巢固有韧带 8. 输卵管峡部 9. 输卵管子宫口
10. 子宫角（部分已打开） 11. 子宫阔韧带
（引自Sisson，1938）

2. 输卵管 长25~30cm，前段较粗而特别弯曲，向后逐渐变细，子宫端稍变直，与子宫角之间界线明显，开口于子宫角内黏膜的小乳头上。卵巢囊较狭，输卵管伞较牛的宽阔，部分输卵管伞贴附于排卵窝附近，形成卵巢伞。

3. 子宫 马属动物子宫属双角子宫，与牛的比较，子宫角较短而子宫体较长。子宫角一对，每一子宫角长约25cm，全部位于腹腔内，其位置变动很大，一般被肠管挤压在腰肌的下面。子宫角的背缘凹入，腹缘隆凸，前后两端略高，中间略低。子宫体部分位于腹腔，部分在盆腔内，平均长度约为20cm，呈圆柱状，背腹向略扁。子宫颈长5~7.5cm，直径3.5~4cm，后端伸入阴道腔内，形成子宫颈阴道部，其黏膜褶形成花冠状，子宫外口位于其中央，周围的阴道穹隆呈环状，子宫内膜上没有子宫阜。

4. 阴道 马阴道较牛的短，长15～20cm，位于盆腔内，前1/4部表面被覆有腹膜，其后段则为疏松结缔组织和脂肪被覆。阴瓣较发达，特别在幼驹，阴道与尿生殖前庭可以阴瓣为界。

5. 阴道前庭和阴门 阴瓣后方为尿道外口。在阴道前庭顶壁两侧黏膜上各有一组8～10个较大的隆凸，其上有前庭大腺的开口；在腹侧黏膜上可见两排小乳头，为前庭小腺的开口。

在前庭侧壁的黏膜内各有一扁卵圆形体，由海绵体组织构成，称为前庭球。马的阴门背侧联合呈锐角，腹侧联合为钝圆形。腹联合内有阴蒂，马的阴蒂发达。

第七节　心血管系统

一、心　脏

马心脏呈倒立的圆锥状，占体重的比例比牛的大，约占体重的0.7%，但个体间差异较大。心底的背缘约在胸高（由鬐甲最高点到胸的腹侧缘）中点之下3～4cm，心脏前缘对第2肋间或第3肋骨，后缘对第6肋骨。心尖达第6肋骨下端，距膈6～8cm，距胸骨约1cm，后缘几乎与地面垂直。

心脏较宽大，最大前后径在相对比例上较牛的大，垂直径在比例上较牛的小，前缘更显得隆凸，心尖不突出。心脏表面有锥旁室间沟和窦下室间沟，但心后缘处无副纵沟。

右奇静脉汇入前腔静脉末端或右心房顶壁。静脉间结节发达，卵圆窝有的扁平而浅，有的深陷，变异较大。在主动脉口处的结缔组织中含有1～3枚软骨，不含心骨。

二、体循环动脉

马体循环动脉见图12-29。

（一）臂头干

臂头干由主动脉弓前缘分出，向前行在第1肋骨附近分为双颈干和右锁骨下动脉。沿途首先分出左锁骨下动脉，在第1肋骨水平分出一双颈干，主干转为右锁骨下动脉。有的个体左锁骨下动脉直接自主动脉弓与臂头干并行分出。

左、右锁骨下动脉在胸腔内的分支情况稍有不同。左锁骨下动脉较右侧者长，形成一向背侧隆凸的半圆形弯曲。沿其背缘由后向前依次分出左侧的肋颈干、颈深动脉、椎动脉和颈浅动脉，另在其腹缘分出胸廓内动脉，主干在第1肋骨前缘转为腋动脉。左侧的肋颈干仅分为最上肋间动脉和肩胛背侧动脉。在右侧，肋颈干和颈深动脉以一总干起于右锁骨下动脉。

（二）颈总动脉

颈总动脉自双颈干分出。在颈部沿途分支情况与牛相似，前行至环咽肌侧面，下颌腺深层，分为颈外动脉和颈内动脉。

1. 颈内动脉 比较细，紧在枕动脉起始部后方，沿咽鼓管囊壁向前上方走，入岩枕裂

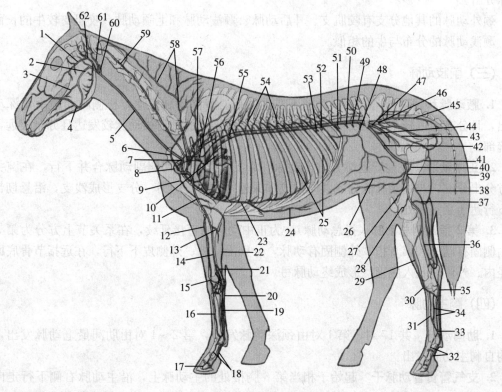

图 12-29 马体循环动脉

1. 面横动脉 2. 舌面干 3. 舌动脉 4. 面动脉 5. 颈总动脉 6. 颈浅动脉 7. 左锁骨下动脉 8. 腋动脉 9. 胸廓外动脉 10. 肺干 11. 臂动脉 12. 肘横动脉 13. 骨间总动脉 14. 止中动脉 15. 桡动脉 16. 掌背内侧动脉 17. 终动脉弓 18. 第3指掌内、外侧固有动脉 19. 掌心第3动脉 20. 指总动脉 21. 掌支 22. 尺侧副动脉 23. 胸廓内动脉 24. 腹壁前动脉 25. 肋间腹侧动脉 26. 腹壁后动脉 27. 股内侧动脉旋支 28. 膝降动脉 29. 胫前动脉 30. 足背侧动脉 31. 跖背侧动脉 32. 足底内、外侧动脉 33. 远穿支 34. 跖内、外侧动脉 35. 正中和跖内侧动脉 36. 胫后动脉 37. 腘动脉 38. 隐动脉 39. 股动脉 40. 阴部腹壁动脉干 41. 旋股内侧动脉 42. 髂外动脉 43. 闭孔动脉 44. 子宫动脉 45. 臀后动脉 46. 臀前动脉 47. 阴部内动脉 48. 旋髂深动脉 49. 肠系膜后动脉 50. 卵巢（睾丸）动脉 51. 肾动脉 52. 肠系膜前动脉 53. 腹腔动脉 54. 肋间背侧动脉 55. 胸主动脉 56. 臂头干 57. 肋颈干 58. 颈深动脉 59. 椎动脉 60. 颈内动脉 61. 枕动脉 62. 耳后动脉

(引自 McCracken 等，1999)

孔（破裂孔），供应脑干和大脑。在有的马，枕动脉与颈内动脉合并为一短干起始。在颈内动脉起始处为一膨大，为颈动脉窦，窦的内壁上有颈动脉球（体）。

2. 颈外动脉 是颈总动脉的直接延续。

枕动脉在颈外动脉起始部发出，与颈内动脉起始处紧相毗邻，走向寰椎窝，恰好与颈内动脉形成一交叉。在寰椎窝部枕动脉分为前、后两支，后支与椎动脉相吻合，前支经翼孔和寰椎外侧孔入椎管，供应脑和脊髓。

舌面干的发出处较牛的远，约在下颌骨后缘处发出，发出舌面干后，颈外动脉的走向改为向上。舌面干在下颌间隙内沿茎舌骨向前下行，沿途发出腭升动脉、舌动脉和舌下动脉，然后转为面动脉。面动脉分布范围与牛的相似，但下唇动脉为一支，且鼻背动脉和眼角动脉也由面动脉分出。

颈外动脉的其他分支有咬肌支、耳后动脉、颞浅动脉和上颌动脉。咬肌支较牛的长而发达，颞浅动脉的分布与牛的相似。

(三) 前肢动脉

1. 腋动脉和臂动脉 肩胛下动脉不及牛的粗。臂深动脉发达，桡侧副动脉由臂深动脉发出，且分布范围较小，不发出前臂浅动脉。尺侧副动脉和肘横动脉较发达且分布较远，可达腕部。

2. 正中动脉 在前臂远端分出桡动脉和掌支，掌支与尺侧副动脉合并下行，在腕关节下方分出分支，与桡动脉的分支共同构成掌深近弓。掌支的另一分支形成浅支，沿悬韧带外缘下行达于系关节处。

3. 第2指掌侧总动脉（指总动脉） 为正中动脉的直接延续，在系关节上方分为第3指掌内侧固有动脉和第3指掌外侧固有动脉，分别沿指内、外侧皮下下行，在远指节骨底面分别经内、外侧底孔入底管，形成终动脉弓。

(四) 胸主动脉

1. 肋间动脉 共17对，第1对由颈深动脉发出，第2~4对由肋间最上动脉发出，其余均自胸主动脉发出。

2. 支气管食管动脉干 起始于相当第6胸椎处的主动脉上，沿主动脉右侧下行走向气管分叉处，分成支气管支和食管支，支气管支再分支为左、右两支，沿支气管背侧入肺。

3. 膈前动脉 有2~3条，在膈的主动脉裂孔处自主动脉腹侧起始，分布于膈脚。该动脉有时合成一总干起始，有时与肋间动脉起自一干。

(五) 腹主动脉

腰动脉也为6对，腹主动脉发出前5对，第6对起于髂内动脉，分布情况同牛。

1. 腹腔动脉 在第1腰椎腹侧起自腹主动脉，很短，仅1cm长，旋即分为脾动脉、胃左动脉和肝动脉。

(1) 脾动脉 由腹腔动脉左侧发出，向左腹侧经由胃盲囊和左肾之间进入胃脾韧带，沿脾门分布，并在脾尾处延续为胃网膜左动脉，与胃网膜右动脉吻合。脾动脉除分布于脾和胃大弯外，还分支分布于胰。

(2) 胃左动脉 为腹腔动脉的中支，分为壁面支和脏面支，分布于胃的壁面和脏面。食管支也由胃左动脉分出，沿食管向前与支气管食管动脉干的食管支吻合。

(3) 肝动脉 为腹腔动脉的右支，沿门静脉内侧向右前方行，分成3~4支入肝。沿途还分出胰支、胃右动脉、胰十二指肠前动脉等分支，供应周围器官。

2. 肠系膜前动脉 紧在腹腔动脉起始处稍后方由腹主动脉腹缘发出，长2~3cm，可分为3支：

(1) 左支 为从肠系膜前动脉左侧缘发出的一丛动脉，包含15~20个分支，其中最前一支为胰十二指肠后动脉，与胰十二指肠前动脉吻合。最后一支为回肠动脉，与回结肠动脉（回盲结肠动脉）的回肠支吻合，其余为空肠动脉。

（2）右支　即回结肠动脉（旧称回盲结动脉），向前下走向盲肠小弯，依次分出盲肠外侧动脉（a. cecalis lateralis）、盲肠内侧动脉（a. cecalis medialis）以及回肠系膜支（ramus ilei mesenterialis），主干延为结肠支（ramus colicus）〔旧称腹侧结肠动脉（a. colica ventralis）〕，分布于下大结肠。

（3）前支　为一短干，为肠系膜前动脉最早分出的分支，在其前缘发出。发出后不久，即分为向前的结肠右动脉（a. colica dextra）和向左的结肠中动脉（a. colica media），前者分布于上大结肠，后者分布于横结肠。

3. 肠系膜后动脉　在第4腰椎腹侧由腹主动脉发出，分为结肠左动脉和直肠前动脉，皆比牛的发达。

4. 肾动脉　短而粗，在第1腰椎腹侧由腹主动脉两侧分出。

(六) 髂内动脉

髂内动脉分为阴部内动脉和臀后动脉两大支，前者主要分布于盆腔内脏，后者主要分布于体壁结构。

1. 阴部内动脉　在腰、荐交界处由髂内动脉发出。在距起始部2～3cm处，首先分出脐动脉，主干则向后下方走向坐骨弓方向。约在坐骨棘水平由腹缘发出前列腺动脉（公马）或阴道动脉（母马），此动脉是盆部主要的内脏血管。阴部内动脉在会阴部最终分为直肠后动脉、会阴腹侧动脉以及阴茎球动脉（公马）或前庭球动脉（母马）。

2. 臀后动脉　较阴部内动脉粗大，在荐骨翼和荐骨外侧部腹侧面后行，约在起始后不远，分出一相当大的臀前动脉，约在第2荐椎腹侧处分出尾腹外侧动脉和尾中动脉。臀后动脉在第4荐椎水平穿出荐结节阔韧带，分布于臀肌和股后肌群。

臀前动脉分支较多，主要有髂腰动脉，此动脉比牛的发达，由起始部附近的背缘发出；闭孔动脉，在髂腰动脉之后发出，牛无此动脉。

(七) 后肢的动脉

与牛的基本相似。

1. 髂外动脉　径路与牛的相似，在起始部稍远的腹侧缘分出一支子宫动脉（旧称子宫中动脉），是供应子宫的主要动脉（在公马为提睾肌动脉），在牛此动脉起自髂内动脉的脐动脉。旋髂深动脉不如牛的发达，部分供应区域由髂腰动脉取代。

2. 股动脉　隐动脉较牛的细长，经缝匠肌和股薄肌之间下行达于股内侧皮下，至小腿近端分为前后两支，前支下行分布于小腿内侧部，后支向下延续，在跟结节内侧变为最细，然后接受胫后动脉终支，向下在跗关节跖侧分为足底内侧动脉和足底外侧动脉。

3. 腘动脉和胫前动脉　与牛的相似。

4. 足背动脉　分出跗关节支和跗穿动脉。

5. 跖背侧第3动脉　起始段斜行位于大跖骨的背外侧面，约在跖中部在大跖骨外侧面，并由大跖骨和外侧小跖骨（第4跖骨）之间转到跖部跖侧，延续为远穿支（ramus perforans distalis），是后肢主干的延续，在系关节上方分为趾内侧动脉（a. digitalis medialis）和趾外侧动脉（a. digitalis lateralis）。

三、体循环静脉

马体循环静脉见图 12-30。

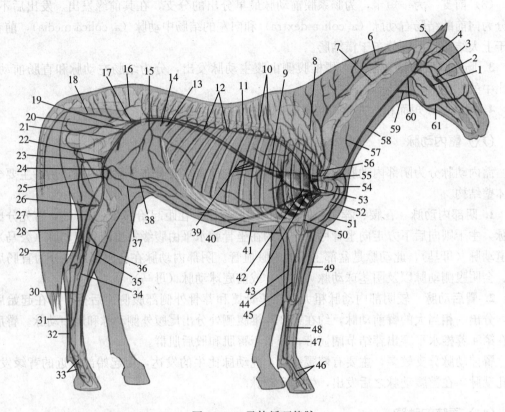

图 12-30 马体循环静脉

1. 颊静脉 2. 面深静脉 3. 面横静脉 4. 颞浅静脉 5. 耳后静脉 6. 颈深静脉 7. 椎静脉
8. 肩胛背侧静脉 9. 后腔静脉 10. 肋间背侧静脉 11. 右奇静脉 12. 肋静脉 13. 肾静脉
14. 睾丸或卵巢静脉 15. 旋髂深静脉 16. 髂腰静脉 17. 髂内静脉 18. 荐骨外侧静脉 19. 臀前静脉
20. 髂外静脉 21. 闭孔静脉 22. 股深静脉 23. 阴部腹壁动脉干 24. 阴部外静脉 25. 股静脉
26. 股后静脉 27. 隐静脉 28. 外侧隐静脉 29. 隐静脉 30. 背侧趾总静脉 31. 正中跖静脉
32. 跖总静脉 33. 趾静脉 34. 隐静脉前支 35. 胫前静脉 36. 胫后静脉 37. 腹壁后浅静脉
38. 腹壁后静脉 39. 肝静脉 40. 腹壁前静脉 41. 腹壁前浅静脉 42. 胸背静脉 43. 胸廓内静脉
44. 尺静脉 45. 正中静脉 46. 指静脉 47. 掌内侧静脉 48. 掌外侧静脉 49. 头静脉
50. 臂静脉 51. 头静脉 52. 胸廓外静脉 53. 肩胛下静脉 54. 腋静脉 55. 前腔静脉
56. 肋颈静脉 57. 颈浅静脉 58. 颈外静脉 59. 舌面静脉 60. 上颌静脉 61. 面静脉

（引自 McCracken 等，1999）

（一）右奇静脉（v. azygos dextra）

右奇静脉不成对，由在第 1 腰椎腹侧腰大肌、腰小肌和膈脚的小静脉汇合而成，沿主动脉的右侧向前下，并横过食管、气管的右侧，于心底上方注入前腔静脉末端或右心房静脉窦。沿途收集后 14 条肋间背侧静脉、支气管食管静脉以及肋腹背侧静脉血。

(二)颈静脉

马只有颈外静脉,无颈内静脉。颈外静脉由舌面静脉和上颌静脉在腮腺后下角处汇合而成,沿颈静脉沟后行至胸腔前口处注入于前腔静脉。

(三)前肢静脉

前肢静脉分为深静脉和浅静脉,深静脉伴行同名动脉,浅静脉包括头静脉和副头静脉。副头静脉在肘关节部汇入头静脉,后者沿胸浅肌和臂头肌之间的沟(胸外侧沟)向前上方行,注入颈静脉。

(四)门静脉

门静脉由脾静脉、肠系膜前静脉、肠系膜后静脉汇合而成,长约3cm。其中肠系膜前静脉是最大的一支,位于同名动脉的左侧,脾静脉伴随脾动脉出脾门后经胃盲囊与左肾前端之间向内侧走;至胰腺后缘处,与肠系膜前静脉相会合。门静脉沿途还有胰静脉、胃十二指肠静脉及胃壁面静脉的输入。

(五)髂内静脉

髂内静脉为一短干,其小的汇流支对应于同名的动脉。但闭孔静脉则汇入髂外静脉。

(六)后肢静脉

基本上同牛的,也分深静脉和浅静脉,最终汇集为髂外静脉。浅静脉包括内侧隐静脉(隐大静脉)和外侧隐静脉(隐小静脉)。内侧隐静脉比较粗大,在跖内侧承接第3趾跖内侧固有静脉及趾背侧第2总静脉,在皮下向上移行为内侧隐静脉前支;内侧隐静脉后支来自于足底外侧静脉,前支汇入股静脉,后支汇入前支,并与胫后静脉相连。

外侧隐静脉自跗关节起,在小腿外侧面深筋膜上、跟腱的前方上行,经臀股二头肌和半腱肌之间,汇入股后静脉。

第八节 淋巴系统

一、淋巴导管

1. 胸导管 基本走向同牛。起自乳糜池,经膈的主动脉裂孔进入胸腔,偏体正中线右侧,沿右奇静脉和胸主动脉之间前行,到第6、7胸椎腹侧,斜向前下方,越过食管左侧面,沿气管左侧面到胸腔前口,向前达左斜角肌的深侧,又转向后内方,在双颈干下方,于前腔静脉起始部的后背侧入前腔静脉。有时见平行的两管,于心底上方合为一管。另外,末端常分为两支汇入静脉。

2. 乳糜池 在第1、2腰椎腹侧面,主动脉与右膈脚之间。

3. 右淋巴导管 位于气管右侧,右斜角肌深面,右颈静脉末端的上方,很短,注入颈静脉末端或前腔静脉起始部。右淋巴导管有时缺如,由一些短管代替。

二、淋 巴 结

马的淋巴结数目一般比牛多，许多同名的淋巴结，在牛是由一个大的淋巴结组成，而在马则是由许多小淋巴结组成的淋巴结簇（图 12-31）。

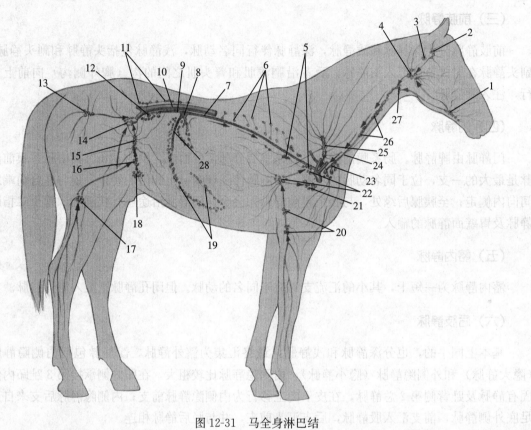

图 12-31　马全身淋巴结

1. 下颌淋巴结　2. 腮腺淋巴结　3. 咽后外侧淋巴结　4. 咽后内侧淋巴结　5. 气管支气管淋巴结
6. 胸背侧淋巴结　7. 胸导管　8. 乳糜池　9. 腰干　10. 主动脉　11. 腰部主动脉和肾淋巴结
12. 肠系膜后淋巴结　13. 荐骨淋巴结　14. 髂内淋巴结　15. 髂下淋巴结　16. 腹股沟深淋巴结
17. 腘淋巴结　18. 腹股沟浅淋巴结　19. 大结肠淋巴结和盲肠淋巴结　20. 腋淋巴结　21. 胸腹侧淋巴结
22. 纵隔淋巴结　23. 颈深后淋巴结　24. 右气管干　25. 颈浅淋巴结
26. 颈深中淋巴结　27. 颈深前淋巴结　28. 肠干

（引自 McCracken 等，1999）

1. 全身浅表的淋巴结　马的浅表淋巴结见图 12-32。

（1）下颌淋巴结　位于下颌间隙，两下颌骨血管切迹之间皮下，呈尖端向前的 V 形片状结构，引流口腔、颜面前半部、鼻腔前半部及唾液腺的淋巴（图 12-33）。

（2）腮腺淋巴结　位于颞下颌关节的后下方、下颌骨后缘，部分为腮腺所覆盖或埋于其中，引流颅部皮肤、骨、肌肉、眼、外耳、闭口肌、腮腺的淋巴。

（3）颈浅淋巴结　位于锁骨下肌的前缘，大部分为臂头肌覆盖，下端可显露于颈静脉沟内，长约 10cm，引流头颈部、躯干前部和大部分肩带肌、除尺骨以外的前肢骨、关节和皮肤的淋巴。

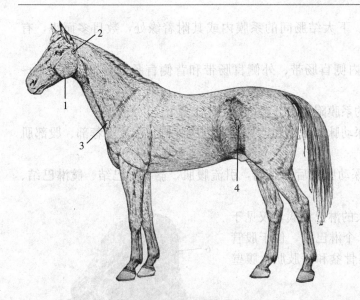
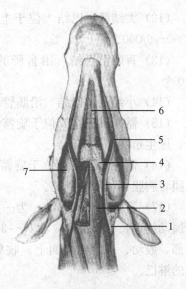

图 12-32　马浅表淋巴结在体表的投影
1. 下颌淋巴结　2. 腮腺淋巴结　3. 颈浅淋巴结　4. 髂下淋巴结
(引自 Sisson, 1938)

图 12-33　马下颌淋巴结（腹侧面观）
1. 腮腺　2. 肩胛舌骨肌　3. 腮腺管
4. 下颌淋巴结（右侧部被切除）
5. 面静脉　6. 下颌舌骨肌　7. 咬肌
(引自 Sisson, 1938)

（4）髂下淋巴结　与牛的同名淋巴结位置相似，引流腰腹部、臀股部皮肤的淋巴。

（5）腹股沟浅淋巴结　位于腹股沟管外环前方的腹黄膜上，公马的位于阴茎两侧，称为阴囊淋巴结；在母马位于乳房基部外侧皮下，称乳房淋巴结。引流腹腔侧壁和底壁、股部内侧皮肤、阴茎、包皮、阴囊和乳房的淋巴。

2. 全身深在的淋巴结

（1）咽后淋巴结　分内、外两组。外组相当于咽后外侧淋巴结，但比牛的靠下，位置较深，位于腮腺和下颌腺后背侧部的深面、咽的侧壁上。内组位于咽的背侧，沿颈内动脉分布，并伸至咽鼓管囊的外侧。

（2）颈深淋巴结　沿气管径路分布，也分为颈深前、颈深中和颈深后淋巴结。

（3）支气管淋巴结　位于气管分叉处或支气管上，分为支气管中、支气管左、支气管右淋巴结。

（4）纵隔淋巴结　与牛相似，有3群，即纵隔前、纵隔中和纵隔后淋巴结。马的纵隔后淋巴结非常小，与牛的差别较大。

（5）胸背侧淋巴结　包括胸主动脉淋巴结（旧称纵隔上淋巴结）和肋间淋巴结。

（6）胸骨淋巴结　马仅有胸骨前淋巴结。

（7）胃淋巴结　分布于胃左动脉径路上，有15~20个，分散于贲门附近和胃小弯。

（8）肝淋巴结　位于肝门附近。

（9）脾淋巴结　位于脾门附近，引流胃、脾和网膜的淋巴。牛无此淋巴结。

（10）网膜淋巴结　沿胃大弯的网膜附着缘分布。

（11）空肠淋巴结　位于空肠系膜根附近，肠系膜前淋巴结则位于空肠肠系膜根部，二者位置接近，不易区分。

（12）大结肠淋巴结　位于上、下大结肠间的系膜内或其附着缘处，数目多而小，有3 000～6 000个。

（13）盲肠淋巴结　沿盲肠的内侧盲肠带、外侧盲肠带和背侧盲肠带分布，有500～700个。

（14）小结肠淋巴结　沿肠管的系膜附着缘分布，约1 000多个。

（15）髂内淋巴结　位于旋髂深动脉起始部和髂外动脉的腹外侧，引流腰荐部、股部肌肉、尿生殖器官的淋巴。

（16）髂外淋巴结　位于旋髂深动脉前后支之间，引流腹肌，髂下淋巴结、髋淋巴结、腹膜、胸膜、膈等的淋巴。

（17）腹股沟深淋巴结　为一大的淋巴结簇，仅见于马属动物，长8～12cm，含16～35个淋巴结，位于股管上部，股动、静脉内表面上。收集骨盆和后肢肌、腹壁肌的淋巴。

三、脾

脾位于左季肋区，沿胃大弯左侧部附着，外形似镰刀状或弯曲的三角形。前缘薄而凹入，与胃大弯相接触，后缘薄而隆凸，下端尖窄、上端宽阔。前缘内面有一纵沟，称为脾门，脾的血管、神经由此出入脾脏，淋巴结也沿此分布（图12-34）。

脾的位置不很恒定，常随胃的充盈度而略有变化，脾后缘的上端常在最后肋骨后方，甚至到第1腰椎横突腹侧，但需注意马偶见19个肋骨者。

四、胸　腺

幼驹的胸腺大部分在心前纵隔中，颈部的发育较差，前端很少到甲状腺，而且常常只一侧有之。两岁以后胸腺即退化，只剩痕迹。

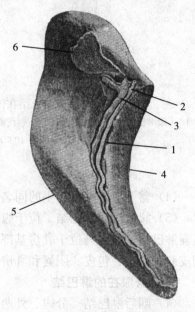

图12-34　马脾脏面观
1. 脾门　2. 脾动脉　3. 脾静脉
4. 前缘　5. 后缘　6. 脾和胃的粘连处
（引自Sisson，1938）

第九节　神经系统

一、中枢神经系统

1. 脊髓　形态和构造与牛的相似。

2. 脑　马脑解剖见图12-35。

（1）延髓　窄而长。锥体较长而宽，腹正中裂深而明显。橄榄体不如牛的发达，斜方体较发达。背侧面绳状体长而窄，菱形窝较牛的长而宽。第4脑室以一对外侧孔和一个正中孔与蛛网膜下腔相通。

（2）脑桥　横向和纵向上都比牛的大，腹面突出。脑桥两侧的桥臂向后背侧入小脑。

（3）中脑　大脑脚宽而长，脚间窝宽阔，中脑侧沟深而明显。导水管背侧的四叠体前丘

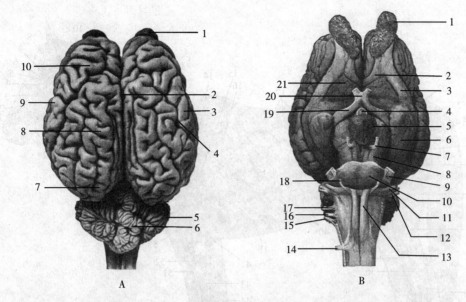

图 12-35 马 脑
A. 背侧观：1. 嗅球 2. 大脑纵裂 3. 脑回 4. 脑沟 5. 小脑半球
6. 小脑蚓部 7. 枕叶 8. 顶叶 9. 颞叶 10. 额叶
B. 腹侧观：1. 嗅球 2. 内侧嗅回 3. 外侧嗅回 4. 灰结节 5. 脑垂体 6. 梨状叶 7. 动眼神经根
8. 大脑脚 9. 三叉神经根 10. 脑桥 11. 面神经 12. 前庭耳蜗神经根 13. 延髓锥体 14. 舌下神经根
15. 副神经根 16. 迷走神经根 17. 舌咽神经根 18. 外展神经根 19. 视束 20. 视交叉 21. 嗅三角
(引自 Sisson, 1938)

十分发达，几乎完全叠加在后丘的背侧。

（4）间脑

丘脑：较长而矮，外侧膝状体向后外背侧突出，内侧膝状体相对不突出，但前丘臂明显。

下丘脑：腹侧面观，视交叉长而窄，灰结节狭长，乳头体较扁平，故下丘脑整体较牛的长。

（5）大脑 整体近似半球状，大脑半球前后端距离较大，额极发达。脑的背侧面较平缓，约与脑的长轴相平行，大脑的沟、回较牛的复杂而丰富。嗅脑较发达，内、外侧嗅回和嗅三角较大。

（6）小脑 较大，小脑半球发达，蚓部相对较小。

二、外周神经系统

马的外周神经见图 12-36。

（一）脊神经

脊神经共有 42~43 对，其中颈神经 8 对，胸神经 18 对，腰神经 6 对，荐神经 5 对，尾神经 5~6 对。每一脊神经皆分为背侧支和腹侧支，分布基本同牛。马脊神经的主要特点如下所述。

1. 臂神经丛

（1）桡神经 在臂部沿臂肌后缘与肱骨外侧上髁之间，在臂三头肌外头覆盖下向下至肘

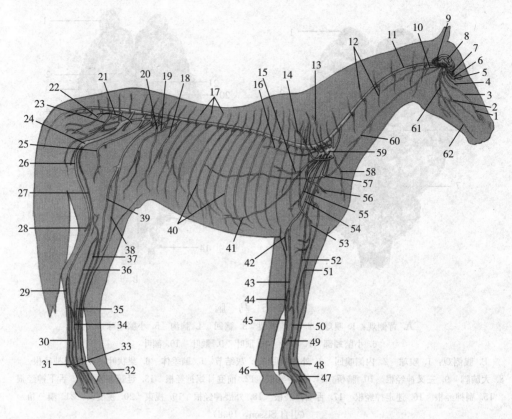

图 12-36 马中枢和外周神经系统

1. 眶下神经 2. 面神经 3. 上颌神经 4. 眼神经 5. 动眼神经 6. 视神经 7. 嗅神经 8. 大脑 9. 小脑 10. 副神经 11. 脊髓 12. 颈神经 13. 肩胛下神经 14. 肩胛上神经 15. 胸背神经 16. 胸廓长神经 17. 脊神经背侧支 18. 臀前神经 19. 生殖股神经 20. 股外侧皮神经 21. 腰荐神经丛 22. 直肠后神经 23. 阴部神经 24. 坐骨神经 25. 闭孔神经 26. 胫神经 27. 腓总神经 28. 胫神经后皮支 29. 足底外侧神经 30. 足底内侧神经 31. 跖趾外侧神经 32. 跖趾内侧神经 33. 跖趾外侧神经背侧支 34. 跖背侧第2神经 35. 跖背侧第3神经 36. 腓深神经 37. 腓浅神经 38. 隐神经 39. 股神经 40. 肋间神经（脊椎腹侧分支） 41. 胸外侧神经 42. 前臂后皮神经 43. 尺神经 44. 尺神经背侧支 45. 掌外侧神经 46. 指掌外侧神经 47. 指掌外侧神经背侧支 48. 掌指神经中间支 49. 交通支 50. 掌正中神经 51. 前臂正中神经 52. 正中神经 53. 前臂外侧皮神经 54. 尺神经 55. 桡神经 56. 腋神经 57. 肌皮神经 58. 胸前神经 59. 臂神经丛 60. 迷走神经 61. 下颌神经 62. 下颌齿槽神经

(引自 McCracken 等，1999)

关节前外侧方，分为深支和浅支。深支在桡沟内与肘横动、静脉并行，分布于伸指、伸腕关节的肌肉（包括腕尺侧伸肌），浅支较细，有2～3支，分布于前臂背外侧及腕背外侧皮肤，其分布范围最远只达腕部。

(2) 尺神经 在前臂部的分支与牛的相似，在腕关节上方，尺神经也分为两个终支，背侧支（浅支）与掌侧支（深支）。背侧支自腕尺侧伸肌和腕尺侧屈肌止端腱之间穿出，向前下外方延伸越过腕关节，分支分布于腕、掌部的背外侧皮肤。掌侧支则在前臂远端部经一很短的距离，并入正中神经的掌外侧神经，掌侧支主要分布于腕、掌部的掌外侧皮肤。

(3) 正中神经 在前臂部远端掌侧分为掌内侧神经和掌外侧神经。掌外侧神经接受尺神经掌侧支、沿副腕骨后端内缘处穿越腕管，掌内侧神经则与指浅、指深屈肌腱相伴下行。在掌中部掌内侧神经分出一交通支入掌外侧神经。至系关节上方两神经延为指掌内侧神经和指掌外侧神经，它们分别沿系、冠部的掌内侧和掌外侧下行到达蹄骨底面，沿途分出背侧支到指部背侧。

2. 腰神经 共含6对，前3对的腹侧支主要分布于腹胁区、腹股沟区、外生殖器、母畜乳房和股外侧皮肤，后3对的腹侧支主要参与构成腰荐神经丛。

（1）髂腹下神经 由第1腰神经腹侧支组成，与肋腹神经及髂腹股沟神经一起组成腹部的主要神经。自第1腰椎间孔发出，斜向后下方越过第2腰椎横突末端腹侧，分为外侧支（浅支）与内侧支（深支），分布于腹侧壁和底壁的皮肤和肌肉。

（2）髂腹股沟神经 由第2腰神经腹侧支组成，自第2腰椎间孔发出后，斜向后下方，越过第3腰椎横突末端腹侧，分为浅支和深支，浅支在髋结节前方穿出腹外斜肌，分布于股前和膝外侧的皮肤，深支分布于腹肌，并分出一支与生殖股神经一起分布于公马外生殖器或母马乳房。

（3）生殖股神经 由第3腰神经的腹支接受第2和第4腰神经的小支组成，在腰大肌深面向后行，穿过腰小肌，在旋髂深动脉起始部分出一肌支，分布于腹内斜肌和提睾肌，主干延为两个细长的分支，沿髂外动脉前后缘向下行至腹股沟管内环附近，沿阴部外动脉分支分布于阴囊、包皮或乳房。

（4）股外侧皮神经 起自第3、4腰神经腹侧支，穿出腰小肌外缘后，在髂筋膜上与旋髂深动脉后支一起向下在髋结节稍下方穿通腹壁，沿股阔筋膜内侧面下行，分布于膝关节上方的股部前内侧皮肤。

3. 腰荐神经丛 由后3对腰神经的腹侧支和前2对荐神经的腹侧支构成，该丛的分支分布于后肢。

（1）胫神经 起自坐骨神经。在小腿部沿小腿内侧沟的皮下下行，在分出一些小的皮支之后，在跗关节上方分为足底内侧神经和足底外侧神经，以下的行程类似于前肢的掌内侧神经和掌外侧神经。

（2）腓总神经 腓浅神经较牛的小，于跗关节上方背外侧分为两支，即背侧支和外侧支，外侧支与牛的相似，分布于跗关节外侧皮肤；背侧支沿跖骨背外侧下行，分布于系关节之上跗、跖部背侧的皮肤。腓深神经在小腿部沿趾长伸肌和趾外侧伸肌之间延伸分支，分布于小腿背外侧的肌肉；主干继续在趾长伸肌腱后方下行，越过跗关节背侧面后，分为内支（跖背侧第2神经）和外支（跖背侧第3神经），在越过系关节后，转为第3趾背内侧神经和第3趾背外侧神经，分布于趾部背侧面。

（3）臀后神经 来自第1~2荐神经腹侧支，自坐骨神经上方穿出荐结节阔韧带，分为背侧干和腹侧干。背侧干沿荐结节阔韧带的外侧面的上部向后行，分布于臀股二头肌、臀中肌以及臀浅肌后部。腹侧干向后下方行，分支到半腱肌，主干延伸为股后皮神经。牛的股后皮神经和臀后神经分别由坐骨神经分出。

（二）脑神经

1. 三叉神经 眼神经由眶孔出颅，也分为3支，其中泪腺神经仅分布于泪腺及上眼睑，不分出额窦神经；额神经沿眶骨膜向上方穿出眶上孔，分布于额部及上眼睑，不含角神经。

其余分支与牛的相似。

上颌神经自圆孔穿出，其中的眶下神经的主干自眶下孔穿出，可明显分为鼻外支、鼻前支和上唇支3束，眶下神经分出的上颌齿槽神经含上颌切齿支。

2. 面神经 在穿出面神经管之前的分支情况同牛的。面神经在腮腺深侧向外到颞下颌关节后下方，在面横动脉的腹侧显露于皮下，于咬肌表面与耳颞神经的腹侧支相会合后，分为上颊支和下颊支，上颊支沿面嵴下方前行，穿过颧肌深面，分布于鼻部、上唇、颊部肌肉；下颊支则斜过咬肌表面，沿下唇降肌前走，分布于皮肌、颊肌及下唇降肌和下唇部的肌肉。

（三）植物性神经

1. 交感神经 基本分布同牛的，仅有少数差异。

颈前神经节位置与牛的相同，长 2.0～3.7cm，呈灰红色狭长纺锤体形，颈中神经节常见于右侧，呈镰刀形或三角形，位于第1肋的内侧，在迷走交感干分为迷走神经和交感干时所形成的角内，左侧的常参与构成星状神经节，颈后神经节与第1、2胸神经节合并为星状神经节。

内脏大神经由来自第6～15胸神经节的纤维组成，初与胸交感干一起延伸，然后在第15～16胸神经节处离开交感干，通过膈的主动脉裂孔进入腹腔。内脏小神经起自最后2～3个胸神经节。

腹腔肠系膜前神经节，也称为半月状神经节，由1对腹腔神经节和1个肠系膜前神经节组成。左侧腹腔神经节大于右侧的，均呈梭状或长条状。

肠系膜后神经节较大，由两个星状的神经节组成。

腰交感干较细，有2～5对腰神经节；荐交感干更细，有3个或1个合并的荐神经节；尾部有1～3个尾神经节，在第2～3尾椎腹侧还有一奇神经节。

2. 副交感神经 迷走神经的食管背侧干和食管腹侧干随食管入腹腔，食管腹侧干较细，到达胃小弯，并在胃的前面形成胃前神经丛，分布于胃、幽门、十二指肠、肝和胰；食管背侧干在腹腔内分出一支到胃（胃脏面支）形成胃后神经丛，本干向后上方伸向腹腔肠系膜前神经丛，分布于小肠、盲肠和大结肠。

盆神经每侧有1～2支，在直肠和阴道（或尿生殖道盆部）之间的外侧形成盆丛，分布与牛的相似。

第十三章

猪的解剖结构特征

第一节 骨学和关节学

一、骨 学

（一）躯干骨

1. 脊柱（图 13-1） 由 51～58 枚椎骨组成，脊柱式为 $C_7 T_{14\sim15} L_{6\sim7} S_4 Cy_{20\sim23}$。第 3～6 颈椎椎体短而宽，缺腹侧嵴，椎头和椎窝不明显。横突腹侧支发达，呈宽梯形薄板，伸向下方，两侧腹侧支之间形成深而宽的腹侧沟。相邻椎体的横突稍重叠。寰椎翼小，椎外侧孔与翼孔位于同一凹窝内。横突孔小，位于后关节面背外侧寰椎翼的后缘。枢椎小，齿突呈圆柱状，棘突发达，朝向后上方，横突很小。前 3 枚胸椎的棘突最高。后 4 枚胸椎的横突肋凹与前肋凹合并或消失。腰椎椎体比胸椎的约长 1/4，后位椎弓间隙宽大，特别是腰荐椎椎弓间隙。除第 1 荐椎外，荐椎棘突不明显或缺失，椎弓间隙宽。前 2 枚荐椎横突形成荐骨翼，关节面朝向外方，圆形或正方形。荐骨骨盆面的横线明显。荐椎愈合较晚，且不如牛的愈合完

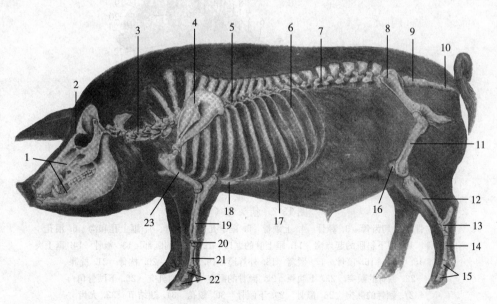

图 13-1 公猪全身骨骼（左侧）

1. 面骨 2. 颅骨 3. 颈椎 4. 肩胛骨 5. 胸椎 6. 肋骨 7. 腰椎 8. 髋骨 9. 荐骨
10. 尾椎 11. 股骨 12. 小腿骨 13. 跗骨 14. 跖骨 15. 趾骨 16. 膝盖骨 17. 肋软骨
18. 胸骨 19. 前臂骨 20. 腕骨 21. 掌骨 22. 指骨 23. 肱骨

（引自林辉，1990）

全，荐骨曲度比牛的小。第1尾椎常与荐骨愈合（图13-1）。

2. 肋 有14~15对，真肋7对，假肋7~8对，有的猪最后一对肋为浮肋。第1~4对肋最宽，第6~7对肋最长，第2~5对肋的肋骨与肋软骨形成可动关节；最后5~6对肋骨小头与肋结节合并（图13-1）。

3. 胸骨 由6枚胸骨节片组成，一般形态与牛的相似，胸骨柄长，左右压扁，前端附有软骨，剑状软骨短而小。胸廓较长，近似圆形（图13-1）。

（二）头骨

不同品种猪头骨的形态变异很大，长头型原始品种猪的头骨相当长，额部外形平直。短头型改良品种猪的头骨显著变短，额部向上倾斜，鼻部短，鼻面凹。猪头骨整体形态近似楔形。项面宽大，枕骨高，且发达，为头骨的最高点。枕骨大孔上缘有成对的项结节。颈静脉突长，垂向下方。额骨近眶缘有2个眶上孔，孔前方有眶上沟。眶上突短，不与颧弓相连，因此眶缘不完整。成年猪额窦发达，延伸至顶骨、枕骨和颞骨内。颧弓强大，两侧压扁。颞窝完全位于侧面，短头猪的较深，长头猪的较浅。泪骨眶面无泪囊窝，在颜面有2个泪孔。在切齿上方和鼻骨前方有一吻骨，呈三面体形，是吻突的基础。上颌骨纵凹，有犬齿窝和犬齿槽隆起，面嵴短，齿槽缘上有1个犬齿齿槽和7个颊齿齿槽。舌骨的舌突不明显或无（图13-2）。

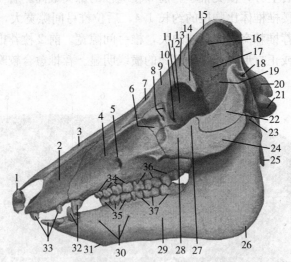

图13-2 猪头骨（侧面）

1. 吻骨 2. 切齿骨 3. 鼻骨 4. 上颌骨 5. 眶下孔 6. 泪骨 7. 眶上孔和沟 8. 泪孔 9. 额骨 10. 眼下斜肌的起点窝 11. 眶上管的眶口 12. 额骨的眶部 13. 额骨 14. 眶上突 15. 顶嵴 16. 顶骨 17. 颞窝 18. 外耳道 19. 鳞颞骨 20. 枕骨 21. 枕髁 22. 颞骨的颧突 23. 下颌髁 24. 颧骨的颞突 25. 副乳突 26. 下颌骨角 27. 颧骨的颞突 28. 颧骨 29. 下颌骨 30. 颏孔 31. 颏结节 32. 犬齿 33. 切齿 34. 上前白齿 35. 下前白齿 36. 上后白齿 37. 下后白齿

（引自林辉，1990）

（三）前肢骨

猪的前肢骨解剖见图13-3、图13-4。

第十三章 猪的解剖结构特征

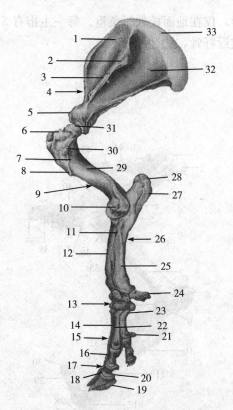

图 13-3 猪左前肢骨（外侧观）

1. 冈上窝 2. 肩胛冈结节 3. 肩胛冈 4. 肩胛骨
5. 盂上结节 6. 大结节 7. 大结节嵴 8. 三角肌结节
9. 肱骨 10. 外侧上髁 11. 前臂骨间隙 12. 桡骨
13. 腕骨 14. 第3掌骨 15. 掌骨 16. 系骨 17. 指骨
18. 冠骨 19. 蹄骨 20. 远籽骨 21. 近籽骨 22. 第4掌骨
23. 第5掌骨 24. 副腕骨 25. 尺骨 26. 前臂骨 27. 鹰嘴
28. 鹰嘴结节 29. 臂肌沟 30. 小圆肌结节 31. 肱骨头
32. 冈下窝 33. 肩胛软骨

（引自林辉，1990）

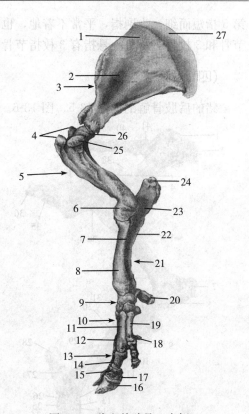

图 13-4 猪左前肢骨（内侧）

1. 锯肌面 2. 肩胛下窝 3. 肩胛骨 4. 大结节
5. 肱骨 6. 内侧上髁 7. 前臂骨间隙 8. 桡骨
9. 腕骨 10. 掌骨 11. 第3掌骨 12. 第4掌骨
13. 指骨 14. 系骨 15. 冠骨 16. 蹄骨 17. 远籽骨
18. 近籽骨 19. 第2掌骨 20. 副腕骨 21. 前臂骨
22. 尺骨 23. 鹰嘴 24. 鹰嘴结节 25. 小结节
26. 肱骨头 27. 肩胛软骨

（引自林辉，1990）

1. 肩胛骨 短而宽，肩胛冈的中部向后弯曲，具有大的冈结节。喙突不明显。

2. 肱骨 三角肌粗隆不明显，缺大圆肌粗隆。近端的外侧结节特别发达，分为前、后两部，前部大，弯向内侧。结节间沟位于前内侧，不分为两部分，几乎呈管状。

3. 前臂骨 桡骨短，略呈弓形，远端较粗，与桡腕骨和中间腕骨成关节。尺骨发达，比桡骨长，骨体稍弯曲，近端粗大，鹰嘴特别长，约占尺骨总长的1/3，远端较小，与尺腕骨和副腕骨成关节。

4. 腕骨 有8枚，近列腕骨4枚，副腕骨形态与马的相似，其余3枚与牛的相似。远列腕骨4枚，第1腕骨很小。

5. 掌骨 有4枚掌骨，其中第3和第4掌骨发达，为大掌骨，第2和第5掌骨细而短，为小掌骨。大掌骨的粗细约为小掌骨的3倍。每一掌骨的远端均连一指。

6. 指骨和籽骨 有4指，其中第3和第4指发达，为主指，形态与牛的相似；第2和第5指短而细,为副指,平常不着地,也称悬指,仅在地面松软时负重。每一主指有3枚指节骨和3枚籽骨,每一悬指有3枚指节骨和2枚近籽骨,缺远籽骨。

(四) 后肢骨

猪的后肢骨解剖见图 13-5、图 13-6。

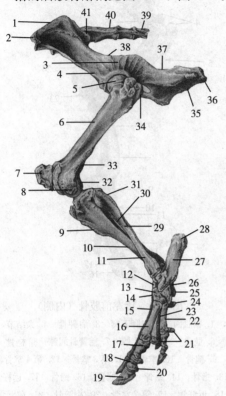
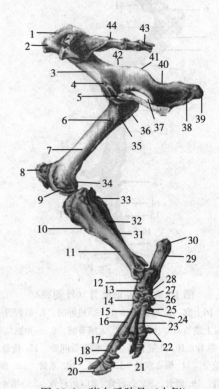

图 13-5 猪左后肢骨(外侧)

1. 髋骨 2. 髋结节 3. 肌线 4. 髂骨 5. 股骨头
6. 股骨 7. 膝盖骨 8. 外侧上髁 9. 胫骨嵴
10. 胫骨 11. 小腿骨 12. 距骨 13. 第4跖骨
14. 第3跖骨 15. 第3跖骨 16. 第4跖骨
17. 系骨 18. 冠骨 19. 蹄骨 20. 远籽骨
21. 近籽骨 22. 第5跖骨 23. 第2跖骨
24. 跖籽骨 25. 第1跖骨 26. 中央跖骨
27. 跟骨 28. 跟结节 29. 腓骨
30. 小腿骨间隙 31. 腓骨头 32. 外侧髁
33. 髁上窝 34. 大转子 35. 坐骨 36. 坐骨结节
37. 坐骨小切迹 38. 坐骨大切迹 39. 第1尾椎
40. 荐骨 41. 荐结节

图 13-6 猪右后肢骨(内侧)

1. 髋骨 2. 髋结节 3. 髂骨 4. 腰小肌结节 5. 耻骨
6. 小转子 7. 股骨 8. 膝盖骨 9. 内侧上髁
10. 胫骨嵴 11. 胫骨 12. 距骨 13. 第4跖骨
14. 第3跖骨 15. 第3跖骨 16. 第4跖骨 17. 系骨
18. 冠骨 19. 伸肌突 20. 蹄骨 21. 远籽骨
22. 近籽骨 23. 第5跖骨 24. 第2跖骨 25. 跖籽骨
26. 第2跖骨 27. 第1跖骨 28. 中央跖骨 29. 跟骨
30. 跟结节 31. 小腿骨 32. 小腿骨间隙 33. 腓骨
34. 内侧髁 35. 转子间嵴 36. 转子窝 37. 闭孔
38. 坐骨 39. 坐骨结节 40. 坐骨小切迹 41. 坐骨棘
42. 坐骨大切迹 43. 第1尾椎 44. 荐骨

(引自林辉,1990)

1. 髋骨 长而狭,两侧髋骨互相平行,髂骨与坐骨几乎在矢状面上排成一列。髂骨嵴发达,形成该骨的最高点。髋结节位于髂骨嵴前外下方,稍增厚。坐骨棘特别发达,坐骨大切迹与小切迹大小相同。坐骨结节突向后方,具有一外侧突,坐骨弓深而窄。髂耻隆起显著。骨盆底壁的后部较低而平,有利于母猪的分娩。

2. 股骨 股骨体粗大，股骨头弯向内侧，大转子与股骨头同高，小转子不很明显，缺第 3 转子。转子嵴和转子窝与牛的相似。股骨远端前面的滑车关节面较小，内、外侧嵴大小相同，几乎呈矢状。

3. 髌骨 呈尖端向下的三面锥体形，厚而窄。内侧无软骨突。

4. 小腿骨 胫骨粗大，远端内侧突出部为内侧踝。腓骨细，几乎与胫骨等长，两端均与胫骨成关节，小腿骨间隙宽大而长。腓骨远端形成外侧踝。

5. 跗骨 有 7 枚。近列 2 枚，为跟骨和距骨，与牛的相似，跟结节发达；中列 1 枚，为中央跗骨；远列 4 枚，为第 1～4 跗骨，第 4 跗骨高而不规则。

6. 跖骨 有 4 枚，与前肢的掌骨相似，但较长。

7. 趾骨和籽骨 与前肢的指骨和籽骨相似。

二、关 节 学

(一) 脊柱连接

猪的脊柱连接与牛的基本相似。项韧带不发达，为薄层弹性组织。腹侧纵韧带由第 2、第 3 腰椎腹侧面开始，终止于荐骨骨盆面。寰枕关节和寰枢关节类似于犬的，寰枢关节有翼状韧带和寰椎横韧带。

(二) 胸廓连接

胸骨节间关节（如有柄胸滑膜关节）、胸骨韧带和胸骨膜与牛的相似，第 2 至第 5 或第 6 肋骨与肋软骨之间形成关节。第 1 对胸肋关节与马的相似，第 1 对肋胸骨端的关节小面愈合为一，关节囊合二为一。

(三) 头骨的连接

头骨大部分彼此借骨缝连接。颞下颌关节缺后韧带。舌骨借鼓舌骨与颞骨鳞部的项突相连，通过韧带联合与甲状软骨相连。

(四) 前肢骨的连接

肩关节的关节盂边缘有退化的缘软骨，关节囊与臂二头肌腱下黏液囊相通。各掌骨之间在近端互成关节，并有掌骨间韧带相连（仅限于近侧 1/3）。猪有发育完全的 4 个指，每个指的指关节均包括掌指关节、近指节间关节和远指节间关节。指关节的基本结构与牛的相似。猪的骨间肌发达，不形成籽骨上韧带，但也有分支至相应的籽骨和指伸肌腱。两主指之间借指间近韧带和远韧带相连，但指间远韧带类似于绵羊的。

(五) 后肢骨的连接

髋关节与牛的相似。膝关节的两侧有膝内、外侧副韧带。腓骨近端与胫骨外侧髁成关节，两骨间有骨间韧带相连；腓骨远端的外侧踝与胫骨、距骨和跟骨成关节。跗关节结构与牛的相似，趾关节的构造与前肢指关节的相同。

第二节 肌 学

猪的浅层肌见图 13-7。

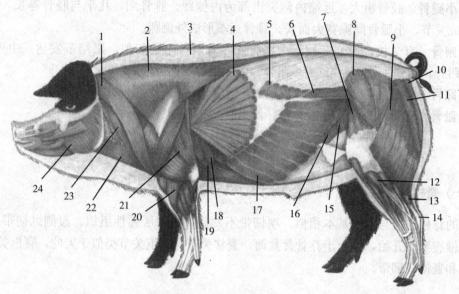

图 13-7 猪体浅层肌

1. 臂头肌 2. 斜方肌 3. 皮下组织 4. 背阔肌 5. 后背侧锯肌 6. 腰髂肋肌
7. 阔筋膜张肌 8. 臀中肌 9. 臀股二头肌 10. 半膜肌 11. 半腱肌 12. 腓骨长肌
13. 趾浅屈肌 14. 趾浅屈肌腱 15. 腹内斜肌 16. 腹横肌 17. 腹外斜肌 18. 胸腹侧锯肌
19. 胸浅肌 20. 腕桡侧伸肌 21. 臂三头肌 22. 胸骨舌骨肌 23. 胸头肌 24. 咬肌

一、皮 肌

猪头颈部的皮肌特别发达，躯干部的则不很明显。面皮肌色浅、薄，难以与皮肤分离，位于面部后下部两侧和下颌间隙。颈皮肌分深浅两层，浅层位于颈下部，起于胸骨柄，前行止于腮腺区。深层起于肩峰的前上方，肌纤维前后向走行，在前方连接面皮肌。肩臂皮肌位于肩臂部浅层表面，呈扁带状，后上方连躯干皮肌。躯干皮肌薄，位于胸腹侧壁的下 2/3，向后伸至腹胁部。

二、头 部 肌

1. 面肌 运动吻镜和较大的耳朵的肌肉发达，其余面肌不太显著。

（1）口轮匝肌 不发达，但完全环绕口裂，位于唇部皮肤和黏膜之间。

（2）鼻唇提肌 色浅，窄而薄，不分层，由鼻背斜向前下方，止于上唇。

（3）上唇固有提肌 为吻突唯一的提肌，又称为吻提肌，起始于泪骨和上颌骨的犬齿窝，肌腹为羽状肌，纺锤形，强腱经过鼻唇提肌下方，止于吻镜端部。

（4）犬齿肌 与上唇提肌和上唇降肌共同起始于上颌骨外面一深纵沟内，于此二肌之间走向吻骨，止腱经过鼻唇提肌下方，止于鼻孔区。

（5）上唇降肌　又称为吻降肌，起于上颌骨面嵴前端，止腱粗而长，经鼻孔下方走向背内侧，在吻骨中线与对侧同名肌腱联合，止于吻部皮肤，可降吻部和缩小鼻孔。

（6）颊肌　分浅深两层，浅层（颊部）位于咬肌前缘与口轮匝肌之间，起始于上颌骨和下颌骨整个颊齿区齿槽缘，肌纤维上下行；深层（臼齿部）起于下颌支和上颌骨，肌纤维前后走行，止于口角。

（7）下唇降肌　位于颊肌下缘，与夹肌深层愈合，仅在口角附近与之分离，以多条细腱止于下唇。

（8）颧肌　起始于咬肌表面筋膜，止于口角。

2. 咀嚼肌

（1）咬肌　厚，由分界不清的深、浅两部组成，位于下颌骨支外侧面，起于颧弓，止于下颌骨支。

（2）翼肌　位于下颌骨支内侧面，分为翼内侧肌和翼外侧肌，前者较大，止于下颌骨内侧缘，后者止于髁突。

（3）颞肌　位于颞窝内，起于颞窝，止于下颌骨的冠状突。

（4）二腹肌　位于翼内侧肌的内侧，猪只有一个前肌腹，以长腱起于枕骨颈静脉突，止于从血管切迹至颏角的下颌骨体腹侧缘。

三、躯　干　肌

1. 脊柱肌　脊柱肌大部分与牛的相似，其主要肌肉特征如下所述。

（1）背腰最长肌　位于脊柱背面两侧，起于髂骨、腰椎和胸椎棘突及棘上韧带，止于腰椎、胸椎横突和关节突、各肋骨上部外侧面和第4、第5颈椎横突。

（2）背颈棘肌　位于背腰最长肌与棘突之间，起于前部腰椎及后部胸椎棘突，肌腹前部分为内、外两部分，内侧部在上方，止于各胸椎棘突和棘上韧带，外侧部在下方，止于第1胸椎和后5枚颈椎棘突。

（3）背髂肋肌　位于背腰最长肌外侧缘，起于髂骨、前3枚腰椎横突及各肋骨前缘，止于各肋骨后缘和最后颈椎横突。

（4）颈最长肌　较薄，起于前5枚胸椎横突，止于第2～5颈椎横突。

（5）夹肌　厚而大，位于颈菱形肌和颈腹侧锯肌的深面，起于棘横筋膜，分3支止于枕骨、颞骨和寰椎翼。

（6）头寰最长肌　小，头最长肌起始于第2～3胸椎横突，止于颞骨乳突；寰最长肌起于第1胸椎至第3颈椎的关节突，止于寰椎翼。

（7）头半棘肌　较大，位于夹肌深面，明显分为两部分，背侧部为颈二腹肌，以腱膜起于第3～5胸椎横突，肌腹有腱划；腹侧部为复肌，起始于第1～2胸椎横突和后6枚颈椎关节突，两部均止于枕骨。

（8）斜角肌　分3部分，中斜角肌小，起于第1肋，止于第6和第7颈椎横突；腹侧斜角肌较发达，起于第1肋，止于第3（4）～6颈椎横突，与中斜角肌之间有臂神经丛相隔；背侧斜角肌起始于第2～4肋，止于第3～6（5）颈椎横突。

（9）头长肌　起始于第3～6颈椎横突，肌纤维向前行止于枕骨基底部的肌结节。

（10）颈长肌　特别发达，分颈、胸两部，胸部起于前5枚胸椎，止于第6～7颈椎横突；颈部连接第2~7颈椎横突与前位颈椎腹侧嵴。

(11) **胸头肌** 仅有胸乳突肌，起于胸骨柄，以长圆腱止于颞骨乳突。

(12) **胸骨甲状舌骨肌** 胸骨舌骨肌很发达，起于胸骨柄，止于舌骨体。胸骨甲状肌小，起于胸骨柄与第1肋软骨之间的夹角，约在颈中部分为上下两部，止于甲状软骨。

(13) **肩胛舌骨肌** 起于肩胛下筋膜，经臂头肌和胸头肌深面，前行止于甲状舌骨。

2. 胸壁肌 肋退肌起始于第2和第3腰椎横突，止于最后肋骨。前背侧锯肌以腱膜起始于棘横筋膜和背腰筋膜，止于第5~10肋骨的前外侧面。后背侧锯肌以腱膜起始于背腰筋膜，以6~9个短肌齿止于第9~14或最后肋骨的后外侧面。肋间外肌在背侧锯肌和腹外斜肌肌齿下方缺失。肋间内肌在真肋肋软骨之间厚。

膈：腰部的右脚比左脚大，右脚起始于所有腰椎椎体，前部分为两部分，上有食管裂孔；左脚起始于前3枚腰椎，在最后胸椎下方与右膈脚形成主动脉裂孔。肋部较宽大，每侧有7个肌齿，始于第14和13肋，沿第9~12肋肋软骨结合部到第9和第8肋软骨，再至剑状软骨基底部，肋部直接延续为胸骨部。中心腱中央有腔静脉孔。

3. 腹壁肌 很强大，在许多方面与食肉类动物的相似。猪的腹黄膜不发达。

(1) **腹外斜肌** 起于第3或第4以后各肋骨下部外侧面，肌质部宽广，腱膜部相对较窄，止于腹白线、髂骨和股内侧筋膜。腹股沟管皮下环与牛的相似。

(2) **腹内斜肌** 类似于牛的，起始于背腰筋膜、腰椎横突和髋结节，止于最后肋骨下端、肋弓和腹白线。

(3) **腹直肌** 宽而厚，起于第4~6肋软骨及其附近的胸骨，其前2/3有7~9条腱划，以耻前腱止于耻骨，止腱主要与两股薄肌总腱愈合。

(4) **腹横肌** 较强大，起于肋软骨内侧面和腰椎横突，止于腹白线。

四、前肢肌

猪的前肢肌见图13-8、图13-9。

(一) 肩带肌

1. 背侧肌群

(1) **斜方肌** 很宽，起于枕骨至第10胸椎棘突，颈、胸两部之间界限不明显，止于肩胛冈。

(2) **臂头肌** 分为两部，锁枕肌宽而薄，起始于项嵴；锁乳突肌厚而窄，起于颞骨乳突，两部在后部合并止于肱骨嵴。

(3) **肩胛横突肌** 与牛的相似，起于寰椎翼和枢椎横突，止于肩胛冈。

(4) **菱形肌** 分胸部、颈部和头部3部分。颈菱形肌很发达，起于第2颈椎至第6胸椎，头菱形肌起于枕骨，颈、头两部在肩胛骨前方合并，止于肩胛软骨内侧面。胸菱形肌不发达，起于前6~8枚胸椎棘突，止于肩胛软骨内侧面。

(5) **背阔肌** 很强大，起于背腰筋膜及倒数第3~5或第6~8肋骨，止于肱骨的小结节。

2. 腹侧肌群

(1) **胸肌** 胸降肌厚，暗红色，起于胸骨柄，止于肱骨嵴。胸横肌薄，浅红色，起于前

第十三章 猪的解剖结构特征

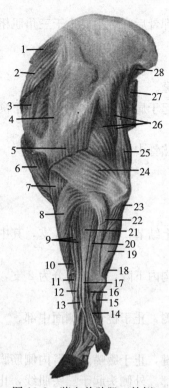 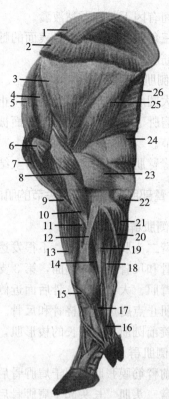

图 13-8　猪左前肢肌（外侧）　　　　　图 13-9　猪右前肢肌（内侧）

1. 颈腹侧锯肌　2. 锁骨下肌　3. 冈上肌　4. 冈下肌
5. 三角肌　6. 臂头肌　7. 臂肌　8. 腕桡侧伸肌
9. 指总伸肌　10. 拇长外展肌　11. 外头腱　12. 中头腱
13. 内头腱　14. 第5指展肌　15. 第5指屈肌
16. 第5指伸肌腱　17. 第4指伸肌腱　18. 腕尺侧屈肌
19. 指伸屈肌肱骨头浅部　20. 第5指伸肌
21. 第4指伸肌　22. 腕尺侧伸肌　23. 指深屈肌尺骨头
24. 臂三头肌外侧头　25. 前臂筋膜张肌
26. 臂三头肌长头　27. 背阔肌　28. 大圆肌
（引自林辉，1990）

1. 菱形肌　2. 颈下锯肌　3. 肩胛下肌　4. 冈上肌
5. 锁骨下肌　6. 胸深肌　7. 臂头肌　8. 喙臂肌
9. 臂肌　10. 臂二头肌　11. 旋后肌　12. 旋前圆肌
13. 腕桡侧伸肌　14. 指深屈肌桡骨头　15. 拇长外展肌腱
16. 第2指屈肌　17. 第2指展肌　18. 指浅屈肌浅部
19. 腕桡侧屈肌　20. 腕尺侧屈肌　21. 指深屈肌肱骨头浅部
22. 指深屈肌尺骨头　23. 臂三头肌内侧头
24. 前臂筋膜张肌　25. 大圆肌　26. 背阔肌
（引自林辉，1990）

3枚或4枚胸骨节片，止于前臂筋膜。锁骨下肌与牛的不同，起于胸骨柄和第1肋骨，肌纤维呈弧形弯向后上方，止于肩前筋膜、肩臂筋膜、肩胛软骨前角及外侧面。

（2）腹侧锯肌　颈腹侧锯肌很发达，起于第2～7颈椎横突。胸腹侧锯肌与牛的相似，起于前9根肋骨外侧面，较薄，外表面多腱质。颈、胸两部均止于肩胛骨锯肌面和肩胛软骨。

（二）肩部肌（作用于肩关节的肌肉）

1. 外侧肌群

（1）冈上肌　特别发达，向前伸出肩胛骨前缘很多，起于肩胛软骨下缘及冈上窝，小部分止于肱骨小结节，大部分止于肱骨大结节，止点腱与大结节之间有腱下黏液囊。

（2）冈下肌　宽，起于冈下窝和肩胛软骨，止于肱骨大结节后部腹侧一凹陷，止点腱与大结节之间有冈下肌腱下黏液囊。

(3) 三角肌　起于冈下肌表面的腱膜、肩胛冈和肩胛骨后缘，主要止于三角肌粗隆，部分止于臂筋膜。

2. 内侧肌群

(1) 大圆肌　起于肩胛骨后缘，止于肱骨大圆肌粗隆。

(2) 肩胛下肌　为羽状肌，表面被覆闪光的腱膜，起于肩胛骨内侧面及肩胛下窝，止于肱骨小结节。

(3) 喙臂肌　短而宽，起于盂上结节的前方，止于肱骨中1/3内侧面。

(三) 臂部肌 (作用于肘关节的肌肉)

1. 背侧肌群

(1) 臂二头肌　呈梭形，不很发达，以腱圆起于盂上结节，止点腱分3支，其中两支分别止于桡骨和尺骨近端内侧面，第3支止于旋前圆肌。

(2) 臂肌　大，起于肱骨后面近侧端，于肱骨臂肌沟内下降，止点腱分为2支，分别止于臂二头肌止点腱远端的桡骨和尺骨。

(3) 旋前圆肌　为细长的梭形肌，起于肱骨远端内侧，止于桡骨内侧面中部。

2. 掌侧肌群

(1) 前臂筋膜张肌　起于肩胛骨后角和背阔肌的止腱，止于鹰嘴及前臂内侧筋膜。

(2) 臂三头肌　长头起于肩胛骨后缘，止于鹰嘴上部。外侧头起于三头肌线，止于鹰嘴外侧面。内侧头起于肱骨内侧面近端1/3，止于鹰嘴内侧面。

(四) 前臂和前脚部肌 (作用于腕关节和指关节的肌肉)

1. 背外侧肌群

(1) 腕桡侧伸肌　很强大，起于肱骨远端鹰嘴窝外前方的嵴，止于第3掌骨近端。

(2) 指总伸肌　起于肱骨外侧上髁和肘关节外侧副韧带，肌腹分为3部分，内侧肌腹（指内侧伸肌）最大，中间肌腹较大，外侧肌腹最小，止于第2、3、4、5指。

(3) 指外侧伸肌　起于肱骨外侧上髁，分为两部分，浅部大，紧邻指总伸肌，以长腱止于第4指；深部小，紧邻腕尺侧伸肌，止于第4、5指。

(4) 腕斜伸肌　起于前臂骨中下部外侧面，止于第2掌骨近端内侧面。

(5) 第2指伸肌　位于指总伸肌深面，起于尺骨，其细腱与指总伸肌中间肌腹腱联合，走向第2指。

2. 掌内侧肌群

(1) 腕尺侧伸肌　分浅层的腱部和深层的肌部，两部均起始于肱骨远端外侧，腱部止于尺腕骨和副腕骨，肌部止于第5掌骨。

(2) 腕桡侧屈肌　很强大，呈纺锤形，起于肱骨远端内侧上髁，止于第3掌骨。

(3) 腕尺侧屈肌　常缺尺骨头，肱骨头狭窄，起于肱骨远端内侧上髁，止于副腕骨。

(4) 指浅屈肌　起于肱骨内侧上髁，分为两部分，浅肌腹薄弱，其腱在腕管的后面下行，于系关节处形成腱环供指深屈肌腱通过后，以两分支止于第4指中指节骨。深肌腹较强大，其腱在腕管内下行，于掌指关节处形成腱环后，止于第3指中指节骨。

(5) 指深屈肌 有3个头，即肱骨头、尺骨头和桡骨头。肱骨头大，起始于肱骨内侧上髁；尺骨头起始于鹰嘴后内侧面；桡骨头小，起始于桡骨内侧缘近侧部，其腱在前臂远端并为总腱。总腱在掌骨远端分为4支，止于第2、3、4、5指的指节骨。

猪还有屈肌间肌、蚓状肌、骨间中肌、第2和第5指的短屈肌、内收肌和外展肌。

五、后 肢 肌

猪后肢肌见图13-10、图13-11。

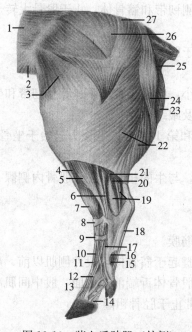 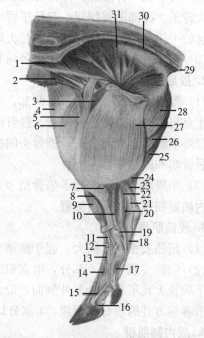

图 13-10 猪左后肢肌（外侧）

1. 背最长肌 2. 腹内斜肌 3. 阔筋膜张肌
4. 胫骨前肌 5. 腓骨长肌 6. 第5趾伸肌
7. 第3腓骨肌 8. 伸肌近侧支持带
9. 伸肌远侧支持带 10. 趾短伸肌 11. 趾长伸肌
12. 第4趾伸肌腱 13. 骨间肌背侧腱 14. 趾深屈肌腱
15. 第5趾收肌 16. 第5趾展肌 17. 第5趾伸肌腱
18. 趾浅屈肌腱 19. 拇长屈肌 20. 胫骨后肌
21. 比目鱼肌 22. 臀股二头肌 23. 半膜肌
24. 半腱肌 25. 尾骨肌 26. 臀中肌
27. 臀浅肌

（引自林辉，1990）

图 13-11 猪右后肢肌（内侧）

1. 腰小肌 2. 髂腰肌 3. 耻骨肌 4. 阔筋膜张肌
5. 缝匠肌 6. 股内侧肌 7. 腘肌 8. 胫骨前肌
9. 第3腓骨肌 10. 趾长屈肌 11. 趾长伸肌腱
12. 伸肌远侧支持带 13. 趾短伸肌 14. 拇长伸肌腱
15. 骨间肌背侧腱 16. 趾深屈肌 17. 第2趾展肌
18. 趾浅屈肌腱 19. 屈肌支持带 20. 胫骨后肌
21. 腓肠肌腱 22. 拇长屈肌 23. 趾浅屈肌
24. 腓肠肌内侧头 25. 臀股二头肌 26. 半腱肌
27. 股薄肌 28. 半膜肌 29. 尾骨肌
30. 荐尾腹内侧肌 31. 闭孔内肌

（引自林辉，1990）

（一）盆带肌

1. 腰小肌 起于最后两肋骨的椎骨端及所有腰椎椎体，以长腱止于髂骨体的腰小肌结节。

2. 髂腰肌 髂部与腰部分界清楚。腰大肌起于最后两肋骨的椎骨端和所有腰椎椎体，止于股骨小转子。髂肌分内侧部和外侧部，内侧部起于后第2腰椎椎体、荐骨翼和髂骨体下面；外侧部起于髂骨下面及外侧缘。两部与腰大肌共同止于股骨小转子。

3. 腰方肌 起于后 3～4 枚胸椎及腰椎横突，止于髂骨翼和荐骨翼。

(二) 臀股部肌（主要作用于髋关节和膝关节的肌肉）

1. 臀肌群

(1) 臀浅肌 起于臀筋膜和荐骨，其腱膜与臀股二头肌相混。

(2) 臀中肌 分浅部、深部和梨状肌。浅部起始于腰最长肌、髂骨肌和骨盆韧带，止于股骨大转子。深部即臀副肌，起始于臀筋膜、荐髂背侧韧带和髂骨体，止于股骨大转子。梨状肌起始于浅部的后内侧，止于股骨大转子后下方。

(3) 臀深肌 较强大，起于坐骨崤和髂骨体，止于股骨大转子内侧面。

2. 股后肌群

(1) 臀股二头肌 分前、后两部，前部大，后部小，起始于臀筋膜、荐坐韧带和坐骨结节，止点与牛的相似，止于髌骨、胫骨粗隆和胫骨崤及跟结节。

(2) 半腱肌 有两个头，椎骨头间接起始于荐骨和第 1 尾椎；坐骨头起始于坐骨结节，止于胫骨崤和跟结节。

(3) 半膜肌 强大，起于坐骨结节，止点有两个，与牛的相似，止于股骨内侧髁、股胫关节内侧副韧带和胫骨内侧髁。

3. 股前肌群

(1) 阔筋膜张肌 强大，起于髋结节，止于股阔筋膜。

(2) 股四头肌 分 4 部分，股直肌以两个短的强腱起于髂骨体，股外侧肌以前、后两支起始于股骨大转子和股骨上外侧面，股内侧肌起始于股骨体近端前内侧面，股中间肌起始于髋关节囊前方处的股骨外侧缘，4 部分均通过膝直韧带止于胫骨粗隆。

4. 股内侧肌群

(1) 缝匠肌 起点有两个头，内侧头起始于腰小肌腱，外侧头起始于髂筋膜，两头之间有髂外血管。肌纤维上下走行，止于系关节内侧面的股内侧筋膜。

(2) 股薄肌 薄而宽，起始于骨盆联合和耻前腱，止于阔筋膜和小腿筋膜内侧面。

(3) 耻骨肌 发达，前后压平，起于耻骨，肌表面多腱质，止于股骨前内侧。

(4) 内收肌 起于坐骨下面，止于腓肠肌起点紧上方的股骨后面。

(5) 闭孔外肌 起于闭孔后、内及前缘，止于股骨转子窝。

(6) 闭孔内肌 宽广而强大，起于髂骨、坐骨内侧面和荐结节阔韧带内侧面，其腱经闭孔走出，止于股骨转子窝。

(7) 股方肌 起于坐骨下面，止于股骨小转子后上部。

(8) □肌 起于坐骨外侧缘，止于股骨转子窝。

(三) 小腿及后脚部肌（作用于跗关节和趾关节的肌肉）

1. 背外侧肌群

(1) 胫骨前肌 起始于胫骨粗隆和外侧髁的外侧面，在小腿远端，肌腱通过跗近侧环韧带下方，止于第 2 跗骨和第 2 跖骨近端。

(2) 第 3 腓骨肌 发达，位于小腿前方浅层，与趾长伸肌以一总腱起始于股骨的伸肌窝，止于第1、第2跗骨及第3跖骨。

(3) 腓骨长肌 起于胫骨外侧髁，止腱经外侧踝腱沟下降，止于第1跗骨。

(4) 趾长伸肌 位于第3腓骨肌深面，两者共同起始于股骨伸肌窝，到小腿下部分为3个肌腹，在近侧环韧带附近肌腹转为肌腱，止于第3、4趾的中趾节骨和远趾节骨。

(5) 趾外侧伸肌 位于腓骨长肌后方，起始于腓骨外侧面、股胫关节外侧侧副韧带等处，分浅、深两部，浅部较大，止于第4趾蹄骨的伸肌突；深部较小，止于第5趾的远趾节骨。

(6) 拇长伸肌 呈梭形，位于趾长伸肌和腓骨长肌深面，起于腓骨近端，止于第2趾的远趾节骨。

2. 跖侧肌群

(1) 腓肠肌 有内、外侧两个头，起始于股骨内、外侧上髁粗隆，止腱在小腿中1/3形成跟总腱，止于跟骨结节。

(2) 趾浅屈肌 肌腹较发达，位于腓肠肌外侧头的深面，起于股骨外侧上髁嵴，肌腱有一部分止于跟结节两侧，大部分经跟结节顶端下行，径路同指浅屈肌。

(3) 趾深屈肌 有3个头，拇长屈肌最大，起于腓骨、胫骨外侧髁和后面；胫骨后肌最小，起于胫骨外侧髁和腓骨头；趾长屈肌起于腓骨近端和胫骨后面。3个头的肌腱在跗关节跖侧愈合形成总腱，在跖远端分为4支，其中两大支到主趾，两小支到悬趾。

第三节 消化系统

一、口腔和咽

(一) 口腔

猪的口腔较长，但因品种而异，口腔在犬齿平面最宽（图13-12）。

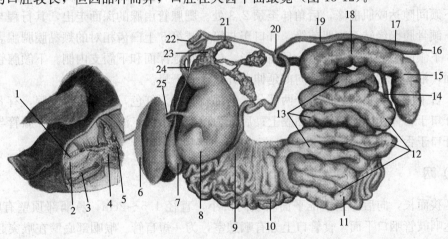

图13-12 猪消化系统

1. 口腔 2. 舌 3. 舌下腺 4. 下颌腺 5. 胸腺 6. 肝 7. 胆囊 8. 胃 9. 空肠系膜 10. 空肠 11. 结肠中心曲 12. 结肠向心回 13. 结肠离心回 14. 回肠 15. 盲肠 16. 肛门 17. 直肠 18. 升结肠 19. 降结肠 20. 横结肠 21. 胰管 22. 十二指肠 23. 胰 24. 胆总管 25. 食管

(引自林辉，1990)

1. 唇 活动性不大。上唇短而厚，与鼻端一起形成吻突。下唇小而尖。口裂大，口角与第3~4前臼齿相对。唇腺少而小。

2. 颊 黏膜光滑，颊腺分颊背侧腺和颊腹侧腺，排成两行，与上、下颊齿相对，从口角伸至咬肌，颊腺有许多排泄管开口于颊前庭。腮腺管开口与第4或第5颊齿相对。

3. 硬腭 狭而长，腭缝两侧有20~23条腭褶，前端有一个切齿乳头，乳头两侧有切齿管开口。

4. 软腭 短而厚，向后伸至会厌口腔面的中部，游离缘正中有小的悬雍垂，口腔面正中沟两侧有腭帆扁桃体，黏膜表面有许多扁桃体隐窝。

5. 舌 长而窄，舌尖薄而尖，舌背黏膜上分布有5种舌乳头，轮廓乳头2~3个，位于舌体与舌根交界处；菌状乳头小，以舌两侧较多；丝状乳头细而柔软；圆锥状乳头长，软而尖，位于舌根部；叶状乳头1对，卵圆形，由5~6个小叶组成。正中会厌褶明显，褶两侧凹陷为会厌谷，表面有舌扁桃体隐窝开口。舌系带有两条，其附着处外侧有极不明显的舌下阜（有人认为猪无舌下阜）。

6. 齿 恒齿齿式为 $2\left(\dfrac{3}{3}\dfrac{1}{1}\dfrac{4}{4}\dfrac{3}{3}\right)=44$，乳齿齿式为 $2\left(\dfrac{3}{3}\dfrac{1}{1}\dfrac{3}{3}\dfrac{0}{0}\right)=28$。猪齿除犬齿是长冠齿外，其余均为短冠齿。切齿为单形齿，上切齿较小，方向近垂直，排列较疏，门齿最大，边齿最小；下切齿较大，方向近水平，排列较密，中间齿最大，边齿最小。犬齿很发达。下犬齿比上犬齿大。公猪的下犬齿长15~18cm，呈弯曲、长而尖的三棱形，弯向后外方，突出于口裂之外。公猪上犬齿长6~10cm，呈锥形，弯向后外方。母猪的犬齿不如公猪的发达。乳犬齿小。臼齿为丘形齿，由前向后体积逐渐增大。第1前臼齿小而简单，又称为狼齿，无乳齿。臼齿齿冠有数个初级结节和许多小的次级结节。

7. 唾液腺

(1) 腮腺 很发达，淡黄色，呈三角形，位于下颌骨支的后方，背侧角不伸达耳基，前角突入下颌间隙达咬肌前缘，后角伸至颈2/3处。腮腺管由腺的深面走出，其行程与牛的相似，经下颌骨腹侧缘转至咬肌前缘，开口于与第4或第5上臼齿相对的颊黏膜腮腺乳头上。

(2) 下颌腺 较小，淡红色，呈扁圆形，位于腮腺深面和下颌支内侧。下颌腺管始于腺的外侧面，沿多口舌下腺内侧面向前延伸，开口于舌下阜。

(3) 舌下腺 与牛的相似，分两部分。前部较大，淡红色，为多口舌下腺，有8~10条导管，开口于舌体两侧的口腔底黏膜上；后部为单口舌下腺，淡黄红色，舌下腺管与下颌腺管共同开口于舌下阜。

(二) 咽

猪咽狭而长，向后伸至枢椎平面。咽内口小，直径1.5~2cm。鼻咽部顶壁有咽中隔，向后可达咽鼓管咽口平面。食管口上方有咽憩室，为一短盲管。喉咽部底壁在喉突起两侧有深而明显的梨状隐窝。

二、食 管

食管短而直，颈段食管沿气管背侧向后行，中途不偏向左侧。食管的始部和末端管径较粗，中部较细。膈的食管裂孔位于膈右脚，与第12肋骨中点相对。食管的肌织膜除腹部为平滑肌外，几乎全部为横纹肌。

三、胃

1. 胃的位置和形态 猪胃横卧于腹前部，大部分在左季肋区，小部分在剑突区，仅幽门部位于右季肋区。当胃内完全充满食物时，胃大弯可向后伸达剑状软骨与脐之间的腹腔底壁及与第9~12肋软骨相对的腹壁接触。

猪胃为单室胃，容积较大，有5~8L。胃壁面朝前，与肝和膈相邻；脏面朝后，与肠、大网膜、肠系膜和胰相邻。胃的左侧部大而圆，位于第13肋和肋间隙背侧部的腹侧，与脾的背侧端和胰的左端相邻，胃底近贲门处有一扁平的锥形盲突，称为胃憩室，突向左后方。右侧部（幽门部）小，急转向上，与十二指肠相连。幽门端邻接肝右外侧叶，约与第13肋间隙中部相对。在幽门处的小弯侧有幽门圆枕，长3~4cm，与其对侧的唇形隆起相对，有关闭幽门的作用。

2. 胃壁的结构特征 猪胃黏膜分无腺部和腺部。无腺部面积小，为贲门周围的四边形区域，向左侧延伸至胃憩室，呈白色。腺部的面积大，分3个腺区。贲门腺区在猪特别大，几乎占据胃的1/3，包括胃底、胃憩室和胃体的近侧部，向下达胃的中部。黏膜柔软光滑，淡红色或淡灰色。胃底腺区主要位于胃体的远侧部，约占胃的1/3，黏膜呈棕红色，有皱褶和胃小凹。幽门腺区位于幽门部，黏膜灰红色至黄色，有不规则的皱褶（图13-13）。

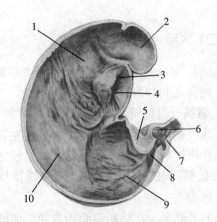

图13-13 猪 胃
1. 贲门腺区 2. 胃憩室 3. 食管区 4. 贲门
5. 幽门圆枕 6. 十二指肠乳头 7. 幽门唇
8. 幽门 9. 幽门腺区 10. 胃底腺区
（引自林辉，1990）

3. 胃的网膜 小网膜与牛的相似，联系胃小弯与肝和十二指肠。大网膜发达，联系胃大弯与十二指肠、横结肠、脾、胃膈韧带等。大网膜分浅、深两层，两层之间形成网膜囊，网膜孔位于肝尾状叶基部，腹界为门静脉，背侧界为后腔静脉，后界为胰体，通网膜囊前庭。在营养良好的猪，大网膜富含脂肪而呈网格状。

四、肠

（一）小肠

小肠全长15~21m（图13-14）。

1. 十二指肠 位于右季肋区和胁襞区，长40~90cm。在第10~12肋间隙平面起始于幽门，前部在肝的脏面向后背侧延伸，在右肾紧前方形成水平的乙状弯曲。降部在右肾腹侧与结肠之间向后延伸至右肾后端。升部由此折转向左越过中线，再转向前行，与降结肠相邻，两者之间有十二指肠结肠韧带相连。在肠系膜前动脉前方，升部转向右行，移行为空肠。在距幽门2~5cm处，胆总管开口于十二指肠大乳头，在距幽门10~12cm处，胰管开口于十二指肠小乳头。

2. 空肠 长 14～19m，形成许多肠袢，借较宽的空肠系膜悬吊于胃后方，并与大肠的系膜相连。空肠大部分位于腹腔右半部，小部分位于腹腔左侧后部。空肠自胃和肝向后伸至骨盆入口，与腹腔右壁广泛接触，其内侧与升结肠和盲肠相邻，背侧与十二指肠、胰、右肾、降结肠后部、膀胱及母畜的子宫相邻。

3. 回肠 长 0.7～1m，肠管较直，管壁较厚，在左腹股沟区直接与空肠相连，走向前背内侧，末端斜向突入盲肠与结肠交界处的肠腔内，形成回肠乳头，长 2～3cm，顶端有回肠口。

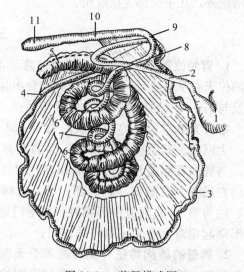

图 13-14　猪肠模式图
1. 胃　2. 十二指肠　3. 空肠　4. 回肠　5. 盲肠
6. 结肠圆锥向心回　7. 结肠圆锥离心回　8. 结肠终袢　9. 横结肠　10. 降结肠　11. 直肠

（二）大肠

大肠长 3.5～6m，管径比小肠粗，借系膜悬吊于两肾之间的腹腔顶壁（图 13-14）。

1. 盲肠 呈圆筒状，盲端钝圆，长 20～30cm，直径 8～10cm，容积 1.5～2.2L。盲肠位于左腹外侧区，盲肠与结肠交界处在左肾腹侧，盲肠由此沿左侧腹壁向后向下并向内侧延伸至结肠圆锥后方，盲端达骨盆前口与脐之间的腹腔底壁。肠壁有 3 条肠带和 3 列肠袋。

2. 结肠 长 3～4m，起始部的管径与盲肠的相似，以后逐渐变细。结肠位于胃后方，主要在腹腔左半侧。

（1）升结肠　在结肠系膜中盘曲形成结肠旋袢（结肠圆锥），锥底宽，朝向背侧，附着于腰部和左腹外侧区，锥顶向下向左与腹腔底壁接触。结肠圆锥由向心回和离心回组成。向心回位于结肠圆锥的外周，肠管较粗，有 2 条肠带和 2 列肠袋，它在第 3 腰椎平面起始于盲肠，从背侧面观察，以顺时针方向绕中心轴向下旋 3 圈至锥顶，折转方向为离心回，折转处称中央曲。离心回位于结肠圆锥的内心，肠管较细，无肠带和肠袋，以逆时针方向绕中心轴向上旋转 3 圈至锥底。离心回最后一圈经十二指肠升部腹侧面，沿肠系膜根右侧向前延伸，移行为横结肠。当胃中度充盈时，结肠圆锥占据腹腔左侧半部的中和前 1/3，与左侧腹壁广泛接触，其前方为胃和脾，右侧、后方和腹侧为空肠，背侧为胰、左肾、十二指肠升部、横结肠和降结肠。升结肠借升结肠系膜附着于肠系膜根左侧面。

（2）横结肠　在肠系膜根的前方由右侧伸至左侧，于胰左叶左端前缘处，折转向后移行为降结肠。

（3）降结肠　靠近正中平面向后延伸至骨盆前口，移行为直肠。

3. 直肠和肛门　直肠在肛管前方形成明显的直肠壶腹，周围有大量的脂肪。肛门短，位于第 3～4 尾椎下方，不向外突出。

五、肝

猪肝较大，重 1.0～2.5kg，占体重的 1.5%～2.5%。肝位于腹腔最前部，大部分位于右季肋区，小部分位于左季肋区和剑突区，肝的左侧缘伸达第 9 肋间隙和第 10 肋，右侧缘伸达最后肋间隙的上部，腹侧缘伸达剑状软骨后方 3~5cm 处的腹腔底壁。肝呈淡至深的红褐色，中央厚而边缘薄。壁面凸，与膈和腹壁相邻，脏面凹，与胃和十二指肠等内脏接触，并有这些器官形成的压迹，但无肾压迹。肝背侧缘有食管切迹及后腔静脉通过。肝以 3 个深的叶间切迹分为 4 叶，即左外叶、左内叶、右内叶和右外叶。左外叶最大，右内叶内侧有不发达的中间叶，方叶呈楔形，位于肝门腹侧，不达肝腹侧缘，尾状叶位于肝门背侧，尾状突伸向右上方，无乳头突。胆囊位于肝右内叶与方叶之间的胆囊窝内，呈长梨形，不达肝腹侧缘。胆囊管与肝管在肝门处汇合形成胆总管，开口于距幽门 2~5cm 处的十二指肠大乳头。

猪肝的小叶间结缔组织很发达，肝小叶分界清楚，肉眼清晰可见，为 1~2.5mm 大小的暗色小粒，肝也不易破裂（图 13-15）。

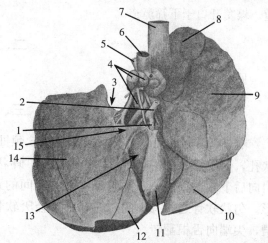

图 13-15　猪肝（脏面）

1. 胆囊管　2. 胆总管　3. 食管切迹　4. 肝淋巴结
5. 肝动脉　6. 门静脉　7. 后腔静脉　8. 尾状叶
9. 右外叶　10. 右内叶　11. 胆囊　12. 左内叶
13. 方叶　14. 左外叶　15. 小网膜附着线

（引自林辉，1990）

六、胰

猪胰呈三角形，灰黄色，位于最后两个胸椎和前两个腰椎的腹侧。胰体居中，位于胃小弯和十二指肠前部附近，在门静脉和后腔静脉腹侧，有胰环供门静脉通过。左叶从胰体向左延伸，与左肾前端、脾上端和胃左端接触。右叶较左叶小，沿十二指肠降部向后延伸至右肾前端。胰管由右叶走出，开口于距幽门 10~12cm 处的十二指肠小乳头。

第四节　呼吸系统

一、鼻

1. 外鼻　鼻尖与上唇一起构成吻突，是掘地觅食的器官。吻突表面被覆薄而敏感的皮肤，形成吻镜，生有短的触毛。鼻孔小，呈圆形，位于吻突上，由内、外侧鼻翼围成，并有吻骨和软骨支撑。

2. 鼻腔　较长而狭。上鼻甲较长，从筛板小孔伸至鼻骨前端，分为前、中、后 3 部分，中部内有上鼻甲窦。下鼻甲短而宽，从第 5 臼齿水平伸至犬齿水平处。中鼻甲小，位于上鼻甲腹侧，向前伸至下鼻甲后端。嗅区黏膜呈褐色。犁鼻器位于鼻中隔腹侧缘，向后可达第 2~4 臼齿水平。鼻泪管口位于下鼻甲后端附近外侧面。

3. 鼻旁窦　上颌窦位于上颌骨后部和颧骨内，在老龄猪还扩展入颧弓，鼻上颌口在第 6 臼齿水平开口于中鼻道。额窦在出生时常不存在，成年猪很发达。前额窦位于眶内侧、前方和后方的额骨内，开口于鼻腔后部的上筛鼻道。后额窦位于额骨和枕骨内，在老龄猪还扩展至颞骨内，开口于中鼻道。泪窦在大约 6 月龄时开始发育，常独立存在，开口于外侧筛鼻道。蝶窦开口于下筛鼻道。

二、咽

见消化器官。

三、喉

喉较长，从枕骨底部伸至第 4 或第 5 颈椎平面。甲状软骨很长，无前角、甲状裂和甲状孔，斜线短，仅见于甲状软骨板后部。环状软骨板长，正中嵴明显。环状软骨弓狭窄，斜向后下方，致使后下方与甲状软骨之间的距离较大。勺状软骨有大的小角突，呈半月形。勺状软骨之间有小的勺间软骨。会厌软骨形似圆形叶片，两侧缘向上翻转形成一深槽，尖端向舌根翻转。

喉前庭较宽，缺前庭襞，喉室入口位于声韧带前、后两部之间，喉室向外、向前突出形成盲囊，声门裂和声门下腔狭窄。

四、气管和支气管

气管呈圆筒状，长 15～20cm，在第 4 或第 5 颈椎水平面从喉伸至心底背侧，在第 5 胸椎平面分成左、右主支气管，在第 3 肋间隙平面分出气管支气管至右肺前叶。气管软骨环有 32～36 个，略呈环形，背侧端常重叠，深面有气管肌附着。

五、肺

肺呈粉红色，占体重的 1‰～1.5‰。右肺比左肺略大。肺小叶不如牛的明显。左肺分为前叶和后叶，前叶又以心切迹分为前部和后部。右肺以叶间裂分为 4 叶，即前叶、中叶、后叶和副叶。肺底缘呈略弯曲的弓形线，从第 6 肋的肋骨肋软骨结合处向后、向上至倒数第 2 肋间隙椎骨端。

第五节　泌尿系统

一、肾

肾呈棕色，放血后呈灰棕色，表面光滑，呈豆形，背腹压扁，两端略尖，肾门位于内侧缘中部。肾脂肪囊发达。两肾位置对称，位于前 4 个腰椎横突腹侧，右肾与肠和胰等相邻。肾的外侧缘与背腰最长肌边缘平行，后端约在最后肋骨与髋结节之中点。成年猪肾重 200～280g，两肾与体重之比为 1∶150～200。

猪肾为光滑的多乳头肾。皮质厚，5～25mm；髓质薄，仅为皮质的 1/2～1/3。肾柱位于肾锥体之间。肾锥体和肾乳头明显，每个肾常有 8～12 个肾乳头。输尿管入肾后在肾窦内扩大成漏斗状的肾盂，肾盂向前向后分为两支肾大盏，后者分成 8～12 个肾小盏，每个肾小盏包围一个肾乳头（图 13-16）。

第十三章 猪的解剖结构特征

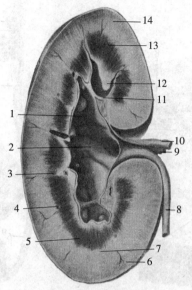

图 13-16 猪右肾（已剖开）
1. 肾大盏 2. 肾盂 3. 肾柱 4. 弓形动脉和静脉 5. 肾锥体 6. 辐射部 7. 锥体底 8. 输尿管
9. 肾动脉 10. 肾静脉 11. 肾小盏 12. 肾乳头 13. 肾髓质 14. 肾皮质
（引自林辉，1990）

二、输 尿 管

输尿管从肾门走出急转向后，走向膀胱，起始部管径较粗，以后逐渐变细，途中输尿管略带弯曲，最后几乎呈直角进入膀胱颈。

三、膀　　胱

膀胱较大，空虚和中度充盈时呈椭圆形，随体积增加愈接近球形。当膀胱充满尿液时，除膀胱颈外，大部分位于腹腔内，与腹腔底接触。

四、尿　　道

母猪尿道长 7～8cm，中环层肌厚，外和内纵肌层不发达。尿道外口下方有小的尿道下憩室。公猪的尿道见生殖器官。

第六节　生殖系统

一、公猪生殖系统

公猪生殖系统模式图见图 13-17、图 13-18。

1. 阴囊　大，位于股后面、肛门腹侧，与周围界限不明显。小猪的阴囊皮肤柔软有毛，大猪的则粗糙少毛或无毛，老龄猪还形成许多皱褶。肉膜薄，提睾肌发达，为薄的长带状，沿总鞘膜表面几乎扩展到阴囊中隔。

2. 睾丸　较大，呈椭圆形，长轴斜位，头端朝向前下方，尾端朝向后上方，前背侧缘

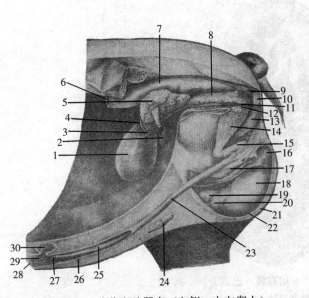 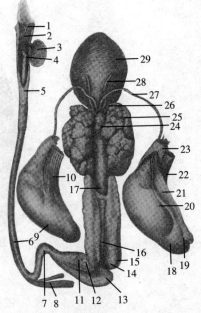

图 13-17 公猪生殖器官（左侧，去左睾丸）
1. 膀胱 2. 鞘（膜）环 3. 输尿管 4. 输精管
5. 精囊腺 6. 降结肠 7. 直肠 8. 尿道球腺
9. 阴茎退缩肌 10. 肛门外括约肌 11. 雄性尿道骨盆部
12. 阴茎脚 13. 球海绵体肌 14. 坐骨海绵体肌
15. 阴茎乙状曲 16. 附睾尾 17. 提睾肌
18. 睾丸 19. 蔓状层 20. 附睾头
21.（鞘膜）壁层 22. 鞘膜腔 23. 阴茎体
24. 腹股沟浅淋巴结 25. 阴茎游离部 26. 包皮
27. 阴茎头 28. 包皮口 29. 包皮腔 30. 包皮憩室
（引自林辉，1990）

图 13-18 公猪生殖系统（背侧）
1. 包皮口 2. 包皮腔 3. 包皮憩室 4. 阴茎头
5. 包皮 6. 阴茎体 7. 阴茎乙状曲
8. 阴茎退缩肌 9.（鞘膜）脏层 10. 提睾肌
11. 坐骨海绵体肌 12. 阴茎脚 13. 球海绵体肌
14. 尿道球腺 15. 球腺肌 16. 雄性尿道骨盆部
17. 尿道肌 18. 附睾尾 19. 附睾尾韧带
20. 睾丸 21.（鞘膜）壁层 22. 提睾肌
23. 鞘膜管 24. 前列腺 25. 精囊腺
26. 排泄管 27. 输精管 28. 输尿管 29. 膀胱
（引自 Sisson，1938）

为附睾缘，后腹侧缘为游离缘。睾丸质地柔软，实质呈灰色或淡灰色，睾丸间质形成发达的小隔和纵隔，睾丸小叶较明显。成年猪睾丸长 10～13cm，每个睾丸平均约重 400g。

3. 附睾 发达，呈钝圆锥形，突出于睾丸尾端。附睾头由 14～21 条睾丸输出管组成。附睾管较粗，长达 17～18m，组成附睾体和尾。

4. 输精管和精索 输精管沿附睾内侧面走向睾丸头，此后沿精索后内侧缘延伸入腹腔，再急转向后到骨盆腔进入生殖褶，经精囊腺内侧开口于精阜。输精管末端不形成输精管壶腹。精索较长，呈扁圆锥形，从睾丸斜向前，经两股之间前行，越过阴茎外侧面，穿过腹股沟管，终止于鞘膜管鞘环。提睾内肌发达。

5. 尿生殖道（雄性尿道） 骨盆部较长，成年猪长 15～20cm，尿道肌发达，呈半环状包于尿生殖道盆部的腹侧面和两侧。前列腺扩散部位于尿道肌与海绵体层之间，呈黄色。尿道球明显。尿生殖道阴茎部直径小，球海绵体肌较发达。

6. 副性腺 很发达，因此猪每次的射精量很大。去势公猪的副性腺显著萎缩。

（1）**精囊腺** 很大，长约 12～17cm，宽 6～8cm，厚 3～5cm，每侧约重 170～225 克。精囊腺呈三面锥体形，底向前，尖向后，腺小叶明显，集合管联合成排泄管，单独或与输精管一同开口于精阜上。

(2) 前列腺 与牛的相似。体部长 3~4cm，宽 2~3cm，厚 1cm。位于膀胱颈与尿道交界处背侧，被精囊腺覆盖。扩散部形成一腺体层，包围尿生殖道盆部，腹侧和两侧有尿道肌覆盖，以许多导管开口于尿道骨盆部背侧壁黏膜上。

(3) 尿道球腺 很大，呈圆柱状，长 10~17cm，直径 2~5cm，位于尿生殖道盆部后 2/3 的背外侧，前端与精囊腺接触，表面被球腺肌覆盖。每腺有一条导管，开口于尿道骨盆部后端背侧壁一憩室内，开口处有半月形黏膜褶遮盖。

7. 阴茎 猪阴茎属纤维型，与牛的相似。阴茎长 45~50cm，近侧端背腹压扁，中部圆形，尖部两侧压扁，乙状弯曲位于阴囊前方，阴茎头呈螺旋状逆时针扭曲。尿道外口呈裂隙样狭缝，位于阴茎头腹外侧，靠近尖端。球海绵体肌短而强大，仅包于阴茎球处；阴茎缩肌止于乙状弯曲的腹侧曲。

8. 包皮 包皮口狭窄，周围生有长的硬毛。包皮腔长 20~25cm，被一横褶分为前、后两部，后部狭窄，阴茎游离部位于其内；前部宽大，背侧有一盲囊，称包皮憩室，借一圆孔与包皮腔相通。包皮前肌起于剑突区深筋膜和胸深肌，止于包皮憩室后部及该部皮肤。

二、母猪生殖系统

母猪生殖系统解剖见图 13-19、图 13-20。

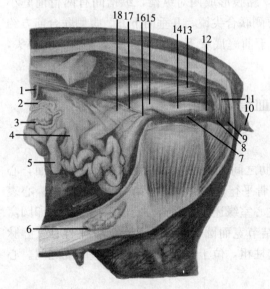 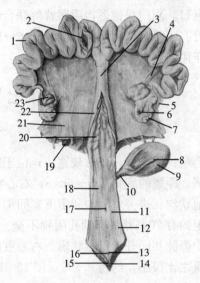

图 13-19 经产母猪生殖器官图（左侧）
1. 降结肠 2. 输卵管 3. 卵巢 4. 子宫阔韧带
5. 子宫角 6. 乳房淋巴结 7. 雌性尿道
8. 前庭缩肌 9. 阴门缩肌 10. 阴门
11. 肛门外括约肌 12. 阴道前庭 13. 直肠
14. 阴道 15. 子宫颈 16. 膀胱侧韧带
17. 输尿管 18. 子宫体
（引自林辉，1990）

图 13-20 母猪生殖器官
1. 子宫角 2. 子宫黏膜 3. 子宫体 4. 卵巢固有韧带
5. 输卵管系膜 6. 卵巢囊 7. 输卵管 8. 输尿管
9. 膀胱 10. 雌性尿道 11. 前庭小腺开口
12. 阴道前庭 13. 阴蒂 14. 阴唇 15. 阴唇下联合
16. 阴蒂窝 17. 尿道外口 18. 阴道
19. 子宫淋巴结 20. 子宫颈圆枕 21. 子宫阔韧带
22. 子宫颈 23. 卵巢
（引自林辉，1990）

1. 卵巢 位置、形态、大小和组织结构因年龄和性发育情况而异。4月龄以前性未成熟的小母猪，卵巢位于荐骨岬两侧稍后方、腰小肌腱附近，呈卵圆形，表面光滑，粉红色或鲜红色，大小约为0.4cm×0.5cm，左侧卵巢较大。5~6月龄接近性成熟的小母猪，卵巢位置稍前移、下垂，位于髋结节前缘横切面的腰下部。卵巢表面有突出的小卵泡，呈桑葚状，大小约为2cm×1.5cm，卵巢系膜长5~10cm。性成熟及经产母猪的卵巢，位于髋结节前缘约4cm处的横切面上，或在髋结节与膝关节连线中点的水平面上。卵巢表面因有卵泡、黄体突出而呈不规则的结节状或葡萄状，长约5cm，重7~9g。卵巢系膜长10~20cm。卵巢囊宽大。

2. 输卵管 长15~30cm，弯曲度比母牛的小，输卵管腹腔口大，朝向卵巢，子宫端与子宫角之间无明显的分界。

3. 子宫 猪子宫属双角子宫。子宫角特别长，可达1.2~1.5m，弯曲如小肠袢，壁较厚。小母猪的子宫角细而弯曲，色泽粉红。子宫体短，长约5cm。子宫黏膜灰或蓝红色。子宫颈长，15~25cm。子宫颈黏膜浅粉红色，在两侧集拢形成两行半球形的隆起，称为子宫颈枕，有14~20个，交错排列，使子宫颈管呈螺旋状。子宫颈不形成子宫颈阴道部，因此，子宫颈与阴道无明显分界。子宫系膜发达，内含大量平滑肌纤维。

4. 阴道 长10~12cm，直径小，肌层厚。黏膜形成纵褶，前端不形成阴道穹隆，后端与阴道前庭交界处有环形黏膜褶，称阴瓣，小猪的明显，高1~3mm。尿道外口位于阴瓣紧后方的前庭底壁上。

5. 阴道前庭和阴门 阴道前庭长约7.5cm，黏膜形成两对纵褶，纵褶间有两行前庭小腺的开口。阴门呈锥形，阴唇背侧联合钝圆，腹侧联合尖锐，并垂向下方。腹侧联合前方约2cm处有阴蒂窝。阴蒂体弯曲，长6~8cm，位于前庭底壁下，末端形成不发达的阴蒂头，突出于阴蒂窝内。

第七节 心血管系统

一、心 脏

心呈钝圆锥形，外形较宽短，位于第2~6肋之间，心底约在胸腔背腹径中点平面，心尖钝圆，距膈的胸骨部5~6mm；右心室缘与胸骨平行，左心室缘与第6肋前缘平行；心表面除冠状沟、锥旁室间沟和窦下室间沟外，在左心室缘还有中间沟，有的个体缺如。卵圆窝大，但约有20%猪的卵圆孔闭锁不全。静脉间结节宽而圆，不显著。左奇静脉与心大静脉和心中静脉共同开口于冠状窦。右心室的隔缘肉柱粗，位于大乳头肌基部与室间隔之间。心与体重之比很小，约为0.3%（图13-21）。

二、血 管

猪体循环的血管基本上与牛的相似，有以下主要特点。

（一）动脉分布特点

1. 胸部和颈部的动脉 主动脉的径路和毗邻关系与牛的相似，但主动脉弓弯曲度更大。左锁骨下动脉和臂头干分别自主动脉弓分出。①臂头干自主动脉弓分出后在气管腹侧向前延伸至第1肋骨，分为右锁骨下动脉和双颈动脉干。②左锁骨下动脉在臂头干背侧自主动脉弓分出，向前向腹侧延伸，绕过第1肋骨前缘出胸腔延续为腋动脉。其分支有肋颈干、肩胛背侧动脉、椎动脉、颈浅动脉和胸廓内动脉。胸廓内动脉有分支分布于乳腺。右锁骨下动脉的分支与左锁骨下动脉的基本相似，但也存在一些差异，如右颈浅动脉与右甲状腺后动脉同起于一总干，即甲状颈总干；右侧无肋颈干，颈深动脉和肋间最上动脉分别起始于右锁骨下动脉。③支气管食管动脉的支气管支和食管支常分别起始于胸主动脉。④肋间背侧动脉13～14对，后8或9对直接起始于胸主动脉，且双侧的同名动脉常形成短的总干起始。第1对肋间背侧动脉起始于椎动脉（右侧）或颈深动脉（左侧），第2对起始于肩胛背侧动脉，第3～5对起始于肋间最上动脉。

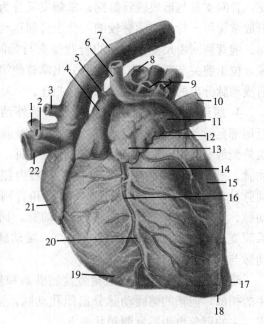

图 13-21　猪心脏（后面）
1. 肋颈静脉　2. 臂头干　3. 左锁骨下动脉
4. 肺干　5. 动脉韧带　6. 左奇静脉　7. 主动脉弓
8. 左肺动脉　9. 肺静脉　10. 后腔静脉　11. 左心房
12. 左冠状沟　13. 左心耳　14. 心大静脉　15. 左心室
16. 锥旁室间支（降支）　17. 心尖　18. 心尖切迹
19. 右心室　20. 锥旁室间沟　21. 右心耳　22. 前腔静脉
（引自林辉，1990）

2. 头部的动脉　双颈干在胸前口附近分为左、右颈总动脉。颈总动脉在气管腹外侧伴颈内静脉（外侧）、迷走交感干（背内侧）和喉返神经（腹侧）前行，在颈静脉沟前端深面分为枕动脉、颈内动脉和颈外动脉，途中分出甲状腺前动脉和喉前动脉。

（1）颈外动脉　在颈静脉突内侧起始于颈总动脉，呈S形向前内侧延伸，延续为上颌动脉，途中分出舌动脉、面动脉、耳后动脉、腮腺支和颞浅动脉。舌动脉与面动脉单独起始，不形成舌面干。上颌动脉经翼内、外侧肌之间弯曲前行，在翼腭窝前端附近分为眶下动脉和腭降动脉，途中分出脑膜中动脉、颞深后动脉、下齿槽动脉、颊动脉、眼外动脉和颧动脉。颊动脉是上颌动脉的最大分支，可补偿面动脉的不足。分出小支分布于翼肌和颞深前动脉分布于颞肌后，经上颌结节与下颌骨前缘之间至面部，沿咬肌外侧面走行，在咬肌前缘分出眼角动脉、口角动脉、下唇动脉和上唇动脉，分布于上唇、下唇、颊腺、颧肌、下唇降肌和上唇降肌等。

（2）颈内动脉和枕动脉　二者常以一短的总干起始于颈总动脉。颈内动脉粗大，分出髁动脉入颅腔参与形成硬膜外后异网，髁动脉分出茎突突动脉至中耳；主干通过颈动脉孔入颅腔，分布于脑和脑膜。枕动脉走向背侧，分出脑膜后动脉入颅腔分布于脑膜，借枕支分布于枕区肌肉，借椎动脉与枕动脉的吻合支与椎动脉相连。

3. 前肢的动脉　腋动脉为锁骨下动脉的延续，是供应前肢的动脉主干，在分出三角肌支、胸廓外动脉和肩胛下动脉之后，移行为臂动脉。肩胛下动脉的分支有胸背动脉、旋肱后动脉、肩胛上动脉和旋肱前动脉。胸廓外动脉分出乳房支至前两对乳房。臂动脉在臂部的分支有臂深动脉、二头肌动脉、尺侧副动脉、肘横动脉、臂深动脉和骨间总动脉。骨间总动脉分出骨间前动脉后延续为骨间后动脉。骨间后动脉较粗，约在前臂下1/3分为骨间支和掌侧支，骨间支参与形成腕背侧网；掌侧支又分为深支和浅支，浅支参与形成掌浅弓，深支参与形成掌深弓。骨间前动脉较细，分出骨间返动脉分布于腕和指的伸肌，主干参与形成腕掌侧网。腕背侧网由尺侧副动脉的腕背侧支与骨间前动脉的腕背侧支或骨间后动脉的骨间支组成，位于腕关节背侧面，由此网分出掌背侧第2、第3和第4动脉，供应指背侧面，与前臂前浅动脉分出的指背侧第3总动脉相连。

4. 腹部的动脉 腹主动脉在分出髂外动脉和髂内动脉后延续为荐中动脉，向后延伸至尾部延续为尾中动脉，分布于尾部。腹前动脉在肾动脉前方自腹主动脉分出，在腰大肌外侧缘分为前、后两支，分布于腹壁肌。腹腔动脉分出膈后动脉后，分成肝动脉和脾动脉。肝动脉分成胰支、右外侧支、右内侧支、左支、胃右动脉和胃十二指肠动脉。脾动脉分出胃左动脉、憩室动脉、胰支和胃网膜左动脉。肠系膜前动脉分出胰十二指肠后动脉、空肠动脉（42~79条）、回肠动脉、回盲结肠动脉（分出结肠支、盲肠动脉、结肠系膜支、结肠右动脉和结肠中动脉）。腰动脉、肾动脉、肠系膜后动脉、卵巢动脉、睾丸动脉与牛的相似。

5. 骨盆腔的动脉 供应猪骨盆腔脏器和骨盆腔壁的荐中动脉和髂内动脉的分支情况与牛的相似，但猪的髂腰动脉分出闭孔动脉，猪的会阴腹侧动脉分出阴囊背侧支和阴唇背侧支，牛的则分出阴唇背侧和乳房支。

6. 后肢的动脉 供应猪后肢的动脉基本上与牛的相似。猪的阴部腹壁干不分出腹后动脉。隐动脉的后支在载距突远端分出足底内侧动脉和足底外侧动脉，每一足底动脉均分为浅支和深支。足底动脉的深支与足背动脉的远跗穿动脉共同构成足底深弓，由此弓分出跖底第2、第3和第4动脉，3条跖底动脉在跖远端相连后并入趾跖侧第3总动脉。足底动脉的浅支与隐动脉后支的延续干共同构成足底浅弓，由此弓分出趾跖侧第2、第3和第4总动脉，在趾部成为趾跖侧固有动脉分布于趾部。

（二）静脉分布的特点

静脉基本上与牛的相似。

1. 前腔静脉 每侧的颈内静脉、颈外静脉和锁骨下静脉汇集成臂头静脉，左、右臂头静脉汇合成前腔静脉，并有肋颈静脉和胸廓内静脉汇入。猪有两条腋静脉。

2. 前脚部的静脉 前脚部掌侧面的静脉：桡静脉掌深支与骨间后静脉掌支的深支组成掌深近弓，由此弓分出掌心第2~4静脉，3条掌心静脉在掌远端联合成掌心远弓，并与指掌侧第3总静脉相连。桡静脉掌浅支（与头静脉联合之后）与骨间后静脉掌支的浅支组成掌浅弓，由此弓分出指掌侧第1~4总静脉和第5指掌远轴侧静脉；正中静脉与指掌侧第3总静脉相连，由各指掌侧总静脉分出指掌侧固有静脉。

前脚部背侧面的静脉：腕背侧静脉网由桡静脉的腕背侧支、头静脉、副头静脉、骨间前静脉和尺侧副静脉组成，但该网不分出掌背侧第2~4静脉，后者由掌心第2~4静脉的第2~4近穿支分出，并与指背侧总静脉相连。副头静脉分内侧支和外侧支，这些分支彼此间及与头静脉间有吻合。副头静脉内侧支分出指背侧第2总静脉，外侧支分出指背侧第3和第4总静脉。指背侧总静脉接受掌背侧静脉后，分为指背侧固有静脉。

3. 门静脉 由肠系膜前静脉、肠系膜后静脉及脾静脉汇集而成，在向肝门延伸途中，有胃十二指肠静脉汇入。

4. 后脚部的静脉

(1) 跖侧面静脉 内侧隐静脉后支接受外侧隐静脉吻合支后,分出足底内侧静脉和足底外侧静脉。足底内侧静脉分为浅支和深支,足底外侧静脉接受外侧隐静脉后支和跗近穿支后分为浅支和深支。两足底静脉的深支与跗远穿静脉共同形成足底近深弓,由此弓分出跖底第 2~4 静脉,第 2 和第 3 跖底静脉分出第 2 和第 3 近穿支,并有分支与足底浅弓相连;3 条跖底静脉相连形成足底远深弓,并通过跖底第 3 静脉与足底浅弓相连。两足底静脉的浅支和内侧隐静脉后支共同组成足底浅弓,由此弓分出趾跖侧第 1~4 总静脉和第 5 趾跖远轴侧静脉,由趾跖侧总静脉分出趾跖侧固有静脉。

(2) 背侧面静脉 足背静脉分出跗内、外侧静脉和跗远穿支后延续为跖背侧第 3 静脉,接受跖底第 3 静脉分出的第 3 远穿支,连入趾背侧第 3 总静脉。跖背侧第 2 和第 4 静脉分别来自跖底第 2 和第 4 静脉的第 2 和第 3 近穿支。内侧隐静脉前支的内侧支和外侧支联合成干,并入外侧隐静脉前支,接受跗外侧静脉后,分出趾背侧第 2~4 总静脉,分别接受跖背侧第 2~4 静脉后,分为趾背侧固有静脉。

第八节 淋巴系统

猪的淋巴系统模式图见图 13-22。

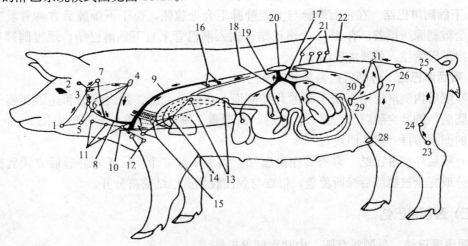

图 13-22 猪淋巴系统模式图
1. 下颌淋巴结 2. 腮腺淋巴结 3. 咽后外侧淋巴结 4. 颈浅侧淋巴结 5. 下颌副淋巴结
6. 颈浅腹侧淋巴结 7. 咽后内侧淋巴结 8. 左气管淋巴导管 9. 胸导管 10. 左颈静脉
11. 颈深淋巴结 12. 第 1 肋腋淋巴结 13. 纵隔后淋巴结 14. 气管支气管淋巴结
15. 纵隔前淋巴结 16. 纵隔背淋巴结 17. 肠系膜干 18. 腹腔干 19. 肠干
20. 乳糜池 21. 腰淋巴结 22. 腰干 23. 腘浅淋巴结 24. 腘深淋巴结 25. 坐骨淋巴结
26. 腹后淋巴结 27. 髂股淋巴结 28. 腹股沟浅淋巴结 29. 髂下淋巴结 30. 髂外侧淋巴结 31. 髂内侧淋巴结

一、淋巴管

1. 气管干(颈干) 左、右气管干由左、右咽后内侧淋巴结的输出淋巴管形成,直径 1~3mm,左气管干注入胸导管。右气管干和右前肢的淋巴管汇合形成右淋巴导管,长

2cm，管径5～6mm，注入臂头静脉或颈静脉。

2. 胸导管 在最后胸椎平面起始于乳糜池，沿胸主动脉右背侧前行，在第5（偶见第4或第6）胸椎平面转至左侧，于左锁骨下动脉与食管和气管之间前行，末端弯向腹侧，在第1肋骨前方2～15mm处汇入前腔静脉或臂头静脉。胸导管全长管径2～4mm。左气管干注入胸导管末部。乳糜池最宽处直径5～10mm，位于最后胸椎和前2～3个腰椎腹侧，在腹主动脉和右膈脚之间，有左、右腰干和肠干汇入。

二、淋巴结

猪的淋巴中心与牛、羊的一样，有18个。

猪淋巴结的皮质与髓质位置倒置，髓质在外周，皮质在中央；猪淋巴结的数目较少，大约190多个。

（一）头部淋巴结

1. 腮腺淋巴结 位于颞下颌关节腹侧、咬肌的后缘，部分或完全被腮腺前缘所覆盖。通常有2～8个淋巴结，形成长2.5～5.5cm的淋巴结群（索或团块）。

2. 下颌淋巴结 位于下颌骨的后腹侧缘、舌面静脉的腹内侧、胸骨舌骨肌的外侧和下颌腺的前方，有2～6个淋巴结，常形成长2～3cm的淋巴结群（索或团块）。

3. 下颌副淋巴结 在舌面静脉与上颌静脉汇合处腹侧，位于下颌腺后方胸骨乳突肌表面，完全被腮腺所覆盖，有2～4个淋巴结。输入淋巴管来自下颌淋巴结、颈腹侧部和胸前部。输出淋巴管注入颈浅淋巴结。

4. 咽后淋巴结 分咽后内侧和外侧淋巴。

（1）咽后内侧淋巴结 位于咽的背外侧面，在颈总动脉、颈内静脉和迷走交感干的背侧，被脂肪、胸乳突肌腱和胸腺（存在时）所覆盖。淋巴结有数个，常形成长2～3cm、宽1.5cm的卵圆形群（索或团块）。

（2）咽后外侧淋巴结 常有2个淋巴结，偶见1或3个，位于耳静脉后方锁乳突肌表面，部分或完全被腮腺后缘所覆盖，很难与颈浅腹侧淋巴结前群分开。

（二）颈部淋巴结

1 颈浅淋巴结 分颈浅背侧、中和腹侧淋巴结。

（1）颈浅背侧淋巴结 位于肩关节前上方的腹侧锯肌表面，被颈斜方肌和肩胛横突肌所覆盖，通常为一卵圆形的淋巴结群（索或团块），长1～4cm。

（2）颈浅中淋巴结 有不恒定的两群，位于臂头肌深面的颈外静脉表面。

（3）颈浅腹侧淋巴结 位于腮腺后缘和臂头肌之间，有3～5个，形成长的淋巴结链，沿臂头肌前缘从咽后外侧淋巴结伸向后下方。

2. 颈深淋巴结 分颈深前、中和后淋巴结。

（1）颈深前淋巴结 在喉与甲状腺之间位于前两个气管环表面，有1～5个，常缺如。引流区域为咽、喉、气管颈部、食管、胸腺、甲状腺和颈长肌。

（2）颈深中淋巴结 位于甲状腺背侧、气管腹外侧，有2～5个，大多数猪常缺如。

（3）颈深后淋巴结 不成对，有1～14个，位于甲状腺后方、气管腹侧，被胸腺所覆盖，且将该淋巴结与第1肋腋淋巴结分开。

（三）前肢淋巴结

无肘淋巴结和腋固有淋巴结。第1肋淋巴结位于第1肋骨前方、腋静脉腹侧、锁骨下肌深面和胸腺外侧面，有一个大的和1~4个小的淋巴结。

（四）胸腔的淋巴结

猪胸腔无肋间淋巴结、胸骨后淋巴结和纵隔中淋巴结。

1. 胸主动脉淋巴结 不成对，有2~10个淋巴结，位于胸主动脉与第6~14胸椎之间的纵隔内。肉品检验时常规检查。

2. 胸骨前淋巴结 不成对，有1~4个淋巴结，位于前腔静脉腹侧、两侧胸廓内动脉和静脉之间的胸骨柄表面。

3. 纵隔淋巴结 有纵隔前、后淋巴结。

（1）纵隔前淋巴结 位于心前纵隔内，散布于气管、食管和大血管附近，有1~10个淋巴结。肉品检验时常规检查。

（2）纵隔后淋巴结 位于主动脉弓后方，沿食管分布，有1~3个淋巴结。

4. 气管支气管淋巴结 有气管支气管左、中、右和前淋巴结。缺肺淋巴结。

（1）气管支气管左淋巴结 位于左奇静脉内侧，有2~7个淋巴结，长0.2~5cm。

（2）气管支气管中淋巴结 位于气管分叉处，有2~5个淋巴结，长0.3~2.5cm。

（3）气管支气管右淋巴结 位于前叶和中叶之间气管右侧面，有1~3个淋巴结，大小为0.3~2.0cm。

（4）气管支气管前淋巴结 位于气管支气管前方气管右侧面，有2~5个淋巴结，大小为0.4~3.5cm。

（五）腹壁和骨盆壁淋巴结

1. 腰主动脉淋巴结 位于腹主动脉和后腔静脉的外侧和腹侧（也见于背侧），由肾血管附近向后延伸至肠系膜后动脉，约有8~20个，长0.2~2.5cm。

2. 肾淋巴结 位于肾动、静脉附近，有1~4个，大小约0.25~1.5cm，难以与腰主动脉淋巴结区分开。肉品检验时常规检查。

3. 膈腹淋巴结 位于髂腰肌外侧面，偶见一侧或双侧缺如。输入淋巴管来自腹膜、腹肌和髂外侧淋巴结。输出淋巴管注入肾淋巴结、腰主动脉淋巴结、腰干或乳糜池。

4. 睾丸淋巴结 位于睾丸动脉和静脉表面。

5. 髂内侧淋巴结 位于旋髂深动脉起始部前方和后方，髂外动脉的内侧和外侧，有2~6个。输出淋巴管形成腰干，最后注入乳糜池。

6. 荐淋巴结 位于髂内动脉形成的夹角内、荐中动脉起始部附近，不成对，有2~5个，大小约0.25~1cm。

7. 髂外侧淋巴结 位于旋髂深动脉和静脉前支的前方、腹横肌后缘附近，包埋在髂腰肌腹外侧面脂肪中，有1~3个淋巴结，长0.3~2.6cm。

8. 肛门直肠淋巴结 位于直肠腹膜后部背外侧面，有2~10个，长0.2~2.2cm。

9. 子宫淋巴结　位于子宫阔韧带前部，邻近子宫卵巢血管，有1~2个。

10. 腹股沟浅淋巴结　母畜的称乳房淋巴结，公畜的称阴囊淋巴结。乳房淋巴结位于最后一对乳房后半部的外侧和后缘、阴部外血管前支的腹侧，长3~8cm，宽1~2.5cm。阴囊淋巴结位于阴茎外侧腹壁腹侧面、邻近阴部外血管前支，长3~7cm，宽1~2cm。肉品检验时常规检查。

11. 髂下淋巴结　位于髋结节与膝关节之中点、阔筋膜张肌的前缘，沿旋髂深动脉和静脉后支分布，有1~6个，长2~5cm，宽1~2cm。

12. 坐骨淋巴结　位于荐结节阔韧带外侧面、臀前血管后方1~3cm处，被臀中肌覆盖，有1~3个，长0.2~1.5cm。

13. 臀淋巴结　位于荐结节阔韧带后缘前方2~3cm处，在臀后血管背侧，有1~2个。输入淋巴管来自骨盆部后背侧区皮肤、附近的肌肉及腘淋巴结。输出淋巴管注入坐骨淋巴结、髂内侧淋巴结和荐淋巴结。

（六）后肢的淋巴结

1. 髂股淋巴结　亦称腹股沟深淋巴结，位于股深动脉附近，靠近阴部腹壁动脉干起始部。

2. 腘浅淋巴结　见于80%的猪，位于臀股二头肌与半腱肌之间的沟中、腓肠肌的跖背侧面，距皮肤2~3cm，包埋在小隐静脉（小腿外侧皮下静脉）表面的脂肪中，长0.5~3cm。

3. 腘深淋巴结　见于40%的猪，位于臀股二头肌和半腱肌之间腓肠肌表面、腘浅淋巴结前背侧3~6cm处，沿小隐静脉分布，长0.3~2.5cm。

（七）腹腔内脏淋巴结

1. 腹腔淋巴结　位于腹腔动脉及其分支附近，有2~4个，长0.3~4cm。

2. 肝淋巴结　位于肝门或门静脉表面，有2~7个，肉品检验时常规检查。

3. 脾淋巴结　沿脾动脉和静脉分布，一些淋巴结位于脾门背侧，有1~10个，长0.2~2.5cm。

4. 胃淋巴结　位于胃贲门或沿胃左动脉分布，有1~5个，长0.3~4.0cm。

5. 胰十二指肠淋巴结　位于胰和十二指肠之间，邻近胰十二指肠动脉，一些淋巴结包埋在胰中，有5~10个，长0.5~1.5cm。

6. 肠系膜前淋巴结　位于肠系膜前动脉起始部附近。

7. 空肠淋巴结　位于空肠系膜中，在肠系膜两侧形成较长的淋巴结索。

8. 回结肠淋巴结　位于回盲褶和回肠口附近，有5~9个，长0.6~3.2cm。

9. 结肠淋巴结　位于结肠圆锥轴心，邻近结肠右动脉及其分支，多达50个，长0.2~0.9cm。

10. 肠系膜后淋巴结　沿降结肠分布，有7~12个，长0.2~1.2cm。

三、胸　腺

胸腺分颈、胸两部。颈部发达，位于颈部气管两侧，向前伸达枕骨颈静脉突，颈部约占整个胸腺的70%。胸部位于心前纵隔内。胸腺呈黄白色至灰红色，腺体被结缔组织分隔成许多小叶。小猪的胸腺发达，大猪的则逐渐萎缩退化，胸腺开始退化的时间是两岁半左右。5月龄猪胸腺约重80g，2～3岁时平均约重33g。

四、脾

脾长而狭，长24～45cm，宽3.5～12.5cm，重90～335g。脾呈暗红色，质地较硬。脾长轴几乎呈背腹向，位于胃大弯左侧（左季肋部）；上端较宽，位于后3个肋骨椎骨端下方，前方为胃，后方为左肾，内侧为胰左叶；下端稍窄，位于脐部，靠近腹腔底壁。脏面有一纵嵴，将脏面分为几乎相等的胃区和肠区，分别与胃和结肠接触。脾门位于纵嵴上。壁面凸，与腹腔左侧壁接触。脾借胃脾韧带与胃疏松相连（图13-23）。

五、扁桃体

猪口、咽部的扁桃体有舌扁桃体、会厌旁扁桃体、腭帆扁桃体、咽扁桃体和咽鼓管咽口扁桃体，缺腭扁桃体。

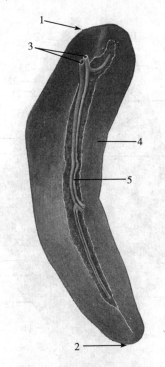

图13-23 猪脾（脏面观）
1. 背侧缘 2. 腹侧缘 3. 脾动静脉
4. 与胃接触面 5. 脾门以及其内血管
（引自Sisson，1938）

第九节 神经系统

一、脊 髓

猪的脊髓重42～70g，颈膨大主要由第7和第8颈髓节段组成，位于第6和第7颈椎椎管内；腰膨大不如其他家畜的明显，位于第6和第7腰髓节段，居第6腰椎椎管内；脊髓止于第2荐椎前缘与第3荐椎中部之间。脊髓横切面几乎呈圆形，颈、腰膨大处背腹向扁平。皮质脊髓束仅达第1颈髓节段。

二、脑

成年猪脑重96～164g，占体重的0.1%～0.3%（图13-24、图13-25）。

1. 延髓 比其他家畜的宽，左右宽度略大于长度。腹侧面的斜方体、面结节、橄榄核隆起和锥体均较显著。背侧面的薄束核结节小，楔束核结节大，前庭区略隆起，听结节不发达。外侧隐窝发达。

2. 脑桥 脑桥腹侧面的桥横纤维较平坦，腹侧中线的基底沟浅。脑桥臂几乎垂直地伸向小脑；脑桥前端厚而圆，背侧面菱形窝前部的内侧隆起明显。

3. 中脑 前丘短而粗，后丘细而长，很发达，这可能与猪的听觉比较敏捷有关。丘系三角显著。大脑脚粗而短，其内侧部小而平，外侧部宽而隆起。

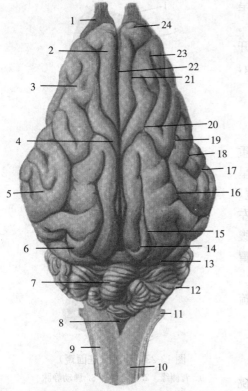
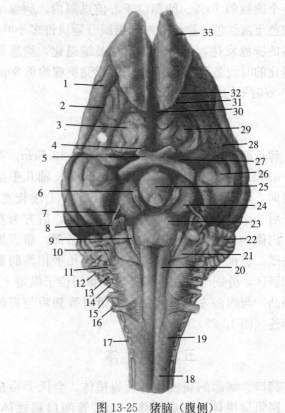

图 13-24　猪脑（背侧）

1. 嗅球　2. 额叶　3. 脑回　4. 顶叶　5. 颞叶
6. 枕叶　7. 小脑蚓部　8. 第4脑室　9. 延髓
10. 脊髓　11. 副神经根　12. 小脑半球
13. 外侧沟　14. 内侧沟　15. 缘沟
16. 中薛氏上沟　17. 薛氏外沟　18. 薛氏沟
19. 薛氏上沟　20. 十字沟　21. 冠状沟
22. 大脑纵裂　23. 对角沟　24. 薛氏前沟

（引自林辉，1990）

图 13-25　猪脑（腹侧）

1. 大脑外侧嗅回　2. 嗅沟　3. 嗅结节　4. 视神经　5. 视交叉
6. 动眼神经根　7. 滑车神经根　8. 三叉神经根　9. 外展神经根
10. 面神经根　11. 前庭耳蜗神经根　12. 第4脑室脉络层
13. 舌咽神经根　14. 迷走神经根　15. 副神经根　16. 舌下神经根
17. 副神经脊髓根　18. 脊髓　19. 延髓　20. 锥体　21. 斜方体
22. 小脑　23. 脑桥　24. 大脑脚　25. 脑垂体　26. 梨状叶后部
27. 对角回　28. 外侧嗅束　29. 梨状叶前部（嗅三角）
30. 内侧嗅束　31. 中间嗅束　32. 嗅脚　33. 嗅球

（引自林辉，1990）

4. 小脑　很宽，两侧的小脑半球大，小脑后脚与延髓其他部分的界限不如其他家畜的清楚，小脑中脚呈卵圆形，小脑前脚短、圆而粗。

5. 间脑　乳头体显著，大而色白，几乎呈球形。灰结节中、前部呈灰色，较隆凸，比乳头体宽。第3脑室背侧部比其他家畜的宽。松果体为很小的锥形体。丘脑前结节和丘脑枕小，内侧膝状体很发达，色灰而圆；外侧膝状体较平坦，不如牛的明显。

6. 端脑　猪的端脑比牛的小。外侧嗅回较宽，嗅三角明显；外侧嗅束、梨状叶前部和后部朝向外侧。额叶狭窄不发达，顶叶隆起较宽，颞叶向侧方突出，枕叶内收向下。其背侧轮廓呈规则的弧形。小脑面很平坦。脑沟和脑回比牛的少。

三、脊 神 经

脊神经 38~39 对。

1. 颈神经 有 8 对，其背侧支经椎外侧孔而腹侧支经椎间孔出椎管。①膈神经由 $C_{5\sim 7}$ 腹侧支组成；②臂神经丛由 $C_{5\sim 7}$ 和 T_1 的腹侧支组成。肩胛上神经成自 $C_{5\sim 7}$ 腹侧支。肩胛下神经有 2 支，成自 $C_{6\sim 7}$ 腹侧支。胸肌前神经成自 $C_{7\sim 8}$ 腹侧支。胸肌后神经成自 $C_{6\sim 7}$ 腹侧支。肌皮神经主要成自 $C_{6\sim 8}$ 腹侧支。腋神经成自 $C_{5\sim 7}$ 腹侧支。桡神经成自 $C_{7\sim 8}$ 和 T_1 腹侧支，在肱骨外侧上髁水平面分成深、浅两支。桡浅神经在掌中部附近分为内侧支和外侧支。内侧支分成第 2 指背远轴侧神经和第 2 指背侧总神经，外侧支分成第 3 指背侧总神经和交通支。尺神经成自 C_8 和 T_1 腹侧支，在前臂远侧半分成背侧支和掌侧支。背侧支在腕部分成内侧支和外侧支，内侧支加入桡浅神经的交通支成为第 4 指背侧总神经；外侧支延续为第 5 指背远轴侧神经；掌侧支分成内侧支和外侧支，内侧支成为第 4 指掌侧总神经，外侧支延续为第 5 指掌远轴侧神经。正中神经成自 $C_{7\sim 8}$ 和 T_1 腹侧支，在掌指关节平面分为第 2 和第 3 指掌侧总神经和交通支，交通支加入尺神经第 4 指掌侧总神经。胸长神经和胸背神经均成自 $C_{7\sim 8}$ 腹侧支，胸外侧神经成自 C_8 和 T_1 腹侧支。

2. 胸神经 有 15（14~16）对，其背侧支和腹侧支分别经背侧和腹侧椎外侧孔而不是椎间孔出椎管。肋间神经分出外侧和内侧乳腺支，分布于胸部和腹前部乳房。

3. 腰神经 有 6（5~7）对。有 7 对腰神经时，前 2 对腰神经分别为前和后髂腹下神经，第 3 对为髂腹股沟神经。若有 5 对腰神经时，髂腹下神经缺失，其分布的区域由最后胸神经代替。髂腹下神经和髂腹股沟神经主要支配脐后方和股前内侧的腹壁区。生殖股神经成自 $L_{2\sim 4}$（主要为 L_3）腹侧支。股外侧皮神经成自 L_3（有时 $L_{4\sim 5}$ 或 $L_{5\sim 6}$）腹侧支。股神经成自 $L_{3\sim 6}$ 腹侧支，通常由 L_5 形成主干。隐神经在小腿远端分为内侧支和外侧支，外侧支并入腓浅神经内侧支，延续成为第 2 趾背侧总神经，内侧支成为第 2 趾背内侧神经。闭孔神经起源同股神经。臀前神经成自 $L_{5\sim 6}$ 和 S_1（有时也有 $L_{3\sim 4}$ 和 S_2）腹侧支。臀后神经成自 $L_{5\sim 6}$（有时也有 $L_{5\sim 6}$ 和 S_1）腹侧支。坐骨神经成自 $L_{5\sim 6}$（有时也有 $L_{3\sim 4}$）和 $S_{1\sim 2}$ 腹侧支，在股中部或远端分成腓总神经和胫神经。腓总神经在胫骨外侧髁附近分为浅支和深支。腓浅神经在跖背侧面近端分为内侧支和外侧支：外侧支分出第 5 趾背外侧神经后延续为第 4 趾背侧总神经；内侧支向下延伸延续为第 3 趾背侧总神经，并在跖趾关节处接受来自腓深神经跖背侧第 3 神经的交通支，内侧支还分出一支与隐神经外侧支吻合后成为第 2 趾背侧总神经。胫神经在跟结节附近分为足底内、外侧神经。足底内侧神经在第 3 趾跖趾关节附近分为内侧支和外侧支，内侧支分出第 2 趾跖内侧神经后延续为第 2 趾跖侧总神经，外侧支分出交通支至足底外侧神经内侧支后延续为第 3 趾跖侧总神经。足底外侧神经分出第 5 趾跖外侧神经后延续为第 4 趾跖侧总神经。

4. 荐神经 有 4 对。阴部神经成自 $S_{2\sim 4}$（有时也见 S_1 和 S_4）腹侧支。直肠后神经成自 S_4（偶见 S_3）腹侧支。

四、脑 神 经

动眼神经、滑车神经、眼神经、上颌神经和外展神经均经眶圆孔出颅腔，下颌神经经破裂孔出颅腔。睫状神经节位于眼眶内视神经第 1 曲腹外侧面，借数个小支与动眼神经腹侧支相连，80% 的猪有副睫状神经节，位于视神经背外侧面，借 1 支或 2 支与睫状神经节相连，由这两个神经节发出睫状短神经。额神经在眶内分为滑车上神经和眶上神经。翼腭神经节位于翼腭窝内，被上颌神经和翼腭神经覆盖，由 4~8 个灰色小神经节借纤维连接成丛，有纤维与翼腭神经、上颌神经和翼管神经相连。耳神经节位于下颌神经前内侧面，呈不规则的半月形，借小支与下颌神经紧密相连。下颌神经节为单个圆形小神经节，位于下颌腺管远端背侧面。迷走神经远（结状）神经节发达，位于颈总动脉背侧、枕动脉后方。在颈部后 1/3，左侧迷走神经分出 1～2 支伴迷走交感干走向心。迷走背侧干较大，主要由右侧迷走神经构成，腹侧干主要由左侧迷走神经构成，穿过食管裂孔背侧进入腹腔，分出胃壁面支、胃脏面支、肝支、十二指肠支、胰支和肠支等分支至胃或腹腔肠系膜前神经丛，分布于腹腔内脏。

五、植物性神经

颈前神经节呈长梭形，位于颈静脉突根部的内侧，恰在颈内动脉的背侧。由神经节的后外侧分出一粗支至颈动脉窦。颈中神经节位于第 6 颈椎腹侧骨板的后方、在交感干的腹侧，很小，呈前粗后细的圆锥状。颈胸神经节位于第 1 肋椎骨端的内侧，恰在臂神经丛的内侧；但大多数猪的颈后神经节与第 1 胸神经节分离存在。内脏大神经穿过膈脚的外侧进入腹腔，至肾上腺的内侧，分 3 支入腹腔神经丛。在丛内有腹腔神经节和肠系膜前神经节。腹腔神经节有 1 支至肾神经丛。腰部交感干自第 14 胸椎向后位于腰肌腹侧缘与血管之间，在膈脚附着部的外侧面向后伸延，入骨盆腔前，神经干上有 4 个腰神经节，在第 6 腰椎下的神经节最大，前两个较小。该部有交通支向腹侧接肠系膜后神经节。

第十四章

骆驼的解剖结构特征

骆驼属有双峰驼和单峰驼两种,美洲驼属的形态结构与骆驼属类似,有美洲驼、羊驼、原驼和骆马 4 种,在此也有略述。

第一节 骨学和关节学

一、骨 学

(一) 躯干骨

骆驼的躯干骨解剖见图 14-1。

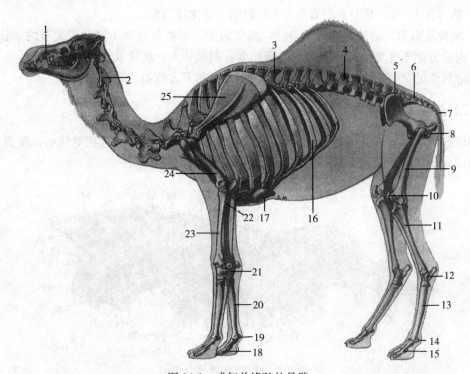

图 14-1 成年单峰驼的骨骼

1. 头骨 2. 颈椎 3. 胸椎 4. 腰椎 5. 髂骨 6. 荐骨 7. 尾椎 8. 坐骨 9. 股骨
10. 膝盖骨 11. 胫骨 12. 跗骨 13. 跖骨 14. 近籽骨 15. 趾骨 16. 肋骨 17. 胸骨
18. 指骨 19. 近籽骨 20. 掌骨 21. 腕骨 22. 尺骨 23. 桡骨 24. 肱骨 25. 肩胛骨

(引自雷治海等,2001)

1. 脊柱 骆驼的脊柱由 46~51 枚椎骨组成。脊柱式为 $C_7 T_{12} L_7 S_5 Cy_{15\sim20}$。

(1) 颈椎 共有 7 枚。骆驼的颈部很长,颈椎也相应较长。颈部脊柱的总长约为 1m。

寰椎形态与马的相似，但无横突孔。枢椎的椎体在诸颈椎中最长，形态与马的相似，椎头形成齿突；腹侧嵴在椎体后2/3出现，腹侧嵴后端有一突出的粗隆；横突向后倾斜，末端呈结节状；横突孔不经过横突，位于椎弓根的前半部，开口于椎管。第3～5颈椎椎体长，它们和枢椎构成了骆驼颈部修长的骨质基础，棘突不发达或者说几乎没有，前关节突由椎弓基部向前伸出，横突前支呈板状，垂向腹侧，后支平行向后，较小。第6颈椎相对较短，横突背侧结节小，腹侧板巨大，与椎体垂直，在其腹侧缘有一大的切迹。第7颈椎最短，棘突隆突呈嵴状，横突板状平伸出来，并于前、后端各形成一结节。

（2）胸椎　共12枚。前两枚胸椎椎体最长，后续椎骨的椎体逐渐变短，无椎外侧孔。3～5胸椎棘突最高。椎后切迹深，与相邻胸椎浅的椎前切迹一起形成椎间孔。

（3）腰椎　有7枚。第1腰椎横突最短，稍弯向前方，骆驼的中部有一明显向前的小突起。第2～5腰椎横突依次渐长，稍弯向前方。第6腰椎横突比第5腰椎的略短，第7腰椎的显著变细，向前的弯度较大。弓间隙从前向后增大。

（4）荐椎　有5枚，前4枚愈合称荐骨，第5枚通常不与第4枚愈合。第1和第2荐骨椎体之间有缝，背侧有较大的弓间隙，其余的较小。各椎骨的棘突不愈合。

（5）尾椎　有15～21枚，平均为15～17枚。

2. 肋　有12对，其中8对真肋，4对假肋。肋体较细窄。

3. 胸骨及胸廓　骆驼的胸骨呈舟状，胸骨柄尖，每侧有与第1对肋成关节的细长关节；胸骨体向后方逐渐变宽，每一胸骨片中部缩细，两端扩大；剑状软骨小。

胸廓较牛的窄而长，胸廓后口为长椭圆形，向前下方倾斜。肋弓较长。

（二）头骨（图14-2）

骆驼头骨的形状和结构与其他反刍动物明显不同，但由于其额骨相对较小，颅顶主要由顶骨构成。所以，从骆驼头骨的整体外形来看，更接近马的头骨。

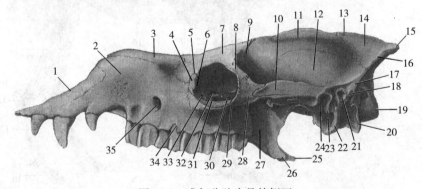

图14-2　成年公驼头骨外侧面

1. 切齿骨　2. 上颌骨　3. 鼻骨　4. 泪骨　5. 滑车下切迹　6. 泪囊窝　7. 额骨
8. 额骨颧突　9. 颞线　10. 颧弓　11. 顶骨　12. 颞骨鳞部　13. 外矢状嵴
14. 枕骨　15. 枕外隆突　16. 项嵴　17. 乳突　18. 茎乳突孔　19. 枕髁
20. 颈静脉突　21. 外耳道　22. 鼓泡　23. 关节后突　24. 下颌窝　25. 翼突钩
26. 底蝶骨翼突　27. 腭骨垂直板　28. 颧骨颞突　29. 颧骨　30. 蝶腭孔
31. 上颌孔　32. 通鼻腔之孔　33. 通鼻腔之孔　34. 齿槽缘　35. 眶下孔

（引自雷治海等，2001）

1. 颅骨

（1）枕骨　成年骆驼颅腔的后壁全由枕骨构成。枕骨的背缘横向且薄锐，构成头骨的最高点，称为项嵴；髁背侧窝的背外侧角沿枕颞缝有一个大的乳突孔。

（2）顶骨　参与构成颅腔的顶壁，为蚌壳状隆起的成对扁骨。

（3）额骨　参与构成颅腔顶壁，在顶骨之前，平坦而宽阔，但不如牛的发达，无角突。其颧突（眶上突）抵达颧弓，围成完整的眼眶。

（4）顶间骨　与枕骨鳞部完全愈合，难以分辨。

（5）颞骨　构成颅腔侧壁，其鳞部为蚌壳状隆起的扁骨；岩部不规则，骨质外耳道较大，鼓泡较牛的小。岩部和鳞部不发生愈合。

（6）蝶骨　构成颅腔的底壁，其一对翼突发达，形成尖突略弯向两侧后方。

2. 面骨

（1）鼻骨　基部向两侧伸出，增加了与额骨和上颌骨连接的牢固性，其游离部较短。

（2）上颌骨　没有明显的面嵴或面结节，眶下孔较大。上颌骨前面有犬齿槽，其后有第一前臼齿槽，母驼有时缺第一前臼齿槽。

（3）切齿骨　切齿骨构成骨质鼻孔的外侧缘，有一个切齿槽，母驼有时缺如。

（4）下颌骨　下颌骨的下颌体前部有切齿槽、犬齿槽和第一前臼齿槽（母驼有时缺如），后部有臼齿槽，两部分之间为齿槽间缘。下颌支的下颌髁下方有一角突（图14-3）。

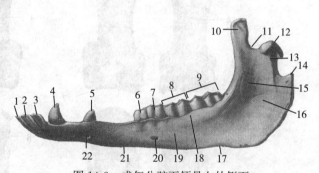

图14-3　成年公驼下颌骨左外侧面
1～3. 第1～3 切齿　4. 犬齿　5. 第1前臼齿　6. 第2前臼齿
7～9. 第1～3 臼齿　10. 冠状突　11. 下颌骨切迹
12. 下颌髁　13. 髁突　14. 角突　15. 咬肌窝　16. 下颌支
17. 面血管切迹　18. 齿槽缘　19. 下颌体
20. 颏后孔　21. 腹侧缘　22. 颏孔
（引自雷治海等，2001）

（5）翼骨　缺如。

（6）舌骨　舌骨无舌突，舌骨体是横位的短四方体。

3. 鼻旁窦　主要的鼻旁窦为额窦和上颌窦。额窦不如牛的发达。

（三）前肢骨

1. 肩胛骨　冈结节较小，肩峰明显。

2. 肱骨　近端的外侧结节（大结节）不如牛的发达，内侧结节均可分为前后两部。结节间沟宽而浅，具有沟间嵴。三角肌粗隆较牛的突出。

3. 前臂骨　由桡骨和尺骨组成，在幼年驼，两骨界线清楚，成年驼愈合，但有小的骨间隙可见到尺骨与桡骨的愈合线，在远侧滑车关节面上也有细的愈合线。

4. 腕骨　有7枚，分为两列。近列腕骨4枚，副腕骨呈两侧扁的三角形，并向近端突出。远列腕骨3枚，由内向外依次是第2、第3、第4腕骨，第4腕骨两侧扁，并向上突出。

5. 掌骨 骆驼的掌骨有2枚，即第3掌骨和第4掌骨。2枚掌骨近端4/5部分愈合，远侧1/5部分是分开的，分别形成独立的关节面与对应指成关节，该关节面在背侧较光滑平整，无矢状嵴，从远端正中开始向掌侧有矢状嵴，使其关节面呈滑车状。

6. 指骨和籽骨 骆驼有2指，即第3指和第4指，每一指由3枚指节骨和2枚近籽骨组成。各指骨关节面仅掌侧有矢状沟和纵沟。远指节骨又称蹄骨（爪骨），小，呈楔形。近籽骨略呈楔形，尖朝向近侧。骆驼无骨性远籽骨，但有软骨性远籽骨（图14-4）。

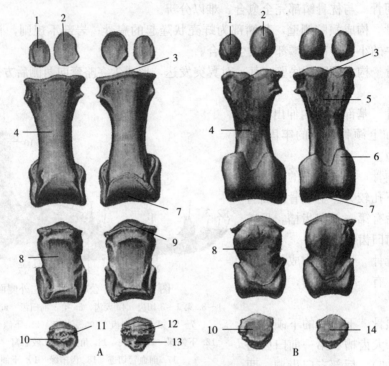

图 14-4 骆驼左前肢指骨
A. 背侧面　B. 掌侧面
1. 远轴侧近籽骨　2. 轴侧近籽骨　3. 近指节骨关节凹　4. 近指节骨
5. 近指节骨三角　6. 远轴侧关节突起　7. 远侧关节面　8. 中指节骨
9. 中指节骨的关节凹　10. 远指节骨　11. 爪嵴　12. 轴侧孔　13. 背侧缘　14. 屈肌面
(引自雷治海等，2001)

（四）后肢骨

1. 髋骨 髂骨翼比牛的大，髋结节较尖；坐骨棘外侧面有5条或6条突出的横棘。坐骨结节较小。

2. 股骨 相对较纤细，骨干略向前凸起。大转子比股骨头稍低，未分开，但在前面有一水平的高起区，其外侧有一平坦表面为肌肉止点。小转子位于股骨体近端内侧，朝向后方，外侧面粗糙。无第3转子。

3. 髌骨 细长，长约为宽的2倍。

4. 小腿骨 与牛的相似。有踝骨。

5. 跗骨 跗骨有6枚，分成3列，近列是距骨和跟骨，中列是中央跗骨，远列是第1～

4 跗骨，其中第 2 和第 3 跗骨愈合。

6. 跖骨、趾骨和籽骨 骆驼的跖骨只有 2 枚，即第 3 和第 4 跖骨，第 3 和第 4 跖骨愈合情况与前肢掌骨相似，跖骨与掌骨长度相等，但跖骨骨体更纤弱，为正方形，远端及其关节面较小。其最大的特点是近端关节面跖侧有一个尖突。愈合部分跖侧有很深的沟。趾骨和籽骨与前肢相似。

二、关 节 学

（一）躯干骨的连接

躯干骨的关节与牛的基本相似，项韧带分成左右两半，每半又分为索状部和板状部。索状部呈圆索状，起始于枕外隆突。从第 2 颈椎向后，由于它接受来自板状部的纤维而逐渐变平坦、强大。从第 1 胸椎起，它形成强大、几乎呈矢状排列的韧带板（图 14-5），附着于胸椎棘突游离端的外侧面。在第 4~6 胸椎平面最宽。背肩胛韧带的中间筋膜层与这一部分较薄的腹侧缘愈合。背肩胛韧带的深层在背最长肌与髂肋肌之间止于肋骨，浅部则伸过髂肋肌和肋间外肌表面，在这些肌肉的第 4~9 肋之间近端区域形成黄色弹性层。南美洲驼属无此结构。板状部以

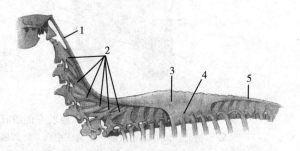

图 14-5　骆驼项韧带和棘上韧带（左侧面）
1. 项韧带索状部　2. 项韧带板状部　3. 板样矢状部
4. 代表背肩胛韧带中层的弹性扩展部　5. 棘上韧带
（引自雷治海等，2001）

弹性索起始于第 2~7 颈椎棘突。来自第 2~6 颈椎棘突的成分走向后背侧，并在加入索状部之前互相愈合。来自第 7 颈椎的成分不加入索状部，单独附着于第 1 和第 2 胸椎棘突的游离端。

（二）头骨的连接

基本上与牛的相似。

（三）前肢骨的连接

（1）肩关节　与牛的相似。关节囊宽松，无特殊的韧带。

（2）肘关节　关节囊的后部较宽松而薄，驻立状态时可在鹰嘴窝内形成一宽敞的隐窝。此处有特有的肩关节肌（囊肌）牵引此囊，以免被骨质挤压。关节囊的前部较厚。该关节具有强韧的侧副韧带。

（3）腕关节　构造基本同牛的，但腕骨间韧带较牛的多。

（4）指关节　包括掌指关节、近指间关节和远指间关节（图 14-6）。

掌指关节又称为系关节或球节，有掌近侧隐窝和背近侧隐窝，掌近侧隐窝在掌骨与骨间中肌之间、籽骨上方伸展 30mm。关节囊背侧由一强纤维层加强，呈楔形嵴突入关节面之间的关节腔内。

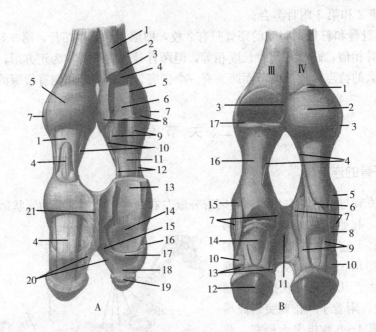

图 14-6　骆驼左侧前肢指关节韧带

A. 掌侧面：1. 指浅屈肌腱　2. 骨间中肌　3. 屈肌腱筒　4. 指深屈肌腱　5. 掌侧环韧带
6. 掌侧韧带　7. 侧副韧带　8. 籽骨侧副韧带　9. 籽骨直韧带　10. 指间纤维带
11. 近指节骨　12. 冠关节掌侧韧带　13. 中间板　14. 中指节骨　15、16. 软骨性远籽骨近侧韧带
17. 软骨性远籽骨　18. 软骨性远籽骨远侧韧带　19. 远指节骨
20. 从爪和远指节骨到指间韧带的纤维带　21. 指间韧带
B. 背侧面：1. 掌指关节囊背侧隐窝　2. 关节囊纤维层　3. 掌指关节侧副韧带
4. 指间纤维带　5. 弹性掌远轴侧韧带　6. 指伸肌断缘　7. 冠关节侧副韧带
8. 软骨性远籽骨远轴侧韧带　9. 第 4 指的背侧弹性带　10. 软骨性远籽骨侧副韧带
11. 指间韧带　12. 爪　13. 蹄关节侧副韧带　14. 中指节骨
15. 第 3 指软骨性远籽骨远轴侧韧带　16. 近指节骨　17. 关节囊滑膜形成的嵴

（引自雷治海等，2001）

　　近指节间关节又称为冠关节，关节囊形成一大的掌侧隐窝和一较小的背侧隐窝，掌侧隐窝向上伸至第 1 指节骨中部。
　　远指节间关节又称为蹄关节，由中指节骨远端和远指节骨近端组成。关节囊形成一小的近背侧隐窝和一较大的掌侧隐窝，后者沿中指节骨掌侧面远侧 1/3 延伸。

（四）后肢骨的连接

　　荐髂关节、髋关节、跗关节以及膝关节基本上与牛的相似。
　　趾关节与前肢相应的关节结构相同。

第二节　肌　　学

　　单峰驼的全身浅、中层肌见图 14-7、图 14-8。

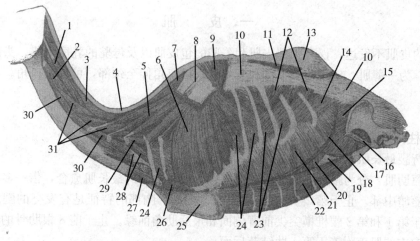

图 14-7 单峰驼躯干肌浅、中层

1. 头最长肌 2. 寰最长肌 3. 头半棘肌 4. 项韧带（索状部） 5. 颈腹侧锯肌 6. 胸腹侧锯肌
7. 颈菱形肌 8. 肩胛骨 9. 胸菱形肌浅部 10. 胸腰筋膜 11. 斜方肌胸部切缘 12. 后背侧锯肌
13. 驼峰 14. 肋退肌 15. 腹内斜肌 16. 腹股沟韧带 17. 耻前韧带 18. 腹外斜肌的腱膜切缘 19. 腹膜
20. 腹横肌 21. 腹外斜肌 22. 腹直肌 23. 肋间内肌 24. 肋间外肌 25. 胸骨 26. 胸直肌
27. 胸头肌和胸骨甲状舌骨肌 28. 腹侧斜角肌 29. 中斜角肌 30. 颈背侧横突间肌 31. 颈最长肌

(引自雷治海等，2001)

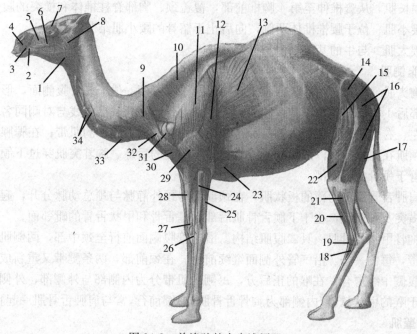

图 14-8 单峰驼的全身浅层肌

1. 面皮肌 2. 颊肌浅部 3. 口轮匝肌 4. 鼻唇提肌 5. 颧骨肌 6. 颧肌 7. 额肌 8. 咬肌 9. 锁乳突肌和颈肌
10. 斜方肌 11. 三角肌 12. 臂三头肌长头 13. 背阔肌 14. 臂中肌 15. 阔筋膜张肌 16. 臂股二头肌
17. 半腱肌 18. 趾外侧伸肌腱 19. 趾长伸肌 20. 第3腓骨肌 21. 腓骨长肌 22. 股四头肌 23. 胸升肌
24. 指外侧伸肌 25. 腕尺侧伸肌 26. 指总伸肌 27. 拇长外展肌 28. 腕桡侧伸肌 29. 臂三头肌外侧头
30. 锁臂肌 31. 臂二头肌 32. 锁腱划 33. 胸头肌 34. 颈横突间肌

(引自雷治海等，2001)

一、皮 肌

骆驼的皮肌不发达，仅有头部皮肌和公驼的包皮肌以及母驼的乳房上肌。头部皮肌又称为面皮肌，为一薄肌，位于咬肌下部和腮腺区，由口角伸至颈部，可退缩口角。

二、躯 干 肌

1. 脊柱背侧肌

（1）背腰最长肌　可分为颈最长肌、胸最长肌和腰最长肌。

（2）髂肋肌　分为腰部和胸部。腰部完全与位于内侧的最长肌愈合，借一多肌质的附着部起始于髂嵴中部，止于第2～7腰椎横突尖背侧面。胸部的特征是有发亮的腱质止点。以腱质起始于第1和第2腰椎横突尖前背侧面和最后肋角前缘。止于前8根肋骨的后缘，止点交错，最前方的肌束附着于第1肋结节后面。

（3）夹肌　缺如。

（4）头寰最长肌　起始于第2～7颈椎关节突。

（5）头半棘肌　起始于第1～4胸椎横突以及后5枚颈椎的关节突，与牛不同，不起始于棘横筋膜；借一扁平腱膜止于枕骨项面。

2. 脊柱腹侧肌

（1）颈长肌　从寰椎伸至第4胸椎前部，覆盖颈、胸部脊柱椎体和横突的腹侧面。

（2）腰小肌　位于腰椎椎体两侧，向后止于髂骨的腰小肌结节。

（3）腰大肌　与牛的基本相似。

3. 颈腹侧肌

（1）胸头肌　常与胸骨甲状舌骨肌共同起始于胸骨柄，位于气管腹侧面，形成颈的腹侧缘。在颈部后1/3处，与位于其背侧的胸骨甲状舌骨肌分开，沿中线与对侧同名肌愈合。在颈中部，左、右两肌分开，成为腱带；在颈前部很快又成为扁平的肌带；在腮腺部分为两条腱。胸下颌肌在腮腺深面以圆形的纤维束止于下颌支的后缘。胸乳突肌穿过下颌腺深面，以扁平腱附着于颅骨的乳突部。

（2）肩胛舌骨肌　为薄的板状肌，在颈前部将颈外静脉与颈总动脉分开，起始于第2和第3颈椎横突及颈筋膜，止于下颌舌骨肌后部、基舌骨和甲状舌骨的毗邻面。

（3）胸骨甲状舌骨肌　具二腹肌结构。沿气管腹侧面前行至颈中部，两侧肌肉分开，成为两条腱带，每侧一条，沿气管外侧面继续前行。在颈前部，两条腱带又重新成为肌带，其内侧缘沿腹侧中线愈合。在喉的正后方，每侧的肌带分为内侧部与外侧部，外侧部为胸骨甲状肌，止于喉的甲状软骨；内侧部为胸骨舌骨肌，继续前行，常与肩胛舌骨肌一起止于基舌骨。

4. 胸壁肌

（1）肋间内肌和肋间外肌　最后两根肋间隙除背侧有少数肋间外肌的肌束外仅有肋间内肌，第5至7肋软骨间隙有肋间内肌，其余肋软骨间隙由脂肪和致密结缔组织填充。

（2）膈　与牛的相似。

（3）斜角肌　分为两部，仅存在中斜角肌和腹侧斜角肌，缺背侧斜角肌。中斜角肌由浅、深肌束组成，从第7颈椎横突伸至第1肋，浅部止于肋骨头下方，深部主要附着于肋骨头。腹侧斜角肌起始于第5～7颈椎横突，肌束汇聚后止于腋动、静脉背侧和臂神经丛根腹侧的第 1 肋前外侧面。

5. 腹壁肌

（1）腹外斜肌　起始于背阔肌腱膜腹侧缘和第 6~10 肋骨远端外侧面的筋膜，在后上方借胸腰筋膜附着于腰椎横突的末端。肌纤维走向后下方，肌质部的下缘为稍弯曲的弧线，从髋结节伸至胸骨，肌质部延续为腱膜，附着于白线、耻骨前韧带、腹股沟韧带和股内侧筋膜。

（2）腹内斜肌　肌质部厚，起始于胸腰筋膜、髋结节和腹股沟韧带，在前方与肋退缩肌相延续，呈扇形伸向前腹侧，在腹直肌外侧缘移行为腱膜，止于腹白线。

（3）腹直肌　起始于最后胸骨片及第 7 和第 8 肋软骨，位于腹白线两侧，宽而扁，有数条腱划，向止点方向肌腹逐渐变细，以耻骨前韧带附着于耻骨。

（4）腹横肌　较薄，起始于髋结节、胸腰筋膜和肋弓内侧面，位于腹内斜肌内侧面。

三、头 部 肌

1. 咀嚼肌

（1）咬肌　分浅部和深部。浅部起始于眶缘腹侧面和颧弓的前部，肌纤维走向后腹侧，止于下颌骨的咬肌窝。深部走向腹侧和前腹侧，起始于颧弓，止于下颌骨支的凹窝。

（2）翼肌　位于下颌骨内表面，也可分为翼内肌和翼外肌。

（3）颞肌　分布于颞窝内，结构与牛的类似。

2. 面肌

（1）鼻唇提肌　薄，起始于鼻区筋膜，在后方与颧骨肌相延续。此肌走向前腹侧，止于口轮匝肌和上（内侧）鼻孔外侧角。

（2）上唇提肌、犬齿肌和上唇降肌　此三肌较小，共同起始于眶下孔前腹侧一小区，浅层难以看到，肌纤维分别走向背侧、前背侧和前方。

（3）下唇降肌缺如。

（4）颧肌　为一带状肌，在眶下方起始于咬肌筋膜，在口角附近止于颊肌。

（5）颊肌　分为颊部和臼齿部。其前部称为颊部，由边界清楚的浅带和深部组成，浅带由眶下孔前方的一小区伸向口角。深部起始于浅部前方，走向后腹侧。浅部与口轮匝肌相混杂，而深部附着于口角，呈扇形伸向颊。少数走向腹侧的肌束也起始于下颌骨齿槽间缘。臼齿部较发达，其纤维前后纵行，起始于上颌结节和下颌支及上、下颌的齿槽缘。臼齿部与颊部相延续，其起始部被咬肌遮盖。

（6）颏肌　由颏隆起部呈放射状排列的肌束组成，可使它所附着的皮肤隆起和起皱。

（7）鼻孔肌　括约肌，可使鼻孔闭合。鼻端开大肌和鼻内侧开大肌分别起始于鼻背外侧软骨，它们单独作用时，可开大鼻孔。在鼻唇提肌的深层，可见发达的鼻外侧肌，其纤维从鼻孔伸向切齿骨，也可开大鼻孔。

（8）切齿肌　分上切齿肌和下切齿肌。上切齿肌发达，起始于切齿骨的齿槽突，辐射入上唇。一些纤维横向越过中线。下切齿肌不如上切齿肌宽阔，以纤细的扁平肌束起始于下颌骨切齿部的齿槽缘，止于下唇。

3. 舌骨肌

（1）下颌舌骨肌　为带状肌，位于下颌间隙皮内。

（2）茎舌骨肌　起始于茎突舌骨角，走向腹侧，止于甲状舌骨游离端。

四、前肢肌

1. 肩带肌（图 14-7、图 14-8） 骆驼的此部肌中缺肩胛横突肌。

(1) 斜方肌 扁平，以腱膜起始于第 6 颈椎至第 9 胸椎之间的项韧带和椎骨棘突上方的背中线，肌纤维向下汇聚，以腱膜止于肩胛冈，可分为颈、胸两部。

(2) 菱形肌 颈菱形肌仅由单个肌束组成，起始于颈背侧中线的筋膜，止于肩胛软骨内侧面的前 2/3，在腹侧与颈腹侧锯肌融合。胸菱形肌发达，由两部分组成。浅部呈扇形，位于背阔肌和胸斜方肌腱膜的深面，起始于第 3~6 胸椎上方的棘上韧带，止于肩胛软骨后部的外侧面。深部起始于前两枚胸椎上方的项韧带，小的腹侧部分附着于腹侧锯肌正上方的肩胛软骨内侧面，并与腹侧锯肌融合。

(3) 臂头肌 不发达。起于第 5、6、7 颈椎横突以及颈部筋膜，止于肱骨大结节。该肌肉在颈部下 1/3 处形成颈静脉沟的上界。

(4) 背阔肌 以腱膜起始于胸腰筋膜，向前可达第 5 胸椎棘突，在第 9 肋间隙变为肌质，并向下汇聚止于肱骨的大圆肌粗隆。背阔肌腹侧缘比背侧缘薄，其前背侧部位于肩胛骨后角外侧，并被斜方肌所覆盖；该肌有一部分位于冈下肌表面；其腱膜覆盖胸菱形肌浅层。背阔肌下部与覆盖臂三头肌的筋膜融合，并与大圆肌共同止于大圆肌粗隆。

(5) 腹侧锯肌 分颈、胸两部，汇聚止于肩胛骨的锯肌面和肩胛软骨的后部。颈腹侧锯肌有 3 个或 4 个肌束，通过附着于背侧结节的腱带起始于最后 4 枚或 5 枚颈椎，起始于第 3 颈椎表面筋膜的肌束退化。在前锯肌面的止点为肌质，在背侧与菱形肌的止点融合。胸腹侧锯肌比颈腹侧锯肌大而富含腱质，起始于前 9 根肋骨的外侧面。以部分肌质、部分腱质附着于肩胛软骨两侧的后面，以完全的腱质止于锯肌面的后部。

(6) 胸肌 与牛的相似。

2. 肩部肌（图 14-9）

(1) 冈上肌 位于冈上窝内，富含腱质。远端分为两支，分别止于肱骨内侧、外侧结节的前部。

(2) 冈下肌 位于肩胛骨的冈下窝及毗邻的肩胛软骨的一小区，以扁平的强腱止于肱骨大结节的后部。冈下肌与小圆肌紧密相连，共同形成一功能单位。

(3) 三角肌 分为肩峰部和肩胛部，止于三角肌粗隆。

(4) 肩胛下肌 富含腱质的复羽状肌，起始于肩胛骨的肩胛下窝，以一宽大的扁腱止于肱骨的小结节。

(5) 大圆肌 呈长梭状，位于肩臂部内侧面，起自肩胛骨后缘近侧，止于肱骨的大圆肌粗隆。

(6) 小圆肌 与冈下肌融合，共同起始于冈下窝和肩胛骨后缘中 1/3，其起始处的腱膜与冈下肌深面融合，其肌腹在冈下肌后远侧部浅出表面，以一扁腱越过关节囊后止于小圆肌结节。

(7) 喙臂肌 沿肱骨内表面延伸，呈扁梭形，与牛的相似。

3. 臂部肌

(1) 臂二头肌 由明显分开的两部分组成，以总起始腱起始于盂上结节，在结节间沟的近下方，此肌分为两部分，即纺锤形的内侧肌腹和多腱质的前外侧部分，其远侧变成一圆形腱。从肌腹中分出的腱支不很发达。

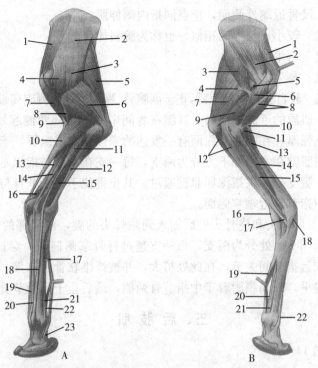

图 14-9 骆驼左前肢肌

A. 外侧面：1. 冈上肌 2. 冈下肌，被三角肌腱膜所覆盖 3. 三角肌肩胛部 4. 三角肌肩峰部 5. 臂三头肌长头 6. 臂三头肌外侧头 7. 臂二头肌 8. 臂肌 9. 纤维带 10. 腕桡侧伸肌 11. 指外侧伸肌 12. 腕尺侧伸肌 13. 指内侧伸肌 14. 指总伸肌 15. 指深屈肌 16. 拇长外展肌 17. 指浅屈肌腱 18. 指外侧伸肌腱 19. 指内侧伸肌腱 20. 指总伸肌腱 21. 骨间中肌 22、23. 指深屈肌腱

B. 内侧面：1. 冈上肌 2. 肩胛下肌 3. 大圆肌 4. 背阔肌断端 5. 肩关节肌 6. 喙臂肌 7. 臂三头肌长头 8. 臂二头肌 9. 臂三头肌内侧头 10. 纤维带 11. 臂肌 12. 腕尺侧屈肌 13. 腕桡侧屈肌 14. 指深屈肌 15. 腕桡侧屈肌 16. 腕尺侧屈肌在副腕骨的止点 17. 腕尺侧屈肌的内侧止点 18. 拇长外展肌 19. 指浅屈肌腱 20. 指深屈肌腱 21. 骨间中肌 22. 第3指固有伸肌腱

（引自雷治海等，2001）

（2）臂肌　与牛的相似。

（3）臂三头肌　也由3部分构成，其中外侧头比牛的发达，内侧头较薄弱。

（4）前臂筋膜张肌　缺如。

4. 前臂及前脚部肌　骆驼此部肌肉共有10块肌肉，其中5块位于前臂背侧及背外侧，其余5块位于前臂掌侧。

（1）腕桡侧伸肌　形态与牛的相似。

（2）指总伸肌　起自肱骨远端外侧上髁和桡窝，指总伸肌腱主干在掌指关节处分为两支。每一支均分出闪光的远轴侧细腱，细腱向下止于每一指中指节骨远端远轴侧面，主干止于远指节骨近端背侧面。

（3）指内侧伸肌　同牛的，称为第3指固有伸肌。起始端同指总伸肌，肌腹和其愈合，但分界也可看到，其腱有一部分止于第3近指节骨近端背侧面，而其远轴侧部继续向下止于近指节骨的远端和中指节骨的近端。

（4）指外侧伸肌　同牛的，称为第4指固有伸肌，较发达。起于肱骨外侧上髁、肘关节外侧副韧带及桡骨、尺骨近端外侧面，止点同指内侧伸肌。

(5) 拇长外展肌　较小，与牛的相似，也称为腕斜伸肌。

(6) 腕桡侧屈肌　与牛的相似。

(7) 腕尺侧屈肌　与牛的相似。

(8) 腕尺侧伸肌　起自肱骨内侧上髁，止于副腕骨、腕关节外侧侧副韧带和掌的后外侧面。

(9) 指浅屈肌　肌质的近侧部缺失。其腱在骨间中肌起始部两侧起始于副腕骨和掌骨，外侧起点比内侧起点强厚。在腕关节屈面有一发达的弹性结缔组织层，于腕关节下方止于该腱的掌侧面。指浅屈肌腱在掌中部下方分为两支，每一支在系部与指深屈肌的腱支伴行，在系关节的远端，每一腱支分叉供指深屈肌腱通过，其止腱位于近指节骨与指深屈肌之间，以中纤维软骨板止于中指节骨近端掌侧面。

(10) 指深屈肌　尺骨头和桡骨头先后加入到肱骨头的腱，在掌部的悬韧带和指浅屈肌腱之间下行。在掌远侧 1/4 处分为两支，每一支越过籽骨掌侧韧带，穿过指浅屈肌腱分叉，经过中纤维软骨板和远指节间关节，在此处扩大，并被纤维软骨所加强。当它通过中指节骨掌侧面时，腱缘变扁平，以筋膜附着于中指节骨两侧，最后止于远指节骨的屈肌面。

五、后 肢 肌

骆驼后肢肌见图 14-10。

1. 臀部肌

(1) 臀中肌　起始于髂骨翼的弓形面，接近髂嵴，分为浅部和深部。浅部止于大转子顶端，还有一部分附着于大转子的后面，相当于梨状肌。深部为臀副肌，表面被覆闪光的筋膜，止于大转子的前外侧面。

(2) 臀深肌　比其他动物的宽而强大，起于髂骨翼、髂骨体和坐骨棘，止于大转子前部。

(3) 髂腰肌　位于髂骨骨盆面，由三角形的髂肌与前方来的腰大肌合并而成，止于股骨小转子。

2. 股部肌

(1) 股阔筋膜张肌　呈三角形，起始于髂骨翼和髋结节腹外侧面，形成股部的前缘，两侧均被覆一厚层黄色弹性结缔组织。三角形的尖伸达髋关节，其前缘达股骨中部。该肌覆盖股直肌的近侧部，向下延伸，在外侧借阔筋膜止于髌骨和胫骨粗隆，在内侧借股内侧筋膜附着于股骨上髁、髌骨和胫骨粗隆。

(2) 股四头肌　形态同牛的相同。

(3) 臀股二头肌　臀浅肌和股二头肌不完全融合，但它们形成一功能单位，可看作是一肌复合体。

(4) 半膜肌　特点是有两个肌腹，起始于坐骨弓的腹侧缘，止于股骨内侧上髁及其近侧的嵴，并借一筋膜带止于内侧侧副韧带和胫骨粗隆。

(5) 半腱肌　在半膜肌外侧起始于坐骨结节的腹侧面，肌腹呈卵圆形，以两个腱膜止于跟腱和胫骨前缘的内侧面。在后者止点下方有一滑膜囊。

(6) 缝匠肌　与牛的相似，但较细弱。

(7) 股薄肌　可分为前后两部，后部薄而扁平，其总腱膜与缝匠肌的腱膜一起与股内侧筋膜和小腿筋膜融合，止于股骨内侧髁、胫骨前缘及来自半腱肌的腱带。

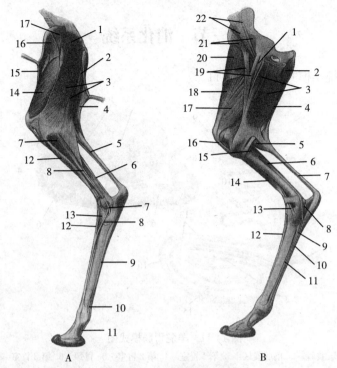

图 14-10　骆驼左后肢肌

A. 外侧面：1. 臀股二头肌臀浅肌部　2. 半腱肌　3. 臀股二头肌股二头肌部　4. 弹性层　5. 跟腱　6. 趾长屈肌腱　7. 腓骨长肌　8. 趾外侧伸肌　9. 屈肌腱　10. 骨间中肌　11. 趾深屈肌腱　12. 趾长伸肌　13. 趾短伸肌　14. 股外侧肌　15. 弹性层　16. 阔筋膜张肌　17. 臀中肌

B. 内侧面：1. 耻骨肌　2. 半膜肌　3. 股薄肌　4. 半腱肌　5. 腓肠肌内侧头　6. 趾长屈肌和胫骨后肌　7. 跟腱　8. 趾长屈肌腱　9. 趾深屈肌腱　10. 趾浅屈肌腱　11. 骨间中肌　12. 趾长伸肌腱　13. 胫骨前肌止点　14. 第3腓骨肌　15. 腘肌　16. 膝中韧带　17. 股内侧肌　18. 股直肌　19. 缝匠肌　20. 阔筋膜张肌　21. 髂肌　22. 腰大肌

（引自雷治海等，2001）

（8）耻骨肌　为一尖端向下的锥状肌，被缝匠肌覆盖，位于耻骨腹侧面。

（9）内收肌　强大，位于耻骨肌（在前）和半膜肌（在后）之间，被股薄肌覆盖。

3. 小腿及后脚部肌

（1）第3腓骨肌　为小腿部最前面的肌肉，其强大的起始腱，止于第4跗骨的外侧面、第2和第3跗骨的背侧面和距骨粗隆、第2和第3附骨的内侧面和第3跖骨的近端。

（2）趾长伸肌　与第3腓骨肌共同起始于股骨的伸肌窝，在系关节上方分两支，形成趾总伸肌腱，分别止于近趾节骨的远侧面。

（3）趾内侧伸肌　与牛的相似。

（4）胫骨前肌　位于第3腓骨肌深层，止腱穿过第3腓骨肌的腱管之后，止于第1~2跗骨和大跖骨近端。

（5）趾外侧伸肌　位于趾长伸肌后方，较趾长伸肌细小，起于股胫关节的外侧副韧带和腓骨头，在小腿下部转为肌腱，经跗关节外侧行至跖部并入趾长伸肌腱。

（6）腓肠肌　与牛的相似。

（7）趾浅屈肌　结构与牛的相似，其远端的行程与前肢同名肌的相似。

（8）趾深屈肌　与牛的此肌结构、行程相似，仅其远端的行程与前肢同名肌的相似。

第三节 消化系统

骆驼的消化系统半模式图见图 14-11。

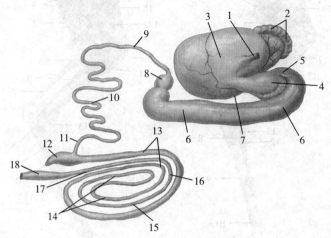

图 14-11 羊驼胃肠模式图

1. 食管 2. 前腺囊区 3. 第 1 胃室 4. 第 2 胃室 5. 胃颈 6. 第 3 胃室
7. 后腺囊区 8. 幽门 9. 十二指肠 10. 空肠 11. 回肠 12. 盲肠
13. 向心回 14. 离心回 15. 终袢 16. 横结肠 17. 降结肠 18. 直肠

(引自 McCracken 等，1999)

一、口腔和咽

(一) 口腔

1. 唇和颊 骆驼唇薄而灵活，是采食的主要器官，上唇与兔的相似，正中有一唇裂（人中）。唇表面密生被毛，并夹杂有长的触毛。唇黏膜光滑，仅口角长有锥状乳头。颊黏膜密布乳头。在唇黏膜和颊黏膜内分布有唇腺和颊腺。

颊腺分为颊背侧腺、中间腺和颊腹侧腺。颊背侧腺和中间腺连成一片，淡黄色，位于颊肌浅层与黏膜之间，从口角伸至咬肌前缘，其前端在口角与唇腺相连。颊腹侧腺密集于颊肌深层下缘后 2/3 的腹侧，新鲜状态为暗红色，呈等边三角形，三角形尖向前伸达口角，底位于咬肌前缘，大部分为颊肌浅层所覆盖，以多条腺管开口于大的锥状乳头基部。

在正对第 2 前白齿的颊黏膜上，有圆形隆突的腮腺乳头，腮腺管开口其上。

2. 硬腭 硬腭前半部较窄，有腭缝和腭褶，其前部腭褶呈 V 形，后部腭褶为不规则的横褶。硬腭后半部较宽，无腭缝和腭褶。硬腭前部有齿枕，齿枕后缘中线有切齿乳头，但无可见的切齿乳头管。

3. 舌 舌体窄，舌尖变宽，整个舌呈刮刀形。舌体也有舌圆枕，其紧前方有明显的舌窝，新生驼缺舌窝。舌表面有 5 种乳头。丝状乳头分布于舌尖和舌体，小，密如绒毛，乳头尖端朝向后，舌圆枕以前的丝状乳头角化程度较高，舌根背侧的丝状乳头长而软。锥状乳头、豆状乳头、菌状乳头与牛的相似。轮廓乳头在舌圆枕外侧缘，排成一列，每侧各有 3~6 个。

4. 齿 骆驼的齿属长冠齿,可随磨损不断生长,羊驼在舍饲情况下,下切齿容易生长过长,需要人工磨损。骆驼的齿也分为切齿、犬齿和臼齿,臼齿又分为前臼齿和后臼齿。骆驼齿与反刍动物齿模式最大的区别是上颌有切齿1对,犬齿1对,前臼齿3对,后臼齿3对,第1前臼齿呈犬齿状,较犬齿小,又称为狼齿。下颌有切齿3对,犬齿1对,前臼齿2对,后臼齿3对(图14-12)。

公驼的上颌切齿大,形似犬齿,在犬齿之前位于齿枕两侧,母驼的较小,有时缺,上颌切齿在9岁时最长。下颌切齿为单形齿,齿冠呈楔形,无齿坎。在青年驼,几乎呈水平方向从下颌齿槽长出,但随年龄增长而逐渐变为垂直向。下颌犬齿发达,位于齿槽间缘前端,母驼的较小。有的骆驼仅一侧有狼齿从齿槽中长出,母驼的较小,有时缺。狼齿与臼齿一样不换齿,即无乳齿。恒齿式为:$2\left(\dfrac{1\ 1\ 3\ 3}{3\ 1\ 2\ 3}\right)=34$,乳齿式为:$2\left(\dfrac{1\ 1\ 3}{3\ 1\ 2}\right)=22$。

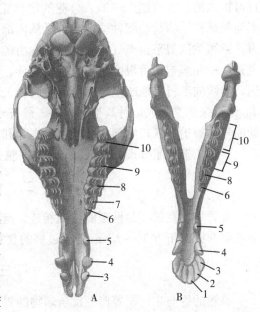

图14-12 成年公驼齿式
A. 上颌腹侧面　B. 下颌背侧面
1. 第1切齿　2. 第2切齿　3. 第3切齿　4. 犬齿
5. 第1前臼齿　6. 第2前臼齿　7. 第3前臼齿
8. 第1后臼齿　9. 第2后臼齿　10. 第3后臼齿
(引自雷治海等,2001)

5. 唾液腺 具有3对大的唾液腺。

(1) 腮腺 略呈四边形,呈暗灰红色,分叶明显,腮腺管起始于腮腺前缘中部,由3~6条排泄管汇合而成,开口于与第2上颊齿相对的腮腺乳头上。

(2) 下颌腺 略呈三角形,黄色,在腮腺内侧,下颌腺管自腺体前缘下1/3走出,在舌系带前方约20mm处,开口于口腔底。

(3) 舌下腺 淡黄色,窄而长,在下颌骨内侧、茎突舌肌背侧,位于口腔黏膜与下颌舌骨肌之间,长约20cm,前端达下颌骨联合,后端达齿槽缘后缘,许多腺管在舌下外侧隐窝内的乳头之中开口于口腔底。骆驼的舌下腺为多口舌下腺,缺单口舌下腺。

(二)咽与软腭

骆驼咽较长,向后可达第一颈椎。在咽鼓管咽口后方的正中、黏膜向后上方形成一盲囊,称为咽隐窝。软腭最长,软腭中含有腭腺,在软腭腹侧面黏膜与肌层之间聚集形成一厚层,与硬腭中的腭腺连成一片,且在上颌齿槽缘后端与颊背侧腺相连。在软腭背侧面黏膜下,也有腺体,但较少,分散不成层。软腭腹侧面含有单个的淋巴小结。

腭憩室为软腭腹侧正中平面近起始处独特

图14-13 公驼的腭憩室
(引自雷治海等,2001)

且可扩张的憩室（图14-13）。公驼的比母驼的发达，习惯称为 dulaa。dulaa 为一阿拉伯词，意为气球样结构。在配种季节，可见从内部充气，自公驼的口腔向外突出，此行为伴有汩汩声，颈腹侧区似乎也充气膨大。腭憩室由疏松结缔组织和被覆黏膜的黏膜腺组成，可能含有色素。一黏膜褶从舌根两侧向背后方延伸，在背侧中线两侧形成一半月形褶，两褶在背侧相遇，继续向后行形成略呈三角形的软腭膨大，尖朝向后，在其两侧各形成一半月形窝。研究 dulaa 扩张机制的人员对其很感兴趣。最符合逻辑的解释是：由胃嗳出的气体进入肺，来自肺的气体被迫进入口咽部，而使软腭提起和鼻咽部入口被封闭。通过紧紧关闭鼻孔和经气管吹气，人工造成了 dulaa 的扩张。南美洲驼类缺乏此结构。

二、食　管

食管前端在第2颈椎腹侧与咽相连，起始于食管前庭和腭咽弓末端的背侧V形褶，后端在第9胸椎下方10～12cm处穿过膈的食管裂孔与胃相连。食管分颈部和胸部两段。

三、胃

骆驼的胃与牛、羊等典型反刍动物的胃形态和结构差异很大，关于骆驼胃的分室以及与牛、羊各胃室的一致性，长期以来一直有不同的观点。一般认为，骆驼胃分为3个胃室，即第1胃室、第2胃室和第3胃室。双峰驼和南美洲驼胃的外部形态较相似，单峰驼的略有差异，而内部结构均相同。

（一）胃的外部形态和位置（图14-14、图14-15）

1. 第1胃室

（1）双峰驼和南美洲驼的第1胃室略呈左右侧扁椭圆形，位于腹腔内，大部分位于中线左侧。前端抵膈和肝，体表投影约与第6肋相对。后端在脐区和肋襞区，约位于第6腰椎下

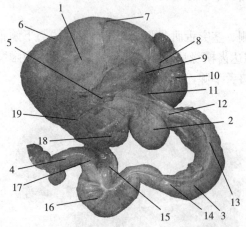

图14-14　羊驼胃右侧（第2和第3胃室已拉开）
1. 第1胃室　2. 第2胃室　3. 第3胃室　4. 十二指肠　5. 右纵沟　6. 后沟　7. 右血管沟　8. 前沟　9. 贲门　10. 前腺囊区　11. 前横沟　12. 胃颈　13. 第3胃前膨大　14. 胃体　15. 背侧球　16. 腹侧球　17. 幽门　18. 后腺囊区　19. 后横沟

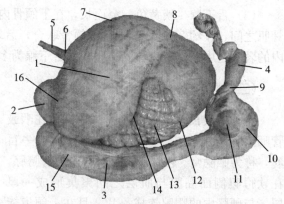

图14-15　羊驼胃左侧（第2和第3胃室已拉开）
1. 第1胃室　2. 第2胃室　3. 第3胃室　4. 十二指肠　5. 食道　6. 贲门　7. 左血管沟　8. 后沟　9. 幽门　10. 腹侧球　11. 背侧球　12. 后横沟　13. 后腺囊区　14. 前横沟　15. 第3胃室前膨大　16. 前腺囊区

方，后方为空肠和结肠终袢。背侧缘在第 8 胸椎至第 2 腰椎下方，借胃膈韧带附着于膈右脚。贲门在第 10 胸椎下，位于膈食管裂孔的后下方。

在右侧面，可见到 6 道沟。首先是右侧面中部前后行的类似牛瘤胃的右纵沟，该沟为大网膜附着处，向后上方伸延为后沟。这两沟将第 1 胃室分为背囊和腹囊两部分。从右纵沟中部向上经背囊中部达左侧面有一右血管沟。从贲门向正下方经第 1、2 胃室口前方，然后绕过第 1 胃室腹侧至左侧面有一发达的前横沟，自右纵沟中绕腹侧面有一后横沟。位于贲门之前左侧，由上向下方伸延有一前沟，该沟左前方突出部分为前腺囊区。第 1 胃室位于前后横沟之间的部分为后腺囊区。

在左侧面，可见 4 道沟。背侧有自右侧绕过来的血管沟，后上方有后沟。最明显的是从右侧绕行来的前横沟，它和后沟连接将第 1 胃室分为前囊和后囊。在后囊腹侧有自右侧绕过来的后横沟，其与前横沟之间的区域为后腺囊区。

(2) 单峰驼胃外部形态特征主要在第 1 胃室，从左侧观察，在贲门的前下方有较深的前沟，其与左纵沟以及后下方的后沟将第 1 胃室分为前腹侧囊和后背侧囊（图 14-16）。左纵沟上有后腺囊区。前腹侧囊较小，突向前方，背侧平坦，其前缘略呈扇贝形，内部有前腺囊。后背侧囊大，呈气球状，其后外侧面有一浅沟，内有瘤胃左血管，脾在此血管沟后方附着于瘤胃后背侧面。

从右侧面观察，其前沟和右纵沟形成一明显的分界线，将两囊分开。前腹侧囊位于前下方，其外侧面中部有一浅沟，形成前腺囊区的后界。后背侧囊位于后背侧，后腺囊区很明显，位于右纵沟的正上方，外观呈鹅卵石状。后腺囊区中间有一纵裂将其分为背、腹侧部，内含血管和淋巴结，并有大网膜附着。

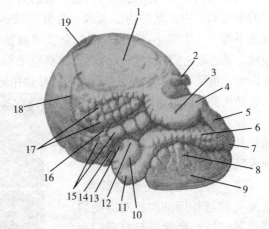

图 14-16 单峰驼胃右侧
1.第 1 胃室后背侧囊 2.贲门 3.第 2 胃室 4.胃颈
5.第 3 胃室前膨大 6.前腺囊区 7.第 1 胃室前腹侧囊
8.背侧球 9.腹侧球 10.背侧球 11.腹侧球 12.第 3 胃室
13.幽门 14.右纵沟 15.后腺囊区腹侧部 16.网膜附着处
17.后腺囊区背侧部 18.右血管沟 19.脾
（引自雷治海等，2001）

第 1 胃室背侧面有一较大的区域表面无腹膜，附着于膈和腰下区，向后可达第 4 腰椎。从背侧面观察时，可清楚地看到，前腹侧囊位置朝向右，瘤胃后端朝向左，因此第 1 胃室的长轴相对体轴而言是斜行的。

2. 第 2 胃室 骆驼第 2 胃室略呈蚕豆形，位于第 1 胃室前腹侧囊右侧，背侧缘略凹为小弯，腹侧缘凸为大弯，后端借室间沟与第 1 胃室分开，前端与第 3 胃室的胃颈相连。背侧为肝，腹侧为第 3 胃体，前为第 3 胃前膨大，后为第 3 胃室后膨大和第 1 胃室后腺囊区，左侧为第 1 胃室前腹侧囊，右侧为肝和小网膜。第 2 胃室出口在第 9 胸椎下方约 20cm 处、右膈脚下面，与胃颈相连。

3. 第 3 胃室 骆驼的第 3 胃室长而弯曲，胃小弯凹向上，胃大弯凸向下，前部和后部分别膨大成为前膨大和后膨大，中部较小，呈圆柱状，为胃体，起始端为胃颈，末端为幽门。第 3 胃室主要位于右季肋区，前膨大有一部分位于左季肋区，后膨大常伸达右腹外侧区，胃体有时部分进入右腹外侧区或剑突区，左侧为第 1 胃室，右侧为肝、膈和右侧腹壁。前膨大之前为肝和膈，后为第 2 胃室。后膨大之后和后上方为空肠，前为第 2 胃室，背侧为十二指肠膨大部。胃体背侧为第 2 胃室和小网膜，腹侧前部为第 1 胃室前腺囊区，后部为腹底壁。幽门在肝方叶内侧与十二指肠膨大部相连，其在体表的投影与第 11~12 肋中部相对。

(二) 胃的内部结构

1. 第 1 胃室 骆驼的第 1 胃室黏膜分为无腺部和有腺部两部分。无腺部分布于除腺囊区内部的所有区域，无乳头，颜色灰白且粗糙，与食管黏膜相似，由于肌层收缩而呈现许多小黏膜褶。这些黏膜褶可随胃充满食物扩张而消失。有腺部为腺囊区，有前腺囊区和后腺囊区。

前腺囊区的黏膜形成一些横行和纵行的皱褶。横行的黏膜褶有 20~25 条，略呈新月形，横过整个腺囊区，并以前腹侧囊的中心为中心呈辐射状排列。纵行的黏膜褶短而薄，连于横褶之间。每两相邻横褶之间的纵褶一般约为 4 条。横行和纵行的黏膜褶都含有来自胃壁外肌层的平滑肌，由胃壁伸达游离缘。腺囊区被这些横行和纵行的黏膜褶分为 65~75 个腺囊。腺囊下部大，上部小，有虹膜状的黏膜褶覆盖于腺囊口。约有 1/5 的腺囊囊底出现较低的黏膜褶，囊底被它们分为 2~4 个区。腺囊壁上部包括囊口及附着于其上的虹膜状褶的黏膜，呈灰白色，粗糙，与第 1 胃室非腺囊区的黏膜相同。腺囊壁下部包括腺囊底及囊底上的黏膜褶的黏膜呈灰黄色，黏膜内含腺体。

后腺囊区的黏膜亦形成一些横行和纵行的皱褶，基本上与前腺囊区的相同。

第 1 胃室内面还有食管沟、室间孔和与外面的沟相对应的胃壁褶和肉柱。食管沟起自贲门而至于第 1、2 胃室口，其结构类似于牛、羊的。骆驼的肉柱很少，仅有与其前横沟对应的发达，后横沟和前沟有，但不太明显。其余各沟仅对应为胃壁褶。

2. 第 2 胃室 骆驼第 2 胃室内面主要分布有腺囊区，为一椭圆形凹面，前端在第 2 胃室出口处与胃颈相连，后端在室间孔与后腺囊区相连。此腺囊区的黏膜亦形成一些横行和纵行的皱褶，基本上与前腺囊区和后腺囊区的相同，但腺囊较小，且被较多的小黏膜褶分为若干小腺囊。腺囊口无虹膜状黏膜褶。腺囊底有若干高低不一且可分为 2 级、3 级

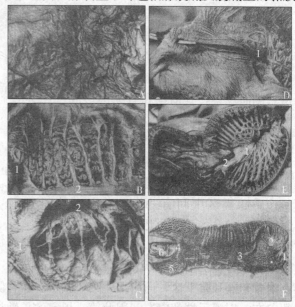

图 14-17 骆驼胃室内部
A. 第 1 胃室内部
B. 第 1 胃室后背侧囊腺囊的内部：1. 左纵柱 2. 右纵柱
C. 第 1 胃室前腹侧囊腺囊的内部：1. 第 2 胃室沟 2. 第 2、3 胃室口
D. 胃沟，后面，探针（止血钳）穿过贲门：1. 第 1、2 胃室口
E. 第 2 胃室内部，沿大弯切开：1. 第 1、2 胃室口 2. 第 2、3 胃室口
F. 第 2 胃室和第 3 胃室内部，沿大弯纵切：1. 第 2、3 胃室口 2. 第 3 胃室起始部 3. 第 3 胃室黏膜纵行皱褶 4. 结合部 5. 第 3 胃室黏膜褶 6. 第 3 胃室幽门部

（引自雷志海等，2001）

和 4 级的黏膜褶。这些黏膜褶互相连接，并与囊壁相连，致使每一腺囊被这些高低不一的黏膜褶分为若干小腺囊。腺囊壁包括腺囊的各级黏膜褶。

3. 第 3 胃室 骆驼第 3 胃室黏膜除位于胃颈背侧壁的黏膜与第 2 胃室胃沟的相同以外，位于胃体、前膨大和胃颈腹侧壁及左右两侧壁的黏膜，薄而呈灰黄色，并折成若干皱褶。前膨大和胃体的黏膜褶薄而纵行，长短不一。胃颈左右两侧壁和腹侧壁、前膨大起始端和胃小弯起始端的黏膜褶薄而低，且互相连接呈网状。网眼为不规则多边形，胃颈的网眼较小，胃小弯的网眼呈长方形，亦较大。位于胃后膨大胃大弯及其两侧的黏膜，厚而呈灰褐色，并褶成 14~21 条黏膜褶，自幽门向胃体呈扇形展开。位于胃后膨大胃小弯及其两侧和靠近幽门的黏膜，较为平展，呈灰白色。其后半部有一幽门圆枕。幽门圆枕的后端伸入幽门。

四、肠

（一）小肠

分为十二指肠、空肠和回肠（图 14-18）。

1. 十二指肠 骆驼十二指肠位于胁襞区，长 1~1.5m，前端在肝方叶内侧与幽门相连，后端在结肠终袢腹侧缘前端靠近胃胰皱褶处与空肠相连。

2. 空肠 骆驼空肠长 25~30m，直径 3~4.5cm，借一宽约 50cm、呈扇形的空肠系膜连于结肠终袢腹侧缘的前部和结肠旋袢基面上半部的中央部。空肠卷曲为若干肠圈，位于右腹外侧区、胁襞区和脐区。由于空肠系膜长，移动范围大，向前可抵肝和胃，向后可入骨盆腔。

3. 回肠 骆驼回肠长 30~50cm，直径 3~5cm，在脐部，盲肠盲端附近接空肠，沿盲肠小弯向后向上延伸达于回盲口。

（二）大肠

骆驼的大肠分为盲肠、结肠和直肠，长约 15m（图 14-18）。

1. 盲肠 骆驼盲肠呈圆柱形，由胁襞区呈弧形延伸至右腹外侧区，长 50~65cm，直径 8~10cm，容积 1~1.5L。回肠口（回盲结口）在胁襞区、左肾后部内侧位于盲肠小弯起始端，有括约肌和回肠乳头（回盲结瓣）。回肠乳头的环行肌束较多，纵行肌束较少。

2. 结肠 骆驼结肠长约 14m，分为

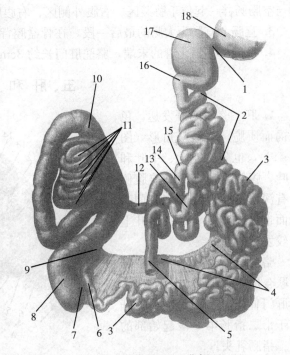

图 14-18 单峰驼肠（背侧面）
1. 幽门 2. 十二指肠降部 3. 空肠 4. 空肠系膜内的空肠淋巴结
5. 降结肠 6. 回肠 7. 回盲韧带 8. 盲肠 9. 回肠口
10. 升结肠起始部 11. 升结肠旋袢离心回 12. 横结肠
13. 十二指肠横部 14. 十二指肠升部 15. 十二指肠空肠曲
16. 十二指肠前曲 17. 十二指肠壶腹 18. 第 3 胃室
（引自雷治海等，2001）

升结肠、横结肠和降结肠。

（1）升结肠　包括结肠旋袢和终袢。骆驼结肠旋袢略呈蜗壳状，位于肋襞区、左腹外侧区、左腹股沟区、耻骨区和脐区，在结肠终袢的左后下方且与之相连。蜗顶面（壁面）凸而平展，朝向左后下方，且与腹底壁左侧后部和膀胱接触。蜗基面（脏面）凹凸不平，朝向右前上方，且与第1胃室后腺囊、左肾、脾、结肠终袢、十二指肠升部、空肠、回肠、盲肠、降结肠和子宫角（雌性）接触。蜗基面上半部的中央部分，即结肠旋袢起始端和末端所在处，附着于结肠终袢后端和左肾后部内侧缘。结肠旋袢分向心回和离心回。由蜗顶面观察，向心回于第6～7腰椎下方、左肾后部腹内侧继承盲肠，循顺时针方向旋转4圈半（少数旋转4圈或5圈）至蜗顶面中央（蜗壳顶）而转为离心回。折转处为中央曲。离心回自蜗壳顶循相反的方向旋转3圈半（少数旋转3圈、4圈或5圈）至旋袢蜗基面上半部的中央部分及回肠末端左侧，移行为结肠终袢。

结肠终袢亦称结肠远袢，位于右季肋区、肋襞区和耻骨区，分3段，约于第12胸椎下方，在胃胰皱褶中向左向上折转而移行为横结肠。

（2）横结肠　较短，从升结肠远袢自右向左绕过肠系膜前动脉，向后移行为降结肠。

（3）降结肠　起于横结肠，借短的结肠系膜悬吊于腰下部，沿背侧体壁向后走行，入骨盆腔移行为直肠。由于降结肠系膜宽，活动范围较大，常卷曲为肠袢，在结肠旋袢和终袢右侧与空肠肠袢一起位于肋襞区、右腹外侧区、右腹股沟区和耻骨区。

3. 直肠　直肠为大肠的最后一段，在骨盆腔背侧部包于脂肪之中。

4. 肛门　为消化管的末端，骆驼肛门长约3cm。

五、肝 和 胰

1. 肝　骆驼的肝发达，色深褐而质脆，略呈三角形（图14-19），也分为左叶、中叶和右叶。腹侧缘薄而锐，前腹侧缘有深浅不一的切迹，呈锯状；脏面也有许多的沟裂；尾叶上有较发达的乳头突。

骆驼肝无胆囊，左、右肝管联合形成肝总管，长约8cm，自肝门伸出，与胰管会合，开口于十二指肠第2段起始部的十二指肠乳头。

肝借左右三角韧带、冠状韧带、镰状韧带、圆韧带、肝肾韧带和小网膜附着于膈、腹壁、肾、胃和十二指肠。

2. 胰　骆驼胰分为胰体、左叶和右叶。胰体在肝门下方

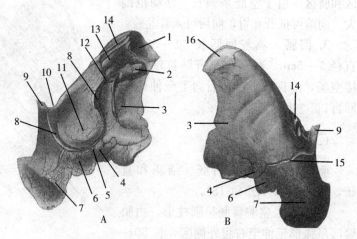

图14-19　骆驼肝
A. 脏面　B. 壁面
1. 肾压迹　2. 尾叶的尾状突　3. 肝右叶　4. 方叶　5. 肝圆韧带
6. 肝左内叶　7. 肝左外叶　8. 小网膜：肝胃韧带　9. 左三角韧带
10. 食管压迹　11. 尾叶的乳头突　12. 门静脉　13. 尾叶
14. 后腔静脉　15. 镰状韧带　16. 右三角韧带

（引自雷治海等，2001）

位于胃胰皱褶内，左、右两面均覆有腹膜，腹侧面有胰切迹，供门静脉通过。左叶薄而狭长，自胰体向后延伸达于左肾外侧缘中部，内侧面附着于腹腔动脉、左肾上腺、左肾前半部外侧缘，外侧面覆有腹膜，且与第1胃室后背侧囊接触。右叶短而宽，位于十二指肠系膜内，由胰体向后延伸达于右肾内侧缘中部，内侧面附着于后腔静脉、门静脉、横结肠和降结肠，外侧面覆有腹膜，且与肝的尾状突和右肾接触。胰管主要由来自胰左叶和右叶的两大支汇合而成，在胰头中与肝总管汇合，在十二指肠前曲开口于十二指肠乳头。

第四节 呼吸系统

一、鼻、咽、喉

1. 鼻 骆驼的鼻孔呈逗点形，由外上方斜向内下方。双峰驼和单峰驼的鼻孔独特，可以完全关闭鼻孔以隔绝外界灰尘。

2. 咽 参见消化器官。

3. 喉 骆驼的会厌软骨呈叶片状，位于喉的前部。甲状软骨为最大的喉软骨，呈弯曲的板状，可分为构成喉腔底的体和构成左、右两个喉腔侧壁的侧板，侧板呈倒梯形。环状软骨位于喉后方，呈指环状，相对较长。勺状软骨位于环状软骨的前上方，外形似勺。

二、气管和支气管

骆驼的气管较长，由70个左右的软骨环连接组成，软骨环缺口较大，为弹性纤维膜所封闭，横径大于纵径。约在与第5胸椎相对处分为左、右主支气管，与肺血管等一起入肺。在气管分叉处的前方还分出一右尖叶支气管进入右肺尖叶。

三、肺

骆驼左肺分2叶，前叶小，位于心切迹之前，后叶大。右肺分3叶，分前叶、后叶和副叶。

第五节 泌尿系统

一、肾

骆驼的肾呈豆形，左右成对。右肾比左肾细长，右肾平均重1.08kg，左肾重1.13kg。南美洲驼小，大小为6.5~9cm×4~5cm×3~3.3cm，每肾重80~125g。左肾位于第5~7腰椎横突的腹侧，右肾略靠前，位于第2~4腰椎横突的腹侧。

骆驼的肾属于光滑单乳头肾。肾皮质在外周，髓质在深部，肾乳头合并为一总乳头，称为肾嵴。肾嵴发达，突入肾盂内（图14-20）。

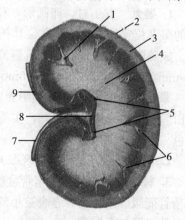

图14-20 骆驼左肾（纵切面）
1. 肾叶间动脉和静脉 2. 纤维囊 3. 肾皮质
4. 肾髓质 5. 肾嵴 6. 弓状动、静脉
7. 输尿管 8. 肾盂 9. 肾动脉
（引自雷治海，2001）

二、输尿管、膀胱和尿道

骆驼的输尿管特征不明显。膀胱的输尿管柱和膀胱

三角明显。母驼尿道外口呈横的缝状，在其腹侧也有尿道下憩室。

第六节 生殖系统

一、公驼生殖系统

公驼生殖系统解剖见图14-21。

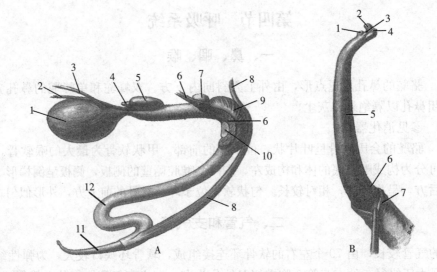

图14-21 公驼生殖器官
A. 侧面观：1. 膀胱 2. 输精管 3. 输尿管 4. 雄性子宫 5. 前列腺 6. 坐骨海绵体肌 7. 尿道球腺 8. 阴茎退缩肌 9. 球海绵体肌 10. 阴茎脚 11. 阴茎 12. 乙状弯曲
B. 阴茎和包皮：1. 结节 2. 尿道口 3. 尿道突 4. 黏膜褶 5. 阴茎 6. 尿道沟 7. 包皮
（引自雷治海，2001）

1. 睾丸 有1对，卵圆形，位于含色素的阴囊中，在肛门下方40～60mm处。通常一侧的睾丸位置较对侧的稍高，其长轴朝向后背侧。在不同的季节，睾丸的大小和重量相差很大。成熟的睾丸在繁殖季节重量高达225g，但在间歇期减少至66g。在同一时期，长度从130mm减至60mm，直径从65mm缩小至3mm。

睾丸在2～3岁时下降到阴囊中。在7个月时，它们位于腹股沟管浅环的后方，呈卵形，被白膜包围。未成熟的睾丸，实质色浅，但随着年龄增长颜色加深，性成熟的公驼实质为浅棕色。

2. 附睾 附睾头弯曲围绕睾丸前极，附睾尾凸出30～40mm。

3. 输精管和精索 输精管盆部的起始部弯弯曲曲，但它在膀胱的背侧变直增厚，形成输精管壶腹。两输精管壶腹被小的雄性子宫分开，它们走向前列腺深处，经尿道盆部精阜上的射精口开口于尿道。

精索比牛的短，为三角形的扁索，下端附着于睾丸背缘，索内包含有睾丸动脉、睾丸静脉、淋巴管、交感神经、睾内提肌、输精管，表面被覆固有鞘膜。

4. 阴囊 左、右对称，阴囊颈不明显，阴囊皮肤薄而富有弹性，一般色深或呈黑色。表面散布有细短毛，有许多皮脂腺和汗腺分布。阴囊的睾外提肌、肉膜不及牛的发达。

5. 雄性尿道　也称为尿生殖道，其起始端有残留的雄性子宫。

6. 副性腺　骆驼的副性腺有前列腺和尿道球腺，缺精囊腺。前列腺体发达，位于尿生殖道起始部的背侧，从背侧面观察时近似桃形。前列腺以2个主排泄管和许多小排泄管开口于尿生殖道。尿道球腺为2个杏仁状的腺体，位于坐骨弓处。其外侧壁和部分内侧壁被坐骨海绵体肌覆盖。每一腺体有一条排泄管，沿尿道下憩室游离缘外侧开口于尿道骨盆部的末部。

7. 阴茎和包皮

（1）阴茎　骆驼的阴茎与牛的相似，属纤维性伸缩型，阴茎根由左右两个圆的阴茎脚组成，附着于坐骨弓，外周覆盖有坐骨海绵体肌，阴茎脚弯向前腹侧，在骨盆联合下方的中线上集中，形成阴茎体。阴茎体在阴囊前方形成乙状弯曲。阴茎退缩肌终于乙状弯曲的远侧点，以宽的弹性带附着于阴茎游离部的近侧。阴茎游离部变细终止于终突，终突扭曲至左侧。在终突底的后方和背侧是小的圆锥形的尿道突，突向前方。尿道突的两侧是2个黏膜褶，借软骨支持，腹侧面形成一结节，与尿道海绵体结节相似。

阴茎由阴茎海绵体和尿道海绵体部构成。阴茎海绵体由两阴茎脚内的海绵体合并而成，从阴茎脚伸至阴茎头。在其起始部，有明显的纤维隔将两个勃起体分开，向远侧去纤维隔逐渐变得不明显，因此在阴茎游离部仅有海绵体核。尿道海绵体层在两阴茎脚之间膨大形成阴茎球，也称为尿道球，外表覆盖有球海绵体肌，阴茎球向远侧延续为尿道海绵体。尿道海绵体包围尿道沟中的尿道阴茎部，并逐渐变细，终止于尿道外口附近。

（2）包皮　包皮是悬垂的三角形结构。包皮口位于三角形尖，朝向后腹侧。当骆驼到2～3岁时，皮肤的内层与阴茎游离部分开，形成包皮腔。

二、母驼生殖系统

母驼生殖系统解剖见图14-22。

1. 卵巢　由卵巢系膜悬吊于腰下区，在第6或第7腰椎横突腹侧。在乏情期，卵巢两侧扁平，大小约为30mm×20mm×10mm，重5g。在发情期，由于有不同大小的泡状卵泡和黄体存在，卵巢形态不规整。通常有一个大卵泡，直径可达18mm。在发情前期，黄体呈球形，直径大约15mm，在怀孕期间增至20mm。

2. 输卵管　输卵管是一对弯弯曲曲的管道，从卵巢囊伸至子宫角尖。输卵管起始部直。输卵管子宫口位于子宫角尖一小乳头上。

3. 子宫　骆驼的子宫属于双分子宫。子宫角末端钝，与输卵管相连。两子宫角在后方联合形成短的子宫体，长约4cm。右子宫角长约11cm，左子宫角较大，长约18cm。左、右子宫角的后1/3愈合，这一部分被一正中隔即子宫帆分开。子宫颈内有4个环形壁和1个子宫颈管组成。后环形壁低，形成大的子宫外口。子宫角和部分子宫体位于腹腔内，子宫体的后部和子宫颈位于盆腔内。子宫由子宫阔韧带悬吊于盆腔侧壁。子宫内膜上无子宫阜。

4. 阴道　位于盆腔内，长约330mm。它含有许多纵褶即阴道褶。从阴道向阴道前庭过渡明显。

5. 阴道前庭和阴门　阴道前庭较短，在与阴道交界处有一缝状尿道外口，其腹侧有极浅的尿道下憩室。阴道前庭侧壁内有2个前庭大腺。前庭球被前庭缩肌覆盖，位于前

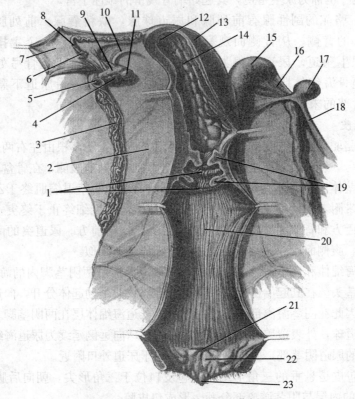

图 14-22 母驼生殖道内部（背侧面）
1. 子宫颈环襞　2. 子宫系膜　3. 卵巢静脉周围的卵巢动脉盘曲　4. 未成熟卵泡　5. 成熟卵泡
6. 输卵管伞　7. 输卵管系膜　8. 输卵管的起始部　9. 卵巢　10. 卵巢固有韧带　11. 黄体
12. 输卵管口　13. 左子宫角　14. 子宫内膜　15. 右子宫角　16. 输卵管系膜　17. 卵巢囊
内的卵巢　18. 卵巢悬韧带　19. 子宫颈　20. 阴道　21. 尿道外口　22. 阴道前庭　23. 阴蒂
(引自雷治海，2001)

庭壁内。

阴门的阴唇背侧联合位于肛门直下方。阴唇腹侧联合有很小的开口，通阴蒂包皮的阴蒂窝内有阴蒂。阴蒂体由一中央软骨核组成，周围包有薄的阴蒂海绵体。小的阴蒂头位于阴蒂窝内。

第七节　心血管系统

一、心

骆驼的心呈倒立的圆锥状，左右侧略扁。心脏前、后缘分别与第3、6肋骨相对，后缘几乎与地面垂直。心较宽大，心的最大前后径较牛的大，垂直径较牛的小，前缘更显得隆凸，心尖不突出。锥旁室间沟较浅，心后缘处无副纵沟。右心耳与前腔静脉之间有一深沟称为终沟。

右奇静脉汇入前腔静脉或右心房顶壁。前腔静脉与右心耳之间有一肌质终嵴分开，卵圆窝较深。在主动脉口处的结缔组织中含有软骨，不含心骨（图14-23）。

第十四章 骆驼的解剖结构特征

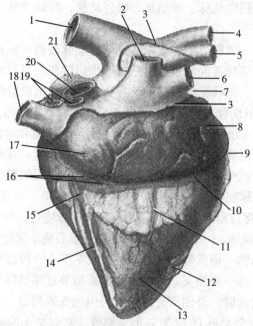

图 14-23 骆驼心右侧面（心房面）

1. 主动脉 2. 右奇静脉 3. 附着于心底大血管的心包断端 4. 左锁骨下动脉 5. 臂头干 6. 前腔静脉 7. 终沟 8. 右心耳 9. 冠状沟 10. 右冠状动脉 11. 心室支 12. 锥旁室间支 13. 左心室 14. 心中静脉 15. 窦下室间支 16. 心房支 17. 右心房 18. 后腔静脉 19. 肺静脉 20. 右肺动脉 21. 左肺动脉

（引自雷治海，2001）

二、肺循环

骆驼的肺动脉起于右心室的肺动脉口，在左、右心耳之间向上向后偏内侧行走，分为左、右两支，在其前方还分出一支到右肺尖叶，分别伴随左、右支气管及右尖叶支气管，经肺门进入左、右肺。肺静脉有 4~5 支，注入左心房。

三、体循环

（一）体循环动脉

1. 臂头干 由主动脉弓，先后分出臂头干和左锁骨下动脉两条大动脉供应头颈部和胸廓的血液循环。臂头干向前延伸不远分出双颈干，主干延续为右锁骨下动脉。

左、右锁骨下动脉在胸腔内的分支情况相同。主要分支有肋颈干、椎动脉、胸廓内动脉和颈浅动脉。

2. 头颈部的动脉 骆驼双颈动脉干是头颈部动脉的主干，由臂头干分出后，在胸前口附近分为左、右颈总动脉。

颈总动脉沿途发出甲状腺后动脉、甲状腺中动脉、喉前动脉等小支到甲状腺、甲状旁腺、咽和喉等。枕动脉在寰椎翼后缘平面由颈总动脉分出，沿寰椎窝向前背侧延伸，分支到周围肌肉，以后进入翼孔，在此与椎动脉吻合。颈总动脉再向前分出颈内动脉，主干延续为颈外动脉。颈内动脉穿过颈动脉管，加入硬膜外前异网。颈外动脉主要分支有咽升动脉、髁动脉、舌动脉、耳后动脉、颞浅动脉和面动脉干，主干延续为上颌动脉。上颌动脉的分支有下齿槽动脉、翼肌支、脑膜中动脉、颊动脉、眼外动脉、腭降动脉、颧动脉和眶下动脉。

3. 前肢的动脉

（1）腋动脉和臂动脉　肩胛下动脉较细。旋肱后动脉较粗，从腋动脉直接发出，在其起始部发出桡侧副动脉，伴随桡神经绕过肱骨后缘，供应臂肌、肘肌和臂三头肌。桡侧副动脉的终末支与肘横动脉吻合。单峰驼的肘横动脉在其起始部分出前臂浅前动脉，分布于前臂前内侧面的皮肤，而双峰驼的前臂浅前动脉与犬的一样，由臂动脉分出。骨间总动脉分出前臂深动脉，双峰驼的骨间返动脉分为内侧支和外侧支，分别与尺侧副动脉的内侧支和外侧支吻合。

（2）正中动脉　在腕近侧向前分出桡动脉，然后穿过腕管，在骨间中肌腱与指深屈肌腱之间出腕管，在掌部沿骨间中肌掌内侧缘延伸，后转至指深屈肌腱掌侧，向远端延伸成为指掌侧第 3 总动脉。正中动脉在腕管内分出 1 支或 2 小支至腱鞘和关节囊。正中动脉还分出远穿支与第 3 掌心动脉吻合，穿过滑车间切迹与掌背侧第 3 动脉吻合。桡动脉在其起始部接受 2 个吻合支，一支来自骨间总动脉，一支来自骨间后动脉。然后桡动脉分为掌内侧支和外侧支。

（3）指掌侧第 3 总动脉　指掌侧第 3 总动脉约在掌下 1/6 段继承正中动脉向下延伸，在指间隙近端分为一内侧支和一外侧支。内侧支分出近指节近端轴侧支、第 3 指掌远轴侧固有动脉和第 3 指掌轴侧固有动脉，外侧支分支情形与内侧支的相似。

4. 胸主动脉　肋间背侧动脉有 12 对，前 2 对或 3 对起始于肋间最上动脉，其余均由胸主动脉分出，分布于第 4～12 肋间。肋间背侧动脉在肋骨后缘下行之前分出脊髓支和背侧支。纵隔支至纵隔。膈后动脉供应膈的腰部，起始于两侧的最后肋间动脉、第 1 腰动脉或直接起始于主动脉。

5. 腹主动脉　腹主动脉到第 5～6 腰椎平面，分成左右髂外动脉、髂内动脉和荐中动脉。其分支有：

（1）有 7 对腰动脉，前 5 对由腹主动脉发出，分布情况同牛的。

（2）腹腔动脉　在第 2 腰椎平面自腹主动脉分出，紧靠其起始部分为肝动脉和胃左动脉。

肝动脉有以下分支：胃十二指肠动脉又分为 2 支，即十二指肠前动脉和胃网膜右动脉；肝支，至肝；胃右动脉、脾动脉。骆驼的脾动脉与其他反刍动物的不同，不是从腹腔动脉分出，而是紧靠肝动脉起始部从肝动脉分出，脾动脉分出胰支至胰后，延伸至脾，供应脾中部和远侧部。

胃左动脉：胃左动脉分支分布于胃和食管后，主干延续为两条平行的血管，沿第 3 胃小弯延伸，并与胃右动脉吻合。胃左动脉有以下分支：第 1 胃动脉分为 2 支，即第 1 胃左动脉至第 1 胃的左后部，第 1 胃右动脉至第 1 胃的右后部；脾支至脾的近侧部；食管支供应食管末部和贲门；第 2 胃动脉至第 2 胃；胃网膜左动脉至第 3 胃大弯，并与胃网膜右动脉吻合。

（3）肠系膜前动脉　是供应肠道的主要血管，在腹腔动脉后方 10～12mm 处起始于腹主动脉，紧靠其起始部分为空肠动脉和结肠右动脉，约在结肠中动脉起始部远侧 100mm 处分为回结肠动脉和空肠动脉。

（4）肠系膜后动脉　在髂内、外动脉之间从腹主动脉分出，分为 2 支，结肠左动脉分布于降结肠的最后部分，直肠前动脉分布于直肠的起始部。

（5）肾动脉　右肾动脉在肠系膜前动脉后方 10～20mm 处从腹主动脉分出，左肾动脉约在第 4 腰椎平面分出，经肾门入肾。

（6）卵巢动脉或睾丸动脉　母驼的卵巢动脉和公驼的睾丸动脉均为 1 对，约在第 5 腰椎腹侧从腹主动脉分出，分布于母驼的卵巢或公驼的睾丸。

6. 髂内动脉 在髂内动脉起始部分出脐动脉，不发达，沿膀胱侧韧带的前缘行走。成年驼的脐动脉无生理作用，形成膀胱圆韧带。髂腰动脉由臀前动脉分出。闭孔动脉穿过闭孔的前外侧缘，分支分布于内收肌、耻骨肌和闭孔外肌的近侧部。臀后动脉向后延伸穿过坐骨小孔，分出肌支分布于臀肌、髋关节的回旋肌和股后肌的近侧部，还分出小的会阴背侧动脉至坐骨直肠窝。阴部内动脉除和牛的分支相同外，还分出阴道动脉和直肠中、后动脉等。

7. 后肢的动脉

（1）髂外动脉　旋髂深动脉不如牛的发达，旋股外侧动脉由髂外动脉分出。

（2）股动脉　隐动脉在关节近侧自股动脉分出，紧靠其起始部分出膝降动脉。隐动脉在后脚部沿趾深屈肌的内侧缘走向远端，有隐静脉的后支和隐神经与其伴行，在远侧有胫神经伴行。隐动脉分支至跗关节的内、外侧面，并在跗关节跖侧面延续为足底内侧动脉。足底内侧动脉是足底动脉的主要构成部分供应趾部。

（3）腘动脉和胫前动脉　与牛的相似。

（4）足背动脉　分出趾背侧第3总动脉，并接受胫前动脉的浅支，在趾长伸肌腱和趾外侧伸肌腱之间走向远侧，在球节紧上方与跖背侧第3动脉吻合。

（5）跖背侧第3动脉　在跖骨背侧面的沟中走向远侧，在球节紧上方与趾背侧第3总动脉吻合，然后分出下列血管：第3趾背轴侧固有动脉至第3趾背轴侧面；第4趾背轴侧固有动脉至第4趾背轴侧面；第3远穿支穿过趾间隙与跖侧血管吻合。

（二）体循环静脉

1. 右奇静脉　导引胸壁、腹部前背侧和腰前部的血液，由双侧第4～11肋间背侧静脉、肋腹静脉和前2个腰静脉组成。每一肋间静脉借背侧支导引轴上区的血液，借椎间静脉导引椎内腹侧丛的血液，汇入前腔静脉。

2. 颈外静脉　由舌面静脉和上颌静脉在腮腺后下角处汇合而成，沿颈静脉沟后行至胸腔前口处注入前腔静脉。颈内静脉是一条小血管，仅收集颈部一些组织的静脉血。

3. 前肢静脉　分为深静脉和浅静脉，深静脉伴行同名动脉，浅静脉起始于第3和第4指背轴侧固有静脉，在球节处，连接构成指背侧第3总静脉。指背侧第3总静脉在球节近侧接纳第3指掌远轴侧固有静脉后，继续上行伸过腕背侧面成为副头静脉。副头静脉在腕平面接收来自腕背侧网的静脉，在腕上方注入头静脉。头静脉在肘关节处接收肘正中静脉，在肩关节处与肩胛臂静脉相连，最后在颈基部汇入颈外静脉。

4. 门静脉　由肠系膜前静脉、肠系膜后静脉、胃左静脉、胃右静脉和脾静脉在距肝不远处汇合而成。

5. 髂内静脉　其汇流支对应于同名的动脉。

6. 后肢静脉　后肢的静脉除跖侧静脉系外，在远侧部还有一背侧静脉系，两静脉系在膝关节处联合。

第八节　淋巴系统

一、淋巴导管

骆驼头颈部的淋巴由气管干引流。气管干位于气管的两侧，向后延伸，注入胸导管。后肢、盆腔和腹腔内脏的淋巴引流入乳糜池。乳糜池位于两膈脚之间。胸导管由乳糜池起始后，沿胸主动脉右侧向前延伸，在心背侧越至左侧，开口于左颈静脉、腋静脉或锁骨下静脉。

二、淋巴中心和淋巴结

骆驼有19个淋巴中心（图14-24）。

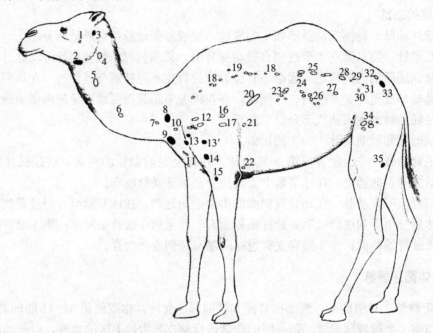

图14-24 单峰驼淋巴结示意图（左侧面，实心淋巴结表示可触及）
1. 翼肌淋巴结 2. 下颌淋巴结 3. 腮腺浅淋巴结 4. 咽内侧淋巴结 5. 颈深前淋巴结
6. 颈深中淋巴结 7. 颈深后淋巴结 8. 颈浅背侧淋巴结 9. 颈浅腹侧淋巴结 10. 纵隔前淋巴结
11. 胸骨前淋巴结 12. 纵隔中淋巴结 13. 腋淋巴结 13′. 腋副淋巴结 14. 胸肌淋巴结
15. 肘淋巴结 16. 气管支气管中淋巴结 17. 气管支气管左淋巴结 18. 胸主动脉淋巴结 19. 肋间淋巴结
20. 纵隔后淋巴结 21. 膈淋巴结 22. 胸骨后淋巴结 23. 腹腔淋巴中心 24. 肾淋巴结 25. 腰主动脉淋巴结
26. 肠系膜前淋巴中心 27. 肠系膜后淋巴中心 28. 髂内侧淋巴结 29. 荐淋巴结 30. 髂股淋巴结 31. 腹下淋巴结
32. 坐骨淋巴结 33. 结节淋巴结 34. 腹股沟浅淋巴结（阴囊淋巴结/乳房淋巴结） 35. 腘淋巴结
（引自雷治海，2001）

1. 头部的淋巴中心和淋巴结 头部有3个淋巴中心。

（1）腮腺淋巴中心 由1个或2个腮腺浅淋巴结组成，位于腮腺的前背侧缘。

（2）下颌淋巴中心 由以下淋巴结组成：下颌淋巴结在下颌间隙中位于下颌腺的前缘。翼肌淋巴结位于翼内侧肌的前缘。

（3）咽后淋巴中心 由1个或2个咽后内侧淋巴结组成，位于咽部颈静脉与颈总动脉之间。咽后外侧淋巴结通常缺失。

2. 颈部淋巴中心和淋巴结 颈部有2个淋巴中心。

（1）颈浅淋巴中心 由2群淋巴结组成，颈浅背侧淋巴结在肩前方，位于锁颈肌深面，也可能缺失。颈浅腹侧淋巴结，在肩关节前方，位于臂头肌与胸浅肌之间。

（2）颈深淋巴中心 由3群淋巴结组成：颈深前淋巴结位于喉紧后方的气管表面。颈深中淋巴结在颈部沿气管分布，也可能缺失。颈深后淋巴结在第1肋前方沿气管分布。

3. 前肢淋巴中心和淋巴结 前肢有 1 个淋巴中心即腋淋巴中心，由 4 群淋巴结组成：腋淋巴结在胸腔入口，位于腋动脉周围。腋副淋巴结位于胸背动脉上。胸肌淋巴结在胸深肌内侧沿胸后神经分布。肘淋巴结位于肘关节内侧面。

4. 胸部淋巴中心和淋巴结 胸部有 4 个淋巴中心。

（1）胸背侧淋巴中心　由两群淋巴结组成：胸主动脉淋巴结是位于胸主动脉与交感神经干之间的一系列淋巴结。肋间淋巴结在第 4~6 肋间隙，位于交感神经干背侧，也可能缺失。

（2）胸腹侧淋巴中心　由以下淋巴结组成：胸骨前淋巴结在心前方，位于胸廓横肌上。胸骨后淋巴结，位于心与膈之间的胸骨上。胸腹侧淋巴中心的两个淋巴结均很小。膈淋巴结在食管腹侧，位于心和膈之间。

（3）纵隔淋巴中心　由纵隔内一系列广泛的淋巴结组成。纵隔前淋巴结在心前纵隔中，位于食管与胸主动脉之间。纵隔中淋巴结位于心背侧的纵隔内。纵隔后淋巴结位于食管与胸主动脉之间的心后纵隔内。

（4）支气管淋巴中心　位于气管分叉处，由以下淋巴结组成：气管支气管左淋巴结，位于左支气管与主动脉弓之间。气管支气管中淋巴结，位于气管分叉背侧。气管支气管右淋巴结通常缺失。

5. 腹腔淋巴中心和淋巴结 腹腔有 4 个淋巴中心。

（1）腰淋巴中心　由 2 群淋巴结组成：腰主动脉淋巴结沿腹主动脉分布。肾淋巴结沿肾血管分布。

（2）腹腔淋巴中心　由一系列沿腹腔动脉的分支分布的淋巴结组成，包括脾淋巴结、第 1 胃右淋巴结、第 1 胃左淋巴结、第 1 胃前淋巴结、第 2 胃淋巴结、第 3 胃淋巴结、肝淋巴结和胰十二指肠淋巴结。

（3）肠系膜前淋巴中心　由肠系膜内聚集在肠系膜前动脉的分支周围的淋巴结组成，包括空肠淋巴结、盲肠淋巴结、结肠淋巴结和十二指肠淋巴结。

（4）肠系膜后淋巴中心　由后肠系膜内的肠系膜后淋巴结组成。

6. 骨盆壁淋巴中心和淋巴结 骨盆壁有 3 个淋巴中心。

（1）荐髂淋巴中　由 4 群淋巴结组成。髂内侧淋巴结位于髂内动脉起始部周围。荐淋巴结位于荐中动脉起始部。腹下淋巴结沿髂内动脉及其分支分布。髂外侧淋巴结位于髂外动脉起始部外侧。

（2）腹股沟浅淋巴中心　由腹股沟浅淋巴结组成，位于腹股沟管浅环处。在母驼为乳房淋巴结，在公驼为阴囊淋巴结。

（3）坐骨淋巴中心　由 2 个淋巴结组成：坐骨淋巴结位于坐骨小孔外侧。结节淋巴结在荐结节阔韧带后缘，位于皮下。

7. 后肢淋巴中心和淋巴结 后肢有 2 个淋巴中心。

（1）髂股淋巴中心　由旋髂浅动脉起始部小而不恒定的髂股淋巴结组成。

（2）腘淋巴中心　由腘淋巴结组成，在股二头肌与半腱肌之间，位于腓肠肌表面。

三、脾

骆驼的脾呈半月形，蓝紫色，质地较软，附着于第 1 胃室左侧面。新生驼的脾相对很大，尽管乳驼的第 1 胃不发达，然而脾却占据了左胁肋襞。脾呈半月形，凸缘朝向前，凹缘向后。背侧端通常比腹侧端圆。凸缘的边缘锐，凹缘相对较厚，因其斜向壁面。脾门位于背侧端脏面，在胃脾韧带上方和凹缘（图14-25）。

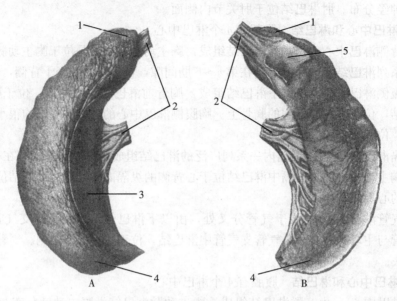

图14-25 骆驼脾
A. 壁面 B. 脏面
1. 背侧端 2. 脾门 3. 肾面 4. 远侧端 5. 胃脾韧带
（引自雷治海，2001）

第九节 神经系统

一、中枢神经系统

1. 脊髓 形态和构造与牛的相似。

2. 脑 骆驼脑形态结构见图14-26。

（1）延髓 骆驼的延髓前部较窄，腹侧正中裂明显，锥体和锥体交叉均较突出，斜方体隆突明显。背侧面绳状体短而粗，菱形窝较牛的宽。

（2）脑桥 骆驼的脑桥腹侧面的隆起前后较宽，两侧稍窄。小脑中脚自两侧向后向背侧伸入小脑。

（3）中脑 骆驼的中脑前丘较大，隆突而圆。后丘较小。脚间窝明显。

（4）间脑 骆驼的丘脑呈三角形，丘脑间黏合较圆。外侧膝状体较大，内侧膝状体较小。视束较细长，灰结节较小而圆，乳头体小，第3脑室较圆。

（5）大脑 整体近似半球状，大脑半球前后端距离较大。脑的背侧面较平缓，约与脑的长轴相平行，大脑的沟、回较牛的复杂而丰富。嗅脑较小，内、外侧嗅回细长，嗅三角较小。

（6）小脑 较大，小脑半球发达，蚓部相对较小。

二、外周神经系统

1. 脊神经 骆驼脊神经约有47对，其中颈神经8对，胸神经12对，腰神经7对，荐神经 5 对，尾神经约 15 对。每一脊神经皆分为背侧支和腹侧支，分布基本同牛。骆驼脊神经的主要特点如下：

(1) 颈神经　除耳大神经和颈横神经外，还有分支：颈袢来自第 1 颈神经腹侧支，连至舌下神经，第 1 颈神经腹侧支的其余部分分布于肩胛舌骨肌；枕大神经为感觉神经，来自第 2 颈神经背侧支，分布于枕部和顶部；锁骨上神经为感觉神经，来自第 6 颈神经腹侧支，分布于肩部；膈神经来自第 5 和第 6 颈神经腹侧支。

(2) 胸神经　除 11 对肋间神经和肋腹神经外，还有肋间臂神经，为感觉神经，来自第 2 肋间神经，分布于臂三头肌区。

(3) 腰神经

髂腹下前神经：为第 1 腰神经的腹侧支，经过第 2 腰椎横突中部和第 3 腰椎横突尖端腹侧，分布于腹壁。

髂腹下后神经：为第 2 腰神经的腹侧支，经过第 3 腰椎横突中部和第 4 腰椎横突尖端腹侧，走向后腹侧，分布于腹壁，包括乳房和包皮在内。

髂腹股沟神经：起始于第 3 腰神经腹侧支。

生殖股神经：起始于第 4 腰神经腹侧支，分为生殖支和股支。

股外侧皮神经：主要起始于第 4 腰神经腹侧支。

臀前皮神经：为感觉神经，来自第 4～7 腰神经背侧支。

(4) 臂神经丛　来源于第 7、8 颈神经和第 1、2 胸神经的腹侧支。具体分支分布类似于牛。

(5) 腰荐神经丛　由后 3 对腰神经的腹侧支和前 5 对荐神经的腹侧支构成，该丛的分支分布于后肢。其特点为：

股神经：起源于第 5～7 腰神经，神经根向后腹侧穿过腰大肌，在该肌内联合形成单一神经干。股神经大约在髂骨体前方 20mm 处于股静脉深部走向远侧，在髂耻隆起平面分出隐神经后，其主干经股三角走向远侧。

闭孔神经：起源于第 5 至第 7 腰神经，来自第 5 和第 6 腰神经的神经根向后穿过腰肌和髂肌，联合的神经干越过荐骨翼的腹侧面，沿髂骨体的后缘伸向远侧，与闭孔动脉伴行，然后穿过闭孔前外侧缘，分为前、后两支。前支分出运动支至耻骨肌、内收肌和股薄肌，后支分布于内收肌和闭孔外肌。

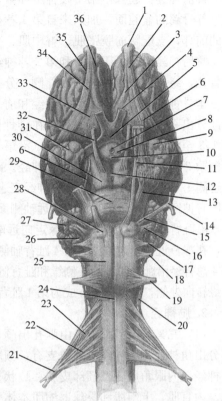

图 14-26　骆驼脑腹侧面
1. 嗅球　2. 嗅脚　3. 内侧嗅束　4. 视神经根
5. 视交叉　6. 滑车神经根　7. 垂体漏斗
8. 灰结节　9. 海马结节　10. 乳头体
11. 外展神经根　12. 脚间窝　13. 三叉神经根
14. 面神经膝及膝神经节　15. 面神经根
16. 前庭耳蜗神经根　17. 舌咽神经根
18. 迷走神经根　19. 舌下神经根　20. 副神经
21. 脊神经节　22. 脊神经腹侧根　23. 脊神经背侧根
24. 腹正中裂　25. 锥体　26. 第 4 脑室脉络丛
27. 小脑半球　28. 斜方体　29. 脑桥
30. 大脑脚　31. 梨状叶后部　32. 动眼神经
33. 梨状叶前部（嗅三角）　34. 外侧嗅束
35. 嗅脑外侧沟前部　36. 嗅脑内侧沟
(引自雷治海，2001)

臀前神经：起源于第 7 腰神经和第 1 荐神经，来自第 7 腰神经的神经根，向后腹侧延伸经过荐骨翼的盆腔面，加入来自第 1 荐神经的神经根。臀前神经与臀前血管一起穿过坐骨大孔的前部，支配阔筋膜张肌、臀中肌、臀副肌、臀深肌和梨状肌。

臀后神经：起源于第 1 和第 2 荐神经，两神经根在坐骨神经根外侧联合，然后向后穿过坐骨孔，绕过臀中肌后缘弯向外侧，分布于臀浅肌。

坐骨神经：起源于第 7 腰神经和前 3 个荐神经，其分支分布与牛相似，不同的是：腓浅神经分出一支至趾外侧伸肌后，在腓骨长肌覆盖下于趾外侧伸肌表面向远侧延伸，在小腿远侧 1/3 至浅层，与胫前静脉同行，沿第 3 腓骨肌外侧缘向远侧延伸，在跗关节的屈面分成趾背侧第 2 总神经和趾背侧第 3 总神经。趾背侧第 2 总神经沿趾伸肌腱的内侧缘走向远侧，在跖远侧 1/3 分出与趾背侧第 3 总神经交通支后，在球节的背外侧面走向远侧成为第 3 趾背远轴侧固有神经，分布于第 3 趾的背远轴侧面。趾背侧第 3 总神经在跗远侧分出趾背侧第 4 总神经后，沿趾背侧第 3 总静脉内侧缘走向远端，在跖远侧 1/3 接收来自趾背侧第 2 总神经的交通支，在球节近侧分为第 3 和第 4 趾背轴侧固有神经，分布于第 3 和第 4 趾的背轴侧面。趾背侧第 4 总神经沿趾伸肌腱的外侧缘和趾背侧第 3 总神经走向远侧，在跖远端 1/3 沿趾伸肌腱的外侧缘转向外侧，在球节上方成为第 4 趾背远轴侧固有神经，分布于第 4 趾的背远轴侧面。

2. 脑神经

（1）三叉神经　眼神经由眶孔出颅，分为两支，其中泪腺神经仅分布于泪腺及上眼睑，不分出角神经；额神经沿的分支有：额窦神经至额窦；眶上神经至上眼睑和额部皮肤；滑车下神经至内眼角周围及额部皮肤；睫状长神经至睫状体；筛神经至鼻腔。眼神经还供给上直肌、内直肌、上斜肌和眼球退缩肌本体感觉神经。

（2）面神经　面神经为混合神经，经茎乳突孔出颅腔，分为数支。

耳内支为感觉神经：通常分支后穿过耳软骨，分布于耳内面的皮肤。

耳后神经为运动神经：分布于耳后和耳背侧肌。

二腹肌支为运动支：分布于二腹肌后腹和枕舌骨肌。

颈支为运动神经：分布于面皮肌。

耳睑神经：为运动神经，在颧弓上方走向背侧，分为耳前支和颧支，前者分布于耳前和耳腹侧肌，后者则分布于眼轮匝肌、额肌和鼻唇肌。

颊支：为运动神经，分为颊背侧和颊腹侧支，分布于颊、唇和鼻部肌，还与下颌神经的面横支吻合。

3. 植物性神经　骆驼的植物性神经分布基本同牛。

（1）交感神经　仅有少数差异。

颈部交感干：由来自胸前部脊髓的节前纤维组成，干上有颈前神经节、颈中神经节和颈后神经节。颈交感干在颈后部加入迷走神经形成迷走交感干向前延伸，在寰椎平面交感干与迷走神经分开走向颈前神经节构成突触。由此神经节发出的节后纤维随血管分布于头部。

腰交感干发出的纤维走向以下椎下神经节或神经丛：腹腔神经节、肠系膜前神经节、肾神经节、主动脉肾神经节、腹主动脉丛和腰内脏神经。其中肾神经节发出纤维分布于肾、主动脉肾神经节发出纤维分布于肾上腺，腹主动脉丛发出的纤维与动脉一起延伸至睾丸和卵巢。

内脏大神经由最后 7 个胸神经节的纤维联合构成。内脏小神经由最后胸神经节和前部腰神经节的纤维构成。

(2) 副交感神经　类似于牛。

第十节　内分泌系统

(一) 甲状腺

骆驼的甲状腺位于喉的后方，气管的两侧，环状软骨到第 3~4 个气管环之间，未见明显的腺峡，两个侧叶均呈椭圆形。

(二) 肾上腺

骆驼的肾上腺呈豆形、红褐色，成对存在，左侧肾上腺位于左肾的前内方第 2 腰椎的腹侧，右侧肾上腺位于右肾的前内方第 1 腰椎的腹侧。

(三) 垂体

骆驼的垂体位于颅底蝶骨构成的很浅的垂体窝内，为椭圆形小体。远侧部与中间部之间有垂体裂。

(四) 甲状旁腺

骆驼的甲状旁腺，很小，被每侧甲状腺的尾端所覆盖。

(五) 松果体

骆驼的松果腺是一红褐色坚实的豆状小体，位于四叠体与丘脑之间，以柄连于丘脑背侧。

第十一节　感觉及被皮系统

一、视觉器官

骆驼眼大而富有表情，睫毛长。视觉敏锐，视野宽阔。瞳孔呈椭圆形，瞳孔边缘有虹膜粒。视网膜中央动脉由视神经乳头处分支，呈放射状分布于视网膜。骆驼是昼行动物，晚间活动不频繁，但视觉极其敏捷。

骆驼眼的颜色具有遗传性。眼的颜色因虹膜中黑色素数量和分布不同而有差异。羊驼虹膜的色素沉着引起玻璃眼、蓝眼。蓝眼是由于虹膜缺少色素，光通过虹膜时折光所致。

二、位听器官

骆驼外耳呈长形，高度灵活。耳是健康和情感状态的体现，羊驼耳形是遗传特征。

三、被　皮

1. 皮肤　骆驼的皮肤厚而不柔软。由于长期卧地而在胸骨、腕骨等处形成老茧。与其他家畜相比，骆驼真皮内含大量血管。

2. 毛 单峰驼的毛多为粗毛，短粗而稀少，被毛颜色单一。双峰驼的被毛分为粗毛和细毛两种，其粗毛较长，被覆于体表，形成一层保护层。其细毛较短，分布于粗毛之间。南美洲驼属的毛多为细毛，且卷曲度较高。特别是羊驼，其少量的粗毛分布于头部、胸腹下部以及四肢末端，其他部位全部为细毛，被毛颜色丰富。

3. 皮肤腺

（1）汗腺　汗腺位于皮肤的真皮和皮下组织中，排泄管开口于毛囊或皮肤表面（无毛皮肤）。骆驼的汗腺不发达，结构简单，为管状腺。

（2）皮脂腺　皮脂腺是分支泡状腺，位于真皮内，靠近毛囊处。骆驼皮脂腺（全分泌性的）的分泌与每根毛囊相关，但与羊相比，产生的皮脂较少。

（3）乳腺　骆驼有4个乳房。有些可能还有附乳，一般出现在正常乳头的顶部或底部。附乳也与腺组织相连。骆驼的每个乳房有两条导管使乳头与乳池相通。

（4）其他皮肤腺

跗骨腺：南美洲驼属后肢跗骨的内侧和外侧表面有独特的、椭圆形的无毛区（图14-27），这些区域与全浆分泌的多叶性腺体相连，真皮呈明显的乳头状突起，陷入表皮内。这些腺的功能可能与感受外部警觉信息有关。腺的分泌物能凝聚成坚韧的块状物而从皮肤表面剥离。

趾间腺：南美洲驼属四肢上都有趾间腺，其结构和特殊功能尚不清楚。

枕颈腺：也称为项腺，仅公驼有。枕颈腺位于枕骨嵴后第1颈椎两侧的皮肤内，大小如鸡蛋，所在处皮肤隆起，色黑，毛较稀疏。随繁殖季节体积有变化。

4. 蹄和枕　骆驼每肢的指（趾）端有两个蹄。蹄的底面覆盖着松软的、角质的上皮层，称为肉垫（图14-28）。肉垫的深层为致密结缔组织，含有血管和神经。

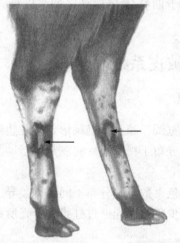

图14-27　羊驼跗骨腺（箭头所指）

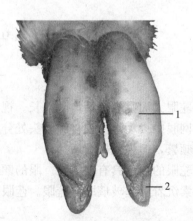

图14-28　羊驼足底
1. 足底肉垫　2. 指甲

每个蹄的蹄内由完整的3枚指（趾）节骨构成。骆驼的指（趾）甲小而轻，与人的指甲相似，位于每个指（趾）的最前端，通过真皮与蹄骨相连，不断生长，需定期修剪。

第十五章

家兔的解剖结构特征

第一节 骨 学

兔的全身骨骼见图15-1。

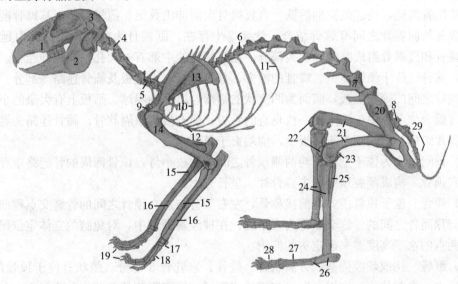

图15-1 兔全身骨骼

1. 上颌骨 2. 下颌骨 3. 顶骨 4. 枢椎 5. 第7颈椎 6. 胸椎 7. 腰椎 8. 荐椎 9. 胸骨柄 10. 肋骨 11. 最后肋骨 12. 胸骨体 13. 肩胛骨 14. 肱骨 15. 桡骨 16. 尺骨 17. 腕骨 18. 掌骨 19. 指骨 20. 髂骨 21. 股骨 22. 髌骨 23. 籽骨 24. 胫骨 25. 腓骨 26. 跗骨 27. 跖骨 28. 趾骨 29. 尾椎

（引自Popesko，1979）

一、躯 干 骨

1. 脊柱 椎骨属双平型，一般由46枚椎骨组成。脊柱式为：C_7，$T_{12\sim13}$、$L_{6\sim7}$、S_4、$Cy_{15\sim16}$。

颈椎7枚，寰椎翼宽扁，横突孔位于寰椎翼的基部。枢椎棘突呈宽阔板状。胸椎12枚（偶有13枚），棘突甚发达。从倒数第4胸椎开始，横突上有乳状突。腰椎7枚（偶有6枚），兔的腰椎部在脊柱全长中所占比例较大。荐椎4枚，愈合成荐骨。尾椎16枚（偶有15枚）。

2. 肋 12对（偶有13对），前7对为真肋，后5对为假肋（偶有6对），第8、9肋的肋软骨与前位肋软骨相连。最后3对肋的肋软骨末端游离，称为浮肋。

3. 胸骨和胸廓 胸骨由6枚胸骨片组成，第1枚为胸骨柄，最后1枚为剑突，后面接1

枚宽而扁的剑状软骨。兔的胸廓不发达，胸腔容积也较小，这与兔的肺不发达有关。

二、头　骨

头骨多为扁骨，分为颅骨和面骨。

1. 颅骨

(1) 枕骨　构成颅腔的后壁及下底的后部。枕骨原为 4 枚，即上枕骨和基枕骨各 1 枚，外枕骨 2 枚。分布在枕骨大孔的四周，幼兔此 4 枚骨片之间的骨缝仍很清楚，成年兔则愈合成 1 枚，界限不清。枕嵴为明显的人字形隆起。舌下神经孔有数个。

(2) 蝶骨　构成颅腔的下底，可分为基蝶骨、翼蝶骨、前蝶骨和眶蝶骨 4 部分。基蝶骨位于基枕骨的前方，呈长三角形，脑面有垂体窝，其腹侧面正中有海绵孔，直通垂体窝。翼蝶骨在基蝶骨两侧，构成眶窝的后壁。自翼蝶骨向前伸出翼突。前蝶骨位于基蝶骨前下方正中。基蝶骨与前蝶骨之间有软骨结合，骨缝终生存在。眶蝶骨为前蝶骨向眶窝内延伸的部分。眶蝶骨和翼蝶骨组成眶间隔的大部分。在眶间隔的中部有一大孔，即视神经孔。

(3) 筛骨　位于颅腔前壁、蝶骨的前方，分为筛板、垂直板及筛骨迷路 3 部分。筛板为鼻腔与颅腔之间的筛状隔板，脑面为凹窝状的筛窝，以容纳嗅球。筛板上有大量的小孔称筛孔。垂直板为位于正中矢面上的一枚垂直的骨板，前方接鼻中隔软骨。筛骨迷路为卷曲或迷路状薄骨片组成，后端固着于筛板上，前端突于鼻腔。

(4) 顶间骨　为位于上枕骨与两侧顶骨之间的一枚小骨，该骨四周的骨缝终生存在。

(5) 顶骨　构成颅腔顶壁的主要骨片，呈长方形。

(6) 额骨　位于顶骨前方，前接鼻骨，左右额骨与左右顶骨之间的骨缝交点称前囟。左右顶骨与顶间骨之间的骨缝交点称为人字缝。在神经解剖学中，对兔脑的立体定位研究，常以上述两点的水平高度差来确定头的仰俯。

(7) 颞骨　构成颅腔侧壁，分鳞状骨、鼓骨、岩乳骨 3 部分。鳞状骨位于顶骨的两侧、眶窝的后方，向前伸出颧突以与颧骨相接构成颧弓。颧突腹侧的关节面称下颌窝，与下颌骨构成可动的颞下颌关节。颧突根部上方，有小的颞窝与眶窝相通。鼓骨在鳞状骨的后下方，包括鼓泡与外耳道两部分，在鼓泡的腹侧面靠内侧有颈外动脉孔，鼓泡腹面最前方有不规则裂状的岩枕裂。岩乳骨分为岩部和乳部两部分，岩部位于颅腔面，其中包埋着内耳。乳部位于鼓泡后上方，上枕骨的外侧，其向下的突起称乳突，和枕骨的颈静脉突相平行。乳突与外耳道之间为茎乳孔，是面神经的出口。

2. 面骨

(1) 上颌骨　构成面部的侧面，骨体多孔呈海绵状，这是兔上颌骨的特征，具有 3 个白齿齿槽。

(2) 切齿骨　骨体上有切齿齿槽，前后两列共有 4 枚。

(3) 鼻骨　位于额骨的前方，构成鼻腔的顶壁，呈长板状。内侧面附有上鼻甲骨。

(4) 颧骨　为头骨最外侧的长形扁骨，前方与上颌骨的颧突相连，后方与颞骨颧突相接，形成颧弓。在成年兔，颧骨与上颌骨颧突已愈合在一起，其间骨缝看不出来。

(5) 泪骨　为眶窝前方的小骨片，与周围的骨块结合不紧密。

(6) 腭骨　位于上颌骨腭突的后方，鼻后孔两侧，分水平部和垂直部。

(7) 鼻甲骨　位于鼻腔两侧，为鼻腔黏膜的支架。可分为上鼻甲骨和下鼻甲骨。上鼻甲骨附着于鼻骨上，为一简单无卷曲的薄骨片；下鼻甲骨附着于上颌骨，为卷曲呈迷路状的薄骨片。

(8) 犁骨　位于鼻腔正中，前蝶骨的前方，为左右侧扁的长板状骨。

(9) 下颌骨　左右下颌骨在前端以软骨结合在一起。下颌骨体上每侧只有1个切齿齿槽，共2个，而臼齿齿槽每侧有5个。齿槽的间缘宽阔。颏孔在第1前臼齿的前方。下颌支后下方的突起称为关节突，与颞骨颧突的下颌窝构成关节。冠状突低。

(10) 舌骨　位于下颌支之间，喉的前方，为舌根的支架，包括中间的舌骨体和一对大角。

三、前 肢 骨

前肢骨短而不发达。肩带除有发达的肩胛骨外，还有埋在肌肉中的锁骨，一端连于胸骨柄，另一端连于肩胛骨。游离部包括肱骨、前臂骨（桡骨和尺骨）、前脚骨（腕骨、掌骨、指骨和籽骨）。

1. 肩胛骨　有明显的肩峰，与肩峰构成直角的后肩峰尤为突出。肩胛冈较长。关节窝的前缘有盂上结节，后缘有盂下结节，盂上结节的内侧有喙突。

2. 肱骨　为典型管状长骨，近端的内侧结节突向内侧。三角肌粗隆不发达。下端形成滑车关节面，滑车的内侧嵴突出。冠状窝内有明显的滑车上孔。

3. 前臂骨　由桡骨与尺骨组成，桡骨与尺骨略有交叉，即桡骨上端偏外侧面，斜搭在尺骨之上，而下端则位于尺骨的内侧面。尺骨较长，在桡骨后方，尺骨并未与桡骨愈合，骨体略呈S形，和桡骨之间有骨间韧带连接，靠上端处有骨间隙。

4. 腕骨　有9枚，分为3列。近列4枚，由内向外依次为桡腕骨、中间腕骨、尺腕骨及副腕骨。中列有1枚为中心腕骨。远列也是4枚，由内向外为第1、2、3、4腕骨。

5. 掌骨　有5枚，由内向外为第1、2、3、4、5掌骨，其中第1掌骨最短。

6. 指骨　有5指，第1指由2枚指节骨组成，其余各指均由3枚指节骨组成，远指节骨上皆附有爪。

7. 籽骨　除第1指外其他各指在掌指关节间各有2枚平行排列的近籽骨，在中及远指节骨之间各有1枚远籽骨。

四、后 肢 骨

后肢骨长而发达，由髋骨、股骨、髌骨、小腿骨（胫骨和腓骨）及后脚骨（跗骨、跖骨、趾骨和籽骨）组成。

1. 髋骨　左右侧髋骨构成盆带。两侧髋骨与背侧的荐骨及前几枚尾椎构成骨盆。髋骨除有髂骨、耻骨和坐骨外，于耻骨和髋臼之间可见有1枚长五角形小骨，称为髋臼骨（os acetabuli）。

2. 股骨　下端内侧髁和外侧髁的后上方，各有1枚籽骨。

3. 髌骨　为一短的楔状籽骨，与股骨滑车关节面构成关节。

4. 小腿骨　由胫骨和腓骨组成，胫骨粗大位于内侧，腓骨细弱位于外侧，二者在上半部有明显的骨间隙，而下半部则愈合在一起。腓骨头与胫骨外侧髁相愈合。在胫骨外侧髁处有1枚籽骨。

5. 跗骨 有6枚，分为3列。近列为距骨和跟骨，中列为中央跗骨，远列为第2、3、4跗骨。

6. 跖骨 有4枚，由内向外排列为第2、3、4、5跖骨，第1跖骨已退化。

7. 趾骨 有4个趾，第1趾退化，只剩第2、3、4、5趾，每个趾均有3枚趾节骨。

8. 籽骨 位于跖趾关节及中趾节骨和远趾节骨的跖侧面。

第二节　肌　学

全身肌有300余块，总重量约为体重的35%。其中腰背部肌、后肢肌发育良好，而颈部肌、胸壁肌及前肢肌不发达。皮肌与其他家畜相似，也有面皮肌、颈皮肌、肩臂皮肌和躯干皮肌。

一、躯干肌

兔躯干浅层肌见图15-2。

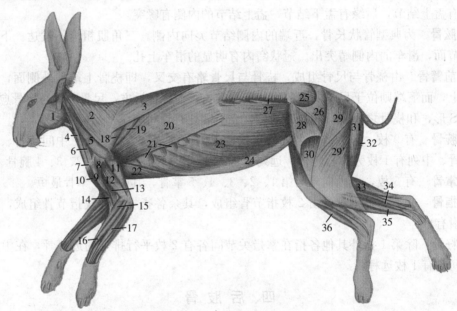

图15-2　兔躯干浅层肌

1. 咬肌　2. 颈斜方肌　3. 胸斜方肌　4. 胸骨乳突肌　5. 肩胛横突肌　6. 胸骨甲状肌　7. 胸骨　8. 肱骨大结节　9. 肩峰三角肌　10. 锁骨三角肌　11. 臂三头肌长头　12. 臂三头肌外侧头　13. 臂肌　14. 臂二头肌　15. 腕桡侧伸肌　16. 第4指固有伸肌　17. 第5指固有伸肌　18. 三角肌　19. 大圆肌　20. 背阔肌　21. 腹侧锯肌　22. 胸升肌　23. 腹外斜肌　24. 腹直肌　25. 臀中肌　26. 臀浅肌　27. 腹内斜肌　28. 阔筋膜张肌　29、29′. 臀股二头肌　30. 股四头肌　31. 半腱肌　32. 半膜肌　33. 腓肠肌　34. 胫骨后肌　35. 趾长伸肌　36. 胫骨前肌

（引自Popesko，1979）

1. 脊柱肌

（1）背腰最长肌　为脊柱最强大的肌肉，位于胸腰椎棘突与横突及肋骨上端之间的三角形空隙中，由髂骨伸至颈椎。

（2）背髂肋肌　位于背腰最长肌的外缘。

(3) 背多裂肌　在腰部位于背腰最长肌和腰椎棘突之间，背半棘肌后面，两肌的分界线约在最后胸椎处，肌纤维由后下方斜向前上方。

(4) 背半棘肌　位于背部，在背腰最长肌和棘肌之间。

(5) 夹肌　位于颈斜方肌深层，菱形肌的前方，宽而薄，起于项韧带，止于枕骨乳突部及寰椎翼。

(6) 颈最长肌　为背腰最长肌向前延伸到颈的肌肉，被背腰最长肌和背侧锯肌前面的部分所覆盖，止于后3枚颈椎横突，有一些肌束向前伸到寰椎翼。

(7) 头寰最长肌　位于夹肌的深层，分为平行的两条肌，上方的较大为头最长肌，下部的较小为寰最长肌。

(8) 头半棘肌　大而扁平，位于颈侧深层，被夹肌和头最长肌所覆盖。

(9) 颈半棘肌　被头半棘肌所覆盖，起于后5枚颈椎和第1胸椎的关节突，止于颈椎的棘突上（主要是枢椎）。

(10) 腰方肌　位于腰椎横突的腹侧面，在腰大肌背侧。

(11) 腰大肌　位于腰方肌的腹侧，与髂肌相合称髂腰肌，止于股骨小转子。

(12) 髂肌　位于髂骨翼内面，在腰大肌两侧后方，与腰大肌相合止于股骨小转子。

(13) 腰小肌　位于腰大肌的后方两侧。为纺锤形羽状肌，起于后4枚腰椎椎体，止于耻骨前缘。腰小肌与腰方肌和髂腰肌一起，俗称"里脊"。

(14) 胸骨乳突肌　位于耳廓降肌的深层，颈外静脉的背面，呈长条状，左右合成V形，起于胸骨柄，伸向下颌腺，止于颞骨乳突。

(15) 胸骨舌骨肌　位于颈部腹侧正中，紧贴气管，起于胸骨柄和胸骨体前部，止于舌骨。

(16) 胸骨甲状肌　位于胸骨舌骨肌的深层，纵行于气管的两侧，起于胸骨柄的背侧及第1、第2肋骨边缘，止于甲状软骨。

2. 胸壁肌

(1) 肋间外肌　位于肋间的表层薄片状肌，起于前位肋骨的后缘，止于后位肋骨前缘。

(2) 斜角肌　分为前斜角肌、中斜角肌和后斜角肌。前斜角肌起于第4~7颈椎横突，止于第1肋骨前外侧面。中斜角肌起于第5颈椎横突，止于第3~5肋骨外侧面。后斜角肌起于第4~6颈椎横突，止于第1肋骨背侧的部分。

(3) 背侧锯肌　位于胸廓的背侧面，在斜方肌、菱形肌和背阔肌的深层，分为前部的前背侧锯肌和后部的后背侧锯肌。

(4) 膈　位于胸、腹腔之间，呈圆顶状凸向胸腔，由周围的肌质部和中央的腱质部组成。肌质部由腰部、肋部和胸骨部3部分合成。右膈脚大，左膈脚小，两脚之间有主动脉裂孔。右膈脚与中央腱间有食管裂孔。肋部附着于第7~12肋骨。胸骨部附着于剑状软骨的上面。中心腱靠近中央略偏右侧有腔静脉裂孔，供后腔静脉通过。

(5) 肋间内肌　位于肋间外肌的深层，起于肋骨前缘，止于前位肋骨后缘。

3. 腹壁肌

(1) 腹外斜肌　为腹壁的最外层，前部被胸肌及背阔肌所覆盖，起于胸骨剑突、第1~12肋骨及背腰筋膜，以腱膜止于腹白线及髂骨，由髂骨嵴至耻骨联合为腹股沟韧带。

(2) 腹内斜肌　位于腹外斜肌的深面，纤维方向由后上方斜向前下方，起于背腰筋膜的深层、腹股沟韧带及最后 4 根肋骨。腱膜近腹中线部分为两层，形成腹直肌鞘。腱膜最后止于腹白线。

（3）腹直肌　在腹白线两侧，起于胸骨、剑突及第 1～7 肋软骨，止于耻骨联合前端。

（4）腹横肌　为腹壁的最内层，甚薄，纤维方向横行，起于后 7 根肋骨、腰椎横突末端而止于腹白线。

腹股沟管位于腹外斜肌和腹内斜肌之间，为一斜穿腹壁的管道，是睾丸下降到阴囊腔的通道。有两个口，内口叫鞘环，外口叫皮下环。性成熟后到生殖季节睾丸下降到阴囊腔内，生殖期过后睾丸又回到腹壁中。

二、头部肌

1. 咀嚼肌

（1）咬肌　位于下颌支外面，为咀嚼肌中最发达的。肌肉色较红，属于红肌。分为较强大的外层和较薄弱的内层，起于颧弓，止于下颌角及下颌支外侧面。

（2）翼肌　位于下颌支的内侧。分内、外两层，皆起于蝶骨翼突。翼内侧肌纤维垂直，呈扇状，止于下颌角内侧及腹缘；翼外侧肌小而厚，肌纤维向后伸延，止于下颌角内侧面的背侧部。

（3）颞肌　不发达，位于退化的颞窝中。

（4）二腹肌　只有前肌腹，后肌腹退化。

2. 面肌

（1）口轮匝肌　位于唇部皮肤与黏膜之间，构成唇的基础。肌纤维环绕口周围排列，不直接附着于骨骼上，上唇纵裂部一部分被隔断，收缩时有闭口作用。

（2）颊肌　位于上下颌之间，构成口腔侧壁的基础，前接口轮匝肌，后接咬肌。

（3）颧肌　位于颊肌与皮肤之间，呈薄片状。

（4）鼻唇提肌　呈长条状，位于颧肌的上方，与上唇固有提肌交叉。起于眶窝下缘，以腱止于鼻翼皮肤上，止腱被上唇固有提肌和颧肌的上端所覆盖。

（5）上唇固有提肌　斜位于颧面的背外侧，起于鼻骨后外角及额骨，止于唇皮肤。

（6）下唇降肌　位于颊肌下缘，起于下颌，止于下唇。

（7）颏肌　位于颏部，混有脂肪组织，且生有触毛。

三、前肢肌

前肢肌包括肩带肌、肩臂部肌、前臂部肌和前脚部肌。

1. 肩带肌　是前肢与躯干连接的肌肉。

（1）斜方肌　分颈、胸两部，为扁宽而薄的三角形肌，覆于肩臂部及颈背部。颈斜方肌起于枕骨和项韧带，止于后肩峰突及冈上筋膜。胸斜方肌起于背腰筋膜及胸椎棘突，止于肩胛冈。

（2）菱形肌　位于斜方肌的深面，由肩胛骨上缘延伸到背正中线，起于项韧带及前 7 枚胸椎棘突，止于肩胛软骨的内侧面。

（3）背阔肌　位于躯干的侧方，为扁平长三角形肌，由背中部斜向前肢，起于背腰筋膜及后 4 根肋骨，止于三角肌粗隆。

(4) 头菱形肌　位于菱形肌的深面，为夹肌外侧面的一细带状肌，前方与头骨相连，起于颞骨鼓泡的上方，止于肩胛软骨的后部。

(5) 臂头肌　分为锁枕肌和锁乳突肌，为两对长带状肌，位于胸头肌的外侧面，在锁骨处与锁三角肌相接。锁乳突肌位于深层，起于颞骨乳突，止于锁骨；锁枕肌为浅层肌，起于枕骨，止于锁骨乳突肌止点内侧的锁骨上。

(6) 肩胛横突肌（腹肩胛提肌）　位于颈斜方肌的下缘，向前上方延伸，形细长，起于枕骨与蝶骨体的结合处，止于肩峰后突。

(7) 腹侧锯肌　分颈、胸两部，颈部起于前两根肋骨及后5枚颈椎横突；胸部起于第3~9肋骨。二者均止于肩胛骨内面的上部。

(8) 胸肌　分为浅、深两层。浅层前部叫胸降肌，形细长；后部叫胸横肌。深层前部叫锁骨下肌，呈三棱形；后部叫胸升肌。

2. 肩部肌

(1) 冈上肌　位于冈上窝内，起于冈上窝，止于肱骨外侧结节。

(2) 三角肌　分为3块，即锁三角肌（第1三角肌），起于锁骨，止于肱骨；肩峰三角肌（第2三角肌），在锁三角肌外侧面，为一块三角形小肌，起于肩峰突，止于肱骨三角肌粗隆；肩胛三角肌（第3三角肌），起于冈下肌腱膜，通过后肩峰突的下面，止于肱骨三角肌粗隆。

(3) 大圆肌　位于肩胛骨后缘，冈下肌后方，甚厚，起于肩胛骨后缘的上半部，止于肱骨前面。

(4) 小圆肌　在冈下肌内面与大圆肌之间，与冈下肌紧密结合，不易分开，但与大圆肌之间有臂三头肌长头的腱分开。

(5) 肩胛下肌　位于肩胛下窝内，起于肩胛骨整个内侧面，止于肱骨内侧结节。

(6) 喙臂肌　位于肩关节内面，肩胛下肌与大圆肌的下方。

(7) 冈下肌　被肩胛三角肌所覆盖，起于冈下窝及肩胛冈，止于肱骨外侧结节。

3. 臂部肌

(1) 臂三头肌　位于肩胛骨和肱骨的夹角内。长头最大，位于肱骨后面，起于肩胛骨后缘。外侧头位于肱骨外侧，长头的前面，起于肱骨外侧结节及肱骨外侧面。内侧头紧挨着肱骨，起于肱骨后面，以上3个头均止于尺骨鹰嘴。

(2) 前臂筋膜张肌　为一薄肌，位于臂三头肌长头的内侧面。

(3) 臂二头肌　为强大的纺锤形肌，起于肩胛骨关节窝上缘，止于桡骨内侧面和尺骨的下内侧面。

(4) 臂肌　位于臂二头肌的外侧，肩峰三角肌下方，起于肱骨前面和外面绕肱骨下行，止于桡骨上端的内侧面。

4. 前臂部和前脚部肌

(1) 腕长桡侧伸肌　位于前臂最前方，起于肱骨外侧上髁，止于第2掌骨近端。

(2) 腕短桡侧伸肌　大部和前肌愈合，起于肱骨外侧上髁，止于第3掌骨近端。

(3) 腕尺侧伸肌　位于前臂的后外侧，起于肱骨外侧上髁和尺骨上端外侧面，止于第5掌骨近端。

(4) 拇长外展肌　为薄而小的肌肉，起于桡尺骨的前外侧面，止于第1掌骨上端。

(5) 腕尺侧屈肌　位于前臂的后内侧，起于肱骨内侧上髁和鹰嘴内侧，以强腱止于副腕骨。

(6) 腕桡侧屈肌　位于前臂内侧，指深屈肌的前方，起于肱骨内侧上髁，止于第 2 掌骨上端。

(7) 掌肌　位于前臂后内侧，腕尺侧屈肌和指浅屈肌之间，很细，起于肱骨内侧上髁，止于掌筋膜。

(8) 指总伸肌　位于腕桡侧伸肌的后方，起于肱骨外侧上髁和尺骨上端，分为 4 个腱，在腕背韧带下通过，止于第 2~5 指的各指节骨。

(9) 第 4 指固有伸肌　位于指总伸肌和腕尺侧伸肌之间，起于肱骨外侧上髁，以一长腱止于第 4 指的远指节骨。

(10) 第 1、第 2 指伸肌　起于桡尺骨的前外侧面，止于第 1 指的远指节骨和第 2 掌骨下端。

(11) 第 5 指固有伸肌　起于肱骨外侧上髁和尺骨的外侧面，止于第 5 掌骨的下端及第 5 指的近指节骨。

(12) 指浅屈肌　位于腕尺侧屈肌与指深屈肌之间，起于肱骨内侧上髁和尺骨上端，沿桡骨后面浅层下行，分为 3 支，分别止于第 2、3 和第 4 指的中指节骨。

(13) 指深屈肌　为指的最大屈肌，位于桡骨后面，被指浅屈肌覆盖。分 4 个头，即浅头、桡骨头、尺骨头和中间头。浅头位于最表面，为 4 个头中最大的，起于肱骨内侧上髁；桡骨头起于桡骨后面上部；尺骨头起于肱骨内侧上髁，肌腹有一部分和腕尺侧伸肌紧密结合；中间头起于尺骨后面。4 个头被一总腱鞘所包围，以后分为 5 支，分别止于各指的远指节骨。

(14) 第 5 指屈肌　为指深屈肌第 5 支肌腱浅面的一小肌，起于副腕骨和指深屈肌腱鞘，止于第 5 指掌指关节的籽骨，并延伸到远指节骨。

(15) 骨间肌　位于各掌骨的后面，起于第 2~5 掌骨的上端及腕骨，止于近籽骨。

(16) 蚓状肌　为细小的纺锤形肌，共 3 条，起于指深屈肌腱鞘，止于第 3、第 4、第 5 指的近指节骨的内侧。

四、后肢肌

有臀部肌、股部肌、小腿部肌和后脚部肌。

1. 臀部肌

(1) 臀浅肌　为一薄肌，其后部被臀股二头肌所覆盖。分前、后两部，前部与阔筋膜张肌紧密结合，细心分离才能分开。前后两部以筋膜相连。

(2) 臀中肌　较大而厚，位于臀浅肌之前，并有一部分被覆盖。分浅、深两部，浅部为白肌，深部为红肌，深部又称为臀副肌。

(3) 梨状肌　位于臀中肌浅部的深层，臀中肌深部的后上方。呈三角形，为红色，深面有坐骨神经通过。

2. 股部肌

(1) 臀股二头肌　位于股部外侧的中部，臀浅肌的后方。分长、短两头。短头在前上方，呈倒置的三角形，起于后 3 枚荐椎和前 3 枚尾椎棘突，以扁腱止于髌骨的后缘；长头在后,也呈三角形,其尖端向上,和短头正相颠倒,起于坐骨结节,止于小腿外侧筋膜。

(2) 半腱肌　纵切内收大肌,即见其内包一圆筒形颜色较红的肉柱,即为半腱肌,属红肌,起于坐骨结节,止于胫骨内侧髁。

(3) 半膜肌　在股部后缘,臀股二头肌与内收大肌之间,一部分起于臀股二头肌表面的筋膜,另一部分起于坐骨结节外侧,与股薄肌共同止于小腿内侧筋膜。

(4) 股方肌　起于坐骨结节的腹侧面和坐骨上支,止于股骨第3转子及其后面。

(5) 阔筋膜张肌　位于股部外侧面靠前半部,前面与股直肌第一部分相连,后面和臀浅肌前部结合不易分离。

(6) 股薄肌　大而薄,位于股部内侧的后部。

(7) 内收大肌　位于股薄肌深面,起于坐骨腹侧面及坐骨结节,止于股骨远端的内侧面及胫骨内侧髁。

(8) 内收长肌　位于内收大肌前方,起于耻骨联合后部及坐骨下支,止于股骨的后面。

(9) 内收短肌　位于内收长肌的前方,一部分被耻骨肌所覆盖,起于耻骨联合的前部,止于股骨小转子下方。

(10) 缝匠肌　位于股中部内侧,股内侧肌及股薄肌之间,和股薄肌有部分愈合,呈细带状,属红肌。

(11) 耻骨肌　位于缝匠肌和内收长肌之间,为一梭形小肌。

3. 小腿部和后脚部肌

(1) 股四头肌　甚强大,位于股骨背面和两侧。股外侧肌被阔筋膜张肌覆盖,起于股骨大转子前面。股直肌分为两部,第一部分为包住股部前缘的肌肉,较薄,延伸于股部内侧面,起于髂骨翼的腹侧缘和股筋膜,并与阔筋膜张肌纤维相连接;第二部分位于股外侧肌的内侧,为一圆柱状肌肉,以一强腱起于髋臼前的髂骨前下棘。股内侧肌位于股部内侧,股直肌第一部分之后,并与该肌相连。股中间肌紧贴股骨的前面和前外侧面,被其他3个头所包围,色较红为红肌,分为两部,一部起于股骨大转子;一部起于股骨的前面。以上4个头都经髌骨及髌直韧带,而止于胫骨粗隆。

(2) 腘肌　为三角形短肌,由股骨外侧上髁斜行于胫骨的后面,止于胫骨上部的后内侧缘。

(3) 腓肠肌　为宽而厚的肌肉,位于小腿的后方,有内、外侧两个头。外侧头起于股骨外侧上髁及其籽骨和胫骨上端的外侧面,内侧头起于股骨内侧上髁及其籽骨,在小腿中部形成强腱止于跟结节。

(4) 比目鱼肌　位于腓肠肌外侧头的深面,以强腱起于腓骨头,下端的腱质与腓肠肌腱相合,止于跟结节。

(5) 胫骨前肌　位于小腿外侧面,其外侧及背侧被臀股二头肌远端及筋膜所覆盖,起于胫骨外侧髁及胫骨粗隆的外侧面,其肌腱在小腿下部的斜韧带下面通过,止于第2跖骨上端。

(6) 腓骨肌　位于胫骨前肌与趾长伸肌的深面,包括4条肌肉,各条肌腹在上部有部分相愈合,下端以长腱共同穿过外髁处的一深沟(腓骨切迹),在此处被一韧带固定。以后各肌腱分开分别抵止。4条肌肉为腓骨长肌、腓骨短肌、第3腓骨肌和第4腓骨肌。

腓骨长肌起于胫骨外侧髁和腓骨头,止于退化的第1跖骨;腓骨短肌起于胫骨外侧髁和胫骨体,止于第5跖骨近侧端的结节上;第3腓骨肌起于腓骨头和附近的骨间韧带,止于第

5 跖骨下端和趾骨上；腓骨第 4 肌起点同第 3 腓骨肌，止于第 4 跖骨下端。

（7）趾长伸肌　位于小腿背外侧面，紧贴在胫骨前肌的深面。肌腹呈纺锤形，以扁腱起于股骨外侧上髁，沿小腿背外侧下行变成腱，穿过一个斜韧带和足背的环韧带后，分为 4 支，分别止于第 2～5 趾各趾节骨。

（8）拇长伸肌　位于小腿内侧面，起于胫骨背内侧面，以腱绕经胫骨内侧髁，止于第 2 趾的趾节骨背侧面。

（9）趾浅屈肌　又称跖肌，位于腓肠肌内侧头的深面，较相邻的比目鱼肌大，起于股骨外侧上髁及籽骨，其长腱覆盖在腓肠肌腱表面，一部分止于跟结节后，继续下行分为 4 支，分别止于第 2～5 趾的中趾节骨。

（10）趾长屈肌　位于胫骨和腓骨的后面，腓肠肌的前面。起于胫骨外侧髁及腓骨头，止端以长腱绕过距骨后面达跖部，部分被趾浅屈肌所覆盖，最后以 4 腱支分别止于第 2～3 趾的远趾节骨。

（11）骨间肌　位于第 2～5 跖骨的跖侧面，起于趾长屈肌腱鞘的背部，止于第 2～5 跖骨下端。

（12）蚓状肌　起于趾长屈肌腱，止于第 3、4、5 趾的近趾节骨的内侧面。

第三节　消化系统

一、口腔和咽

1. 口腔

（1）唇　上唇正中线有纵裂，称为唇裂。

（2）颊　构成口腔的侧壁。

（3）硬腭　构成口腔顶壁（图 15-3），有 16～17 条腭褶，在腭褶的前方约 1mm 处有鼻腭管口。

（4）软腭　很长，构成口腔的后界，其游离缘稍前方，每侧有一扁桃体窝，窝内有腭扁桃体。

（5）舌　短而厚，舌肌发达，分舌根、舌体和舌尖 3 部分。舌下有舌系带与口腔底黏膜相连。在舌系带与下颌门齿之间，有一对小孔，为下颌腺的开口。舌后部的隆起部称舌隆起。丝状乳头数目最多，呈绒毛状密布于舌背面。菌状乳头，数目较少，散在于丝状乳头之间，以舌尖分布较多。轮廓乳头仅 1 对，位于舌隆起后缘。叶状乳头也只有 1 对，位于轮廓乳头的前外侧缘，较大，呈椭圆形（长约 5～6mm），表面有平行的皱褶。

（6）齿　具有一般草食兽的牙齿共性，有发达的门齿，无犬齿，臼齿咀嚼面宽阔有横嵴，门齿与臼齿之间有宽的齿槽间缘。兔齿独特之处在于：上颌具有前后两对门齿（前排为 1 对大门齿，后排为 1 对小门齿），形成特殊的双门齿型。

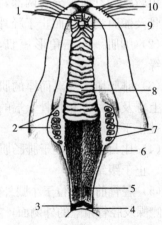

图 15-3　兔口腔顶壁
1. 切齿　2. 前白齿　3. 咽鼓管咽口
4. 会厌软骨　5. 腭扁桃体　6. 软腭
7. 后白齿　8. 硬腭　9. 鼻腭管口
10. 唇裂

上颌每边有 2 个门齿，无犬齿，3 个前臼齿，3 个后臼齿。下颌每边有 1 个门齿，无犬齿，2 个前臼齿，3 个后臼齿。恒齿式为 $2\left(\frac{2033}{1023}\right)=28$，乳齿式为 $2\left(\frac{203}{102}\right)=16$。

(7) 唾液腺 有 4 对，即腮腺、下颌腺、舌下腺和眶下腺。

腮腺：位于耳廓基部的下面和前方皮下，形状略呈三角形，腮腺管横过咬肌的表面前行，穿过颊壁，开口于上颌第 2 前臼齿相对的颊黏膜处。

下颌腺：位于下颌后部下面两侧，靠近咬肌后缘，为 1 对硬实的卵圆形腺体。长径 2.5cm，短径 1.1cm，腺管前行，在舌系带与门齿之间，以小孔开口于口腔。

舌下腺：位于舌下两侧，接近下颌骨联合处，较小，呈扁平长条状，有几条平行的导管开口于舌下部。

眶下腺：位于眶窝底部前下角，呈粉红色，其导管穿过颊壁开口于上颌第 3 臼齿相对的黏膜上。

2. 咽 位于口腔的后方，以软腭为界，以咽峡通于口腔，以两个鼻后孔通于鼻腔，以喉口通于喉，以食管口与食管相通，其两侧以咽鼓管咽口经咽鼓管通于中耳。

二、食管和胃

1. 食管 食管前口通于咽，在颈部位于气管的背侧，经胸腔穿过膈进入腹腔，后端开口于胃。

2. 胃 兔胃属单室胃，呈椭圆形囊状，贲门左侧穹窿形成相当大的盲囊，横位于腹前部。胃底腺区特别宽阔，其次是幽门腺区，而贲门腺区最小。大网膜不发达，小网膜是由胃小弯连接肝尾状叶的胃肝韧带，和自肝连接十二指肠起始端的肝十二指肠韧带所组成。

胃壁肌由外纵行、中环行和内斜行 3 层平滑肌构成。

三、小肠、肝和胰

兔的肠管走向见图 15-4。

1. 小肠 分为十二指肠、空肠和回肠。

(1) 十二指肠 连于幽门，长约 50cm，先向后行称为降支，而后为一短的水平横支，再折转向前称为升支，因此十二指肠呈 U 形，在十二指肠之间的肠系膜上有胰腺。

(2) 空肠 连于十二指肠的升支，为小肠的最长的部分，长约 2m，位于腹腔左侧，形成许多弯曲的肠袢，色呈淡红色，内容物较少。

(3) 回肠 为小肠最后一部分，较短，长约 40cm，盘旋较少，以回盲褶连于盲肠。回肠壁较薄，色较深（由于肠内容物透露的缘故），管径细，肠壁上血管较少。

回肠与盲肠相接处形成一厚壁圆囊，称

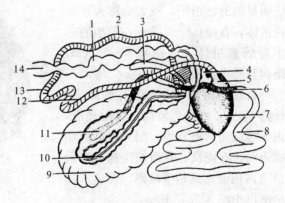

图 15-4 兔肠管走向示意图
1. 直肠 2. 十二指肠升部 3. 蚓突 4. 食管
5. 幽门 6. 回肠 7. 胃 8. 空肠 9. 盲肠
10. 结肠 11. 圆小囊 12. 十二指肠降部
13. 十二指肠横行部 14. 肛门

圆小囊，为兔所特有。长约 3cm，宽约 2cm。囊壁色较浅，与较深色的盲肠易于区别，管壁也较厚。外观可隐约透见囊内壁的蜂窝状隐窝。剖开圆小囊可看清内壁呈六角形蜂窝状。黏膜上皮下充满淋巴组织。

在小肠的全长，均有肠系膜将小肠悬挂于腹腔的背侧。

2. 肝 是全身最大的腺体，位于腹前区，前面接膈，后面与腹腔脏器相接触。共分 6 叶，即左外叶、左内叶、右外叶、右内叶、方叶和尾状叶。其中以左外叶和右内叶最大，尾状叶最小。胆囊位于右内叶的脏面，肝管与胆囊管会合成胆总管，开口于十二指肠起始部（图15-5）。

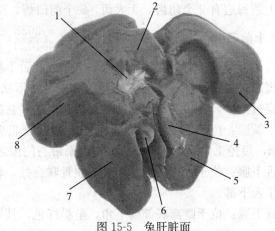

图 15-5 兔肝脏面
1. 肝门 2. 尾状叶 3. 右外叶 4. 胆囊
5. 右内叶 6. 方叶 7. 左外叶 8. 左外叶

3. 胰 散在于十二指肠间的肠系膜中，形如脂肪，剖解时应注意。只有 1 条胰管，开口于距十二指肠末端约 14cm 处的十二指肠内。兔的胰管开口距离胆总管开口远，这是兔的又一个特点。

四、大肠和肛门

大肠包括盲肠、结肠和直肠 3 部分。

1. 盲肠 是一个很粗大的盲囊，长约 50cm，和体长相近，在所有的家畜中，兔的盲肠比例最大。壁薄，外表可见一系列沟纹，肠壁内面有一系列螺旋状皱褶，称螺旋瓣。瓣的间隔 2～3cm，约有 25 转。

在回盲瓣口周缘的盲肠壁上有两块明显的淋巴组织，较大的称大盲肠扁桃体，直径 1.6～2.5cm；较小的称小盲肠扁桃体，直径 0.8～1.0cm。结构与圆小囊相似。

盲肠的游离端变细，称为蚓突，长约 10cm，外观色较淡，表面光滑，内无螺旋瓣，壁较厚。剖开可见到黏膜表面密布隐窝，其组织结构与盲肠扁桃体相似，只是壁较厚，含更丰富的淋巴组织（图 15-6）。

盲肠的位置与结肠紧密地靠在一起，由肠系膜把盲肠结肠联系起来，形成一个椭圆形肠盘。根据盲肠的走行方向可分为以下几部：盲肠的起始

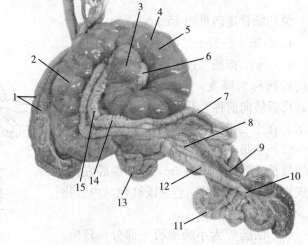

图 15-6 兔肠管
1. 十二指肠 2. 左纵行部 3. 中央纵行部 4. 沟纹
5. 右纵行部 6. 圆小囊 7. 升结肠 8. 回盲韧带 9. 回肠
10. 空肠系膜 11. 空肠 12. 蚓突 13. 空肠 14. 肠带 15. 肠袋

部称为中央纵行部，位于另外两个纵行部间，约在腹中部；由后向右前方延伸到右季肋区再转向右后方，移行为右纵行部；走向骨盆腔，然后又转向左侧，明显变细，并走向前方，形成左纵行部；到胃的后方转为横向延伸，移行为蚓突。因此盲肠位于腹腔中后部，几乎占腹腔的2/3。

2. 结肠 长约1m多，以结肠系膜连于体壁的背侧。分为升结肠、横结肠和降结肠3部分。升结肠较长，沿腹壁右侧前行，反复盘曲达胃的幽门部的上方。横结肠由右向左横过腹腔，到左侧则折向后方，即为降结肠。结肠有3条肠带，其中两条在背侧，1条在腹侧，在肠带间形成肠袋。

3. 直肠 长30～40cm，与降结肠无明显的分界，但两者之间有乙状弯曲。在直肠末端的侧壁有直肠腺。直肠腺长1.0～1.5cm，为细长形腺体，分泌物带有特异臭味，属于皮肤腺。直肠末端为肛门。

第四节 呼吸系统

一、鼻和咽

鼻腔以鼻中隔分为左、右两部，每侧均有筛鼻甲、上鼻甲和下鼻甲，分别附着于筛骨、鼻骨和上颌骨。由于以上3种鼻甲的存在，而大大增加了鼻黏膜的面积。当空气通过鼻腔时，可以使空气保持一定的温度、湿度，并能达到除尘的作用。

上颌窦稍大，额窦和蝶窦均较小。

咽见消化器官。

二、喉

喉位于咽的后方，气管的前端。由4种5枚软骨作为支架，内衬黏膜，并依靠喉肌协调动作，改变喉腔的形状及声带的紧张程度。

喉软骨包括甲状软骨1枚，环状软骨1枚，会厌软骨1枚，勺状软骨2枚。喉腔内面两侧各有2个黏膜褶，前方黏膜褶为室褶，后方的为声带。

三、气 管

气管由48～50个软骨环连接形成。进入胸腔后，在第4、5胸椎腹侧分为左、右主支气管，由肺门进入左、右肺。由右主支气管分出动脉上支气管，进入右肺前叶前部。

四、肺

肺不发达，分为左、右两肺。左肺分为前叶和后叶。右肺分为3叶，除前叶和后叶外还有副叶。左肺较小约为右肺的2/3。肺质地柔软，呈海绵状，有弹性，在水中能漂浮。肺的颜色由于含血量的多少而不同，在活体为粉红色，放血后的肉尸肺色较淡，淤血时呈暗红色。

第五节 泌尿系统

一、肾

兔肾属光滑单乳头肾，左、右各一，均呈卵圆形。每个肾平均重量为8g，长3～4cm，宽 2~2.5cm，表面光滑，色暗红而质脆。右肾位置靠前，位于最后肋骨和前两枚腰椎横突的腹侧面。左肾靠后，而且更靠外些，位于第2、3、4腰椎横突的腹侧面。肾的内侧有肾门，肾的被膜，在正常情况下易于剥离，外围有脂肪囊。

肾的断面可分为外层的皮质和内层的髓质。皮质呈红褐色，肉眼可见颗粒状的肾小体。髓质色稍淡，有放射状纹线。髓质部形成乳头状的肾乳头。乳头上有许多小孔，开口于肾盂。肾盂呈漏斗状，是输尿管起端的膨大部。

二、输尿管和膀胱

输尿管自肾盂起始，离开肾门向后延伸，开口于膀胱背侧壁。

膀胱呈梨状，位于腹腔后部靠腹侧面。公兔膀胱在直肠的腹侧，母兔则在阴道的腹侧。

第六节 生殖系统

一、公兔生殖系统

公兔的生殖系统见图15-7。

1. 睾丸 呈卵圆形，长2.5~3.0cm，宽1.2~1.4cm。睾丸的位置因年龄而不同，在胚胎期，位于腹腔内，待性成熟后，在生殖期睾丸临时下降到阴囊，生殖期过后睾丸仍可回到腹腔。阴囊位于股部后方，在肛门两侧。

2. 附睾 很发达，分为附睾头、附睾体和附睾尾3部分。附睾头由15条睾丸输出小管所组成。输出管汇集成一条长的附睾管，附睾管迂曲盘旋形成附睾体和附睾尾。附睾尾末端向前折转成一直管，移行为输精管。

3. 输精管 起于附睾尾末端，走向前上方，通过腹股沟管，进入腹腔转向后上方而入盆腔，与输尿管交叉后行，至膀胱颈处增粗，形成输精管腺部，以后管径变细，在精囊腹侧，开口于尿生殖道。

4. 副性腺 包括精囊和精囊腺、前列腺、旁前列腺和尿道球腺4种。

（1）精囊和精囊腺 位于膀胱颈和输精管腺部的背侧，为一扁平囊状腺体，前面部分为精囊，其前端游离缘分为两叶，在精囊的后方背侧为精囊腺，有导管开口于精阜的两侧。兔的精囊和精囊腺合起来，相当于其他家畜的精囊腺。

（2）前列腺 位于精囊腺的后方，以结缔组织中隔将腺体分为左、右两部。

（3）旁前列腺 位于精囊基部两侧。呈指状突起，长约0.3~0.6cm，每侧约3个，结构与尿道球腺近似，故又称前尿道球腺。

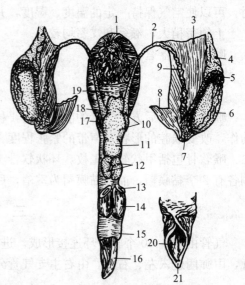

图15-7 公兔的生殖器官（背侧面）
1.膀胱 2.输精管 3.输精管褶 4.蔓状静脉丛
5.附睾头 6.睾丸 7.附睾尾 8.提睾肌
9.输精管（精索部） 10.精囊 11.精囊腺
12.前列腺 13.尿道球腺 14.球海绵体肌
15.包皮 16.阴茎 17.前尿道腺 18.输精管腺部 19.生殖褶 20.尿道 21.尿道外口

（4）尿道球腺 位于尿生殖道背侧、前列腺的后方，呈暗红色，分为两叶，表面被球海绵体肌覆盖。

5. 阴茎 阴茎呈圆柱状，前端游离部稍弯曲，无膨大的龟头，静息状态时向后伸至肛门附近。阴茎脚表面被以坐骨海绵体肌，该肌收缩时，牵引阴茎游离端伸向前方。

二、母兔生殖系统

母兔的生殖系统见图 15-8。

1. 卵巢 呈卵圆形，色淡红，位于肾的后方，以短的卵巢系膜悬于第 5 腰椎横突附近的体壁上。成年兔的卵巢长 1.0～1.7cm，宽 0.3～0.7cm，表面有透明小圆形突出的成熟卵泡。家兔排卵方式为刺激性排卵，即卵泡虽然成熟，但并不排出，只有在交配刺激后，隔一定时间才能排出。排卵时，卵泡破裂，卵子随卵泡液排出，进入输卵管。

2. 输卵管 为 1 对弯曲细管，借输卵管系膜悬挂在腰下，前端扩大呈漏斗状，边缘形成不规则的瓣状褶，称输卵管伞。成熟卵细胞从卵巢排出，即落入输卵管腹腔口内，由于输卵管壁肌肉的蠕动及管壁上纤毛的运动，使卵细胞沿输卵管向子宫方向运行。

3. 子宫 兔的子宫属双子宫类型，左、右子宫全部都是分离，没有任何程度的愈合，因此也就没有子宫体和子宫角的区分。左、右子宫各以单一的口开口于阴道。

4. 阴道 位于直肠的腹侧，膀胱的背侧，前接子宫，后连阴道前庭。

5. 阴道前庭和阴门 尿道外口开口于阴道前庭的腹侧壁。阴门裂的腹侧联合呈圆形，背侧联合呈尖形。在腹侧联合之内有阴蒂，兔的阴蒂相当大，长约 2cm。

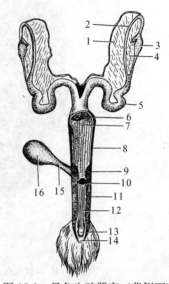

图 15-8 母兔生殖器官（背侧面）
1. 卵巢系膜 2. 输卵管 3. 卵巢
4. 卵巢囊 5. 子宫 6. 子宫颈
7. 阴道黏膜 8. 阴道 9. 尿道瓣
10. 尿道外口 11. 静脉丛
12. 阴道前庭 13. 阴蒂 14. 阴门
15. 尿道 16. 膀胱

第七节 心血管系统

一、心 脏

心脏呈前后稍扁的圆锥形，长轴斜向后下方，略偏左侧，心底向前上方，心尖向后下方，位于第 2～4 肋骨之间。

心脏外面包以心包，心壁与心包之间的腔为心包腔，含有少量心包液，可减少摩擦。

在外观上以冠状沟及纵沟为界，也将心脏分为左、右心房和左、右心室。右心房静脉窦发达，窦的前上方接右前腔静脉，其后方连后腔静脉。在后腔静脉入口的背内侧，有左前腔静脉的入口，这是兔右心房的特点。右心室动脉圆锥明显，心室壁梳状肌发达，无调节索，心壁上有两个小的乳头肌。左心房心耳明显，连有 3 条肺静脉。左心室的心壁很发达，但梳状肌不甚发达，陷窝浅而少；在室中隔与心壁间有两个大的乳头肌，每个乳头肌又分为3个小乳头肌（图15-9）。

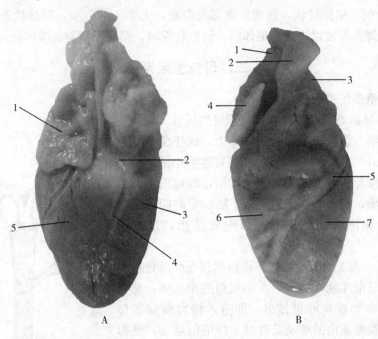

图 15-9 兔心脏
A. 后背侧面：1. 左心耳 2. 冠状沟 3. 右心室 4. 后上纵沟 5. 左心室
B. 前腹侧面：1. 右前腔静脉 2. 主动脉 3. 肺动脉 4. 右心耳
5. 前下纵沟 6. 右心室 7. 左心室

二、动　脉

臂头动脉和左锁骨下动脉分别由主动脉弓分出。臂头动脉很短，立即分为左颈总动脉、右颈总动脉及右锁骨下动脉3支。左、右锁骨下动脉分别走向左、右前肢。

左、右颈总动脉沿气管两侧伸向头部，至下颌角处分为细的颈内动脉和粗的颈外动脉。

主动脉弓分出左锁骨下动脉后即向后弯曲，沿脊柱左侧后行，在胸腔这段为胸主动脉，穿过膈的主动脉裂孔，进入腹腔，即为腹主动脉。荐中动脉在腹主动脉近末端处，从其背面发出，经过荐骨的腹侧面向后延伸，至尾椎腹侧，移行为尾动脉。腹主动脉在第7腰椎的腹面，分为左、右髂总动脉，髂总动脉继续后行，向内侧分出髂内动脉，分布到盆腔器官、臀部及尾部。其主干移行为髂外动脉，走向后肢。

三、静　脉

前腔静脉分为右前腔静脉和左前腔静脉，分别进入右心房。奇静脉为位于胸主动脉右侧纵走的一条静脉，它注入右前腔静脉。

后腔静脉由左、右髂外静脉和较小的左、右髂内静脉汇合而成。左、右髂内静脉先汇合成一条静脉，然后再收容左、右髂外静脉，而成后腔静脉。

第八节 淋巴系统

一、淋 巴 结

1. 头颈部淋巴结

(1) 下颌淋巴结 由1~3个小淋巴结集合而成，位于下颌间隙皮下，收集头部的淋巴，输出管进入颈浅淋巴结。有的兔体在颊肌上缘或咬肌前缘有面淋巴结。

(2) 颈浅淋巴结 有1~3个，位于颈外静脉分叉处附近。收集头、颈部淋巴，输出管进入颈干。

(3) 颈深淋巴结 每侧1个，分别位于喉的左、右侧颈总动脉分叉处。收集舌、咽、喉、鼻部的淋巴，输出管进入颈干。

2. 前肢淋巴结

(1) 腋浅前淋巴结 有2~3个，较小，位于胸肌腹外侧及肩前部的结缔组织中，收集肩带部及胸部皮下淋巴，其输出管注入腋深淋巴结。

(2) 腋浅后淋巴结 只有1个，稍大，约0.3cm。位于肩胛骨后方，收集肩带部及胸侧部的浅淋巴，其输出管注入腋深淋巴结。

(3) 腋深淋巴结 2个，位于腋动、静脉腹侧后方，接受腋浅淋巴结来的淋巴，输出管形成锁骨下干。

(4) 第1肋腋淋巴结 1个，位于第1肋骨下端内侧面，锁骨下干通过该淋巴结注入胸导管。

3. 后肢和骨盆部淋巴结

(1) 腘淋巴结 呈卵圆形，长约0.5cm，有1~3个，位于腓肠肌起始部后方，半膜肌下。收集后肢下部的淋巴，其输出管沿股动脉及股静脉延伸，进入腹腔内的髂淋巴结。因该淋巴结位置较浅在，在活体能触摸到像大米粒大小的淋巴结。

(2) 腹股沟浅淋巴结 每侧有2个，在腹股沟部皮肤褶内，腹股沟的腹侧。收集大腿内侧皮下的淋巴，其输出管进入髂淋巴结。

(3) 髂淋巴结 位于左、右髂总动脉起始部的两侧，每侧有1~2个，较小。输入管来自淋巴结和腹股沟浅淋巴结，输出管进入腰淋巴结。

(4) 荐淋巴结 有1~3个，位于荐中动脉起始部的腹侧。输入管来自荐部，输出管进入腰干。

(5) 腰淋巴结 位于腹主动脉末端、分出左、右髂总动脉附近处，分布于腹主动脉两侧，每侧有2~4个。收集后肢及骨盆来的淋巴，输出管形成腰干。

4. 胸、腹腔的淋巴结

(1) 纵隔淋巴结 有2~5个，沿食管及胸主动脉分布。汇集心、肺、食管的淋巴，输出管入胸导管。

(2) 肠系膜淋巴结 位于肠系膜内，有7~13个，可分为4群：

十二指肠淋巴结：位于十二指肠系膜内，接近胰的远端，有1~3个。

胃淋巴结：位于胃小弯，在胃静脉进入门静脉的汇合处附近，常为两个，收集胃、肝的淋巴。

肠系膜前淋巴结：位于肠系膜前静脉和肠系膜后静脉汇合处，有2～4个，汇集小肠和大肠的淋巴。

肠系膜后淋巴结：位于肠系膜后动脉起始部附近的肠系膜中，有2～4个，收集小结肠和直肠前部的淋巴。

以上这些淋巴结的输出管，最后集合形成肠干，进入乳糜池。

其他淋巴组织如腭扁桃体、圆小囊、蚓突、脾以及消化道和呼吸道黏膜中，都有分散和集中的淋巴小结，均有防护和免疫作用。

二、淋巴管

1. 头颈部淋巴管 分为浅、深两组。浅层淋巴管与皮下静脉伴行，进入下颌淋巴结；来自下颌区的深淋巴管也进入下颌淋巴结，其输出管走向颈浅淋巴结。喉区有深层淋巴结，由此发出的深淋巴管与颈总动脉伴行，浅层和深层淋巴管之间没有联系。

2. 前肢淋巴管 分浅、深两组。深层淋巴管和深层血管伴行，进入腋深淋巴结；浅层淋巴管分为两支，与皮下静脉伴行，进入腋浅前淋巴结，前肢掌侧面浅淋巴管进入腋浅后淋巴结。

3. 胸腔淋巴管 来自肺、心和食管的淋巴沿淋巴管进入纵隔淋巴结，其输出管进入胸导管。

4. 腹腔淋巴管 来自腹腔器官的淋巴，汇集肠系膜淋巴结内，其输出管进入乳糜池。

5. 后肢淋巴管 分为浅层和深层淋巴管。浅层淋巴管与皮下静脉伴行，分背、跖侧两组；背侧组与内侧隐静脉伴行，然后转入深部与深组交汇，和股静脉伴行；跖侧浅层淋巴管上行进入腹股沟浅淋巴结。深层淋巴管汇入腘淋巴结，其输出管与股动、静脉伴行，进腹腔入髂淋巴结。

6. 胸导管 起于腰部的乳糜池，位于主动脉右侧与奇静脉之间，有时是两条胸导管，分别位于主动脉两侧。胸导管汇集身体后部和左侧前半部的淋巴，开口于左侧颈外静脉和腋静脉汇合处。来自左侧头部和前肢的淋巴干进入胸导管的终端，而来自右侧头部和前肢的淋巴干，形成一支独立的短干，称右淋巴干，开口于右静脉角，即右侧颈外静脉和腋静脉汇合处。

三、脾

脾很小，重约1.5g，为体重的0.05%。脾的体积和重量与其含血量的多少有关，变化较大。长5.2cm，宽1.5～2cm，幼兔的较大。脾形似舌，呈暗红褐色，具有较大的伸展性，其宽度可改变。当体积增大时，主要后端宽度增大，而前端一般仍是狭窄的。脾悬挂在大网膜上，紧贴于胃的大弯左侧部，其长轴与大弯的方位一致，弯曲度与胃大弯相适应。

四、胸 腺

胸腺呈浅粉红色，位于心前纵隔内，相当于第1～3肋软骨处。胸腺缺乏固定形态。幼兔的胸腺较为明显，长约2.5cm，宽2cm，厚4cm，重约5g。成年兔的胸腺几乎全部被脂肪和结缔组织所填充。胸腺是兔体重要的淋巴器官，T淋巴细胞起源于胸腺。

第九节 神经系统

一、中枢神经系统

1. 脊髓 脊髓呈圆柱形，前连延髓，后达第 2 荐椎，约有 37～38 节段。全脊髓重 5g，为体重的 0.2%。颈膨大不明显，腰膨大甚显著。终丝与荐神经和尾神经根形成马尾。

2. 脑 兔脑解剖见图 15-10。

（1）端脑　大脑半球呈楔状，前窄后宽，后部稍分开，大脑半球表面平滑，沟、回不明显。大脑纵裂窄而浅，大脑横裂宽大。大脑半球皮质很薄，胼胝体不发达。嗅球较大，长而窄，向前突出。

（2）间脑　以丘脑与大脑半球基底节相连接。外侧膝状体较大而明显，内侧膝状体小。下丘脑是植物性神经中枢，包括视前部、灰结节和乳头体。

（3）中脑　背侧面为四叠体，腹侧为大脑脚。前丘大而明显，后丘较小。大脑脚宽大。

（4）脑桥　兔的脑桥不发达，较窄而扁平。

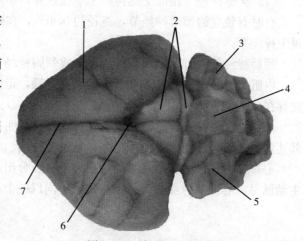

图 15-10　兔脑（背侧面）
1. 大脑半球　2. 中脑四叠体　3. 右小脑半球　4. 小脑蚓部
5. 左小脑半球　6. 松果体　7. 大脑纵裂

（5）延髓　窄而长，锥体明显。延髓与脑桥的背侧形成菱形窝，为第四脑室底。其结构与其他哺乳动物的相似，含有脑神经核、网状结构与上下行的传导束。

（6）小脑　蚓部宽大，小脑半球外侧后部有较明显的小脑绒球。

二、外周神经系统

1. 脊神经 脊神经有 37～38 对，其中颈神经 8 对，胸神经 12（13）对，腰神经 7（8）对，荐神经 4 对，尾神经 6 对。每一脊神经的情况与其他家畜相似，不同处如下：

（1）膈神经　由第 4、5、6 颈神经腹侧支的分支形成。

（2）臂神经丛　由后 4 对颈神经及第 1 对胸神经的腹侧支形成。

臂神经丛分出肩胛上神经、肩胛下神经、腋神经、肌皮神经、胸肌神经、桡神经、尺神经和正中神经。

第 4、5 指背侧及掌侧神经为尺神经的分支，第 1、2、3、4 指（轴侧）的背侧神经来自桡浅神经，第 1、2、3 指掌侧神经来自正中神经。

（3）腰荐神经丛　腰神经丛由后 4 对腰神经腹侧支形成，荐神经丛由荐神经腹侧支形成。两神经丛相连为腰荐神经丛。

腰荐神经丛的分支有髂腹后神经、髂腹股沟神经、股后皮神经、生殖股神经、股神经、闭孔神经、臀前神经、臀后神经、坐骨神经、阴部神经、直肠后神经。

趾背侧神经来自腓总神经，趾腹侧神经来自胫神经。

2. 脑神经 有 12 对脑神经，基本与其他家畜相似，其特点有：

（1）第 3、4、6 对脑神经及第 5 对脑神经的眼神经和上颌神经均经眶圆孔（眶裂）出颅腔。

（2）面神经的上颊支较粗，沿咬肌表面上部前行；下颊支斜向前下方，经咬肌表面下部前行。上颊支与下颊支在咬肌后部有交通支相连。

3. 植物性神经

（1）交感神经　颈部交感神经干单独延伸，不形成迷走交感神经干。

有时有独立的颈后神经节，直径约 0.4cm，在颈后神经节前方的交感神经干上有一小的颈中神经节。

颈后神经节有时与第 1 胸神经节合成颈胸神经节。

内脏大神经来自第 8～10 节段的胸部脊髓，走向腹腔肠系膜前神经节。内脏小神经不独立存在。

（2）副交感神经　迷走神经的结状神经节较明显，位于交感神经的颈前神经节外侧，颈部迷走神经较颈部交感神经干粗些，且位于外侧。

心抑制神经在结状神经节附近由迷走神经分出，紧贴颈总动脉向后延伸，分布到心脏或主动脉弓。心抑制神经有时与喉前神经一同以一个干起始。心抑制神经独立延伸。

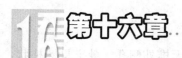

第十六章

犬的解剖结构特征

第一节 骨 学

犬的全身骨骼亦分为躯干骨、头骨、前肢骨和后肢骨（图16-1）。

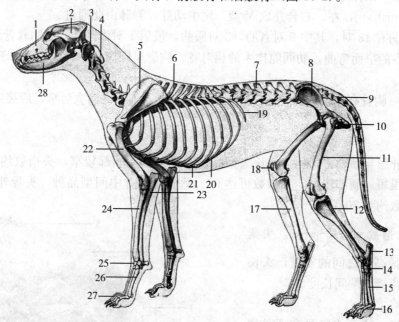

图 16-1 犬全身骨骼

1. 上颌骨 2. 顶骨 3. 寰椎 4. 枢椎 5. 肩胛骨 6. 胸椎 7. 腰椎 8. 髂骨 9. 尾椎 10. 坐骨 11. 股骨 12. 腓骨 13. 跟骨 14. 距骨 15. 跖骨 16. 趾骨 17. 胫骨 18. 髌骨 19. 肋骨 20. 肋软骨 21. 胸骨 22. 肱骨 23. 尺骨 24. 桡骨 25. 腕骨 26. 掌骨 27. 指骨 28. 下颌骨

（引自 Sisson，1938）

一、躯 干 骨

1. 脊柱 犬的脊柱式：$C_7 T_{13} L_7 S_3 Cy_{20\sim30}$。

（1）颈椎 相对长度比牛、猪的长，比马的短。

寰椎：寰椎翼宽大，前缘有翼切迹（牛的为翼孔），背侧前有椎外侧孔，后有横突孔（牛无此孔），腹侧的寰椎窝较牛的浅。

枢椎：椎体长，齿突较牛的长，呈圆筒状，向前几乎伸达枕骨。棘突较牛的薄、长而平直。椎弓有椎前切迹。横突较牛的尖细。

第3～6颈椎：椎体的长度依次变短。棘突高度变化与牛相似，向后逐渐增高。横突没有牛的发达,分为前、后2支。

第7颈椎:特征似牛的,形态似胸椎。

(2) 胸椎 椎体宽,上下扁,最后2~3个无肋凹。椎弓无椎外侧孔。棘突呈圆柱状,不如牛的发达。第11胸椎棘突垂直,称为直椎(vertebrae lumbales)。前关节突与横突间有乳突(processus accessorius),后3枚胸椎的后关节突与横突之间有副突(processus mamillaris)。

(3) 腰椎 发达,是脊柱中最强大的椎骨,这与犬腰部活动比其他家畜灵活有关。横突不如牛的发达,呈板状伸向前下方。乳突和副突发达。

(4) 荐骨 由3枚荐椎愈合而成,近似短宽的方形。盆部特凹,棘突顶端常分离。

(5) 尾椎 椎骨短小,后部更明显。第3、4、5尾椎椎体腹侧常附有血管弓[os arcus nemalis (haemalis)],左、右合并成V型,尾中动脉、静脉由此通过。

2. 肋 肋有13对,其中9对真肋,3对假肋,最后1对为浮肋,其肋软骨游离。

肋骨较牛的窄而弯曲,肋间隙比牛的相对宽。胸廓呈圆筒状,背腹径稍大于左右径,入口呈卵圆形。

3. 胸骨 胸骨有8枚。胸骨柄较钝,最后胸骨节的剑状突前宽后窄,后接剑状软骨。

二、头 骨

犬头骨外形与品种密切相关。长头型品种面骨较长,颅部较窄,头指数约为50;短头型品种面骨很短,颅部较宽,头指数可达90。此外,尚有中间型品种,头骨外形介于两者之间,头指数约为70(图16-2)。

[附] 头指数 = $\frac{头宽 \times 100}{头长}$。头宽为左右颧弓最高部之间的宽度,头长为项嵴至切齿缝前端间长度。

1. 颅骨

(1) 颅顶 主要由额骨和顶骨构成。额骨的额鳞正中纵凹,无眶上孔;颞面弯曲向下,前方的颧突短小,与颧弓不相接触,使眼窝与颞窝相通。额窦仅限额骨内,因此犬颅顶(除前方一小部分外)为单层结构。顶骨外面隆凸,两侧顶间缘呈尖端向前的V形缝,其内嵌有顶间突(processus interparietalis)。共同构成稍

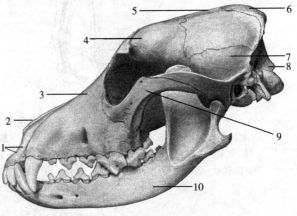

图16-2 犬头骨
1. 切齿骨 2. 鼻骨 3. 上颌骨 4. 额骨 5. 顶骨
6. 顶间骨 7. 颞骨 8. 枕骨 9. 颧骨 10. 下颌骨
(引自Sisson, 1938)

凸的外矢状嵴。顶间骨在胚胎期已与枕骨结合为顶间突。此外,枕鳞的顶缘伸达颅顶,形成项嵴。

(2) 颅腔后壁 枕骨呈顶向上的三角形,枕骨大孔两侧的颈静脉突不如牛的发达,基底部伸达颅底,具有咽结节和肌结节。

(3) 颅底 除枕骨基底部外还有蝶骨。蝶骨体扁平,前窄后宽;翼突有前、后两对;颞

翼远比眶翼大，均伸达颅腔侧面。

（4）颅腔侧壁　主要为颞骨，有特别向外侧弯曲而宽大的颧突，使颅宽及颞窝加大。鼓部的鼓泡大，表面圆而光滑。

（5）颅腔前壁　筛骨特别发达，筛板大，嗅窝深，垂直板长，筛骨迷路特别发达，突入额窦内。

2. 面骨

（1）上颌骨　短、高，缺面嵴和面结节；齿槽缘有1个大的犬齿齿槽，6个臼齿齿槽，齿槽间缘小；上颌骨内有小的上颌隐窝，与鼻腔相通。

（2）泪骨　很小。颧骨扁平向外突出，颞突发达，额突短小。

（3）鼻骨　长头型犬的鼻骨狭长，短头型的短而宽。正中纵凹，前端形成凹形的鼻切迹。

（4）切齿骨　骨体特别扁平，每侧有3枚切齿的齿槽，鼻突狭长，腭突较短。

（5）腭骨　水平板宽大，几乎占据硬腭的1/3，正中缝后端尖突，称鼻后棘（spina nasalis caudalis）。垂直板发达，向眶部伸达泪骨。

（6）犁骨　后部与鼻腔底壁不相接触，故鼻腔后部与牛的相似，左右相通。

三、前 肢 骨

1. 肩带　由肩胛骨和锁骨组成。

（1）肩胛骨　比牛的狭长。前角钝圆。背缘仅附有软骨缘，无肩胛软骨；肩胛冈结节缺如，冈上窝与冈下窝大小相似。

（2）锁骨（clavicula）　小，呈不正的三角形薄骨片或软骨片，或完全退化。一般位于肩前的臂头肌腱划内。

2. 肱骨　比牛的细长、扭曲。大结节不如牛发达；三角肌粗隆小；远端鹰嘴窝与冠状窝间有滑车上孔（foramen svpratrochleare）相通。

3. 前臂骨

（1）桡骨　较牛的纤细，有上、下两个弯曲，桡骨近端后面、远端外侧均有关节面，与尺骨形成可活动的关节。

（2）尺骨　相对较牛的发达。两骨斜行交叉，近端尺骨位于桡骨内侧，而远端尺骨位于桡骨外侧。两者之间形成狭长的前臂骨间隙。

4. 前脚骨　由腕骨、掌骨、指骨及籽骨组成（图16-3）。

（1）腕骨　7枚。近列的桡腕骨已与中间腕骨愈合。远列为第1、2、3、4腕骨。

（2）掌骨　5枚。第1掌骨短小，第3、4掌骨最

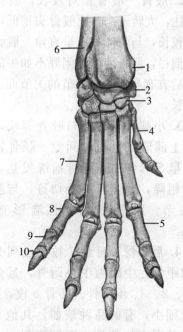

图16-3　犬右前脚部骨骼
1. 桡骨远端　2. 桡腕骨和中间腕骨
3. 第2腕骨　4. 第1掌骨　5. 第2指的近指节骨　6. 尺骨远端　7. 第5掌骨　8、9、10. 第5指的近、中、远指节骨

（引自 Sisson，1938）

长，第2、5掌骨次之。

（3）指骨　5指。第1指短小，缺中指节骨，行走时不着地。其余各指均3节。远指节骨短，末端有爪突（processus unguicularis），又称为爪骨（os unguicularis）。

（4）籽骨　有掌籽骨、近籽骨和背侧籽骨。

（5）掌籽骨　1枚，位于拇长展肌腱内、桡腕骨后内侧处。

（6）近籽骨　9枚，第1掌骨远端掌侧1枚，第2～5掌骨各2枚。

（7）背侧籽骨　4枚，位于第2～4掌指关节囊内。

此外，尚有软骨性的远籽骨和软骨性背侧籽骨。前者位于远指节间关节掌侧；后者位于近指节间关节背侧。

四、后肢骨

1. 髋骨　髂骨与正中矢面平行，髂骨嵴凸，比牛的粗厚，髋结节和荐结节均分前、后两部，弓状线明显，缺腰小肌结节。坐骨板与坐骨体呈90°扭转，坐骨弓宽而浅，坐骨结节为嵴状。耻骨联合处较厚，且愈合较迟。

2. 股骨　股骨相对较长，股骨头较发达，大转子小，比股骨头稍低，股骨颈较长，与骨体几乎呈直角。股骨体稍向前弓，股骨内、外侧髁不如牛的发达，后方有与籽骨成关节的关节面。髌骨狭长。

3. 小腿骨　腓骨与胫骨等长，两者间上部形成小腿骨间隙。胫骨较粗大，呈S形弯曲。胫骨前缘发达，无胫骨粗隆，远端有腓骨切迹，与腓骨成关节。腓骨细长，远端形成外侧踝。

4. 后脚骨　跗骨7枚。近列为跟骨和距骨，中列为中央跗骨，远列有第1、2、3、4跗骨。跖骨5枚，第1跖骨细小，有的品种缺如，其他4枚

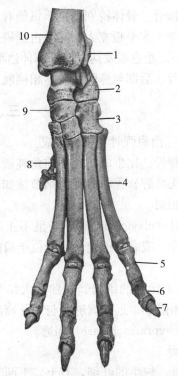

图16-4　犬左后脚部骨骼
1. 腓骨远端　2. 跟骨　3. 第4跗骨
4. 第5跖骨　5、6、7. 第5趾的近、中、远趾节骨　8. 第1趾　9. 中央跗骨　10. 胫骨
（引自 Sisson，1938）

跖骨的形态似掌骨。无第1趾骨，其他趾骨与前肢的指骨形态相似。籽骨似前肢的（图16-4）。

第二节　肌　学

犬的全身浅层肌见图16-5。

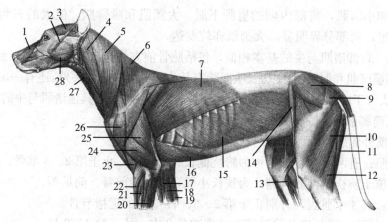

图 16-5 犬全身浅层肌肉
1. 鼻唇提肌 2. 颧肌 3. 颞肌 4. 胸头肌 5. 臂头肌 6. 斜方肌
7. 背阔肌 8. 臀中肌 9. 臀浅肌 10. 臀股二头肌 11. 半膜肌
12. 半腱肌 13. 趾长屈肌 14. 阔筋膜张肌 15. 腹外斜肌 16. 胸升肌
17. 腕桡侧屈肌 18. 旋前圆肌 19. 腕尺侧屈肌 20. 指外侧伸肌 21. 指总伸肌
22. 腕桡侧伸肌 23. 臂肌 24. 臂三头肌外侧头 25. 臂三头肌长头
26. 三角肌 27. 胸骨舌骨肌 28. 咬肌
（引自 Sisson，1938）

一、皮　肌

犬的皮肌十分发达，几乎覆盖全身。颈皮肌发达又称颈阔肌，可分为浅深两层：浅层窄而薄，肌纤维由鬐甲部斜向前下方；深层较宽，从颈背侧向前下方，并伸向头部，直达口角，又称面皮肌。肩臂皮肌为膜状，缺肌纤维。躯干皮肌十分发达，几乎覆盖整个胸、腹部，并与后肢筋膜相延续。

二、前肢肌

1. 肩带肌

（1）斜方肌　薄，颈部起点前缘比牛的靠后，仅达颈中部；胸部达第 9 或 10 胸椎棘突，止于肩胛冈。

（2）菱形肌　分头、颈、胸 3 部分，起点分别为枕嵴、项韧带索状部及 4～6（7）胸椎棘突，止于肩胛骨背缘肋面。

（3）臂头肌　分为锁颈肌（m. cleidocervicalis）、锁乳突肌（m. cleidomstoideus）和锁臂肌。均起于锁骨（锁腱划内），分别止于颈部中线、乳突和肱骨。

（4）肩胛横突肌　不如牛的发达，起于寰椎翼，止于肩胛冈下部。

（5）背阔肌　宽广，起于肩胛冈上部、腰背筋膜及最后两肋骨，下部与皮肌相混，止于大圆肌粗隆。

（6）腹侧锯肌　颈胸两部分界不如牛明显，起于后 5 枚颈椎横突和前 8 根肋骨，止于肩胛骨肋面。

（7）胸肌　胸浅肌薄，亦分为小的胸降肌和较大的胸横肌。胸深肌发达，缺锁骨下肌。

2. 肩部肌　肩部肌的名称及各肌的位置基本与牛的相似，包括肩部外侧的三角肌、冈上肌、冈下肌和小圆肌，肩部内侧的肩胛下肌、大圆肌和喙臂肌。但犬的三角肌较牛的发达，富有肌纤维，两部分界明显。大圆肌亦较发达。

3. 臂部肌　臂部诸肌与牛的基本相似，包括肱骨前方的臂二头肌和臂肌，肱骨后方的臂三头肌、前臂筋膜张肌和肘肌。其中臂三头肌除有长头、外侧头、内侧头外，还有一副头（caput accessorium）。副头位于内侧头与外侧头之间，起于肱骨颈，止于鹰嘴。其他诸肌与牛的相似。

4. 前臂及前脚部肌

（1）前臂前外侧肌

腕桡侧伸肌：有两肌腹，分别称为腕桡侧长、短伸肌，止于第2、3掌骨。

臂桡肌：位于腕桡侧伸肌背侧，为狭长小肌，可外旋前臂、前爪等。

指总伸肌：有4个肌腹，分别止于第2、3、4、5指的远指节骨。

第1、2指伸肌：位于指总伸肌深面，止腱分2支，止于第1、2指。

指外侧伸肌：止于第3、4、5指骨，并与指总伸肌止腱相连。

拇长外展肌：止于第1掌骨近端。

腕尺侧伸肌：止于第5掌骨及副腕骨，外展和屈腕关节。

旋后肌：位于肘关节屈面外侧，被腕桡侧伸肌和指总伸肌所覆盖。起于肱骨外侧上髁，止于桡骨上1/4前面。可旋外前臂和屈肘关节等。

（2）前臂后内侧肌

旋前圆肌：位于前臂内侧、腕桡侧屈肌前方。可旋内前臂和屈肘关节。

腕桡侧屈肌：止于第2、3掌骨掌侧面。

指浅屈肌：位于前臂后内侧浅层，止于第2、3、4、5指的中指节骨。屈趾关节。

腕尺侧屈肌：位于指浅屈肌深层，分桡骨头和尺骨头，止于副腕骨。屈腕关节。

指深屈肌：有肱骨头、桡骨头和尺骨头。止于第1～5指远指节骨掌侧。屈趾关节。

旋前方肌：位于桡骨与尺骨内侧之间。旋前臂、前爪向前。

此外，在掌、指部尚有掌短肌、骨间肌、蚓状肌等。

三、躯 干 肌

1. 脊柱肌

（1）背腰最长肌　发达，于第6～7胸椎处分出胸颈棘肌和半棘肌。

（2）背髂肋肌　发达，向前伸达第6、5或4颈椎。在腰部与背腰最长肌融合。

（3）颈最长肌　由4个小肌束组成，位于颈椎和胸椎之间的夹角内。

（4）头寰最长肌　背侧部为大的头最长肌，腹侧部为小的寰最长肌，前者止于乳突，后者止于寰椎翼。

（5）夹肌　宽大，从第3胸椎伸至头骨，肌纤维向前下方。

（6）头半棘肌　分为背、腹两部分，背侧部称颈二腹肌，腹侧部称复肌，起于前4枚胸椎和后4枚颈椎，止于枕骨。

（7）腰大肌　较小，与髂肌合称髂腰肌。

（8）腰小肌　小，前部与腰方肌混合。

（9）腰方肌　很发达。

2. 颈腹侧肌　缺肩胛舌骨肌。

(1) 胸头肌　仅有胸乳突肌，缺胸下颌肌。
(2) 胸骨甲状舌骨肌　较发达。

3. 胸廓肌　缺肋退肌。
(1) 肋间外、内肌　位于肋间隙的浅、深层肌。
(2) 肋提肌　位于肋间隙的椎骨端，起于胸椎横突，止于肋骨近端的前缘和外侧。犬有12对肋提肌。
(3) 肋下肌　为肋间内肌椎骨端上方的几个肌束。犬第9~11肋最明显。
(4) 斜角肌　犬仅有腹侧斜角肌和背侧斜角肌。腹侧斜角肌止于第1肋，背侧斜角肌又分为上、下两个肌腹。上肌腹止于第3、4肋，下肌腹止于第8~9肋。
(5) 膈　中心腱小。

4. 腹壁肌　腹内、外斜肌的肌质部较大，腹直肌的腱划有3~4条，腹横肌的腱膜后半部分为两层，参与形成腹直肌的内、外鞘。

四、后 肢 肌

1. 臀股部肌
(1) 臀浅肌　较发达，位于臀中肌后方。起于荐骨和第1尾椎，止于第3转子。
(2) 臀中肌　发达，深部无臀副肌。
(3) 臀深肌　起于坐骨棘，止于股骨大转子。
(4) 梨状肌　为独立的小肌。
(5) 髂肌　外头小，内头大，与腰大肌混合构成髂腰肌。
(6) 臀股二头肌　两个头分别起于荐结节阔韧带和坐骨结节，止于髌骨、胫骨和跟骨。
(7) 小腿后展肌　起于荐结节韧带，止于胫骨前缘的窄带状肌。
(8) 半腱肌　起于坐骨结节，止于跟结节。
(9) 半膜肌　肌腹分前、后两部。前部借耻骨肌腱止于股骨远端内侧面；后部止于内侧髁。
(10) 阔筋膜张肌　起于髂骨外侧缘，肌腹分前、后两部分，借阔筋膜止于髌骨和胫骨前缘。
(11) 股四头肌　4个肌腹常融合，止于髌骨，借一条髌直韧带与胫骨粗隆相连。
(12) 缝匠肌　分为前、后两部分。
(13) 股薄肌　起于耻骨联合，止于小腿筋膜和胫骨前缘。
(14) 腘肌　起始端腱内有籽骨。

2. 小腿部肌　比牛多腓骨短肌，胫骨后肌独立，缺比目鱼肌。
(1) 胫骨前肌　位于小腿背侧浅层，止于第1、2跖骨。
(2) 趾长伸肌　位于胫骨前肌深层，止腱分4支，分别止于第2~5趾的远趾节骨。
(3) 腓骨长肌　位于趾长伸肌外侧，止于第1跖骨。
(4) 趾外侧伸肌　被腓骨长肌和拇长屈肌所覆盖，腱与趾长伸肌腱合并，止于第5趾。
(5) 腓骨短肌　被腓骨长肌覆盖，止于第5跖骨。
(6) 腓肠肌　亦分内、外侧头，止于跟结节。
(7) 趾浅屈肌　被腓肠肌覆盖，止腱同前肢的指浅屈肌。

（8）趾深屈肌　仅有两头，拇长屈肌大，趾长屈肌小。两腱在跖部合并后分4支，止于第2～5趾的远趾节骨。

（9）胫骨后肌　从趾深屈肌分出的独立小肌。起于腓骨近端，肌腱纤细，与趾长屈肌腱伴行，止于跗内侧韧带。

此外，尚有蚓状肌、骨间肌等。

五、头 部 肌

1. 咀嚼肌

（1）咬肌　发达，厚而凸呈卵圆形。肌纤维有的部分可分3层。

（2）颞肌　强大，多腱质。部分肌束与咬肌混合。

（3）翼肌　发达，翼内、外肌界限不清。

（4）二腹肌　发达，无中间腱，仅有1个肌腹。

2. 面肌　犬缺下唇降肌。

（1）口轮匝肌　不发达，下唇部的肌纤维少。

（2）鼻唇提肌　不分层，宽大。

（3）上唇提肌　鼻唇提肌深面，起于上颌骨眶下孔后方，止于上唇。

（4）颧肌　很长，起于耳壳基部，经咬肌表面，伸向口角。

（5）颊肌　薄，分浅（颊部）、深（臼齿部）两层。

（6）犬齿肌　起于眶下孔附近，止于上唇。

第三节　消化系统

犬的消化系统模式图见图16-6。

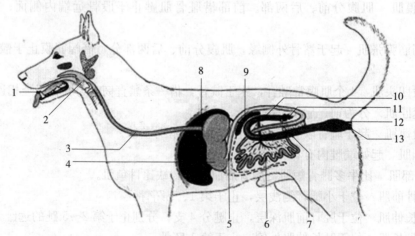

图16-6　犬的消化系统模式图
1. 口腔　2. 咽　3. 食管　4. 胃
5. 十二指肠　6. 空肠　7. 回肠　8. 肝　9. 胰
10. 结肠　11. 盲肠　12. 直肠　13. 肛门
（引自陈耀星，2009）

一、口　腔

口裂大，唇薄而灵活，有触毛，上唇与鼻融合，形成鼻镜（planum nasale），正中有纵行浅沟称为人中。下唇近口角处的边缘呈锯齿状，颊部黏膜光滑，常有色素。硬腭有腭褶，前有切齿乳头及切齿管，无齿枕。舌后部厚，前部宽而薄，有明显的舌背正中沟。舌黏膜有丝状乳头、圆锥状乳头、菌状乳头，每侧还有2～3个轮廓乳头。齿尖而锋利，犬齿长，其恒齿式为：$2(\frac{3\ 1\ 4\ 2}{3\ 1\ 4\ 3})=42$；乳齿式为：$2(\frac{3\ 1\ 3\ 0}{3\ 1\ 3\ 0})=28$。腮腺小，呈不规则三角形。有时可见小的副腮腺。下颌腺较大，淡黄色，上部被腮腺覆盖。舌下腺淡红色，亦分单口舌下腺和多口舌下腺。

二、咽和食管

咽腔较窄，咽壁黏膜向咽腔凸出。食管除起始处较狭外，一般较宽。行程似牛的。

三、胃

单室胃，容积大（中等体型即达2.5L），呈弯曲的梨形。左端膨大，由胃底部和贲门部构成，位于左季肋区，上达第11～12肋的椎骨端；右侧为幽门部呈细的圆筒状，位于右季肋区；两者之间为胃体。胃小弯短，约为胃大弯的1/4，有明显的深陷角切迹。犬胃属腺型胃，胃黏膜全部有腺体，贲门腺区很小，胃底腺区很大，呈红褐色，约占全胃面积的2/3，幽门腺区较小，灰白色（图16-7）。

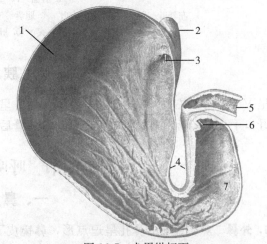

图16-7　犬胃纵切面
1. 胃底腺区　2. 食管　3. 贲门　4. 胃小弯
5. 十二指肠　6. 幽门　7. 幽门腺区
（引自Sisson, 1938）

四、肠

肠管较短，小肠平均4m，大肠60～75cm。

1. 小肠　十二指肠起自幽门，在肝脏面形成前曲，降部沿右季肋区后行，在右肾后方、盲肠及结肠起始部形成后曲，升部前行至胃后方形成十二指肠空肠曲后移行为空肠。空肠由6～8个肠襻组成，位于肝、胃和盆腔前口之间。回肠短，沿盲肠内侧向前，以回肠口开口于结肠起始处。

2. 大肠　无肠带、无肠袋，管径小。盲肠弯曲呈螺旋状，后方盲端尖，前以盲结口与结肠相通，位于正中矢面与腹腔右侧壁间的中间区域。结肠呈U形襻，升结肠沿十二指肠降部前行，至幽门处转向左侧为横结肠，降结肠弯曲沿左肾腹内侧后行，入盆腔后延续为直肠，直肠壶腹宽大，肛管皮区两侧有肛旁窦，内有围肛腺，呈灰褐色，有难闻的异味。

五、肝

肝大（占体重的3%），明显分为左内叶、左外叶、右内叶、右外叶、方叶和尾状叶，尾状叶除尾状突外，有明显的乳头突。胆总管开口于距幽门5～8cm处的十二指肠（图16-8）。

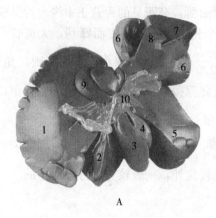 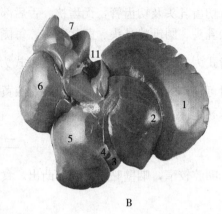

图16-8 犬肝脏
A. 脏面 B. 壁面
1. 左外叶 2. 左内叶 3. 方叶 4. 胆囊 5. 右内叶 6. 右外叶 7. 肾压迹
8. 尾状突 9. 乳头突 10. 肝门 11. 食管压迹

六、胰

呈V形，左、右叶均狭长，2叶在幽门后方呈锐角连接，连接处为胰体。胰管与胆总管共同开口于十二指肠，副胰管较粗，开口于胰管后方3～5cm处。

第四节 呼吸系统

一、鼻

1. 外鼻 鼻尖前端的鼻孔呈逗点形，鼻镜皮下无腺体，其分泌物来源于鼻腔内的鼻外侧腺。

2. 鼻腔 宽广，上鼻道狭，通嗅区；中鼻道后部分上、下两部，上部通嗅区，下部通下鼻道；下鼻道中部小。

3. 鼻旁窦 额窦较小。仅在额骨内，有额窦隔分为额前窦、额外侧窦和额内侧窦，均通中鼻道。上颌隐窝为上颌骨内的狭窄空隙，直接与鼻腔相通。

二、咽

参见消化器官。

三、喉

1. 喉软骨 甲状软骨板短而高，喉结发达。环状软骨板宽广。勺状软骨小，左右软骨间有小的勺间软骨。会厌软骨呈四边形，下部狭窄。

2. 喉腔 由前庭襞和声襞将喉腔分为喉前庭、喉室和声门下腔3部。

四、气管与支气管

气管由40～45个C形的气管软骨连接而成。

右主支气管入肺后分为前叶、中叶、后叶和副叶支气管。左主支气管入肺后分为前叶和后叶支气管，其中前叶支气管又分为前、后两支，入左肺前叶的前部和后部。

五、肺

右肺大，比左肺大25%，分为前叶、中叶、后叶和小的副叶；左肺分为前叶和后叶，其前叶又分为前、后两部。右心切迹大，呈三角形，与第4～5肋软骨间隙相对；左心切迹小，与第5～6肋软骨间隙腹侧的一个狭窄区相对。

第五节 泌尿系统

一、肾

犬肾较大，重50～60g，占体重的0.5%～0.6%。豆形，红褐色。右肾位于前3枚腰椎腹侧，左肾稍后，位于第2～4腰椎腹侧，当胃充盈时更向后移1枚椎骨。

犬肾属平滑单乳头肾，其结构与马的相似，但肾盂不形成肾总隐窝。

二、输尿管、膀胱和尿道

输尿管为一般肌性管道。膀胱大，充盈时可伸达脐，排空后则完全退缩进盆腔。尿道参见生殖器官。

第六节 生殖系统

一、公犬生殖系统

公犬的生殖系统解剖见图16-9、图16-10。

1. 睾丸和附睾 睾丸较小呈卵圆形，长轴略斜向后上方。前为睾丸头端，后上方为尾端。附睾较大，位于睾丸的背外侧。

2. 输精管和精索 输精管壶腹较细，末端不形成射精管。精索较长，斜行于阴茎两侧。鞘膜管上端有时闭锁，故无鞘膜环。

3. 雄性尿道和副性腺 雄性尿道盆部长，起始部被前列腺包裹，末端形成发达的尿道球。犬无精囊腺和尿道球腺，前列腺十分发达，呈黄色坚实球形，左、右两叶包围在膀胱颈和尿道盆部起始部，扩散部位于尿道与膀胱颈交界处的壁内。老龄犬常增大。此外，输精管壶腹部壁内亦有腺体，其分泌物参与构成精清。

4. 阴茎、包皮与阴囊 阴茎前部有阴茎骨（os penis），阴茎骨后端膨大，伸达阴茎体前部，前端变细，形成纤维软骨突。阴茎头分为阴茎头球和阴茎头长部。阴茎头球（bulbus glandis）由尿道海绵体扩大而成，充血后形成球形，可延长交配时间。阴茎头长部在前方，并向后伸达阴茎头球的前半。犬的包皮呈圆筒状，内有淋巴小结。包皮前肌1对。犬的阴囊位于两股间的后部。

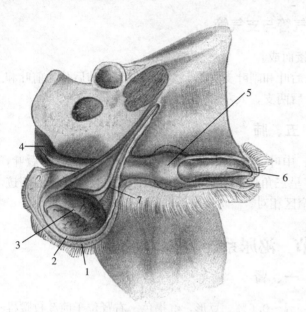

图 16-9　犬雄性生殖器官腹外侧
1. 阴囊皮肤　2. 鞘膜　3. 睾丸　4. 坐骨海绵体肌
5. 龟头球　6. 阴茎头　7. 精索
（引自 Sisson，1938）

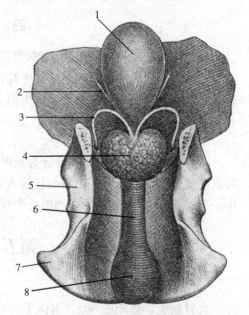

图 16-10　犬雄性生殖器官背侧
1. 膀胱　2. 输尿管　3. 输精管　4. 前列腺
5. 髂骨　6. 尿道肌　7. 坐骨　8. 尿道球
（引自 Sisson，1938）

二、母犬生殖系统

母犬的生殖系统见图 16-11。

1. 卵巢　较小，呈扁平的长卵圆形，但无明显的卵巢门，长约 2cm，位于肾后、第 3~4 腰椎横突的腹侧。卵巢表面性成熟后因多个卵泡突起，因此隆凸不平。卵巢囊大，包围整个卵巢，腹侧有 1cm 裂口。

2. 输卵管　细，长 5~8cm，大部分位于卵巢囊内，输卵管腹腔口大，子宫口小。

3. 子宫　子宫角长（12~15cm）而直，左右分开呈 V 形；子宫体短（2~3cm）；子宫颈很短（1.5~2.0cm），有 1/2 凸入阴道，形成子宫颈阴道部。

4. 阴道　较长，黏膜形成许多纵

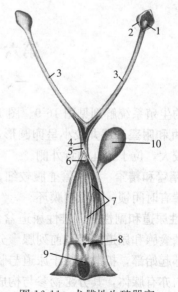

图 16-11　犬雌性生殖器官
1. 卵巢　2. 卵巢囊　3. 子宫角　4. 子宫体　5. 子宫颈
6. 子宫颈阴道部　7. 阴道　8. 尿道外口　9. 阴蒂　10. 膀胱
（引自 Sisson，1938）

行皱褶。

5. 阴道前庭及外阴 阴道前庭黏膜下的静脉丛形成 1 对勃起组织——前庭球。犬无前庭大腺，仅有 1 对前庭小腺。阴蒂较发达，位于阴蒂窝内。

第七节 心血管系统

一、心 脏

犬心呈卵圆形，中等大的犬，其心脏重 170～200g，占体重的 1% 左右。心的长轴斜度大，心底朝向前上方，正对胸前口，在第 3 肋骨下部。心尖钝圆，朝向腹后方的左侧，约在第 6 肋间隙或第 7 肋软骨处，与膈的胸骨部相接触。心腔的右房室瓣由 2 个大尖瓣和 3～4 个小尖瓣构成，左房室瓣由 2 个大尖瓣和 4～5 个小尖瓣构成。心包纤维层与膈相连，形成膈心包韧带（lig phrenicopericardiacum）。

二、血 管

（一）动脉主干特点

由左心室主动脉口发出升主动脉，向后弯曲延续为主动脉弓和降主动脉，后者又按部位分为胸主动脉和腹主动脉。

升主动脉分出左、右冠状动脉，分布于心脏。

主动脉弓先分出臂头干，然后分出左锁骨下动脉。臂头干分出左、右颈总动脉后延续为右锁骨下动脉。左、右锁骨下动脉在胸腔内分出椎动脉、肋颈干（又分为第 1 肋间背侧动脉、肩胛背侧动脉、颈深动脉、胸椎动脉）、胸廓内动脉和肩颈动脉，出胸腔后延续为腋动脉。

颈总动脉伸达寰枕关节处分为颈内动脉和颈外动脉。颈内动脉入颅腔。颈外动脉分出枕动脉、舌动脉、面动脉、耳后动脉、颞浅动脉后延续为上颌动脉。面动脉分出舌下动脉、下唇动脉、上唇动脉。

胸主动脉支与牛的相似，壁支为肋间背侧动脉，脏支为支气管动脉和食管动脉。

腹主动脉脏支与牛的相似，亦分为腹腔动脉（又分为肝动脉、脾动脉和胃左动脉）、肠系膜前动脉（又分为胰十二指肠后动脉、空肠动脉、回肠动脉和结肠动脉总干等）、肾动脉、睾丸动脉或卵巢动脉、肠系膜后动脉 5 支；壁支除腰动脉、膈后动脉外，尚有旋髂深动脉。

锁骨下动脉的延续干是前肢动脉的主干，其名称与牛的相似，依次为腋动脉、臂动脉、正中动脉。其中前臂前动脉由臂动脉分出，与骨间后动脉的掌侧支、正中动脉吻合形成掌浅弓，向下发出指掌侧总动脉，延伸为指固有动脉。

髂外动脉及延续干为后肢动脉的主干，其名称与牛的相似，依次为股动脉、腘动脉、胫前动脉、足背动脉、趾背侧动脉。其中有比牛相对粗大的隐动脉，并分为前支和后支。前支在跖背侧分支形成趾背侧第 1、2、3、4 总动脉，伸向趾部形成趾固有动脉。后支分为足底内外侧动脉，足底内侧动脉的浅支形成趾跖侧第 2、3、4 总动脉；深支与足底外侧动脉吻合形成足底深弓，发出跖底第 2、3、4 动脉。两者吻合后向跖部分出趾跖侧固有动脉（图 16-

12)。

髂内动脉及延续干为盆腔动脉主干，分出脐动脉、臀前动脉后延续为阴部内动脉。而髂腰动脉、臀后动脉、会阴背侧动脉皆为臀前动脉发出的分支。

(二) 静脉

静脉系统与牛的相似，亦分为心静脉、前腔静脉、后腔静脉和奇静脉。

心静脉与牛的相似。奇静脉为右奇静脉。前腔静脉由左、右臂头静脉汇合而成，臂头静脉由锁骨下静脉和颈静脉汇合而成。锁骨下静脉为前肢静脉的主干、前肢的浅静脉亦为头静脉和副头静脉，均较粗，临床上常以此静脉进行静脉注射。犬的颈静脉亦有粗的颈外静脉和较细的颈内静脉两条，两者先合并后注入臂头静脉。后腔静脉与牛的相似，由左、右髂总静脉汇合而成，髂总静脉的属支为髂内静脉和髂外静脉。髂外静脉为后肢静脉主干，后肢浅静脉有隐内侧静脉和隐外侧静脉，其中隐外侧静脉较粗大，由跖背侧静脉和跖底外侧静脉汇合而成，临床上常用此静脉进行静脉注射。

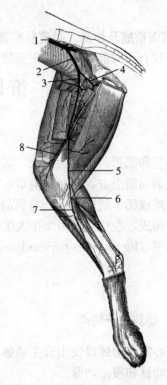

图 16-12 犬后肢主要动脉（内侧）
1. 腹主动脉 2. 髂外动脉 3. 股动脉
4. 股深动脉 5. 腘动脉 6. 胫后动脉
7. 胫前动脉 8. 股前动脉
（引自 Sisson，1938）

第八节 淋巴系统

犬的淋巴管及淋巴结示意图见图 16-13。

一、淋 巴 管

1. 右淋巴导管 细，与右颈内静脉伴行，注入右臂头静脉。

2. 胸导管 胸导管起始部的乳糜池大，呈纺锤形，位于第 1 腰椎和最后胸椎腹侧、腹主动脉与右膈脚之间。胸导管前端常分为两支，合并处膨大，由左气管干和左前肢的淋巴管汇入该处。

二、淋巴中心和淋巴结

犬全身淋巴中心和各淋巴中心的淋巴结特点如下：

1. 腮腺淋巴中心 仅有腮腺淋巴结，常有 2~3 个，长约 1.0cm。位置与牛的相似。

2. 下颌淋巴中心 仅有下颌淋巴结，常有 1~3 个，位于下颌角腹侧皮下。缺下颌副淋巴结（见于猪）和翼肌淋巴结（见于牛）。

第十六章 犬的解剖结构特征

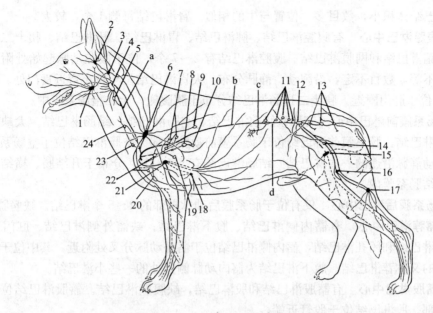

图 16-13 犬淋巴管及淋巴结示意图

1. 下颌淋巴结 2. 腮腺淋巴结 3. 咽后外侧淋巴结 4. 咽后内侧淋巴结 5. 颈深前淋巴结 6. 颈浅淋巴结 7. 纵隔前淋巴结 8. 气管支气管左淋巴结 9. 肋间淋巴结 10. 气管支气管中淋巴结 11. 主动脉腰淋巴结 12. 髂内侧淋巴结 13. 荐淋巴结 14. 髂股淋巴结 15. 腹股沟浅淋巴结（♂阴囊淋巴结，♀乳房淋巴结） 16. 股淋巴结 17. 腘浅淋巴结 18. 腋副淋巴结 19. 纵隔前淋巴结 20. 胸骨前淋巴结 21. 固有腋淋巴结 22. 纵隔前淋巴结 23. 颈深后淋巴结 24. 颈深前淋巴结 a. 颈干（气管干） b. 胸导管 c. 内脏干 d. 腰干

3. 咽后淋巴中心 仅有咽后内侧淋巴结，常有 1 个较大（5.0cm）的淋巴结，位置与牛的相似。缺咽后外侧淋巴结（少数品种犬在下颌腺的背侧缘有 1 个小于 1.0cm 的小淋巴结）和舌骨前、后淋巴结。

4. 颈浅淋巴中心 仅有颈浅淋巴结，一般 1~3 个，长约 2.5cm，位置与牛的相似。缺颈浅副淋巴结（见于牛、绵羊）和颈浅背侧、中、腹侧淋巴结（见于猪）。

5. 颈深淋巴中心 仅有颈深淋巴结，为 1 个小（1.0cm）的淋巴结，常缺如。缺肋颈淋巴结（见于牛、绵羊）和菱形肌下淋巴结（见于牛）。

6. 腋淋巴中心 有腋淋巴结和腋副淋巴结。腋淋巴结常为 1 个，少数 2 个，约 2.0cm 长，位于大圆肌下端内侧的脂肪内。腋副淋巴结常缺如，如有则位于尺骨鹰嘴上方、背阔肌下端和胸深肌之间。犬缺第 1 肋腋淋巴结和冈下肌淋巴结（见于牛）。

7. 胸背侧淋巴中心 仅有肋间淋巴结，位于第 5 或 6 肋间的小淋巴结。缺胸主动脉淋巴结。

8. 胸腹侧淋巴中心 仅有胸骨淋巴结，位于第 2 胸骨节背侧的小淋巴结，左、右各一。缺膈淋巴结（见于牛）。

9. 纵隔淋巴中心 仅有纵隔前淋巴结，位于心前纵隔内，左侧 1~6 个，右侧 2~3 个，均为直径约 1cm 的小淋巴结。缺纵隔中、后淋巴结和项淋巴结。

10. 支气管淋巴中心 有气管支气管左、中、右淋巴结，其中气管支气管中淋巴结发达，呈 V 形。犬缺气管支气管前淋巴结和肺淋巴结。

11. 腰淋巴中心 有主动脉腰淋巴结和肾淋巴结。犬缺固有腰淋巴结和膈腹淋巴结。主动脉腰淋巴结体积小，数目多，位置与牛的相似。肾淋巴结每侧1个，较大。

12. 腹腔淋巴中心 有腹腔淋巴结、脾淋巴结、胃淋巴结、肝淋巴结、胰十二指肠淋巴结。缺肝副淋巴结和网膜淋巴结。腹腔淋巴结有2~7个，位于腹腔动脉起始处附近。脾淋巴结大小不等，数目不定，沿脾动、静脉分布。犬胃淋巴结位于胃小弯近贲门处。肝淋巴结1~2个，位于肝门附近。胰十二指肠淋巴结分布于胰腹侧，十二指肠系膜中。

13. 肠系膜前淋巴中心 有肠系膜前淋巴结、空肠淋巴结、结肠淋巴结。犬缺盲肠淋巴结、回肠淋巴结。肠系膜前淋巴结位于肠系膜前动脉根部。空肠淋巴结位于空肠系膜根部附近、空肠动静脉沿途的一些淋巴结。结肠淋巴结有5~8个，分布于升结肠、横结肠、降结肠沿途的结肠系膜内。

14. 肠系膜后淋巴中心 仅有位于肠系膜后动脉根部的2~5个淋巴结。缺膀胱淋巴结。

15. 髂荐淋巴中心 有髂内侧淋巴结、腹下淋巴结；缺髂外侧淋巴结、肛门直肠淋巴结、子宫淋巴结和闭孔淋巴结，髂内侧淋巴结位于髂外动脉分叉处附近，其中位于两髂内动脉夹角处的又称荐淋巴结。腹下淋巴结为髂内动脉侧支处的一些小淋巴结。

16. 髂股淋巴中心 有髂股淋巴结和股淋巴结，缺腹壁淋巴结。髂股淋巴结位于股深动脉的起始部。股淋巴结位于股管近端。

17. 腹股沟股淋巴中心 有腹股沟浅淋巴结和髂下淋巴结，缺髋淋巴结、髋副淋巴结和腰旁窝淋巴结。腹股沟浅淋巴结公犬称阴囊淋巴结，位于阴茎背外侧；母犬为乳房淋巴结，常为2个，有时3~4个，位于耻骨前缘乳房外侧。

18. 腘淋巴中心 仅有1个腘浅淋巴结，长0.5~5cm。

三、脾

犬脾为狭长的镰刀形，色红质软，重约50g。上端稍窄而弯曲，与最后肋骨椎骨端和第1腰椎横突腹侧相对，在胃左侧与左肾之间。壁面凸，与左腹壁相贴；脏面凹，有纵嵴和脾门。

四、胸 腺

犬胸腺小，几乎全部位于胸前纵隔内。出生2周内逐渐增大，以后2~3个月间萎缩很快，2~3岁时仅留残余，老龄时仍有少量活性腺组织。

第九节 神经系统

一、中枢神经系统

1. 脊髓 位于椎管内，前达枕骨大孔，与延髓相接，后止于第6或7腰椎处。

脊髓呈圆柱形，但颈膨大和腰膨大处上下扁平，脊髓全长为上行性的，即所有的脊神经根均朝后方，脊髓末端的脊髓圆锥细长，马尾特别明显，终丝很长，伸达尾椎。

脊髓重约13g，与脑的相对重量比为1∶4.5~9。脊髓全长约38cm（大型犬），其中颈段11cm、胸段17.4cm、腹段7.0cm、荐部2.6cm。

2. 脑 略为前尖后宽的锥体形，重量与品种、年龄密切相关，在32~180g之间，占体重的百分比：大型犬1∶100~110，小型犬1∶28~57（图16-14、图16-15）。

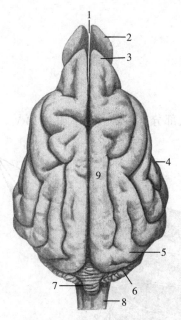

图 16-14 犬脑（背侧面）
1. 大脑纵裂 2. 嗅球 3. 额叶
4. 颞叶 5. 枕叶 6. 小脑半球
7. 小脑蚓部 8. 延髓 9. 顶叶
（引自 Sisson，1938）

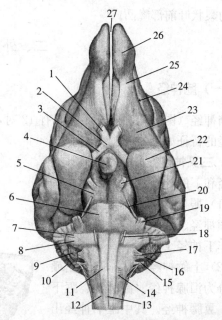

图 16-15 犬脑（腹侧面）
1. 视神经 2. 视交叉 3. 视束 4. 脑垂体 5. 大脑脚
6. 脑桥 7. 面神经根 8. 前庭耳蜗神经根 9. 第 4 脑室脉络丛
10. 小脑 11. 锥体 12. 延髓 13. 腹正中裂 14. 舌下神经根
15. 副神经根 16. 迷走神经根 17. 舌咽神经根 18. 外展神经根
19. 三叉神经根 20. 滑车神经根 21. 动眼神经根 22. 梨状叶
23. 嗅三角 24. 嗅沟 25. 嗅回 26. 嗅球 27. 大脑纵裂
（引自 Sisson，1938）

(1) 延髓 宽而厚，前部更显著。延髓腹侧的腹侧正中裂深，腹外侧沟明显，锥体粗大隆凸，前方与脑桥间的斜方体宽大；背侧的菱形窝深而窄，背侧中间沟明显，绳状体发达，楔束核结节明显。

(2) 脑桥 较小。腹侧表面的脑桥横行纤维较窄，向背侧延伸形成脑桥臂，与小脑相连，基底沟较深，故与斜方体间分界明显；腹侧深层有纵行纤维束，与中脑的大脑脚相延续。背侧的菱形窝深。

(3) 小脑 较小，近似半球形，大部分被大脑半球覆盖。犬小脑左右较宽而前后较短。蚓部凸出，而小脑半球较扁平，两者之间的界限明显。小脑半球由 4 叶组成，在其外侧有绒球及副绒球。

(4) 中脑 腹侧的大脑脚粗大，脚间窝较深。背侧的四叠体后丘比前丘发达，左、右后丘分开亦较宽。

(5) 间脑 腹侧由下丘脑和底丘脑组成，下丘脑的灰结节相当大，垂体较小，灰结节后有一对乳头体。背侧由丘脑、后丘脑和上丘脑构成，其后丘脑的内侧膝状体比外侧膝状体大。

(6) 大脑 由左、右大脑半球组成。犬的大脑呈前小后宽的锥体形。新皮质表面的沟和回比牛的简单，可见 3 条纵行近似平行的沟（缘沟、上薛氏沟和外薛氏沟），横向的十字沟和冠状沟明显。嗅球大，两侧压扁，突向大脑额极前方。内、外侧嗅束短，两侧压扁，两者之间的梨状叶前部隆凸。

二、外周神经系统

(一) 脑神经

脑神经（图 16-15、图 16-16）有 12 对，名称及分布大部分与牛的相似，其中第 V、Ⅶ 脑神经的特征如下：

1. 三叉神经 分为眼神经、上颌神经和下颌神经。

（1）眼神经 从眶裂出颅腔，分为额神经、睫状长神经、筛神经和滑车下神经 4 支。

（2）上颌神经 从卵圆孔出颅腔，分为泪腺神经、颧神经、眶下神经、翼腭神经。其中眶下神经出眶下孔后，分出 7~8 支鼻外侧支和上唇支。

（3）下颌神经 从卵圆孔出颅腔，分支较多，有咬肌神经、颞深神经、颊肌神经、翼肌神经、颌舌骨肌神经、耳颞神经、舌神经、下齿槽神经等支。其中下齿槽神经出颏孔称颏神经。犬有 2~3 个颏孔，因而颏神经亦有 2~3 支，分布到颏部（颏支）和下唇（下唇支）。

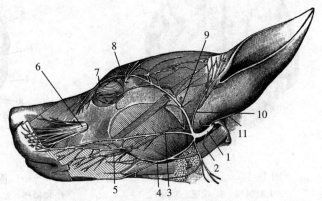

图 16-16　犬面部浅层神经（已切除腮腺）
1. 面神经　2. 二腹肌神经　3. 上颊神经　4. 下颊神经
5. 颊肌神经　6. 眶下神经　7. 滑车神经　8. 额神经　9. 颧神经
10. 颞神经　11. 耳后神经
（引自 Sisson，1938）

2. 面神经 从斜方体两侧发出，经内耳入面神经管，经茎乳突孔出颞骨岩部，分为耳睑神经、颊支、下颌缘支和颈支。

（1）耳睑神经 从耳根前方向前上方延伸，分出耳前支分布于耳，延续为颧支，横过颧弓，并发出分支至耳前丛后，伸向眼眶，分出睑支至眼轮匝肌等。

（2）颊支 沿咬肌表面前行，伸向口角形成许多颊唇支。

（3）下颌缘支 沿咬肌腹缘前行，与颊支间有吻合支。

（4）颈支 伸向下颌间隙。

(二) 脊神经

脊神经 36~37 对。其中颈神经 8 对，胸神经 13 对，腰神经 7 对，荐神经 3 对，尾神经 5~6 对。各对脊神经的背侧支与腹侧支的分布范围与牛的相似。

1. 臂神经丛 由第 5~8 对颈神经和第 1~2 对胸神经的腹侧支组成，从斜角肌间穿出，主要分布于前肢肌肉和皮肤的神经丛。臂神经丛分支与牛的相似，其中主要有以下几对：

（1）桡神经 起由第 7、8 颈神经和第 1、2 胸神经的腹侧支。支配肘、腕、指关节的所有伸肌及腕尺侧伸肌外，其桡浅神经分出前臂外侧皮神经和内、外侧支。内侧支小，在头静脉内侧，与前臂浅前动脉内侧支伴行，形成指背侧第1总神经，向指部延伸为第1指背轴侧、远轴侧固有神经和第2指背远轴侧固有神经。外侧支粗大，与前臂浅动脉主干伴行，分支形成指背侧第2、3、4总神经，向指部延伸为第2指背轴侧固有神经，第3、4指背轴侧和远轴侧固有神经，第5指背轴侧固有神经。

（2）尺神经　背侧支伸向第5指背外侧，形成第5指背远轴侧神经。掌侧支分为浅支和深支。浅支形成指掌侧第4总神经和第5指掌远轴侧神经。指掌侧第4总神经向指部延伸为第4指掌远轴侧固有神经和第5指掌轴侧神经。深支形成掌心神经。

（3）正中神经　除分出肌支（分布腕、指关节屈肌）和前臂骨间神经外，主干向下分为4支。即第1指掌远轴侧神经，指掌侧第1、2、3总神经。每条指掌侧总神经发出两条指掌侧固有神经。

2. 腰丛　从腰丛发出髂下腹前神经（L_1）、髂下腹后神经（L_2）、髂腹股沟神经（L_3）、生殖股神经（$L_{3,4}$）、股神经（$L_{3,4,5}$）、闭孔神经（$S_{4,5,6}$）。各神经分支及分布与牛的相似。但股神经的分支隐神经粗大，并分为前、后两支。后支短，止于小腿内侧上部，前支伴随隐动脉前支，分布到跗、趾部背外侧。

3. 腰荐干的特征　由第6～7腰神经和第1～3荐神经的腹侧支合并形成。由此发出臀前神经（$L_{6,7,8}$）、臀后神经（$L_{6,7}$、S_1）、坐骨神经（$L_{6,7}$、$S_{1,2}$）、阴部神经（$S_{1,2,3}$）等。其分支与牛的相似，其坐骨神经的主要特征如下：

（1）腓总神经　肌支分布到跗关节屈肌、趾关节伸肌、皮支形成小腿外侧皮神经。

腓浅神经：在跗关节背侧分成内、外侧支。外侧支沿第5掌骨外侧向下，延续为第5趾背远轴侧神经；内侧支在跗部先分为2支，继而分为4支，即1条第2趾背远轴侧神经及3条趾背侧总神经，并延伸为趾部背侧的6条固有神经，即第2、5趾背轴侧固有神经和第3、4趾背轴侧、远轴侧固有神经。

腓深神经：在跖部分为第2、3、4跖背侧神经，远端与趾背侧总神经吻合。

（2）胫神经　肌支分布到跗关节伸肌、趾关节屈肌，皮支形成小腿后皮神经。

足底外侧神经：深支形成跖底第2、3、4神经，在远端与趾跖侧总神经吻合。此外，还分出一条第5趾跖远轴侧神经。

足底内侧神经：分为内侧支和外侧支。其内侧支延伸为第2趾跖远轴侧神经。外侧支又分为3条趾跖侧总神经，向跖部发出6条趾跖侧固有神经，即第3、4趾跖轴侧和远轴侧固有神经，第2、5趾跖侧轴侧神经。

此外，足底内侧神经还分出一交通支，与第3趾背侧远轴侧固有神经相连。

（三）植物性神经

1. 交感神经　颈交感干前半部位于颈总动脉背侧，后半部则在腹侧，交感干与迷走神经伴行，合并形成迷走交感干。颈交感干有颈前神经节、颈中神经节、椎神经节和颈后神经节。颈前神经节呈不规则的长椭圆形，位于鼓泡后方和颈内动脉的近旁；颈中神经节常与椎神经节合并，位于第1肋内侧、锁骨下动脉前方和颈交感干的末端处；颈后神经节常与第1胸神经节分开，位于交感神经与迷走神经分开处。

胸交感干有13对胸神经节，其中第1、2、3胸神经节常合并形成星状神经节。内脏大神经一般从第12、13胸神经节处分出，穿经膈脚背侧入腹腔，进入腹腔神经丛和肾上腺前神经丛。内脏小神经由第13胸神经节和第1腰神经节分出的纤维，走向肾上腺，肾上腺神经节、腹腔肠系膜前神经节。

腰交感干细，有7对腰神经节，此外还有椎下神经节（腹腔神经节、肠系膜前神经节、肠系膜后神经节等），节前纤维除内脏大神经、内脏小神经外，还有腰内脏神经，起于第2～5腰交感干，通向椎下神经节。节后纤维除分布胃、肠、肝、胰、肾等腹腔脏器外，还形成左、右腹下神经，沿输尿管延伸，在结肠系膜内入盆腔，分布到盆腔内脏和生殖器官。

荐交感干细，有3对荐神经节。

尾交感干与荐中动脉伴行伸向尾部，有3个神经节，两侧常合并成一神经干。

2. 副交感神经

（1）颅部副交感神经　与牛的基本相似，由颅部的副交感神经核发出，伴随第Ⅲ、Ⅶ、Ⅸ、Ⅹ脑神经分布。

动眼神经的副交感纤维：起于动眼神经副交感核，节前纤维至睫状神经节换元，节后纤维分布于瞳孔括约肌和睫状肌。犬睫状神经节比牛的小。

面神经的副交感纤维：起于面神经副交感核，节前纤维至翼腭神经节和下颌神经节换元，节后纤维分布到泪腺、腭腺、下颌腺和舌下腺。

舌咽神经的副交感纤维：起于舌咽神经副交感核，节前纤维至耳神经节换元，节后纤维分布于腮腺、颊腺。

迷走神经的副交感纤维：起于迷走神经副交感核，纤维的行程、换元部位（终末神经节）和分布与牛的相似。

颈部与交感神经伴行形成迷走交感神经干，入胸腔后与交感神经分开，发出返神经后，分为食管背、腹支，分出到心肺的分支后，分为背侧支和腹侧支，左、右背腹支结合成食管背侧干和腹侧干。背侧干除分支到胃外，分出腹腔支穿经腹腔、肠系膜前神经节，随动脉分布到胃、肝、脾、胰、肾、小肠、大肠（结肠后段和直肠外）等腹腔脏器。腹侧干直接分布到胃、肝等。

此外，迷走神经的传入纤维有近神经节（旧称颈静脉神经节）和远神经节（旧称结状神经节）。前者位于颈静脉孔内，后者位于交感神经颈前神经节的后上方，呈纺锤形、长0.5～1.0cm。神经节内有内脏感觉神经元，其周围突伴随迷走神经分布至内脏器官；中枢突伴随迷走神经延伸达延髓的孤束核。

（2）荐部副交感神经　由荐部脊髓副交感节前神经发出，形成盆神经丛，内有盆神经节，分布到盆腔内脏及生殖器官。

第十节　内分泌系统

一、甲状腺

犬的甲状腺位于气管前部，在第6、7气管软骨环的两侧。腺体呈红褐色，包括两个侧叶和两叶之间的腺峡。

二、甲状旁腺

犬的甲状旁腺是1对小腺体，形似粟粒，位于甲状腺前端附近，或包于甲状腺内。

三、肾上腺

犬的左右肾上腺的形态位置有所不同。右肾上腺略呈菱形，位于右肾内缘前部与后腔静脉之间。左肾上腺较大，为不正的梯形，前宽后窄，背腹扁平，位于左肾前端内侧与腹主动脉之间。皮质部呈黄褐色，髓质部为深褐色。

四、垂　体

垂体较小，呈圆形，连在丘脑下部漏斗的下方，嵌于颅腔内的垂体窝中。

第十七章

家禽的解剖结构特征

家禽包括鸡、鸭、鹅和鸽等，在系统发生上属脊椎动物鸟纲。在身体构造上具有一系列适应飞翔的特征。在长期饲养和驯化条件下，有些家禽虽然已失去飞翔能力，但身体构造仍保持其特点。

第一节 运动系统

一、骨

禽的骨骼具有强度大、重量轻的特点。强度大是由于骨的无机盐中含钙盐较多，骨密质非常致密；关节坚固；同时，有些骨在生长时相互愈合，如颅骨、腰荐骨等。重量轻是由于成年时气囊扩展到大多数骨的骨髓腔和松质骨间隙内，取代骨髓而成为含气骨。另外，禽的骨在发育过程中不形成骨骺。

禽骨的发育分为 4 个阶段：①生长期，第 1~15 天；②快速生长期，第 15~90 天；③骨组织生长改建期，第 90~150 天，产蛋高峰期的鸡关节软骨与骺软骨同时变薄，骺软骨与骨形成骨性结合；④平衡期，第 150 天以后（破骨与成骨过程平衡）。

雌禽的长骨，在产蛋前形成类似松质骨的髓质骨（osmedulare），其由骨内膜伸出的骨针组成，是钙盐的储存库，与蛋壳形成有关。随着年龄的增长，骨重占体重的百分比下降，骨中无机物含量增加，成年后维持在一定水平。

禽全身骨骼包括躯干骨、头骨和四肢骨（图17-1）。

(一) 躯干骨

躯干骨包括脊柱、肋和胸骨。

1. 脊柱 由颈椎（C）、胸椎（T）、

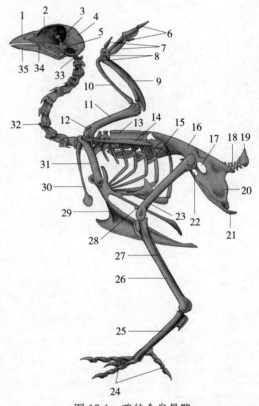

图 17-1 鸡的全身骨骼
1. 颌前骨 2. 筛骨 3. 腭骨 4. 颅骨 5. 方骨
6. 指骨 7. 掌骨 8. 腕骨 9. 尺骨 10. 桡骨
11. 肱骨 12. 气孔 13. 胸椎 14. 肩胛骨 15. 肋骨及钩突
16. 髂骨 17. 坐骨 18. 尾椎 19. 尾综骨 20. 坐骨
21. 耻骨 22. 闭孔 23. 股骨 24. 趾骨 25. 大跖骨
26. 胫骨 27. 腓骨 28. 髌骨 29. 胸骨 30. 锁骨
31. 乌喙骨 32. 颈椎 33. 寰椎 34. 颧骨 35. 下颌骨

腰椎（L）、荐椎（S）和尾椎（Cy）5部分组成。

几种家禽的脊柱式分别为：

鸡：C_{14}、T_7、L_3、S_5、$Cy_{11\sim13}$；

鸭：$C_{14\sim15}$、T_9、L_4、S_7、Cy_{10}；

鹅：$C_{17\sim18}$、T_9、$L_{12\sim13}$、S_2、Cy_8；

鸽：$C_{12\sim13}$、T_7、L_6、S_2、Cy_8。

(1) 颈椎 禽的颈一般较长，呈 S 形弯曲。颈椎数目多，各椎间屈伸和转动灵活。第 1 颈椎即寰椎，小，呈狭环状。第 2 颈椎即枢椎，形侧扁，棘突明显，腹嵴发达，椎体前方有大的齿状突。第 3 到最后颈椎的形态基本相似：椎体较长；横突短厚，基部有横突孔，腹侧有向后逐渐变细的颈肋（肋的遗迹）；关节突发达。

(2) 胸椎 数目较少。胸椎的椎体较短，椎体的前外侧部有与肋骨头构成关节的小关节面，鸡的椎体具有腹侧嵴。棘突发达，成年鸡的棘突几乎愈合成一完整的垂直板。横突的游离缘有与肋骨结节成关节的小关节面。鸡和鸽的第 1、第 6 胸椎游离，第 2～5 胸椎愈合，第 7 胸椎与综荐骨愈合；鸭和鹅则是后 2～3 枚胸椎与综荐骨愈合。

(3) 腰、荐椎 脊柱的腰部和荐部变化较大，共有 14～15 个椎骨，腰椎、荐椎和第 1～6 尾椎在发育早期即愈合成一枚骨，称综荐骨（synsacrus）。

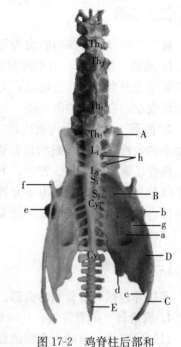

图 17-2 鸡脊柱后部和
骨盆（腹侧观）

A. 髂骨前部 B. 髂骨后部 C. 耻骨
D. 坐骨 E. 尾综骨 a. 肾窝
b. 抗转子 c. 坐骨角 d. 后突
e. 髋臼 f. 梳状突 g. 闭孔
h. 髂神经管的入口

(4) 尾椎 椎体短厚，前后关节突均已退化，故能活动自如。最后一枚尾椎发达，呈三棱形，称尾综骨，为胚胎时期几枚尾椎愈合而成，为尾羽的支架（图 17-2）。

2. 肋 肋的对数与胸椎一致，鸡、鸽 7 对，鸭、鹅 9 对。肋缺肋软骨。第 1 和第 2 对肋为浮肋，仅有背侧与胸椎相接的椎肋骨，其腹侧不与胸骨相接。其他每一肋分为背侧的椎肋骨和腹侧的胸肋骨。椎肋骨和胸肋骨之间形成一定的角度，前部为钝角，向后逐渐变小呈锐角。除第 1 和第 2（鸡、鸽）～3（鸭、鹅），其他每一椎肋骨的中部发出钩突，向后覆于后一肋骨的外侧面，起着加固胸廓侧壁的作用。

3. 胸骨 禽的胸骨非常发达，由胸骨体和几个突起组成。胸骨体为背侧面略凹的骨板，构成体腔底壁的支架；其腹侧正中有纵行的胸骨嵴，又称龙骨突，飞翔能力强的鸟类尤其发达，供强大的胸肌附着。突起包括向前方的肋突和喙突，背侧的后外侧突又分出斜突和后内侧突。

家禽比较解剖学资料表明，禽脊柱的各部分长度与种类有关。水禽（鸭、鹅）的颈部最长，胸、腰部较短，分别占脊柱长的 50.1%～50.4%，19.5%～22.4%，1.9%～2.0%；猛禽（鹰）的颈部最短，胸部、腰部最长，分别为 39.1%～39.5%，27.6%～23.3%，5.3%～6.7%。各种禽的荐椎、尾椎较稳定，分别为 4%～5% 和 20.2%～22.5%。

（二）头骨

禽的头骨以大而深的眶窝为界，分为颅骨和面骨两部分。

1. 颅骨 呈圆形，由不成对的枕骨、蝶骨、筛骨和成对的顶骨、额骨和颞骨形成。颅部各骨完全愈合，无骨缝可见，为较厚的含气骨。枕骨仅有一较小的半圆形枕髁。筛骨的垂直板形成左、右眼眶的眶间隔。

2. 面骨 面骨因无齿而较轻。其形态和大小在不同的禽因喙的形状不同而异，鸡、鸽的呈小的尖锥形，鸭、鹅的呈长而扁的长方形。面骨由颌前骨、上颌骨、鼻骨、泪骨、犁骨、腭骨、翼骨、颧骨、方骨、下颌骨、舌骨、鼻甲骨、巩膜骨构成。方骨是禽特有的骨，位于颞骨与下颌骨之间。由于方骨与下颌骨、颧骨、翼骨等均以关节相连，以及方骨本身的灵活性，鼻骨与额骨间形成可动关节，所以当开口时，不仅下降下喙，而且同时抬起上喙，张口大而自如。

（三）前肢骨

前肢骨包括肩带骨和游离部。

1. 肩带骨 由肩胛骨、乌喙骨和锁骨组成。

（1）肩胛骨 呈略为弯曲的扁平带状，与胸部脊柱平行。前端与乌喙骨相连接，后端达髂骨。

（2）乌喙骨 强大，呈柱状，斜位于胸腔入口两侧，两端分别与肩胛骨和胸骨形成关节。

（3）锁骨 较细，两侧锁骨在下端汇合，常合称"叉骨"。鸡、鸽的叉骨呈V形；鸭的锁骨比鸡强大，两侧愈合成U形。上端分别以结缔组织与乌喙骨相连接。

乌喙骨的钩突、肩胛骨近端、锁骨的臂骨端共同形成3个骨孔，供肌腱通过。

2. 游离部 由肱骨、前臂骨和前脚骨3段组成，形成翼，平时折曲呈Z形贴于胸廓上。

（1）肱骨 发达。近端粗大，有一大的卵圆形肱骨头。远端宽扁，形成内、外侧髁；内髁较小，外髁较大。鸭的肱骨较长，翼静止时，其远端可达髋关节。

（2）前臂骨 由桡骨和尺骨组成。桡骨骨体较直而细；尺骨比桡骨强大，骨体稍弯曲，凹面朝向桡骨。前臂骨间

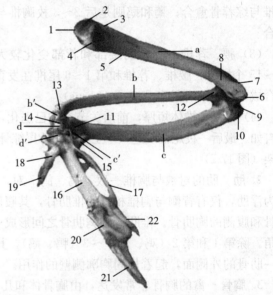

图17-3 鸡左前肢骨（侧面观）
a. 肱骨 b. 桡骨 b′. 桡腕关节 c. 尺骨
c′. 腕尺关节 d. 腕骨 d′. 腕掌关节
1. 肱骨头 2. 外侧结节 3. 外侧结节嵴 4. 内侧结节
5. 内侧结节嵴 6. 肱骨滑车 7. 尺侧髁 8. 尺侧上髁
9. 尺骨关节窝 10. 肘突 11. 尺骨滑车关节 12. 桡骨小头
13. 桡骨滑车关节 14. 桡腕骨 15. 尺腕骨
16. 第3腕掌骨 17. 第4腕掌骨 18. 第2腕掌骨
19. 第2指骨 20. 第3指的第1指节骨
21. 第3指的第2指节骨 22. 第4指骨

隙较宽。

(3) 前脚骨　由腕骨、掌骨和指骨组成。

①腕骨　近列腕骨包括桡腕骨和尺腕骨 2 枚，桡腕骨是四边形短骨，尺侧腕骨呈 V 形。远列腕骨与掌骨愈合。

②掌骨　由第 2、3、4 掌骨愈合而成，因与远列腕骨愈合，亦称腕掌骨。其中第 3 掌骨最大；第 2 掌骨形成一小突起，位于第 3 掌骨近端偏外侧，其远端接第 2 指；第 4 掌骨细而弯曲，两端均与第 3 掌骨愈合形成掌骨间隙。

③指骨　有发育不全的第 2、3、4 指骨，分别有 2（鸽有 1）、2（鸭、鹅有 3）、1 枚指节骨。

鸡的左前肢骨见图 17-3。

(四) 后肢骨

后肢骨包括骨盆带和游离部。

1. 骨盆带　即髋骨，由髂骨、坐骨和耻骨构成。禽骨盆的底壁为开放的，以适应产出有硬壳的卵。

(1) 髂骨　最大，呈不正长方形的板状。其内侧缘与综荐骨形成骨性结合；背面前部有供臀肌附着的凹陷，后部则隆起直接位于皮下；腹面凹，容纳肾。

(2) 坐骨　位于髂骨后部腹侧，呈三角形的骨板，与髂骨之间形成髂坐孔。

(3) 耻骨　狭长，从髋臼沿坐骨腹缘向后延伸，末端向内弯曲并突出于坐骨后方。

2. 游离部　由股骨、髌骨、小腿骨和后脚骨组成。

(1) 股骨　股骨是圆形长骨，比小腿骨短，尤其是鸭、鹅。股骨头与髋臼构成髋关节，同时还与髋臼后方大转子构成关节，限制了髋关节的外展和转动，以稳定后肢。

(2) 髌骨　小，呈不正三角形，位于股骨远端滑车上。

(3) 小腿骨　由胫骨和腓骨构成。胫骨发达，鸡、鸽比股骨长 1/3～1/2，鸭、鹅则几乎达股骨的 2 倍；胫骨远端与近列跗骨愈合，也称胫跗骨。腓骨退化，上端为稍大的腓骨头，向下逐渐变细。

(4) 后脚骨　由跗骨和趾骨

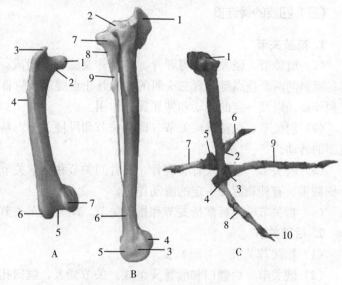

图 17-4　鸡左侧后肢骨
A. 鸡的左侧后肢股骨（前面观）：1. 股骨头　2. 股骨颈　3. 大转子
　　4. 嵴　5. 股骨滑车　6. 外侧髁　7. 内侧髁
B. 胫跗骨和腓骨（前面观）：1. 横嵴　2. 内侧嵴　3. 内侧髁
4. 滑车关节　5. 外侧髁　6. 沟　7. 腓骨头　8. 外侧嵴　9. 腓骨体
C. 跗跖骨和趾骨（背面观）：1. 跗跖骨近端关节面
2、3、4. 分别与第 2 趾、第 3 趾、第 4 趾的第 1 趾节骨成关节的滑
　　车关节　5. 第 1 跖骨　6. 第 2 趾　7. 第 1 趾
8. 第 4 趾　9. 第 3 趾　10. 爪

构成。禽的跗骨分别与胫骨和跖骨愈合。

①跖骨 有大和小跖骨2枚。大跖骨发达，由第2、3、4跖骨以及远列跗骨愈合而成，因此亦称跗跖骨。性成熟公鸡的大跖骨内侧下方有一圆锥状突起，是距的骨质基础。小跖骨小，以韧带连接于大跖骨下端内侧。

②趾骨 禽一般有4个趾。第1趾最短，位于内侧，伸向后方；第2、3、4趾向前，以第3趾最发达。第1~4趾分别有2、3、4、5枚趾节骨，末端趾节骨呈爪状。乌骨鸡多一个趾。

鸡的左后肢骨见图17-4。

二、骨 连 接

（一）头部的骨连接

除下颌关节外，头部大部分属于不动关节，部分为微动关节。

（二）躯干的骨连接

1. 脊柱连接 寰椎与小的半圆形的枕髁形成多轴的寰枕关节；寰椎与枢椎形成活动性较小的环枢关节。其他的除愈合椎骨为不动关节外，其余各部分椎骨间的连接为微动关节。

2. 胸廓连接 椎肋骨近端与相应胸椎形成关节，胸肋骨远端与胸骨形成活动关节。

（三）四肢的骨连接

1. 前肢关节

（1）肩关节 强大，由肩胛骨、乌喙骨及肱骨头组成。关节囊较大。有背外侧横韧带、上乌喙肌的两个止点腱、臂二头肌的乌喙骨止点腱以及喙骨锁骨腱共同固定肩关节。具有内收和外展，以及一定的转动和伸屈翼的作用。

（2）肘关节 包括臂尺关节、臂桡关节和尺桡关节。具有伸屈翼的作用。尺桡关节可小范围的转动。

（3）腕关节 包括尺骨、桡骨、腕骨间关节和腕掌关节。有腕关节横韧带、内侧韧带和外侧韧带。有伸屈翼及一定的滑动作用。

（4）指关节 包括掌指关节和指间关节，均为滑车关节，一般具有内、外侧韧带。

2. 后肢关节

（1）髂腰荐关节 不动关节。

（2）髋关节 由髋臼和股骨头组成。关节囊大，髋臼孔由髋韧带所封闭，圆韧带从股骨头小凹附着于髋臼韧带中心。髋关节主要进行屈伸运动，内收和外展运动有限。

（3）膝关节 由股骨、髌骨、胫骨和腓骨组成。分别由股髌关节、股胫关节和股腓关节3个主要关节构成。股髌关节是滑动关节，关节囊大，只有1条膑直韧带。股胫关节和股腓关节均为滑车关节，有两枚软骨位于股骨髁间窝和胫骨嵴之间，关节囊呈袋状。囊内有前十字韧带和后十字韧带，有股胫内、外侧韧带。使膝关节能进行一定的转动，以补偿髋关节转动的不足。

（4）趾关节 包括胫跖关节、跖趾关节和趾间关节。均为单轴关节，进行屈伸运动。

三、肌 肉

禽体全身的肌肉包括皮肌、头部肌、躯干肌和四肢肌（图 17-5、图 17-6）。

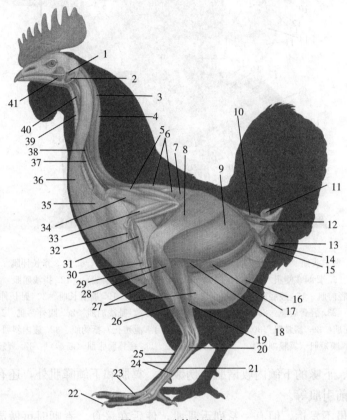

图 17-5 鸡体表肌肉

1. 外耳道 2. 下颌降肌 3. 头半棘肌 4. 颈二腹肌 5. 三角肌 6. 背阔肌 7. 缝匠肌 8. 髂胫外侧肌 9. 臀股二头肌 10. 尾提肌 11. 尾脂腺 12. 尾外侧肌 13. 泄殖腔 14. 泄殖腔括约肌 15. 泄殖腔提肌 16. 腹外斜肌 17. 股内侧屈肌 18. 股外侧屈肌 19. 腓肠肌（外侧头） 20. 胫骨软骨 21. 趾浅以及趾深屈肌腱 22. 第4趾爪 23. 第3趾近趾节骨 24. 跖跗骨 25. 趾伸肌腱 26. 腓骨长肌 27. 胸浅肌 28. 趾浅及趾深屈肌 29. 腓肠肌（内侧头） 30. 第3指 31. 背侧骨间肌 32. 第2指 33. 腕桡侧伸肌 34. 长翼膜张肌 35. 嗉囊（肌肉的深层） 36. 筋膜 37. 食管 38. 右颈静脉 39. 气管 40. 头内侧直肌 41. 下颌外侧缩肌

（引自 McCracken 等, 1999）

（一）皮肌

禽体皮肌薄而分布广泛。部分皮肌为平滑肌网，止于皮肤羽区的羽囊，控制羽毛活动；部分皮肌终止于翼的皮肤褶（翼膜），称翼膜肌，以辅助翼的伸展，飞翔时有紧张翼膜的作用；还有一部分皮肌起支持嗉囊的作用。皮肌主要根据其所在位置命名，如锁腹侧皮肌、锁背侧皮肌、前翼膜肌、后翼膜肌等。

（二）头部肌

禽因无唇、颊、耳廓和外鼻，因此面部肌极不发达。但开闭上、下颌的咀嚼肌则较发

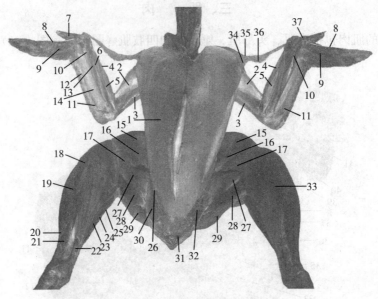

图 17-6 鸡腹侧面肌
1. 胸浅肌 2. 臂二头肌 3. 臂三头肌 4. 腕桡侧伸肌 5. 旋前浅肌 6. 第2指长伸肌 7. 翼膜外展肌
8. 第3指展肌 9. 骨间掌侧肌 10. 指深屈肌 11. 腕尺侧屈肌（断端） 12. 指浅屈肌 13. 尺掌腹侧肌
14. 臂肌 15. 髂胫前肌 16. 股胫肌 17. 耻坐骨肌 18. 腓肠肌 19. 腓骨长肌 20. 趾长伸肌 21. 胫骨前肌
22. 腓长肌腱 23. 胫骨后肌 24. 足部趾深屈肌 25. 趾深、趾浅屈肌 26. 腹外斜肌 27. 股内侧屈肌
28. 股外侧屈肌 29. 髂腓肌 30. 腹外斜肌 31. 肛门（泄殖孔）括约肌 32. 腹内斜肌 33. 腓肠肌
34. 长翼膜短肌（翼膜副肌） 35. 长翼膜张肌 36. 短翼膜张肌（断端） 37. 翼膜内收肌

达，除作用于上、下喙的下颌内收诸肌、伪颞肌、翼肌和下颌降肌外，还有一些作用于方骨的肌肉，如方骨前引肌等。

舌的固有肌虽不发达，但有一系列舌骨肌，使舌在采食、吞咽时可做灵敏迅速的运动。

（三）躯干肌

1. 脊柱肌　禽类颈部长而灵活，肌肉因分化较多而特别发达，多裂肌、棘突间肌、横突间肌等肌束也相应增多。禽颈部缺臂头肌和胸头肌，所以颈静脉等直接位于颈部皮下。胸椎、腰椎、荐椎因大部分愈合，所以此段肌肉也大大退化。尾部肌肉发达，与尾部功能有关。

（1）颈背侧肌群

①复肌　位于头颈之间背侧的一对肌肉，较发达。刚孵出的鸡和幼禽较明显，故有"孵肌"之称。起于前4~5颈椎，止于枕骨。主要作用是两侧肌肉收缩时则伸展头部（向背侧屈曲），单侧收缩时则使头部转向外侧。

②颈二腹肌　直而狭，位于颈背侧中线两侧的一对长肌，分前、后两个肌腹，前肌腹小，后肌腹发达，两肌腹之间以长腱相连。主要作用是上提头颈。

③棘肌　从腰荐骨和髂骨向前伸延到第3颈椎，由胸棘肌和颈棘肌组成。主要作用是上提胸部和颈基部，拉直颈部。

④髂肋肌与背最长肌　起于髂骨前缘和多数胸椎横突，向前止于椎肋、前部胸椎横突和

后部颈椎。主要作用是协助上提胸部。

(2) 颈外侧肌　横突间肌起于颈椎外缘和横突，止于颈椎腹侧。主要作用是转动颈椎。

(3) 颈腹侧肌　颈腹侧长肌是颈部腹侧唯一的肌肉，紧贴颈椎椎体腹侧，由一系列肌束联合成肉质带。颈动脉位于此肌深层。主要作用是屈曲颈部。

(4) 头后肌群　起自前部颈椎，止于颅底或寰椎，运动头、颈部。有头夹肌、头背直肌、头腹直肌等，主要作用是伸展和屈曲头或单侧旋转头。

(5) 尾部肌群　禽类尾部与飞翔、交配、孵蛋、排粪、平衡及其他活动关系密切，因此尾部结构与功能很复杂，肌肉也很复杂。有尾提肌、尾降肌、尾外侧肌、泄殖腔提肌、括约肌等。

2. 胸壁肌　基本同哺乳动物，但无膈。吸气肌有肋间外肌、斜角肌和肋提肌等；呼气肌有肋间内肌、肋胸肌和肋肺肌等。

3. 腹壁肌　与哺乳动物相同，从外到内有腹外斜肌、腹内斜肌、腹横肌、腹直肌4层。但肌肉较薄弱。主要参与呼气、排粪和产蛋等功能。

(四) 前肢肌

1. 肩带部肌和肩部肌

(1) 背阔肌　位于躯干背侧浅层的扁平肌肉，分前、后两部。作用是拉翼向后，屈曲和上提肱骨。

(2) 斜方肌　位于前背阔肌前面，协助收肩关节。

(3) 菱形肌　包括浅、深两部分，上提肩胛骨。

(4) 肩臂后肌　与哺乳动物的大圆肌相似，全部或部分被背阔肌覆盖，位于肩胛骨骨干背外侧。牵拉肱骨向后向内。

(5) 三角肌　纺锤形，位于肩部背侧，翼膜肌与臂三头肌肩胛头之间。作用是上提肱骨和翼。

(6) 喙臂前肌和喙臂后肌　位于胸肌的前背缘深层，乌喙上肌的背侧。作用是上提翼，与胸肌相拮抗。

(7) 乌喙上肌　位于胸肌的深层，胸骨体和剑突腹侧与龙骨嵴形成的夹角内。作用同喙臂后肌。

(8) 胸肌　是禽体最大的肌肉，也是用于飞翔的主要肌肉。胸肌起于胸骨两侧和最后几根肋骨，止肱骨近端。起扑翼、下降翼的作用。鸡的胸肌重约占体重的10%；善于飞翔的禽胸肌非常发达，约占体重的16%（大天鹅）。鸡胸肌的颜色较淡，鸭的较深。

2. 臂部肌

(1) 臂三头肌　肩胛部起于肩胛颈背外侧，臂部起于肱骨近端气孔和臂二头肌背侧，两部共同止于尺骨肘突。肩胛部可屈肩和伸肘关节，臂部伸肘关节和翼。

(2) 臂二头肌　有两个头，以宽强腱起于乌喙骨远端和肱骨近端，止于桡骨和尺骨近端。其作用是屈前臂，协助伸肩关节。

(3) 臂肌　三角形小肌，位于关节角内侧。起屈曲肘关节的作用。

3. 前臂肌群

(1) 前臂背外侧肌群　为伸肌和旋后肌。浅层由前向后有掌桡侧伸肌、指总伸肌和掌尺侧伸肌。在掌桡侧伸肌的深层，是第2指长伸肌、第3指长伸肌、旋后肌。在掌尺侧伸肌的深层，是发达的肘肌。腕桡侧伸肌和指总伸肌是重要的展翼肌，如在腕部切断两肌的腱，可以限制禽的飞翔能力。

（2）前臂腹侧（内侧）肌群　是屈肌和旋前肌。浅层有5块肌肉，由前向后分别是旋前浅肌、旋前深肌、指深屈肌、指浅屈肌和腕尺侧屈肌；深层有两块肌肉，即肘内侧肌和尺掌腹侧肌。

4. 指部肌群　分别包括尺掌背侧肌、第3指外展肌、骨间背侧肌、骨间腹侧肌、第3指短伸肌、第3或4指屈肌、尺侧短伸肌、尺侧外展肌、尺侧屈肌和尺侧内收肌等。

（五）后肢肌

禽类由于盆骨和综荐骨形成牢固的连接，因此盆带肌不发达。腿部肌肉则因需要支持体重以及完成着陆、行走、跳跃、攀援、划水等运动而很发达，是禽体第二群最发达的肌肉。大部分肌肉位于股部，作用于髋关节和膝关节。小腿部肌肉作用于跗关节和趾关节。

1. 髋部肌　不发达。有髂转子肌（相当于哺乳动物的臀肌）、髂肌。

2. 股部肌群

（1）股前、股后侧肌群　有髂胫前肌、髂胫外侧肌、髂腓肌、股外侧屈肌（泳禽缺此肌）、股内侧屈肌。其中髂腓肌、股外（内）侧屈肌分别相当于哺乳动物的股前肌、股外侧肌、股二头肌、半腱肌、半膜肌。

栖肌是两栖类和鸟类特有的肌肉，相当于哺乳动物的耻骨肌，呈纺锤状。起于髂耻突起和髋臼前腹侧，以一薄腱斜跨膝关节前方，转向外侧，经腓骨头外侧至髌骨远端，与第2、3趾屈肌腱相连，止于趾端。栖息时肌肉收缩屈曲趾、内收大腿。

（2）股内侧肌群　有耻坐股肌，相当于股内收肌；股胫肌，相当于股四头肌，但只有3个头。

3. 小腿肌群

（1）背外侧肌群　有腓骨长肌、腓骨短肌、胫骨前肌、趾长伸肌。

（2）跖侧肌群　有腓肠肌和跖肌。腓肠肌是小腿最强大的肌肉，起于股骨外髁、内髁和胫骨头内侧，3部分形成一个总腱，止于大跖骨近端，伸展大跖骨。

4. 趾部肌群

（1）趾屈肌群　大部分起自膝部，彼此之间以及局部其他肌肉之间以腱膜发生广泛联系。有第2趾浅屈肌及深屈肌，第3趾浅屈肌及深屈肌，第4趾浅屈肌、拇长屈肌、趾长屈肌等屈肌。

（2）跗趾部和趾的短肌　有拇长伸肌、拇短屈肌、第2趾外展（伸）肌、第2趾内收肌、第3趾短伸肌、第4趾短伸肌和第4趾外展肌等伸肌。

第二节　内脏学

一、消化系统

鸡的消化系统包括口、咽、食管和嗉囊、胃、肠、泄殖腔以及肝和胰（图17-7、图17-8）。

1. 口腔 禽的口腔无软腭、唇和齿，颊不明显。上、下颌形成的喙是禽的采食器官，喙的形态因食料和采食习惯而差异很大，鸡、鸽为尖锥形，鸭、鹅的长而扁。腭在鸡具有几条锯齿状的腭褶，鹅有纵行排列的钝乳头；鼻后孔的前部延续至腭，形成腭裂，鸡、鸽的长，鸭、鹅的很短。舌的形状与喙相似，舌肌不发达；黏膜上缺味觉乳头，仅有少量构造简单的味蕾；舌体与舌根间有一列乳头，除舌体后部外，侧缘有角质和丝状乳头。

2. 咽 禽的咽与口腔没有明显的界限，常合称口咽。禽的唾液腺不大但分布广泛，在口腔和咽黏膜上皮深层几乎连成一片，主要有上颌腺、腭腺、蝶腭腺、咽鼓管腺、下颌腺、舌腺等。

3. 食管 较宽，易扩张。分颈段和胸段。颈段与气管一同偏于颈的右侧皮下，并在胸廓前口前方形成嗉囊。胸段短，末端变狭而与腺胃相接。

4. 嗉囊 为食管颈段后部的膨大部，位于叉骨之前，直接在皮下，鸡的偏于右侧。鸽的嗉囊上皮细胞在育雏期增殖而发生脂肪变性，脱落后与分泌的黏液形成嗉囊乳（鸽乳），用以哺乳幼鸽。

5. 胃 禽胃分腺胃和肌胃两部分。

（1）腺胃（glandularis ventriculi） 又称前胃、腺部。呈纺锤形，位于腹腔左侧，肝左、右两叶之间的背侧。前以贲门与食管相通，后以峡与肌胃相接。腺胃黏膜表面分布有乳头，鸡的较大，鸭、鹅的较小。乳头中央有前胃深腺腺管的开口，该腺主要分泌盐酸和胃蛋白酶原。前胃浅腺分泌黏液。

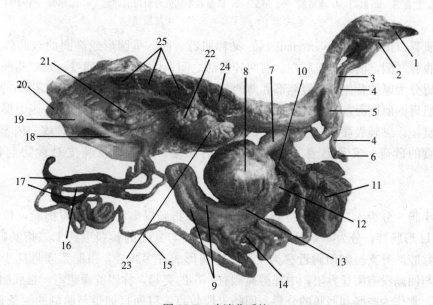

图 17-7 鸡消化系统
1. 口腔 2. 咽 3. 食管 4. 气管 5. 嗉囊 6. 鸣管 7. 腺胃 8. 肌胃
9. 十二指肠 10. 胆囊 11. 肝脏 12. 肝管及胆管 13. 胰 14. 空肠
15. 卵黄囊憩室 16. 回肠 17. 盲肠 18. 直肠 19. 泄殖腔 20. 肛门
21. 输卵管 22. 卵巢 23. 心脏 24. 肺 25. 肾前、中、后窝

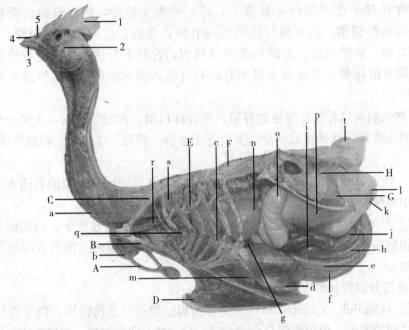

图 17-8　母鸡颈部和体腔局部解剖（左侧观）
A. 锁骨　B. 乌喙骨　C. 肩胛骨　D. 胸骨　E. 第 4 肋骨　F. 髂骨前部　G. 坐骨　H. 髂骨后部
1. 冠　2. 耳叶　3. 下喙　4. 上喙　5. 鼻孔
a. 食道　b. 嗉囊　c. 腺胃　d. 肌胃　e. 十二指肠　f. 空肠　g. 脾脏　h. 空肠　i. 回肠
j. 左盲肠　k. 肛门　l. 泄殖腔　m. 肝脏　n. 卵巢及不同发育阶段的卵泡　o. 输卵管　p. 子宫
q. 心脏　r. 气管　s. 左肺　t. 尾脂腺

（2）肌胃（muscularis ventriculi）　又称肌部、肫。呈圆形或椭圆的双凸体，质地坚实。位于腹腔左侧，前部位于肝左、右两叶后部之间，后部与左侧腹壁、十二指肠、盲肠等相邻。肌胃分为厚的背侧部、腹侧部和薄的前囊、后囊，肌胃与腺胃和十二指肠的连接处均在前囊。肌胃的肌层因富含肌红蛋白而呈暗红色；4 部分的肌层连接处在外侧面形成发达的腱膜，称腱镜。黏膜表面覆以厚而坚韧的类角质膜，称为角质层，俗称肫皮、内金。肌胃内常含有吞食的砂砾，又称砂囊。肌胃以发达的肌层、砂砾以及肫皮对食物起机械性磨碎作用。

6. 肠

（1）小肠　分为十二指肠、空肠和回肠。十二指肠以幽门起于肌胃前囊，位于腹腔右侧，形成 U 形肠袢，分为降支和升支，两支平行，与其间的胰腺以胰十二指肠韧带相连，折转处达盆腔。升支至幽门附近移为空肠。空肠形成许多肠袢，由肠系膜悬挂于腹腔的右侧。空肠与回肠没有明显界限，中部游离侧有一小的突起，称卵黄囊憩室，是胚胎期卵黄囊柄的遗迹，常作为空肠和回肠的分界。回肠末段较直，以回盲韧带与两侧的两条盲肠相连。鸭的十二指肠形成双层马蹄状弯曲。

（2）大肠　分为盲肠和直肠。盲肠有 1 对，分为盲肠基、盲肠体和盲肠尖。盲肠基较细，以盲肠口通直肠，壁内分布有丰富的淋巴组织，称盲肠扁桃体，以鸡的最明显。盲肠体较粗。盲肠尖为细的盲端。鸽的盲肠很不发达，如芽状。禽无明显的结肠，直肠短而直，又称结-直肠，以系膜悬挂于盆腔背侧。

7. 泄殖腔（cloaca） 是消化、泌尿、生殖3个系统的共同通道。位于盆腔后端，略呈球形，以两个不完整的环形黏膜褶分为粪道、泄殖道和肛道3部分。

粪道膨大，向前与直肠相通，并以环形襞与中部的泄殖道为界。泄殖道短，背侧有1对输尿管开口；在输尿管的外侧略后方，母禽有左输卵管的开口，公禽有1对输精管乳头；泄殖道以半月形或环形黏膜襞与肛道为界。肛道的背侧在幼禽有腔上囊的开口，向后以泄殖孔即肛门开口于体外（图17-9）。

8. 消化腺

（1）肝 位于腹腔前下部，胸骨背侧，分左、右两叶，以峡相连，右叶较大。两叶间前部夹有心及心包背侧，后部夹有腺胃和肌胃。肝较大，一般呈红褐

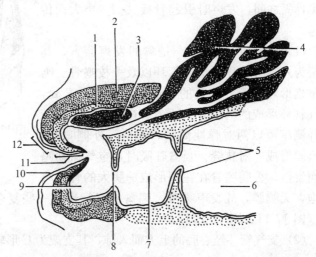

图17-9 鸡的泄殖腔（性未成熟）正中矢状切面模式图
1. 泄殖孔括约肌（纵肌） 2. 泄殖孔括约肌（环肌） 3. 背侧肛腺
4. 腔上囊 5. 粪泄殖襞 6. 粪道 7. 泄殖道 8. 泄殖肛襞 9. 肛道
10. 泄殖孔腹唇 11. 泄殖孔背唇黏膜区 12. 泄殖孔背唇皮肤区

色，质地较脆。肝壁面凸而平滑；脏面呈不规则凹陷，两叶各有肝门，血管、淋巴、肝管等由此出入。家禽除鸽外，右叶具有胆囊，右叶肝管注入胆囊，由胆囊管开口于十二指肠末端；左叶的肝管不经胆囊直接与胆囊管共同开口于十二指肠末端。

（2）胰 位于十二指肠袢内。淡黄色或淡红色，长条形。可分为背叶、腹叶和很小的脾叶。胰管在鸡一般有2~3条，鸭、鹅有2条，1条来自背叶，1~2条来自腹叶，所有胰管与胆管和胆囊管一起开口于十二指肠末端。

二、呼吸系统

1. 鼻腔 禽鼻腔较狭。鼻孔位于上喙基部，水禽鼻孔周围有柔软的蜡膜。1对鼻后孔一同开口于咽顶壁前部正中，两旁的黏膜襞在吞咽时可因肌肉的作用而关闭。鼻腺位于眼眶顶壁及鼻腔侧壁内，鸡鼻腺不发达，长而细；鸭、鹅等水禽的较发达，呈半月形。导管开口于鼻前庭的鼻中隔或前鼻甲。鼻腺有分泌氯化钠的作用，常称盐腺，对水禽很重要。

2. 眶下窦 又称上颌窦，位于上颌外侧和眼球下方，略呈三角形，鸡的较小，鸭、鹅的较大。外侧壁为皮肤等软组织，它以较宽的口与后鼻甲腔相通，而以狭窄的口通鼻腔。

3. 喉 位于咽的底壁，喉后方，与鼻后孔开口处相对。喉软骨仅有环状软骨和勺状软骨，环状软骨分成4片，腹侧板最长，呈匙状；1对勺状软骨形成喉口的支架，围成缝状的喉口。喉腔内无声带。喉软骨上分布有扩张和闭合喉口的肌性瓣膜，瓣膜平时开放，仰头时关闭，故禽吞食、饮水时常仰头下咽（图17-10）。

4. 气管 较长而粗，由O形的软骨环构成，相邻软骨环互相套叠，可以伸缩，适应颈部灵活运动。气管伴随食管后行，到颈后半部，一同偏至右侧，入胸腔前又转到颈的腹侧。

进入胸腔后在心底上方分为两个支气管，分叉处形成鸣管。气管黏膜下层富含血管，可借以蒸发散热而调节体温。大天鹅、鹤的气管伸入胸骨龙骨突骨板之间，发声时引起骨板共振，声大而传的远。

（1）鸣管（syrinx） 是禽的发声器官，其支架为几个气管环、支气管环以及一枚鸣骨。鸣骨呈楔形，位于气管叉的顶部、鸣管腔分叉处，将气管环形成的鸣腔分为两个。在鸣管的内侧壁和外侧壁覆以两对弹性薄膜，称内、外侧鸣膜。两鸣膜形成一对狭缝。当禽呼吸时，空气振动鸣膜而发声。公鸭鸣管在左侧形成一膨大的骨质鸣管泡，无鸣膜，故发声嘶哑。鸣禽的鸣管还有一些复杂的小肌肉，能发出悦耳多变的声音（图 17-11、图 17-12）。

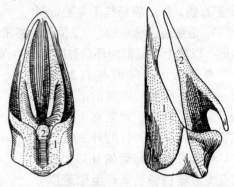

图 17-10 鹅的喉软骨（背侧面和外侧面观）
1. 环状软骨　2. 勺状软骨

（2）支气管　经心底的上方而入肺，其支架为 C 形软骨环，内侧壁为结缔组织膜。

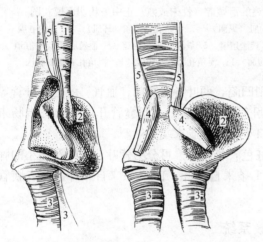

图 17-11 公鸭的鸣管膨大部（背侧面和腹侧面）
1. 气管　2. 膨大部　3. 支气管起始部
4. V 形气管　5. 胸骨甲状肌

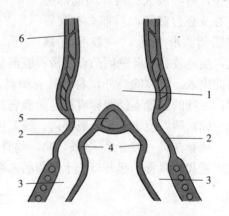

图 17-12 家禽的鸣管
1. 鸣管　2. 外侧鸣膜　3. 主支气管
4. 内侧鸣膜　5. 鸣骨　6. 气管

5. 肺　禽类的肺不大，鲜红色，略呈扁平四边形，不分叶。位于胸腔背侧，从第 1 或第 2 肋骨向后延伸到最后肋骨，背侧面有椎肋骨嵌入，形成几条肋沟。除腹、背侧前部有一肺门外，还有一些与气囊相交通的开口（图 17-13）。

支气管入肺后纵贯全肺，称为初级支气管，后端出肺而连接于腹气囊。初级支气管分出 4 群次级支气管。次级支气管又分出许多三级支气管，又称旁支气管，呈袢状，连接于两群次级支气管之间。每条三级支气管壁被许多辐射状排列的肺房所穿通。肺房是不规则的球形腔，其底壁形成一些小漏斗，漏斗再分出许多直径 7~12 μm 的肺毛细管，相当于家畜的肺泡。在禽类，一条三级支气管及其相联系的气体交换区（包括肺房、漏斗和肺毛细管），构成一个肺小叶，呈六面棱柱状，包以薄的结缔组织膜。

第十七章 家禽的解剖结构特征

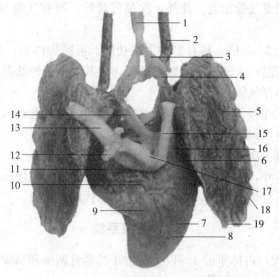

图17-13 禽心脏与肺（腹侧观）
1. 气管 2. 颈静脉 3. 鸣管 4. 支气管 5. 左肺（腹侧面） 6. 左心房
7. 心脏左侧 8. 左心室 9.右心室 10. 冠状沟 11. 右心房 12. 肺静脉 13. 左肺动脉
14. 右肺动脉 15. 左臂头动脉 16. 左肺动脉 17. 右臂头动脉 18. 后胸气囊口 19. 腹气囊口

6. 气囊（air sacus） 是鸟类特有的器官，为支气管的分支出肺后形成的黏膜囊，外覆浆膜（图17-14）。

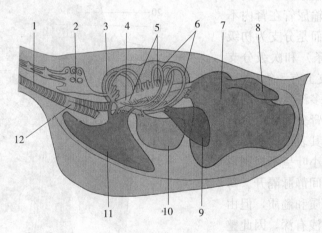

图17-14 禽气囊及支气管分支模式图
1. 气管 2. 颈气囊 3. 肺 4. 初级支气管 5. 次级支气管 6. 三级支气管
7. 腹气囊 8. 肾憩室 9. 胸后气囊 10. 胸前气囊 11. 锁骨间气囊 12. 鸣管

多数禽的气囊有9个，可分前、后两群。前群有5个气囊：1对颈气囊，1个锁骨气囊和1对胸前气囊。2个颈气囊的共同主室位于胸腔前部背侧，分出几支分别沿颈椎横突和椎管向前延伸，至第2颈椎处；锁骨气囊位于胸腔前部腹侧，并形成一些憩室，如胸肌、腋部、肱骨及胸骨内；胸前气囊位于两肺腹侧。后群有4个气囊：1对胸后气囊和1对腹气囊。胸后气囊位于肺腹侧的后部；腹气囊最大，位于腹腔内脏两旁，并有憩室至综荐骨、髂骨及肾背面。前群气囊与腹内侧次级支气管直接相通，胸后气囊与腹外侧次级支气管直接相通，腹气囊直接与初级支气管相通。此外，除颈气囊外，所有气囊与若干三级支气管相通，称为返支气管。

气囊的容积比肺大5～7倍，具有多种生理功能：可减少体重；平衡体位；加强发音气流；发散体热以调节体温；大的腹气囊紧靠睾丸，使其能维持较低温度，保证精子的正常生成。但其主要功能是储存气体。

禽的呼吸属于双重呼吸。当吸气时，新鲜空气经初级支气管进入后群气囊；呼气时，后群气囊的空气流入肺内，到达肺毛细管，进行气体交换并使肺扩大。第二次吸气时，空气再次充满后群气囊，而前一次吸入的空气由于肺的收缩而进入前群气囊。同时，前群气囊的空气进入支气管而排出体外，第二次吸入的空气再次进入肺进行气体交换。由此可见，不论吸气或呼气，肺内均要进行气体交换，以适应禽体新陈代谢的需要。

三、泌尿系统

1. 肾 禽的肾较大，占体重的1‰以上。位于综荐骨两旁和髂骨内面的肾窝内，前端达最后椎肋骨（图17-15）。无脂肪囊，仅垫以腹气囊的肾憩室。呈褐红色，质软而脆；狭长形，分为前、中、后3部分，3部分之间的腹侧面有血管通过或穿过。无肾门，血管、神经和输尿管在不同部位直接进出肾脏。输尿管在肾内不形成肾盂或肾盏，而是分支为初级分支（鸡有约17条）和次级分支（鸡的每一初级分支上有5条）。

禽肾表面有许多深浅不一的裂和沟，较深的裂将肾分为数十个肾叶，每个肾叶又被其表面的浅沟分成数个肾小叶。肾小叶呈不规则形状，彼此间由小叶间静脉隔开。每个肾小叶也分为皮质和髓质，但由于肾小叶的分布有浅有深，因此整个肾不能分出皮质和髓质。

禽肾的血液供应与哺乳动物不同，除肾动脉和肾静脉外，还有肾门静脉，其为髂外静脉的分支，在分叉处有肾门静脉瓣控制血液流动方向。肾门静脉收集从身体后部，如骨盆、后肢、后段肠和尾部的静脉血进入肾脏。

2. 输尿管 禽类的输尿管两

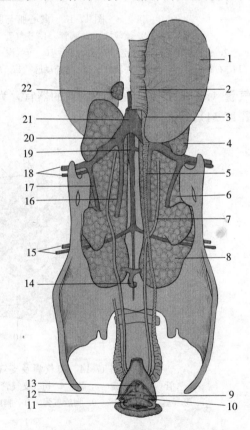

图17-15 公鸡的泌尿器官和生殖器官
1. 睾丸 2. 睾丸系膜 3. 睾丸旁导管系统 4. 肾前部
5. 输精管 6. 肾中部 7. 输尿管 8. 肾后部 9. 输精管乳头
10. 泄殖道 11. 肛道 12. 输尿管口 13. 粪道
14. 尾肠系膜静脉 15. 坐骨动脉、静脉 16. 肾后静脉
17. 肾门后静脉 18. 股动脉、静脉 19. 主动脉
20. 髂总静脉 21. 后腔静脉 22. 肾上腺

侧对称，起自肾髓质集合管，沿肾内侧后行达骨盆腔，开口于泄殖道背侧，接近输卵管或输精管开口。输尿管呈白色，分为输尿管肾部和输尿管骨盆部。

四、生殖系统

（一）雄性生殖系统

公禽生殖系统由睾丸、附睾（睾丸旁导管系统）、输精管和交媾器组成（图17-15）。

1. 睾丸 1对。位于腹腔内，以短的睾丸系膜悬于肾前部腹侧，约在最后两枚椎肋骨的上部，与胸、腹气囊相接触。禽睾丸的大小、色泽因品种、年龄、生殖季节而有很大的变化。雏鸡的睾丸有米粒大，60日龄来航鸡睾丸重0.2～0.3g，至性成熟重达85～100g；鸭的睾丸在性活动期间，其体积大为增加，最大者可长达5cm，宽约3cm。

2. 附睾 小，长纺锤形，位于睾丸的背内侧缘，由睾丸输出管和短的附睾管构成。

3. 输精管 是1对极为弯曲的细管。沿着肾脏内侧腹面与同侧的输尿管在同一结缔组织鞘内后行，并逐渐变粗，到肾脏后端形成一略为膨大的（直径约3.5mm）圆锥形体，埋于泄殖腔壁内，末端形成输精管乳头，突出于泄殖道背侧输尿管开口的腹内侧，末端处具有发达的括约肌，公禽强大的射精力量可能与此有关。输精管是禽精子成熟和主要的储存处，在生殖季节加长变粗，弯曲密度也变大，此时常因储有精液而呈乳白色。

禽无副性腺，精清主要由精小管、输出管及输精管的上皮细胞所分泌，可能还有来自泄殖腔的血管体和淋巴褶。

4. 交媾器 公鸡虽无真正的阴茎，但却有一套完整的交媾器（copulatory apparatus），位于泄殖腔后端腹区。性静止期，它隐匿在泄殖腔内，由以下4部分组成（图17-16）。

（1）输精管乳头 1对，位于泄殖道输尿管开口的腹内侧。

（2）脉管体 1对，扁平纺锤形，色红，由上皮细胞和窦状毛细血管组成，位于泄殖道和肛道腹外侧壁。

（3）阴茎体：位于肛道腹中线，由1个正中阴茎体（白体）和1对外侧阴茎体（圆襞）组成。刚孵出的雄性幼雏，可根据肛道腹侧膨大的阴茎结构鉴定其性别。

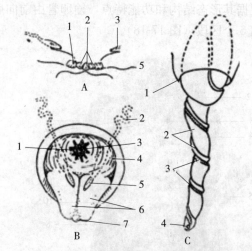

图17-16 雄禽交媾器
A. 成年雄鸡交媾器腹底壁后部后面观
1. 淋巴褶 2. 阴茎体 3. 输精管乳头 4. 输精管 5. 输尿管口
B. 成年雄鸡交媾器腹底壁后部后面观（勃起时）
1. 肌褶 2. 输精管 3. 泄殖孔 4. 环行褶 5. 输精管乳头
6. 左、右外侧阴茎体 7. 正中阴茎体
C. 雄鸭交媾器（勃起时）
1. 肛门 2. 纤维淋巴体 3. 阴茎沟 4. 腺管开口

（4）淋巴襞：分别夹在外侧阴茎体与输精管乳头之间，为红色卵圆形。

公鸭和公鹅有较发达的阴茎，位于肛道腹侧偏左，长达6～9cm，但和哺乳动物的并非同源器官，它是由两个纤维淋巴体和一个产生黏液的腺部组成，两个纤维淋巴体之间在阴茎表面形成螺旋形的阴茎沟。勃起时，淋巴体充满淋巴，阴茎变硬并加长因而伸出，阴茎沟则闭合成管，将精液导入母禽阴道内。

（二）雌性生殖系统

母禽生殖系统由卵巢和输卵管构成。在成体，仅左侧的卵巢和输卵管发育正常，右侧卵巢在早期个体发生过程中，停止发育并逐渐退化（图17-17）。

1. 卵巢 左卵巢以短的卵巢系膜悬吊于腹腔背侧，前端与左肺紧接，幼禽的卵巢小，扁椭圆形，黄白色，表面呈桑葚状。到性成熟时，卵巢的前后径可达3cm，横径约2cm，重2～6g。进入产蛋期时，其直径可长达5cm，重55.60g，常见4～6个体积依次递增的大卵泡，最大的充满卵黄，直径可达4cm。在卵巢腹侧面还有成串似葡萄样的小卵泡（直径1～2mm），呈珠白色，以极短的柄与卵巢紧连。产蛋期将结束时，卵巢又恢复到静止期时的形状和大小。再次产蛋期到来时，卵巢的体积和重量又增加。

鸭的卵巢悬吊于腰椎体腹侧、左肾内缘，卵泡数量远比鸡少。

2. 输卵管 通过双层腹膜鞘悬吊于腹腔顶壁，该鞘被输卵管隔成背韧带和腹韧带。13周龄以前的小母鸡输卵管较平直，全长不足10cm。20周龄时，输卵管大为伸长，经产母鸡输卵管长度可达80～90cm，重量增加15～20倍，占据腹腔的大部分，休产期长度变短。背、腹韧带内的平滑肌在输卵管两侧与输卵管内的外纵肌融合，背、腹韧带平滑肌收缩有助于输卵管的排空。

根据其形态结构和功能特点，输卵管由前向后可分为漏斗部、蛋白分泌部、峡部、子宫和阴道5个区段（图17-18）。

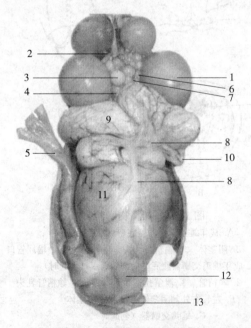

图17-17 母鸡生殖器官（腹面观）
1. 成熟卵泡 2. 卵泡柄 3. 生长卵泡 4. 排卵后的卵泡
5. 直肠 6. 原始卵泡 7. 背侧韧带 8. 腹侧韧带
9. 蛋白分泌部 10. 峡部 11. 子宫及临产的卵
12. 阴道 13. 泄殖孔（肛门）

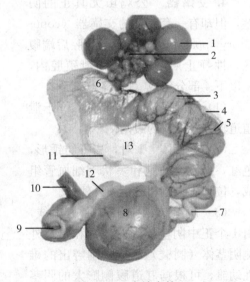

图17-18 禽输卵管
1. 卵巢 2. 卵泡膜 3. 蛋白分泌部 4. 腹韧带
5. 输卵管腹缘动脉 6. 漏斗部 7. 峡部 8. 子宫
9. 泄殖孔 10. 直肠 11. 输卵管中动脉
12. 阴道 13. 背韧带

(1) 漏斗部 位于卵巢正后方。前端扩大呈漏斗状，其游离缘呈薄而软的皱襞，称输卵管伞，向后逐渐过渡成为狭窄的颈部。输卵管伞部开口，即输卵管腹腔口呈长裂隙状，长约 9cm。当卵子排到腹腔时，由于宽大的输卵管腹腔口及其伞部的强烈活动，将卵收集到输卵管腹腔口，并吞入输卵管，吞没卵所需的时间为 20～30min，卵在漏斗部停留 15min。漏斗部是卵子和精子受精的场所。输卵管颈部有分泌功能，其分泌物参与形成卵黄系带。

(2) 蛋白分泌部（albumen secreting pare） 是输卵管最长且最弯曲的一段，其特征是管径大、管壁厚，管壁内存在大量腺体。蛋白分泌部黏膜在活动期呈乳白色，形成高且宽大的纵行皱襞，比任何区段的皱襞部高而宽，以致管腔成一狭隙。卵子在膨大部停留 3h。该部分泌物形成浓稠的白蛋白，一部分参与形成系带。

(3) 峡部 略窄且较短，其管壁比蛋白分泌部薄而坚实，黏膜呈淡黄褐色。卵在峡部停留 75min，峡部分泌物形成卵内、外壳膜。

(4) 子宫 子宫前方有括约肌样的环形肌分布，距其不远即膨大成一永久性的扩大囊，在性成熟前和未产蛋时是较窄小的管。子宫壁厚且多肌肉，管腔大，黏膜淡红色。其皱襞长而复杂，多为横行，间有环形，故呈螺旋状。当卵通过时，由于平滑肌的收缩，使卵在其中反复转动，使分泌物分布均匀。卵在子宫内停留时间长达 18～20h。子宫部的作用是：①有水分和盐类透过壳膜进入浓蛋白周围，形成稀蛋白。②子宫黏膜上皮壳腺的分泌物形成蛋壳，蛋壳中 93%～98% 为碳酸钙。③褐壳蛋的色素在子宫中沉着于蛋壳。

(5) 阴道 壁厚，呈特有的 S 状弯曲。阴道肌层发达，尤其是内环肌，比输卵管其他区段厚好几倍。卵经过阴道的时间极短，仅几秒至 1min。

阴道黏膜呈灰白色，形成长筒状的纵行初级皱襞，并有排列较为整齐的次级皱襞。皱襞内有阴道腺。阴道部的作用是：①阴道腺是暂时储存精子的主要器官。精子在阴道内可停留 10～14d 或更长时间，但变态精子的数量随着时间的增长而加多。阴道腺及其他部分的细胞中的少量葡萄糖和果糖，可能为精子提供能量。②蛋在阴道内转方向，钝端先出，产出后遇冷空气，内、外壳膜在钝端形成气室。③阴道分泌物形成石灰质蛋壳外的一层角质薄膜，隔绝空气，可防止细菌进入蛋内。

第三节 脉管系统

一、心脏和血管

禽类心脏和体重的相对比例较大，鸡的心脏占体重的 4%～8%，平均重量为 6～9g。

(一) 心脏

禽的心脏是呈圆锥形的肌性器官，位于胸腔前下方，心底朝向前方，与第 1 肋骨相对；心尖夹于肝脏的左、右叶之间，与第 5、6 肋骨相对。

禽心脏的构造与哺乳动物相似，也分为两心房、两心室。其右房室瓣不是三尖瓣，而是一片厚的、呈半月形的肌肉瓣，且没有腱索。右心室壁内较平滑，缺乳头肌和腱索结构。

心传导系的窦房结位于两前腔静脉口之间，在心房的心外膜下或右房室瓣基部的心肌内。房室结位于房中隔的后上方，在左前腔静脉口的稍前下方。房室结向后逐渐变窄移行为房室束，分为左、右两支。禽的房室束及其分支无结缔组织鞘包裹，和心肌纤维直接接触，兴奋易扩散到心肌，可能与禽的心搏频率较高有关（图17-19）。

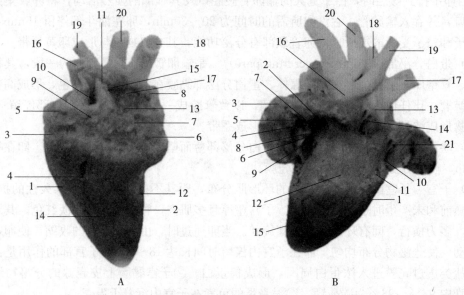

图 17-19 鸡心脏
A. 左侧面观：1. 前缘 2. 后缘 3. 冠状沟 4. 窦下室间沟 5. 右心耳 6. 左心耳 7. 后腔静脉 8. 右前腔静脉 9. 左前腔静脉 10. 左肺静脉 11. 右肺静脉 12. 右心室 13. 心包膜折转处 14. 左心室 15. 肺干 16. 左肺动脉 17. 右肺动脉 18. 主动脉 19. 左臂头动脉 20. 右臂头动脉
B. 右侧面观（右心房及右心室已被切开）：1. 锥旁室间沟 2. 右心房 3. 梳状肌 4. 肌束 5. 右前腔静脉口 6. 后腔静脉口 7. 左前腔静脉 8. 后腔静脉右侧瓣膜 9. 后腔静脉左侧瓣膜 10. 右房室口 11. 右心室 12. 室间隔 13. 肺干 14. 肺动脉半月瓣 15. 左心室 16. 主动脉 17. 左肺动脉 18. 右肺动脉 19. 左臂头动脉 20. 右臂头动脉 21. 右房室瓣

（二）动脉

1. 肺动脉 肺干由右心室发出，在接近臂头动脉的背侧分为左、右肺动脉。肺动脉通过肺膈，在肺的腹面稍前方进入肺门。

2. 主动脉 与哺乳动物的左主动脉弓不同，禽的左心室发出右主动脉弓，延续为主动脉，可分为升主动脉、主动脉弓和降主动脉3段。升主动脉由胚胎期右主动脉弓形成，自起始部向前右侧斜升，然后弯向背侧，到达胸椎下缘移行为主动脉弓。主动脉弓近段在心包内弯向右肺动脉背侧，然后穿过心包和肺膈，位于右肺前端内侧，远段移行为降主动脉（约在第4胸椎处）。后者沿着脊柱腹侧中线后行，经过胸部和腹部，直到尾部，沿途分支分布到体壁和内脏器官。

主动脉的分支如下（图17-20）：

（1）冠状动脉 在主动脉口的半月瓣处发出左、右冠状动脉，分布于心肌。

（2）臂头动脉 是分布到头部和翼部的血管，在主动脉起始部分出一对臂头动脉。每一臂头动脉向前外侧延伸，分为颈总动脉和锁骨下动脉。

①颈总动脉 两颈总动脉向前到颈基部互相靠拢，然后沿颈部腹侧中线，在颈椎和颈长肌所形成的沟内向前延伸，沿途分支分布于食管、嗉囊、甲状腺等。两颈总动脉到颈前部

（约第4～5颈椎处）由肌肉深处穿出，互相分开向同侧的下颌角延伸，在此处分为颈外动脉和颈内动脉。

②锁骨下动脉　是翼的动脉主干，它绕出第1肋骨移行为腋动脉，以后延续为臂动脉，到前臂部分为桡动脉和尺动脉。锁骨下动脉紧靠第1肋骨外侧还发出胸动脉，分布于胸肌（图17-21）。

（3）降主动脉　沿体壁背侧中线后行，沿途分出壁支和脏支。分出的壁支有成对的肋间动脉、腰动脉和荐动脉；分出的脏支分布到内脏，主要的有：

①腹腔动脉　分布于食管下段、腺胃、肌胃、肝、脾、胰、小肠和盲肠。

②肠系膜前动脉　分布于空肠和回肠。

③肠系膜后动脉　分布于盲肠和直肠。

④肾前动脉　由主动脉分出至肾前部，其分出肾上腺动脉、睾丸或卵巢动脉。

（4）髂外动脉　由主动脉在肾前部与中部之间分出，向外侧延伸，穿过肾组织，然后经髂骨的外侧缘出腹腔至腿部，称为股动脉。

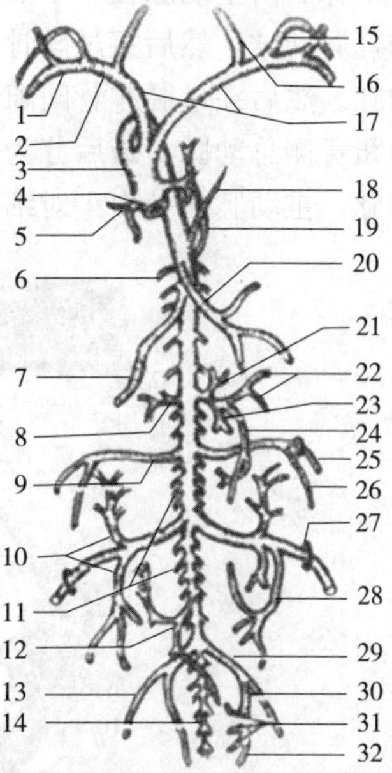

图17-20　母鸡主动脉分支（腹面观）
1. 右胸动脉干　2. 锁骨下动脉　3. 升主动脉　4. 主动脉球　5. 右冠状动脉　6. 第3肋间背动脉　7. 肠系膜前动脉　8. 肾前动脉　9. 髂外动脉　10. 肾中和肾后动脉　11. 荐节间动脉　12. 肠系膜后动脉　13. 尾外侧动脉　14. 尾中动脉　15. 腋动脉　16. 左颈总动脉　17. 臂头动脉　18. 主动脉韧带　19. 到颈腹侧肌的动脉　20. 腹腔动脉　21. 肾上腺动脉　22. 肾前动脉的肾内支　23. 卵巢动脉　24. 输卵管前动脉　25. 股动脉　26. 耻骨动脉　27. 坐骨动脉　28. 输卵管中动脉　29. 髂内动脉　30. 阴部动脉　31. 输卵管后动脉　32. 泄殖腔支

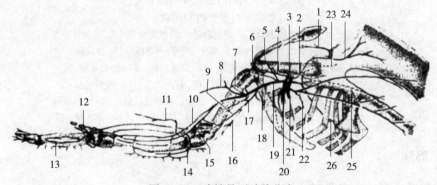

图17-21　鸡锁骨下动脉分支
1. 锁骨动脉　2. 胸锁动脉　3. 锁骨下动脉　4. 肩峰动脉　5. 腋动脉　6. 乌喙动脉　7. 臂深动脉背旋支　8. 到臂二头肌和皮肤翼膜褶的动脉　9. 桡侧副动脉　10. 桡动脉　11. 桡浅动脉　12. 第2指动脉　13. 掌腹侧动脉　14. 尺返动脉　15. 尺动脉　16. 尺侧副动脉　17. 臂深动脉　18. 臂动脉　19. 肩胛下动脉　20. 胸后动脉　21. 胸前动脉　22. 胸动脉干外皮支　23. 胸锁动脉支　24. 胸骨动脉　25. 胸内动脉腹支　26. 胸内动脉背支

(5) 坐骨动脉　由主动脉在肾中部与肾后部之间的腹侧面分出，并向外侧延伸，同时分出肾中动脉和肾后动脉，然后穿过坐骨孔到后肢，成为后肢动脉主干。坐骨动脉到髋关节后方移行为腘动脉。然后穿过胫腓骨间隙至小腿部成为胫前动脉。胫前动脉沿胫骨前面下行，到跖部移行为跖背侧总动脉，最后分为几支趾动脉至趾部（图 17-22）。

(6) 尾动脉　主动脉在分出 1 对细的髂内动脉后，延续为尾动脉，分布于尾部。

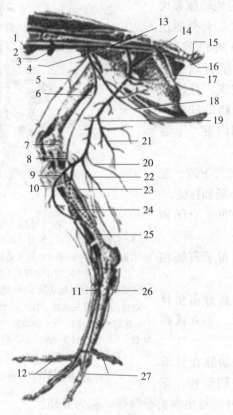

图 17-22　鸡后肢的主要动脉分支
（骨盆及后肢骨内侧面观）

1. 主动脉　2. 肠系膜前动脉　3. 肾前动脉　4. 髋前动脉　5. 股动脉旋支
6. 股内动脉　7. 膝动脉　8. 腘动脉　9. 胫内动脉　10. 腓动脉
11. 跖背侧总动脉　12. 趾动脉　13. 髂外动脉　14. 坐骨动脉
15. 尾中动脉背支　16. 尾中动脉　17. 髂内动脉　18. 耻骨动脉
19. 股骨营养动脉　20. 股深动脉　21. 到股后缘的皮动脉　22. 腓肠动脉
23. 胫后动脉　24. 胫前动脉　25. 胫外动脉　26. 跖跗动脉　27. 趾动脉

（三）静脉

1. 肺静脉　有左、右两支，注入左心房。

2. 前腔静脉　头部血液主要汇流到左、右颈静脉，两颈静脉在颈部皮下沿气管两侧延伸于颈的全长。在胸腔前口处，左、右颈静脉分别与同侧的锁骨下静脉汇合，形成左、右前腔静脉，开口于右心房静脉窦。但鸡的左前腔静脉则直接开口于右心房。翼、胸肌、胸壁的静脉经臂静脉和胸肌静脉到锁骨下静脉，后者与颈静脉汇合。臂静脉位于臂部内侧，亦称翼下静脉,是鸡静脉注射的部位。

3. 后腔静脉 骨盆壁的静脉汇集成左、右髂内静脉,向前延续部分埋于肾内,成为后肾门静脉。在肾中部和肾后部的交界处,后肾门静脉与同侧的髂外静脉汇合成髂总静脉。髂外静脉为股静脉在骨盆腔的延续,两侧髂总静脉汇合成后腔静脉。后腔静脉较粗,向前行通过肝时接纳几支肝静脉,然后穿过胸腹膈而入胸腔,最后开口于右心房。

两侧后肾门静脉在肾后方中线吻合,插入肠系膜后静脉形成三路吻合。在髂外静脉分出前支(前肾门静脉)处,有禽类特有的括约肌样圆筒状肾门瓣。在活体,通过肾门瓣启闭,可调节血流量,路径有3条:①经肾门瓣入后腔静脉;②经后肾门静脉和肠系膜后静脉回流到肝脏;③经前肾门静脉进入椎内静脉窦回流入颈静脉。

后肢的静脉汇集形成股静脉和坐骨静脉。股静脉与股动脉同行,经腹股沟裂孔入腹腔称髂外静脉,坐骨静脉沿股骨后方上行,通过髂坐孔与后肾门静脉吻合。

禽类肾门静脉有左、右两干,左干主要收集胃和脾的血液,较细。其属支有胃腹侧静脉、胃左静脉、腺胃后静脉和左肝门静脉,进入肝左叶。右干主要收集肠的血液,较细,入肝右叶,其属支有肠系膜总静脉、胃胰十二指肠静脉和腺胃静脉,并有肠系膜后静脉汇入,后者与髂内静脉相连,借此体壁静脉与内脏静脉相沟通(图17-23)。

禽类全身的血管分布见图17-24。

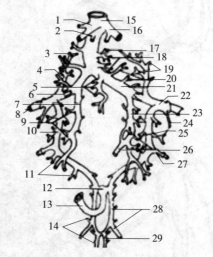

图17-23 鸡的后腔静脉和肾门静脉系统
1. 右肝静脉 2. 中肝静脉 3. 和椎内静脉窦吻合 4. 前肾门静脉 5. 卵巢静脉 6. 肾门瓣 7. 肾后静脉 8. 股静脉 9. 出肾静脉 10. 后肾门静脉 11. 入肾静脉 12. 髂间吻合 13. 肠系膜后静脉 14. 节间静脉 15. 后腔静脉 16. 左肝静脉 17. 肾上腺静脉 18. 卵巢静脉 19. 入肾静脉 20. 肾前静脉 21. 左髂总静脉 22. 髂外静脉 23. 肾后静脉 24. 耻骨静脉 25. 入肾静脉 26. 输卵管中静脉 27. 坐骨静脉 28. 髂内静脉 29. 尾中静脉

二、淋巴系统

家禽的淋巴系统由淋巴器官和淋巴管构成。淋巴器官包括胸腺、腔上囊、脾脏、淋巴结和淋巴组织。淋巴管在组织里分布成网,末端为盲端,内面衬有内皮细胞,由毛细淋巴管逐渐汇流入较大的淋巴管,最后加入血液循环。

(一)淋巴器官

1. 胸腺 家禽胸腺呈黄色或灰红色,分叶状,鸡约有14叶、鸭有10叶。位于颈部气管两侧的皮下,沿颈静脉从颈前部向后延伸,似一长链,在近胸腔入口处,常与甲状腺、甲状旁腺及鳃后腺紧密相接,彼此间无结缔组织隔开。幼龄时体积增大,到接近性成熟时达到最高峰,随后由前向后逐渐退化,到成年时仅留下残迹。

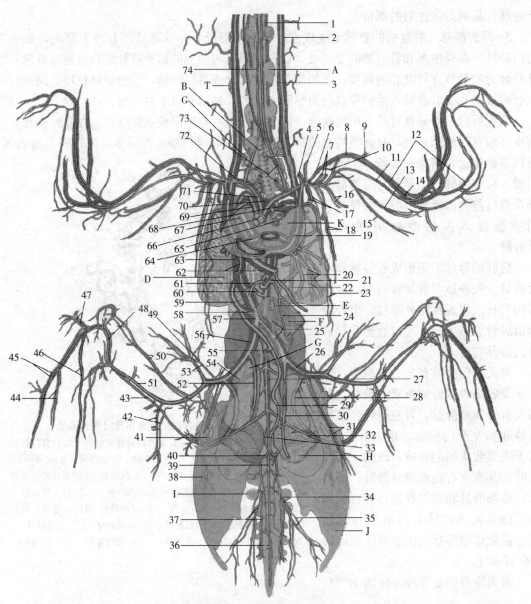

图 17-24 禽全身血管模式图

1. 椎动、静脉　2. 颈静脉　3. 迷走动脉　4. 肩峰动、静脉　5. 锁骨动、静脉　6. 腋动、静脉　7. 胸前动脉　8. 臂动、静脉　9. 臂二头肌动脉　10. 臂深动、静脉　11. 内侧头静脉（贵要静脉）　12. 桡动、静脉　13. 桡侧副动、静脉　14. 尺动、静脉　15. 尺侧副动、静脉　16. 胸后动脉　17. 胸内动脉　18. 胸动脉　19. 前腔静脉　20. 肺内静脉　21. 腹腔动脉　22. 肺内动脉　23. 胸内动脉胸支　24. 腹动脉右支　25. 肾上腺动脉　26. 髂外静脉　27. 降主动脉　28. 肾门后静脉　29. 尾肠系膜后静脉　30. 输卵管中静脉　31. 耻骨动、静脉　32. 坐骨静脉　33. 肠系膜后动脉　34. 髂内动、静脉　35. 尾外侧动、静脉　36. 尾中动脉　37. 阴部动、静脉　38. 闭孔动、静脉　39. 荐中动脉　40. 髂间吻合　41. 转子动、静脉　42. 股深动、静脉　43. 坐骨动、静脉　44. 胫后动、静脉　45. 胫前动、静脉　46. 胫内动、静脉　47. 膝外动、静脉　48. 腘动、静脉　49. 股动、静脉　50. 股内动、静脉　51. 股静脉　52. 肾后静脉　53. 髋前动、静脉　54. 髂外动脉　55. 肠系膜前静脉　56. 髂总静脉　57. 后腔静脉　58. 胃胰十二指肠静脉　59. 右肝门静脉（肠系膜总静脉）　60. 肠系膜前动脉　61. 肝右动脉　62. 左右肝静脉　63. 后腔静脉　64. 左、右肺静脉　65 肺动脉窦与半月瓣　66. 主动脉窦与半月瓣　67. 主动脉弓　68. 左肺动脉干　69. 升主动脉　70. 右肺动脉干　71. 臂头动脉　72. 锁骨下动脉　73. 甲状腺动脉　74. 颈总动脉

A. 颈椎　B. 气管　C. 甲状腺　D. 肺　E. 肾上腺　F. 肝左叶　G. 肾前部　H. 肾后部　I. 尾椎　J. 坐骨　K. 心脏　T. 胸腺

胸腺的作用主要是产生与细胞免疫活动有关的 T 淋巴细胞。造血干细胞经血液迁入胸腺后，经过繁殖，发育成近于成熟的 T 淋巴细胞。这些细胞可以转移到脾脏、盲肠扁桃体和其他淋巴组织中，在特定的区域定居、繁殖，并参与细胞免疫活动。有的学者还认为家禽胸腺可以影响钙的代谢。

2. 腔上囊 又称法氏囊（bursa Fabricius），是鸟类特有的淋巴器官。鸡的腔上囊为椭圆形盲囊状，鸭、鹅的呈筒形，位于泄殖腔背侧，以短柄开口于肛道。1月龄鸡的腔上囊较大（1.2～1.5g），此后略变小，到性成熟前（4～5月龄）达到最大体积；鸭的腔上囊，3～4月龄时达到最大体积。性成熟后，禽的腔上囊开始退化。

腔上囊的构造与消化道构造相似，但黏膜层形成多条富含淋巴小结的纵行皱襞。腔上囊的功能与体液免疫有关，是产生 B 淋巴细胞的初级淋巴器官。从骨髓来的造血干细胞经血液进入腔上囊，在其中形成 B 淋巴细胞，B 淋巴细胞随血流转移至脾脏、盲肠扁桃体和其他淋巴组织中。B 淋巴细胞受到抗原刺激后，可迅速增生，转变为浆细胞，产生抗体起防御作用。有的学者认为，腔上囊是一个内分泌器官，其所分泌的激素影响红血细胞的生成和肾上腺、甲状腺的功能活动。

3. 脾脏 鸡的脾脏呈球形，鸭的呈三角形，背面平，腹面凹。脾脏呈棕红色，位于腺胃与肌胃交界处的右背侧，直径约 1.5cm，母禽约重 3g，公禽约重 4.5g。

家禽脾脏的功能主要是造血、滤血和参与免疫反应等，无储血和调节血量作用。

4. 淋巴结和淋巴组织 禽淋巴组织广泛分布于禽体内许多实质性器官、消化道壁以及神经干、脉管壁内。

（1）淋巴结 鸡缺淋巴结，仅见于鸭、鹅等水禽。主要有两对淋巴结：1 对是颈胸淋巴结，呈纺锤形，长 1.5～3cm，宽 2～5mm，位于颈基部，颈静脉与椎静脉所形成的夹角内，常紧靠颈静脉；1 对是腰淋巴结，呈长条状，长约 2.5cm，宽约 5mm，位于肾与腰荐骨之间的主动脉两侧、胸导管起始部附近。

（2）淋巴组织广泛分布消化道壁内，从咽部到泄殖腔的消化管黏膜固有层或黏膜下层内，具有弥散性淋巴组织集结。较大而明显的有以下两种：

①回肠淋巴集结 几乎普遍存在于鸡的回肠后段，约在与其平行的盲肠中部，可见直径约 1cm 的弥散性淋巴团。

②盲肠扁桃体 位于回肠-盲肠-直肠连接部的盲肠基部。鸡的发达，外表略膨大。

鸡的淋巴组织团还分散存在于体内许多器官组织内，如眼旁器官（第 3 瞬膜腺或哈德腺）、鼻旁器官、骨髓、皮肤、心脏、肝脏、胰腺、喉、气管、肺、肾以及内分泌腺和周围神经等处。淋巴管的壁内也存在淋巴小结，其为弥散性淋巴组织。

（二）淋巴管

禽体内的淋巴管丰富，在组织内密布成网，较大的淋巴管通常伴随血管而行。淋巴管除少数在胸腔前口处直接注入静脉外，多数汇集于胸导管。胸导管有 1 对，沿主动脉两侧前行，开口于左、右前腔静脉。

有的禽类具有 1 对淋巴心，其收缩搏动可推动淋巴流动。如鹅的淋巴心于第 1 尾椎处，在尾肌腹侧的淋巴管上，靠近尾静脉。鸡在胚胎发育期也有 1 对淋巴心，但孵出后不久即消失。

(1) 头、颈部的淋巴管　为颈静脉淋巴管，开口于颈静脉。
(2) 翼部的淋巴管　汇集成锁骨下淋巴管，开口于锁骨下静脉终末部。
(3) 后肢的淋巴管　伴随静脉汇集到坐骨淋巴管，再经主动脉淋巴管而至胸导管。
(4) 躯干和内脏的淋巴管　汇集到主动脉淋巴管和胸导管。

第四节　神经系统

一、中枢神经系统

(一) 脊髓

1. 脊髓的形态、位置　禽类脊髓位于椎管内，呈上下略扁的圆柱形，从枕骨大孔与延髓连接处起向后延伸，达尾综骨后端。禽类脊髓后端不形成马尾。鸡脊髓长35cm，重2～3g。脊髓也有两个膨大，腰荐膨大比颈膨大发达，其背侧向左右分开，形成长1.2cm、宽0.4cm的菱形窝，窝内有向上凸出的胶质细胞团，称胶状体。腰荐段脊髓两侧的白质突出称副叶。

2. 脊髓的内部构造　灰质呈H形，中部为细小的中央管。在不同节段的横断面上，灰质形状有很大差别（图17-25）。

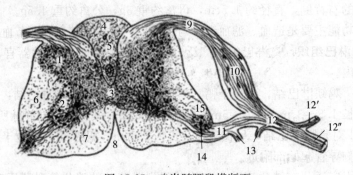

图17-25　鸡脊髓腰段横断面
1. 灰质背柱　2. 灰质腹柱　3. 灰质联合　4. 胶状体　5. 中央管
6. 外侧索　7. 腹侧索　8. 腹正中裂　9. 背根　10. 背神经节　11. 腹根　12. 脊神经
12′. 脊神经背支　12″. 脊神经腹支　13. 交通支　14. 运动根细胞　15. 边缘核

3. 脊膜　脊膜有3层，从外向内依次为脊硬膜、脊蛛网膜、脊软膜。硬膜是强韧的纤维性膜，较厚，背侧硬膜内含静脉窦。颈胸段硬膜与椎管的骨膜分开，形成硬膜外腔，内含胶状物质，胸后段至尾段二者合为一层。蛛网膜为疏松网状，向两侧形成小梁伸入硬膜下腔和蛛网膜下腔。腰荐部和尾前部腹侧的蛛网膜形成多层而互相连接为多角形的特殊结构。软膜为薄层结缔组织膜，紧贴脊髓。

(二) 脑

禽脑较小，位于颅腔内，呈桃形，由端脑、间脑、中脑、小脑和延脑组成，禽类无明显的脑桥（图17-26、图17-27）。

1. 端脑　包括大脑和嗅叶。

(1) 大脑　由两个背侧弯曲的棱锥形半球和大脑皮质组成。半球表面平滑，其吻侧有一浅沟，称为谷（valleculla），谷与大脑纵裂之间为内侧隆起。半球的重要结构为基底中枢

（纹状体簇），是最重要的脑中枢，并高度分化。本能性活动如行为、防御、觅食、求偶等多依赖于纹状体。大脑皮质不发达，只有一薄层覆盖于半球背面和外侧面，尾侧的类皮质区很薄。背内侧和内侧皮质层属古皮质，为海马复合体，一般认为海马复合体是二级嗅觉中枢。

（2）嗅叶　位于半球吻侧，包括嗅球、嗅前核、嗅结节。禽类嗅觉相关结构不发达。

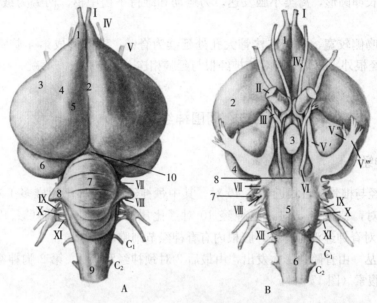

图 17-26　鸡脑（罗马数字表示脑神经）

A. 背侧观：1. 嗅球　2. 大脑纵裂　3. 大脑半球　4. 沟　5. 矢状隆起　6. 视叶　7. 小脑　8. 绒球　9. 脊髓　10. 小脑横裂

B. 腹侧观：1. 嗅球　2. 大脑半球　3. 垂体　4. 视叶　5. 延髓　6. 脊髓　7. 绒球　8. 腹正中裂

罗马数字Ⅰ～Ⅻ表示 12 对脑神经　C_1、C_2 表示第 1 对和第 2 对脊神经

（引自 Nicke，1977）

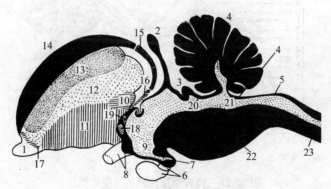

图 17-27　鸟类脑的矢状面

1. 嗅球　2. 松果腺　3. 中脑顶盖　4. 小脑　5. 延髓　6. 垂体　7. 漏斗部　8. 视交叉及视神经　9. 间脑　10. 原纹状体　11. 旧纹状体　12. 新纹状体　13. 上纹状体　14. 新皮质（矢状隆起）　15. 旧皮质　16. 古皮质　17. 古皮质的梨状前区　18. 前联合　19. 皮质联合　20. 前髓帆　21. 后髓帆　22. 延髓　23. 脊髓

2. 间脑　短，位于中脑前方，将大脑半球向两侧分开，主要结构有丘脑和下丘脑。背

侧有松果体与上丘脑相连，腹侧有垂体与下丘脑相连，垂体具有神经内分泌功能。间脑与纹状体是最高感觉、运动整合中枢。

3. 中脑 视叶特别发达，有Ⅲ、Ⅳ对脑神经核，为视、听、平衡和各种特异刺激的整合站。

4. 小脑 长卵圆形，禽类小脑发达。为运动和维持平衡中枢。两旁为绒球，中间的蚓部尤为发达。

5. 延脑 吻侧较宽，尾侧在枕骨大孔处延续为脊髓，背侧形成第4脑室，腹侧凸隆。除第Ⅺ对脑神经根外，第Ⅴ～Ⅻ对脑神经根与延脑相连。延脑中具有心跳、呼吸、消化、位听等中枢。

二、周围神经系统

(一) 脊神经

鸡的脊神经与椎骨数目相近，共40对。其中颈神经15对（比颈椎多1对），胸神经7对，腰神经3对，荐神经5对，尾神经10对（比尾椎少2对），即C_{15}、Th_7、L_3、S_5、Cy_{10}。第1、2对脊神经没有背根，腹根内有脊神经节细胞。

1. 臂神经丛 由脊髓颈膨大发出，由最后3对颈神经和第1、第2胸神经的腹支组成，集合成背索和腹索（图17-28）。

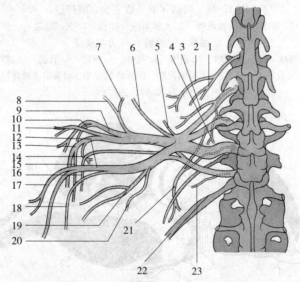

图17-28 鸡右侧臂神经丛（腹面观）
1. 到菱形肌的神经 2. 到颈翼膜的皮神经 3. 到菱形肌和深锯肌的神经
4. 到斜角肌的神经 5. 到胸乌喙肌的神经 6. 到乌喙上肌的神经
7. 到乌喙下肌和肩胛下肌的神经 8. 到肩臂肌的神经 9. 腋神经
10. 腋皮神经 11. 到臂三头肌的神经 12. 正中尺神经
13. 桡神经 14. 到胸肌的神经 15. 肘神经 16. 背侧臂皮神经
17. 臂二头肌神经 18. 腹侧臂皮神经 19. 胸神经 20. 到喙臂后肌的神经
21. 到浅锯肌的神经 22. 第2肋骨 23. 第1肋间神经

(1) 背索　背索发出腋神经后，延续至臂部，称桡神经。背索的分支主要分布于支配翼的伸肌和皮肤。

(2) 腹索　主要的两支是正中尺神经和胸神经干。正中尺神经的分支主要支配翼腹侧部的肌肉和皮肤，即翼的屈肌和皮肤。正中尺神经在肘窝近端分为正中神经和尺神经。

①尺神经　分布至掌部以下的关节和皮肤、骨间腹肌、第3或第4指屈肌、飞羽的羽囊。

②正中神经　支配臂二头肌、前臂大部分屈肌及腕、掌、指前缘的肌肉。

③胸神经干　在胸腔内分为胸前神经和胸后神经，分布至胸肌、乌喙上肌。胸背神经也分布到背阔肌。

2. 腰荐神经丛　由脊髓腰荐膨大部的 $L_1 \sim S_5$ 对脊神经腹根组成。腰丛来自 $L_1 \sim L_3$ 对脊神经，荐丛来自 $L_3 \sim S_5$ 对脊神经（图17-29）。

(1) 腰丛　形成两条神经干。前干分布至髂胫前肌和股前、后外侧皮肤。后干形成股神经，支配髋臼前髂骨背侧肌群、髂胫前肌（缝匠肌）、髂胫外侧肌（股阔筋膜张肌）、股胫肌、髋关节及股内侧皮肤。

(2) 荐丛　形成粗大的坐骨神经，分布到股外、后、内侧肌群及皮肤，在股下1/3处分为两支：

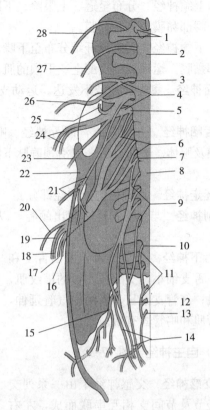

图17-29　鸡腰丛、荐丛、阴部丛和尾丛
1. 最后肋关节面　2. 腰荐骨　3. 第23对脊神经
4. 腰丛　5. 第25对脊神经　6. 荐丛　7. 第30对脊神经
8. 腰荐骨　9. 阴部丛　10. 第35对脊神经　11. 尾丛
12. 尾皮神经　13. 第39对脊神经　14. 阴部神经
15. 尾外侧神经　16. 股后神经及髋后神经干和到尾髂股肌的神经
17. 髂腓神经　18. 胫神经腰丛　19. 腓总神经
20. 髂胫神经　21. 闭孔神经　22. 髋臼半面
23. 股内侧皮神经　24. 股神经阴部神经　25. 髋前神经
26. 髂胫前肌神经和股外侧皮神经干
27. 肋下神经　28. 最后肋关节面间神经

①胫神经　分布至小腿、跖、趾屈侧的肌肉、关节和皮肤。如腓肠肌内部、中部，趾长屈肌和腘肌。

②腓总神经　分布至小腿、趾的伸侧肌肉、关节和皮肤。

（二）脑神经

禽类的脑神经有12对，与哺乳动物的基本相似，但Ⅴ、Ⅶ、Ⅸ、Ⅹ、Ⅺ、Ⅻ对脑神经有以下特点：

1. 三叉神经　较发达，分为3支。

(1) 眼神经　是眼球的感觉神经。向前内侧延伸，分布至眼球、额区被皮（包括冠）、上眼睑、结膜、眶腺、鼻腔前背侧和上喙前部。鸭、鹅的眼神经较发达。

(2) **上颌神经** 分布至冠、上眼睑、下眼睑、颞部、外耳前部和眼鼻间的皮肤，亦分布至结膜、腭部黏膜、鼻腔黏膜。

(3) **下颌神经** 其感觉纤维分布至下喙、下颌间皮肤、肉髯、口腔前底壁黏膜和近口角处的腭部黏膜。运动纤维支配上、下颌的肌肉及作用于方骨的一些肌肉和部分舌肌。

2. 面神经 禽类面神经不发达。运动支支配下颌降肌和下颌舌骨肌，感觉支分布于外耳部。

3. 舌咽神经 分为3支，即舌神经、喉咽神经和食管降神经。前两支分布于舌、咽、喉的黏膜及腺体、喉肌。后一支沿颈静脉下降，分布于食管和嗉囊，在嗉囊与迷走神经返支会合。

4. 迷走神经 详见植物性神经部分。

5. 副神经 与迷走神经一起出颅腔，以后分开，支配颈皮肌，有的纤维则伴随迷走神经分布。

6. 舌下神经 分布至舌，发出舌支和气管支。舌支细小，支配喉和舌的横纹肌，如舌骨肌；气管支细长，沿两侧气管延伸，支配气管肌和鸣管固有肌。

(三) 自主神经（图17-30）

1. 交感神经 交感神经干由一系列交感干神经节及节间支相互串联而成，左右各一，形如链状。起自颅底，沿着脊柱两侧排列，后方直达尾综骨。交感干神经节在鸡有37个（C_{14}，Th_7，L_3，S_5，Cy_8）。

(1) **颈部交感干** 起始于颈前神经节。该节位于颅骨底部、舌咽神经与迷走神经之间、颈内动脉前方。颈段交感干有两支，一支与椎升动脉一起延伸于颈椎横突管内，这一支较粗；另一支沿颈总动脉延伸，较细，又称颈动脉神经。头部的交感神经节后神经元位于颈前神经节内，发出的分支随枕动脉、颈内动脉、颈外动脉分布至头部皮肤、血管、平滑肌和腺体。如口腔和鼻腔的黏膜、冠、髯、耳叶等处的血管网，与体温调节有关。

(2) **胸腰部交感干** 具有成双的节间支，绕过肋骨头或椎骨横突，背、腹两支汇集于神经节。从神经节发出的节后纤维进入臂神经丛，分布到血管平滑肌和翼部羽肌。胸交感干还发出心支分布至肺

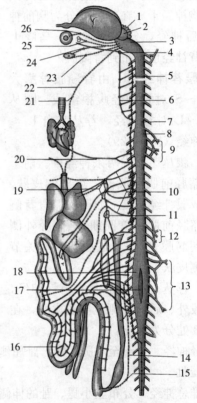

图17-30 禽神经系统模式图
1. 小脑 2. 视叶 3. 延髓 4. 颈前神经节
5. 颈交感神经干椎动脉支 6. 颈交感神经干颈动脉支
7. 脊髓 8. 颈膨大 9. 臂神经丛 10. 内脏大神经
11. 肾上腺丛 12. 腰神经丛 13. 荐神经丛 14. 盆神经
15. 泄殖腔神经节 16. 肠神经 17. 菱形窦 18. 腰荐膨大
19. 腹腔丛及肠系膜前丛 20. 心神经 21. 结状神经节
22. 迷走神经 23. 眶鼻神经节 24. 筛神经节
25. 蝶腭神经节 26. 睫状神经节

和心脏。

①内脏大神经　由 2～5 胸髓发出的节前纤维组成，加入胸交感干或腹腔神经节，发出节后纤维，在椎体旁彼此交通，形成腹腔丛。腹腔丛与肠系膜前丛交通，位于腹腔动脉根与肠系膜前动脉根之间。腹腔丛接受从腺胃后部两侧迷走神经来的交通支。腹腔丛发出次级丛，如肝丛、胃丛、脾丛、胰十二指肠丛和腺胃丛，分布到相应的器官。

②内脏小神经　由 5～7 胸髓和 1～2 腰髓发出的节前纤维组成，加入肠系膜前丛。肠系膜前丛位于肠系膜前动脉根部后方，分布到从十二指肠空肠弯曲部至回肠之间的小肠和盲肠。

（3）荐部和尾前部交感干：发出脏支，形成肠系膜后丛，发出卵巢支到卵巢输卵管或发出睾丸支到睾丸。进入直肠系膜，沿肠系膜后动脉分支延伸，并与肠神经链相接。

（4）尾后部交感干：在尾椎基部腹侧左右合二为一，此干只有 3～4 个神经节。

用辣根过氧化酶法研究结果表明，腺胃、肌胃的交感节后神经元胞体位于胸交感神经节、内脏神经节、肾上腺神经节，偶见位于腹腔神经节。腺胃以胸交感干最多，分布于 $Th_{1\sim5}$，肌胃分布于 $Th_{1\sim6}$，以内脏神经节最多。十二指肠的交感神经节后神经元胞体以肾上神经节最多，胸交感干神经节次之，分布于 $Th_{3\sim6}$。支配胆囊的交感节后神经元胞体位于双侧 $C_{14}\sim L_2$ 交感干神经节。

2. 副交感神经　包括脑部发出的副交感神经和荐尾髓发出的副交感神经。

（1）脑部的副交感纤维　通过第Ⅲ、Ⅶ、Ⅸ、Ⅹ对脑神经离开脑，其中Ⅲ、Ⅶ、Ⅸ对脑神经的副交感纤维分布至头部的器官，主要分布于口腔、咽、鼻腔腺体及虹膜、睫状肌、瞬膜腺等。第Ⅹ对脑神经即迷走神经，是副交感神经的主要部分，分布至颈、胸腔和腹腔的内脏。

迷走神经主要成分是内脏传出纤维。迷走神经出颅腔后，发出 1～2 个短交通支至颈前神经节（近神经节），发出分支分布至咽、喉、嗉囊前食管和大部分气管。

迷走神经伴颈静脉后行，在胸入口处，形成一纺锤形膨大部，称干神经节（远神经节）。从干神经节处发出 4～5 支细支分布到颈部内分泌腺，另有分支分布至颈总动脉分叉处的颈动脉体。

在远神经节后面发出返神经，返神经主要沿食管两侧上行，左返神经不绕过肺动脉，而是绕过动脉韧带，右返神经绕过主动脉根。返神经发出肺-食管神经，分布至支气管、嗉囊和食管。在体腔内，迷走神经继续发出心前神经、肺支和心后神经，分布到心和肺。

在心脏背侧，左、右迷走神经合并成一总干，称奇迷走神经。奇迷走神经为一短干，连于腹腔神经丛。在腺胃肌胃连接处，奇迷走神经的左、右支又各自分开，进入腹腔丛。右迷走神经发出分支至肌胃和十二指肠前部，发出胰支到胰腺。左迷走神经分布至肌胃左侧、腺胃左侧，肝支与肝左动脉伴行到肝。

（2）荐尾部副交感纤维　从荐部脊髓发出的副交感节前纤维，包含于阴部丛的阴部神经内。

阴部神经沿输尿管后行，在泄殖腔壁上近输尿管末端有泄殖腔神经节。在泄殖腔背侧、两侧的神经节及直肠系膜内的直肠神经节相互联系，形成泄殖腔神经丛。一般认为，在泄殖腔丛内的散在神经节及泄殖腔神经节内，均含有副交感节后神经元。其节后纤维分布到消化、泌尿、生殖器官的终末部分。

（3）肠神经（Remark 神经） 为禽类所特有，呈一纵长神经节链。它从直肠与泄殖腔连接处起，在肠系膜内与肠管并列延伸，直至十二指肠远段，沿途发出细支通过血管横支分布至肠管和泄殖腔。肠神经接受来自肠系膜前神经丛、主动脉神经丛、肠系膜后神经丛和骨盆神经丛来的交感神经纤维，也与从泄殖腔神经节和阴部神经来的荐部内脏副交感纤维相连接。在十二指肠前段，迷走神经纤维与肠神经有交通支。

用辣根过氧化物酶逆行追踪法研究结果表明：鸡肠神经链后部神经节的传入神经元胞体位于双侧 $Ls_4 \sim Cy_5$ 脊神经节，一般认为，这种内脏传入途径是以副交感传入途径占优势。经肠神经节交换神经元的自主节前神经元胞体位于 $Ls_3 \sim Cy_3$ 脊髓的腹角的内侧和 Termi 核柱内。

第五节 内分泌系统

（一）垂体

家禽脑垂体呈扁长卵圆形，位于蝶骨颅面的蝶鞍内，由腺垂体和神经垂体两部分组成。腺垂体的体积较大，由远侧部（前叶）和结节部组成。神经垂体较小，由漏斗柄、灰结节、正中隆起和神经叶组成，结节部与漏斗柄共同形成垂体柄，与间脑连接。

1. 腺垂体 可分泌多种激素，丘脑下部对腺垂体功能的调控作用是通过其产生的多种释放激素或抑制激素实现的。下丘脑激素通过血管即垂体门脉系统进入远侧部，把下丘脑和腺垂体连接成一个功能整体。鸡胚胎腺垂体促肾上腺皮质激素（ACTH）、促甲状腺激素（TH）、生长激素、催乳素细胞的增殖、分化发生于胚胎发育的中期，分泌功能在胚胎后期最活跃。腺垂体分泌的促黄体素（LH）和促卵泡素（FSH）可促进卵巢发育、雌二醇生成和卵泡生成，对生殖、代谢起重要作用。催乳素（PRL）则抑制卵泡生成，血中浓度升高时，禽类开始就巢；浓度下降即又开始产蛋。腺垂体的神经内分泌细胞同时还接受肽能神经支配，调控其功能活动。

2. 神经垂体 下丘脑视上核和室旁核的神经内分泌细胞分泌催产素和加压素，并通过下丘脑垂体束运至神经垂体。

（二）松果腺

家禽的松果腺呈钝的圆锥形实心体，淡红色，位于大脑两半球与小脑之间的三角形区内。松果体的重量从孵出后随着年龄的增长而增加，直至性成熟为止，成年鸡的重5mg（图17-27）。松果腺分泌褪黑激素（MLT），光照时停止分泌，对生殖机能起抑制作用。从视觉来的光刺激可传至松果腺，促进家禽的生长、性腺发育和产蛋功能。蛋鸡过早的增加光照，可促进性早熟，产蛋提前、蛋重小。

（三）甲状腺

禽甲状腺呈椭圆形，色暗红，1对。位于胸腔入口处的气管两侧、颈总动脉与锁骨下动脉汇集处的前方，紧靠颈总动脉和颈静脉（图17-24）。

甲状腺可分泌甲状腺素，功能主要是调节机体新陈代谢，故与家禽的生长发育、繁殖及换羽等生理功能密切相关。

(四)甲状旁腺

甲状旁腺有2对,左右各1对,常融合在一起,外包结缔组织,呈黄色至淡褐色。位于甲状腺后方或包于内部。缺乏维生素、矿物质或紫外线照射不足,可使其肥大、细胞增生。

(五)鳃后腺

鳃后腺(ultimobranchial gland),亦称鳃后体,1对,淡红色,呈球形,在鸡直径为2~3mm。位于颈后部甲状腺和甲状旁腺的后方,紧靠颈动脉与锁骨下动脉分叉处,右侧的位置可有所变动。鳃后腺分泌降钙素,与禽的髓质骨发育有关。

(六)肾上腺

禽肾上腺有1对,呈卵圆形、锥形或不规则形,为黄色或橘黄色。位于肾的前端,左、右髂总静脉和后腔静脉汇集处的前方(图17-15、图17-24)。成体家禽的每个腺体重100~200mg。肾上腺的体积因家禽的种类、年龄、性别、健康状况和环境因素的不同有很大的差别。

肾上腺是禽体生命活动不可缺少的内分泌腺,摘除肾上腺后,短时间就会致死。肾上腺分泌的肾上腺皮质激素主要作用是调节电解质平衡,促进蛋白质和糖的代谢,影响性腺、腔上囊和胸腺等的活动并与羽毛脱落有关。

第六节 感觉器官

一、视觉器官

1. 眼球的构造 禽类视觉敏锐,眼球较大、较扁。角膜较凸,巩膜坚硬,其后部含有软骨板;角膜与巩膜连接处有一圈小骨片形成巩膜骨环。虹膜呈黄色,中央为圆形的瞳孔,虹膜内的瞳孔开大肌和瞳孔括约肌均为横纹肌,收缩迅速有力;睫状肌除调节晶状体外,还能调节角膜的曲度。视网膜层较厚,在视神经入口处,视网膜呈板状伸向玻璃体内,并含有丰富的血管和神经,这一特殊结构称为眼栉或栉膜。因禽的视网膜没有血管分布,栉膜可能与视网膜的营养和代谢有关。

晶状体较柔软,其外周在靠近睫状突部位有晶状体环枕,亦称外环垫,与睫状体相连(图17-31)。

禽类的一些视觉信息由视网膜节细胞经视顶盖Ⅰ层细胞(Ⅰ细胞)传递到外侧膝状体腹侧核(nucleus genicula-

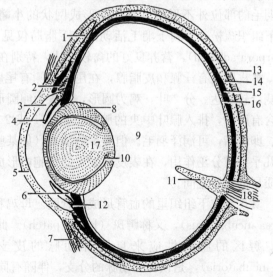

图17-31 鸟类眼球纵切面半模式图
1. 骨性巩膜环 2. 梳状韧带 3. 眼前房 4. 虹膜 5. 角膜 6. 眼后房 7. 结膜 8. 外环垫 9. 玻璃体 10. 晶状体间隙 11. 栉膜 12. 睫状体 13. 巩膜 14. 巩膜软骨 15. 脉络膜 16. 视网膜 17. 晶状体 18. 视神经

tus lateralis vent-ralis，GLv)，用于色觉、瞳孔反射和视觉运动。

2. 眼的辅助器官 禽类有 6 块小而薄的眼外肌，缺眼球退缩肌。眼球运动范围小，下眼睑大而薄，较灵活，第三眼睑（瞬膜）发达，为半透明薄膜，活动时能将眼球前面完全盖住。缺睑板腺。

泪腺较小，位于下眼睑后部的内侧。瞬膜腺亦称哈德腺（Harderian gland），较发达，呈淡红色，位于眶内眼球的腹侧和后内侧，分泌黏液性分泌物，有清洁、湿润角膜的作用，腺体内含淋巴细胞参与免疫功能。

二、前庭蜗器

1. 外耳 禽类无耳廓，外耳孔呈卵圆形，周围有褶，被小的耳羽遮盖。外耳道较短而宽向腹后侧延伸，其壁上分布有耵聍腺。鼓膜是凸向外耳道的半透明膜。

2. 中耳 由充满空气的鼓室、耳咽管和听小骨组成。中耳除以咽鼓管与咽腔相通外，还以一些小孔与颅骨内的一些气腔相通。听小骨只有 1 枚，称为耳柱骨（columella），其一端以多条软骨性突起连于鼓膜，另一端膨大呈盘状嵌于内耳的前庭窗。

3. 内耳 由骨迷路和膜迷路构成。骨迷路是骨性隧道，膜迷路位于其中，骨迷路与膜迷路之间充满外淋巴。耳蜗是一个稍弯曲的短管，属于膜迷路，其中充满内淋巴。3 个半规管很发达。

第七节 被 皮

一、皮 肤

禽皮肤较薄，分为表皮、真皮和皮下组织。表皮薄。真皮分为浅层和深层，浅层除少数无羽毛的部位外不形成乳头，而形成网状的小嵴；深层具有羽囊和羽肌（mm. pennales）。皮下组织疏松，有利于羽毛活动；皮下脂肪仅见于羽区，在其他一定部位形成若干脂肪体（corpora adiposa），营养良好的禽较发达，特别在鸭和鹅。

禽皮肤没有汗腺和皮脂腺，在尾部背侧有尾脂腺（gl. uropygialis）。尾脂腺位于尾综骨背侧，较发达。分 2 叶，鸡为圆形，水禽为卵圆形。腺的分泌部为单管状全浆分泌腺，分泌物含有脂质，排入腺叶中央的腺腔，再经 1 或 2 支导管开口于尾脂腺乳头上。分泌物含脂肪、卵磷脂，可润泽羽毛。但极少数陆禽（如某些鸽类）无此腺。据近年研究，禽的整个表皮几乎都有分泌作用，在表皮生发层的细胞内形成类脂质小球，至浅层则逐渐增多并溶解于角质层的各层之间。

真皮和皮下组织里的血管形成血管网。母鸡和火鸡在孵卵期，胸部皮肤形成特殊的孵区（area incubationis），又称孵斑（brood patch）。此处羽毛较少，血管增生，有利于体温的传播。孵区的血液供应来自胸外动脉的皮支和一条特殊的皮动脉，又称孵动脉（a. incubatoria），是锁骨下动脉的分支，伴随有同名静脉。

禽皮肤形成一些固定的皮肤褶，在翼部为翼膜（patagia），在趾间为蹼，水禽的蹼很发达。

皮肤的颜色与所含的黑素颗粒和类胡萝卜素有关。

二、羽　　毛

羽毛是禽皮肤特有的衍生物，基本可分为正羽、绒羽和纤羽3类（图17-32）。

正羽（pennae contourae）又叫廓羽，构造较典型。主干为一根羽轴（scapus），下段为基翮（calamus），着生在羽囊内；上段为羽茎（rachis），两侧具有羽片（vexilla）。羽片由许多平行的羽枝（barbae）构成的，每一羽枝又向两侧分出两排小羽枝（barbulae），近侧（即下排）小羽枝末端卷曲，远侧（即上排）小羽枝具有小钩，相邻羽枝即借此互相勾连。羽根的下端有孔，称下脐，内有真皮乳头；在羽片腹侧（即内侧）有上脐，有些禽类如鸡，在此还有小的下羽（hypopenna）或称副羽（afeerfeather）。正羽覆盖在禽体的一定部位，称为羽区（pterylae），其余部位为裸区（apterylae），以利肢体运动和散发体温。

三、皮肤的其他衍生物

在头部有冠、肉髯和耳叶，均由皮肤褶衍生而成。冠的表皮很薄；真皮厚，浅层含有毛细血管窦，中间层为厚的纤维黏液组织，能维持冠的直立；冠中央为致密结缔组织，含有较大的血管。肉髯的构造与冠相似，但中央层为疏松结缔组织。耳叶的真皮不形成纤维黏液层。

喙、距和爪的角质都是表皮角质层增厚、角蛋白钙化形成，较坚硬。脚部的鳞片也是角质层加厚形成。

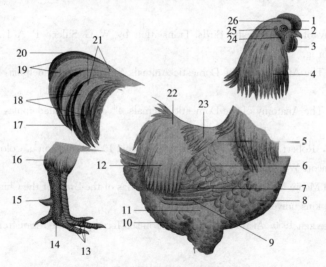

图17-32　鸡体各部位名称与被皮

1. 冠　2. 眼　3. 肉髯　4. 颈羽　5. 肩　6. 翼　7. 副翼羽
8. 胸　9. 主翼羽　10. 腹　11. 大腿　12. 鞍羽　13. 趾　14. 脚
15. 距　16. 跗关节　17. 主尾羽　18. 主尾羽之小镰羽　19. 主尾羽之大镰羽
20. 主尾羽　21. 覆尾羽　22. 鞍　23. 背　24. 耳叶　25. 耳　26. 头

主要参考文献

陈耀星. 2013. 动物解剖学彩色图谱. 北京：中国农业出版社.

范光丽. 1995. 家禽解剖学. 陕西：陕西科学技术出版社.

雷治海. 2001. 骆驼解剖学. 香港：天马图书有限公司.

林大诚. 1994. 北京鸭解剖. 北京：中国农业大学出版社.

刘济五. 2002. 鸭脑立体定位图谱. 北京：科学出版社.

彭克美. 2005. 畜禽解剖学. 北京：高等教育出版社.

田九畴. 1999. 畜禽神经解剖学. 北京：中国农业出版社.

杨银凤. 2010. 家畜解剖学及组织胚胎学. 第4版. 北京：中国农业出版社.

Getty R. 1975. Sisson/Grossman's The Anatomy of the Domestic Animals（Vol 2）. 5th ed. Philadelphia：W. B. Saunders Company.

Jungherr E L. 1969. The Neuroanatomy of the Domestic Fowl, Avian Disease, Special Issue. University of Massachusetts.

Klaus-DieterBudras, Robert E Habel. 2003. Bovine Anatomy (An Illustrated Text). Hannover：Schlutersche GmbH & Co. KG.

Peter Popesko. 1979. Atlas of topographical anatomy of the domestic animals. Philadelphia：W. B. Saunders Company.

R Nicke. 1977. Anatomy of the Domestic Birds. Translation by W G Siller, P A L Wight, Verlag Paul Parey. Berlin：Hambrug.

Septimus Sisson. 1938. The Anatomy of the Domestic Animals. 3rd edition. Philadelphia：W. B. Saunders Company.

Septimus Sisson. 1953. The Anatomy of the Domestic Animals. 4th edition. Philadelphia：W. B. Saunders Company.

Thomas O McCracken, Robert A Kainer, Thomas L Spurgeon. 1999. Spurgeon's Color Atlas of Large Animal Anatomy. Lippincott Williams & Wilkins.

Wayne J, Kuenzel and Manju Masson. 1988. A Stereotaxic Atlas of the Brain of the Chick. Baltimore and London：The johns Hopkins university press.

А Ф Климов, А И Акаевский. 1950. Анатомияломашнихживотных. Тосударственное издательствосельскохозяйственной литературы.

图书在版编目（CIP）数据

家畜解剖学/董常生主编．—5 版．—北京：中国农业出版社，2015.7（2022.11 重印）
"十二五"普通高等教育本科国家级规划教材　普通高等教育农业部"十二五"规划教材
ISBN 978-7-109-20684-7

Ⅰ.①家… Ⅱ.①董… Ⅲ.①家畜－动物解剖学－高等学校－教材　Ⅳ.①S852.1

中国版本图书馆 CIP 数据核字（2015）第 152879 号

中国农业出版社出版
（北京市朝阳区麦子店街 18 号楼）
（邮政编码 100125）
责任编辑　武旭峰
文字编辑　武旭峰

北京通州皇家印刷厂印刷　新华书店北京发行所发行
1978 年 8 月第 1 版　2015 年 7 月第 5 版
2022 年 11 月第 5 版北京第 8 次印刷

开本：787mm×1092mm 1/16　印张：25.75　插页：4
字数：602 千字
定价：62.00 元

（凡本版图书出现印刷、装订错误，请向出版社发行部调换）

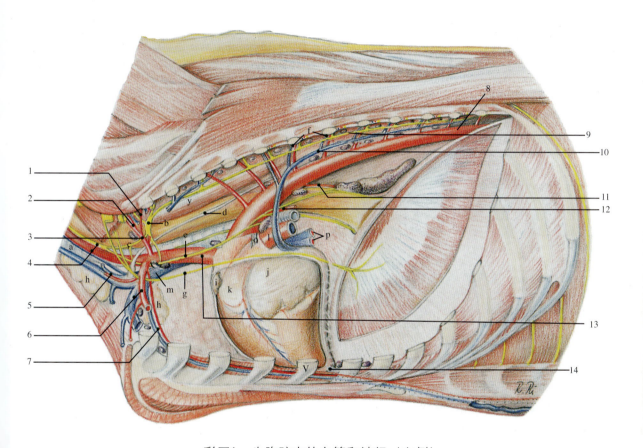

彩图1 牛胸腔内的血管和神经（左侧）

1. 肩胛背侧动脉 2. 椎动脉和颈深动脉 3. 肋颈干 4. 左颈总动脉和迷走交感干
5. 颈浅动静脉 6. 腋动静脉 7. 胸廓内动静脉 8. 胸主动脉 9. 胸部交感神经干 10. 左奇静脉
11. 支气管食管动脉食管分支 12. 支气管食管动脉支气管分支 13. 臂头干 14. 胸骨心包韧带
a. 气管和颈内静脉 b. 颈胸神经节 c. 颈中神经节 d. 胸导管 e. 迷走神经 f. 肋间动静脉
g. 左膈神经 h. 胸腺 i. 右心房 j. 左心房 k. 动脉圆锥 l. 肺干 m. 前腔静脉
o. 动脉韧带 p. 肺静脉

（引自Budras，2003）

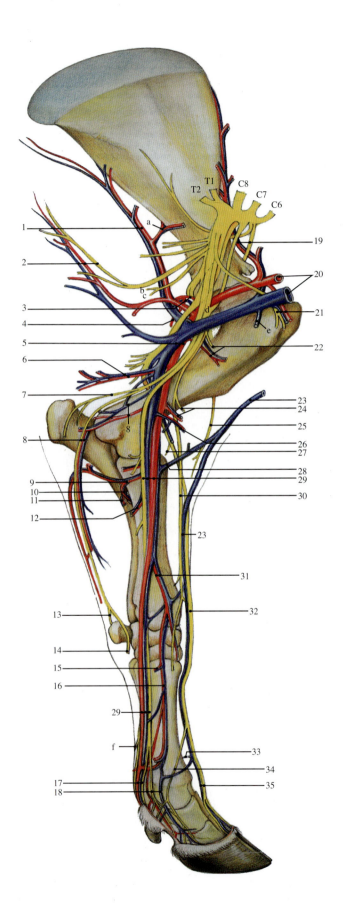

彩图2　牛前肢血管和神经

1. 肩胛下动静脉　2. 胸背动静脉和神经　3. 旋肱后动静脉　4. 桡侧副动脉　5. 臂动静脉　6. 臂深动静脉　7. 前臂后皮神经　8. 尺侧副动静脉和尺神经　9. 骨间总动静脉　10. 骨间前动静脉　11. 骨间后动静脉　12. 前臂深静脉　13. 尺神经背侧支　14. 尺神经掌侧支　15. 掌深弓　16. 桡动静脉掌侧浅支　17. 指掌侧第3总动静脉和神经　18. 指掌侧第2总动静脉和神经　19. 肩胛上动静脉和神经　20. 腋动静脉　21. 胸廓外动静脉和胸肌前神经　22. 旋肱前动静脉和肌皮神经臂前肌肉分支　23. 头静脉　24. 臂二头肌动静脉和肌皮神经前臂肌肉分支　25. 前臂前皮神经　26. 肘横动静脉　27. 前臂外侧皮神经　28. 肘正中静脉　29. 正中动静脉和神经　30. 前臂中间皮神经（肌皮神经）　31. 桡动静脉　32. 副头静脉和桡神经浅支　33. 指背侧第4总静脉　34. 指背侧第2总静脉和神经　35. 指背侧第3总静脉和神经

a. 环肩胛动静脉　b. 胸廓外神经　c. 胸肌后神经　d. 腋环（正中神经和肌皮神经）　e. 胸廓浅静脉　f. 交通支（正中神经和尺神经掌浅支）

（引自Budras，2003）

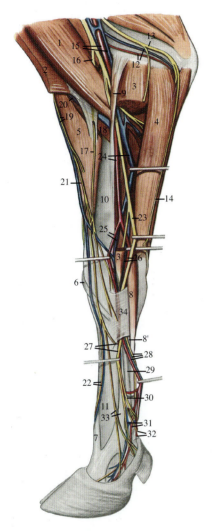

彩图3　牛前臂及前脚部血管和神经（内侧面）

1.臂二头肌　2.臂头肌　3.腕桡侧屈肌　4.腕尺侧屈肌　5.腕桡侧伸肌　6.拇长外展肌　7.第3指固有伸肌　8、8'.指浅屈肌浅深部　9.旋前圆肌　10.桡骨　11.大掌骨　12.尺侧副动静脉　13.尺神经　14.前臂后皮神经　15.臂动静脉　16.肌皮神经　17.前臂内侧皮神经　18.臂肌　19.前臂前皮神经和副头静脉　20.头静脉　21.桡神经浅支　22.第3指背侧固有静脉和神经　23.正中神经　24.正中动静脉　25.桡动静脉　26.正中动静脉　27.掌内侧神经和桡动脉　28.掌外侧神经以及正中动静脉　29.指深屈肌　30.第3指掌侧固有神经　31.第3指掌远轴侧固有神经和第2掌侧固有动脉　32.第2指掌侧固有神经和第3指掌侧总动脉　33.第2指背侧总神经和骨间中肌　34.腕掌浅韧带

（引自Popesko，1979）

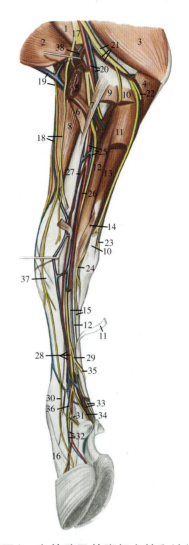

彩图4　牛前臂及前脚部血管和神经（掌内侧面）

1.喙臂肌　2.臂头肌　3.臂三头肌　4.指深屈肌尺骨头　5.臂二头肌　6.臂肌　7.旋前圆肌　8.腕桡侧伸肌　9.腕桡侧屈肌　10.腕尺侧屈肌　11.指浅屈肌浅部　12.指浅屈肌深部　13.指深屈肌肱骨头　14.远屈肌间线　15.指深屈肌腱　16.第3指固有伸肌腱　17.正中和肌皮神经　18.副头静脉和前臂中间皮神经　19.头静脉和前臂前皮神经　20.臂动静脉　21.尺神经和尺侧副动静脉　22.前臂后皮神经　23.尺神经背侧支　24.尺神经掌侧支　25.正中动静脉和神经　26.正中动脉　27.桡动脉　28.桡动脉和掌内侧神经　29.掌外侧神经　30.第2指背侧总神经　31.第2指掌侧固有神经　32.第3指掌远轴侧固有动静脉和掌内侧神经　33.第4指掌轴侧固有神经和第3指掌侧总动脉　34.第3指掌轴侧固有神经　35.指掌侧第4总神经　36.第2指掌侧总神经　37.拇长外展肌　38.肘横动脉

（引自Popesko，1979）

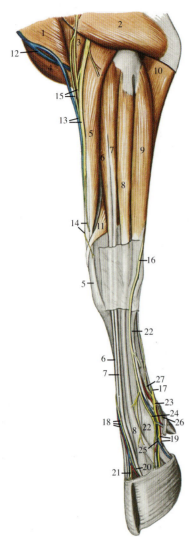

彩图5　牛前臂及前脚部血管和神经
（背外侧面浅层）

1. 臂头肌　2. 臂三头肌外侧头　3. 臂肌　4. 降胸肌　5. 腕桡侧伸肌　6. 指内侧伸肌　7. 指总伸肌　8. 指外侧伸肌　9. 腕尺侧伸肌　10. 指深屈肌尺骨头　11. 拇长外展肌　12. 头静脉　13. 副头静脉和桡神经浅支　14. 皮支　15. 前臂前皮神经　16. 尺神经背侧支　17. 第4指掌侧总神经　18. 指背侧第3总动静脉和神经　19. 第4指掌轴侧固有动脉和神经　20. 第4指掌轴侧固有神经　21. 第3指背轴侧固有神经　22. 骨间中肌　23. 指掌侧第4总神经　24. 指背侧第4总神经　25. 第4指掌外侧固有静脉　26. 第5指背侧固有神经　27. 尺神经掌侧支浅支

（引自Popesko，1979）

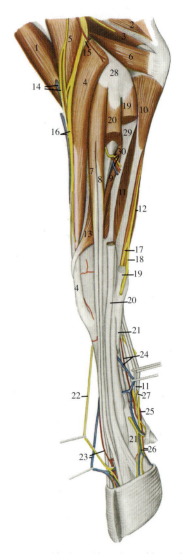

彩图6　牛前臂及前脚部血管和神经
（背外侧面深层）

1. 臂二头肌　2. 臂三头肌长头　3. 臂三头肌外侧头　4. 腕桡侧伸肌　5. 臂肌　6. 肘肌　7. 指内侧伸肌　8. 指总伸肌　9. 指总伸肌尺骨头　10. 指深屈肌尺骨头　11. 指浅屈肌深部　12. 腕尺侧屈肌　13. 拇长外展肌　14. 头静脉和前臂皮神经前支　15. 桡神经深支　16. 副头静脉和桡神经浅支　17. 尺神经掌侧支　18. 尺神经背侧支　19. 腕尺侧伸肌　20. 指外侧伸肌　21. 骨间中肌　22. 指背侧第3总神经　23. 指背侧第3总动静脉　24. 正中动脉和掌静脉　25. 掌浅弓　26. 第4指掌外侧固有动静脉　27. 指浅屈肌浅部　28. 肱骨外侧髁　29. 尺骨　30. 骨间前动静脉和骨间神经

（引自Popesko，1979）

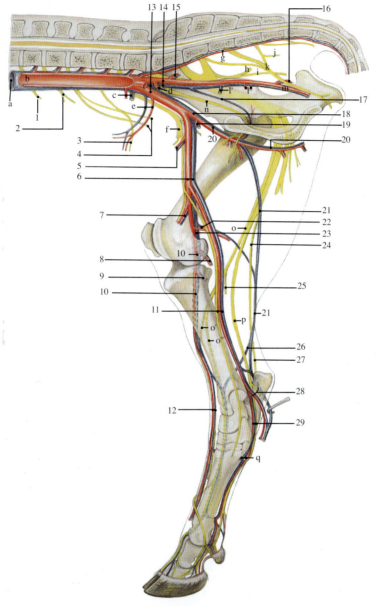

彩图7 牛后肢血管和神经

1.髂腹下神经 2.髂腹股沟神经 3.股外侧皮神经 4.生殖股神经 5.股动静脉外侧旋支 6.股动静脉 7.膝动静脉降支 8.胫后动静脉 9.骨间前动静脉 10.胫前动静脉 11.隐动脉和神经以及隐中静脉 12.足背侧动静脉 13.髂外动静脉 14.髂内动静脉 15.臀前动静脉 16.臀后动静脉 17.闭孔静脉 18.股深动静脉 19.阴部腹壁干和静脉 20.股动静脉内侧旋支 21.隐外侧静脉 22.股后动静脉 23.腘动静脉 24.腓后皮神经 25.腓外侧皮神经 26.隐外侧静脉前支 27.隐外侧静脉后支 28.足底外侧动静脉和神经 29.足底内侧动静脉和神经

a.后腔静脉 b.主动脉 c.卵巢动静脉 d.脐动脉 e.旋髂深动静脉 f.股神经 g.荐中动静脉 h.臀后神经 i.股后皮神经 j.股后神经 k.阴部神经 l.阴道动静脉 l'.副阴道静脉 m.阴部内动静脉 n.闭孔神经 o.腓总神经 o'.腓深神经 o".腓浅神经 p.胫神经 q.足底内侧动静脉深支

(引自Budras,2003)

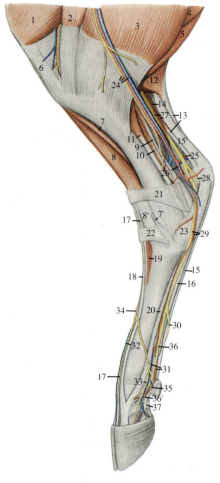

彩图8 牛小腿和后脚部血管和神经（内侧面浅层）

1.股内侧肌 2.缝匠肌 3.股薄肌 4.半膜肌 5.半腱肌 6.髌内侧韧带 7、7'.胫骨前肌 8、8'.第3腓骨肌 9.胫骨后肌 10.第1趾长屈肌 11.趾长屈肌 12.腓肠肌内侧头 13、15'.跟腱 14.腓肠肌外侧头 15、15'.趾浅屈肌腱 16.趾深屈肌腱 17.趾长伸肌 18.趾内侧伸肌 19.趾短伸肌 20.骨间中肌 21.近侧伸肌环韧带 22.远侧伸肌环韧带 23.跖侧长韧带 24.隐动脉和神经以及隐内侧静脉 25.跟骨支 26.隐动脉 27.胫神经 28.足底外侧神经 29.足底内侧动脉和神经 30.趾跖侧第3总神经 31.第3趾跖侧总动静脉 32.趾背侧第3总静脉 33.第3趾背远轴侧固有神经 34.趾背侧第2总神经 35.第2趾跖轴侧固有神经 36.趾跖侧第2总神经 36'.第3趾跖侧远轴侧固有神经 37.趾远环韧带

（引自Popesko，1979）

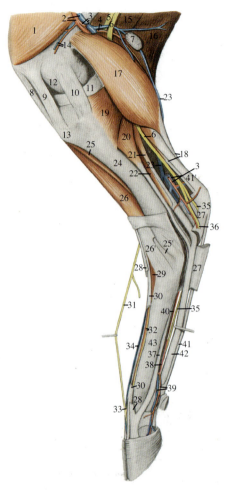

彩图9 牛小腿和后脚部血管和神经（内侧面深层）

1.股内侧肌 2.股动静脉 3.隐动脉和隐内侧静脉 4.股后动静脉 5.腓总神经 6.胫神经 7.腘淋巴结 8.髌中间韧带 9.髌内侧韧带 10.股胫关节内侧副韧带 11.半月板 12.股骨内侧髁 13.胫骨粗隆 14.膝降动静脉 15、16.臀股二头肌 17.腓肠肌内侧头 18、41'.跟腱 19.腘肌 20.趾长屈肌 21.胫骨后肌 22.第1趾长屈肌 23.隐外侧静脉 24.胫骨体 25、25'.胫骨前肌 26、26'.第3腓骨肌 27.跖侧长韧带 28.趾内侧伸肌 29.趾短伸肌 30.趾长伸肌 31.趾背侧第3总神经 32.第3趾背轴侧固有动脉和神经 33.腓深神经交通支 34.趾背侧第3总静脉 35.足底外侧神经 36.足底内侧神经 37.骨间中肌 38.足底内侧动脉 39.趾跖侧第2总动静脉 40.足底外侧动脉 41、41'.趾浅屈肌腱 42.趾深屈肌腱 43.第3、4跖骨

（引自Popesko，1979）

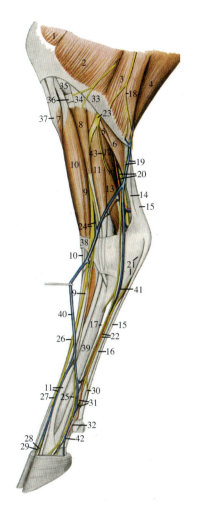

彩图10　牛小腿和后脚部血管和神经（外侧面浅层）

1.股外侧肌　2.臀股二头肌前部　3.臀股二头肌后部　4.半腱肌　5.比目鱼肌　6.腓肠肌　7.胫骨前肌　8.腓骨长肌　9.趾长伸肌　10.第3腓骨肌　11.趾外侧伸肌和第3趾背侧总静脉　12.胫骨后肌　13.第1趾长屈肌　14.小腿三头肌腱　15.趾浅屈肌腱　16.趾深屈肌腱　17.骨间中肌　18.皮支　19.小腿后皮神经和隐外侧静脉　20.胫神经、隐动脉和隐内侧静脉　21.跖侧长韧带　22.足底外侧神经和动脉　23.腓总神经　24.腓浅神经和胫前静脉　25.趾背侧第4总神经　26.趾背侧第2总神经　27.趾背侧第3总神经　28.第4趾背轴侧固有神经　29.第3趾背轴侧固有神经　30.皮支　31.第4趾跖轴侧固有神经和动脉　32.第5趾跖侧固有神经　33.小腿筋膜　34.股胫关节外侧副韧带　35.股骨外侧髁　36.外侧半月板　37.胫骨粗隆　38.近侧伸肌环韧带　39.大跖骨　40.隐外侧静脉背侧支　41.隐外侧静脉　42.第4趾跖外侧固有静脉　43.小腿外侧皮神经

（引自Popesko，1979）

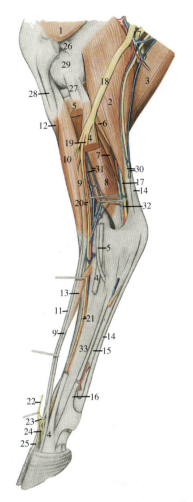

彩图11　牛小腿和后脚部血管和神经（外侧面深层）

1.股外侧肌　2.腓肠肌　3.半腱肌　4.趾外侧伸肌　5.趾腓骨长肌　6.比目鱼肌　7.胫骨后肌　8.第1趾长屈肌　9、9′.趾长伸肌　10.第3腓骨肌　11.趾内侧伸肌　12.胫骨前肌　13.趾短伸肌　14.趾浅屈肌　15.趾深屈肌　16.骨间中肌　17.胫神经　18.腓总神经　19.腓浅神经　20.腓深神经和胫前动脉　21.第3背侧动脉和神经　22.趾背侧第3总神经　23.腓深神经交通支　24.第4趾背轴侧固有神经　25.第3趾背轴侧固有神经　26.股髋关节外侧副韧带　27.股胫关节外侧副韧带　28.髌外侧韧带　29.股骨外侧髁　30.小腿后皮神经和隐外侧静脉　31.胫前静脉　32.隐内侧静脉　33.大跖骨

（引自Popesko，1979）

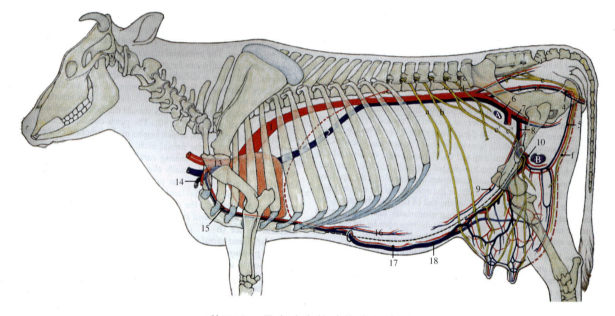

彩图12　母牛乳房的动静脉和神经

1. 主动脉　2. 后腔静脉　3. 髂内动静脉　4. 阴部内动静脉　5. 阴唇静脉以及会阴动脉乳房分支
6. 髂外静动脉　7. 股深动静脉　8. 阴部上腹部动静脉　9. 腹后上部动静脉　10. 阴部外动静脉
11. 乳房后动静脉　12. 乳房前动静脉　13. 臂头干　14. 左锁骨下静脉　15. 胸廓内动静脉
16. 腹壁前动静脉　17. 腹壁前浅动脉　18. 腹壁皮下静脉
A. 髂股淋巴结（腹股沟深淋巴结）　B. 乳房淋巴结（腹股沟浅淋巴结）
a. 髂腹下神经　b. 髂腹股沟神经　c. 生殖股神经　c'. 前部分支　c". 后部分支　d. 股外侧皮神经
e. 阴部神经　f. 阴部神经乳房分支

（引自Budras，2003）